U0897463

2020 年 1 月 21 日，全市水务工作会议（局办公室供稿）

2020 年 3 月 20 日，水务系统 2020 年安全生产暨扫黑除恶专项斗争视频会议（局办公室供稿）

2020 年 4 月 9 日，2020 年全市水务系统防汛工作动员部署会（局办公室供稿）

2020 年 3 月，复兴河解放南路桥清捞河道水草（排管中心供稿）

2020 年 4 月 3 日，南运河河道保洁作业（排管中心，桑熙摄）

2020 年 4 月 27 日，海河开展水草集中打捞行动（海河中心，李悦摄）

2020 年 5 月 27 日起，启动“护河 2020”专项执法行动，金汤桥附近探查网障（海河中心，李悦摄）

2020 年 5 月 27 日起，全市启动“护河 2020”专项执法行动，无人机配合“护河 2020 行动”（海河中心，李悦摄）

2020 年 5 月 28 日，海河启动“护河 2020”专项行动，保洁人员清理河道阻水网障（海河中心，李悦摄）

2020 年 7 月 15 日，武警天津市总队司令鲍迎祥率队开展防汛勘察，副市长李树起、市水务局党组书记、局长张志颇一同勘察（防御处供稿）

2020 年 7 月 11 日，局党组书记、局长张志颇检查防汛物资仓库（水调中心，唐玉婉摄）

2020 年 7 月 3 日，市防指市区分部防汛工作推动会（局办公室供稿）

2020 年 8 月 6 日，陈塘泵站建设现场（局办公室供稿）

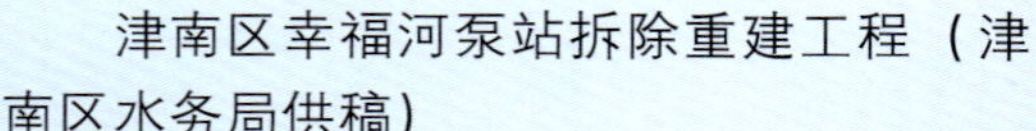

津南区幸福河泵站拆除重建工程（津南区水务局供稿）

独流减河倒虹吸工程现场（局办公室供稿）

潮白河泵站更新改造之水泵机组解体复测（水务集团供稿）

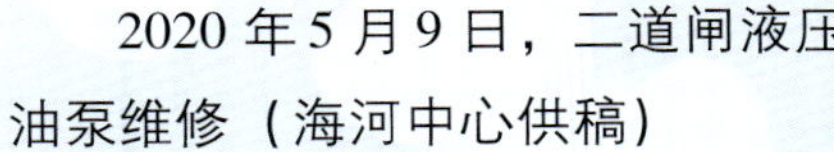

2020 年 5 月 9 日，二道闸液压油泵维修（海河中心供稿）

2020 年 5 月 28 日，“护河 2020”专项行动清理海河内阻水网障海河市区段（海河中心，李悦摄）

引滦明渠生产桥隐患治理工程（水务集团供稿）

河湖美景

HE HU MEI JING

北运河（建管处，李悦摄）

北京排污河（建管处，李悦摄）

南运河（建管处，李悦摄）

海河故道（建管处，李悦摄）

梅江湖（建管处，李悦摄）

复兴河（建管处，李悦摄）

农村饮水提质增效工程武清集中供水厂（局办公室供稿）

2020 年，京津风沙源治理二期工程武清区塑料管道安装（灌排中心供稿）

天津市京津风沙源治理二期工程 2020 年度蓟州区拦砂坝砌筑（灌排中心供稿）

疫情防控

YI QING FANG KONG

（机关党办、建设中心、水调中心供稿）

2021年

天津水务年鉴

ALMANAC OF TIANJIN WATER AFFAIRS

天津市水务局 编

·北京·

图书在版编目（CIP）数据

天津水务年鉴. 2021年 / 天津市水务局编. -- 北京：中国水利水电出版社，2021.11
ISBN 978-7-5226-0113-7

Ⅰ. ①天… Ⅱ. ①天… Ⅲ. ①城市用水一水资源管理一天津一2021一年鉴 Ⅳ. ①TU991.31-54

中国版本图书馆CIP数据核字(2021)第209447号

策划编辑：王 丽
责任编辑：王晓惠 蒋 学

书 名	**天津水务年鉴（2021年）** TIANJIN SHUIWU NIANJIAN（2021 NIAN）
作 者	天津市水务局 编
出版发行	中国水利水电出版社 （北京市海淀区玉渊潭南路1号D座 100038） 网址：www.waterpub.com.cn E-mail：sales@waterpub.com.cn 电话：（010）68367658（营销中心）
经 售	北京科水图书销售中心（零售） 电话：（010）88383994、63202643、68545874 全国各地新华书店和相关出版物销售网点
排 版	中国水利水电出版社微机排版中心
印 刷	北京印匠彩色印刷有限公司
规 格	210mm×285mm 16开本 30.25印张 837千字 4插页
版 次	2021年11月第1版 2021年11月第1次印刷
定 价	**300.00**元

《天津水务年鉴》编纂委员会

《天津水务年鉴》编辑人员名单

特约编辑 （按姓氏笔画为序）

于兰凤（女）	王　丹（女）	王　帅	王　杨（女）	王书侠（女）
王洪娟（女）	王继凯	王颖慧（女）	史　丹（女）	冯　茹（女）
冯　霞（女）	邢　荣（女）	吕振立	任四海	任鹏飞
刘　彤	刘　蕊（女）	刘伟忠	刘永媛（女）	闫　冬（女）
贡　欣（女）	李　佳（女）	李　悦（女）	李　清（女）	李　巍
李雅彬	杨　军（女）	杨立赏	肖　艳（女）	吴　颖（女）
吴晓莉（女）	张　平（女）	张　欣（女）	张　健	张　航
张　萌	张　媛（女）	张爱静（女）	岳　健	周　震
周海健	罗智能	郑鲁君（女）	郝长征	胡　冉（女）
胡秀庐（女）	赵　静（女）	赵福音（女）	贾云娇（女）	徐　相
徐　璐（女）	栾富刚	郭敏姣（女）	程谟思（女）	程德强
鲁　刚	靳　淼（女）	靳文富	雷恩琦	霍文娅（女）

编　　审 丛　英（女）　艾虹汕（女）　王振杰

摄影编辑 艾虹汕（女）　王　延

校　　核 艾虹汕（女）　王振杰

编辑说明

一、《天津水务年鉴（2021年）》（简称《年鉴》）以马克思列宁主义、毛泽东思想、邓小平理论、“三个代表”重要思想、科学发展观、习近平新时代中国特色社会主义思想为指导，坚持实事求是，全面、客观、系统地记述天津市水务事业发展情况。1997年创刊，逐年编纂，2017年公开出版发行，旨在为现实服务，为社会各界人士了解天津水务、研究天津水务提供资料，也为续修水务志积累资料。本卷为第25卷。

二、《年鉴》由天津市水务局主管，编委会主办，编办室负责编纂及日常工作。

三、《年鉴》记述2020年度发生的事实，编写内容采用分类编辑法，主体内容分类目、分目、条目三个层次，除设大事记、水务统计资料、附录外，设综述、重要文献、政策法规、水文水资源、水生态环境、城市供水、水旱灾害防御、农村水利、规划设计与计划、工程建设与管理、水利工程管理、引滦工程管理、南水北调市内配套（引江）工程管理、科技信息化、财务审计、干部人事、综合管理、党建工团、新型冠状病毒感染肺炎疫情防控、各区水务20个类目，后附索引。本卷《年鉴》基本框架保持稳定，部分内容进行了调整。“水利工程管理”类目删除【永久性生态保护区域管理】【绿化工作】【水利风景区建设】等条目；“引滦工程管理”类目删除“综合管理”分目；“南水北调市内配套（引江）工程管理”中的“供水管线管理”分目增加了【宁汉供水管线管理】【引滦尔王庄入武清供水管线管理】条目；原“人力资源及社会保障”类目更名为“干部人事”。

四、《年鉴》编写采用语体文记述体，中华人民共和国法定计量单位。以记述为主，附图、表及照片穿插其中。机构名称中局属单位用简称。

五、《年鉴》文稿由各单位、各部门提供，实行文责自负，文中部分数据由于测量方法、统计口径、起止时间不同，尚存差异。文稿由特约编辑负责组织汇总或撰写，各单位、各部门领导审核把关，编办室编校，编委会组织评审专家审定出版。

编　者

2021年6月

目　　录

综　　述

重 要 文 献

政 策 法 规

水文水资源

水生态环境

城市供水

水旱灾害防御

农村水利

规划设计与计划

工程建设与管理

水利工程管理

引滦工程管理

南水北调市内配套（引江）工程管理

科 技 信 息 化

财 务 审 计

干部人事

综合管理

党 建 工 团

新型冠状病毒感染肺炎疫情防控

各 区 水 务

大　事　记

水务统计资料

附　　录

索　　引

综　　述

2020年天津水务发展综述

2020年，在市委、市政府的正确领导下，在各区、各部门的大力支持下，全市水务系统坚持以习近平新时代中国特色社会主义思想为指导，深入贯彻党的十九大和十九届二中、三中、四中、五中全会精神，积极践行新发展理念和新时期治水思路，克服疫情防控和经济下行的不利影响，着力补齐水务工程短板，持续强化水务行业监管，全力推进全面从严治党向纵深发展，水资源、水环境、水安全得到有力保障，水务“十三五”实现圆满收官，为全市全面建成高质量小康社会提供了坚实水务保障。

一、坚持“双战双赢”，疫情防控和水务发展成效显著

面对年初以来新冠肺炎疫情冲击，深入贯彻落实习近平总书记关于统筹推进疫情防控和经济社会发展的一系列重要指示精神，全面落实市委、市政府决策部署，坚持疫情防控和水务发展两手抓，切实做到“两战并重”，实现“双胜双赢”。层层压实责任，成立局疫情防控指挥部，下设8个工作组，精准化差异化抓好疫情防控工作；先后组织三批、1427人次下沉社区和推动复工复产，助力织密疫情防控网。全力保障供水排水安全，实行海河医院等重点部位双水源保障，提高水质内控指标，调整出厂水浊度和余氯值，确保水质安全；组织水厂封闭管理，采取“一批上岗、一批备岗”的14天大轮班模式，确保人员安全；加强中心城区发热门诊医院周边污水外溢巡视巡查，指导污水处理企业制订应急预案，全市100座污水处理厂出水卫生指标稳定达标。优化涉水审批程序，实行“线上办、不见面、零跑动”和专家评审函审制，建立涉水审批绿色通道，开展信用承诺、容缺后补等服务，助力企业有序复工复产、群众办事安全便捷。加快水务工程建设，21个市级项目在建工地和54个区级项目一季度全部复工达产，建成一批水务民生工程，助力“六稳”“六保”工作。积极落实惠企政策，做好免征污水处理费和基本水价（非居民）减征工作，全年为139521户中小微企业和个体工商户减免水费31665万元，为中小微企业和个体工商户减免房租123万元。

二、着力补短板，民生水务建设持续发力

在“水务工程补短板”上下功夫，贯彻以人民为中心的发展思想，紧紧围绕人民群众关心的城乡供水、防汛减灾、水生态环境等民生水务工作，进一步补齐工程设施短板，水安全保障能力明显提升。

（一）全市供水安全得到有力保障

城乡供水一体化初步实现。提速加力、全面建成农村饮水提质增效工程，完成904个村、72.3万人年度建设任务，通过实施工程配套完善、村庄搬迁、补建单村供水工程等方式补充完成滨海新区等区756个村、84.6万人建设任务，共完成2817个村、286.8万人饮水提质增效任务，同步

提升全市所有困难村和氟超标村饮水质量。推动水务集团完成凌庄子水厂改造一期工程，改造老旧供水管网13千米，全年更换智能水表163.4万具、累计更换301.4万具，供水管网漏损率降至10%。

水源保障能力进一步增强。加快引江东线二期和北大港水库扩建增容工程前期工作，在市委、市政府带领下推动北大港水库扩建增容工程纳入引江东线二期总体可研报告推荐方案；加快实施宝坻引江供水工程；实施于桥水库环库截污沟二期工程，建设入库沟口湿地，合理控制水库水位，打捞菹草23.9万立方米，投放水生植物271万株，强化水库周边环境保洁和封闭管理，引滦水质稳定向好。全年引调江水、滦水19.79亿立方米，有力保障了城乡供水安全。

（二）全市安全平稳度过汛期

中心城区积水片改造加快推进。加快实施中心城区防汛排涝补短板工程，主汛期前完成天拖北道、阳光100、电传所路等12处积水片改造，年底前完成18处积水片和2处易积水地道改造，开工建设陈塘、咸阳路等泵站，各区完成12处街道里巷、居民小区积水点改造，有效提升雨水收集和排放能力。市、区两级部门协同作战，积极采取“一低两腾空”、错峰排水等有效举措，成功应对8次强降雨袭击，实现中心城区“大雨2小时排除，暴雨5小时排除”目标。

防御超标准洪水准备充分。编制完成超标准洪水防御预案，修订洪水预测预报、蓄滞洪区运用等6个专项预案，开展大清河系洪水调度推演和北运河防洪调度演练，与市应急局开展防汛应急救援联合演练；开展重点防洪工程安全隐患徒步检查，完成21处行洪河道险工险段整治，各区落实防洪工程调度、蓄滞洪区运用、水库河道度汛、山洪灾害防御等措施，全市安全平稳度过汛期。坚持防蓄结合，汛末拦蓄雨洪水12.6亿立方米，为农业生产和生态用水储备水源。

（三）水生态环境质量实现历史性好转

污染防治攻坚战顺利收官。全面完成中央第一轮环保督察反馈意见整改，持续推进市环保督察“回头看”反馈意见整改落实，全面推进水污染防治攻坚战82项治理任务。坚持截污优先，全年消除津南区、蓟州区等建成区污水管网空白区3.31平方千米，实施雨污分流改造、铺设排水管道80千米，完成雨污混接串接改造2184处，新改扩建北辰区、滨海新区等环外4座污水处理厂，全市污水处理能力达到401万吨每日，城镇污水集中处理率达到96%。深化黑臭水体整治，坚持困难村、双城间绿色生态屏障区优先，整治黑臭水体281条，全市域黑臭水体基本消除。推动独流减河等12条入海河流“一河一策”污染治理，全部消除劣Ⅴ类水体。2020年，全市国控断面优良水质比例55%，劣Ⅴ类水质“清零”。

水生态修复力度进一步加大。积极落实京津冀协同发展、大运河文化保护传承利用、永定河综合治理与生态修复、“871”涉水任务，加快推动北运河未治理段综合治理前期工作，加强大运河岸线管控，开展“健康大运河专项行动”，提升大运河河道水环境；开工建设永定河北辰段治理工程，实施独流减河倒虹吸工程，建设青排渠北丰产河连通等工程；京津风沙源治理二期工程水利项目全面完工。编制完成七里海生态水量保障方案；统筹多种水源向南北运河、四大湿地等重要河湖湿地补水14.26亿立方米。2020年，全市市控断面优良水质比例30.4%、同比上升7.6个百分点，劣Ⅴ类水质比例5.4%、同比下降22.9个百分点。

三、全面强监管，水务管理水平有效提升

坚持在“水务行业强监管”上下功夫，突出水资源管理、河湖长制管理、供水排水行业监管、工程建设和运行管理，不断夯实基础工作，水务发展活力进一步增强。

（一）水资源管理能力不断提升

节水效率保持全国先进。坚持节水优先，推动实施我市节水行动方案，梳理纳入国家重点监控用水单位名录36家，建立市、区两级186户重点监控用水单位名录；持续推进节水型载体系列

创建，9个区达到“县域节水型社会”标准；全市万元GDP用水量19.75立方米，万元工业增加值用水量10.7立方米，农田灌溉水有效利用系数0.72，主要节水指标继续保持全国先进水平。

用水总量得到有效控制。实行最严格水资源管理制度，报请市政府批准超计划用水累进加价管理办法，开展全市取用水专项整治行动，完成蓟运河、潮白新河等河流水量分配试行方案，全市用水总量27.82亿立方米。大力推动非常规水资源利用，报请市政府批准印发《天津市再生水利用管理办法》，再生水利用率达到42%，淡化海水利用量达到4200万立方米。加快推进地下水超采综合治理，西青、武清等区完成深层地下水置换工程20项，关停机井4303眼，全市深层地下水开采量降至0.65亿立方米以内，提前两年完成国家规定压采任务。

（二）河湖长制管理作用彰显

河湖长制度体系进一步完善。制定进一步强化河长、湖长履职尽责的意见，全面实行市、区、乡镇（街道）三级党政主要负责人任“双总河湖长”。加大暗查暗访和检查考核力度，推动解决问题121个，约谈排名靠后河湖长6人次。各区河湖长办与检察院建立“河湖长+监察长”工作机制，摸排相关案件线索111件，立案监督110件。加强河湖长专业培训，实现河湖长培训全覆盖。建立河湖长向群众汇报工作机制，招聘社会监督员579名，设立“民间河湖长”358名。评选“优秀河长”42名、“最美河湖”16条（段、座），以典型示范带动河湖管理上水平。

“清四乱”常态化规范化深入推进。报请以总河湖长令形式推进河湖“清四乱”常态化规范化，坚持“去存量、遏增量”，将“清四乱”范围延伸至农村河湖、实现全覆盖，形成常态化规范化管理机制，全年自查自纠“四乱”问题1770项。市有关部门与各区上下联动、协调配合，联合开展“百日清河（湖）”“健康大运河”“护河2020”等专项行动，集中清理整治了一批河湖“四乱”问题，打击了一批涉水违法行为。

（三）供水排水行业监管持续深化

供水行业监管不断强化。推动各区落实农村饮水提质增效工程运行管理“三个责任人”和“三项制度”，报请市政府批准印发二次供水管理规定，修订印发二次供水设施清洗消毒管理规定。结合疫情防控，进一步加大城乡供水水质监测力度，特别是对困难村和农村饮水提质增效工程覆盖村镇供水水质情况进行抽查，及时对水质指标不合格情况进行督促整改，确保水质安全。全年城市供水水质合格率99.4%、农村供水水质合格率90.5%。

排水行业监管成效明显。压实各区污水处理行业监管职责，落实城镇污水处理提质增效三年行动方案，推行污水处理厂分类管理。开展全市“乱泼乱倒”治理专项行动，整治沿街商户乱泼乱倒1025起，发放排水许可证291份。加大超标排放惩戒力度，对10家超标排放污水处理企业采取惩戒措施；西青区、静海区积极配合中央环保督察，对污泥处置违规企业按上限处罚，共处罚金90万元。研究制定农村生活污水处理排放监管措施，进一步加大监管力度，已纳管农村生活污水处理站1255处、设施利用率达到90%，农村生活污水处理设施覆盖1106个村，为农村人居环境整治提供支撑。

（四）工程建设与运行管理水平有效提升

建设管理不断优化。建立全程控制的质量管理模式，打造陈塘泵站标准化工地，全年工程质量合格率100%，重点工程单元优良率94%，2019—2020年度水利建设质量工作考核继续保持A级，位列全国第四。“四不两直”对10个区水行政主管部门开展水务建设领域行业监管专项检查，监督抽查8个区11项在建水务工程，约谈2家监理企业、1家施工单位，通报批评1家施工单位，及时消除运行风险隐患。

运行管理不断完善。落实水利工程管理、技术负责人及28座水库防汛技术责任人和巡坝值守责任人。推进水利工程标准化管理、精细化管理，直管行洪河道堤防管理达标率达到74%，市属闸站设施完好率保持94%。完成327条、4318.6千米河流划界，超额完成任务。

安全管理不断加强。落实“党政同责、一岗双责”要求和党政领导干部安全生产责任制，坚持底线思维，强化复工复产、重要时间节点安全风险防范，扎实开展安全生产专项整治三年行动，对水务工程建设、运行以及供水排水行业、出租房、危化品存放和水库林草防火等持续开展督查检查，排查整治隐患1165项，全年安全生产形势稳定可控，未发生亡人安全事故。

（五）水务基础工作进一步夯实

规划前期扎实开展，精心编制全市水安全保障“十四五”规划，编制供水规划并获市政府批复实施，加快推动排水专项规划编制，配合做好大运河河道水系治理管护、南水北调东线二期、水利基础设施空间布局等专项规划编制。事业单位改革稳妥推进，全局16个从事公益服务类事业单位顺利完成改革，规范管理岗位和专业技术岗位两类岗位管理，入港处、设计院完成转企改制，水务执法体制改革方案获批，为水务事业发展打下良好基础。融资渠道有效拓宽，落实市级政府债券20.9亿元，各区落实建设资金11.87亿元；探索利用PPP模式融资，解决污水处理厂扩建和中心城区积水片改造工程资金问题；积极推动于桥水库TOT项目，通过市场化手段盘活水库经营权，融资125亿元；全年完成水务建设投资44.75亿元，化解债务4.79亿元。依法行政进一步深化，成立市水务局推进依法治市工作领导小组，党政主要负责人认真履行推进法治建设第一责任人责任，认真落实依法治市、法治政府建设各项工作任务；顺利通过市人大海洋环境保护法和水污染防治法“一法一条例”执法检查；以宣传贯彻宪法、民法典为重点，完成“七五”普法任务；开展“春雷”、“清源”、水利工程领域等专项执法行动，对静海区“十一堡”违建进行强制拆除，在全国水务领域尚属首起，有力维护正常水事秩序。政务服务水平不断提升，持续深化“一制三化”改革，优化简化涉水审批程序，“网上办”和“一次办”占比均达100%，“就近办”和“马上办”事项占比分别达到74%和25%，“不见面办理”事项占比45%以上；持续推进“获得用水”营商环境指标改进，“获得用水”业务办理时限由5.5个工作日缩短至4个工作日，政务服务事项提前办结率20%、满意率100%；全年处理群众反映事项7324件，群众满意度99.98%；水利部12314平台有效举报数80件，按时办结率100%。科技信息化建设不断强化，完成海河健康评估，实施中心城区典型河道主要污染源诊断研究、洪水风险图成果应用研究等重点科研项目；启动智慧水务专项规划编制，完善水务业务数据中心，扩充信息资源，持续推动数据共享开放，新OA办公系统正式上线运行。

四、全面从严治党持续向纵深发展

坚持党建引领，进一步压实全面从严治党主体责任，持续深化作风建设，推动全面从严治党向纵深发展，充分体现了增强“四个意识”、坚定“四个自信”、做到“两个维护”的思想和行动自觉。

（一）党的政治建设全面加强

不断强化理论武装，坚持把学习贯彻习近平新时代中国特色社会主义思想作为首要政治任务，先后召开40次局党组会传达学习贯彻习近平总书记最新重要讲话及重要指示批示精神，开展局党组理论学习中心组集体学习10次、交流研讨9次、读书班3期、专题讲座3次，实现党的十九届五中全会精神宣讲全覆盖。坚决做到“两个维护”，全面梳理落实习近平总书记重要指示批示督办事项，加大督办力度，确保贯彻落实到位；统筹做好疫情防控和水务工作，扎实推动京津冀协同发展、大运河文化保护传承利用、地下水超采综合治理等涉水任务，坚决打好污染防治攻坚战，按期完成三年扫黑除恶专项斗争涉水任务，积极开展“行业清源”行动，持续推进无黑水务建设。倾心倾情助力脱贫攻坚，深入贯彻落实习近平总书记关于脱贫攻坚工作的重要指示批示精神，全力推进困难村“两牵头两配合”任务，全面完成1000

个困难村和41个经济薄弱村农村饮水提质增效工程和黑臭水体治理，基本消除水体黑臭现象；深入开展结对困难村帮扶，坚持党建帮扶、产业帮扶和困难群众帮扶齐头并进，两个困难村42名困难户，除兜底保障外全部实现脱困，两村均达到美丽村庄、五好党支部、文明村、平安村庄创建标准；高质量开展东西部扶贫协作支援和结对帮扶工作，加大人才支援力度，初步实现了部分地区人员互访和技术帮扶制度化。

（二）基层党组织建设不断强化

着力推进党支部标准化规范化建设，深入推进基层党组织组织力三年提升行动，建立提醒单、告知单、督办单“三单机制”；结合公益类事业单位改革，配齐配强16个局属事业单位领导班子；全局77个基层党组织按期完成换届，新成立62个党支部，实现科室或闸站有3名以上党员的均单独建立党支部。突出加强机关党的建设，开展模范机关创建，健全完善机关党建工作制度规范；持续开展“使命·奋斗”大讨论、“问计基层、问需群众”大走访，为基层解决问题18个；充分发挥党员先锋作用，在机关创建10个党员先锋岗，带动全局成立240人党员先锋队。持续深化“五好党支部”建设，培树排水五所为市级机关“基层党建工作示范点”，市水务局党建和业务深度融合素材入选市级机关工委成果展示，1人获得“全国先进工作者”称号，4个集体、6人受到省部级表彰，3人受到市级表彰。

（三）干部队伍建设进一步强化

积极推进干部能上能下，树立激励担当作为的选人用人导向，提拔任用18名政治素质好、能力突出的处级领导干部，晋升13名处级公务员职级；对2名违反中央八项规定精神的单位（部门）“一把手”予以免职处理，将2名精神状态不佳的处级领导干部调整到非领导岗位，对19名处级干部进行交流轮岗。不断加强能力建设，在局属事业单位推行处级领导干部不再兼任专业技术职务的规定，对8名处级领导干部调整到专业技术岗位或政工岗位，局属单位让出73个科级职数和292个专业技术岗位；选派12名优秀年轻干部参与重大专项工作，9名年轻干部多岗位锻炼；组织全局性线上线下培训17次，切实提高领导干部素质能力。坚持关心关爱干部，出台异地交流任职处级干部交通和住宿保障措施；组织对27名处级干部进行家访，实现局管“一把手”家访全覆盖并延伸至科级；对11名受处理或处分党员干部开展帮扶教育，对2019年以来受到诫勉处理、党纪和政务处分的25名党员干部开展回访教育，引导激励干部放下包袱、担当作为。

（四）净化政治生态持续推进

严守政治纪律和政治规矩，严格落实《准则》《条例》，坚决贯彻落实民主集中制，修订局党组议事决策规则、加强和规范“三重一大”决策工作实施意见；严格执行请示报告制度，全面梳理重要请示报告事项38项；局、处两级领导班子均确定党支部工作联系点，明确规范党员干部参加双重组织生活的7项措施，开展2轮督查，党内政治生活质量进一步提升。坚决肃清黄兴国、陈振飞恶劣影响，持续整治圈子文化、码头文化、好人主义，严格落实19项加强政治生态建设重点任务，持续深化2019年市纪委纪律检查建议书反馈问题7项整改措施；针对驻局纪检监察组对局2019年度政治生态分析研判报告中指出的5个方面问题，制定16项整改措施，积极推动整改落实。严格落实意识形态工作责任制，制定局党组意识形态工作责任制实施细则和工作规范，在局党组第二轮巡察中对1个单位开展意识形态工作责任制专项检查；加强意识形态分析研判，建立近300人的局、处两级网评员队伍，及时开展舆论引导。

（五）作风建设扎实推进

驰而不息纠“四风”，制定落实中央八项规定精神正、负面清单，组织对局机关、局属单位及基层闸站所离津外出、落实中央八项规定精神等情况进行检查，对违反中央八项规定精神的9人给予党纪处分。深入开展专项治理，2017年来累计收到形式主义官僚主义、不作为不担当问题线索61起，给予党纪政务处分10人次，运用第一形态处理59人次，全局干部职工担当作为推动水务事业发展，市水务局市级绩效考核连续三年被评为优秀等次，2019年位列第五。扎实推进为基层减负，严控会议、文件、督查数量，共召开11次全局性会议，与上年持平，其中视频会议占55%；下发行政文件329件，同比减少25%；督查检查考核项目由2019年的9项减少为5项，同比减少44%。

（六）党风廉政建设不断深化

强化制度建设，健全完善落实全面从严治党主体责任考核办法等17项党内制度；全面梳理廉政风险隐患，查找廉政风险点809个，制定防控措施1022条；机构改革后，各单位全面修订完善了内控制度。深入开展警示教育，召开转理念改作风勇担当、违反中央八项规定精神、讲担当促作为抓落实等3次全局性警示教育大会，点名道姓通报问题；开展“转理念改作风勇担当”警示教育月系列活动，局内网“曝光台”曝光典型案例8期，对12个单位、16人次进行全局通报，“以案为鉴”栏目发布27期，持续深化“以案三促”，教育引导党员干部始终绷紧纪律之弦。严肃监督执纪问责，主动接受驻局纪检监察组监督，每季度与驻局纪检监察组研究信访和问题线索处置情况，每半年共同研究全面从严治党和党风廉政建设情况；组织开展2轮巡察，首次对基层站所党支部开展常规巡察；与驻局纪检监察组联合监督执纪，处置问题线索95起，运用“四种形态”处置71人次。

（文静）

重要文献

重要文件

市水务局党组关于印发《关于贯彻落实〈2019—2023年全国党政领导班子建设规划纲要〉的实施意见》的通知

津水党发〔2020〕23号

局属各单位党组织、机关各处室：

为深入贯彻落实中共中央办公厅《2019—2023年全国党政领导班子建设规划纲要》和天津市委办公厅《关于贯彻落实〈2019—2023年全国党政领导班子建设规划纲要〉若干措施》文件精神，全面加强我局处级领导班子和干部队伍建设，我局制定了《关于贯彻落实〈2019—2023年全国党政领导班子建设规划纲要〉的实施意见》，现予以印发，请认真贯彻落实。

附件：关于贯彻落实《2019—2023年全国党政领导班子建设规划纲要》的实施意见

中国共产党天津市水务局党组

2020年8月10日

附件

关于贯彻落实《2019—2023年全国党政领导班子建设规划纲要》的实施意见

为深入贯彻落实《2019—2023年全国党政领导班子建设规划纲要》和天津市委办公厅《关于贯彻落实〈2019—2023年全国党政领导班子建设规划纲要〉若干措施》，全面加强我局处级领导班子建设，努力打造一支坚强有力的水务干部队伍，结合我局实际，提出如下实施意见。

一、以党的政治建设为统领，把贯彻落实习近平新时代中国特色社会主义思想引向深入

1. 把党的政治建设摆在首位。加强对处级领导班子贯彻落实《中共中央政治局关于加强和维护党中央集中统一领导的若干规定》和《中国共产党重大事项请示报告条例》、执行市委《关于进一步做好习近平总书记重要指示批示贯彻落实工作的若干规定》情况的监督，促进领导班子带头增强“四个意识”、坚定“四个自信”、做到“两个维护”。坚持组织路线为政治路线服务，干部选拔要突出政治标准，加强“政治体检”，深入考察政治忠诚、政治定力、政治担当、政治能力、政治自律，把好识别评价使用干部的政治首关，坚决把政治上的“两面人”挡在门外。

2. 强化政治理论武装。深入学习习近平新时代中国特色社会主义思想，及时跟进学习习总书记重要指示批示精神，坚持学思用贯通、知信行统一，自觉用习近平新时代中国特色社会主义思想指导主观世界改造，解决好领导干部世界观、人生观、价值观这个“总开关”问题。加强各级领导班子理论中心组学习，把学习贯彻习近平新时代中国特色社会主义思想学深悟透，涵养正气、淬炼思想、升华境界、指导实践。开展领导班子务虚研讨，对涉及水务发展全局的重难点问题进行讨论，提升班子成员观大局谋大事的能力水平。坚持学以致用，局处两级领导班子成员每年开展一项调研课题，紧盯实际需求和难点，研究制定切实有效的政策措施。

3. 严肃党内政治生活。尊崇党章，严格执行《关于新形势下党内政治生活若干准则》，进一步增强党内政治生活的政治性、时代性、原则性、战斗性，坚决防止和反对圈子文化、码头文化和好人主义，营造风清气正的良好政治生态。落实民主集中制各项制度，提高领导班子把握方向、把握大势、把握全局的能力和保持政治定力、驾驭政治局面、防范政治风险的能力。加强对处级领导班子民主生活会的监督指导，采取列席指导、及时叫停、责令重开、整改通报等方式，推动开展严肃认真的批评和自我批评，进一步提高民主生活会质量。

二、优化领导班子配备，增强整体功能

1. 选优配强局属单位党政“一把手”和机关各处主要负责同志。严把人选政治关，注重选拔政治上强、民主作风好、领导经验丰富、敢于担当、善于抓班子带队伍、廉洁自律的优秀干部担任领导班子“一把手”。坚持事业为上，突出人事相宜，立足不同部门、不同岗位业务特点，选配具有相应领域专业素养或工作经历并有突出业绩的干部担任“一把手”。

2. 努力改善处级领导班子结构。定期对干部队伍现状进行系统分析，针对处级领导班子年龄结构、专业结构、经历专长情况，有计划地调整处级领导班子。坚持老中青相结合的梯次配备，优化领导班子年龄结构，改善专业结构，注重选配具有水利专业背景的复合型领导干部，确保班子中有熟悉主要业务领域的干部。

3. 加强年轻干部培养选拔。结合事业单位机构改革，重新完善优秀年轻干部库。采取多渠道、多类别和有针对性的教育培养和实践锻炼，持续开展年轻干部多岗位锻炼工作，积极推荐优秀年轻干部参与市重大专项工作，为年轻干部成长成才搭建平台。统筹管理巡察、结对帮扶、重大专项工作、援疆、援藏等人才，定期分析，综合评判，真正把思想过硬、业务精通的优秀年轻干部提拔到领导岗位上来。强化理论教育和对党忠诚教育，坚持开展优秀年轻干部培训，把学习贯彻习近平新时代中国特色社会主义思想作为重中之重，同时增加管理、水利、法律等相关课程，帮助年轻干部解放思想，提升能力。

4. 加强领导班子能力建设。提高领导干部能力素养，举办处级干部培训班，围绕提高政治能力和深化理论素养的要求，科学设置课程，使处级干部接受系统理论教育和党性教育，做到信念过硬、政治过硬、责任过硬、能力过硬、作风过硬。积极选派局处两级领导干部参加市委组织部的干部专题研修、干部调训等，确保5年内累计不

少于2个月的学习，提升局处级干部把握大局分析问题的能力。以事业单位机构改革为契机，统筹全局各类培训资源。注重实践锻炼，积极选派干部参与水污染防治、京津冀协同发展、扫黑除恶、对口帮扶等工作，在急难险重的环境中培养锻炼干部。

三、严管与厚爱结合，激励干部担当作为

1. 严格日常管理监督。认真落实从严管理监督干部制度。加强对“一把手”的监督，特别是对党政正职落实“三项制度”情况进行监督。积极推动家访工作逐级覆盖延伸，确保对处级“一把手”每三年家访一次，其他处级干部每五年家访一次，提高处级领导干部及家属接受监督、参与监督的主动性和积极性。结合巡察开展选人用人工作专项检查，进一步规范全局选人用人工作。认真执行离任经济责任审计、个人有关事项报告、“一报告两评议”等制度，扎实推进谈心谈话、提醒函询诫勉常态化，对存在问题的进行提醒或调整。

2. 完善考核评价。认真贯彻落实《党政领导干部考核工作条例》，加强平时考核，完善年度考核，改进考核方式，加强考核结果运用。在平时考核的基础上，以年度考核、专项考核为重点，以德才素质评价为中心，综合运用民主测评、个别谈话、综合评价等方法，与绩效考核、其他业务考核、述责述廉、党建述职等有效衔接，提高考核的有效性和精准度。

3. 强化正向激励。加大市担当作为先进典型等先进个人、集体的培树和宣传力度。与纪检监察部门“无缝衔接”，运用好《市水务局干部干事创业容错免责操作规程》，做好受处分问责干部帮扶教育工作，激发干部干事创业的内生动力。落实澄清保护机制，会同驻局纪检监察组通过适当方式在一定范围为经查核受到恶意中伤、诬告陷害以及被恶意炒作和诽谤的干部澄清和正名，消除负面影响，为担当作为、创新竞进的干部撑腰鼓劲。关心关爱干部生活，为异地交流任职处级干部提供交通、住房保障，为干部解决实际困难。

四、加强作风建设，着力提高工作效能

1. 坚持和落实“向群众汇报”制度机制。坚持以人民为中心，践行党的群众路线，严格落实我市《关于各级党组织书记联系群众的意见》，不断增强党员干部宗旨意识。认真落实中央和市委各项惠民政策，大力推动涉水民心工程建设，积极参加百姓问政、政务访谈、公仆走进直播间等活动，积极主动与各区对接水务工作，坚持重大决策充分听取专家学者意见，有效解决涉及群众切身利益的民生问题，不断提高群众满意度。坚持党建引领，着力推进党建、业务目标融合、过程融合和结果融合，把党建工作成果转化为推动水务事业发展的实际效果。深入贯彻市级机关处长大会精神，深化“大兴四个之风”活动，坚决立“三观”、破“三官”、平“三关”，建设忠诚干净担当的党员干部队伍，做到“忠、敬、崇、亲”。对窗口单位开展“五个三”活动情况进行明察暗访，坚决做到不说，真正做到为企业、为群众服好务。

2. 持之以恒纠治“四风”。锲而不舍贯彻落实中央八项规定及其实施细则精神，保持定力、寸步不让，坚守重要节点，紧盯薄弱环节，完善纠治“四风”常态长效机制。运用典型案件开展警示教育，防止老问题复燃、新问题萌发、小问题坐大，不断释放持之以恒纠正“四风”的坚定决心和一刻不松、一严到底的强烈信号。坚持纠“四风”和树新风并举，树立过紧日子思想，坚持勤俭节约，反对铺张浪费。深入学习贯彻习近平总书记关于家庭家教家风的重要论述，持续开展“不忘初心，弘扬优良家风”主题实践活动，鼓励引导全体党员干部从自身做起、从家庭做起，带头树立良好家风，培育清正家风。

3. 深化不作为不担当形式主义官僚主义问题专项治理。聚焦落实党中央重大决策部署和市委要求不力、树立新发展理念不牢、群众痛点难点焦点、疫情防控工作形式主义、重点领域和专项工作推动不力、学风会风文风不实，突出整治贯彻党中央决策部署只表态不落实、干事创业精气

神不够、漠视群众利益和诉求、行动迟缓、消极应付、漂浮散漫等问题，将形式主义官僚主义、不作为不担当问题作为巡察、主体责任考核、民主生活会监督重点内容，在巩固深化成果和建立长效机制上下功夫，对照市委不作为不担当问题专项治理三年行动、集中整治形式主义官僚主义目标任务，深入开展“回头看”，找差距、抓整改、求实效。

五、全面压实责任，不断提升党的建设质量

1. 深入落实全面从严治党责任制度。深入贯彻落实《中国共产党党委（党组）落实全面从严治党主体责任规定》，坚持局处两级领导班子建立责任清单、任务清单制度，督促各级党组织履行好管党治党政治责任、党组织书记履行好第一责任、领导班子成员履行好“一岗双责”。认真贯彻落实中组部印发的《党委（党组）书记抓基层党建工作述职评议考核办法（试行）》，发挥党建评议考核“指挥棒”作用，坚决纠治基层党建工作中的形式主义、官僚主义。注重选拔政治强、业务精、作风好的干部从事党建工作，推进党务干部和业务干部的交流。主动接受驻局纪检监察组监督，支持配合协助驻局纪检监察组充分发挥监督作用。全面压实局、处两级党组织监督主体责任，强化工作部门职能监督和基层党组织日常监督，促进“两个责任”贯通联动。

2. 一体推进不敢腐、不能腐、不想腐。坚持严明纪律、严格教育、严肃执纪，巩固发展反腐败斗争压倒性胜利成果。深入开展廉政警示教育，坚持把开展廉政教育和警示教育作为落实全面从严治党“两个责任”的重要内容，探索创新，增强教育的感染力和吸引力。坚持廉政教育和警示教育常态化，把廉洁从政的“紧箍咒”念到党员干部的心里，进一步提高党员干部拒腐防变能力和认识，切实增强廉政和警示教育实效。不断扎紧制度笼子，加强对职能部门权力运行的监督，聚焦水利工程建设管理、项目采购管理、内控制度体系建设、行业监管、政务服务等重点，推进廉政风险防控工作。推进落实“严”的主基调，坚持“严”字当头、“实”字打底，加大执纪问责力度，对腐败问题坚持无禁区、全覆盖、零容忍，特别是对党的十八大以来不收敛不收手的腐败问题，严肃查处、严加惩治，营造“不敢腐”“不能腐”“不想腐”的浓厚氛围。

3. 着力提高制度建设水平。认真落实《中国共产党党内法规执行责任制规定（试行）》，推动各级党组织和领导干部强化制度意识，维护制度权威，不断提高制度执行力。不断强化局党的建设工作领导小组及其办事机构职能作用，按照党内法规规定，领导小组成员单位立足部门职能，各司其职、各尽其责，加强对全局党的建设工作的组织谋划和推动落实。大兴调查研究之风，了解工作推进情况，发现和解决实践中的突出问题，要重点解决党的建设中的突出问题。努力在解决突出问题、加强薄弱环节上取得新突破，全面推进党的建设高质量发展。

关于印发《市水务局党组巩固深化“不忘初心、牢记使命”主题教育成果的具体措施》的通知

津水党发〔2020〕34 号

局属各单位党组织、局机关党委：

为深入贯彻落实市委关于巩固深化“不忘初心、牢记使命”主题教育成果工作的安排部署，现将《市水务局党组巩固深化“不忘初心、牢记使命”主题教育成果的具体措施》印发给你们，请结合实际认真贯彻落实。

中国共产党天津市水务局党组

2020 年 11 月 5 日

市水务局党组巩固深化“不忘初心、牢记使命”主题教育成果的具体措施

为深入贯彻习近平新时代中国特色社会主义思想，全面贯彻党的十九大和十九届二中、三中、四中、五中全会精神，持续推动全局各级党组织和广大党员干部不忘初心、牢记使命，切实增强“四个意识”、坚定“四个自信”、做到“两个维护”，结合我局实际，现就巩固深化“不忘初心、牢记使命”主题教育成果提出如下具体措施。

一、坚持用习近平新时代中国特色社会主义思想武装头脑指导实践推动工作

1. 局、处两级领导班子落实党委（党组）理论学习中心组学习制度，读原著、学原文、悟原理，制订年度学习计划，及时跟进学习习近平总书记重要讲话和重要指示批示精神，每年至少举办一期不少于 3 天的读书班，集中学习研讨。

（牵头部门：办公室）

2. 党员领导干部列出年度重点学习书目，组织谋划、指导推动工作都要同习近平总书记重要讲话和重要指示批示精神对标对表，以实践成效检验理论学习效果。

（牵头部门：机关党办、办公室）

3. 组织“党课开讲啦”活动，每年“七·一”“十·一”前后，党员领导干部和各级党组织书记要到分管基层单位或所在党支部讲专题党课，每年至少 1 次。

（牵头部门：机关党办）

4. 党支部要结合“三会一课”、主题党日等，对习近平总书记重要讲话和重要指示批示精神特别是对本系统本领域的重要指示批示精神重点学、反复学，结合实际持续深入狠抓落实。组织党员按时参加党员大会、党小组会和上党课，学典型案例、听理论宣讲，增强学习效果。

（牵头部门：机关党办）

5. 按照有关规定选树宣传学习习近平新时代中国特色社会主义思想先进典型，推广经验做法，

推动学习往深里走、往心里走、往实里走。

（牵头部门：机关党办）

二、强化理想信念教育和党性教育

6. 认真学习党章、严格遵守党章。坚持以政治建设为统领，各级党组织要把党章作为政治学习的必修课，将每年1月份第一个学习日作为党章学习日，局、处两级理论学习中心组集体学习党章，党支部开展党章专题学习交流。把党章纳入各级各类培训，作为党员、干部党性教育和领导干部任职培训的必学内容。党员、干部至少每半年对党章系统学习1次，入职新的工作岗位、接受重大任务、开展政治体检、受到党纪政务处分、召开警示教育专题会以及在民主生活会、组织生活会前要重温党章，切实做到经常学习对照，把党章要求内化于心、外化于行。

（牵头部门：机关党办、办公室、干部人事处、机关纪委）

7. 强化对党忠诚教育。落实主题党日制度，党支部每月可相对固定1天开展组织生活和党的活动。坚持和完善重温入党誓词、党员过“政治生日”等政治仪式，在党章学习日、“七·一”主题党日活动、民主生活会或组织生活会前、集体过“政治生日”时，由党组织书记带领全体党员佩戴党徽、面向党旗庄严宣誓；各级党组织每年“七·一”“十·一”前后，分两批为党员过集体“政治生日”；党支部或党小组可以单独为每名党员过“政治生日”，通过发放“政治生日”贺卡、重温入党誓词、宣读本人入党志愿书、交流成长历程、参观红色基地和观看红色电影等形式，增强政治仪式感，教育引导党员、干部强化党的意识、党员意识。

（牵头部门：机关党办）

8. 加强党规党纪教育特别是政治纪律和政治规矩教育。通过民主生活会或组织生活会会前集体学习、主题党日集中学习等形式，推动党员、干部系统学习关于新形势下党内政治生活的若干准则、廉洁自律准则、纪律处分条例、重大事项请示报告条例等党内法规，督促党员、干部强化组织观念，做到“四个服从”。

（牵头部门：机关党办、机关纪委、干部人事处）

9. 开展革命传统教育。用好天津红色教育资源，结合主题党日活动，组织党员到周恩来邓颖超纪念馆、平津战役纪念馆、中共中央北方局旧址纪念馆、中共天津历史纪念馆、天津觉悟社纪念馆、盘山革命纪念馆等爱国主义教育基地、党性教育基地接受革命传统教育，传承红色基因，激发前行动力。

（牵头部门：机关党办）

10. 开展党史、新中国史、改革开放史、社会主义发展史专题教育。通过集中学习、专家辅导、观看影视资料、交流研讨等方式，推动党员、干部学习了解党成立以来的重大事件、重要会议、重要文件、重要人物，了解党的光荣传统、宝贵经验和伟大成就，做到知史爱党、知史爱国。

（牵头部门：机关党办）

三、开展经常性政治体检

11. 局、处两级领导班子和党员、干部要结合专题学习研讨、开展调查研究、谋划推动工作等，经常对照习近平新时代中国特色社会主义思想和党中央决策部署，对照党章党规，对照人民群众新期待，对照先进典型、身边榜样，查找自身在政治、思想、组织、作风、能力、廉洁等方面存在的差距和不足。领导班子要针对巡视巡察、干部考核、专项督查反馈的意见，联系本地区本部门本单位发生的重大事件、典型案件，把自己摆进去、把职责摆进去、把工作摆进去，集体讨论查找问题。民主生活会和组织生活会前，党员、干部要系统开展政治体检，全面对照检视、及时整改违背初心使命的各种问题。

（牵头部门：机关党办、干部人事处）

12. 领导班子成员之间、党支部委员之间要经常性开展谈心谈话。民主生活会前，党员领导干部要落实与班子成员、分管部门负责同志、所在党支部党员、服务对象代表、联系点负责人之间“五必谈”要求；组织生活会前，党支部委员之间、党支部委员和党员之间、党员和党员之间要开展谈心谈话，交流思想、相互提醒、相互帮助。

（牵头部门：干部人事处、机关党办）

13. 严格落实民主生活会、组织生活会制度，切实把批评和自我批评开展起来。上级党组织要派人列席、全程指导下级党组织民主生活会、组织生活会，严格执行“五不开”“五叫停”机制，对会议质量不高的责令重开。党员领导干部要以普通党员身份参加所在党支部或者党小组组织生活，虚心听取意见，带头开展批评和自我批评。

（牵头部门：干部人事处、机关党办）

14. 把民主生活会、组织生活会整改工作同党员、干部政治体检中查找出来的问题整改结合起来，立查立改，从具体事、身边事、群众最不满意的事改起，以刀刃向内的勇气坚决整改到位。领导班子整改情况在一定范围内公开。

（牵头部门：干部人事处、机关党办）

四、推动党员、干部履职尽责、担当作为

15. 健全重大突发事件领导班子应急处置机制和党员、干部应急动员发挥作用机制，推动领导班子和领导干部坚守岗位、靠前指挥，引导党员、干部关键时刻冲得上去、危难关头豁得出来、重大斗争中经得住考验。

（牵头部门：安监处、干部人事处、办公室、机关党办）

16. 强化实践锻炼，选派青年干部到扶贫协作、服务企业复工复产及重大突发事件应急处置等一线岗位和艰苦地区实践磨炼，落实机关干部到社区（村）“入列轮值”制度，提高干部打硬仗、解难题、防风险能力。

（牵头部门：干部人事处、机关党办）

17. 健全干部担当作为的激励和保护机制，落实正向激励、澄清保护、容错纠错、回访教育等激励干部担当作为的具体措施，把真担当作为提拔使用的重要标准，坚持能者上、优者奖、庸者下、劣者汰的选人用人导向，突出实干实绩考察考核干部，及时宣传表彰先进典型。

（牵头部门：干部人事处、机关纪委、机关党办）

18. 按照干部管理权限，把干部担当作为情况作为结合巡察开展选人用人专项检查的重要内容。落实市委“不等了”要求，对不敢面对问题、触及矛盾，工作长期没有实质性进展、群众反映强烈的问题长期得不到解决的领导班子，对庸政懒政怠政的领导干部，对解决群众困难“推拖绕”的党员、干部，依规依纪处理。

（牵头部门：干部人事处）

19. 建立党员先锋岗、责任区，推行设岗定责、承诺践诺，组织党员立足本职、担当尽责，发挥先锋模范作用。

（牵头部门：机关党办）

五、聚焦破解重点难点问题加强调查研究

20. 大兴调查研究之风，把调查研究贯穿工作谋划、决策和执行全过程，贯穿发现和解决问题、密切党群干群关系全过程。局、处两级领导班子要围绕贯彻落实党中央和市委决策部署，结合当前重点工作，着眼解决实际问题，每年研究确定若干重点调研课题，深入基层一线，广泛听取群众意见。

（牵头部门：政法处）

21. 领导干部要结合分管工作领题调研，自己撰写或主持起草调研报告。调研结束后，领导班子要研究分析问题症结、提出政策措施，把调研成果转化为解决问题、改进工作的实招硬招。坚持问题导向，聚焦重点问题、重点环节，对调研发现的问题，能解决的马上解决，不能马上解决的明确责任部门和完成时限，压实责任。

（牵头部门：政法处）

22. 加强调研统筹，改进调研作风，不发通知、不打招呼、不听汇报、不用陪同，直奔基层、直插现场，防止扎堆调研、作秀调研，不增加基层负担。

（牵头部门：政法处、办公室、机关党办）

六、坚持不懈为群众办实事做好事解难事

23. 认真落实中央和市委各项惠民政策，大力推动涉水民心工程建设，积极参加百姓问政、政务访谈、公仆走进直播间等活动，定期向群众汇报，接受群众监督。

（牵头部门：办公室、规计处）

24. 完善党员、干部直接联系群众制度，处级以上领导班子成员要建立基层联系点，联系时间一般不少于1年，各层级联系点一般不重复交叉。领导干部每年深入联系至少1次。围绕解决改革发展稳定中的重点难点问题开展联系点工作，了解社情民意，帮助建强基层组织、谋划发展思路、解决发展难题。推行党员志愿服务，组织党员参加党组织开展的志愿服务活动。深化驻区单位党组织和在职党员到街道社区“双报到”，做好服务群众工作。

（牵头部门：机关党办）

25. 坚持和完善“向群众汇报”制度。局、处两级党组织书记每年要走遍所属单位，带着感情去访，真心实意了解群众诉求。推广领导干部基层接访经验做法，对群众诉求和信访反映问题要带着责任去办，听取群众意见、接受监督评判，确保件件有着落、事事有回音，切实做到民有所呼、我有所应。

（牵头部门：机关党办、办公室）

26. 每年召开群众工作会议或群众工作座谈会，总结联系服务群众工作，交流经验做法，查找问题短板，研究部署联系服务群众工作。

（牵头部门：办公室、机关党办）

七、坚决反对形式主义、官僚主义

27. 重点纠治贯彻落实党中央和市委决策部署装样子、做选择、搞变通，维护群众利益不作为、不担当，特别是漠视人民群众生命安全和身体健康，发文开会不切实际，落实工作重“形”不重“效”、重“痕”不重“绩”，督查检查考核大范围要台账资料，多头重复向基层派任务要表格等问题。对形式主义、官僚主义的新表现、新动向进行梳理，持续深化整治，防止反弹回潮。

（牵头部门：办公室、机关党办、机关纪委）

28. 每年要对形式主义、官僚主义问题纠治情况进行自查，加强督促整改。通过明察暗访、监督举报、重点督办，严肃查处典型问题。

（牵头部门：机关党办、机关纪委）

八、开展常态化专项检查

29. 加强部门联动、上下互动，整体推进问题解决。结合巡察、专项督查等开展专项检查，对问题较多的单位重点查访，对专项整治不力或搞形式走过场的严肃批评、督促改正。

（牵头部门：巡察办、巡察组、机关纪委）

九、督促党员、干部遵规守纪、廉洁从政

30. 党员领导干部要严守党的政治纪律和政治规矩，严格执行廉洁自律准则、关于新形势下党内政治生活的若干准则、重大事项请示报告制度、领导干部个人有关事项报告制度等，知敬畏、存戒惧、守底线。

（牵头部门：机关党办、干部人事处、机关纪委）

31. 坚持民主集中制，严格领导班子议事决策规则，防止领导干部插手干预重大事项，确保公正用权、依法用权、为民用权、廉洁用权。

（牵头部门：办公室、政法处、政服处、机关纪委）

32. 党员领导干部要严格落实中央八项规定及其实施细则精神，坚持自查自纠，驰而不息改进作风。注重家庭家教家风建设，保持共产党人的高尚品格和廉洁操守。严格落实领导干部配偶、子女及其配偶经商办企业有关政策规定，反对特权思想和特权行为。

（牵头部门：办公室、机关纪委、干部人事处）

33. 持续抓好廉政教育和警示教育，坚持常态化，立足差异化，突出特色化，充分运用曝光台、以案为鉴专栏，采取集中学习、案例分析、专题讨论、警示教育大会、开展警示教育月活动、“点题”式组织生活会、发送纪检监察建议书、廉政谈话、回访教育等多种形式，及时组织学习中央纪委、市纪委全会精神和有关通报，综合运用水务系统典型案例，以身边案教育身边人，提高警示教育的带入感，发挥警示震慑效应，做到以案促教、以案促改、以案促建，营造党员干部“不敢腐”“不能腐”“不想腐”的氛围。

（牵头部门：机关党办、机关纪委）

局、处两级党组织负起主体责任，结合统筹推进常态化疫情防控和经济社会发展、改革发展稳定等各方面工作和人民群众对美好生活的新期待，加强组织领导，强化督促指导，推动巩固深化“不忘初心、牢记使命”主题教育成果各项任务落地见效。加强考核评估，通过听取意见、随机查访领评，了解党员、群众评价，及时发现解决存在的突出问题。上级党组织要派人列席下级党组织的民主生活会、组织生活会、专题学习研讨会、调研成果交流会、群众工作座谈会等，加强具体指导。各牵头部门要加强工作谋划，通过明察暗访、随机调研、专项督查等方式，加大指导推动力度，确保各项措施落到实处、形成常态。领导干部要走在前、作表率，既抓自身又抓下级，形成一级抓一级、层层抓落实的工作机制，推动形成坚定理想信念、坚守初心使命、敢于担当作为的浓厚氛围。

市水务局关于印发《天津市水土保持区域评估实施方案（试行）》的通知

津水综〔2020〕8号

各区水务局、审批局，各有关单位：

为贯彻落实市委市政府关于优化营商环境和工程建设项目审批制度改革等决策部署，结合水利部生产建设项目水土保持工作要求和我市工作实际，在我市各类开发区、功能区、工业园区或其他特定区域（以下统称园区）推行水土保持区域评估有关工作。现将《天津市水土保持区域评估实施方案（试行）》，印发给你们，请遵照执行。

附件：天津市水土保持区域评估实施方案（试行）

天津市水务局
2020年9月10日

附件

天津市水土保持区域评估实施方案（试行）

一、制定目的

为深入贯彻落实习近平生态文明思想，牢固树立并自觉践行“创新、协调、绿色、开放、共享”新发展理念，围绕“美丽天津”建设的总体要求，加强生态文明建设，提升我市水土保持社会管理水平，为提供便捷高效的公共服务，营造良好的营商环境，制定本方案。

二、适用范围

天津市水土保持区域评估适用于天津市行政区域内新建成的各级开发区、功能区、工业园区以及其他特定区域（简称为园区）。未编制水土保持区域评估报告的已建园区中的待开发利用区域（地块）或其他特定区域的水土保持区域评估适用本办法。

园区管理部门在土地和区域规划手续完备、功能定位基本明确、计划入驻项目建设特点基本一致的条件下，组织编报水土保持区域评估报告。

水土保持区域评估报告的服务期限应与园区的近期规划一致，原则上不超过十年。

三、评估要求

水土保持区域评估应当因地制宜、重点突出，综合考量。要坚持“谁开发利用谁保护”“谁造成水土流失谁负责治理”“谁损坏设施植被谁负责补偿”的原则，确保水土流失防治责任落实到位。水土保持区域评估要科学合理，符合水土保持法律法规、技术规范和防治标准，符合生态红线要求，明确防治范围，实现区域土石方基本平衡。

水土保持区域评估审批后，园区管理部门一次性告知生产建设单位准入要求，生产建设单位对水土流失防治责任应进行书面承诺，并向有管辖权的监管部门备案，园区管理部门应督促生产建设单位做好水土保持相关工作。

四、评估内容

（一）编制要求

1. 园区管理部门在“五通一平”（即通水、通电、通路、通讯、通气和平整土地）前，组织具有相应技术能力和水平机构编制水土保持区域评估报告，经相关部门审批后，供园区内单个项目单位编制水土保持评估表使用。分期（或分区）开发建设的，无需另行编制分期（或分区）水土保持区域评估报告。编制水土保持区域评估报告的技术服务单位应具有相关行业认可的技术咨询服务能力，园区管理部门应对水土保持区域评估报告的主要内容和编制质量负责。

2. 水土保持区域评估报告应明确园区水土流失防治任务和责任主体，根据本区域相关规划，在资料收集和现场踏勘的基础上，制定水土流失总体控制目标，分析论证区域内生产建设项目总体布局、规模、建设范围对水土资源和生态环境可能造成的影响，提出水土流失预防和治理的对策和措施。

3. 编制水土保持区域评估报告应遵循如下技术标准规范。

（1）《生产建设项目水土保持技术标准》（GB 50433—2018）

（2）《生产建设项目水土流失防治标准》（GB/T 50434—2018）

（3）《生产建设项目水土保持监测与评价标准》（GB/T 51240—2018）

（4）《水土保持工程调查与勘测标准》（GB/T 51297—2018）

（5）《生产建设项目水土保持设施验收技术规程》（GB/T 22490—2016）

（6）《水土保持工程设计规范》（GB 51018—2014）

（7）《土地利用现状分类》（GB/T 21010—2017）

（8）《土壤侵蚀分类分级标准》（SL 190—2007）

（9）编制水土保持区域评估报告需要的其他技术标准规范

（二）区域评估报告的审批

水土保持区域评估报告由园区管理部门组织编报，报属地人民政府或市人民政府通过立法设立的管理委员会的相关部门审批。其他下放水土保持审批权限的，按现有管理程序实施。

位于中心城区及跨区级行政区域园区的水土保持区域评估由市水务局审批。

（三）评估报告表

入驻单个生产建设项目，共享区域评估成果。因法律、政策及技术等因素限制不能直接使用区域评估成果的生产项目，应按照一般生产建设项目水土保持技术方案的审批要求向相关部门报批。其他入驻生产建设项目不再履行报批程序，应根据经批准的水土保持区域评估报告，自行或组织有能力的技术服务单位，对本项目的水土流失防治目标、措施等级、标准，以及应达到的防治指标值作出评估，完成水土保持评估报告表，并向有管理权限的监管部门报备。建设单位应承诺做好后续水土保持工作并填报承诺表，按照要求同步做好水土保持监理、监测等工作。

征占地在 1 公顷以下且挖填土石方量在 1 万立方米以下的单个生产建设项目，不需要编制水土保持评估报告表。

（四）技术评审

水土保持区域评估报告由审批部门组织技术评审。技术评审专家由市级或水利部专家组成，一般为 3~5 人。专家组长应由从事过水土保持管理的具有高级职称以上的专家担任。水土保持区域评估报告的评审费用应由审批部门或园区管理部门承担。

单个项目的水土保持评估报告表由园区管理部门组织专家评审，评审费用由园区管理部门承担；评估报告表需要至少一名市级水土保持技术评审专家签署同意意见。

技术评审单位对技术评审意见、评审专家对签署的意见负责。

（五）补偿费征收

已经完成全区域内“五通一平”、公共基础设施以及厂房建设等土建工程，且生产建设单位直接入驻后不再需要进行涉及土建工程建设的，水土保持补偿费由园区管理部门在开工前向相关部门一次性全额缴纳，生产建设单位入驻后不需要缴纳水土保持补偿费。

统一实施“五通一平”及公共基础设施工程的，水土保持补偿费由园区管理部门在开工前向相关部门一次性全额缴纳，计征面积为统一实施的“五通一平”及公共基础设施工程占地面积。土建工程由入驻生产建设单位实施的，应按照征占地面积计征水土保持补偿费，开工前向相关部门一次性全额缴纳。

（六）水土保持监测监理

统一实施全区域内“五通一平”、公共基础设施的，由园区管理部门组织开展水土保持监测、监理工作。

入驻单个生产建设项目可根据扰动的实际情况自行开展水土保持监测、监理工作。征占地在1公顷以上，5公顷（含）以下或者挖填土石方量在1万立方米以上，5万立方米（含）以下的单个生产建设项目，监测、监理等有关工作可不纳入自主验收管理。征占地5公顷以上，挖填土石方量在5万立方米以上的单个生产建设项目，应开展监测监理工作，并纳入自主验收管理。

（七）水土保持设施验收

统一实施全区域内“五通一平”、公共基础设施以及厂房等建设的，在园区建成使用前，园区管理部门要按照有关规定开展园区建设自主验收，并向相关监管部门报备。报备材料包括监测报告、施工总结及验收鉴定书。

入驻生产建设项目要在投产使用前依据水土保持评估报告表所载内容进行水土保持设施自主验收，并向相关监管部门报备。报备时，只需要提交水土保持设施验收鉴定书。

接受报备的监管部门应当依法依规组织开展现场核查。

五、组织实施

（一）落实责任主体。监管部门应切实加强项目事中事后监管。园区管理部门应组织、指导各项目单位做好水土流失防治工作。生产建设单位按照“谁开发利用谁保护”“谁造成水土流失谁负责治理”“谁损坏设施植被谁补偿”的原则，承担水土流失防治责任。

（二）强化监督检查。监管部门要加强事中事后监管，适时开展现场检查。鼓励采用遥感技术、无人机巡测等手段对生产建设项目进行检查，各监管部门要将此项工作列入常态化管理，所需经费列入部门预算，保障工作开展。要加强水土保持方案审批、验收信息和中介服务机构信息台账建设并及时上报相关信息。对未批先建、未验先投、未落实水土流失防治措施的，依法依规予以查处。

（三）实行信用监管。建立水土保持信用监管体系。对园区内的生产建设项目单位存在不信守承诺、违法违规行为的，监管部门应按照相关规定，视不良行为记录纳入“重点关注名单”或“黑名单”，并在全国水利建设市场监管服务平台和市级信用信息平台发布，对失信行为实行联合惩戒和社会监督，让失信主体“一处失信、处处受限”。

（四）严格责任追究。对生产建设过程中发生的水土保持问题，监管部门要依据有关法律法规等，确定违法违规情形，认定责任单位，依法追究生产建设单位、技术服务单位和施工单位等相关单位和个人的责任。

领 导 讲 话

市长张国清在天津市农村人居环境整治工作领导小组会议上的讲话

（2020 年 4 月 7 日）

同志们：

今天的会议，主要目的是深入贯彻落实习近平总书记关于“三农”工作，特别是农村人居环境整治工作重要讲话和指示批示精神，动员全市各方面力量，克服新冠肺炎疫情影响，全力以赴打赢农村人居环境整治收官之战，确保三年行动各项目标任务高质量完成。刚才，三个区做了表态发言，讲得都很好，和俊同志进行了工作总结和部署，任务明确、要求具体、重点突出，我都同意。下面，我讲几点意见。

一、提高政治站位，进一步增强做好农村人居环境整治工作责任感、紧迫感

开展农村人居环境整治，是以习近平同志为核心的党中央从战略和全局高度做出的重大决策。党的十八大以来，习近平总书记针对做好农村人居环境整治工作发表一系列重要讲话，作出一系列重要指示批示，为我们指明了前进方向，提供了根本遵循。今年以来，总书记在部署、指挥新冠肺炎疫情防控工作时，又作出两次重要指示：在 2 月 3 日召开的中央政治局常务委员会会议上，总书记指出，要以疫情防治为切入点，加强乡村人居环境整治和公共卫生体系建设；3 月 2 日在北京考察新冠肺炎防控科研攻关工作时指出，要从人居环境改善、饮食习惯、社会心理健康、公共卫生设施等多个方面开展工作。3 月 30 日在浙江考察时强调，要深入开展爱国卫生运动，推进城乡环境整治，完善公共卫生设施，提倡文明健康、绿色环保的生活方式。这些重要指示，充分体现了这项工作在总书记心中的分量。我们一定要从践行“四个意识”、增强“四个自信”、做到“两个维护”的政治高度，从如期实现全面建成高质量小康社会的目标要求，深刻认识做好农村人居环境整治工作的重大意义，作为一项重大政治任务和重要的民心工程、发展工程，抓紧抓实抓出成效。

今年是我市农村人居环境整治三年行动的最后一年。两年多来，市委、市政府把改善农村人居环境作为新时代乡村建设和乡村振兴的主要抓手之一，聚焦突出问题，大力实施全域清洁行动，深入开展“百村示范、千村整治”，农村人居环境明显改善，各方面工作值得肯定。但也要清醒认识到，任务依然繁重艰巨，除了已确定的三年整治目标任务量还比较大之外，新冠疫情发生以来，农村饮水安全、垃圾和畜禽粪污处理等问题凸显，部分地区存在点源与面源污染共存、生活与生产污染叠加等现象。农村医疗卫生基础设施薄弱、医护力量不足、防护物资短缺、健康教育和疾病预防控制不到位，硬件设施短缺，软件条件不足，公共卫生安全隐患不少。此外，疫情一定程度导致施工企业招工困难、支出成本增加，施工既要赶进度，又要保安全，也加大了工作难度。现在距离三年收官交账满打满算还有 8 个月时间，除去查漏补缺、考核验收的 2 个月，有效时间只有 6 个月，时间紧、任务重。各涉农区、各部门一定要把思想和行动统一到党中央决策部署和市委、市政府部署要求上来，充分认清新的压力和挑战，坚定信心、迎难而上，大干200天，按时保质完成三年整治行动目标任务，切实增强人民群众幸福感、获得感和安全感。

二、突出重点把握关键，坚决打赢农村人居环境整治收官战

第一，认真整改问题，限时销号清零。去年底，国务院农村人居环境整治大检查，对我市反馈指出了6方面、15个具体问题，包括：个别纳入整村搬迁计划的村庄人居环境整治力度较弱、村容村貌较差；个别村庄改厕施工衔接不够紧密；部分村庄生活垃圾收集清运监管不到位；部分村庄生活污水未按规定处置；部分村庄养殖场违规排放污水、倾倒垃圾；个别村庄存在非正规秸秆垃圾堆放点等。要坚持问题导向，严格标准、细化举措、保证质量，完成一项、验收一项、销号一项，确保反馈意见指出的问题按时高质量见底清零。同时，要着眼常态长效，标本兼治，既解决好反馈意见指出的问题，更注重举一反三，并将行之有效的整改措施和工作机制，不断完善形成制度规范，切实提升工作质效。

第二，聚力主攻方向，夯实发展基础。农村人居环境整治既是理旧账、补短板，更是为农村经济社会发展打基础、利长远的重要基础性工程。我市农村具有点多、量大、面广的特点，经济相对薄弱，垃圾污水处理、厕所改造等历史欠账较多，人居环境脏乱差的状况与直辖市的地位极不相称。比如要重点建设8座垃圾焚烧厂，也仅仅是打破“紧平衡”，距离有一定余量还有差距。要紧紧围绕三年行动既定目标，坚持以农村垃圾处理、污水处理、厕所革命、村容村貌提升等为主攻方向，加快补短板、强弱项，不折不扣、实打实完成各项任务。农村生活垃圾治理，要加快收运处置设施建设，推行农村生活垃圾分类，坚决整治垃圾堆山、垃圾围村等问题，收集处理率实现100%。生活污水治理，要加快770个村的生活污水处理设施建设，实现现状保留村污水处理设施建设全覆盖。厕所革命，要改造提升农村户厕29.6万座，加强改厕与农村生活污水治理有效衔接，农村卫生厕所普及率达到100%。村容村貌提升，要改造乡村公路500公里，创建10条美丽乡村示范路，建成150个农村人居环境整治示范村，续建美丽村庄250个。今年的市、区两级财政都会比较困难，资金保障是个大问题。要多渠道筹措政府性资金。用好财政及地方政府债券资金，提高使用效率。积极争取国家财政支持，市各相关部门主动对接国家农业农村、住房建设、生态环境、卫生健康、财政等部委，尽可能多地争取资金项目。要充分利用社会资本。总结推广武清区农村生活污水PPP项目和宝坻区坚持政策、资金、施工、运营“四统筹”推进农村生活污水处理等经验做法，探索多元化投入机制，充分调动市场主体积极性。要建立经费保障制度。试点实施污水垃圾处理农户缴费制度，完善市区财政补助、村集体补贴、农户适当付费相结合的管护投入机制，提升可持续发展水平。

第三，增强精品意识，保障工程质量。质量是工程的生命线。每个工程项目都要精心设计、精心施工，打造成精品工程、安全工程、村民满意工程，切忌“不顾质量赶进度”的错误思想。要严格质量管控体系，落实设计、施工、监理责任制，严把方案设计、招投标、施工建设、监理监督、考核验收等关键环节，落细落实具体要求，形成环环相扣、衔接紧密的质量控制体系。要完善质量监督体系，建立市、区、乡镇、村监督和专业监理相结合的监督体系，市、区要建立专门班子和技术服务团队，乡镇要切实加强日常指导和协调督查，各村要推选工作责任心强、肯担当的村两委成员、党员、村民代表等组成监督小组，对施工单位、监理单位进行监督。要发挥村民主体作用，村民不仅是农村环境整治的直接受益者，更是重要的参与者和建设者，要以群众支持率和参与度为衡量工作成效的重要标尺，组织群众、发动群众，把家家户户都动员起来，增强村民主人翁意识，引导他们参与项目规划、建设和质量监督管理，组织开展周末环境卫生大扫除等活动，树标杆、立典型，不断激发积极性、主动性、创造性，形成人人参与、人人有责、人人尽责、人人享有的生动局面，共同建设维护好美丽家园。

第四，建立长效机制，巩固整治成果。“三分在建、七分在管”，良好的习惯养成和常态管护极为重要。要按照“有制度、有标准、有队伍、有经费、有督查”的要求，建立符合农村特点的常态长效运行管护机制，倡导新风尚，革除陈规陋习，化风成俗，引导村民养成文明健康的生活习惯，使美丽乡村建成、建好并长久保持。强化管护制度建设，实施村庄保洁网格化管理，建立包卫生、包绿化、包秩序“门前三包”责任制，与村庄公共区域保洁员责任区、党员责任岗等相结合，确保每一个角落都有人管。配强管护队伍，建立一支综合与专业、专职与兼职相结合的农村人居环境整治管护队伍，保障好管护人员待遇，强化教育培训，确保队伍稳得住、作用发挥好。健全考评机制，乡镇（街）、村两委要定期对保洁质量、卫生状况进行督查考核和情况反馈，督查考核结果与保洁员报酬挂钩，确保保洁质量。按照 PPP 方式建设的污水处理设施，要聘请第三方专业机构对项目公司的运营成效进行绩效考评，实施“依效付费”。

第五，注重工作统筹，促进乡村振兴。农村人居环境整治是做好农业农村工作的切入点和突破口。要遵循乡村建设规律，把整治与脱贫攻坚、乡村振兴、国家卫生区创建、文明城区创建等结合起来，突出整治实效。要与改善卫生健康条件紧密结合，加强农村公共卫生体系建设，加强基层疾病预防控制队伍建设，提高应对重大突发公共卫生事件的能力，更好保障农民健康安全。要与农民增收紧密结合，加快就业岗位开发，在乡村保洁员、水管员、护路员、生态护林员、动植物防疫员、公共设施巡查员等岗位中开发一部分公益性岗位，提供更多就地就近就业机会，给予一定岗位补贴，同步促进农民增收。要与推动农村绿色发展紧密结合，深入推进湿地保护全面升级，加快建设 736 平方千米绿色生态屏障，强化岸线生态综合治理，加强蓟州山区生态保护，推进生活污水垃圾回收和畜禽粪污资源化利用，保护乡情美景，促进人与自然和谐共生。

三、强化组织推动，确保农村人居环境整治和疫情防控“双战双胜”

第一，加强责任传导。各级党委、政府主要负责同志要亲自研究部署，亲自推动落实。市农村人居环境整治工作领导小组办公室要发挥好牵头抓总、综合协调的作用，各成员单位各负其责，主动盯紧靠前，形成工作合力。各涉农区要统筹做好疫情防控、项目落地、资金使用、推进实施等工作，制订工作方案，实施清单化管理，建立目标清单、措施清单、责任清单，把重点任务细化到每月、每周，明确推进步骤，形成定责、明责、督责、问责的闭环责任体系。要发挥好群团组织作用，开展“千村美院”创建、“小手拉大手”等系列主题活动，多渠道、多层次动员社会各界积极参与。要依托各级各类新闻媒体，广泛进行宣传引导，营造农村人居环境整治的巨大声势和浓厚氛围。

第二，守好两个阵地。疫情期间的一个特殊性在于，施工企业需要到村庄内进行施工，施工过程与村民生产生活相交织，必须要守好施工企业和村庄疫情防控两个阵地。要打通企业复工的关键环节，各涉农区要了解掌握相关设施设备生产企业的复工情况，加快打通产业链的“断点”“堵点”。要深化企业服务，根据工作需要向农村生活污水处理和改厕施工企业派驻联络服务员，深入企业开展“点对点”送服务，实现“问题发现、梳理汇总、提交转办、协调销号”闭环管理，实实在在帮助企业解决问题和困难，全力推进施工企业复工和项目开工。要加强施工现场管理，根据项目特点，科学合理安排施工次序，施工现场要进行封闭管理，与农户庭院实行围挡隔离，禁止无关人员进入。要做好群众工作，有序疏导村民情绪，引导村民自觉遵守相关防疫要求，为企业进村施工创造良好条件。

第三，严格督战考核。要强化督查考核，组

织各区进行交叉检查和开展综合检查、专项检查及明察暗访，对任务较重、发现问题较多和整改任务较重的区，以及进度慢、效果不理想的单项工作实行挂牌督战。要进一步提振精气神，用好容错纠错机制，推动干部敢担当、真作为，用制度创新的手段解决难点问题，形成以干成事论英雄，以解决实际问题论能力的鲜明导向。要坚决防范和纠正形式主义、官僚主义，严肃查处不担当不作为乱作为等问题，落实好为基层减负各项措施，坚决杜绝弄虚作假。今年是收官之年，各级各部门要提前谋划对今年任务及三年行动总体任务完成情况的评估考核，扎实做好各项准备工作，以良好的精神状态和扎实过硬的工作实绩迎接党中央、国务院的检查考核。

同志们，如期实现农村人居环境整治三年行动目标是硬任务、攻坚战，我们要坚定信心，扎实苦干，全力抓好各项工作，坚决打赢收官之战，为我市深入实施乡村振兴战略、全面建成高质量小康社会作出更大贡献！

谢谢大家！

局党组书记张志颇在市水务局党员干部“讲担当、促作为、抓落实”动员会暨警示教育大会上的讲话

（2020 年 12 月 26 日）

同志们：

刚才，我们集中观看了警示教育片，玉刚同志传达了鸿忠书记讲话精神，可以说很受触动、很受警醒。在市委强力推进形式主义官僚主义、不作为不担当问题专项整治的背景下，仍然有人不以为意、明知故犯，有贯彻落实党中央决策部署不力的，有对待群众要官威摆官架的，有为企业办事不痛快损害营商环境的，影响天津的发展，有损党和政府的形象，教训十分深刻。鸿忠书记对“三处理”“三不等”讲得很明确，特别是指出窗口无否决权，办事人员没有说“NO”的最终决定权，凡是该上报的没有上报，有企业向市委、市政府主要领导投诉的，一律追责问责；依规依纪不该处理的，多处理一个也为多，该处理的少一个也不行。我们要清醒认识到市委对形式主义官僚主义、不作为不担当问题的处理态度和决心，我们一定要从思想深处受教育、受警醒，触及灵魂，切实以反面典型为镜鉴，坚决不做“片中人”，以实际行动体现党员干部的担当和作为。下面，我讲四点意见。

一、提高政治站位，切实增强“讲担当、促作为、抓落实”的责任感紧迫感

一是以习近平同志为核心的党中央高度关注干部担当作为。党的十八大以来，习近平总书记就发扬担当精神作出一系列重要论述，强调“当干部就要有担当，有多大担当才能干多大事业，尽多大责任才会有多大成就”“能否敢于负责、勇于担当，最能看出一个干部的党性和作风”，强调摆位之高、着墨之重、力度之大在党的历史上前所未有。党的十九大作出在全党开展“不忘初心、牢记使命”主题教育的重大决策，明确提出“守初心、担使命，找差距、抓落实”的总要求，担使命就是强调勇于担当负责，积极主动作为。2019 年，习近平总书记在省部级主要领导干部坚持底线思维着力防范化解重大风险专题研讨班提出，需要有充沛顽强的斗争精神，领导干部要敢于担当、敢于斗争，保持斗争精神、增强斗争本领；2020 年在中央党校中青年干部培训班上提出，干部要提高解决实际问题的“七种能力”，其中就有抓落实的能力。我们要深入学习领会习近平总书记关于担当的重要论述精神，把担当作为增强“四个意识”、坚定“四个自信”、坚决做到“两个维护”的“试金石”，转化为锐意进取、开拓创新的精气神和埋头苦干、真抓实干的自觉行动，推动党中央决策部署在水务系统落地生根。

二是市委始终将激励干部担当作为摆在突出位置来抓。市委始终高度重视激励干部担当作为，鸿忠书记就推动干部担当作为多次专门研究，多次提出要求，多次安排部署。2017 年在全市范围内开展为期一年的不作为不担当问题专项治理，2018 年又启动为期三年的专项治理行动，以壮士断腕的精神，掀起“问责”风暴，对不作为不担当的，明确了一个问责标准，即处理多少都不为多，少一个也不行，该免职的免职，该降级的降级，该从头再来的从头再来。2019 年召开全市不作为不担当警示教育大会、市级机关处长大会，2020 年作题为“向习近平总书记看齐，大力弘扬中国共产党人的担当精神，为守初心担使命不懈奋斗”的党课报告，最近又召开全市党员干部“讲担当、促作为、抓落实”动员会暨警示教育大会等，都对干部担当作为提出了明确要求，对不担当不作为的干部作出了严肃处理。根据市委通报，2019 年全市共查处不作为不担当问题 1564 起，处理 2343 人，其中市管干部 31 人；2020 年上半年，共查处不作为不担当问题 435 起，处理 654 人，体现了市委以治庸治懒的疾风厉势向不作为不担当“开刀问斩”的坚定决心和鲜明态度。我们要清醒认识到当前的严肃形势，切实把“敢负责、勇担当、善作为”当成一件大事对待、作为一种责任落实，营造干事创业的强大气场。

三是人民群众对美好生活的期盼需要干部担当作为。水务工作是民生工作，民生就是最大的政治。随着社会主要矛盾的变化，优质水资源、健康水生态、宜居水环境日渐成为全市人民最直接、最迫切的美好生活需要，也对水务工作提出了更高要求。供水、排水、水环境问题始终是人民群众关注的焦点，尽管我们取得了阶段性的成绩，但当前还存在一些短板，与群众对美好生活的需要还有差距。从日常工作和舆情监测来看，供水方面问题较多，有水压水质不稳定的，有二次供水改造或压力不足的，有维修不及时导致停水的；防汛排涝能力还需要提高，比如部分区域降雨易积水，有的雨后退水速度不够快，时有污水跑冒或积水结冰；水污染问题仍然存在，比如雨后河道水环境差，有短期黑臭现象等。工作好不好，群众说了算，我们要把群众是否满意作为工作好坏的评价标准，急群众所急、想群众所想、解群众所盼，能干善干积极干，推动解决群众反映强烈的突出问题，不断增强人民群众获得感、幸福感、安全感。

二、坚持问题导向，对照“三处理”“三不等”要求，深刻反思自检

随着全面从严治党和专项治理工作不断深入，局党组下力气查处了一些形式主义官僚主义、不作为不担当问题，过去存在的一些问题得到了有效整改，对照鸿忠书记提出的担当作为三个方面标尺和“三处理”“三不等”要求，我们要静下心来深刻反思自检，在身边到底还存在哪些沉疴宿疾需要整治。

一是从政治敏感性方面，深刻查找有没有等靠思想。认真对照担当的标尺，查找在贯彻落实上级决策部署时，有没有政治敏感性不强的问题，有没有满足于学习传达文件精神，对新政策新要求理解不深、研究不够、把握不准的问题，有没有不站在讲政治的高度抓贯彻落实的问题。比如，对优化营商环境的决策部署有没有认真领会，是不是按照新要求、站在行业管理的高度及时组织调整政策规定；在疫情防控中有没有迅速进入战时状态，在紧急关头、关键时刻能不能展现水务人的良好形象；对便民惠企政策熟悉不熟悉，落实到位没到位，对市民群众的询问能不能解释清楚等。

二是从宗旨意识方面，深刻查找有没有官爷思想。水务工作是民生工作，作为党员领导干部，手中的权力来自人民，就要服务于人民，这是作风问题，更是政治问题。我们要对照担当的标尺，深刻查找有没有以人民为中心的发展思想树得不牢、为民服务等靠拖迟慢的问题。比如，涉及民计民生的重点工程项目遇到难点问题，是不是主动沟通协调、“一竿子插到底”；营商环境涉水服务事项够不够用心、用情、用力，服务对象满意不满意，“店小二”精神、“保姆”意识有没有真正树立起来，服务态度、服务质量、服务效率、服务水平是不是还需要再提升等。我们都要认真思考，在为民服务上怎么把方便留给群众，让我们的服务更加有温度，让群众获得感更强，让“初心”守得更牢。

三是从担当精神方面，深刻查找有没有旁观思想。认真对照担当的标尺，深刻查找在履职时是否存在不走心、不尽力，有任务布置一下，有会议传达一下，有问题上报一下的现象。有没有“只要不出事，宁愿不干事”，对工作应付了事，不推不动，甚至推而不动，做事打不起精气神的问题。有没有精品意识不强、审核把关不严，公文稿件逻辑不清、数据不准、文不对题等低级错误，过关不把关、层层画圈圈、一路亮绿灯的现象。现在形势变化快，任务多、担子重，每名党员干部都要反思在执行文件和命令时有没有“中梗阻”、讲条件、“二传手”问题，有没有拈轻怕重，害怕“挑水多，罐子摔得多”，不愿吃苦受累，不想冲锋在一线的问题。

四是从大局意识方面，深刻查找有没有本位思想。要对照担当的标尺，深刻查找是否存在大局意识不强，协作精神不够，做事怕担责、怕牵头、怕领事，没有担难、担险、担苦、担重的意愿的问题，是否存在遇事“难”字当头，遇难“退”字当先的问题。坚决杜绝以“职责不清”或“情况不了解”甚至“忙不过来”等各种理由为借口，对职责边界上的事推诿扯皮、腾挪闪避绕，坚决杜绝任务执行不坚决、讨价还价，合意的就干，不合意的就相互踢皮球、打太极。坚决杜绝对全局性、整体性任务不愿牵头，能推则推，能躲则躲，都想当派活的，不想当干活的，牵头的把责任一分了之、总结一汇就成的现象。

五是从创新意识方面，深刻查找有没有守摊思想。要对照担当的标尺，深刻查找有没有对新时代新要求认识不深，固守陈规旧制，工作满足于一般化，只求过得去、不求过得硬，缺乏创新主动性的问题；有没有在执行规定、落实政策要求上，思维模式固化，没有先例的事儿不敢干，没有指示的事儿不敢越“雷池”半步的问题；有没有在改革过程中不愿创新突破，习惯于用老办法应对新问题，不换脑筋、不换套路、不换打法，导致“老办法不管用、土办法不能用、新办法不会用”的问题；有没有看不到与先进地区、先进单位的差距，看不到工作中存在的问题，自我感觉良好，工作标准不高，守摊有余，创新不足，不求有功，但求无过，“佛系”工作的问题。

六是从纪律意识方面，深刻查找有没有侥幸思想。进入新时代，全面从严治党的力度越来越大，态势越来越严，我们要对照担当的标尺，深刻查找是否还存在对“严”的认识不足、执行“紧”的力度不够的问题，是否存在规矩意识、纪律意识不牢固，对纪律规矩的敬畏感还没有根植内心的现象。

同志们，问题是时代的声音，也是改进工作切入点。各单位各部门要对照鸿忠书记讲话精神，对照警示教育片的反面典型，对照列举出的“六个方面”现象，举一反三，深刻反思，深挖根源，深刻认识形式主义官僚主义、不作为不担当的危害性，增强危机感和紧迫感，切实把讲担当、促作为、抓落实作为检验党员干部队伍增强“四个意识”、坚定“四个自信”、做到“两个维护”的标尺，作为落实全面从严治党重要举措，作为凝心聚力谋发展的重要保证。

三、瞄准担当作为标尺，建设想干事敢干事能干事干成事的干部队伍

一是要讲政治，坚定理想信念，做到“为官想为”想干事。习近平总书记指出，“在干部干好工作所需的各种能力中，政治能力是第一位的。有了过硬的政治能力，才能做到自觉在思想上、政治上、行动上同党中央保持高度一致，在任何时候任何情况下都能‘不畏浮云遮望眼’‘乱云飞渡仍从容’。”要树牢理想信念。在座的干部骨干是天津水务事业高质量发展的中坚力量，必须坚定对马克思主义的信仰、对中国特色社会主义的信念，把牢正确的政治方向，保持政治定力，站稳政治立场，永葆共产党人的初心和本色。要始终做到对党忠诚。要在思想上政治上行动上始终与以习近平同志为核心的党中央保持高度一致，任何时候都与党同心同德、同向同行，践行好“两个维护”自然就会做到主动担当；要在其位谋其政，在岗就要讲政治敢担当，在落实中央和市委、市政府决策部署，落实局党组决定和履行职责时，时刻反思有没有树牢宗旨意识，有没有讲党性，有没有践行一名共产党人的初心和使命。要树立强烈的事业心、责任感。习近平总书记曾经讲“担当就是责任，好干部必须有责任重于泰山的意识，坚持党的原则第一、党的事业第一、人民利益第一”。我们干工作、做事情要多站在天津发展大局去考虑问题，遇事首先要有积极的态度，要先想到怎么办、怎么能干好，而不是该不该我干、我不会干，坚决杜绝遇事“层层甩锅”的现象。

二是要敢担当，勇于履职尽责，做到“为官敢为”敢干事。习近平总书记强调，“改革攻坚要有正确方法，坚持创新思维，跟着问题走、奔着问题去，准确识变、科学应变、主动求变，在把握规律的基础上实现变革创新。”要敢于创新转变思想。思路决定出路，眼界决定境界。要实现水务事业高质量发展，必须进一步解放思想、更新理念，依靠改革创新激发动力和活力。要敢于“第一个吃螃蟹”“啃硬骨头”，打开脑袋上的“津门”，坚决破除看家守业、无功无过的保守思想，坚决摒弃抱残守缺、故步自封的思维定式，积极对标一流先进，不断增强“标兵追兵”意识，敢想敢干、敢闯敢试，深入研究解决问题、破解难题的有力招法、有效举措，增强水务事业发展活力。要敢于担难担险。总书记当年在梁家河经历跳蚤关、饮食关、生活关、劳动关、思想关这“五关”的考验，经受了磨砺，锻造了意志，砥砺出坚强。我们抓工作干事业要有总书记过“五关”的精神，要有始终如一、执着如一、笃实如一的韧性，要有越挫越奋、越挫越勇的坚毅，要有迎难而上的冲劲和坚如磐石的定力，不论身处什么岗位、从事什么工作，都要保持旺盛的热情和干劲，多做有利于促进发展的事，多做有利于改善民生的事，多做有利于长远发展的事，坚决不能推诿扯皮、上推下卸，更不能失职弃守，切忌过关不把关，层层划圈了事。

三是守初心，恪守为民情怀，做到“为官勤为”能干事。习近平总书记强调，“人民是我们党执政的最大底气，是我们共和国的坚实根基，是我们强党兴国的根本所在。”我们讲担当作为，落脚点应该是为人民谋幸福，要勤为老百姓办事、能为老百姓办事。要牢记党的宗旨、始终心中有民。在座各位无论职务高低、具体从事哪方面工作，都要时刻牢记“人民对美好生活的向往就是我们的奋斗目标”，以造福人民为最大政绩，以人民满意为最大追求，着力解决城乡供水、防汛排水、水环境改善等老百姓最关心的热点难点问题，始终把增强群众幸福感、获得感、安全感作为全部工作的出发点和落脚点。要践行群众路线、恪守为民情怀。全体党员干部要以百姓心为心，时时、处处、事事为老百姓着想，眼睛要向下、腿脚要沾泥、心灵要相通，真正沉下去、接地气，与群众坐在一条板凳上，坚决抵制“官爷文化”，对群众反映的问题尤其是反复反映的问题，要高度重视、认真处置、抓紧解决，切实让群众得温暖、得实惠。要躬身为民服务、坚持向群众汇报。我们要始终带着一颗“菩萨心肠”为群众办实事、办好事，要千方百计、想方设法把群众的事办成、办好，切实解决好老百姓的操心事、烦心事，主动向群众汇报工作，倾听群众意见，提升为人民服务的能力和水平。

四是练本领，坚持苦干实干，做到“为官能为”干成事。担当需要有担当之心，又要有担当之能，这就是习近平总书记经常强调的“铁肩膀”。要实现推动党中央和市委市政府决策部署落地落实、推动水务事业高质量发展，就得要有宽厚硬实的肩膀，如果重任落在嫩肩膀、软肩膀、弱肩膀、窄肩膀、小肩膀上，那是担不起来的。

要着力提升专业素养。立足自身岗位需求，培养专业知识、专业能力、专业作风、专业精神，做到干一行爱一行、钻一行精一行、管一行像一行，真正成为自身工作领域的行家里手。特别我们水务行业，很多业务都很专、需要去“钻”，但目前来看部分同志的专业水平并不高，张嘴就是“外行话”，要引起高度重视，认真去补这个短板。要在实践中磨炼摔打。我们的事业要传承，年轻干部不能年纪轻轻就混日子，要主动到重点难点工作中去经受锻炼，在事上练、火中烤、难上熬，把多接“烫手山芋”、多当“热锅上的蚂蚁”作为积累经验才干的磨刀石，练就真功夫、硬本领，扛得了重活，打得了硬仗，经得住磨难，才能成为可堪大用、能担重任的栋梁之材。要苦干实干抓落实。天津正处于爬坡过坎、滚石上山的关键阶段，水务事业发展面临的问题和矛盾也不少，我们要坚决克服等靠思想，拿出真干的实劲，一个项目一个项目去落实、一个难题一个难题去解决，不夸夸其谈、作表面文章、耍花拳绣腿，真正把工作落到地、抓到位。

四、以全面从严治党的力度，全力把整治形式主义官僚主义、不作为不担当推向深入

今年是形式主义官僚主义、不作为不担当专项治理的收官之年，但全面从严治党永远在路上，作风建设永远在路上，治理形式主义官僚主义、不作为不担当问题不会停歇。全局各级党组织必须坚决扛起全面从严治党政治责任，进一步提高政治站位，以更强决心、更大力度、更严标准、更实举措，推动整治形式主义官僚主义、不作为不担当取得更大成效。

一要落实一个“责”字，确保层层压实责任。各级党组织一定要将形式主义官僚主义整治、不作为不担当治理作为落实全面从严治党主体责任的重要内容，扛牢责任，紧盯习近平总书记重要指示批示精神，紧盯党中央和市委的重大决策部署，紧盯群众利益和为基层减负，做到守土有责、守土负责、守土尽责。要紧紧抓住领导干部这个“关键少数”，“一把手”坚决扛起第一责任人责任，必须担起主责、首责、全责，坚持从严带好班子、管好队伍。分管领导要认真履行“一岗双责”，一级带一级，层层传导“热力”，始终保持应有“热度”，以作风建设的新成效凝聚推动水务事业创新发展的正能量。

二要做到一个“抓”字，促进宗旨意识更加坚定。担当是党员干部的政治品格和做人本分，今年我们扎实开展了向人民英雄张伯礼、全国优秀共产党员周永开等 7 名同志，天津市优秀共产党员李思义等 7 名同志等一系列先进典型学习活动，全局党员干部比学先进，涌现出一批担当作为的先进典型。排管中心回庆同志被评为全国先进工作者，局机关王帅同志被评为天津市优秀共产党员，永定河中心董少波、水科院常素云、北三河中心安静利 3 名同志被评为天津市劳动模范，排水五所被评为模范集体，这些同志和集体面对困难总是冲锋在前，担难担险，在党员干部群众中树立了良好的形象。我们要深入贯彻落实“节水优先、空间均衡、系统治理、两手发力”的新时期治水思路和习近平总书记“3·14”“9·18”重要讲话精神，各级理论学习中心组带好头，用好学习强国、干部大讲堂、“三会一课”、党课宣讲等手段，开展形式多样的理想信念教育，引导广大党员干部牢固树立新发展理念和正确的政绩观，勇担当、善作为。要结合中国共产党成立 100 周年，继续下大力气选树一批担当作为的先进典型，加大宣传力度，及时通报表扬，发挥示范引领作用，充分调动和激发党员干部攻坚克难、奋发有为的积极性和主动性；用好局内网“曝光台”和“以案为鉴”专栏，抓好以案三促，用身边事教育身边人，引导党员干部以担当作为为荣，以避事推责为耻。

三要突出一个“敢”字，始终发扬斗争精神。要大力发扬斗争精神，立场坚定、旗帜鲜明，该亮剑就亮剑，该出手就出手，以强烈的党性原则，与各种“庸懒散浮拖”现象斗争到底。要把斗争精神体现在解决水务难题，促进水务发展上，把斗争精神体现在抓队伍、促落实上，下力气解决不作为、不担当、乱作为现象，用铁腕重拳查处突出问题，用问责利器升级打击强度，发现一起查处一起，绝不客气、绝不姑息。局领导班子要从我做起，以身作则、以上率下，对苗头性、倾向性问题，看见就抓、露头就打，动真碰硬、敢抓敢管，不能给整个水务系统抹黑、让水务工作受损失，如果出现，局党组绝不姑息。

四要明确一个“为”字，树立鲜明用人导向。要坚决贯彻落实新时代党的组织路线，突出政治首关，树立以为定位、能者上庸者下的鲜明导向，把敢担当、善作为体现在干部选用的全过程，对不作为不担当的坚决不等，该调整的调整、该免职的免职、该降级的降级，坚持以现实担当、实际作为选用干部，营造以为定位、能上庸下的浓厚氛围。要用好干部考核这个指挥棒，有为者有位、无为者挪位，明年开始要试点公务员绩效考核，就是要做到考准考实，实事求是地对干部的精神状态和工作实绩作出评价；局属各单位要加强对干部职工的考核，对管理岗、技术岗根据不同的岗位要求设置不同的考核指标、任务指标，让考评真正发挥出奖勤罚懒的作用，在全局营造担当作为的良好氛围。

明年是我国现代化建设进程中具有特殊重要性的一年，也是“十四五”开局起步之年，做好全市水安全保障责任重大、任务艰巨。我们要切实把思想和行动统一到党中央和市委、市政府的部署要求上来，适应新发展阶段，贯彻新发展理念，以开展此次警示教育为契机，不断推进全面从严治党向纵深发展，持续加强和改进作风建设，牢固树立干的导向，弘扬干的精神，营造干的氛围，落实干的行动。要发扬劳模精神、劳动精神、工匠精神，勇争一流、比学赶超，抓好今年工作任务的收官冲刺，谋划好明年工作的开局起步，为推动水务事业发展再上新水平提供坚强保障，以优异成绩践行初心使命，迎接建党 100 周年。

局党组书记张志颇在全市农村饮水提质增效工程 2020 年工作部署会议上的讲话

（2020 年 2 月 21 日）

同志们：

今天，我们召开农村饮水提质增效工程 2020 年工作部署会议，主要目的是贯彻落实习近平总书记关于统筹做好疫情防控和经济社会发展的重要批示精神，落实市委、市政府部署要求，在做好疫情防控的前提下，抓紧推动重点民生水务项目开工复工，全力以赴确保农村饮水提质增效工程任务高标准、高质量完成，为我市圆满完成脱贫攻坚任务和建成高质量小康社会提供坚实水务保障。

2019 年，我市农村饮水提质增效工程建设取得了阶段性进展，武清区率先实现了全域城乡供水一体化，相关区也克服困难，超额完成工程建设任务。刚才，灌排中心通报了 2020 年任务清单，水文水资源中心提出了工程运行水质监测及建立健全农村供水“三项制度”“三个责任”有关要求，水资源处安排部署了地下水压采任务，武清、蓟州、宁河三区结合自身实际汇报了当前工作开展的情况。武清区能够在任务量大、资金紧张的情况下保质保量完成这项任务，经验做法值得各区借鉴学习。宁河、蓟州两个区建设任务执行情况，是今年能否按时完成全市饮水提质增效工程的关键。近期，党中央、国务院连续作出指示，要求在做好疫情防控的同时抓好经济社会发展各项工作。2 月 17 日，国务院联防联控机制印发了《关于科学防治、精准施策、分区分级做好新冠肺炎疫情防控工作的指导意见》，强调要突出要点，统筹兼顾、分类指导、分区施策，不搞一刀切。

我们要深入贯彻党中央、国务院决策部署，认真落实市委、市政府有关要求。农村饮水安全和地下水超采综合治理，都是党中央、国务院高度关注的重点工作；我市相关任务都是经过市委、市政府批准，在政府工作报告中向社会承诺的重点事项，是列入抓紧开工九大类工程的项目。特别是农村饮水提质增效工程，今年进入了全面收官的攻坚阶段，建设任务必须提前完成、如期通水，涉及困难村、高氟村、菌超标村的建设任务更要高质量完成。下面，我再讲五点意见。

一、在抓好疫情防控的基础上，科学合理推动工程复工

习近平总书记针对疫情防控多次作出重要指示，要求在抓好疫情防控的同时，坚持今年经济社会发展目标任务不变，疫情特别严重的地区必须集中精力抓好疫情防控，其他地区要在做好防控工作的同时，统筹抓好改革发展稳定各项工作，特别是抓好涉及决胜全面建成小康社会、决战脱贫攻坚的重点任务，既要打赢疫情防控阻击战，又要打赢经济社会发展总体战。在推动重大项目开工建设方面，要聚焦攻克脱贫攻坚战最后堡垒，加强乡村人居环境整治和公共卫生体系建设。

近日，国务院扶贫开发领导小组印发通知指出，疫情防控阻击战和脱贫攻坚战都是重大政治任务，要一手抓疫情防控，一手抓脱贫攻坚；要坚定信心决心，坚持如期全面完成脱贫攻坚任务不动摇，工作总体安排部署不能变，决不能有缓一缓、等一等的思想；要统筹兼顾，切实把各项工作抓实、抓细、抓落地，坚决打赢疫情防控阻击战和脱贫攻坚战。今年中央1号文件也明确提出，要在年底前圆满完成农村饮水安全巩固提升工程。

2月13日，市委常委会扩大会议要求，要统筹疫情防控与经济社会发展“双战双赢”，既要打赢疫情防控阻击战，又要打好经济社会发展总体战，有序推动企业和项目分类分批复工复产，加快推进事关城市运行和国计民生企业开工运行，指导各类企业严密制定防疫措施，落实安全生产保障，分批次实现复工复产。2月23日，鸿忠书记主持召开市委常委扩大会议暨防控领导小组和指挥部会议，传达学习贯彻习近平总书记就企业复工复产、安全防疫问题作出的重要批示精神，要求切实把思想和行动统一到习近平总书记重要讲话精神上来，统筹防控和发展两条战线，做到两手抓、两手硬、两不误、两促进。

农村饮水提质增效工程是实现“两不愁、三保障”脱贫攻坚目标的重要组成部分，又是天津20项民心工程之一，疫情防控不能动摇全面建成小康社会的目标，不能动摇经济社会发展的目标。要深刻领会党中央、国务院和市委、市政府的部署要求，结合实际分批分类抓好复工，督促施工单位建立疫情防控体系。各区水务局要落实好市委、市政府部署要求，抓好复工复产监督检查，履行好监督责任；要注意区分项目法人的防疫主体责任和各区水务局的监督责任，按要求严格检查，督促项目法人和施工企业落实各项防控措施，督促建设单位制定好复工计划，创造复工条件，做到有序复工；工期较长的控制性工程要采取封闭管理措施，线性工程要采取分段施工方式，要抓紧实施室外工程，避免出现人员聚集的施工情况。

二、严格落实主体责任，全力确保建设任务如期完成

当前疫情防控形势严峻，要统筹安排好各项工作任务。市委、市政府要求今年农村饮水提质增效建设任务必须全面完成，8月底前完成建设任务，9月打压试水，10月全面完成通水。各区作为农村饮水提质增效工程建设的责任主体，要明确责任，科学安排复工，切实把任务抓在手上、扛在肩上。

（一）明确目标任务和时间节点，做到有序推进。刚才，灌排中心通报了2020年工程建设任务清单，根据任务清单，2020年要提升904个村、72.3万人饮水质量，包括帮扶困难村217个村、17.65万人，氟超标130个村、19.51万人。其中，

通过实施工程和完善配套措施提升 881 个村、69.6 万人饮水质量，通过城镇化搬迁措施提升 23 个村、2.7 万人饮水质量。要采取措施解决可能出现的城镇化后延问题，保障老百姓饮水安全。

（二）坚持问题导向分类施策，全力确保完成。工程实施中要及时发现问题，汇总分析，能在区里解决的抓紧协调区相关部门共商解决，需要市里协调服务的及时汇总报送，合力破解。目前主要存在三方面问题：一是受疫情影响，施工人员不能及时到位，管材储备不足。这需要各区做好统筹协调，优化施工组织，安排施工单位着手组建队伍，加大管材等物资储备力度，多开作业面昼夜施工，尽量发挥机械施工的作用，力争将疫情影响降到最低。二是部分区前期手续办理滞后，影响施工进度。比如，北辰区 PPP 项目招标工作进度慢影响整体推进；宁河区加压泵站土地手续尚未完成；蓟州区工程穿越铁路还处在准备招标阶段，东后子峪水厂仍未开工；滨海新区 2020 年工程和 2019 年未完成工程叠加起来，总体任务依然繁重。这需要各区主动进位，及时跟进办理进度，同时市水务局也将加大协调力度，为尽早全面开工创造条件。三是各区城镇化搬迁工作受区整体规划影响，存在较大不确定性，城镇化搬迁按时完成难度较大。各区水务局要提早谋划，对属于规划搬迁但 2020 年不能完成搬迁的村，必须根据水质情况，通过安装除氟、除菌等临时供水设施保证村民喝上合格的水，尤其是氟超标村和困难村。

（三）跟进落实通水保障措施，及早发挥效益。完成工程建设任务，仅是饮水具备了工程条件，还需同步跟进通水，通过水厂、输水管线、加压泵站、配水厂、村内管网连通配套，水源切改到位，才能最终实现达标水、安全水入户，实现农村居民喝上放心水的目标。因此，各区在完成工程建设的同时，要及时跟进通水保障工作。2019 年武清、津南、西青、宝坻、静海等区完成了部分工程建设任务，大部分区如期实现通水，武清区全域提前实现通水，但有的区域由于管线未冲洗、水源不足、运管不到位等原因，导致部分工程没有及时通水，影响了工程效益发挥。下一步，要在推进工程建设的同时，跟进通水保障，确保各项工作压茬推进，真正实现工程建成一处、通水一处，尽早让老百姓受益。同时，要规范建设程序，在完善各类手续的基础上，尽早做好完工验收、及时移交，实现工程建得好、管得好、用得好。

三、强化行业管理，提升供水管理水平

我们改变了过去的单村供水，实行了城市供水向农村的延伸，行业管理责任更重。2019 年 1 月，水利部出台《关于建立农村饮水安全管理责任体系的通知》，要求各地建立健全农村饮水安全管理地方人民政府的主体责任、水行政主管等部门的行业监管责任、供水单位的运行管理责任“三个责任”，健全完善农村饮水工程运行管理机构、运行管理办法和运行管理经费“三项制度”，确保农村饮水工程责任落实到位。2019 年 9 月，水利部召开农村供水专题会议，鄂竟平部长强调农村饮水工程建成后，水费收缴工作直接关系到工程能否长久发挥效益，并对各省市建立“三项制度”和水费收缴工作提出了明确的时间要求。在疫情防控期间，我们要高度关注受封村影响无法检查的饮水水质问题，排查实行机井供水的村因消毒设施未运行可能会出现的水质不达标情况。各区、各镇（街）对各村提出了要求，局防疫指挥部供水组也发布了通知，各级要高度关注，出现问题及时采取措施。

同志们，当前的新冠肺炎疫情依然十分严峻，我们要在做好疫情防控的基础上，科学有序地推进农村饮水提质增效工程建设，同时也要加强自身防护。请大家务必同心齐力，众志成城，既要打赢疫情防控阻击战，又要全力以赴打赢农村饮水提质增效攻坚战，为我市全面建成高质量小康社会提供农村供水安全保障。

四、紧抓各项任务，高标准完成目标

下面我就 2020 年重点工作及有关事项再提几点要求：

（一）关于地下水压采。习近平总书记对华北地区地下水超采综合治理作出重要批示，水利部和市政府做了相关部署，大家要提高政治站位，加快推进地下水压采，今年底全市地下水开采量要压减到5000万立方米，各区要重点落实分配的任务。前一阶段，市委督查室对贯彻落实习近平总书记重要批示精神情况进行了督察，将地下水压采列入督查“回头看”的任务之一，各区要按照要求落实到位。

（二）关于农村水利。2月18日，李克强总理主持召开国务院常务会议，要求不误农时切实抓好春季农业生产。当前正值春耕备耕的关键时期，要重点做好以下工作：

1. 做好抗旱工作。去年降水偏少、蓄水不多，各区水务部门要密切关注本区域雨情、水情及土壤墒情变化，结合自身特点有效应对春季旱情。要加强抗旱用水形势分析，积极组织调水，调蓄好灌溉水源，为春耕生产提供水源保障。各区要在加强节水的前提下，结合本区环境用水需求，统筹农村农业用水，对抗旱水源及时提出需求，市里将统筹安排。

2. 加强农业节水灌溉行业指导。要认真贯彻落实新时期水利改革发展总基调，积极配合农业农村部门推进高标准农田建设，着力补齐工程设施短板，持续强化农业节水灌溉行业监管。同时，要做好农田灌溉水有效利用系数测算，不断提高灌溉用水效率。

3. 加强村镇污水处理设施运行管理。各区主管部门要加强对已建成村镇污水处理设施的运行管理，保证设施正常运行、达标排放，提高污水处理设施利用率和综合运行负荷率。尤其在当前疫情防控的情况下，要做好污水处理工作，确保污水达标排放，避免出现污水外溢，避免病毒通过粪口途径传播。

（三）关于计划用水和生态用水管理。随着污水处理厂提标改造，中心城区6座污水处理厂出厂水都达到了一级A标准，也就是准Ⅳ类标准，有的污水处理厂出厂水达到了近Ⅲ类标准。要在了解各区生态用水和农村用水需求的基础上，充分利用污水处理厂达标出厂水，将全市每年11亿立方米的地表水、上游来水和再生水进行统筹分配。在生态用水方面，相关区要做好保水、护水工作，各级水务部门要尽职尽责、妥善安排；调水过程中要给沿途补水，不能以邻为壑，做到全市“一盘棋”，各区互相协助、互相支持，保证实现全市总体水资源分配目标。统筹调水期间，要给予各区必要的运行费用，各区做好统筹规划，保证水资源分配平衡。

（四）关于计划执行。去年全市水务系统投资计划执行情况比较好，但农村饮水提质增效工程等项目上还存在不平衡情况。各区要进一步明确计划，制订方案，今年力争圆满完成。

（五）关于小型水库管理。目前小型水库的管理机构、经费落实情况不好，水利部暗访发现了诸多问题，比如北辰永金水库坝体部分出现塌陷、坝顶设施破损、上游坝坡冲刷严重、引洪道闸门设施破损，蓟州刘庄子水库放水闸门不能开启，滨海新区沙井子水库闸门设施失修等。各有关部门要举一反三，高度重视，着力做好小型工程运行管理，尤其是要抓紧安排小型水库安全鉴定，高度重视、及时消除安全隐患。平原的水库虽然没有防洪任务，也要高度重视，定期排查大坝安全，做到心中有数。

（六）关于黑臭水体治理。城镇建成区26条黑臭水体去年已完成治理，农村500多条黑臭水体去年完成治理了一半，今年要全面完成任务，请各区及早安排，按照市里的要求，6月底完工，第三季度进行评估。

（七）关于河湖长制落实。最近市里印发了重点改革任务落实情况的督察通报，指出我们在完善河湖长制管理制度、构建湿地保护体系和管理体系方面存在的问题，包括个别基层河湖长思想认识不足、主责意识不强，巡河次数多、解决问题少，工作流于形式，有“遛弯式”巡河、“打卡式”巡河情况；对河湖岸线侵占、垃圾围河、公示牌损坏等问题发现不及时，部分河湖长公示牌信息不全，设置在隐蔽区域等。各区水务局要高度重视，提醒区级河湖长抓好这项工作，同时推动乡镇、村两级河湖长履行责任，整改问题，认真开展“回头看”整改落实。在河湖长制工作方面，今年要开展“优秀河长　最美河湖”暨“榜样河长　示范河湖”评选表彰活动，各区要高度重视，拿出亮点，展示成绩，通过评选活动提高河湖管理质量水平；要抓好2019年总河湖长令的贯彻落实，实现河湖长制从“有名”到“有实”，特别是要按照鸿忠书记要求，在“常”“长”二字上下真功夫，推动河湖长制向纵深发展。

（八）关于碧水保卫战和渤海攻坚战。今年是污染防治攻坚战的收官年，要根据市里下达的计划按月调度，对进度落后的及时通报，督促相关区加快工程建设。2019年，市攻坚指挥部对全年水质做了统计分析，尽管国考断面优良率提高到50%，但市考断面不达标情况比较普遍，滨海新区7个断面不达标，津南5个断面不达标，东丽5个断面不达标，西青4个断面不达标，武清3个断面不达标，静海3个断面不达标，河东2个断面不达标，宝坻1个断面不达标，北辰1个断面不达标，其中南开等11个区的33个市考断面为劣Ⅴ类。今年1月23日至2月11日，总体优良比例下降到50%以下，劣Ⅴ类水体比例由去年的5%上升到25%。独流减河沿河各区水质较差，尤其是青静黄排水河、北排水河和海河，相关区要高度重视，排查漏污情况。

（九）关于水资源管理。滨海新区、东丽、西青、津南、北辰、武清等通过节水型社会验收的区，要做好水利部复验准备，蓟州、宝坻、宁河和静海区要做好达标创建工作；各区要高度重视再生水规划的实施，为利用好再生水、压采地下水创造有利条件。2019年水利部对水资源管理和节约用水督查检查发现的问题进行了通报，我市存几方面问题：一是水量分配明显滞后；二是生态流量控制管理方面指标亟待确定；三是区域用水台账不规范；四是取水口管理不规范，存在无证取水、未安装计量设施、计量台账不规范、未按计划取水等问题。另外，有的区地下水超采量同比增加，有的区没有开展节水评价，有的区部分企业没有上报年度用水计划、没有建立用水台账原始记录、没有开展水平衡测试，甚至有跑冒滴漏现象。针对这些问题，大家要高度重视、举一反三，3月15日之前上报整改措施，从严从实抓好整改，市里将会进行暗访。

（十）关于河湖“清四乱”。去年规模以上、列入水利部台账的任务已经100%完成，规模以下完成率99.2%。各区要高度重视，持续用力抓好清整落实。

（十一）关于水库大坝安全运行管理。疫情防控期间一方面要做好运行防控，封闭相关水库。另一方面要加强大坝管控，确保安全运行。

最后，请大家在抓好疫情防控的同时，统筹安排好今年的相关工作，及时沟通协调、解决困难，加快推动各项任务进度，确保实现全年目标任务。

局党组书记张志颇在2020年全市水务系统防汛工作动员部署视频会议上的讲话

（2020年4月9日）

同志们：

今天我们召开水旱灾害防御工作动员会议，主要任务是深入贯彻落实党中央、国务院对防汛抗旱工作的重要指示批示精神，以及国家防汛抗旱总指挥部和水利部有关会议精神，总结我市2019年水旱灾害防御工作，分析水旱灾害防御形势，安排部署2020年水旱灾害防御重点工作，动员水务战线干部职工坚持底线思维、强化风险意识，立足于防大汛、抗大旱、抢大险、救大灾，进一步提升防御能力，有力防范应对水旱灾害，全力保障全市安全度汛。

刚才，宝双同志传达了习近平总书记重要指示和李克强总理重要批示精神，以及国家防汛抗旱总指挥部和水利部有关会议精神，大家要高度重视、深入领会，认真抓好贯彻落实。下面，我再讲三点意见。

一、2019 年水旱灾害防御工作取得良好成效

2019 年是我市防汛抗旱体制机制改革后的第一年，各区各单位始终坚持以人民为中心，坚持“宁可抓重、不可抓漏”，认真履职尽责、协同作战，牢牢守住了水旱灾害防御底线。2019 年，市水务局及时启动防汛Ⅱ级应急响应 1 次，Ⅲ级应急响应 3 次，有效应对了 4 次强降雨和台风“利奇马”袭击，中心城区实现“大雨 2 小时、暴雨 5 小时排除”，全市未出现降雨造成的人员伤亡和大的财产损失。

一是全面落实防汛责任。成立市水务局防汛抗旱指挥部及办公室，设立 11 个工作组、组建 9 个专家组，各区均明确了水旱灾害防御部门，积极与应急部门对接工作。工程管理单位、各区水务局和水务集团，逐级落实落实水利工程管理、技术负责人及 28 座水库“三个责任人”和“三个环节”，周密安排部署水旱灾害防御工作。

二是全力夯实防汛基础。印发局水旱灾害防御应急响应工作规程，修订水文测报、物资保障、工程抢险等 5 个专项预案，完善落实中心城区积水片、地道“一处一预案”；增储 3400 万元防汛物资，开展大清河系洪水调度推演、河道堤防抢险和市区排涝演习。顺利推进北京排水河治理、永定河泛区安全建设，水毁工程汛前全部修复；实施中心城区防汛排涝补短板，改造 4 座排水泵站、6 片积水片，完成排水管道疏通和检雨井掏挖，全面夯实安全度汛基础。

三是深入开展防汛检查。局领导带队分 7 路深入 5 个河系、10 个涉农区和中心城区，督促落实工程管理责任和监测预警措施。工程管理单位全面完成自查，77 处风险隐患主汛期前全部落实整改，督促落实涉河工程防汛预案，扎实做好行洪准备。

四是积极做好防范应对。应对台风“利奇马”期间，中心城区提前采取“一低两腾空”措施，排水职工、抢险队伍昼夜在岗坚守，积水片、地道“一处一预案”全部启动，消防总队官兵增援值守。相关专家和检查人员每日巡查，57 处险工险段预置抢险力量，防汛抢险队和专家组随时待命。10 路工作组先后赴积水片、沿海防潮一线、山洪防御重点部位，检查督导措施落实。滨海新区组织企业落实防潮措施，提前封堵沿海口门，有效处置青静黄排水河高水位及海堤潮毁段险情。蓟州区及时启动防洪Ⅲ级响应，关闭景区、景点、农家院，组织转移危险地区群众 372 户、1259 人。各区密切关注水情雨情，分兵把守、有序应对，积极落实防汛排水应急措施，有力保障了辖区防汛安全。

五是科学实施工程调度。强化联防联控调度机制，提前安排一级行洪河道控泄，海河口泵站全力开车，闸涵联合调度降低河道水位，各区千方百计降低二级河道水位，腾空河道、腾空管道，有效承接沥水。汛期，在保证防洪安全的前提下，引调雨洪水 5.49 亿立方米，跨河系向水库、湿地、坑塘补水，汛末全市地表蓄水量 11.2 亿立方米，为农业抗旱和生态储备水源。

二、全力做好 2020 年水旱灾害防御工作

2020 年是全面建成小康社会和“十三五”规划收官之年，是具有特殊意义一年，防汛抗旱工作面临一系列的新问题和新挑战，各类风险隐患因素在不断聚集，水旱灾害防御形势复杂严峻。一是气象预测 2020 年汛期我国气候状况总体偏差，区域性暴雨洪水和干旱灾害可能重于常年，海河流域可能有较重的汛情，有可能发生流域性大洪水。二是受新冠肺炎疫情影响，病毒传播的隐患依然存在，防疫形势不容乐观，给水旱灾害防御带来不利影响。三是按照预防“黑天鹅”事件的要求，防洪排水工程体系还不完善，预报能力不足，蓄滞洪区群众转移等防汛预案措施不细，开展演练与实际工作结合还不够紧密。四是防汛体制机制还在磨合阶段，一些部门人员对防御工作仍然重视不到位、管理不到位、组织不到位，成为影响防汛安全的最严重的问题。

面对严峻形势和存在问题，我们要深入学习贯彻习近平总书记重要指示和李克强总理重要批示精神，认真落实国家防总和水利部部署，坚持以防为主、防抗救相结合，坚持常态减灾和非常态救灾相统一，努力实现从注重灾后修复向注重灾前预防转变，从应对单一灾种向综合减灾转变，从减少灾害损失向减轻灾害风险转变。聚焦防洪排涝安全补短板、突出水旱灾害防御监管，以水工程防洪抗旱调度为核心，全力做好水旱灾害防御工作，努力实现“标准内洪水不决堤，超标准洪水不发生责任事故；中小降雨不发生城市淹泡，大雨2小时、暴雨5小时排除积水”的目标。市水务局已经印发了2020年水旱灾害防御工作要点，各区、各单位要早安排、早准备、早落实。

第一，做好超标洪水防御准备。3月12日，水利部召开会议，鄂竟平部长对做好超标洪水防御作出详细部署，水利部《2020年度超标洪水防御工作方案》也提出了具体要求。我市有三项任务，一是配合海委编制海河流域超标洪水防御预案，局防办已向各区、各河系中心印发了蓄滞洪区运用预案修订通知，并对洪水调度方案进行了梳理，同时下发了超标洪水需要运用的口门目录表。按照属地负责的原则，各区作为蓄滞洪区运用和口门扒除实施主体，要对运用条件、方式、扒口地点、实施主体、转移人员及路线、安置地点等环节进行细化，并对防汛准备、工程巡查防守、抗洪抢险等其他措施一并细化；各河系中心要发挥技术支撑作用，做好汇总审核。二是编制天津城市超标洪水防御预案，设计院利用洪水风险图成果正在编制大纲，水文、调度、建管、物资等部门，各区、河系中心要根据大纲开展编制工作，6月30日前要以市政府名义报水利部，时间紧、任务重。三是根据预案组织开展防汛调度演练，防御处要会同水调中心等单位研究部署预案演练，6月30日前完成调度演练并将情况报水利部，各单位要积极参加。

第二，做好水库防汛安全工作。要在2018年、2019年基础上，进一步落实水库“三个责任人”和“三个环节”，今年的工作重点是从“有实”到“有能”。一是各区水务局、大型水库管理单位要落实水库“三个责任人”和“三个环节”，及时调整水库公示牌的责任人员及联系方式，组织责任人到水库实地了解情况，掌握需要承担的工作任务，让所有责任人都有胜任岗位的能力；要结合防御超标洪水的要求修订“三个环节”的预案，确保预案可用实用，5月底前根据预案完成应急演练。二是建管处要会同有关处室督促落实全市28座水库“三个责任人”和“三个环节”，4月底前确保每个水库要“有人、有制度、有方案、有预案、有预报设备”，5月底前完成对“三个责任人”培训。三是严控汛限水位，于桥和杨庄水库汛限水位已报水利部，水库管理单位要严格控制汛限水位，绝不能越过这条红线，水文水资源中心要加强水库汛期实时水位监控。

第三，做好山洪灾害防御工作。请蓟州区立足防御特大山洪，按照网格化“包保”责任体系，落实山区水库、重点塘坝沟道责任制，把责任落实到乡镇、村屯、组户，落实到每一处山洪灾害危险区；要修订完善山洪灾害防御预案，细化汛前准备、监测预报、预警手段、转移路线、安置措施、宣传演练等环节，结合发放警示牌、明白卡，实现“预案到村、责任到人”；要加强山洪灾害防治非工程设施运行维护，利用山洪灾害监测预警系统，在尽早发出预报预警的基础上，拓宽预警信息发布渠道，扩大预警信息覆盖面，及时有效向山区村民和游客发布预警。汛期山洪灾害防御责任人、监测员、预警员要及时上岗到位，按照预案分工，分片包干做好监测预警转移避险等各项工作。

第四，开展隐患排查和监督检查。各工程管

理单位要按照防汛检查规范，全面完成所辖工程设施专业技术自查，针对问题隐患逐一制定措施尽快消除，确保责任、措施落实到位。各区水务局、各河系中心要在开展自查的同时，做好各自领域内的业务指导和督查，局领导将继续分河系开展防汛检查，督促整改措施落实，全面消除安全隐患。各区、各单位要坚持“汛期不过、检查不止”，不间断地对堤防、闸站、水库、蓄滞洪区、排水管道等工程设施，以及责任落实、预案完善、保障措施等各个关键环节进行排查，督促强化运行管理，细化度汛预案，落实应急措施。水利部将采取“四不两直”方式，对超标洪水防御、水库安全度汛、蓄滞洪区运用、山洪灾害防御等工作进行督查暗访，市水务局也将组成督查组检查各项措施落实情况。各区、各单位要采取强有力的监管措施，督促各项度汛安全措施落实，做足充分准备，确保迎检不出问题、迎汛不出问题。

第五，强化监测预报调度。水文监测预报是防汛的耳目，如果监测手段失灵、预警启动滞后，就会措手不及，造成被动挨打的局面。水文水资源中心要加强对监测预报设施设备的隐患排查和维修养护，修订水文应急测报方案，强化与气象、应急等部门联合会商和信息共享，做好实时水雨情信息监测报送；要启动洪水模型研究，模拟洪水演进过程，修订洪水预报方案，加强与海委、北京市、河北省水文部门的联合预报作业，努力延长预见期，提高精准度。水调中心要强化水工程调度，摸清工程调度基础资料，全面掌握上游及我市雨情、水情。要强化会商研判，统筹外洪、内涝、海潮等多种因素，发挥现有工程作用，实施精细化调度。

第六，全力排除市区积水。排监处会同排管中心、建设中心要加快推进中心城区防汛排涝补短板，实施20处积水片和3处地道改造，加快建设陈塘庄、咸阳路等排水泵站，继续推进排水管网改造、泵站设备更新、危陋生产用房除险加固，推动各区消除17处街道里巷、居民小区积水片。排管中心要在充分考虑水环境和水景观要求前提下，遇有降雨预报及时采取“一低两腾空”措施，尽可能降低河道水位，做好迎汛准备。水调中心、排管中心要密切配合，完善排水分流体系，多途径分泄中心城区雨沥水，减轻防汛排涝压力，全力缩短主干道积水时间。排管中心要以易积水片、地道为重点，细化“一处一预案”，提前部署落实设备和人员，遇强降雨昼夜坚守，水不退净、人不离岗。

第七，统筹做好防汛和污水处理厂建设。按照我市污水处理厂能力提升实施方案，2020年环外各区计划新建、扩建4座污水处理厂，新增处理规模12.5万吨/日。目前，北辰区大双污水厂（4万吨/日）已完成扩建，正在通水调试；双青污水厂（4万吨/日）已完成土建，计划10月通水调试；静海区东方雨水泵站初期雨水处理设施（4万吨/日）主汛期前可投入使用。蓟州城区污水厂仍在办理土地规划手续。各相关区要统筹区域防汛和污水厂建设，除蓟州区外应主汛期前投入运行或具备使用功能，尽量利用余量处理初期雨水，减少污染物入河。蓟州区要加快城区污水厂扩建前期工作，解决建设用地问题，力争下半年开工建设，年内完成主体工程。各区要提早启动2021年污水厂扩建前期工作，尤其是宝坻一污、二污、宁河城区、武清泗村店等重点城镇污水厂要加快进度，为明年实施做好准备。

第八，积极落实抗旱措施。各区要立足预防旱涝急转，坚持防汛抗旱两手抓，深入落实抗旱责任制，结合水源实际、作物种植结构及农田水利工程等情况，随时调整区级抗旱预案和措施，做好工程设施维护与配套、物资设备供应等技术指导服务，为有效实施抗旱做好充分准备。市区两级水务部门要及时掌握农业旱情发展趋势，协调上游地区争取外调水源，发挥水系连通优势，实施跨河道、跨区域水源联调，做好外调水、雨洪水、再生水等多水源调配，全力保障农业用水需求。

三、压实责任狠抓落实

一是提高政治站位。经过一年的磨合，机构改革后的职责逐渐理清，防汛抗旱仍然是水务部门义不容辞的责任。各区各单位要坚持一手抓防疫、一手抓防汛，健全水旱灾害防御体制机制，真正把责任压紧压实，把各项备汛措施抓实、抓细、抓到位，坚决防范水旱灾害“黑天鹅”和“灰犀牛”事件。局防汛指挥部及各组已经调整，进一步明确了各组职责，汛前还将修订印发局防汛工作规程，局防办还将针对超标洪水防御准备、预案修订、专家队伍调整等工作作出详细安排。各区各单位要认真贯彻落实党中央、国务院和市委、市政府决策部署，充分认识保障防洪安全的重要意义，按照局统一安排，对照工作职责和任务，认真研究落实措施，分解落实到岗、到人，以饱满的精神状态、优良的工作作风全身心投入，高质量完成好防汛准备和汛期防御工作。

二是强化联防联控。各区各单位要适应改革新形势，以优化协调高效为原则，充分发挥水务部门专业优势，联合应急部门完善工作机制。水务部门要加强与应急部门的协调配合，在做强技术支撑的基础上，提请各区政府按照属地负责原则，发挥指挥动员作用，调动各方力量，全力确保防汛安全；要加强与应急、气象、城管、公安等部门的协调联动，落实城市道路桥梁、下沉路、地下设施等防汛安全措施，确保排水顺畅和市民出行安全；要加强与北京、河北上游两省市跨区域联络机制，及时通报掌握水雨情动态和防汛调度措施，综合研判流域水情，科学实施河道、水库及蓄滞洪区联合调度，保障防汛安全。水务系统内部经过多年合作，建立了良好的工作体系，更要强化“一盘棋”的思想意识，既要各司其职，又要紧密配合，相互支持、相互帮助，上下游、左右岸要共同抓好水旱灾害防御措施落实，决不能借改革职责调整之名，推诿本该承担的责任。

三是严肃防汛纪律。各区各单位要坚决服从局防指的统一指挥部署和调度命令，做到政令畅通、令行禁止，遇到局部利益与整体利益发生冲突时，要无条件服从大局，形成防御工作的强大合力。如果发现个别部门、单位和个人，无视组织纪律、无视工作部署、无视指挥调度，推诿扯皮、漏岗误事等不担当、不作为的行为，将在水务系统进行通报批评，造成严重影响的由纪检和组织部门进行调查追责，严查严办。

四是加强宣传引导。各区各单位要高度重视舆论引导，在做好防御工作的同时，结合工作重点的推进，及时组织做好信息报送，同时拓宽思路，加强与媒体联络，同步推进宣传引导，围绕防洪、水库安全、工程调度等重点工作宣传防御行动和成效，及时发声、主动发声，及时将措施落实情况向群众宣传，争取社会理解支持，动员社会力量参与水旱灾害防御工作。

同志们，今年水旱灾害防御形势严峻，做好水旱灾害防御工作责任重大。各部门各单位要提高思想认识，坚持底线思维、强化风险意识，切实增强责任感紧迫感，迅速进入工作状态，全面做好水旱灾害防御各项工作，确保全市度汛安全，为我市高质量发展和全面建成高质量小康社会提供坚实保障。

下面，我再传达一下农村人居环境整治工作领导小组会议精神。4 月 7 日下午，我市召开了农村人居环境整治工作领导小组会议，国清市长出席会议并讲话，和俊副书记做了总结部署，树起副市长主持。国清市长强调，开展农村人居环境整治是以习近平同志为核心的党中央从战略和全局高度作出的重大决策，要将其作为一项重大政治任务、一项重要民心工程、发展工程，抓紧抓出成效来，今年是三年行动最后一年，要深入贯彻落实习近平总书记重要讲话和指示批示精神，全力以赴打赢农村人居环境整治收官之战，按时保质完成目标任务；要认真整改国务院大检查反馈问题，确保按时高质量见底清零，聚力农村垃圾处理、生活污水处理、厕所革命、村容村貌提升等主攻方向，加快补短板、强弱项、夯实基础，同时建立长效机制，巩固整治成果。

国清市长提到的重点任务中，涉水工作主要

有两方面：一方面是农村生活污水处理，去年国务院大检查反馈我市的问题之一就是部分村庄污水未按规定处置，目前我市污水处理能力还有欠账，要加快污水能力提升工程建设，今年争取实现平衡，明年实现略有富裕。另一方面是农村水生态环境，要求推动农村绿色发展，深入推进湿地保护全面提升，加快建设绿色生态屏障，强化岸线生态综合治理，加强蓟州山区生态保护，推进生活污水垃圾回收，促进人与自然和谐共生。我们要切实抓好我局承担的农村人居环境整治任务。一是强化农村黑臭水体整治，瞄准6月底完成困难村治理、年底基本消除黑臭水体的目标，加快推动2020年281条黑臭水体（含困难村73条）治理，严格做好效果评估，建立完善长效养管机制。二是持续强化农村生活污水处理设施监管，截至2020年2月，我市已建成并验收合格村级污水处理站767座，总处理规模4.5万立方米/日，涉及滨海新区等7个区、648个村镇；全市村级污水处理站正常运行617座，处理污水59.47万立方米，设施利用率92.1%，综合运行负荷率56.23%，自测出水水质达标率96.96%。排监处、灌排中心要加强对农村污水处理设施建设运行维护技术导则的宣贯培训，指导提高建设管理水平，强化站、网建设同步配套，确保农村污水应收尽收。各区要建立长效养护运行机制，配合市相关部门制订依效付费政策及运行管理办法，重点加强对设施利用率、运行负荷率的监管，确保处理设施稳定运行。《天津市农村生活污水处理设施运行维护管理办法》已报市政府审批，待市政府同意后要严格执行，市、区行业主管部门要加大运行情况检查力度，重点保证困难村污水处理设施正常运行，委托第三方专业机构开展运行情况监督性检查，定期提出评估意见和整改建议。三是进一步深化落实河湖长制，市河长办将把各涉农区涉及农村水环境治理的任务纳入河湖长制年度考核，建立月通报制度，定期开展月度考核和暗查暗访，对履职不到位的河湖长进行全市通报，问题严重的约谈问责；开展全市（涉农区）河湖管护情况民意调查，并纳入河湖长制月考核。四是要积极配合牵头单位做好非正规垃圾堆放点整治及后续管理、农村生活污水处理设施建设、“厕所革命”、创建农村人居环境整治示范村、完善农村人居环境管护长效机制等各项工作。

最后，我再强调一点。今年是全面建成高质量小康社会、“十三五”规划收官之年，也是污染防治攻坚战、脱贫攻坚战收官之年，刚才提到的农村人居环境整治也是收官之年，水务工作有很多硬指标、硬任务要完成。今年初受疫情影响，我们的工作或多或少有所滞后，更突显出时间紧、任务重、压力大。目前随着疫情防控形势逐渐向好，水务工作特别是工程建设应该全面复工、转入正轨，而且要加大各项工作力度，特别是要加快工程建设进度，没有开工的项目要抓紧开工，在建项目要牢牢抓住当前水务工程施工黄金期，科学组织施工，在严格落实工地疫情防控基础上，加大施工强度和力度，把耽误的时间抢回来，确保按时保质保量完成各项工作任务，为我市高质量发展和全面建成高质量小康社会贡献水务之为。

局党组书记张志颇在2021年全市水务工作视频会议上的讲话

（2021年2月8日）

同志们：

今天我们召开全市水务工作视频会议，主要任务是以习近平新时代中国特色社会主义思想为指导，深入贯彻党的十九大和十九届二中、三中、四中、五中全会精神，全面落实中央经济工作会议、中央农村工作会议、全国水利工作会议和市委十一届九次、十次全会部署，总结“十三五”水务工作成绩，分析当前水务改革发展形势，明确“十四五”水务发展目标任务，部署2021年重点工作，动员全市水务系统广大干部职工坚定信心、抢抓机遇、担当作为、苦干实干，奋力开创水务事业发展新局面，为全面建设社会主义现代化大都市提供坚实水务保障。

“十三五”时期水务工作总结、“十四五”时期水务发展思路目标任务和2020年工作总结、2021年工作要点已经印发，讲得很具体、很全面，请大家认真学习、抓好落实。下面，我结合水务重点工作讲三方面意见。

第一，全市水务系统凝心聚力、攻坚克难、真抓实干，“十三五”水务改革发展成效显著。

“十三五”时期是我市全面建成高质量小康社会的决胜阶段，也是水务事业发展不平凡的五年。面对财政紧张、疫情冲击等不利因素和艰巨繁重的改革发展任务，在市委、市政府的坚强领导下，我们坚持以科学规划为引领、以重点工程为依托、以改革创新为动力，紧紧围绕水资源、水环境、水安全，集中建成了一大批水务重大基础设施，形成了一系列治水兴水管水良性体制机制，各项水务工作取得了长足进步。我感觉四个方面成绩比较突出。

一是城乡供水一体化格局初步形成。我们始终坚持以人民为中心的发展思想，着眼于让老百姓尽早喝上“放心水”，全面实施农村饮水提质增效工程，并将工程实施年限由五年压缩至三年，市级债券资金补助10亿元，蓟州、宝坻、武清、宁河、静海、北辰6个区多方筹措资金、加大推动力度，圆满完成2061个村建设任务，并超额完成滨海新区等区756个村建设任务，全市2817个村、286.8万人饮水质量得到提升，基本实现了城乡供水一体化、服务均等化。在实施过程中，我们着眼于打好脱贫攻坚战，坚持困难村、氟超标村“两个优先”，全面提升了困难村和氟超标村饮水质量。通过实施农村饮水提质增效工程，我们补上了农村供水的短板，实现了农村供水与城市供水“同源同质”，从根本上解决了长久以来困扰农村居民的饮水问题。

二是城乡排水防涝能力大幅提升。我们着眼于解决汛期城市“看海”问题，立足防“大”防“猛”，坚持标本兼治，加快实施中心城区防汛排涝补短板工程，陆续改造了六纬路、西南楼等积水片，中心城区积水片由51处减少至9处，各区完成12处街道里巷、居民小区积水点改造；建成三元村等8座二级河道泵站和海河口等3座外排泵站，雨水收集和排放能力显著提升；各涉农区除险加固4座大中型病险水闸、53座病险塘坝，更新改造农村国有扬水站22座，清淤农村排沥河道115.1公里，农田排涝能力得到有效恢复和提升。五年来，各区各部门通力合作、协同作战，成功应对了2016年“7·20”、2018年“7·24”、2019年“利奇马”等多次台风强降雨袭击，大暴雨量级下城区主干道路退水时间由24小时缩短至12小时，尤其是2020年8次强降雨中，退水时间缩短至半天，城乡排水经受住了严峻考验，有力保障了人民群众生命财产安全和生产生活秩序，得到了老百姓的一致认可。

三是水生态环境质量实现历史性好转。我们积极践行习近平生态文明思想，牢固树立“绿水青山就是金山银山”理念，全力以赴打好污染防治攻坚战，陆续新扩建27座污水处理厂和40座一般镇污水处理设施，完成全市110座污水处理厂提标改造，全市污水处理能力达到401万吨/日，万吨规模以上污水处理厂出水水质主要指标达到地表水类Ⅳ类标准，实现水质水量双提升；各区下大力气推动雨污分流改造，雨污合流片区面积减少近三分之二，基本消除主城区污水管网空白区；西青、滨海新区等区“一河一策”治理入海河流，全市12条入海河流基本消除劣Ⅴ类；北辰、津南、蓟州等区治理城市黑臭水体26条、农村黑臭水体567条，全市域黑臭水体基本消除；北水南调中线建成通水、东线发挥作用，累计向南北运河、七里海等重要河湖湿地生态补水超40亿立方米。全市国控断面优良水质比例由2017年的35%提升至55%、劣Ⅴ类水质比例由

40%降至零，主要河流基本实现蓄起来、动起来、净起来，河湖整体景观得到大幅提升，生物多样性得到有效保障，效果十分显著。

四是河湖长制发挥巨大作用。我们深入贯彻落实中央决策部署，在全市范围内推行河湖长制，实行市、区、乡镇（街道）三级党政主要负责同志任“双总河湖长”，落实四级河湖长 5646 名，实现管理全覆盖，确保每一条河道、每一片水域都有人管，并不断完善河湖长制体制机制，扭转了过去河湖管理条块分割、部门协调联动不畅的不利局面。各区全力推进河湖“清四乱”，累计清理整治“四乱”问题 3922 处，清除了一大批违章建筑和岸线垃圾，解决了长期以来难以解决的老大难问题，河湖水环境面貌焕然一新。目前，河湖长制已经成为我们推动水生态环境治理保护的重要抓手，鸿忠书记、国勋市长亲任总河湖长，从市委、市政府层面统筹推动，各级河湖长、各区各部门协调联动、互相配合，形成了共同治水管水的强大合力，彰显了巨大的制度优势。

这些成绩的取得，得益于习近平新时代中国特色社会主义思想的正确指导，得益于市委、市政府对水务工作的高度重视、坚强领导，得益于市有关部门和各区的配合帮助、鼎力支持，更得益于全市水务系统广大干部职工的真抓实干、拼搏奉献。在此，我代表局党组和局领导班子全体成员，向大家表示衷心的感谢！

五年的治水实践，使我们积累了十分宝贵的经验体会。

一是必须坚决做到“两个维护”。五年来，我们坚持把党的政治建设摆在首位，全面落实从严治党要求，扎实开展“不忘初心、牢记使命”主题教育，深入开展形式主义官僚主义、不作为不担当问题专项治理，持续净化政治生态，为水务改革发展提供了坚强政治保证；我们全面落实习近平总书记重要指示批示要求，扎实推动京津冀协同发展、大运河文化保护传承利用、地下水超采综合治理、“871”等涉水任务，坚决打好污染防治和脱贫两个攻坚战，高质量开展东西部扶贫协作支援和结对帮扶，深入开展扫黑除恶专项斗争，以实际行动践行了增强“四个意识”、坚定“四个自信”、落实“两个维护”。

二是必须坚持以人民为中心。五年来，我们牢固树立全心全意为人民服务的宗旨意识，紧紧围绕城乡供水、防洪排涝、水生态环境等事关民计民生的重点水务工作，大力推动引江供水保障、引滦水源保护、防洪工程建设、水生态修复等民生水务工作，建成了一大批民生工程；全面落实“向群众汇报”制度，高度重视群众反映涉水事项的处置，累计处置 2.7 万件，群众满意度 99.91%，切实增强了人民群众的获得感、幸福感、安全感。

三是必须解放思想创新竞进。五年来，我们持续深化体制机制改革，完成防汛、农村水利、水环境等职责调整，完成市、区两级机关机构改革和生产经营类、公益类事业单位机构改革，市级水务综合执法体制改革方案获批，为水务事业发展打下良好基础；不断拓宽融资渠道，充分利用地方债券、PPP 等模式筹措资金，完成投资 445.1 亿元，为水务工程建设提供了有力资金保障；不断提升政务服务水平，持续深化“一制三化”改革，向滨海新区下放 46 项市级权力事项，全面清理涉水审批事项，优化简化涉水审批程序，用水报装时限由 30 个工作日缩短至 4 个工作日，为优化营商环境作出了积极贡献。

四是必须担当作为迎难而上。五年来，全市水务系统干部职工担当作为、攻坚克难，推动水务事业实现高质量发展，赢得了市委、市政府的充分肯定，市级政府部门绩效考评始终位于全市前列，涌现出以“全国先进工作者”回庆为代表的众多先进典型。面对新冠肺炎疫情，坚持疫情防控和水务发展两手抓，供水企业封闭运行、实行半月一轮换，污水处理厂开足马力，全局三批次 1427 人次奔赴疫情防控一线，下沉社区和推动复工复产，助力织密疫情防控网；积极落实惠企政策，各供水企业为近 14 万户中小微企业和个体工商户减免水费 3.2 亿元；全力推动水务工程建设，21 个市级项目、54 个区级项目一季度全部复工达产，全年完成投资 44.7 亿元，建成一批民生水务工程，助力“六稳”“六保”工作，切实做到了“两战”并重，实现了“双胜双赢”。

第二，正确把握新阶段新形势，明确“十四五”水务发展思路目标任务。

（一）深刻认识“十四五”水务发展面临的新形势

“十四五”时期是开启全面建设社会主义现代化国家新征程、向第二个百年奋斗目标进军的第一个五年，也是我市由全面建成高质量小康社会向建设社会主义现代化大都市迈进的起步期，是推动高质量发展、构建新发展格局的关键时期。我们要深刻认识面临的新形势，就要准确把握“三个新”：新发展阶段、新发展理念、新发展格局。进入新发展阶段，人民群众对美好生活的向往更加强烈，这里面就包括了对优质水资源、持久水安全、健康水生态、宜居水环境的更高要求。优质水资源，就是要提高供水保障标准，实现水资源配置更加合理，供给保障率和利用效率大幅提高，城乡供水水质更优、水量更足、服务更好。持久水安全，就是要完善防洪排涝工程体系，提高管护标准，提升水旱灾害防御能力，确保防汛安全。健康水生态、宜居水环境，就是要深化河湖水环境治理保护，稳步提升水环境质量，营造人水和谐的水环境面貌。贯彻新发展理念，新发展理念是一个系统的理论体系，回答了关于发展的目的、动力、方式、路径等一系列理论和实践问题，既要完整、准确、全面地贯彻，又要抓住主要矛盾和矛盾的主要方面，抓住短板弱项来重点突破。我们要坚持问题导向，既要加快补短板，解决水务工程体系方面不平衡不充分的问题，更要通过强监管，发现具体问题、分析具体问题、解决具体问题，进一步完善政策法规、体制机制、规范标准，提高整体工作水平。构建新发展格局，市委十一届九次全会明确指出，我们天津的新发展格局主要是：借京津冀协同发展之势，构建区域发展新格局；推进“津城”“滨城”相映生辉、竞相发展，构建双城发展新格局；以扩大内需为战略基点，构建供需适配新格局。我们要在构建新发展格局中找准水务工作定位，在推动京津冀协同发展中有所作为，在服务北京非首都功能疏解、水生态环境联防联治、公共服务共建共享等方面取得更大成效；要大力推动海河柳林“设计之都”、北部新区等“津城”“滨城”重点区域的供水、防汛、水环境基础设施建设，进一步提高水务基础保障能力；要充分发挥水务工程建设吸纳投资多、覆盖范围大、产业链条长的优势，建设一批强基础、增功能、利长远的水务项目，更好发挥水务投资对经济增长的拉动作用。

（二）准确把握“十四五”水务发展思路目标任务

做好“十四五”时期水务工作，要坚持以习近平新时代中国特色社会主义思想为指导，深入落实新时期治水思路，坚持人民至上、保障民生，坚持底线思维、确保安全，坚持系统观念、多措并举，坚持两手发力、改革创新，把水安全风险防控作为底线，把水资源承载力作为刚性约束上限，把水生态保护作为控制红线，紧紧围绕“工程补短板、行业强监管、改革提效能”这一条主线，逐步构建供水、防汛、水生态、水管理四个安全保障体系，为全面建设社会主义现代化大都市提供强有力水务支撑，在构建新发展格局中展现水务之为、作出水务贡献。

“十四五”时期水务发展的主要目标是：构建四个安全保障体系。这里我想结合当前水务工作存在的“四个不相适应”问题来讲一下为什么要构建这四个体系。

一是在供水方面，目前存在“水资源保障能力与经济社会发展的刚性需求还不相适应”的问题。主要表现在：原水供给不充足，引滦水质还不能稳定达标、时断时供，仅依靠引江中线单一水源存在安全风险；城市供水应急能力不足，尔王庄、王庆坨、北塘 3 座水库目前存蓄量只能保障城市半个月供水需求。供水设施不均衡，原水配套工程保障能力不足，宝坻、静海、大港地区供水安全保障程度较低。水厂产能不富裕，部分水厂处理工艺落后、净水系统设备陈旧，不适应水质变化。供水的问题是目前我们水务工作中存在的最大的问题，也是最大的短板，直接关系到全市的安全与发展。针对这个问题，“十四五”时期要着力构建“节约高效、城乡一体”的供水安全保障体系，规划到2025年，全市供水总量控制在38亿立方米以内，水厂供水规模达到528万吨/日，实行用水总量和强度双控，万元GDP用水量、万元工业增加值用水量进一步下降，再生水利用率提高到50%，水资源利用效率和效益明显提高，城乡供水安全保障程度明显增强，全社会节水护水惜水意识明显提升。为实现以上目标，重点实施三项工程：①外调工程，完善引江中线工程，加快推进引江入宝坻、静海、大港等原水管线工程；建设引江东线工程，加快推进北大港水库扩建增容工程建设；加强引滦水源保护，持续改善于桥水库水质，力争以三条调水线路提高城乡供水保障率。②扩能工程，新改扩建整合一批水厂，实施水厂深度处理工艺改造，新建水厂以下主干管网，改造农村村内老旧管网，实现水质水量双提升。③增效工程，推动海水淡化和再生水利用，推动滨海新区临港或南港工业园区新建海水淡化厂及配套建设输水管线，适时启动津沽等再生水厂扩建工程，力争启动尔王庄水库扩容工程，加快研究实施水库、河道增容扩建；实施全市节水行动计划，续建配套与节水改造中型灌区，严控高耗水农作物种植面积。

二是在防汛方面，目前存在“防汛排涝能力与新时期防灾减灾的新要求还不相适应”的问题。主要表现在：防洪设施有短板，一级行洪河道还有21%未达标治理，蓟运河等重要支流和泃河等中小河流还有不少险工险段；城市防洪圈西部防线尚有局部堤防安全超高不足；蓄滞洪区启用困难；蓟州区65段山洪沟道仅有2段完成治理；东部绝大多数海堤不达标。排涝设施有短板，中心城区80%的区域为1年一遇或不足1年一遇，主干排水管道1/5超期服役；易积水片、积水地道及里巷支路、居民小区积水点未改造完成，城市雨洪沥水外排能力不足。针对以上问题，“十四五”时期要着力构建“蓄泄排统筹、洪涝潮同治”的防汛安全保障体系，规划到2025年，一级行洪河道堤防达标率84%以上，力争重要蓄滞洪区全部开工建设，水库、闸站完成除险加固，加快城市排水防涝工程体系建设，达到3年一遇排水标准的区域由20%提升至58%，推动海堤提标建设，防洪减灾能力全面提升，城镇雨水收集排放能力显著增强。为实现以上目标，重点实施三项工程：①防洪工程，实施蓟运河、潮白新河、泃河等河道达标治理和大黄堡、东淀、文安洼、贾口洼等蓄滞洪区安全建设，完成中小水库和病险水闸除险加固，对人员集中、危害严重的山洪沟进行综合治理。②除涝工程，实施大型排水管道和二级河道清淤，完成积水片和积水地道改造，新改扩建雨水系统泵站和河口泵站，新改扩建农村国有扬水站。③防潮工程，修编《滨海新区防潮规划》，加快海堤工程建设，保障沿海防潮安全。

三是在水环境方面，目前存在“水生态环境治理能力与推进绿色发展的总体要求还不相适应”的问题。主要表现在：入境河流水质超标问题严重，2020年31.4%的入境断面水质劣于Ⅴ类。中心城区仍有雨污合流管道266千米、混接串接点2000多处，雨后排水入河影响水质。仍有津沽、咸阳路等污水处理厂全年平均运行负荷率在90%以上，个别时段超过雨后处理能力，亟须扩建提升。双城间绿色生态屏障区及滨海新区、西青、北辰、蓟州等10个水系循环片区，还存在部分河段水系连通不畅的问题，海河南北两大水循环系统还没能真正发挥作用。针对以上问题，“十四五”时期要着力构建“河湖健康、人水和谐”的水生态安全保障体系，规划到2025年，全市城镇污水处理设施实现全覆盖，污水处理厂出水水质达标率达到98%以上，河湖水系连通流动调度灵活，重点河湖生态水量（水位）得到优先保障，地下水水位进一步回升，全市地表水优良水体数量保持稳定或上升，12条入海河流水质持续改善，努力实现“河畅、水清、岸绿、鸟飞”的河湖生态新画卷。为实现以上目标，重点实施三项工程：①截污治污工程，基本完成合流制片区雨污分流改造和混接搭接串接点治理，新扩建污水处理厂和污泥处理处置厂，补齐污水处理短板，建设初期雨水调蓄池，缓解初期雨水污染问题；②水系连通工程，实施天津·绿屏水系连通及水系治理，建设青静黄排水渠、沧浪渠、北排水河、子牙新河南四河水系连通工程，推进10片区水系连通，重点构筑“三纵、四横、十一片区”的河湖连通体系；③生态治理工程，实施永定河、北运河、大清河综合治理与生态修复，地下水超采综合治理，水土保持生态治理等工程。

四是在水管理方面，目前存在“智慧水务发展水平与水务现代化管理的需要还不相适应”的问题。主要表现在：自动监测设施不完善，部分河道、闸坝、中小水库缺乏水文自动监测设施；数据资源共享不充分，不能发挥数据对管理和决策的支撑作用；数据应用部门对信息化建设重视程度不够，实施工程建设时没有充分考虑信息化需求；水工程运行管控方式较传统甚至比较落后，目前依靠有限的管理人员赴现场常规巡查，应用无人机、遥感技术、新型传感设备等新技术不充分，传统水务运行管控与现代新科技融合不紧密。针对以上问题，“十四五”时期要着力构建“创新引领、智慧高效”的水管理安全保障体系，重点强化“三个一”：织密依法治水“一张网”，提升依法治水管水兴水的能力和水平，不断优化营商环境；绘制智慧管水“一幅图”，充分运用物联网、大数据、“互联网+监管”等提升管水能力；下好改革兴水“一盘棋”，深化水务体制机制改革，推进水权水价水市场改革，完善政府主导、金融支持、社会参与的水务投融资机制。

第三，扎实做好2021年水务工作，为“十四五”开好局起好步。

2021年是中国共产党成立100周年，是“两个一百年”奋斗目标的历史交汇之年，是实施“十四五”规划的第一年，也是我市开启全面建设社会主义大都市新征程的开局之年。开局决定全局，做好今年工作事关长远、意义重大。今年的工作要点已单独印发，各部门各单位要全力以赴抓好落实。下面，我再重点强调三点。

（一）坚持补短板惠民生，在提升“三个能力”上下功夫

一是提升供水保障能力。紧盯引江东线二期建设，加快引江东线二期和北大港水库扩建增容前期工作，力争早日开工建设。紧盯引江中线工程完善，抓紧启动尔王庄水库扩容研究论证，加快实施宝坻、静海等引江供水工程，进一步提升引江供水保障能力。紧盯引滦水质改善，继续做好于桥水库综合治理，推动引滦原水预处理厂前期工作，实现引滦向城市稳定供水。全年计划引江调水11.03亿立方米、引滦调水6亿立方米，确保全市供水安全。二是提升防汛减灾能力。进一步消除防洪安全隐患，加快实施蓟运河险工险段等防洪治理、大黄堡蓄滞洪区安全建设、山区小水库除险加固、重点山洪沟治理，切实保障群众生命财产安全。进一步提高城市排水标准，加快推动中心城区井冈山路等8处积水片改造，完成密云一支路地道改造，推动48处里巷小区积水点改造，汛前建成陈塘泵站、咸阳路泵站，提升区域雨水排放能力。进一步补强防汛应急弱项，修订完善超标洪水防御预案及蓄滞洪区运用和群众转移预案，组织防汛技术培训，开展防汛安全检查和隐患排查，坚决杜绝责任事故，确保全市安全度汛。三是提升水环境治理保护能力。突出截污治污，继续实施滨海新区、宁河等区合流制地区分流改造、铺设污水管网10千米，完成1000处混接串接改造，加快实施津沽、张贵庄等污水处理厂改扩建工程，城镇污水处理厂总处理能力达到420万吨/日；建成杨柳青电厂污泥处置设施，污泥无害化处置率达到95%以上。突出水生态修复，落实永定河综合治理与生态修复、大运河文化传承与保护利用、双城间绿色生态屏障区水系规划涉水任务，完成独流减河倒虹吸工程，继续向南北运河、四大湿地等重要河湖湿地实施生态补水10亿立方米以上。水利部已决定今年永定河全线

通水，沿线武清、北辰等区要做好通水各项准备。2月5日，中央第二生态环境保护督察组向我市反馈意见，指出了我市在污水处理、污泥处置、农村水体黑臭治理等方面存在的问题，市里正在制定整改方案并初步进行了任务分解，要求6个月内上报整改情况，各区各部门要高度重视，抓紧制定整改方案，认真抓好整改落实，确保整改到位见效，推进水生态环境持续改善。

（二）坚持强监管上水平，在深化“五个管理”上下功夫

一是深化水资源管理。合理分水，分区域、分水源、分用途细化“十四五”期间全市用水总量控制指标，各区要严格落实用水指标，市局将以“四不两直”等形式进行监督检查。管住用水，严格实行用水总量和用水强度双控，严格水资源论证和取水许可管理；加强非常规水资源配置，继续推进地下水超采综合治理，深层地下水开采量降至0.44亿立方米。强化节水，在工业、农业、城镇节水上下功夫，大力推动西青区、武清区全域节水，积极推动举办第三届中国节水论坛。二是深化河湖长制管理。抓好一个关键，调整市级河湖长制考核办法实施细则，突出水质指标导向作用。强化两项基础，制定河湖长制工作规范，推动河湖“清四乱”向全部纳管河湖扩展；结合村级组织换届，进一步深化基层河湖长专业培训。深化三项机制，深化协调联动机制，建立区级及以下河湖长与上级职能部门协同联动机制，探索重要河道上下游、左右岸行政区域间联合治水管水新模式；落实“向群众汇报”机制，广泛吸取群众对河湖管护意见和建议；落实河湖长示范工作机制，持续开展“榜样河长、示范河湖”创建工作。在2020年水利行业监督检查综合考核中，我们“河湖管理”一项在32个省市中仅排在第25位，暴露出河湖管理存在不少问题，特别是农村地区中小河湖问题多，各区各部门要高度重视这个问题，通过深化河湖长制管理进一步提高河湖管理能力和水平。三是深化供水排水行业监管。提高供水管理信息化水平，建设全市供水“一张网”，打造自来水城乡供水一体化新格局；加强供水全过程监管和二次供水设施专业化管理，加强农村饮水提质增效工程运行监管，进一步推动各区落实农村饮水工程运行管理“三项制度”，确保正常运行；健全供水服务投诉监管、纠纷解决及回访机制，推进供水行业信用体系建设，不断提升供水企业服务水平。深入研究排水体制机制，强化污水处理厂分类监管，加大对超标企业通报、约谈、核减服务费的力度，实现监管“长牙”；加强农村生活污水处理设施纳管及依效付费考核，实现对各区管理部门的常态化考核监管。2月5日，中央第二生态环境保护督察组向我市反馈意见，指出污泥处置监管缺位，违规处置污泥问题多发，各区各部门要高度重视，切实加强对污泥处置的监管，坚决杜绝此类问题。四是深化工程建设与运行管理。以保障工程质量为主线，强化水利建设领域市场监管，各区要充分发挥项目法人和监理的作用，切实管住质量、管住进度、管住资金；坚持建管并重，摸清底数、制订计划、加快验收，切实扭转重建轻管局面，充分发挥工程效益。以长期良性运行为目标，推进水利工程标准化管理、精细化管理和国家级、市级水管单位达标创建，市管行洪河道堤防管理达标率保持74%，市属闸站设施完好率保持94%。以保障行业安全为核心，全面落实安全生产责任制，强化安全风险分级管控和隐患排查治理双机制建设，持续推进安全生产专项整治三年行动，进一步提高危险源辨识率、危险源管控率，坚决防范各类事故发生。五是深化基础工作管理。加强依法行政，严格落实依法治市、法治政府建设任务，推动修订城市排水和再生水利用管理条例、城市供水用水条例相关工作，完成市级水务执法体制改革，组建水务综合行政执法总队，组织开展水源地保护、违章排水、河道管理等多领域专项执法行动。加强规划前期，抓紧编制京津冀地区安全风险防范涉及的防洪、供水安全保障专项规划，编制污水资源化利用实施方案，报批水安全保障“十四五”规划和排水专项规划，继续推动南水北调东

线二期规划、水利基础设施空间布局规划、防潮规划等编制工作。强化资金管理，面对财政资金紧张形势，各区各部门要开阔思路，多渠道筹措建设资金；要推动房屋资产盘活，在保障安全运行的前提下做好房屋出租等资源利用工作，提高资产使用效率和效益；要按照在建一批、储备一批、谋划一批，及时更新完善项目库建设，争取列入发改委项目库，合理安排项目计划，提高投资计划管理精细化水平；要真过“紧日子”和“苦日子”，精打细算，勤俭节约，管好用好每一分钱；要超前做好用地、环评等各项前置手续，以项目等资金；要及时做好项目结算、决算办理，坚决防止资金沉淀；要安全规范用好各项建设资金，加大对民生水务项目稽查、审计力度，严防资金挪用、挤占，确保有限的钱花在刀刃上。优化政务服务，进一步推动工程建设等领域监管事权下放，各区作为监管权下放的接收单位，要切实履行监管职责，加强与审批部门沟通对接，确保管得住、效率高，市局有关部门要加强业务指导；进一步优化水务营商环境，提速加力优化涉水审批服务，推动网上办理绿色通道常态化，持续推进“获得用水”营商环境指标改进，着力提升排水服务接入水平。推动科技信息化建设，开展北运河健康评估，围绕中心城区排水、于桥水库水质改善等重点难点工作实施科研项目；大力完善水务数据中心，扩充信息资源，推动“智慧水务”建设，围绕农村饮水工程、污水处理工程、节水工程运行管理等开展业务梳理，提出支撑业务管理的信息化建设需求和方案，以此为基础完成智慧水务专项规划编制，促进水务管理上水平。

（三）坚持转作风提效能，坚定不移推进全面从严治党向纵深发展

关于深化全面从严治党，下面还要专门部署安排，在此强调几点。一要深化理论武装，2021年是“十四五”开局之年，更是中国共产党建党100周年，各级党员领导干部要进一步提高政治站位，坚持不懈用习近平新时代中国特色社会主义思想武装头脑，不断提高政治判断力、政治领悟力、政治执行力，筑牢做好全年工作的思想基础。二要深化干部队伍建设，大力推进干部能上能下，强化干部岗位锻炼和轮岗交流，推动年轻干部提升政治能力、调查研究能力、科学决策能力、改革攻坚能力、应急处突能力、群众工作能力、抓落实能力，为“十四五”水务发展提供人才保障。三要深化作风建设，持之以恒提高工作执行力，各区各部门要重事功、练事功、善事功，对照今年目标任务，深入谋划硬招法，以工作成效体现水务担当作为；特别要强化习近平总书记重要指示批示，中央和市委、市政府决策部署贯彻落实的督查检查，确保各项工作落实到位。四要深化党风廉政建设，全面贯彻中纪委五次全会、市纪委九次全会、水利党风廉政建设工作会议精神，准确把握党风廉政建设和反腐败斗争新形势新任务，推动形式主义官僚主义、不作为不担当问题治理常态化，加大违纪违法问题查处力度，一体推进不敢腐、不能腐、不想腐，为全年工作顺利开展提供坚强政治保障、思想保障、组织保障。

最后，再强调三件事。一是抓好当前安全生产工作。春节将至，也是安全生产事故和突发事件易发多发时间节点，统筹做好春节期间安全防范工作极其重要。1月23日，国务院召开全国安全生产电视电话会议，2月2日，顺清常务副市长主持召开全市安全生产电视电话会议，部署了今年和春节期间的安全生产工作。目前，我局正在组织开展全市水务行业安全生产大排查大整治活动，局领导班子成员带队分7组正在开展督查检查。请各单位高度重视，时刻紧绷安全防范这根弦，严格落实“三管三必须”要求，坚持“万无一失，一失万无”工作标准，进一步加强组织领导，逐级压实岗位责任，将春节期间安全生产、应急值守、维稳反恐等安全防范工作列为重要任务抓实抓好，切不可麻痹大意，特别是要重点加强城镇供水、排水、消防等关系民生的关键领域及辖管区域排查整治，确保供排水运行稳定安全。同时，要强化春节期间应急值班值守，严格执行领导干部24小时带班制度，配强值班力量，严肃

值班纪律，及时掌握动态，确保突发事件和重大紧急情况及时上报并有效处置，为全市人民过一个欢乐祥和的春节做好水务基础保障。

二是实现一季度“开门红”。今年是确保“十四五”开好局、起好步的关键年，一季度又是关系全年任务完成的关键时期，各区各部门要高度重视一季度水务工程建设，立即梳理在建和具备开工条件的项目，在做好疫情防控和施工人员在津过年相关安排的基础上，加快推动天津·绿屏水系连通、积水片改造、雨污混接串接改造等重点工程建设，确保在建项目能不停工的不停工、能开工项目早开工、具备招投标条件的立即启动招投标，以一天也不耽误的精神，切实做到一切工作向前赶，为全市一季度“开门红”做出应尽的贡献。同时要加快推进全局各项重点工作，不等不拖不打“年盹”，深入谋划、周密部署，尤其要加快推动中央巡视反馈意见整改、中央第二轮环境保护督察反馈意见整改、市纪委监委督查反馈意见整改等重点工作，为顺利完成全年目标任务打下坚实基础。

三是做好疫情防控相关工作。要严格贯彻落实市防控指挥部要求，公务员、事业单位干部职工要带头在津过节，尽量不离津，确需离津的一定要严格履行请假手续，分别向工作单位和居住地社区报备，配合落实疫情防控要求，随时做好健康监测。同时各部门各单位要继续做好测温、消毒、防疫物资储备等疫情防控常态化工作。

同志们，今年水务工作任务艰巨、责任重大。我们要在市委、市政府的坚强领导下，全力以赴、攻坚克难，担当作为、真抓实干，以更加坚定的决心、更加饱满的热情、更加扎实的举措，全面完成各项水务工作任务，确保“十四五”水务工作开好局、起好步，为天津高质量发展和社会主义现代化大都市建设做出新的更大贡献。

政 策 法 规

行政规范性文件

市水务局　市生态环境局　市发展改革委　市住房城乡建设委关于印发《天津市城镇污水处理提质增效三年行动实施方案（2019—2021年）》的通知

津水规范〔2020〕1号

各区人民政府、市有关委办局：

按照《住房和城乡建设部　生态环境部　国家发展改革委关于印发城镇污水处理提质增效三年行动方案（2019—2021年）的通知》（建城〔2019〕52号）要求，经市人民政府同意，现将《天津市城镇污水处理提质增效三年行动实施方案（2019—2021年）》印发给你们，请遵照执行。

附件：天津市城镇污水处理提质增效三年行动实施方案（2019—2021年）

天津市水务局
天津市生态环境局
天津市发展和改革委员会
天津市住房和城乡建设委员会
2020年3月2日

附件

天津市城镇污水处理提质增效三年行动实施方案（2019—2021年）

为加快补齐城镇污水收集处理设施短板，尽快实现污水管网全覆盖，污水全收集、全处理，城市黑臭水体长制久清的目标，依据《住房和城乡建设部　生态环境部　国家发展改革委关于印发城镇污水处理提质增效三年行动方案（2019—2021年）的通知》（建城〔2019〕52号）要求，结合我市实际，制定本实施方案。

一、总体要求

（一）指导思想

以习近平新时代中国特色社会主义思想为指导，全面贯彻党中央决策部署，认真落实国务院工作要求，紧密结合市委、市政府全面加强生态环境保护坚决打好污染防治攻坚战要求，坚持雷厉风行与久久为功相结合，抓住主要矛盾和薄弱环节集中攻坚，统筹污染防治和行业管理工作，全力推进水环境保护和黑臭河道治理，加快补齐城镇污水收集处理设施短板，全面提升城镇生活污水收集处理能力水平，尽快实现全市建成区污水管网全覆盖，污水全收集、全处理目标。

（二）基本原则

——生态优先、立足民生。坚持以习近平总书记“绿水青山就是金山银山”发展理念为统领，科学把握污水治理规律，统筹城市管理相关要素，把城镇生活污水全收集、全处理作为关系民生的重大问题，迎难而上、久久为功，不断提高人民群众的获得感和对城乡水环境的满意度。

——规划先行、系统治理。强化城镇污水处理系统顶层设计，融入海绵城市建设等先进理念，科学编制排水专项规划，完善规划布局、细分收水片区，系统解决好空白区治理、合流制改造、初期雨水治理等问题，科学确定城镇污水处理设施远近期规模，确保污水处理有余量。

——问题导向、突出重点。聚焦城镇管网不完善和点源、面源污染治理问题，以提高城镇生活污水处理系统收集效能为重点，加快补齐城镇污水收集和处理设施短板，规范工业企业排水管理，形成城镇污水处理设施“规划、建设、运维、监管”四统一的管理制度，持续提升本市城镇污水处理能力和设施服务水平。

——完善机制、合力攻坚。加强排水管理体制机制建设，健全排水管理制度，加快形成与城镇生活污水全收集、全处理相适应的工作机制和政策环境。落实城镇污水处理提质增效属地责任，坚持政府主导、水务牵头、分工明确、部门联动，形成攻坚合力确保各项任务目标圆满完成。

（三）主要目标

2019年底，基本消除城市建成区黑臭水体；2021年底，基本消除城市建成区生活污水直排口，基本消除城市建成区和城乡结合部污水管网空白区。

2019年，城镇污水处理厂进水生化需氧量（BOD）浓度低于100mg/L的28座污水处理厂，制定“一厂一策”系统化整治方案；2021年底，10座污水处理厂进水BOD浓度均提高到100mg/L标准，其余18座污水处理厂进水BOD浓度均提高50%。

2021年底，城镇生活污水集中收集率达到85%以上。基本实现城镇污水处理有余量目标。

二、重点任务

（一）开展排水管网排查和定期检测工作。编制《天津市城镇排水管网周期性排查和检测技术导则》并推动落实。中心城区和环外各区，按照设施权属及运行维护职责分工，全面排查城市建成区雨、污水管网设施存在问题，查清合流制、串流混接及管网结构性、功能性缺陷，建立城镇排水管网定期排查检测制度，形成以5~10年为一个排查周期的长效机制。启动解放南路市政排水管网地理信息系统（GIS）试点项目和津沽污水处理厂进水管网检测项目，并逐步在全市范围内推广。积极开展无主设施确权工作，编制《城镇排水设施权属普查和登记造册指导意见》，指导各区分批、分期完成城镇生活污水收集管网权属普查和登记造册，逐步开展区域内无主污水管道的调查、移交和确权工作。

（二）全面推进城镇排水管网改造。中心城区和环外各区要根据城镇排水管网排查结果，逐年编制城市建成区合流制、雨污错接混接及破旧管网修复和改造计划，结合实际分年度组织实施。

2021年底前，基本完成全市现状73片、62.04km^{2}合流制地区，4776处混接点改造。原则上，同一排水分区内，城镇管网上游小区、公共设施和企业事业单位内部管网改造应同步实施；对未实现雨污分流、错接混接严重且暂不具备实施条件的应采取临时排水措施，杜绝进入雨水系统以减少对水环境的影响，并有明确的改造时间表、路线图。

（三）加快推进城镇污水管网建设。新建城区污水管网应与污水处理设施同步规划建设、同步投入使用，严格落实雨污分流制；充分评估城镇排水设施承载能力，合理确定新城发展规模。持续推进城中村、老旧城区、城乡结合部的污水管网建设，2019 年底城镇污水处理率达到 95% 以上，2021 年底基本消除本市现状 5.4km^2 设施空白区。

城镇污水处理厂进水生化需氧量（BOD）浓度长期低于 100mg/L 的，要围绕服务片区管网规划与建设制定“一厂一策”系统化治理方案，明确治理目标和整改措施。

（四）持续推进城镇污水处理设施建设。加快补齐城镇污水处理设施能力不足欠账，中心城区 2019 年完成东郊、咸阳路污水处理厂迁建及提标工程，以及咸阳路、张贵庄 2 座污水处理厂共 17 万 t/d 规模应急能力扩建工程，2019 年底新增处理能力 52 万 t/d，达到 222 万 t/d；启动张贵庄、咸阳路二期、津沽三期共 85 万 t/d 规模扩建项目工作，力争 2021 年全部建成，处理能力达到 290 万 t/d，实现城镇污水处理有余量。继续推动环外各区 26 座能力不足污水处理厂整改工作，其中新扩建 16 座、调水 10 座。计划 2019 年完成宝坻京津新城、塘沽新河等 5 座污水处理厂新、扩建任务，继续推动北辰大双、双青等 11 座污水处理厂建设，2021 年环外各区共新增污水处理规模 33 万 t/d 以上；津南咸水沽、双林、环科等 10 座污水处理厂通过规划调整，建设连通管线等措施，实现城镇污水处理厂之间水量调剂，保证稳定运行。

（五）加强城镇污水处理厂污泥处理处置设施建设管理。按照城镇污水处理厂污泥处理处置稳定化、无害化、资源化要求，结合排水专项规划，积极推动津沽、张贵庄 2 座污泥处置厂增容扩建，满足中心城区新增泥量处理需求；加快环外各区污泥处理处置设施建设，力争三年内每年增加 1 座污泥无害化处置设施，积极推动建设中心城区市政管网和河道清淤污泥处理处置设施。依法加强对城镇污水处理厂和污泥处置厂污泥去向、用途、用量的监管，建立工作台账，严格执行污泥转移联单制度和污泥分配方案；组织开展水务、生态环境等多部门参与的专项执法检查，杜绝污泥处置厂不达标污泥出厂。2021 年本市污泥无害化处置率达到 95% 以上。

（六）打好城市黑臭水体治理攻坚战。对全市已完成治理的 26 条建成区黑臭水体开展整治效果评估，并结合河（湖）长制相关工作，严格落实长效养管方案，切实巩固治理成果。加大大型管网清掏力度，减少降雨期间污染物入河。分类排查城市建成区因雨污合流、雨污水管网串接混接和管网空白区等污水收集处理设施不健全导致的生活污水直排以及企事业单位生活污水不经处理直排问题，形成生活污水直排口清单，制定分类整治方案并推动实施，2021 年基本消除城市建成区生活污水直排口。加快解放南路地区和中新生态城海绵城市试点区建设，推动全市各区海绵城市建设。2019 年底前建成中心城区新开河、先锋河 2 座调蓄池，有效拦截初期雨水污染物。

（七）健全管网建设质量管控机制。加强管材市场监管，严厉打击假冒伪劣管材产品。严把排水设施工程质量关，加强对工程设计、建设单位执行工程建设相关标准、规范，进行隐蔽工程检查、竣工验收和工程移交的监管。工程质量监督机构要进一步加强排水设施工程质量监督，交付使用的排水设施工程应当达到国家相关规范的标准要求；排水设施管理单位对在建排水项目要提前介入，对发现的质量问题和工程缺陷要督促建设单位整改到位，要严格排水管道养护、检测与修复质量管理，确保运行高效。要按照质量终身责任追究要求，强化设计、施工、监理等行业信用体系建设。

（八）健全排水接入服务和管理制度。健全完善本市排水管理相关制度，规范排水行为，加大查处力度。城镇污水管网覆盖区域，应当依法将生活污水接入城镇污水管网，严禁雨污错接混接；严禁污水直排、外溢；严禁在城镇排水管网上私搭乱接，杜绝工业企业通过雨水口、雨水管网违法排污；城镇污水管网未覆盖的，应当依法建设污水处理设施达标排放。建立健全“小散乱”规范管理制度。整治沿街经营性单位和个体工商户污水乱排直排，结合市场整顿和经营许可、卫生许可、排水许可管理建立联合执法监督机制，督促整改。水行政、生态环境部门要会同相关部门开展专项治理行动，强化违法排污溯源追查和执法，建立常态化工作机制。

（九）*规范工业企业排水管理*。工业集聚区应当按规定建设污水集中处理设施。各区人民政府或工业园区管理机构要组织对进入城镇污水收集设施的工业企业进行排查，各区人民政府应当组织有关部门和单位开展评估，经评估认定污染物不能被城镇污水处理厂有效处理或可能影响城镇污水处理厂出水稳定达标的，要依法限期退出；经评估可继续接入污水管网的工业企业应当依法取得排污许可。2019 年底前依法完成现状集中式污水处理厂排污许可证核发工作，2019 年后建成的集中式污水处理厂按照相关规定核发排污许可证。开展水污染专项执法检查，通过对重点行业企业、工业集聚区污水处理厂、城镇污水处理厂、废水直排企业等的全面排查，落实企业稳定达标排放主体责任，严厉打击各类违法排污、超标排放以及不正常使用污染防治设施行为。加强对接入城镇管网的工业企业及餐饮、洗车等生产经营单位的监管，依法处罚超排、偷排等违法行为。

（十）*建立健全专业运行维护管理机制*。科学编制修订本市城镇排水设施养护维修定额，根据城镇排水管网特点、规模、服务范围等因素合理确定人员和经费保障。积极推行城镇污水处理“厂、网、河”一体化运行维护机制，强化水行政主管部门的统一调度管理，保障城镇生活污水收集处理设施的系统性和完整性。建立市、区河湖水位协调联动机制，合理控制非汛期景观水位，修订完善中心城区和环城四区水循环调度方案，具备条件的排水口门更换双向止水闸，防止河水倒灌城镇管网。各区人民政府应支持居住小区、公共建筑及企事业单位委托市政排水管网运行维护单位对内部管网进行维护和管理。加强排水管网设施建设和运营过程中的安全监督管理，督促相关责任主体建立健全相应工作制度和保障机制。

三、保障措施

（一）*加强组织领导*。各区人民政府对本辖区城镇污水处理提质增效工作负总责，完善组织领导机制，强化责任落实。要按照本方案要求，制定本地区城镇污水处理提质增效三年（2019—2021 年）行动实施计划，细化目标任务，明确责任部门，形成建设和改造工作任务清单，并报市水行政主管部门备案。

水行政主管部门要切实担负起城镇污水处理提质增效三年行动任务牵头组织和协调推动工作，并具体负责组织城镇排水、污水处理设施新改扩建工程、实施黑臭水体治理等项目，建立完善排水设施周期性排查、定期养护维修和“河（湖）长制”管理的长效机制。

发展改革部门负责统筹安排城镇排水和污水处理设施建设项目，完善项目库，按照事权划分履行项目审批手续；适时组织污水处理费定价成本监审，按国家要求及时调整污水处理费。

生态环境部门负责各类园区、工业企业污水处理设施运行监管；指导做好对进入城镇污水收集设施的工业企业排查、评估、治理工作；按照责任分工组织城市建成区生活污水直排口排查工作。

住房和城乡建设部门、水行政主管部门、规划和自然资源部门（新开发地块周边）按照责任分工，加快海绵城市试点建设和中心城区新建排水设施建设相关工作，积极吸引社会资本参与排水设施投资、建设、运营。

财政部门负责城镇污水处理提质增效三年行动任务的资金保障，加大管网更新改造及运行维护的市、区级财政资金投入。

市场监督管理部门负责加强管材市场监管，严厉打击假冒伪劣管材产品。

卫生健康、天津银保监等部门按照责任分工做好相关工作。

（二）加大资金保障。要统筹海绵城市建设、防汛补短板三年行动方案、黑臭水体治理以及水污染防治重点项目建设，深化项目前期工作，按照市、区财政事权和支出责任相匹配原则，加大政策性资金投入力度，积极争取中央专项资金支持。鼓励金融机构依法依规为城镇污水处理提质增效项目提供信贷支持。研究探索规范项目收益权、特许经营权等质押融资担保。营造良好市场营商环境，吸引社会资本参与城市基础设施建设和运营，确保资金投入与三年行动任务相匹配。

（三）完善污水处理收费政策。着力构建覆盖补偿污水处理和污泥处理处置成本并合理盈利的污水处理费动态调整机制，通过公开招投标等方式，完善污水处理服务市场，逐步实现污水处理收费标准与服务费价格相协调。落实本市污水处理费征收使用相关规定，加大自备水源污水处理费征缴力度；建立市、区污水处理费分担机制，统筹使用污水处理费及财政补贴资金；提高污水处理费保障能力，促进排水和污水处理行业健康发展。

（四）鼓励公众参与。各部门要加强舆论宣传引导，积极营造共建共享的治理氛围，借助网站、新媒体、手机客户端等媒介，为公众参与创造条件。统筹安排治理工程，加强文明施工管理，广泛争取居民群众对提质增效治理工程的理解支持；加强社会监督，鼓励城镇污水处理厂向公众开放；设立公众举报电话，鼓励群众对城市黑臭水体、违法排污行为等进行监督和举报，及时查处违法违规行为，积极营造全民参与，齐抓共管的良好社会氛围。

附件：天津市城镇污水处理提质增效 2019—2021 年重点任务清单

附件

天津市城镇污水处理提质增效 2019—2021 年重点任务清单

序号	工作目标	任务分类	具体任务	市级分工		责任主体	完成时间
				牵头部门	配合部门		
1	基本消除城市建成区生活污水直排口	长效机制	分类排查城市建成区因雨污合流、雨污水管网串接混接和管网空白区等污水收集处理设施不健全导致的生活污水直排以及企事业单位生活污水不经处理直排问题，形成生活污水直排口清单，制定分类整治方案并推动实施	市水务局 市生态环境局		有关区政府	2021 年
2		建设项目	基本完成现状 4776 处混接点改造。其中市管 205 处、和平区 212 处、河西区 511 处、南开区 494 处、河东区 1614 处、河北区 1004 处、红桥区 408 处、东丽区 30 处、津南区 59 处、西青区 11 处、北辰区 188 处、滨海新区 11 处、武清区 10 处、静海区 4 处、宝坻区 14 处、蓟州区 1 处	市水务局		有关区政府	2021 年
3	基本消除城中村、老旧城区和城乡结合部生活污水收集处理设施空白区	建设项目	基本消除本市现状 5.4 平方千米设施空白区。其中津南区 2.78 平方千米、宝坻区 0.17 平方千米、蓟州区 2.42 平方千米	市水务局		有关区政府	2021 年

续表

序号	工作目标	任务分类	具体任务	市级分工		责任主体	完成时间
				牵头部门	配合部门		
4	基本消除城市建成区黑臭水体	长效机制	健全完善本市排水管理相关制度，规范排水行为，加大查处力度	市水务局		有关区政府	长期推动
5			整治沿街经营性单位和个体工商户污水乱排直排，开展专项行动，结合市场整顿和经营许可、卫生许可、排水许可管理建立联合执法监督机制，督促整改	市水务局	市场监管委市卫生健康委	有关区政府	长期推动
6			对全市已完成治理的26条建成区黑臭水体开展整治效果评估，并结合河（湖）长制相关工作，严格落实长效养管方案，切实巩固治理成果	市水务局		有关区政府	长期推动
7			开展水污染专项执法检查，通过对重点行业企业、工业集聚区污水处理厂、城镇污水处理厂、废水直排企业等的全面排查，落实企业稳定达标排放主体责任，严厉打击各类违法排污、超标排放以及不正常使用污染防治设施行为	市生态环境局、市水务局按分工		有关区政府	长期推动
8			规范工业企业排水管理，指导各区做好对现有接入城镇生活污水处理设施的工业废水的排查、评估、治理工作	市生态环境局	市水务局	各区政府园区管委会	2021年
9			加强排污许可工作，2019年年底依法完成集中式污水处理厂许可证核发工作，2019年后建成的集中式污水处理厂按照相关规定核发排污许可证	市生态环境局		有关区政府	长期推动
10		建设项目	基本完成全市现状73片、62.04平方千米合流制地区改造。其中市管13.2平方千米、滨海新区25.4平方千米、津南区5.5平方千米、东丽区0.1平方千米、西青区2.3平方千米、北辰区1.9平方千米、武清区5.6平方千米、宝坻区3平方千米、静海区1.6平方千米、宁河区3.3平方千米、蓟州区0.15平方千米	市水务局市规划和自然资源局		有关区政府	2021年
11			全面治理并消除城市建成区26条黑臭水体，加大日常监测和生态修复工作力度	市水务局		有关区政府	2019年
12			加快解放南路地区和中新生态城海绵城市试点区建设，并逐步扩大到全市建成区	市住房城乡建设委市水务局	市规划和自然资源局	有关区政府	长期推动
13			2019年底前建成中心城区新开河、先锋河2座调蓄池，有效拦截初期雨水污染物	市水务局		市水务局	2019年
14			加大大型管网清掏工作，减少降雨期间污染物入河	市水务局		有关区政府	长期推动

续表

序号	工作目标	任务分类	具体任务	市级分工		责任主体	完成时间
				牵头部门	配合部门		
15	城镇生活污水集中收集效能显著提高	长效机制	编制《天津市城镇排水管网周期性排查和检测技术导则》，指导环外各区制定城镇排水管网排查与检测方案。建立城镇排水管网定期排查检测制度，形成以5~10年为一个排查周期的长效机制	市水务局		有关区政府	2020年
16			编制《城镇排水设施权属普查和登记造册指导意见》，分批、分期完成城镇生活污水收集管网权属普查和登记造册，逐步开展区域内无主污水管道的调查、移交和确权工作	市水务局		有关区政府	长期推动
17			修订完成《天津市排水专项规划（2018—2035年）》，结合海绵城市建设科学确定污水收集处理设施规模，新建城区生活污水收集处理设施与城市发展同步规划、同步建设	市水务局	市规划和自然资源局	市水务局	2020年
18			逐年编制城市建设区合流制、雨污错接混接及破旧管网修复和改造计划，结合实际分年度组织实施	市水务局		有关区政府	长期推动
19			城镇污水处理厂进水生化需氧量（BOD）浓度长期低于100毫克每升的，围绕服务片区管网规划与建设制定“一厂一策”系统化治理方案，明确治理目标和整改措施，并推动实施	市水务局		有关区政府	2019年
20			依法加强对城镇污水处理厂和污泥处置厂污泥去向、用途、用量的监管，建立工作台账，严格执行污泥转移联单制度和污泥分配方案，组织开展水务、生态环境等多部门参与的专项执法检查，杜绝污泥处置厂不达标污泥出。	市水务局	市生态环境局	有关区政府	长期推动
21			推进城镇排水企业实施“厂—网—河湖”一体化运营管理机制	市水务局		有关区政府	长期推动
22			修订完善中心城区和环城四区水循环调度方案，建立市、区河湖水位协调联动机制，合理控制非汛期景观水位；有条件的区更换双向止水闸，防止河水倒灌	市水务局		市水务局	长期推动
23			加强排水许可工作，核定城镇污水处理厂收水范围，加强收水范围内企业排水户排水许可办理力度，做到全覆盖	市水务局		有关区政府	长期推动

续表

序号	工作目标	任务分类	具体任务	市级分工		责任主体	完成时间
				牵头部门	配合部门		
24	城镇生活污水集中收集效能显著提高	长效机制	加强管材市场监管，严厉打击假冒伪劣管材产品	市市场监管委		有关区政府	长期推动
25			排水设施管理单位对在建排水项目要提前介入，对发现的质量问题和工程缺陷要督促建设单位整改到位，要严格排水管道养护、检测与修复质量管理，确保运行高效	市水务局		有关区政府	长期推动
26			着力构建覆盖补偿污水处理和污泥处理处置成本并合理盈利的污水处理费动态调整机制；通过公开招投标等方式，完善污水处理服务市场，逐步实现污水处理收费标准与服务费价格相协调	市发展改革委市水务局		有关区政府	长期推动
27			加大管网更新改造及运行维护的市、区级财政资金投入	市财政局		有关区政府	长期推动
28			落实本市污水处理费征收使用相关规定，加大自备水源污水处理费征缴力度，建立污水处理费分区缴纳管理系统	市水务局	市水务集团	有关区政府	长期推动
29		建设项目	启动解放南路地区排水管网地理信息系统（GIS）建设试点工作，实施津沽污水处理系统管网检测诊断项目，并逐步在各区推广	市水务局		有关区政府	长期推动
30			完成中心城区东郊、咸阳路污水处理厂迁建工程	市住房城乡建设委市水务局		城投集团	2019 年
31			启动津沽三期、张贵庄二期、咸阳路二期，共 85 万吨每日污水处理设施建设工作，确保城镇污水处理有余量	市水务局	市住房城乡建设委	社会资本方	2021 年
32			实施咸阳路、张贵庄 2 座污水处理厂共 17 万吨每日规模污水处理厂应急能力扩建工程	市水务局		城投集团	2019 年
33			继续推动环外各区 26 座能力不足污水处理厂整改工作。2019 年完成宝坻京津新城、塘沽新河等 5 座污水处理厂新、扩建任务，继续推动北辰大双、双青等 11 座污水处理厂建设；津南咸水沽、双林、环科等 10 座污水处理厂通过规划调整，建设连通管线等措施，实现城镇污水处理厂之间水量调剂，降低城镇污水处理厂运行负荷率	市水务局		有关区政府	2021 年

续表

序号	工作目标	任务分类	具体任务	市级分工		责任主体	完成时间
				牵头部门	配合部门		
34	城镇生活污水集中收集效能显著提高	建设项目	加强污水处理厂污泥处理处置设施建设。积极推动津沽、张贵庄2座污泥处置厂扩建、新增处理能力1400吨每日，满足中心城区新增泥量处理需求	市水务局	市住房城乡建设委	社会资本方	2021年
35			加快环外各区污泥处理处置设施建设，推动静海恒基污泥处置厂200吨每日、大港污泥无害化治理项目200吨每日建设，力争三年内每年增加1座污泥无害化处置设施	市水务局		有关区政府	2021年

市水务局关于印发《天津市再生水利用管理办法》的通知

津水规范〔2020〕2号

各区人民政府、各有关单位：

为加强本市再生水利用管理，提高再生水利用率，经市人民政府同意，现将《天津市再生水利用管理办法》印发给你们，请照此执行。

天津市水务局

2020年9月30日

天津市再生水利用管理办法

第一章　总　　则

第一条　为加强本市再生水利用管理，提高再生水利用率，改善本市水生态环境，根据《天津市城市排水和再生水利用管理条例》及有关法律法规，结合本市实际，制定本办法。

第二条　本办法适用于本市行政区域内再生水规划、建设、使用、运营维护及相关管理等活动。

第三条　本办法所称再生水，是指污水经再生工艺处理后达到不同水质标准，满足相应使用功能，可以进行使用的非饮用水，包括污水处理厂达标再生水和深处理再生水。

本办法所称再生水利用设施，是指用于工业、城市杂用及景观环境的再生水厂站、输配水管网、加压泵站和其他相关设施，以及用于一般河道生态、湿地及农业用水的再生水输水河道、泵站和相关调度、调蓄工程设施。再生水利用设施除企业自建用于自身利用的设施外，均为公共再生水利用设施。

本办法所称再生水运营单位，是指具备再生水生产输配设施、运营资金、专业技术力量、应急抢险队伍及设备，具有完善的安全生产管理制度和服务规范，具备有关法律、法规规定证照的单位。

本办法所称使用再生水的用户，是指从公共再生水利用设施取用水的单位和个人。

第四条　市水行政主管部门是本市再生水利用的行政主管部门。

市和区水行政主管部门按照职责分工负责再生水利用的管理和监督工作。

第五条　城市管理、林业、规划资源、工业和信息化、农业农村等有关部门在编制各类专项规划时，应当结合再生水利用规划，统筹安排，合理布局，按照职责分工在园林绿化、环卫、湿地、工业、农业等方面制定再生水利用计划，配套相应再生水利用设施，并组织实施。

第二章　规划和建设

第六条　市水行政主管部门依据国民经济和社会发展规划、国土空间总体规划等，会同有关部门组织编制全市再生水利用规划，由市水行政主管部门会同有关部门组织相关专业人员审查，并经市规划资源部门综合平衡后，报市人民政府批准。

全市再生水利用规划应当做好与供水、排水、河湖水系、水资源保护等专项规划的衔接。

第七条　市级政府投资的再生水利用设施建设应当按照《天津市政府投资管理条例》及市政府相关规定实施。

区有关部门依据全市再生水利用规划，制订本区再生水利用规划及再生水利用设施建设计划，经区人民政府批准后，报市水行政主管部门备案，并组织实施。

第八条　新建、改建、扩建再生水利用设施应当符合全市再生水利用规划。

第九条　再生水利用设施建设项目的设计、施工和监理，必须由具有相应资质的单位承担，并严格执行国家和本市有关技术标准和规范。

第十条　新建管道与现状管道连接的，建设单位应当向再生水运营单位提出申请，并提供相关资料，经现场查勘后确定连接方案，禁止私自连接。

第十一条　新建、改建、扩建再生水厂应当配套建设进出水水质、水量自动监测与中控系统，并与主体工程同时设计、同时建设、同时投入使用。已投入运行但未建设自动监测与中控系统的再生水厂，应当补建自动监测与中控系统。

再生水厂进出水水质、水量自动监测系统应当与水行政主管部门联网，实现数据共享。

第十二条　再生水运营单位在新建、改建、扩建再生水利用设施运营前，应当书面告知水行政主管部门。

对已运行的产水设施或供水管道重新启用时，再生水运营单位必须打压冲洗消毒，并经水质检测合格。

第三章　管　　理

第十三条　水行政主管部门应当就再生水运营单位对再生水利用设施的运行、维护情况进行监督检查。

第十四条　水行政主管部门应当建立再生水水质监督管理制度，开展再生水水质定期监测，并对再生水运营单位的日常水质检测数据进行核查。

第十五条　再生水运营单位应当向水行政主管部门提交水质、水量、水压和再生水利用设施运行、维护等情况。

第十六条　再生水利用设施的养护、维修、管理，由再生水运营单位负责。

再生水运营单位应当按照国家和本市相关技术标准，加强对再生水利用设施的维修与养护，建立设施维护管理制度和工作规程，健全安全生产管理制度，保证设施正常运行和正确使用。

第十七条　再生水运营单位应当对所属的再生水利用设施进行巡视管理，发现占压、改动、损坏公共再生水利用设施等违法行为的，应当制止、纠正，制止无效时及时上报水行政主管部门予以解决。

第十八条　再生水运营单位应当建立水质检

测和水质管理制度，按照国家和本市标准规定的检测项目、检测频率和检测方法，对水质进行定期检测，按时向水行政主管部门上报检测数据。不能进行自检或检测能力达不到国家和本市标准要求的，应按国家和本市标准的要求，委托有相应检测资质的机构进行检测。

第十九条　使用再生水的用户必须按照规定缴纳再生水水费。

第四章　利　　用

第二十条　本市再生水利用遵循安全、高效的原则，再生水利用水质应当达到国家或本市有关标准要求。

第二十一条　市水行政主管部门应当将再生水纳入全市水资源统一配置体系，实行地表水、地下水、外调水、再生水、海水淡化水等统一配置、统一调度。

第二十二条　本市编制国民经济和社会发展规划、国土空间总体规划、重大建设项目布局规划应当与区域水资源的承载能力相适应，进行规划水资源论证。开展规划水资源论证时，应当统筹地表水、地下水、外调水、再生水。

取水审批机关在开展新建、改建、扩建建设项目的水资源论证审查和取水许可审批时，应当充分考虑优先配置使用再生水。常规水源的既有用水单位如具备再生水使用条件，取水审批机关应当配置再生水水源。热电、冶金、化工等高耗水企业应当使用再生水等非常规水源。

第二十三条　具备再生水供水条件且水质符合用水标准，有下列情形之一的，应当使用再生水：

（一）城市绿化、冲厕、道路清扫、车辆冲洗、建筑施工等城市杂用水。

（二）冷却用水、洗涤用水、锅炉用水、工艺用水、产品用水等工业生产用水。

（三）观赏性景观的环境用水、河道生态用水、湿地用水等环境用水。

农业用水应当本着达标安全的原则优先使用再生水。

第五章　安全与应急管理

第二十四条　禁止任何单位和个人有下列行为：

（一）将再生水管道与自来水管道连接。

（二）向其他单位或者个人转供再生水。

（三）未经再生水运营单位同意，在所属的再生水管网系统上直接取水。

（四）绕过结算水表，接管取水。

（五）拆除、伪造、开启法定或者授权的计量检定机构加封的结算水表或者设施封印。

（六）私装、改装、毁坏结算水表或者干扰结算水表正常计量。

（七）非法充值结算水表磁卡。

第二十五条　再生水利用设施产权单位应当在再生水取水口和公共用水区域设置再生水标志。

第二十六条　市和区水行政主管部门应当会同有关部门编制本行政区域再生水利用突发事件应急预案，报本级人民政府批准。

再生水运营单位应当根据再生水利用突发事件应急预案制定本单位的应急预案，报相应水行政主管部门备案。

第二十七条　再生水运营单位因设备改造、维修、更新或者再生水生产工艺重大调整等原因，需要临时停止向用户供水的，应当向水行政主管部门报告，提前 48 小时告知用户暂停供水时间，并在限定的时间内恢复供水。

因紧急情况需要暂停向用户供水的，再生水运营单位应当立即向水行政主管部门报告，同时及时告知受影响的用户，并采取相应措施，尽快恢复供水。

第二十八条　再生水利用设施发生故障时，负有养管责任的再生水运营单位应当立即组织抢修并采取安全防护措施。公安、交通运输、城市管理、供水、供热、燃气、电力、通信等有关部门和单位应当积极配合，保证抢修作业的进行。

用于再生水利用设施抢修的专用车辆和机具，应当设置明显标志。在养护维修作业时，公安交通管理部门应当在行驶路线和时间上提供便利，保证通行。

第六章 鼓励与激励

第二十九条 各区人民政府和市有关部门应当积极推广政府和社会资本合作（PPP）模式，通过特许经营、投资补助、政府购买服务、股权合作等多种方式，鼓励社会资本投资再生水利用设施建设项目，政府或其部门依法选择符合要求的经营者，发展改革、财政、住房城乡建设、水务等部门应当规范项目管理。财政部门应当加大对再生水发展的投入力度，引导金融机构增加对再生水利用设施的信贷资金，对于以 PPP 模式建设的再生水项目，通过专项资金、贷款贴息、财政补贴等形式予以支持。

第三十条 税务部门应当依法加大对再生水运营单位的扶持力度。

第三十一条 价格主管部门应当会同水行政主管部门，按照价格管理目录和价格管理权限制定或调整再生水价格，再生水价格应当与自来水等其他用水保持合理的比价关系，再生水供水系统中的管网、泵站及其附属设施的养护维修费应当纳入再生水水价构成。

第七章 附 则

第三十二条 本办法自 2020 年 10 月 1 日起施行，2025 年 9 月 30 日废止。

市水务局关于印发《天津市二次供水管理规定》的通知

津水规范〔2020〕3 号

各区人民政府、各有关单位：

为进一步加强和规范我市二次供水设施建设、运行维护和管理，经市人民政府同意，现将《天津市二次供水管理规定》印发给你们，请认真贯彻落实。

附件：天津市二次供水管理规定

天津市水务局

2020 年 10 月 12 日

附件

天津市二次供水管理规定

第一章 总 则

第一条 为加强和规范我市二次供水设施建设、运行维护和管理，保障二次供水安全，根据《天津市城市供水用水条例》《城市供水水质管理规定》《生活饮用水卫生监督管理办法》《关于加强和改进城镇居民二次供水设施建设与管理确保水质安全的通知》（建城〔2015〕31 号）等相关规定，结合本市实际，制定本规定。

第二条 本规定适用于我市行政区域内二次供水工程的建设、改造、设施日常维护与安全运行管理。

第三条　本规定所称二次供水是指当民用与工业建筑生活饮用水对水压、水量的要求超过供水管网能力时，通过储存、加压等设施经管道供给用户或自用的供水方式。

本规定所称二次供水设施是指为二次供水设置的泵房、水池（箱）、水泵、阀门、电控装置、消毒设备、压力水容器、供水管道等设施。

第四条　市水行政主管部门主管本市二次供水的行政管理工作。

区人民政府按照职责负责本辖区内二次供水管理工作。

区人民政府指定的部门负责辖区内二次供水的具体管理工作。

第五条　发展改革、公安、住房城乡建设、卫生健康等部门按照各自职责，负责二次供水的相关管理工作。

第二章　设施建设

第六条　当民用与工业建筑生活饮用水用户对水压、水量要求超过供水管网的供水能力时，应当建设二次供水设施。

第七条　二次供水不得影响供水管网正常供水。

第八条　新建二次供水设施应当与主体工程同时设计、同时施工、同时投入使用。

第九条　二次供水设施应当单独设置，不得与再生水、消防供水、供热空调、生产用水等系统直接连接。

第十条　二次供水设施的设计、施工，应当执行国家和本市的相关标准和规范。建设项目需要建设二次供水设施的，建设单位在办理建设工程临时用水时，应当与供水企业就二次供水设计方案进行协商。

第十一条　二次供水工程竣工后，建设单位应当组织设计、施工、监理、供水企业等有关单位进行验收，并将竣工验收报告依法备案。未经验收或者验收不合格的，不得投入使用，供水企业不得供水。

第十二条　二次供水设施正式投入使用前，建设单位应当对二次供水设施进行清洗消毒，并委托具有资质的水质检测机构进行水质检测，将检测结果向相关用户公布。

第三章　改造与管理

第十三条　新建居民住宅的二次供水设施验收合格后，由建设单位移交供水企业运行维护管理。

第十四条　原有居民住宅二次供水设施符合现行行业和我市地方标准的，由所在区人民政府组织业主或原管理单位将二次供水设施移交供水企业运行维护管理；不符合现行行业和我市地方标准的，由所在区人民政府组织进行改造，验收合格后，由区人民政府组织业主或原管理单位将二次供水设施移交供水企业运行维护管理。

二次供水设施中涉及市级政府投资的项目，依据《天津市政府投资管理条例》实施。

因管理单位私自移动拆改，造成二次供水设施不能移交的，由管理单位改造后移交供水企业运行维护管理。

第十五条　单位用户自行建设的二次供水设施由单位用户负责运行维护管理，也可以委托供水企业运行维护管理。

第十六条　二次供水设施在移交前，由原管理单位负责运行维护管理。

第十七条　二次供水设施移交给供水企业时，移交方应当提供竣工总平面图、结构设备竣工图、地下管网工程竣工图、设备的安装使用及维护保养有关资料、二次供水设施竣工验收报告、二次供水设施清洗消毒文件、二次供水卫生许可相关文件等与运行维护管理有关的资料。

第四章　运行维护

第十八条　二次供水设施管理单位对二次供水设施的运行、维护和管理主要包括：

（一）保证二次供水设施完好，保证水质、水压符合国家和我市有关标准规范；

（二）建立健全二次供水设施运行维护管理工作制度和操作规程，并在适宜的位置予以公示；

（三）每半年对二次供水设施进行清洗消毒，并委托有资质的水质检测单位进行水质检测，检测结果向相关用户公布；

（四）定期对供水设施、设备进行检查，保障设施运行安全；

（五）对供水设施设备进行维护，出现故障及时抢修；

（六）保持泵房内的卫生、温度、湿度等指标满足国家及我市有关标准规范要求；

（七）处理对二次供水设施管理与服务的有关投诉；

（八）其他二次供水设施运行、维护和管理内容。

第十九条　因工程施工、设备维修、清洗消毒等原因确需计划性停止二次供水的，二次供水设施管理单位应当提前24小时通知用户，并尽快恢复供水。

第二十条　供水企业应当建立智能供水服务体系，快速处理居民用水投诉。

第二十一条　由供水企业负责运行维护管理的二次供水设施，运行维护管理费用开支原则上应当计入供水企业运营成本，通过公共管网自来水价格统一弥补。在公共管网自来水价格未调整到位前，运行维护管理费由供水企业与建设单位或物业服务企业商定。

原有居民住宅改造后新增二次供水设施的用电问题，在水价调整到位前由区人民政府予以解决。

第二十二条　业主或原管理单位及其委托的物业管理单位应当为二次供水设施提供整洁、通畅的外部环境，并配合供水企业做好运行维护管理相关工作。

第五章　水质管理

第二十三条　二次供水水质应当符合现行国家生活饮用水卫生标准。

第二十四条　直接从事二次供水设施运行维护人员应当经健康检查，体检合格后方可上岗。

第二十五条　从事二次供水设施清洗消毒的单位，应当具备清洗消毒条件，并依法备案。

第二十六条　二次供水设施清洗消毒单位应当严格遵守二次供水设施清洗消毒操作规程，保证清洗消毒质量和设施安全。

第二十七条　二次供水设施管理单位应当制定二次供水应急预案，并开展演练。遇突发事件时，及时启动应急预案，并及时向卫生健康行政主管部门和水行政主管部门报告，立即采取清洗消毒等应急措施，保证供水安全。

第二十八条　由供水企业负责运行维护管理的二次供水设施可以根据实际情况设置水质在线监测设备。

第二十九条　本规定自印发之日起施行，有效期五年。

市水务局关于印发《天津市二次供水设施清洗消毒管理规定》的通知

津水规范〔2020〕4号

各区水务局、各有关单位：

为加强和规范我市二次供水管理工作，保障我市二次供水水质安全，依据《天津市城市供水用水条例》《城市供水水质管理规定》等法规、规章，我局修订了《天津市二次供水设施清洗消毒管理规定》，现印发给你们，请遵照执行。原《天津市城市二次供水设施清洗消毒管理规定》同时废止。

附件：天津市二次供水设施清洗消毒管理规定

天津市水务局

2020 年 11 月 27 日

附件

天津市二次供水设施清洗消毒管理规定

第一条 为保障我市二次供水水质安全，依据《天津市城市供水用水条例》《城市供水水质管理规定》等有关法规、规章，制定本规定。

第二条 本规定适用于本市行政区域内二次供水设施管理单位和二次供水设施清洗消毒单位从事二次供水水箱（池）清洗消毒的相关活动。

第三条 市水行政主管部门负责本市二次供水设施清洗消毒的监督管理工作，负责市内六区二次供水设施清洗消毒的具体管理工作。

区人民政府指定的部门负责本辖区内二次供水设施清洗消毒的具体管理工作。

第四条 二次供水设施管理单位应当至少每半年对二次供水设施进行清洗消毒，并委托具有资质的水质检测机构进行现场检测。

第五条 二次供水设施清洗消毒需要停水的，二次供水设施管理单位应当提前 24 小时通知用户。

第六条 二次供水设施管理单位对二次供水设施进行清洗消毒后，应当持天津市二次供水设施清洗消毒报告和水质检测合格报告，到具有管辖权的市水行政主管部门、区人民政府指定的部门换取已履行清洗消毒义务的凭证，向相关用户公布。

第七条 水质检测项目应当包括色度、浊度、嗅味及肉眼可见物、pH、大肠杆菌、细菌总数、余氯。

第八条 从事二次供水设施清洗消毒的单位，应当具备清洗消毒条件，按照相关规定向市水行政主管部门备案。备案事项发生变更的应当重新备案。

第九条 二次供水设施清洗消毒单位应当严格遵守二次供水设施清洗消毒操作规程，保证清洗消毒质量和设施安全。

严禁采用只投放药剂的清洗消毒方式。

第十条 市水行政主管部门、区人民政府指定的部门应当依法对二次供水设施管理单位和二次供水设施清洗消毒单位进行监督检查。

第十一条 本规定自公布之日起施行，有效期五年。

市水务局关于印发《天津市水平衡测试管理规定》的通知

津水规范〔2020〕5 号

各有关单位：

为全面贯彻落实“节水优先、空间均衡、系统治理、两手发力”新时期治水思路，完善以《天津市节约用水条例》为核心的节水管理制度体系建设，进一步加强我市水平衡测试管理，明确各责任主体的权利和义务，保障水平衡测试顺利开展，依据《中华人民共和国水法》《天津市节约用水条例》等法律法规，结合本市实际情况，我局编制了《天津市水平衡测试管理规定》。

现印发给你们，请遵照执行。

附件：天津市水平衡测试管理规定

天津市水务局

2020 年 12 月 29 日

附件

天津市水平衡测试管理规定

第一条　为加强用水管理，提高用水效率，规范非生活用水户按规定开展水平衡测试，依据《中华人民共和国水法》《天津市节约用水条例》等法律法规，结合本市实际情况，制定本规定。

第二条　本规定所称的水平衡测试是指对用水单元和用水系统的水量进行系统测试、统计、分析得出水量平衡关系的过程。

第三条　本规定适用于本市行政区域内开展水平衡测试以及相关管理活动。

第四条　市节约用水主管部门（以下简称市节水主管部门），对全市水平衡测试实施统一监督和管理，并依法负责由市节水主管部门考核的非生活用水户水平衡测试的监督和管理工作。

区节约用水主管部门（以下简称区节水主管部门），负责本行政区域内由区节水主管部门考核的非生活用水户水平衡测试的监督和管理工作，业务上受市节水主管部门指导。

第五条　年实际用水总量超过年计划用水总量百分之三十以上的非生活用水户，应当开展水平衡测试并进行整改。

第六条　非生活用水户应当委托具有相应资质的专业测试机构开展水平衡测试。

第七条　节水主管部门在确认用水户在上一年度超过年计划用水总量百分之三十以上后，五日内向应开展水平衡测试的非生活用水户下达开展水平衡测试的通知，并定期与用水户沟通，了解水平衡测试进程，督促用水户开展水平衡测试。

依法应开展水平衡测试的非生活用水户自收到开展水平衡测试的通知两个月内完成水平衡测试，并将完成的水平衡测试报告报节水主管部门。

第八条　非生活用水户应在完成水平衡测试三个月内依据水平衡测试报告完成整改工作，并将整改情况报送至节水主管部门。

节水主管部门在收到整改材料之日起十五个工作日内，对非生活用水户的整改情况进行现场检查。

第九条　节水主管部门及从事水平衡测试的单位，应当对非生活用水户的用水情况、生产情况等资料进行保密，不得泄露。

第十条　水平衡测试应当严格执行《节水型企业评价导则》（GB/T 7119）、《企业水平衡测试通则》（GB/T 12452）等标准和规范。

第十一条　节水主管部门应当建立水平衡测试监督台账，开展监督工作。

第十二条　区节水主管部门应当于下一年度第一季度前将上一年度的水平衡测试开展情况报送至市节水主管部门。

第十三条　非生活用水户未按规定进行水平衡测试或者经测试发现不合格未整改的，按照《天津市节约用水条例》规定进行处罚。

第十四条　本规定自 2021 年 1 月 1 日起施行，至 2025 年 12 月 31 日废止。

政策研究

【概述】 2020年，天津市水务政策研究工作坚持以习近平新时代中国特色社会主义思想为指导，深入贯彻党的十九大和十九届二中、三中、四中、五中全会精神，践行新发展理念和新时期治水思路，围绕水务改革发展中的重点、难点问题，结合天津水务工作实际，开展调查研究，推动重点领域改革攻坚，着力补齐水务工程短板，持续强化水务行业监管，水资源、水环境、水安全得到有力保障，为水务“十三五”实现圆满收官、全面建成高质量小康社会提供了坚实保障。

【组织推动】 2020年，印发《市水务局关于印发市水务系统2020年调研课题的通知》，确定水务行业管理、水务投融资体制机制、水政执法体制建设和能力建设等方面的重点课题，以及打造智能OA办公平台、水务建设项目竣工财务决算管理和优化事业单位领导班子结构等方面的一般课题，每个课题均明确负责人、责任单位和完成时限。同时，加大组织推动力度，召开中期推动会，听取课题进度，研究有关问题，部署下一步工作。组织召开深化水务改革专题会，听取工作进展情况，研究部署工作。组织召开深化水务改革领导小组会，集中学习中央全面深化改革委员会第十二、十三次会议精神和市委全面深化改革委员会第七次会议精神，听取了2020年市水务局深化水务改革工作部署情况汇报，审议了2020年市水务局深化水务改革工作要点及任务分解表。印发《关于印发〈2020年深化水务改革工作要点〉〈2020年深化水务改革任务分解表〉的通知》，确定了持续深化河（湖）长制管理、强化污水处理行业监管、探索定额计划用水管理新模式等19项重点改革任务，明确了责任领导、责任部门、改革路径和完成时限。

【政研成果】 局领导班子成员确定调研题目，提出调研方案，深入基层、深入群众了解实情，分析研究调查材料，梳理各方面的意见和建议，撰写调研报告，全年牵头完成重点课题7个。各区水务局、局属各单位、机关各处室结合工作，完成一般性调研课题35个。按照《水利部办公厅关于征集贯彻落实水利改革发展总基调优秀论文的通知》要求，推荐《关于天津水务行业践行水利改革发展总基调的思考》等论文5篇。市水务局推荐的论文《关于进一步加大海水淡化利用的研究》选入水利部《水利系统优秀调研报告（第十七辑）》。

【水务体制改革】 2020年，在市委、市政府的领导下，市水务局按照市深改委和水利部深化改革工作总体要求，着力破解制约天津市水务改革发展的体制机制障碍，完成2020年深化水务改革各项工作。持续深化河（湖）长制管理，编制了《天津市河（湖）长制工作规范》，印发《关于贯彻落实水利部〈关于进一步强化河长湖长履职尽责的指导意见〉的工作要求》，开展“优秀河长 最美河湖”评选表彰暨“榜样河长、示范河湖”创建工作和群众满意度调查，加强了媒体宣传。加强污水行业处理监管，印发《天津市城镇污水处理提质增效三年行动实施方案（2019—2021年）》《天津市农村生活污水处理设施行业管理工作考核标准（暂行）》。建立健全水务监督体制机制，印发《市水务局2020年督查检查考核实施计划》。加强水务执法体制能力建设，推动水务执法体制改革进程。持续深化“一制三化”改革，完成2020年政务服务事项目录确认调整，修订了政务服务事项办理承诺书，印发了《市水务局政务服务事项事中事后监管标准化实施细则》；推动工程建设项目审批制度改革，与市住建委等十二部门联合印发《天津市工程建设项目“清单制+告知承诺制”审批改革实施方案》，配合市规划和自然资源局完成“一张蓝图、多规合一”综合管理平台更换地址网络连接测试的工作，与市规划资源局等四部门联合印发《关于做好大运河天津段核心监控区建设项目审查流程工作的意见（试行）》。加快双城间绿色生态屏障区建设，完成独流减河倒虹吸工程年度建设任务，推动滨海新区、东丽、津南等区水系连通工程建设。做好农田水利工程运行维护监管，有2021—2022年中型灌区改造任务的灌区已顺利通过灌区总体方案审查，完成了管理机构设立工作，同时明确了相关管理职责。推进建设监理体制改革，落实《市水务局关于进一步加强水务工程建设监理工作的通知》，强化行业监管和监督检查。建立完善节水目标评价考核制度，推动万元生产总值用水量纳入综合绩效指标体系。推进地下水超采治理监管改革，印发2020年地下水超采综合治理计划，编制地下水超采治理水源保障方案。

（政法处）

水法治建设

【概述】 2020年，天津市水务局坚持以习近平新时代中国特色社会主义思想为指导，运用法治方式强化依法行政，加强立法、执法、普法和水政监察队伍建设等工作，稳步推进依法治市和法治政府建设。

【依法行政】

1. *法治政府建设*

成立市水务局推进依法治市工作领导小组，印发《市水务局实施〈市委全面依法治市委员会2020年工作要点〉工作计划》。对市水务局2019年推进法治政府建设工作情况进行全面总结，并将报告报送市政府、水利部。按照《中共天津市委全面依法治市委员会〈关于党政主要负责人进一步履行推进法治建设第一责任人职责的意见〉的通知》要求，印发《市水务局党政主要负责人落实〈职责规定〉的重要任务和责任分工》，明确了重点任务和责任部门。以落实职责规定为契机，抓住关键少数，充分发挥理论中心组学习“旗舰”作用，2020年组织5次集中学习法律相关知识、1次以案释法专题讲座，涉及《中华人民共和国国家安全法》《中华人民共和国野生动物保护法》《关于深入贯彻落实党的十九届四中全会精神加快推进全面依法治市制度体系建设的实施意见》《中华人民共和国民法典》及说明、《关于党政主要负责人进一步履行推进法治建设第一责任人职责的意见的通知》《政务处分法》等法规和文件。主要负责人带学督学，班子成员和机关处级干部关起门来认真学习，收到良好效果。要求局属各单位党政主要负责人切实履行法治建设第一责任人职责，并在年底述职时进行总结，将依法行政部分指标纳入局绩效考评体系。按照市委依法治市办《关于督促推动工作的通知》要求，认真梳理依法治市等文件落实情况，全面总结重点工作开展、推进、落实情况，完成市水务局全面依法治市2020年重点工作、依法防控疫情、法治化营商环境建设情况。按照市司法局《关于报送“十四五”期间法治政府建设工作安排的通知》精神，科学谋划了未来五年法治建设工作安排。按照《关于开展法治政府建设重点工作书面督察的通知》要求，将法治政府建设情况报告公开情况、领导班子会议学法情况、2019年天津市水务局行政执法工作情况报告等7项督查内容涉及的材料报送市司法局。认真总结2020年法治政府建设情况，深入查找不足，谋划下一步工作，编写的《市水务局2020年法治政府建设工作报告》按要求报送市司法局。10月15日、11月30日组织召开局党组会议和推进依法治市工作领导小组会议，专题研究开展党政主要负责人履行推进法治建设第一责任人职责及法治政府建设督察工作，对有关工作进行全面自查，编写了《市水务局关于党政主要负责人履行推进法治建设第一责任人职责及法治政府建设的自查报告》，列出督察问题清单，并按要求报送市委依法治市办。

2. *政府法律顾问*

按照2020年《市司法局关于印发〈天津市外聘政府法律顾问工作规则〉和〈天津政府法治智库规则〉的通知》、2017年《天津市水务局兼职政府法律顾问工作规定》和市级绩效考核中依法治市考核中有关聘请兼职政府法律顾问的要求，聘请天津市允公律师事务所杨威律师及其团队为市水务局兼职政府法律顾问。受聘以来局兼职政府法律顾问积极履职，在履职期间参与局重大执法决定法制审核、行政行为、行政诉讼、行政复议案件等58次，提供了咨询、法律意见、代理、培训等法律服务，为局在依法科学决策、重大执法决定法制审核中提供支撑，发挥参谋助手作用。

3. 行政复议

2020年，发生以市水务局为被申请人的被复议案件1起，复议机关水利部维持了市水务局行政行为。作为复议机关，收到并受理行政复议案件4起，已全部依法审结，办理过程中注重发挥行政复议在化解行政争议、纠正违法和不当行政行为中的作用。每季度总结上报行政复议工作情况，实时做好全国行政复议工作平台案件办理填报，并按要求完成了复议体制改革相关统计。

【水行政立法】

1. 重点领域法规修改

2020年，申报的《天津市城市排水和再生水利用管理条例》《天津市城市供水用水条例》年初列入市十七届人大常委会立法规划立法调研项目以及市人民政府立法规划（2020—2022年）立法调研项目，分别成立了两个立法项目的调研起草领导小组，贯彻落实立法规划，推进立法进程。以优化营商环境法规清理为契机，围绕供水领域继续破解的难题开展供水条例相关内容修正工作，4次向市司法局提出修改意见，积极协调沟通，为全面修订夯实基础。配合市人大常委会农业与农村办、市司法局做好有关排水管理有关调研工作，为推进修订排水条例做好前期立法准备。2020年年底，向市人大常委会农业与农村办、市司法局申报《天津市城市供水用水条例》《天津市城市排水和再生水利用管理条例》为市人大常委会2021年度地方性法规立法建议项目预备审议项。

2. 水务行政规范性文件合法性审核备案

严格行政规范性文件合法性审核，按照《天津市行政规范性文件管理办法》规定，对起草部门上报的《天津市再生水利用管理办法》等11件行政规范性文件进行多轮次合法性审核，出具审核意见。出台5件行政规范性文件，包括《天津市城镇污水处理提质增效三年行动实施方案（2019—2021年）》《天津市再生水利用管理办法》《天津市二次供水管理规定》《天津市二次供水设施清洗消毒管理规定》《天津市水平衡测试管理规定》。《天津市超计划用水累进加价管理办法》已上报市政府审核。

3. 水法规清理

坚持立法服务于改革，按照市人大、市政府有关要求，及时开展优化营商环境、民法典、野生动物保护等相关内容立法专项清理工作9项。其中完成3项与放管服改革、优化营商环境相关的水务地方性法规、政府规章、行政规范性文件清理；完成3项对照民法典对涉水行政法规、国务院行政规范性文件、地方性法规、政府规章、行政规范性文件清理；完成3项涉及野生动物保护动物防疫内容、食品药品安全领域、涉及工程建设项目招标投标等领域水务地方性法规、政府规章、行政规范性文件、政策文件清理。

4. 立法研究

完成《中华人民共和国水法》《河道管理条例》前期修订调研工作，按照水利部要求，组织有关部门进行专题研究，形成书面修订调研报告。

主动跟进与机构改革及水务领域有关的立法项目，不断增强立法协调，办理水利部、市政府办公厅、市司法局及有关部门关于《中华人民共和国渔业法》《中华人民共和国湿地保护法》等法律法规规章草案等征求意见回复60件。

（政法处）

【水法治宣传】

1. 主题宣传活动

2020年3月21—28日，全市水务系统围绕

“坚持节水优先，建设幸福河湖”宣传主题，开展形式多样、内容丰富的系列宣传，成功举办第二十八届“世界水日”、第三十三届“中国水周”纪念活动，各单位结合疫情防控期间工作实际，采取合理方式开展线上线下宣传，利用官方网站、政务微博、微信公众号等平台，通过设置宣传专栏、发布宣传视频、推送图文、组织线上答题活动等形式，营造全市节水、护水、亲水、爱水、建设幸福河湖的良好氛围。

2. 水务普法

按照《关于组织2020年天津市国家工作人员网上学法用法考试的通知》要求，组织7名局级干部、138名处级干部、45名科级及以下公务员参加2020年度国家工作人员网上学法用法考试，参加率100%，成绩全部合格。

【水行政执法】

1. 专项执法活动

2020年，市水务局累计开展执法巡查1419次，立案查处水事违法案件58起，结案73起（含往年结转23起），罚款40.45万元，申请人代法院追缴代履行费用58.16万元，相较于上年同期，2020年案件查处量上升了123%。

组织开展“护河2020”行动，严厉打击在全市河湖水域实施“设置阻水渔具、阻水障碍物、损害涉水生态环境”等违法行为。行动期间，全市各级水务管理部门共清除各种阻水渔具3378个、清理阻水障碍物410处。

会同市公安局环食药总队开展独流减河集中清理阻水渔具专项执法活动，累计清理地笼渔网渔具1849套，渔船82艘，捕鱼虫船5艘，渔虫机4个，劝阻钓鱼及捕鱼人员623人次。

开展“乱泼乱倒”专项治理活动，重点打击餐饮、洗车、夜市等生产经营性单位“乱排直排”、沿街商户“乱泼乱倒”、工业企业“私接乱建”排水管网等违法行为，共查处水环境问题116处，其中存在“乱泼乱倒”问题点位95处，私接混接问题21处，共立案查处27起，做出行政处罚20.04万元，问题点位均依法处置并整改完毕。

开展“碧水行动2020”，重点针对于桥水库库区内“毒鱼、炸鱼、电鱼”及使用机动船只进行水产捕捞、游泳、垂钓等违法行为进行集中治理，累计检查16处停船点位的停靠船只400余艘，水面作业船只9艘。

2. 执法重点任务

静海十一堡涉河违建强制拆除后续工作。经水利部复议、北京市西城区人民法院一审、北京市中级人民法院二审等程序，市水务局实施的具体行政行为和有关诉讼主张均得到了支持。此次强制拆除适用《行政强制法》中的代履行程序，为全国水利执法领域的首个案例，该案的顺利办结，对天津市乃至全国水行政主管部门实施河道违建强制拆除都具有很强的借鉴和指导意义。

完成水利部陈年积案“清零”任务，在全面排查非法侵占河湖及涉河湖违建项目等案件的基础上，进行分类梳理、登记造册、跟进推动、精准施策，提前2个月完成全部26件积案的“清零”任务，结案率100%。

落实生态损害赔偿制度，以排水领域案件为重点，按照生态环境损害赔偿标准，积极开展追偿工作，实现了零突破。

3. 执法办案工作机制

研究制定《水务行政执法工作例会制度（试行）》，定期召开水政执法工作例会，及时指导推动各支队水政执法工作。组织召开全市水政执法工作推动会，深入分析执法工作中的问题，并安排部署下一阶段重点任务。

报请局长办公会审议出具《行政处罚案件流程签署授权委托书》，明确除必须由行政机关负责人审签的3个程序（即先行登记保存审批书、集体讨论、行政处罚审查意见书）以外，均由水政总队负责人签批后，加盖市水务局公章，简化了内部审批流程，提高了执法办案效率。

落实执法力量向基层倾斜和执法延伸的有关要求，以建设中心大港水库独流减河倒虹吸工程为示范，设置了执法工作站，进一步探索了新的执法办案模式。

（水政监察总队）

【水行政执法监督】 2020 年，严格按照市司法局规定的时间节点推动新行政执法监督平台建设的各项工作，完成了天津市执法监督平台中市水务局职权确认工作，同时对全部职权关联了相关的法律法规。全年对局执法机构共向市执法监督平台归集执法检查信息 5003 条，执法案件 58 件。扎实推进水政执法领域扫黑除恶专项斗争工作，每月向市司法局报送加强行政执法监督推动扫黑除恶专项斗争向纵深发展工作情况统计表。狠抓重大案件法制审核，组织律师对局执法机构报请审核的“天津市静海区王口镇村民付某某等 7 人在河道管理范围内擅自取土案件”等 5 起案件进行法制审核，并出具审核意见书，并对部分案件后续执法过程中存在的风险点进行提示，确保局重大案件法条适用准确，执法程序严谨，处罚幅度适当。结合市委依法治市办印发的 12 件“典型差案”通报，对执法监督工作进行自查，列出问题清单，明确阶段性目标和改进方向。开展积案清理工作专项督查，按照水利部政策法规司《2019 年水行政执法总体情况》通报，对天津市积案“清零”工作开展专项督查，详细梳理了 26 件积案具体情况，组织局执法机构共同研究积案“清零”措施，进一步提高全市水务领域陈年积案结案率。完成了《天津市水务局关于报送陈年积案“清零”行动有关情况的函》，已报水利部。完成了《天津市行政执法监督平台管理办法（修订草案）》《关于健全行政裁决制度加强行政裁决工作的指导意见（征求意见稿）》《天津市农业综合行政执法事项指导目录（2020 年版征求意见稿）》等文件的反馈意见。

（政法处）

【水政队伍规范化建设】 2020 年，根据水利部《水政监察工作章程》和《水政监察证件管理办法》要求，组织各区水务局完成水利部水政监察证件注册培训和考试工作，共计 200 名水政监察人员完成部证注册。另由于工作岗位调整等原因，对 170 名水政监察人员部证进行注销。

按照天津市司法局《关于新建天津市行政执法监督平台数据归集情况的通报》要求，机构改革调整后，市水务局现有持天津市行政执法证件执法人员 477 名，持水利部水政监察证件执法人员 12 名，持证执法人员共计 489 名，累计注销证件 15 人，全部完成备案工作。

执法骨干人员培训。11 月 26 日，举办了全市水务系统行政执法业务骨干人员培训班，全市水行政执法业务骨干 126 人通过视频方式参加了培训。培训内容为：“行政执法三项制度解读”“行政诉讼败诉案例分析”及“静海十一堡重点违法案件以案释法”。通过培训，提升了全市水行政执法骨干人员的业务水平和综合素质。

（水政监察总队）

政 务 服 务

【概述】 2020 年，以深化水务“放管服”改革为主线，从企业、群众需求出发，深化简政放权、转变政府职能，实施清单管理，创新监管方式，加强诚信建设，不断提高政务服务效率，提升政务服务水平，优化营商环境，增加企业群众获得感和满意度，助力水务事业健康有序发展。

【“一制三化”改革】 做好政务服务事项标准化操作规程修订工作。按照《天津市政务服务事项目录（2020 版）》及一制三化改革 2.0 版指标，修订了政务服务事项操作规程，并同步动态调整办事信息，推动国家事项库行政许可事项与局相关事项进行关联。

全面推行水务政务服务事项承诺办理。按照天津市政务服务办、水利部和住建部有关文件规定，统一修订了水务政务服务事项承诺办理中的承诺书，并在全局贯彻实施；配合市政务服务办完成天津市行政许可事项承诺制负面清单（2020

年版）的完善工作；贯彻落实住房和城乡建设部要求，针对疫情以来办理城市排水许可证的企业不断增加情况，从企业角度出发简化审批流程，印发《市水务局关于城市排水许可证办理实行告知承诺制的通知》，对“城市排水许可证核发”事项实行告知承诺制，排水企业签订承诺书后，在办理过程中将不再需要提供排水水质检测报告、排放水量数据，简化办事流程，使企业获得更多便利。

持续深化减事项、减要件、减环节、减证照、减时限的“五减”改革。凡是不符合新发展理念的、不符合高质量发展的、不符合市场决定资源配置的，能够创新措施管理或替换的，该取消的一律取消，能调整的一律调整，切实提升审批效率。

深入推行审批服务“马上办、就近办、网上办、一次办”。做到事项、要件和权限等相关事宜同步协同精简，实现企业群众办事就近能办、多点可办、少跑快办、一次办成。在新冠疫情防控期间为企业和群众提供方便，推行政务服务事项“不见面办理”。

开展有针对性、实用性的业务培训。6 月 24 日，举办“一制三化”改革专题培训；12 月 9 日，举办 2020 年政务服务工作专题培训。印发《天津市水务局关于进一步加强培训交流提升水务政务服务水平的工作方案》，全面做好对各区政务服务工作人员培训工作；编辑《市级部门政务服务事项培训人员联系表》，针对各区反映比较集中、突出的问题，提供点对点的指导培训。优化完善了微信群，为各区之间交流经验、提出问题和意见提供平台。

【政务服务事项审批】 《天津市政务服务事项目录（2020 版）》确认市水务局有 23 个政务服务事项，分别为 13 个现行行政许可事项，2 个暂不列入行政许可事项，1 个行政确认事项，6 个其他类别事项，1 个公共服务事项。2020 年，共审批政务服务事项 934 件，其中行政许可事项 571 件，其余事项 363 件，做到办结时间比承诺时限提前 20%，提前办结率 100%，服务满意率 100%，实现网上办件率 100%，一次办 100%。

【政务服务大厅窗口服务】 2020 年，落实事项、人员、权限“三集中，三到位”，推行政务服务“一窗受理”加强窗口服务作风建设。深化“一制三化”审批制度改革，落实政务服务标准化工作，完成 2020 年政务服务事项目录确认调整、事项操作规程修订等工作；推进水务政务服务事项承诺办理，修订办理承诺书，理顺办理流程，推进承诺办事落实落地。落实服务人员 20 项守则，践行服务承诺，实行首办负责，规范文明用语，全面推行微笑服务，高效办事，为办事群众提供“贴心、暖心、放心”的优质服务。

【热线平台】 2020 年，处理热线事项 7324 件，其中市便民服务专线分拨件 5280 件、政民零距离网上分件 160 件、市数字化城市管理平台派件 1884 件。按照“件件有着落，事事有回音”的原则，对分到水务局的热线事项逐件核查，做到不遗漏、不推诿、不拖延。对非市水务局职责范围的反映事项及时退转，对职责范围内的反映事项及时接件，第一时间联系反映人。在热线办理工作中，各承办单位积极承接工单事项，认真解决并及时反馈，本年度收到市民表扬信 9 件。对涉及部门多、难以处理的进行行业协调解决，2020 年认定协调排水、供水难点事项 36 件。热线办理情况实行月度通报制度，通报重点事项和普遍问题。业务部门举一反三，纳入工作重点，同时，将各单位办理工作纳入局绩效考核范围。严格按照市便民专线服务中心有关要求，在规定时间报送工作简报、知识库信息等，市水务局在市便民服务专线月度考核成绩中均排名靠前，本年度按时接单率 100%、按时办结率 100%、市民满意率 99.98%。

【权责清单】 2020 年，按照法律法规的调整和全市机构改革部署，行政职权事项由 219 项减少为 216 项。216 项行政职权类别为：行政许可 15 项，行政处罚 138 项，行政强制 15 项，行政征收 5 项，行政给付 1 项，行政检查 18 项，行政确认 6 项，行政奖励 2 项，其他类别 16 项。

行政许可。取消“洪水影响评价许可子项——河道管理范围内修建排阻引蓄水工程许可”。“洪水影响评价许可子项——非防洪建设项目洪水影响评价报告”和“洪水影响评价许可子项——蓄滞洪区内建设项目立项、开工许可”2 个子项合并为 1 个子项。“洪水影响评价许可子项——河道管理范围内建设项目工程建设方案许可”和“洪水影响评价许可子项——河道管理范围内整治航道许可”2 个子项合并为 1 个子项。“排污口的设置或扩大许可”职权和“洪水影响评价许可子项——河道管理范围内建设项目位置和界限审查”2 个子项合并为 1 个子项。增加“用书计划指标许可”。水工程建设项目许可由暂不列入改为现行。

行政处罚。取消“对擅自利用河道开办旅游项目的处罚”。新增“对私自拆除，更换计量设施，损坏计量设施，私自变更位置的处罚”。将“对排水户违反规定阻挠城镇排水主管部门依法监督的处罚”和“对排水户违反规定，拒不接受水质。水量监测的处罚”2 项行政处罚合并为 1 项。

行政确认。取消“对节水型产品名录的确认”。

其他类别。取消“对特定主体节约用水设施的确认”

【诚信体系建设】 2020 年，落实《天津市加快推进诚信建设行动方案》，编制《天津市水务局诚信建设行动方案任务分工表》，明确牵头部门及责任部门，推动水务诚信建设各项工作落实。

开展诚信建设状况监测评价工作，召开专题会议研究解读诚信建设状况监测评价指标，部署市水务局诚信体系建设工作。并对指标逐条进行了研究，形成了《市水务局诚信建设状况监测评价指标分工表》，各季度诚信建设状况监测评价结果在全市排名第二。

举办信用体系建设培训会。邀请市发展改革委信用处处长杨立全、市交通运输委研究室处长杜二鹏授课。强化信用宣传，引导全局积极学习先进经验，并将诚信建设纳入局绩效考核，推动局诚信体系建设工作。

【营商环境建设】 2020 年 9 月 1 日，邀请中国科学院黄金川教授，就营商环境建设和营商环境评价指标开展专题讲座。黄教授通过介绍先进地区建设良好营商环境的发展历程介绍，剖析当前天津“获得用水”营商环境建设存在的问题，并提出中肯的建议，对涉水营商环境建设工作具有指导意义。

优化“获得用水”指标。按照国家发展改革委关于天津“获得用水”指标评价反馈，采取改进措施，切实优化供水接入服务，为企业提供便利。组织出台《市水务局关于进一步优化城市供水接入服务措施的通知》，督促指导全市供水企业提供优质用水接入服务；配合市工程建设项目审批制度改革工作领导小组印发《天津市工程建设项目“清单制+告知承诺制”审批改革实施方案》，简化用水报装程序，强调与各部门同步申请、并联办理；督促指导供水企业加强移动政务应用和事项网上办理，优化投诉和信息反馈机制。

营商环境。在政务服务、工程建设项目联合审批、招标投标、蓝天碧水净土等工作方面，严格落实全市部署要求，将改革任务落实落地，为全市营商环境评价指标的改进提供助力。

国家优化营商环境考核评价。组织相关部门和企业参加 2020 年营商环境评价工作和落实企业回访工作，配合做好问卷调查工作。

（政服处）

【水务行业强监管】 2020 年，市水务局成立水务监督工作领导小组，明确监督职责边界，落实责任分工，初步建立起协调统一、分工明确、上下联动的水务监督体系。统筹制定《天津市水务局 2020 年督查检查考核实施计划》，明确 2 大项 9 个方面 32 项具体督察检查考核事项内容，将城市供水企业、污水处理企业纳入监督检查范围，基本涵盖全局负责监管的水务重点工作。全局开展监督检查活动998次，检查项目1239处，参加检查人员2935人次，其中局级领导参加检查93人次，处级领导参加检查401人次，检查中发现各类问题隐患1965处。建立水务监督检查工作通报机制，每个月汇总分析全局监督检查开展情况和水利部检查问题整改情况，通报进展、分析问题、督促进度、提出要求，印发工作通报7份。

印发《市水务局政务服务事项事中事后监管标准化实施细则》《市水务局行业监管工作管理办法》《天津市水务局“双随机、一公开”监管工作细则（试行）》，明确信用监管要求，规范信用承诺核查流程，建立了失信惩戒和修复机制，形成科学化、规范化、具有可操作性的实施细则。每月统计发布监管行为数据，加强监管工作宣传，督促落实强监管工作。

“互联网+监管”能力第三方评估。梳理目录清单54项，共填报48项行政检查实施事项，发起2件联合监管任务，对2件风险预警事项进行核查、反馈，做好现有非现场监管资源的对接工作。开通492名执法人员“津管通”App账号，2020年录入行政检查行为3500余项。

组织水务行业监管培训，邀请市市场监管委信用监管处处长黄雁东授课。黄雁东深刻解读《天津市人民政府关于加强和规范事中事后监管的实施意见》，参训人员加深理解对加强和规范事中事后监管的重大意义。并将监管工作纳入局绩效考核，推动监管工作开展。

（安监处　政服处）

水文水资源

水　　文

【概述】 2020年，全面推进水资源管理、地下水水源转换、水文监测、水情预报、水环境监测与分析工作，按中心、分中心、测站分级管理体制，建立健全防汛测报组织体系，中心应急监测队加入供水、节水工作人员，充实测报人员，提升测报队伍水平。完成水质监测工作，共监测样品5000余个，出具水质报告327期。完成水文自动测报系统（含自动测报系统、中小河流水文监测系统及水资源监控能力）维护，开展汛前检查及维护，修订水文测报预案，开展分洪口门勘查、防汛测报演习演练，密切监测水雨情，完成年度水文测报任务。发布洪水预报39次，编写水情专报2期，采集雨水情信息328万余条，报送墒情信息1万条，各站实测流量445次，发送报文6665份。

制定年度巡查计划，实现持证执法人员履职率100%。累计巡查实属地下水用户94家次，受理举报10起，及时进行现场查处并反馈局热线平台。向“执法监督平台”“水行政执法统计信息系统”报送执法检查信息94份。

【雨情、水情】

1. 雨情

2020年，天津市的年平均降水量为566.7毫米（34个站资料统计），比多年平均575毫米（1956—2000年统计）少8.3毫米，比上年431.6毫米多135.1毫米，属平水年份。从各站资料上看，降水时程分布不均匀，汛期（6—9月）平均降水量为392.2毫米（54个站资料统计），比上年的331.4毫米多60.8毫米；地区分布也不均匀，最大年降水量出现在蓟运河水系黎河的果河桥站，为764.8毫米，最小年降水量出现在潮白河水系潮白新河的黄白桥站，为403.8毫米。年度最大日降水量出现在蓟运河水系州河的于桥水库站，为145.0毫米。

全年降水量主要集中在汛期，6—9月降水量占全年降水量的69.2%，年度降水量分布极不均匀。

2020年，汛期有8次较强降雨过程，分别为7月28日、31日，8月1日、9日、12日、18日、23日及9月14日，具体如下：

7月28日8时至29日8时，天津市中北部地区降中到大雨，部分站点降暴雨，个别站点降大暴雨，南部地区降小雨，最大日降水量出现在蓟运河水系蓟运河的九王庄站，为140.9毫米。

7月31日8时至8月1日8时，天津市中南部地区降大到暴雨，部分站点降大暴雨，北部地区降小雨，最大日降水量出现在永定新河水系永定新河的永定新河闸站，为134.4毫米。

8月1日8时至2日8时，天津市中南部地区降中到大雨，局部降暴雨，北部地区降小雨，最大日降水量出现在海河水系海河的耳闸站，为79.7毫米。

8月9日8时至10日8时，天津市普降中到大雨，最大日降水量出现在永定新河水系北京排污河的东堤头站，为42.8毫米。

8月12日8时至13日8时，天津市普降大到暴雨，最大日降水量出现在子牙河水系子牙河的东子牙站，为139.0毫米。

8月18日8时至19日8时，天津市境内普降中到大雨，部分站点降暴雨，最大日降水量出现在潮白河水系青龙湾减河的大口屯站，为68.0毫米。

8月23日8时至24日8时，天津北部地区降大到暴雨，部分站点降大暴雨，中南部地区降小到中雨，最大日降水量出现在蓟运河水系州河的于桥水库站，为145.0毫米。

9月14日8时至15日8时，天津市普降中到大雨，部分站点降暴雨、大暴雨，最大日降水量出现在子牙河水系子牙河的第六堡站，为138.3毫米。

2. 水情

（1）引滦调水。2020年引滦调水4次，共历时146天，按大黑汀水库（入津渠）断面资料统计，共调引滦河水6.898亿立方米。

（2）大型水库来蓄水。

于桥水库：2020年于桥水库年入库径流量为1.538亿立方米（不含引滦输水），比上年的1.502亿立方米多0.036亿立方米。2020年，于桥水库供水主要供给天津城市用水和盘山电厂用水，其中供给天津市城市用水水量5.949亿立方米，供给盘山电厂年供水量0.1895亿立方米。2020年，于桥水库（坝上）最高水位为20.71米，相应蓄水量3.658亿立方米，出现在11月24日；最低水位为17.06米，相应蓄水量1.088亿立方米，出现在1月20日；年平均水位为18.42米；年度水库蓄水变量为2.293亿立方米。

北大港水库：2020年北大港水库（坝上）最高水位5.56米，相应蓄水量2.240亿立方米，出现在1月16日；最低水位5.15米，相应蓄水量1.630亿立方米，出现在9月12日；年度水库蓄水变量为-0.0300亿立方米。

（3）入海水量。2020年天津市各主要河道的入海水量为27.76亿立方米，比上年的17.26亿立方米多14.78亿立方米。

（冯　峰　王胜燕）

【水文测验】 2020年度天津市29个的国家基本水文站中共有26处测验断面过水，累计过水天数为2570天。2020年全市未出现洪水过程。按水系对各过水断面的过水情况统计如下。

1. 滦河水系

引滦隧洞引滦隧洞（进口）站：全年过水146天，年径流量6.898亿立方米。

2. 潮白河水系

潮白新河黄白桥（闸上）站：全年过水152天，年径流量3.693亿立方米。

潮白新河宁车沽（闸上）站：全年过水38天，年径流量2.486亿立方米。

3. 蓟运河水系

蓟运河九王庄（闸下）站：全年过水322天，年径流量2.008亿立方米。

蓟运河新防潮闸（闸上）站：全年过水28天，年径流量2.331亿立方米。

泃河罗庄子站：全年过水13天，年径流量0.0639亿立方米。

州河于桥水库（泄洪洞）站：全年过水98天，年径流量0.4911亿立方米。

州河于桥水库（电站）站：全年过水208天，年径流量4.680亿立方米。

淋河林河桥站：全年过水7天，年径流量0.0245亿立方米。

黎河前毛庄站：全年过水364天，年径流量7.439亿立方米。

4. 永定新河水系

新开河耳闸（闸下）站：全年过水126天，年径流量-1.486亿立方米。

新开河耳闸（船闸）站：全年过水132天，年径流量-0.7656亿立方米。

金钟河金钟河闸（抽水站）站：全年过水58天，年径流量0.9022亿立方米。

永定新河屈家店（闸上）站：全年过水 162 天，年径流量 1.004 亿立方米。

北京排污河东堤头（闸上）站：全年过水 80 天，年径流量 2.082 亿立方米。

分洪道筐儿港（闸下）站：全年过水 88 天，年径流量 0.6875 亿立方米。

筐儿港减河筐儿港（节制闸）站：全年过水 3 天，年径流量 0.0817 亿立方米。

筐儿港减河筐儿港（倒虹吸）站：全年过水 133 天，年径流量 1.460 亿立方米。

永定新河永定新河闸（闸上）站：全年过水 59 天，年径流量 11.73 亿立方米。

5. 北运河水系

北运河筐儿港（节制闸）站：全年过水 129 天，年径流量 0.9257 亿立方米。

北运河屈家店（引滦涵洞）站：全年过水 16 天，年径流量 0.0446 亿立方米。

龙凤新河筐儿港（节制闸）站：全年过水 5 天，年径流量 0.0282 亿立方米。

6. 海河干流水系

海河二道闸（闸上）站：全年过水 32 天，年径流量 1.146 亿立方米。

海河海河闸（闸上）站：全年过水 54 天，年径流量 3.106 亿立方米。

海河海河闸（抽水站）站：全年过水 40 天，年径流量 1.157 亿立方米。

7. 大清河水系

独流减河工农兵闸（闸上）站：全年过水 77 天，年径流量 2.911 亿立方米。

8. 南运河水系

全水系各断面全年均未过水。

（冯　峰）

【水质监测】 2020 年度完成的主要水质监测工作包括：引滦沿线、引江、海河干流、国考断面及“河长制”河道（河段）水体水质每月采样监测；于桥水库和尔王庄水库及中心城区一、二级河道藻类监测；全年对地下水采样监测 2 次。

1. 地表水质监测

（1）评价依据与评价方法。评价依据为《地表水环境质量标准》（GB 3838—2002）、《地表水资源质量评价技术规程》（SL 395—2007）。评价参数为有代表性且能反映水质基本情况的无机、生物、重金属等指标。

（2）各河道水质。

1）引滦沿线。引滦沿线上游共监测 4 次，监测断面包含隧洞出口、黎河大桥、黎河下游、沙河桥、果河桥。4 月、7 月引滦沿线上游段监测断面水质为Ⅱ类。10 月，黎河大桥水质为Ⅳ类，超标参数为铁，超标倍数为 0.6；果河桥断面水质为Ⅲ类；其余 3 个断面水质为Ⅱ类。11 月，黎河下游、沙河桥水质为Ⅳ类，其余 3 个断面水质为Ⅱ类。

引滦沿线下游于桥水库至尔王庄水库段，在 1—4 月、6 月、9 月、12 月水质符合Ⅲ类水质标准，水质良好，其余各月水质为Ⅳ类。

于桥水库及尔王庄水库藻类监测。依据《地表水环境质量标准》（GB 3838—2002）及《地表水资源质量评价技术规程》（SL 395—2007），以透明度、高锰酸盐指数、总磷、总氮、叶绿素、藻类常见/优势种群及藻细胞密度等作为评价参数，对于桥水库和尔王庄水库进行评价。从营养状态看，尔王庄水库全年均保持中营养状态；于桥水库除了 3 月和 5 月为中营养外，其他月份均保持轻度富营养状态。从藻类常见/优势种群看，于桥水库上半年藻类常见种群多为硅藻，下半年藻类常见种群多为蓝藻；尔王庄水库除了 5 月、10 月常见种群为蓝藻，其余月份藻类常见种群多为硅藻、绿藻。除了 1 月、3 月、5 月，于桥水库藻细胞密度均大于 1000 万个每升；除了 9 月，尔王庄水库藻细胞密度基本小于 1000 万个每升。受夏季高温、高湿天气等因素影响，于桥水库水质主要指标升高趋势明显，于桥水库藻细胞密度最大值出现在 9 月 1 日于桥水库库心，达到 63600 万个每升。

2）引江。12 个月监测评价结果，南水北调天津干渠水质均符合Ⅱ类标准，北塘水库及王庆坨水库水质符合Ⅲ类标准。

3）海河干流。每月对三岔口、四新桥、柳林、二道闸（上）、二道闸（下）、唐津高速和海河闸7个监测断面的水质进行采样监测。从评价结果来看，三岔口、四新桥、柳林、二道闸上4个断面水质较好，水质基本符合Ⅲ类水质标准，其余3个断面的水质大部分时间劣于Ⅲ类标准。主要超标参数为化学需氧量、生化需氧量、氨氮等。

按照《市水务局关于印发2020年中心城区一、二级河道蓝藻防控工作方案的通知》的要求，自6—10月期间，每周对中心城区河道藻类进行监测，编制水质简报17期。从监测结果来看，藻细胞密度最大值出现在7月26日八里台，达到9850万个每升；各断面优势种群为蓝藻。

4）“河长制”河道水体水质监测。根据《天津市河道水生态环境管理实行地方行政领导负责制考核暂行办法》和《天津市河道水生态环境管理实行地方行政领导负责制考核暂行办法实施细则》的有关要求，局水环境监测中心承担“河长制”考核工作中的水质考核工作。监测任务包括“河长制”纳管河道、沟渠74条，考核河段约159个，水质监测断面244个。河道水质断面每月取样1次，针对总磷、高锰酸盐指数、溶解氧、氨氮4项核心监测指标进行监测评价。

5）国考断面水质监测。每月两次对20个国考断面进行采样监测分析，定期与市生态环境局会商。天津市2020年国考断面优良水体提高到55%，劣Ⅴ类水体比例首次下降为0。

2. 地下水水质监测

（1）评价依据与评价方法。依据《地下水质量标准》（GB/T 14848—2017）选择了有代表性且能反映水质基本情况的pH值、氨氮、氯化物、硫酸盐、亚硝酸盐氮、氟化物、总碱度、总硬度、磷酸盐、重金属、有机参数等45个项目作为评价参数。地下水质量标准分5类，地下水水质按Ⅲ类标准评价。

（2）地下水水质。天津市水环境监测中心对全市10个行政区的地下水样品进行水质监测，其监测结果依据《地下水质量标准》（GB/T 14848—2017）评价，评价结果简述如下：

枯水期：2020年4月26日至6月11日，天津市水环境监测中心对全市10个行政区的60个地下水样品进行水质监测。水质符合Ⅱ类的监测井全市共有6眼，占总监测井数的12.0%，分别为蓟州的古强峪和西龙虎峪水源地，宁河的高景、中央储备库和前棘坨（岳龙水源地），滨海新区汉沽的看才；符合Ⅲ类的监测井全市共有10眼，占总监测井数的20.0%，分别为蓟州的李四辛、西大峪、许家台和蓟县城关水厂，宝坻的史各庄、八间房村、黄庄中学和南申中学，宁河的史庄子，滨海新区汉沽的高庄；符合Ⅳ类水质的监测井全市共有17眼，占总监测井数的34.0%，分别为蓟州的大川、中郑和大康庄水源地，宝坻的牛道口、大白庄、后档村和石化水源地，武清的窖上、东赵庄、后侯尚、河西务镇派出所、龙泉供水（东）、龙泉供水（西）和城关供水厂，宁河的国仕营、任汉和大良。其余17眼井全部符合Ⅴ类，占总监测井数的34.0%。

丰水期：2020年10月16—30日，天津市水环境监测中心对全市10个行政区的57个地下水样品进行水质监测。水质符合Ⅱ类的监测井全市共有2眼，占总监测井数的3.5%，分别为蓟州的大川和宁河的高景；符合Ⅲ类的监测井全市共有12眼，占总监测井数的21.0%，分别为蓟州的李四辛、西大峪、许家台、古强峪和蓟县城关水厂，宝坻的史各庄、八间房村、黄庄中学和南申中学，宁河的史庄子和前棘坨（岳龙水源地），滨海新区汉沽的高庄；符合Ⅳ类水质的监测井全市共有18眼，占总监测井数的31.6%，分别为蓟州的中郑、西龙虎峪水源地和大康庄水源地，宝坻的牛道口、马家店、大白庄、后档村和石化水源地，武清的窖上、东赵庄、后侯尚、河西务镇派出所、龙泉供水（东）、龙泉供水（西）和城关供水厂，宁河的国仕营和大良，滨海新区汉沽的看才。其余25眼井全部符合Ⅴ类，占总监测井数的43.9%。

（杜蓝桥）

【水文站网建设】 2020年，完成东尹、上马台2处专用水位站水毁修复工程，完成水文自动测报、中小河流、水资源监控能力和其他自动测报系统的运行维护工作。完成所属分中心、水文站站房、测验设施及其他附属设施的维护及小型维修工作，保证了水文测报数据传输的高效性和准确性。

（肖 磊）

【水文行业管理】

1. 水文业务

根据防汛指挥部门的要求，特别是针对流域超标准洪水，修订天津市水文测报预案、水文中心防汛预警水文测报应急响应规程、天津市防汛分洪口门水文测报技术手册、天津市基本水文站测洪及报汛方案等，从技术层面做好应急水文测报准备。

通过技术培训、业务指导、经验交流等形式，加强与引滦沿线各管理处及海河管理处的业务联系，提高全市各主要水文测站水文测报技术。

根据水利部水文司2020年水文测报监督检查工作反馈的国家基本水文站现场检查结果和问题清单，分析问题产生的原因，举一反三，做好整改工作，提高水文测验成果质量。

完成2019年天津市水文资料复审工作，并参与海河流域水文资料的汇编工作；编制了《2019年度泥沙公报》（天津市部分）。日常水文监测数据做到即时整编、日清月结，分两个阶段进行2020年水文资料整编复审工作，于2021年1月21日前完成，按时保质地参加水文资料流域会审和全国终审。

完成天津市所涉全国省界断面水文水资源监测信息系统的测站监测数据整编和上报工作，完成2020年度华北地区地下水超采区综合治理河湖生态补水水文监测数据的整编和上报工作，进一步拓展水文业务服务范围。

完成《天津市水文现代化建设规划建议》的编制工作，并上报水利部水文司，有序推进水文规划前期工作。

2. 安全度汛

组织学习和贯彻落实国家防汛抗旱总指挥部、水利部水文司和市防汛抗旱指挥部有关要求，提出要“狠抓责任到人、突出岗位实效”，牢固树立“防大汛、抗大洪”的责任意识，杜绝麻痹思想，认真抓好思想、组织、技术、设施设备等方面工作，全面做好2020年的水文测报工作，并根据机构改革后的变动情况，调整成立了“天津市水文水资源勘测管理中心防汛领导小组”“天津市水文水资源勘测管理中心防汛水文测报突击队”（成员扩充至24人），建立健全防汛测报组织体系，实行以行政首长负责制为核心的分级管理责任制、岗位责任制、技术责任制、值班工作责任制等，从组织上做好安全度汛的保障。

根据应对超标准洪水的新要求，汛前督促和指导各测站完善测洪方案，修订天津市水文测报的应急响应规程、防汛分洪口门水文测报预案、防汛分洪口门技术手册等测报技术文件。组织有关技术人员对《天津市防汛手册》确定的主要防汛分洪口门和流量测验断面进行了查勘，掌握实际情况，确定分洪口门的位置、功能及测验设施和断面情况，完善技术方案，组织完成永定河大旺村分洪门口测验断面预选及大断面测量工作，为应急测验做好准备。组织所属各分中心及测站，开展防汛水文测报准备工作，主要包括测验设施建设、维修及改造，设施设备及观测场地的管理、保养及维护工作等，确保汛期正常运行。

开展分层次、分阶段的防汛准备检查，做好防汛物资清点、储备，防汛设备的维护、保养及软硬件更新等，确保备汛措施到位，落实应急措施，坚持“汛期不过、检查不止”，确保安全度汛。

3. 水文业务培训

结合水文资料复审工作年度安排，分别在2020年1月开展的“2019年水文资料复审”和11月开展的“2020年水文资料第一阶段复审”工作期间，组织技术骨干进行水文监测技术培训，讲解水文测验有关规范和先进的监测技术，打牢基本理论基础，熟练应用整编软件，拓展思路，进一步提高水文职工的业务能力。

主汛期组织测报突击队成员及分中心技术骨干进行野外应急巡测技术等业务技能培训，增强测报队伍的实战能力，提高抗大洪、抢大险的实战经验。

（王　勇）

【水文重点工程项目建设】 完成2020年天津市国家地下水监测工程（水利部分）监测系统运行维护和地下水水质监测项目，项目资金共275.51万元，主要包括水质取样检测、监测站维护与校测、省级监测中心维护、资料整编与刊印工作。天津市的监测站数据上报率一直稳定在98%以上，位居全国前列。完成对各区2019年水位的考核，并利用建成的地下水考核与预警系统软件及时对各区县发布水位预警信息。

（沈　强）

水资源管理

【概述】 2020年，天津市积极践行“节水优先、空间均衡、系统治理、两手发力”的十六字新时期治水方针，贯彻落实“水利工程补短板、水利行业强监管”水利改革发展总基调，坚持把水资源作为最大刚性约束，以“合理分水，管住用水”为工作目标，组织落实国家节水行动方案，打好节约用水攻坚战，进一步强化水资源管理基础，落实强监管各项措施，强力推进地下水超采综合治理，统筹推进了水资源开发、利用、节约各项工作，全市水资源管理工作取得明显成效。

【水资源量】 2020年，全市平均降水量534.4毫米，折合降水总量63.7亿立方米，比上年（51.99亿立方米）偏多22.5%，比多年平均值偏少7.1%，属于平水年。

2020年全市水资源总量13.30亿立方米，比多年平均值偏少15.1%，比上年增加64.4%。其中全市地表水资源量8.60亿立方米，比多年平均值偏少19.3%，比上年增加68.0%；地下水资源量5.76亿立方米，比多年平均值偏少2.2%，比上年增加38.7%；地下水与地表水资源不重复量4.70亿立方米。全市12座大、中型水库年末蓄水量9.1206亿立方米，比年初蓄水量增加2.2176亿立方米。全市浅层地下水蓄水量减少0.0124亿立方米。

【水资源统筹配置】 完成潮白新河、北运河、永定新河、独流减河等境内主要河流水量分配工作。制定印发全市2020年度供水计划，统筹外调水、地表水、地下水、再生水、淡化海水等各类水源，明确各行政区域供水计划。

【水资源开发利用】 全市总供水量27.8204亿立方米，其中地表水源供水19.2259亿立方米；地下水源供水3.0096亿立方米（含浅层水2.3611亿立方米，深层水0.6485亿立方米）；污水处理回用量5.1631亿立方米（含深处理的污水回用量0.7587亿立方米），淡化海水供水量0.4218亿立方米。

全年全市入境水量36.4585亿立方米，比上年增加10.6989亿立方米。其中引滦调水量6.8980亿立方米，引江调水量12.8823亿立方米。天津市出境水量除蓟运河山区泃河流入北京市外，其他均注入渤海。2020年全市出境、入海水量19.5501亿立方米，其中泃河出境水量0.0487亿立方米，入海水量19.5014亿立方米。

（水资源处）

【非常规水资源利用】 2020年，贯彻落实《天津市再生水利用规划》，全市各区严格实施本区再生水利用规划或实施方案，完成了《天津市打好污染防治攻坚战再生水利用专项方案》中各项指标、任务。严格执行《天津市城市排水和再生水利用管理条例》《天津市再生水利用管理办法》等法规文件，加强再生水利用管理，通过强化水资源配置加强再生水利用，推动满足再生水使用条件的工业生产、城市杂用、景观环境以及河道生态补水等领域使用再生水。按照水利部水资源公报统计口径，2020年全市再生水年利用量达到5.16亿立方米，再生水利用率42%，已提前完成国家发布的《水污染防治行动计划》要求的2020年天津市达到30%利用率目标。

作为天津市推进海水淡化产业高质量发展工作专班成员单位，参与编制《天津市海水淡化产业高质量发展实施方案》，提出天津市淡化海水配置利用意见，推动全市海水淡化产业高质量发展。加强北疆电厂淡化海水水量水质监督管理，确保下游用户用水安全。落实市政用淡化海水补贴政策，2020年拨付补贴资金1200万元。2020年海水淡化日生产能力30.6万立方米。全年淡化海水利用量4218万立方米。

2020年，天津市已运行深处理再生水厂12座，设计供水能力为40.9万吨每日，全市深处理再生水厂供水总量6513.45万吨，日均供水量达到17.80万吨。按照行政区域统计，中心城区已运行再生水厂4座，设计供水能力为23万吨每日，占全市总供水能力的56.24%，总供水量4113.81万吨，日均供水量达到11.24万吨；滨海新区已运行再生水厂6座，设计供水能力为15.6万吨每日，占全市总供水能力的38.14%，总供水量1968.07万吨，日均供水量达到5.38万吨；静海区和津南区已运行的再生水厂2座，设计供水能力为2.3万吨每日，占全市总供水能力的5.62%，总供水量431.57万吨，日均供水量达到1.18万吨。按照供水方向统计，深处理再生水主要用于城市生活小区的城市杂用水、景观环境用水以及工业用水3个方面。其中工业供水量为5329.27万吨，日平均供水量为14.56万吨；城市杂用水量为1116.62万吨，日平均供水量3.05万吨；景观环境供水量为67.56万吨，日平均供水量为0.19万吨。

截至2020年年底，天津市深处理再生水执行《城市污水再生利用　城市杂用水水质》（GB/T 18920）、《城市污水再生利用　工业用水水质》（GB/T 19923）和《城市污水再生利用　景观环境用水水质》（GB/T 18921）3个标准。

2020年汛期，天津市上游地区来水较常年持平，在确保全市防洪安全的前提下，利用汛期上游地区洪沥水经天津市宣泄入海的有利时机，抢蓄雨洪水。2020年汛期承接上游来水5.17亿立方米。汛期拦蓄雨洪水资源3.4亿立方米，其中潮白新河河道蓄水1.2亿立方米，武清区中小水库及二级河道蓄水0.7亿立方米，其余宝坻、宁河区一、二级河道及其他区坑塘洼淀蓄水1.5亿立方米。雨洪水的存蓄有效改善了城乡水生态环境，为三秋生产和今冬明春工农生产储备了水源。

（水资源处　水文水资源中心
排管中心　水调中心）

【最严格水资源管理】 完成2020年最严格水资源管理制度国家考核自查工作；完成2020年度各区最严格水资源管理制度考核，并向各区通报考核结果。严格建设项目水资源论证，该论证的全部论证，全年全市审查水资源论证报告313个，其中市水务局审查41个。

开展取水许可监督检查，采取四不两直方式检查取水许可审批、取用水管理等情况，列出问题清单并督促整改。全面启动取用水管理专项整治行动，印发了《天津市取用水管理专项整治行动实施方案》，开展取水口核查登记，摸清取水口现状，建立登记台账，共核查登记取水口25395个，为进一步规范取水口管理打下了基础。

推动落实《用水统计调查制度》，完成全市名录库建设及补充完善任务，组织重点用水户在线直接填报水量数据，完成全市2020年水量数据核算、汇总、分析及审核任务。

（水资源处）

【取水许可管理】 强化水资源管理，组织做好水资源论证报告技术审查工作，严格论证报告中节水评价部分审查工作，形成天津市节水评价台账。对41个水资源论证报告进行技术审查，其中地下水项目35个，地表水项目6个。严格执行禁限采区管理通知要求，严格禁限采区地下水取水许可审批。全年对14眼已审批的机井进行验收，对到期的26个取用水户进行取水许可延续评估，核发取水许可证46套。加大对基坑降水项目现场核验力度，基坑项目严格执行取水许可现场核验制度。对7个基坑取水项目进行现场核验，8个项目进行水量核定并报税务部门。

（张一凡）

【地下水资源管理】

1. 基础工作

编制完成《天津市地下水年报（2019）》，主要包括天津市地下水概况、当年地下水资源量、地下水开发利用及影响、地下水水质及地下水管理与保护措施。

完善《天津市第三次水资源调查评价》。根据专家咨询及审查验收意见，继续完善《天津市第三次水资源调查评价》并上报水利部待批。

完成《2019年度天津市水资源承载能力评价》。根据水资源承载能力和现状承载负荷，开展2019年水资源承载状况评价，分别划定天津市严重超载区、超载区、临界状态、不超载区范围。

初步完成《天津市下垫面变化条件下降雨径流关系专题研究》。综合天津市域内对径流产生影响的因素，如不透水面积、浅层地下水水位等，评价分析天津市下垫面变化条件下降雨径流关系。

开展《用水统计调查制度实施》工作。2020年5月22日，按照水利部办公厅印发的《水利部办公厅关于做好用水统计调查实施工作的通知》有关要求及市水务局安排部署，开展天津市用水统计调查制度实施工作。完成了用户名录建立、系统培训、用水统计方法指导及上报数据复核等工作，用水量数据填报及全部数据复核工作已完成。

2. 地下水超采综合治理

2020年计划通过采取“节”“控”“调”“管”综合措施，转换深层地下水0.5亿立方米，关停机井2319眼，提前超额完成《华北地区地下水超采综合治理行动方案》确定的2022年深层地下水开采量控制指标。按照《华北地区地下水超采综合治理行动方案》和市政府批复的《天津市地下水超采综合治理实施计划》，制定印发2020年地下水超采综合治理计划，明确全市地下水超采治理任务和各区任务指标，并分解到季度，落实责任，细化措施。加强对有关区地下水超采治理工作的推动指导，对超采区综合治理工作进展及完成情况，特别是农业生产水源转换措施落实情况开展了现场调研，对年度计划执行情况进行检查，推动指导地下水超采治理各项措施落到实处。2020年实际转换深层地下水0.5亿立方米，关停机井4303眼，并对备用、封存、回填机井全部实施台账管理，完成农村提质增效、独流减河倒虹吸工程等工程市级资金投入4.3742亿元。

与上年同期相比，2020年全市浅层地下水水位整体呈稳定态势，平均上升约0.20米；深层地下水整体呈现稳定及弱上升态势，平均上升约2.00米。浅层地下水监测井出现回升、稳定和下降速率变缓的监测井数为88眼，深层地下水监测井出现回升、稳定和下降速率变缓的监测井数为229眼。根据水利部办公厅全国地下水超采区水位变化情况的通报，第二季度、第三季度和第四季度天津市超采区地下水水位较2019年同期上升2.07米、1.85米和2.62米。

3. 地下水取水井管理

为加强地下水资源保护，严格井工程施工质量监督及后期管理，2015年制定印发《天津市取水井工程管理办法》已于2020年8月废止。随着地下水超采综合治理的持续推进，大量取水井按照“应关尽关，先通后关，关管并重，能管控可应急”的原则进行关停，为加强关停取水井的管理，印发《关于加强关停取水井管理的通知》。

（吕　琳　李　华　张　伟）

【饮用水水源保护】 密切关注饮用水水源水质变化，定期组织水源水质调度会，分析水质变化，商讨改善措施。开展于桥水库截污沟二期和入库沟口湿地工程建设。印发于桥水库水位控制方案，合理控制水库水位，通过不同时段的水位调控，达到抑制水草生长、利于水草打捞、加强水体置换等目的，有效改善水环境质量。加强草藻防控，全年累计打捞菹草23.9万立方米，投放水生植物271万株，强化水库周边环境保洁和封闭管理，引滦水质稳定向好。加强农村饮用水应急备用水源的管理，制定应急备用水源方案，保障农村饮水安全。

（水资源处）

节水型社会建设

【概述】 2020年，天津市持继推进节水型社会建设，主要节水指标继续保持全国领先水平，万元GDP用水量增至19.8立方米，万元工业增加值取水量增至10.7立方米。贯彻落实《天津市节水行动实施方案》，制定印发了天津市节水行动实施方案2020年工作要点，细化了部门任务及职责分工，通过定期督促推动，完成2020年目标任务。组织全市各区开展县域节水型社会达标建设，截至2020年年底，全市16个区中有9个区通过了水利部复核、5个区完成达标建设申报备案，2个区未完成，县域节水型社会达标覆盖率达到56%，超额完成了水利部对北方地区40%的目标。研究推行定额管理与计划管理相结合的节水管理制度，组织制定了《天津市超计划用水累进加价管理办法》，印发了强化用水定额管控、加强计划用水管理的相关文件。经市政府同意市水务局印发了《天津市再生水利用管理办法》。推动高校节水管理，组织开展全市高校用水情况调查，全面掌握本市高校用水现状、计划用水管理情况、高校师生人数等；大力推进节水型高校创建，完成了11所高校（15个校区）节水型高校复核验收，占全市高校（校区）的21%，超额完成水利部10%的目标；推动天津城建大学等高校采用合同节水模式实施节水管理。梳理了纳入国家重点监控用水单位名录36家单位，同时建立了市、区两级重点监控用水单位名录（市级83户、区级103户），强化重点用水单位节水监督管理。

（水资源处）

【计划用水】 年初，市水务局对全市各系统（行业）和16个区下达了用水节水计划。为全市下达城镇考核户用水计划6.564亿立方米，包含自来水计划5.692亿立方米，地下水计划0.436亿立方米，直取地表水计划0.436亿立方米。其中市管户自来水用户1706户，核定计划1.35亿立方米；市管地下水1户，核定计划2.39万立方米；市管地表水10户，核定计划4357万立方米。审批基建临时用水计划25件，调整计划用水指标15件，新增户9件，办结率和及时率均为100%。年初疫情期间，为10余家疫情相关单位特事特办，核定计划用水指标，保障正常用水。2020年，保留天津市采取的计划用水、超计划用水累进加价管理模式，结合《天津市节约用水条例》有关规定，采用定额核定用水计划指标的方式，全面推行非居民用水超定额累进加价制度。施行“年考核、季预警”的管理模式，对非生活用水户用水情况按季度实行预警管理，并对年度用水计划执行情况进行考核，以达到及时提醒用水户采取节水措施，控制用水量的目的，促进非生活用水户提高用水效率及节约用水意识，进一步推动水资源可持续利用，保障全市经济社会发展。

（卢　鑫　孙　征）

【依法节水】 《天津市节约用水条例》已于2019年7月进行了修正。编制起草了《天津市超计划用水累进加价管理办法》，已上报市政府审定，待市政府同意后以市水务局名义印发。在相关规范性文件起草制定过程中，逐步开展《天津市节约用水条例》宣贯工作。截至2020年年底，向市财政、市发展改革、区节水主管部门和主要用水户累计发放《天津市节约用水条例》30000余册、宣传海报10000余张。同时制定《2020年度行政执法职权履职方案》，按计划、按要求开展节水执法工作，全年执法履职 50 余户，处置群众举报水事违法案件 3 起。

（刘　洋　张永昊）

【科技节水】 根据国家《水效标识管理办法》相关规定，开展对水效标识的一系列宣传工作。加大利用多媒体宣传形式，与市气象局沟通联动，在天津卫视频道《天气预报》栏目中增加有声及贴片文字宣传，引导市民在消费时选择贴有标识的节水产品。利用微信公众号及区水务局群，发布国家水效标识相关规定，进一步扩大宣传面。结合宣传活动，印制带有水效标识的节水宣传册 10000 册、扇子 10000 把、冰箱贴 3200 个、修订节水知识读本 8000 册，向各区及高校发放。

组织召开 2020 年度节水技术交流会，介绍天津市水资源现状，开展业务交流，为贯彻节水优先方针，落实习总书记“节水优先、空间均衡、系统治理、两手发力”重要指示丰富了经验，为进一步加强节水工作奠定了基础。

组织召开《节水型园区标准（试行）》宣贯会，对该标准进行了详细介绍和讲解，并重点对园区创建技术指标进行了详细解读。该标准的宣贯为下一步节水型园区创建工作提供了有力的制度支撑，持续推动天津市节水型社会建设，满足了全市节水工作发展的需要。

为督促和鼓励天津市节水工作的开展，按月征集各区节水信息上报水利部。2020 年，在全国节水办网站共发表 32 篇节水信息，与全国各省市互动交流经验。

（杨　静）

【节水系列创建】 2020 年年初，制定 2020 年度节水型企业（单位）和居民小区创建目标任务，部署创建工作。全年创建节水型企业（单位）103 家，全市 16 个区参与节水型居民小区建设，全年创建节水型居民小区 136 个。2019 年 9 月，市水务局印发《市水务局关于开展水务行业节水机关建设工作的通知》，要求各区水务局和局属各单位开展水务行业节水机关建设工作。天津市具备建设条件的区水务局共 6 个，分别为宝坻区、津南区、蓟州区、宁河区、武清区和静海区。截至 2020 年年底，宝坻区、津南区、蓟州区、宁河区、静海区水务局已完成节水机关建设并通过验收，武清区水务局建设方案已通过区政府审批，并于 2021 年 6 月完成建设。

天津市公共机构节水型单位创建是本市系列创建工作之一。截至 2018 年年底，具备创建条件的公共机构全部创建成为节水型单位。2019 年，因全市机构改革，部分公共机构进行了调整，在进一步梳理各单位节水信息后，市水务局和市机关事务管理局联合再次推动该项工作。2020 年 10 月，在基本排除新冠疫情影响后经专家评审，26 家公共机构（含局级事业单位）通过评审。截至 2020 年年底，88 家市级公共机构全部创建完成，创建率达到 100%。

为提高高校用水效率，按照《水利部教育部国家机关事务管理局关于深入推进高校节约用水工作的通知》《水利部办公厅关于开展 2020 年高校节约用水有关工作的通知》及《市水务局　市教委　市机关事务管理局关于深入推进高校节约用水工作的通知》有关要求，市水务局、市教委于 2020 年 11 月开展了节水型高校复核验收工作。在前期调研的基础上，经高校自查、专家组评审，南开大学等 11 所高等学校（15 个校区）达到了《节水型高校评价标准》要求，通过复核验收，获得节水型高校称号。

（杨　静　唐　颖）

【节水机关建设】 具备创建条件的区水务局积极开展节水机关建设，宁河区、宝坻区、蓟州区、津南区、静海区已完成建设并通过验收。局属各单位积极与水利部水利行业节水机关建设标准对标对表。

【县域节水型社会达标建设】 2017 年，水利部印发了《水利部关于开展县域节水型社会达标建设工作的通知》，要求以县域为单元开展节水型社会达标建设。依托原天津市节水型区县创建已有的完善体制机制，在全市各区已开展的节水型区县创建成果基础上，针对全部16个行政区，持续大力推进县域节水型社会达标建设工作。2020年，天津市继续按照2018年市节水办、市发展改革委、原市工信委、原市农委联合发布的《关于深化天津市节水型区县建设的通知》要求，组织各区按照本区政府批复的县域节水型社会达标建设实施方案，对照《节水型社会评价标准》开展创建工作。市水务局组织成立了县域节水型社会达标建设专家组，配合市节水主管部门对各区达标创建情况加强督促与指导，帮助协调解决重点、难点问题。

全市16区中9个区通过了水利部复核，达到县域节水型社会达标建设标准。按照水利部县域节水型社会达标建设工作安排，完成了水利部对天津市滨海新区、和平区、河北区、红桥区、东丽区、西青区、津南区、北辰区、武清区9个区县域节水型社会达标建设复核工作，9个区全部通过复核，于2020年11月25日通过《水利部关于公布第三批节水型社会建设达标县（区）名单的公告》（2020年第21号）文件予以公告。天津市已完成达标建设的行政区个数占全部行政区的56%，提前完成了水利部确定的到2022年达到50%的目标要求。

2020年度完成对剩余7区中5个区县域节水型社会达标建设验收。做好2020年度县域节水型社会达标建设推进工作，对暂未完成达标建设的7个区加强督促、指导、培训、检查，对发现的问题及时协调解决，严格按照县域节水型社会达标建设自评、技术评估、验收、公示等各项程序要求，确定河东区、河西区、南开区、宝坻区、蓟州区5个区通过验收，达到县域节水型社会达标建设标准，并按要求向水利部备案。按照水利部海委对2020年度申报的5个区的材料审查意见，组织各区进行补充完善，同时，做好水利部现场复核准备工作。

（水资源处）

【节水文化宣传】 在2020年常态化推进疫情防控的前提下，积极打造“线上”宣传新模式，通过电视、手机短信、微信等多种渠道加强宣传，实现节水宣传由“点”到“面”的转变。

利用电视媒体开展节水宣传。在天津卫视频道《天气预报》栏目中增加有声宣传和贴片文字宣传，倡导传承节约用水好习惯，传递低碳节水正能量。与市气象局联合策划拍摄《气候与水》专题宣传片，在天津科教频道“科教新气象”栏目中播出，引导公众科学用水、节约用水，该档节目覆盖全市330万数字电视用户。

高效利用手机短信快速传播途径加大节水宣传力度。通过气象预报手机短信，加载节约用水主题宣传内容向公众靶向发布，共向全市的联通、移动共150万手机用户点对点发布。

修订节水知识读本，增加水效标识宣传内容，并组织编印新版校本教材8000册。通过指导部分区开展节水大使评选、节水型高校创建等宣传工作向各区及学校免费发放校本教材，使学校师生加强了节水观念，树立了水忧患意识。

灵活运用“流动节水馆”形式，在全国科普日、天津科技周期间开展以“科技战疫　节水同行”和“落实节水奔小康，科普惠民千万家”为主题的节水课堂进社区活动，充分利用展馆宣传优势，联合天津市大寺镇政府到天津市西青区博文苑社区、泉集里社区、福特纳湾社区、津南区新城等开展科普教育活动。开展节水教育基地结对共建活动，与天津卓群中学、天津新会道小学结为共建单位。

利用媒体扩大节水宣传范围。节水科技馆配合北京电台开展了以“一滴水的魔幻之旅”为主题的文明有我健康行生态游直播活动；配合天津广播电台新闻频道，电话连线《我们爱科学》栏目；疫情期间开展了“线上云参观，约会节水馆”活动，为广大市民介绍了水情状况、普及了节水知识，节目充分展示了天津节水科技馆基地风采，作为节水宣教基地在全社会发挥了重要作用，“一点资讯”“一直播”“北京时间”“腾讯直播”等多家媒体对天津节水科技馆进行了宣传报道。

持续发挥节水科技馆固定式阵地宣传作用。受本年疫情影响，线下活动受限，全年接待参观团体40批次，游客2387人，游客满意率100%。

（杨 静）

【用水监控】 天津市重点用水单位在线监测系统建设项目共分为两部分：第一部分信息采集与传输主要针对年取水量30万立方米以上的重点监控用水单位，通过对重点监控用水单位实施水量在线监测，将实现自来水用水量30%左右的在线监测；加上接入国控一期许可水量20万立方米以上的地下水用水户的水量监测信息，以上部分将实现约8.8亿立方米用水量的在线监测，占工业生活用水总量的约84%，达到了水利部对重点用水单位实施在线监测的任务要求。第二部分建设开发节约用水管理信息平台，开发信息填报系统、计划用水管理、统计分析、水平衡测试管理、水政执法、节水型产品名录管理、节水型载体创建管理等节水相关业务系统，同时还包括开发移动终端应用系统，以及与水务管理部门和供水企业等相关系统的数据集成工作。

（卢 鑫）

水生态环境

水环境保护

【概述】 2020年，加大重要河湖生态水量管控，制定重点河湖生态水量（水位）目标及保障方案，完成七里海湿地生态水位保障目标。继续实施中心城区一、二级河道保洁及水生态修复，加强市管河道取排水口备案管理，落实河湖水环境调度会商机制，有效地改善了河湖水生态环境质量，全年全市20个国考断面优良水体比例达到55%，同比上升5个百分点；劣V类水体比例为0，同比下降5个百分点。

【河湖生态流量（水量）保障工作】 2020年，编制完成洪泥河、七里海湿地（东）、龙凤河故道（104国道至北运河段）生态水位目标及其保障方案，经专家审查修改后报水利部备案。印发《七里海生态水量保障实施方案》，督促宁河区切实加强监管保障工作，全年利用潮白新河上游来水向七里海湿地补水0.41亿立方米，七里海湿地（西）全年考核期内生态水位全部达标。

【河湖水资源保护】 加强市管河道取排水口备案统计管理，每月通报独流减河沿线22个排水口水质情况，督促区、镇属地河长溯源排查，制定治理计划，严禁非汛期支流污染和取排水口违规取水、排污，改善入河水质，全年水质达标的排水口达到15个，同比增加11个。落实局外、局内水质会商机制，与市生态环境局部门建立水环境监测数据共享机制，及时掌握在线监测数据，共同研究减排、增容、监管等综合措施；不定期召集局调度、监测、科研、管理单位会商调度，综合分析调度、水文、水环境数据，研判水质变化趋势及影响因素，及时采取排水、补水、生态修复等措施，为确保天津市国考断面水质持续改善提供了支持。

（河湖处）

【水生态保护与修复】 持续推进河湖健康评估工作，开展于桥水库健康评估工作，为实施水生态修复工作提供技术支撑。印发《2020年中心城区一、二级河道蓝藻防控工作方案》，组织开展中心城区海河、卫津河等20条河道水环境日常维护和外环河水环境应急治理，控制蓝藻生长，改善河道水质，为端午、五一、国庆等节日提供了市容环境保障。全年集中清理打捞垃圾3.86万立方米、打捞水草3.5万立方米、布设生态浮床2.49万平方米、安装运行曝气喷泉216台、投加生物制剂63吨，曝气船、水下膜生物反应器、一体化处理设备、海绵城市人工湿地等水生态设施按计划正常运行维护。中心城区一、二级河道非汛期水质达到V类及以上标准，藻细胞密度3288万个每升，同比下降56%，水生态环境明显改善。

2020年，排管中心管辖的中心城区15条二级河道共出动保洁人员40428人次，打捞船只25033

船次，打捞河道垃圾量约 12672 立方米，打捞河道水草量约 3163 立方米。

在护仓河、张贵庄河、小王庄河、陈台子河、复兴河、长泰河，运行 EHBR 耦合生物膜 16545 支、水下生物膜反应器 304 个、微纳米曝气设备 11 台。在卫津河双峰道排水口处，运行维护一体化处理设备（3000 立方米每日）1 座。在津河等 15 条二级河道，铺设生态浮床、浮岛 2.49 万平方米，布设运行曝气喷泉 158 套。在长泰河、复兴河，维护运行宾格网生态护坡 1854 平方米、石笼过滤坝 20 米、生态树池 93 套、人工湿地及其附属设施（3200 平方米）1 座。

全面抑制排管中心管辖的中心城区 15 条二级河道蓝藻暴发、消除水华现象。张贵庄河、小王庄河、陈台子河、护仓河等 4 条河道水体水质达到《城市黑臭水体整治工作指南》中不黑不臭的规定；卫津河、津河、复兴河（纪庄子—解放南路）段等 10 条河道，非汛期河道水质主要指标保持或优于《地表水环境质量标准》（GB 3838—2002）Ⅴ类水质标准；海绵城市建设中长泰河、复兴河（解放路桥—海河）河道水质水体主要指标达到《地表水环境质量标准》（GB 3838—2002）Ⅴ类水标准，非汛期 COD_{Cr}、NH_3-N 两项指标达到《地表水环境质量标准》（GB 3838—2002）Ⅳ类水标准。

立足“生态治理，科学防控”，确定水生植物最佳打捞时机，4 月 27 日相继启动了海河、新开河、北运河、子牙河、外环河水草打捞行动，打捞水草共计 32000 余立方米。8 月，对北运河暴发性生长的槐叶萍、水菱角等水生植物进行集中打捞。10 月下旬，针对海河市区段、北运河、子牙河及外环河河道内的大量生长芦苇开展集中收割清理行动，按照滩地先收割、水面芦苇待结冰后再收割的方式进行。

通过喷洒药剂降低水体污染物指标，控制蓝藻生长态势，喷洒蓝藻治理药剂共 23.16 吨；出动专业曝气船 40 台班、改装曝气船 40 台班，对河道水体曝气增氧；藻类聚集严重点位布设曝气机 58 台，增加水体扰动，改善水质，抑制蓝藻暴发。

（河湖处　排管中心　海河中心）

【黑臭水体整治】 在 2019 年工作基础上，加大全市域黑臭水体整治工作力度，截至 2020 年 12 月，567 条全市域黑臭水体治理主体工程全部完工、消除黑臭现象。督促相关区加强对 26 条建成区黑臭水体的长效养管，切实巩固治理成效；完成建成区下坞泵站干渠整治效果评估，达到国家“长制久清”标准；在 2020 年二、三季度的监督性水质监测中，26 条建成区黑臭水体全部达标。

【水污染事件应急管理】 加强突发水污染事件应急管理。落实《天津市水污染突发事件市水务局保障方案》，每季度报送天津市突发水污染事件的处置情况，全年没有发生突发水污染事件。

（河湖处）

河湖长制管理

【概述】 克服新冠肺炎疫情影响，在做实做细河湖长制管理上下功夫，持续建立健全河湖管护长效机制，树立典型推广经验，打造令人民满意的幸福河湖。2020 年，全市国考断面优良水体比例达到 55%，劣Ⅴ类水体比例降为 0，全市 12 条入海河流全部消劣，水环境质量达到近年来最佳水平。全市水生态环境质量得到持续改善，为生态宜居的现代化天津建设奠定坚实基础。

【河湖长制主要任务】 2020 年 3 月和 6 月，分两个批次编制下达《2020 年全面推行河（湖）长制主要任务》，涉及水资源保护、水污染防治、水环境治理、水生态修复等 9 个方面、64 项任务，并明确了各项任务的目标要求。市河（湖）长办通过督导检查、年度考核、绩效考核等方式推动重点工作有序进行。各级河湖长把落实河湖长制年度主要任务作为全面推进河湖长制从“有名”到“有实”的有力举措，切实加强组织领导，全力推进任务落实，截至2020年底重点工作任务全部落实完成。

【健全制度机制】 市区两级河湖长办分别与市区两级检察院共同制定了《关于充分发挥检察公益诉讼职能协同推进河（湖）长制工作的意见》，建立“河长+检察长”工作机制，联合开展河湖水生态环境和水资源保护专项行动，共摸排相关公益诉讼案件线索111件，立案监督110件，向相关行政机关制发诉前检察建议并收到整改回复84件。

制定《关于贯彻落实水利部〈进一步强化河长湖长履职尽责的指导意见〉的工作要求》，明确河湖长履职尽责工作内容，通过开展河湖长制培训、加强组织协调、抓长效机制落实、坚持补齐短板、严肃追责问责等6个方面工作，要求各区、各部门在河湖长制“干什么”“谁去干”“怎么干”“干不好怎么办”等问题上抓落实、见实效。各级河湖长切实履职尽责，全年开展巡河湖70余万次，区级河湖长主动协调推动解决重点难点问题40项。

坚持以人民为中心的发展思想，在探索建立“向群众汇报”工作机制的基础上，制定了《天津市河（湖）长“向群众汇报”工作方案》，要求区、乡镇（街道）级总河（湖）长、村级河（湖）长每年通过各类媒体和直面群众的多种方式，主动向社会公开履职情况，切实将群众对河湖水生态环境的满意度作为评价河湖长履职成效的重要标准。

修订印发《天津市河（湖）长制会议制度》，充分发挥河（湖）长制党政领导、属地负责、部门联动机制作用，精简会议、提高河湖长制会议实效。

【示范创建】 组织开展“优秀河长最美河湖”评选表彰暨“榜样河长示范河湖”创建活动，制定细化评选创建标准，委托第三方对候选河湖周边及河湖长辖管范围内的1600余名群众开展民意调查；在“津沽河长”微信公众号上开展为期15天的“优秀河长最美河湖”投票与展示活动，其间共37万余人次参与、累计收到投票73万余票。最终经过专家评审、现场复核及暗查暗访等工作，授予乔柏林等10人为乡镇（街道）级“优秀河长”称号、王玉刚等32人为村级“优秀河长”称号；授予景观优美、人水和谐的海河—中心城区段、七里海湿地、水上公园湖等16条（段、座）河湖“最美河湖”称号，同时积极组织开展宣传，充分发挥先进典型的示范引领作用，努力建设造福人民的幸福河湖。

【河湖整治行动】 2020年，根据以双总河湖长令形式签发《关于深入推进河湖“清四乱”常态化规范化的决定》，坚持“去存量、遏增量”，将“清四乱”清理整治范围延伸至农村河湖、实现全覆盖，通过持续清理整治、推进规范化管理、强化监督检查，形成河湖“清四乱”常态化规范化管理机制，全年自查自纠“四乱”问题1770项，其中乱占问题257项、乱堆问题747项、乱建问题766项。

4—10月，组织开展“2020清河（湖）专项行动”，以攻坚黑臭水体、消灭“垃圾围河”和巩固河湖“清四乱”成果为重点，通过动员部署、全面排查、系统整治、完善长效机制、总结经验成效等5个阶段逐步推进。本次专项行动累计打捞清理水面垃圾漂浮物138.1万平方米、插网1573处、地笼3262处、废弃船只41条，清理堤岸生活垃圾7.4万立方米、建筑垃圾2.4万立方米、工业废物102.6吨，取缔沿河湖非正规垃圾堆放点217个，拆除清理旱厕517个、垃圾池412个、钓鱼平台50个、违章建筑50平方米、围垦312平方米；处置解决“四乱”反弹问题35个。

【监督考核】 2020年10月，按照《中共天津市委办公厅 天津市人民政府办公厅关于印发〈天津市2020年督查检查考核计划〉的通知》，组织开展2020年河湖长制督导检查工作，对全市16个区全面推行河湖长制工作进行督导检查，检查通报问题48个，年内完成全部问题整改，有效推动了天津市河湖长制各项工作。对河湖水环境重点难点问题和领导交办的重要问题进行督办，下发督办通知5件，已全部督促整改完成。

开展河湖长制2020年月度考核和暗查暗访工作，印发河湖长制月度考核和暗查暗访情况通报18期（受疫情防控影响，2—4月暂停考核和暗查暗访工作），暗查暗访发现问题150个，已全部完成整改。完成2019年河湖长制年度考核，组织约谈排名靠后河湖长9人次。对各区、市各政府部门2019年度河湖长制工作落实情况开展市级绩效考核。

【社会监督】 2020年，聘请160名市级社会监督员，共提交问题114个，整改完成率达100%。社会监督员共提交满意度评价711个，其中满意评价达84%。24小时受理河湖水生态环境监督举报，全市16个区在河长制公示牌上增加水利部12314监督举报电话和“津沽河长”公众号二维码，进一步畅通监督渠道。全年接到社会监督举报问题线索81件，办结率达100%，满意度达100%。每季度在全市范围内开展河湖管护情况民意调查，将群众对河湖长制工作的认知和河湖长履职、水环境质量满意度纳入月度考核内容，完成2020年二至四季度（2020年第一季度因疫情暂停）民意调查，调查数据显示群众对天津市水环境满意度和对天津市河湖长制工作认可度不断提高。

（河长制中心）

污染防治攻坚战

【概述】 2020年，为落实市委、市政府全面加强生态环境保护坚决打好污染防治攻坚战决策部署，加大统筹协调力度，优化调度模式，增强攻坚活力，市水务局完善局污染防治攻坚战指挥部办公室人员组成，由闫学军担任办公室主任，并抽调10名年轻业务骨干充实力量，全力做好污染防治攻坚任务。组织召开市水务局污染防治攻坚战指挥部2020年第1次视频调度例会，安排部署污染防治攻坚战工作任务，推动2020年污染防治攻坚战重点工作。组织召开了8次调度例会，掌握各项目进展情况，分析滞后项目存在的问题，研究推进方案，部署阶段性工作任务，推动各项任务有力有序开展。针对各项目进展情况，采取不同的措施，对处于前期阶段的项目，积极协调相关审批部门，协助办理前期手续，争取工程早日开工建设；对已开工项目，采取现场督察，精准调度；对已完工项目，核实成果，确保项目质量；对进度滞后工程采取下发提醒函、提示函、督办单、责任人约谈，局责任处室联合攻坚办加大推动力度，定期进行现场检查和督导，充分利用河长制考核机制，推动责任单位严格按照时间节点加快推进项目建设，确保按期完工。按时综合汇总报送污染防治攻坚战、中央环保督察、市级环保督察以及市级环保督察“回头看”整改调度月报等报表，保证工作顺利进行。协调有关部门、单位，牵头起草报送了污染防治攻坚战2020年度工作总结、2020年度水污染防治行动计划自查报告、中央环保督反馈意见察整改情况结项报告，组织编制了污染防治攻坚战、中央环保督察整改2020年度工作计划。2020年涉及市水务局82项任务，碧水保卫战76项、蓝天保卫战、净土保卫战、渤海综合治理攻坚战各2项，已完成81项，剩余1项由市水务局推动，蓟州区负责实施的蓟州区城区污水处理厂3万吨每日扩建项目处于前期准备。

中央环境保护督察期间，为深入贯彻落实《中央生态环境保护督察工作规定》，成立了市水务局生态环境保护督察工作领导小组，下设办公室及综合联络组、整改督办组、问责组、档案资料组、后勤保障组5个工作组。市水务局配合完成了9批次档案调阅工作并按要求每日报送工作动态信息等工作，召开专项工作会议并及时传达市中央环境保护督察天津市整改落实领导小组工作要求。向中央生态环境保护督察天津协调联络组综合协调组反馈加强推进中央生态环境保护督察边督边改工作方案征求意见，处理中央环保督察转办信访举报件 11 批次。按照市委、市政府印发的《关于加快推进中央生态环境保护督察边督边改工作方案》要求，市水务局制定了《市水务局关于落实加快推进中央环境保护督察边督边改工作方案》，涉及 9 项任务已全部完成；渤海综合治理攻坚战边督边改 7 项任务也已全部完成。

【机构职责】 2020 年 3 月 20 日，市水务局污染防治攻坚总指挥部对局污染防治攻坚战指挥部办公室人员组成和工作职责作出调整，改为综合组、技术组、推动组 3 个工作组。主要工作职责：全面贯彻落实局污染防治攻坚战指挥部工作部署；组织局各职能单位推动落实各项污染防治攻坚战及渤海综合治理作战计划；统筹协调中央和市级环保督察工作，推动各职能单位落实反馈意见的整改工作；负责与市污染防治攻坚指挥部办公室等部门的联络工作。

（攻坚办）

【蓝天保卫工作】 强化水务工程施工扬尘管控，严格落实“六个百分之百”要求，严格实施市管项目安装空气质量监测和扬尘在线监控双设备，强化在施工地扬尘管理清单动态更新机制。强化非道路移动柴油机械污染防治，严格贯彻落实《天津市机动车和非道路移动机械排放污染条例》，建立实行非道路移动机械准入制度。强化水务在建施工现场扬尘管控措施常态化检查，全年累计开展各类检查 140 次；组织全市各区开展水务工程扬尘污染防治专项整治行动，市、区共检查 817 项次，出动人员 1276 人次；在启动重污染天气应急响应期间，对在建水务工程组织检查 38 项次，出动人员 91 人次。

（建设中心）

【碧水保卫工作】 按照市污染防治攻坚战指挥部印发的《关于印发天津市打好污染防治攻坚战 2020 年度工作计划的通知》部署要求，市水务局制定并印发了《市水务局关于印发 2020 年度污染防治攻坚战重点任务责任分工的通知》，明确 76 项工作任务的责任单位。严格按照任务分工，层层落实责任，形成上下联动、分工协作、密切配合的工作格局，坚持举一反三，建立长效机制，定期召开调度会，全面推进各项任务按计划完成。碧水保卫战的 76 项任务，已完成 75 项，剩余 1 项由市水务局推动，蓟州区负责实施的蓟州区城区污水处理厂 3 万吨每日扩建项目处于前期准备。

强化城镇污染治理。加速污水收集处理设施建设，完成全市合流制片区、管网空白区及混接错接排查，并组织实施改造，基本消除城市建成区污水管网空白区。全市改造合流制地区，总计铺设管网 80 千米，改造混接串接点 2185 处；补齐污水处理能力短板，全市城镇污水总处理能力达到 401 万吨每日，城镇污水集中处理率达到 95.97%，出水水质主要指标达标率达到 97.76%；实现污泥无害化处置，全市共有污泥处置场 14 座，日处理能力 3529 吨每日，全市污泥产量约 2600 吨每日，能够满足全市污泥处置需求。

实施农村饮水提质增效工程。2061 个村、202.2 万人的农村饮水提质增效工程建设任务已全部完成，基本实现农村供水城市化、城乡供水一体化的任务目标。

构建完善水系循环连通体系。实施中心城区及环城四区水系连通工程、中心城区水环境提升工程，实施北水南调完善工程、滨海新区东线工程，构筑了东西两条纵向调水线路，实施引滦、引江连通尔王庄段明渠复线工程，进一步完善了水系连通循环体系。推动各区实施水系连通工程，加强生态补水，充分利用雨洪资源和再生水，向海河、蓟运河、潮白新河、北大港水库等重要河库及四大湿地补水，全市累计生态调水 28.15 亿立方米（含再生水 9.83 亿立方米）。

（攻坚办）

【柴油货车污染治理】 按照《柴油货车污染治理攻坚战实施方案》要求，强化落实非道路移动机械准入制度，坚持非道路移动机械源头治理和防控相结合，实行准入制度和台账管理制度，实行动态管理。采取不定期和“四不两直”方式对非道路移动机械登记、尾气排放、进出场台账、成品油使用和检测有效期等情况开展督导检查，全年开展检查37次。

（建设中心）

【黑臭水体治理】 在2019年工作基础上，加大全市域黑臭水体整治工作力度；截至2020年12月，567条全市域黑臭水体治理主体工程全部完工，消除了黑臭现象。督促相关区加强对26条建成区黑臭水体的长效养管，切实巩固治理成效；完成建成区下坞泵站干渠整治效果评估，达到国家“长制久清”标准；在2020年二、三季度的监督性水质监测中，26条建成区黑臭水体全部达标。

（河湖处）

【渤海综合治理】 按照市污染防治攻坚战指挥部印发的《关于印发天津市打好污染防治攻坚战2020年度工作计划的通知》部署要求，市水务局制定并印发了《市水务局关于印发2020年度污染防治攻坚战重点任务责任分工的通知》，明确2项工作任务的责任单位，严格按照责任分工，加大力度、压实责任，扎实推进各项工作有序开展。渤海综合治理攻坚战涉及市水务局的2项任务已全部完成。

（攻坚办）

排水管理

【概述】 市区防汛任务圆满完成。以“保运行、保重点、保安全”为原则，科学安排设施养护、运行任务。调整优化《天津市中心城区防汛排水预案》5部防汛预案。排查工程影响防汛问题42项，督办7个责任单位并限时解决，确保隐患及时消除。组织市区分部成员单位及中心各单位开展防汛应急演练，举办泵站运行操作技能比武，进一步提高应急处置能力。12片积水片改造汛前完成，在汛期发挥功效，有效缩短了积水时间。新建调蓄池在汛期发挥功能，解决了合流制地区雨天溢流污染问题。中心城区全年有效降水48次，累计平均降水量649.6毫米。年度单场最大降雨为密云路地区88.7毫米。11月18日普降中雨，平均降雨量21.73毫米，局部地区达到大雨级别，为近10年入冬后最大降雨。排水干部职工全员上岗、严防死守，提前实施“一低两腾空”“一处一预案”措施，成功应对了多场强降雨考验，确保了市区平稳安全度汛和市民出行安全，得到群众和市、局领导好评。

完成“清四乱”专项整治行动，40处问题点位全部清理完毕。加强水体循环，开启二级河道换水泵站，累计调度3.02亿立方米景观用水，有效改善河道水环境。

提升排水行业管理水平。为适应全市经济社会高质量发展对城市排水防涝体系，水生态环境质量的更高要求，编制完成《天津市排水专项规划（2020—2035年）》。编制完成《中心城区防汛排涝补短板实施方案》。为加强对全市污水处理行业的监督指导，先后制订出台了《市水务局阶段性免征污水处理费和基本水价（非居民）降价明白卡》《关于简化疫情期间中小微企业和个体工商户减免水费办理流程的通知》《天津市农村生活污水处理设施运行维护管理办法》《天津市农村生活污水处理设施行业管理工作考核标准》《天津市污水处理提质增效三年行动方案》。下发《市水务局关于继续开展城市排水设施“乱泼乱倒”问题专项治理工作的通知》，指导各区排水管理部门继续开展城市排水设施“乱泼乱倒”专项治理行动，加大力度打击餐饮、洗车、夜市等生产经营性单位污水乱排直排，沿街商户无排水许可、乱泼乱倒等行为，取得明显成效。2020年全市共治理排水设施乱泼乱倒行为1036起。开展“护航”“护河2020”“铁拳-2020”专项执法行动及“地铁泥浆”专项治理。发现并配合调查处理各类水事违法案件41件，立案35件，结案34件，1件正在履行执法程序。坚持以人民为中心，发挥行业监管职能，本着“先解决问题后分析责任”的原则，积极为百姓排忧解难。办理人大、政协建议提案13件，妥善处理8890热线平台、网络舆情涉及排水、污水处理、中水设施等相关问题49件次，包括浩达公寓排水问题、红桥区光荣道地铁站口积水问题、西青杨楼地区汛期积水问题、河西区梅江芳水园中水设施损坏问题等社会热点问题。

【排水规划】 深入贯彻落实习近平总书记关于建设海绵城市、韧性城市，实现标准内降雨不积水、超标准暴雨消除“看海”的重要指示精神，编制完成《天津市排水专项规划（2020—2035年）》，征求意见后按照程序上报市政府审批，修编完善排水规划将切实提高天津市中心城区排水防涝能力和水平，改善水环境质量。按照市领导关于“对暴雨后积水问题要研究治本之策”的批示精神，将《中心城区防汛排涝补短板三年行动方案（2019—2021年）》进一步细化，编制完成《中心城区防汛排涝补短板实施方案》，计划利用三年时间实施新建扩建雨水泵站、建设完善排水管网等工程，有效提高雨水收集和排放能力。按照市政府“污水处理设施要有余量”的要求，为提高本市城镇污水处理能力，加快补齐城市生活污水处理设施短板，制定印发《天津市城镇污水处理提质增效三年行动实施方案（2019—2021年）》，结合明确了污水处理能力提升的目标任务，为加快补齐城镇污水收集处理设施短板，尽快实现污水管网全覆盖，污水全收集、全处理，城市黑臭水体长制久清的目标。

（排监处）

【排水工程建设】

1. 中心城区广开四马路等7片合流制地区市管排水设施雨污分流改造工程

2013年，市委、市政府作出“建设美丽天津”的战略部署，对天津市水生态环境建设提出了更高要求。“清水河道行动”被列入“美丽天津·一号工程”，确定了要显著改善天津市水环境面貌、实现全市主要河道水体“清起来、活起来、多起来、美起来”的治理目标，实现“九河润津沽、清水绕家园”的愿景，构筑与“美丽天津”相适应的水生态环境体系。对南开区广开四马路片区、密云路片区；河北区民权门片区、金纬路片区；河东区化工路片区、唐口片区；和平区太原道片区，共计9.62平方千米进行市管排水设施雨污分流改造。

市发展改革委于2014年5月22日批复《中心城区广开四马路等7片合流制地区市管排水设施雨污分流改造工程项目建议书》。市发展改革委于2015年4月10日批复《中心城区广开四马路等7片合流制地区市管排水设施雨污分流改造工程可行性研究报告》。

中心城区广开四马路等7片合流制地区市管排水设施雨污分流改造工程，根据项目实施的计划安排，分为2014年应急工程、2015年应急工程、2015年一期工程、2015年二期工程、2016年一期工程、2016年二期工程、2017年一期工程、雨污水混接点改造（一期）、雨污水混接点改造（二期）、井冈山路雨污水泵站工程、增产道污水泵站工程等项目。分项介绍如下。

（1）中心城区广开四马路等7片合流制地区市管排水设施雨污分流改造工程2017年一期工程。建设背景：对化工路片区王串场六号路、常州道、泰兴路等3条道路管道进行雨污分流改造。

投资及批复：2014年5月22日，市发展改革委以《市发展改革委关于中心城区广开四马路等7片合流制地区市管排水设施雨污分流改造工程项目建议书的批复》批复工程立项。2015年4月10日，市发展改革委以《市发展改革委关于中心城区广开四马路等7片合流制地区市管排水设施雨污分流改造工程可行性研究报告的批复》批复了工程可行性研究报告。2017年7月21日，市水务局批复《中心城区广开四马路等7片合流制地区市管排水设施雨污分流改造工程2017年一期工程初步设计》，批复概算总投资7916万元。2017年12

月12日，市水务局《关于调整中心城区2017年二级河道清淤工程等项目资金计划的通知》，下达资金3000万元未进行调整，将资金来源由原水投集团筹措调整为市级财政资金，随文拨付900万元。2019年9月9日，市水务局《关于调整中心城区广开四马路等7片合流制地区市管排水设施雨污分流改造工程增产道污水泵站等工程项目投资计划的通知》，下达资金3500万元，资金来源为市财政专项资金1500万元，2019年地方政府专项债券2000万元。

设计变更：2019年12月25日，市水务局《关于中心城区广开四马路等7片合流制地区市管排水设施雨污分流改造工程2017年一期工程设计变更的批复》，投资核减至7373.53万元。

工程进展情况：工程于2017年12月14日开工，于2020年11月15日完工，完成王串场六号路等3条道路雨污分流改造，其中常州道雨污分流改造工程为2020年施工完成的子项工程。2020年完成投资3809.1万元，累计完成投资7373.53万元。

工程参建单位：

项目法人：天津市排水管理事务中心

设计单位：中国市政工程华北设计研究总院有限公司

监理单位：津政汇土（天津）建设工程监理有限公司

施工单位：中建六局水利水电建设集团有限公司

质量监督单位：天津市水务工程建设质量与安全监督中心站

（2）井冈山路雨污水泵站工程。随着天津市城市建设的快速发展，市政公用基础设施建设也在同步完善，但一些雨污合流制地区管网始终未能进行彻底改造，汛期雨污水混排流入河道，导致河水黑臭，严重影响城市环境。因此，为改善城市环境质量，提高污水收集率，完善雨污水设施，实施中心城区合流制地区雨污分流改造工程是必要的。按照清水河道行动部署，开展中心城区广开四马路等7片合流制地区市管排水设施雨污分流改造工程。根据《市发展改革委关于中心城区广开四马路等7片合流制地区市管排水设施雨污分流改造工程可行性研究报告的批复》，改建井冈山路合流泵站。

主要建设内容：基本同意雨、污水泵站收水范围的划定。雨水泵站设计流量为8立方米每秒，污水泵站设计流量为0.3立方米每秒。

投资及批复：2014年5月22日，市发展改革委批复了《中心城区广开四马路等7片合流制地区市管排水设施雨污分流改造工程项目建议书的批复》。2015年4月10日，市发展改革委批复了《中心城区广开四马路等7片合流制地区市管排水设施雨污分流改造工程可行性研究报告》。2016年3月25日，市水务局批复了《中心城区广开四马路等7片合流制地区市管排水设施雨污分流改造工程井冈山路雨污水泵站工程初步设计》，批复工程概算总投资4076万元。

2016年5月9日，市水务局、市财政局联合下发《市水务局市财政局关于下达中心城区广开四马路等7片合流制地区市管排水设施雨污分流改造工程2016年投资明细计划的通知》，下达资金4076万元，资金来源水投集团贷款垫付。

设计变更：2019年2月28日，市水务局批复了《中心城区广开四马路等7片合流制地区市管排水设施雨污分流改造工程井冈山路雨污水泵站工程设计变更》，批复工程设计变更概算总投资3251万元。2019年4月25日，市水务局下发《市水务局关于调整中心城区广开四马路等7片合流制地区市管排水设施雨污分流改造工程井冈山路雨污水泵站工程投资计划的通知》，下达资金由4076万元，调整为3251万元，资金来源调整为水投集团筹措666万元、市级财政资金2585万元。

工程进展：2019年9月16日开工，至2020年12月30日完工。主要工程量：改造雨水泵站1座，设计流量8立方米每秒；新建预制污水泵站1座，设计流量0.3立方米每秒；新建配电室1座；维修加固配电室2座。2020年完成的投资数2424.66万元，累计完成投资数3251万元。

工程参建单位：

项目法人：天津市水务投资集团有限公司

设计单位：中国市政工程华北设计研究总院有限公司

监理单位：天津市路驰建设工程监理有限公司

施工单位：天津路桥建设工程有限公司

质量监督单位：天津市水务工程建设质量与安全监督中心站

（3）增产道污水泵站工程。根据2015年《市发展改革委关于中心城区广开四马路等7片合流制地区市管排水设施雨污分流改造工程可行性研究报告的批复》，实施增产道污水泵站改扩建工程。

主要建设内容：基本同意泵站收水范围的划定，收水面积868公顷，泵站设计流量为1.3立方米每秒。

投资及批复：2014年5月22日，市发展改革委批复了《中心城区广开四马路等7片合流制地区市管排水设施雨污分流改造工程项目建议书的批复》。2015年4月10日，市发展改革委批复了《中心城区广开四马路等7片合流制地区市管排水设施雨污分流改造工程可行性研究报告》。2016年3月25日，市水务局下达了《中心城区广开四马路等7片合流制地区市管排水设施雨污分流改造工程增产道污水泵站工程初步设计的批复》，批复工程概算总投资3152万元。2016年5月9日，市水务局、市财政局联合下发《市水务局市财政局关于下达中心城区广开四马路等7片合流制地区市管排水设施雨污分流改造工程2016年投资明细计划的通知》，下达资金3152万元，资金来源水投集团贷款垫付。

工程进展：2017年9月11日开工，12月21日停工，2019年11月16日复工，至2020年12月30日完工。完成主要工程量：改扩建污水泵站1座，设计流量1.6立方米每秒，新建配套附属用房。2020年完成的投资数1044.11万元，累计完成投资数3152万元。

工程参建单位：

项目法人：天津市水务投资集团有限公司

设计单位：中国市政工程华北设计研究总院有限公司

监理单位：天津市润宏建设工程技术有限责任公司

施工单位：天津五市政公路工程有限公司

质量监督单位：天津市水务工程建设质量与安全监督中心站

2. 中心城区防汛排涝补短板工程积水片改造一期工程

2018年7月24日，受台风“安比”的影响，天津市遭遇特大暴雨，降雨量大、持续时间长，市区出现多处积水。降雨结束后，中心城区12小时主干道路退水，30小时内积水全部退净。

积水片区给天津市造成了重大的经济损失和人们出行的不便，市领导高度重视。针对于此天津市水务局制定了《中心城区防汛排涝补短板工程实施方案》，并编写了《中心城区防汛排涝补短板工程项目建议书》，于2019年9月25日获得批复，项目建议书中共涉及积水片排水管网20片、改造积水地道排水设施11处、新建或改造积水片外雨水泵站8座、新建雨水调蓄池17座。考虑到中心城区防汛排涝补短板工程涉及范围广、各单项工程实施难度以及迫切性差别较大，根据各单项工程的特点以及轻重缓急程度，将各单项工程进行分期建设。

考虑到吴家窑二号路地区、红星北路地区、地毯路地区、职业技术师范大学地区、电传所路地区、郑庄子富民路地区、尖山地区、琼州道地区、南北大街地区、中环线与芥园道交口、阳光100地区以及天拖北道地区等12处积水片的改造已基本具备建设条件，实施难度相对较小，且改造完成后见效相对较快，因此，经建设单位等相关部门研究决定，将这12处积水片列为积水片改造一期工程，先行实施。

主要建设内容：

（1）吴家窑二号路地区：①在吴家窑二号路与河沿道交口处铺设两排截流沟，通过直径500~600毫米雨水进水管排入一体化临时预制泵站，经提升后直接排入津河。同时新建收水支管、检查井等附属设施，吴家窑二号路原有雨水管道维持不变，本次新建一套独立排水系统，主要排除吴家窑二号路与河沿道交口处的地面雨水。②新建1座一体化临时预制泵站，泵站流量为0.2立方米每秒，筒径3.0米，挖深约4.95米。内置两台潜污泵，单泵流量为0.1立方米每秒，水泵扬程约6米，单台潜污泵功率为11千瓦，站址位于河沿道绿化带内，出水管道采用直径500毫米钢管，排入津河，并设八字出水口1座，八字出水口需带闸槽。③水泵电源引自气象台路雨水泵站，电缆敷设在沿河绿化带内。

（2）红星北路地区：①泰兴路与建昌道交口处拟建一座临时提升泵井，内置两台潜污泵，单台泵流量为0.3立方米每秒，扬程约为5米，电源为柴油发电机，在强降雨时，部分雨水通过新建直径1000毫米雨水管道汇入集水池，经水泵提升后排入月牙河；②对泰兴路（建昌道—淮安道）现状CY直径1500~1650毫米雨水管道进行清淤疏通，清淤长度约为425米，清淤厚度按100厘米考虑。

（3）地毯路地区：①沿龙旺路铺设直径600~1200毫米雨水管，下游接入津塘路现状直径1200毫米雨水管道，同时新建收水支管、检查井等附属设施；②考虑到雨水管道施工作业面，拟将龙旺路现状直径300毫米污水管道翻建，按照规划原位实施直径400毫米污水管道；③本工程为道路两侧预留雨水、污水管道，由于道路两侧现状有建筑、围墙等障碍，雨水、污水管道预埋位置根据现场实际情况确定。

（4）职业技术师范大学地区：①沿浯水道新建直径1500毫米雨水管道，并在浯水道与先锋河交口处中分带内新建泵井（1.0立方米每秒）1座，汛期利用柴油发电机开启水泵，将雨水排至先锋河；②在现状宋庄子雨水泵站与吉兆桥地道泵站前池内分别设置一台潜水排污泵（0.05立方米每秒），并新建直径400毫米出水管道，下游接入吉兆路现状CW直径400毫米污水管道，将地区及地道初期雨水排至污水处理厂进行处理；③对吉兆路（台儿庄南路-柳盛道）现状CW直径400污水管道进行清淤，清淤长度约450米，清淤厚度按20厘米考虑。

（5）电传所路地区：①对现状电传所雨水泵站进行改造，翻建现状附属用房，更换设备：水泵（单泵流量0.15立方米每秒，2用0备）、闸门、格栅等，并对泵站电源进行改造；②对泵站进、出水管道进行改造，进水管道改为直径800毫米钢管，出水管道管径由直径800毫米管道翻建为直径600毫米，中小雨时通过直径600毫米雨水管道接入下游接入现状津塘路直径1200毫米污水管；③经现场踏勘，现状电传所泵站附属用房及地下构筑物均为砖混结构，现状电传所泵站始建于1997年，由于年久失修，泵房的建构筑物的结构强度是否能够满足现阶段的使用要求，需要由专业部门进行鉴定，并根据鉴定结果给出加固方案，以确保电传所泵站改造过程中的施工安全，并保证电传所泵站功能的发挥。

（6）郑庄子富民路地区：①翻建六纬路与国泰路交口处检查井一座，实现六纬路与国泰路现状管道连通。检查井结构净尺寸为3.0米×3.0米×7.35米；②对拟改造检查井至郑庄子雨水泵站段现状CY直径2200毫米雨水管道进行清淤疏通，疏通管道长度约为230米，清淤厚度按100厘米考虑。

（7）尖山地区。解放南路（沅江道以南）；将现状错接管段CY直径600毫米（CY直径1400毫米~CY直径600毫米~CY直径1400毫米）翻建成直径1400毫米雨水管道。

（8）琼州道地区：①在琼州道与解放南路交口处新建矩形截流沟，通过直径400毫米雨水管道就近接入现状雨水管道；②琼州道（解放南路—福建路）段：新建直径600~800毫米雨水管道，并修建相应的收水井、收水支管以及附属检查井；③将福建路（琼州道以南约100米）处现状CY直径600~800毫米雨水管道翻建成直径1000毫米雨水管道；④在福建路与津河交口处，新建1

座一体化临时预制泵站，筒径 3.8 米，挖深约 7.2 米。内置 2 台潜污泵，单台泵流量为 0.3 立方米每秒，扬程约 7 米，电源采用管理单位自备柴油发电机。

（9）南北大街地区。①在南北大街与大沽南路交口处新建截流沟两处，集水井两座，通过新建直径 400 毫米雨水管道就近接入南北大街现状雨水管道。②大沽南路雨水泵站初期雨水进行弃流，在泵站进水前池设置两台潜污泵，总流量为 0.5 立方米每秒，单台潜污泵流量为 0.25 立方米每秒，扬程约为 8 米，功率为 37 千瓦。初期雨水通过潜污泵提升后进入阀门井及消能井。在消能井后初期雨水有两个出路，当先锋河调蓄池具备富裕调蓄能力时通过直径 800 毫米出水管道通过闸井（直径 800 毫米）后进入海河西路直径 2600 毫米雨水管道，进入先锋河调蓄池；当先锋河调蓄池已满不具备调蓄能力时，通过直径 800 毫米出水管道通过闸井（直径 800 毫米）后排入大沽南路现状 CW 直径 1050 毫米污水管道，最终进入双林污水处理厂。电源通过对现状泵站低压柜改造引入。

（10）中环线与芥园道交口地区。在中环线与芥园道交口最低点处设置截流沟，通过直径 400 毫米雨水连接管就近接入现状雨水检查井，最终经芥园道现状 CY 直径 1500 毫米雨水管道排入芥园道雨水泵站。

（11）阳光 100 地区。①沿华苑西路新建直径 600~800 毫米雨水管道，收集路面雨水后，接入现状阳光 100 雨水泵站。同时将现状收水井进行封堵，现状雨水、污水检查井（秀川路—明川路段）改为压力检查井。②在现状阳光 100 雨水泵站前池内设置一台潜水排污泵，并新建直径 400 毫米初期雨水弃流管道，将初期雨水排放至港宁西路现状 CW 直径 500 毫米污水管道。③对港宁西路（秀川路—宾水西道）现状 CW 直径 500 污水管道进行清淤，清淤长度约 630 米，清淤厚度按 20 厘米考虑。

（12）天拖北道地区。建设内容为：①兰坪道以西新建直径 800 毫米雨水管道，与地跌施工段直径 600 毫米雨水管道接顺，接入简阳路现状 CY 直径 1800 毫米雨水管道，并修建相应的收水支管、收水井以及附属检查井，最终排入北草坝雨水泵站系统；②兰坪道以东，废除石坪路与华坪路之间现状 CY 直径 600 毫米雨水管道，利用原路由新建直径 800 毫米雨水管道，与地跌施工段直径 600 毫米雨水管道接顺，接入华坪路现状 CY 直径 2400 毫米雨水管道，并修建相应的收水支管、收水井以及附属检查井，最终排入北草坝雨水泵站系统；③对天拖北道（石坪路以西）现状 CY 直径 600 毫米雨水管道进行疏通清淤，清淤长度约为 395 米，清淤厚度按 30 厘米考虑。

投资及批复：2019 年 9 月 25 日，市发展改革委以《关于批复中心城区防汛排涝补短板工程项目建议书的批复》批复工程项目建议书。10 月 31 日，市发展改革委以《关于中心城区防汛排涝补短板工程可行性研究报告的批复》批复工程可行性报告。11 月 11 日，市水务局以《关于中心城区防汛排涝补短板工程初步设计报告的批复》批复工程初步设计报告，批复工程概算总投资 6900 万元。2019 年 12 月 5 日，市水务局下发《市水务局关于下达中心城区防汛排涝补短板工程积水片改造一期工程第一批投资计划的通知》，下达资金 2000 万元，资金来源为市级财政资金。2020 年 4 月 9 日，市水务局下发《市水务局关于下达中心城区防汛排涝补短板工程积水片改造一期工程等项目 2020 年度市级政府投资计划的通知》，下达投资 1000 万元，资金来源为地方政府一般债券。

工程进展：工程于 2020 年 1 月 1 日开工建设，2020 年 6 月 5 日工程完工。主要完成的工程量：8 个临时泵井、一体化泵站及初期雨水泵站改造；直径 300 毫米收水支管 286 米、直径 400 毫米收水支管 883 米、直径 400 毫米球墨铸铁管 947 米、直径 500 毫米混凝土管道 7 米、直径 600 毫米混凝土管道 497 米、直径 800 毫米混凝土管道 517 米、直径 1000 毫米混凝土管道 92 米、直径 1200 毫米混凝土管道 163 米、直径 1400 毫米混凝土管道 32 米、直径 1500 毫米混凝土管道 115 米。完成的投资数6900万元。

工程参建单位：

项目法人：天津市排水管理事务中心

设计单位：天津城建设计院有限公司

监理单位：津政汇土（天津）建设工程监理有限公司

施工单位：中建六局水利水电建设集团有限公司

质量监督单位：天津市水务工程建设质量与安全监督中心站

3. 咸阳路雨水泵站改扩建及新增出水管道工程泵站部分

近年来，随着城市规模的不断扩大，城市排水系统的综合能力也得到了显著的提高。但由于种种原因，天津市中心城区部分排水设施仍存在排放能力低、设施老旧等问题，与城市总体发展水平存在较大差距。截至2015年，中心城区排水泵站226座，总排水能力1110.578立方米每秒，运行50年以上的泵站共有16座，其中咸阳路雨水泵站存在土建破损严重、机电设备老化、运行不可靠等问题，亟须改造。

咸阳路雨水泵站始建于1958年，现已投入运行50余年。泵站的高压配电室建于1958年，低压配电室建于80年代，变电室建于1991年，均为砖混结构。一方面，泵站整体年久失修，老机房出现不同程度沉降，给泵站运行带来隐患；另一方面，低压配电室存在结构不完整、搭借高压室山墙的情况，给泵站的安全运行带来极大隐患。

现状咸阳路雨水泵站规模为6.70立方米每秒，服务面积约112公顷。由于现状雨水泵站建设年代较早，标准偏低，随着城市建成区规模的扩大，不透水铺装急剧增加，加之受全球变暖等因素的影响，现状雨水泵站的排水能力已远不能满足城市排水需求。

主要建设内容如下：

（1）咸阳路雨水泵站改扩建工程：废除现状雨水泵站，新建雨水泵站1座，设计流量12.0立方米每秒；废除现状雨水泵站附属用房，并新建附属用房（包括值班室、卫生间、休息室、工具间、配电室）及庭院道路景观等；集水井内安装两台（流量0.1立方米每秒，扬程8.70米）潜污泵，将咸阳路雨水系统的中小雨（25毫米）提升至现状污水泵站集水池内。

（2）咸阳路雨水泵站进水管道改造工程：新建直径2800毫米雨水管、3200毫米×2800毫米雨水方涵、2个直径2800毫米雨水泵站进水管道。

（3）咸阳路污水泵站进水管道改造工程：对庭院内现状CW直径1800毫米污水泵站进水管道进行切改。

投资及批复：2018年8月31日，市发展改革委以《关于批复咸阳路雨水泵站改扩建及新增出水管道工程项目建议书的函》批复了工程项目建议书。2019年1月31日，市发展改革委以《关于批复咸阳路雨水泵站改扩建及新增出水管道工程可行性研究报告的函》批复了工程可行性研究报告。2019年10月30日，市发展改革委以《关于咸阳路雨水泵站改扩建及新增出水管道工程泵站部分初步设计报告的批复》批复了工程初步设计报告，批复工程概算总投资6350万元。2019年11月29日，市水务局下达《市水务局关于下达引滦水源保护于桥水库综合治理环库截污沟一期工程等项目投资计划的通知》，下达资金600万元，为市级财政资金。

工程进展：工程于2020年1月1日开工建设，计划于2021年6月具备使用功能。至2020年年底，完成的主要工程量：咸阳路道路结构层破除外运施工1040平方米；院内泵站围护结构灌注桩施工91根，格构柱施工4根；直径1800毫米污水管道安装完成77米；W1、W2、W3检查井；Y2～Y1段直径2800毫米顶管44米，Y2～Y3段3200毫米×2800毫米方涵66米；Y1、Y2、Y3井检查井；Y3泵站前池2个直径2800毫米管道5米；泵站院内附属用房及泵房房屋已全部拆除；泵站院内树木移栽9棵；院内泵站主体三轴水泥搅拌桩完成107组；泵站基坑冠梁浇筑144立方米。2020年完成投资4098.31万元，累计完成投资 4211.29 万元。

工程参建单位：

项目法人：天津市排水管理事务中心

设计单位：天津城建设计院有限公司

监理单位：天津市赛英工程建设咨询管理有限公司

施工单位：天津市水利工程有限公司

质量监督单位：天津市水务工程建设质量与安全监督中心站

【排水设施养护管理】 2020 年，实有市属排水管道 3678 千米（雨水管道 2001 千米、污水管道 1413 千米、合流管道 264 千米），检查井 88572 座，雨水井 70359 座；排水泵站 260 座（雨水泵站 127 座、污水泵站 67 座、合流泵站 12 座、地道泵站 48 座、换水泵站 6 座）；排水河道 126 千米。

2020 年排水设施养护维修投资 7000 万元（其中包含 3000 万元排水泵站日常运行电费），主要包括排水管道维护，泵站及防汛临时设施、设备安装检修维护，河道及监测设施维护以及行业发展监管。全年共完成疏通管道 875 千米，掏挖检查井 68030 座，掏挖雨水井 67387 座，掏挖污泥量 3878.84 立方米，泵站挖池子 74 座，泵站设备大修 267 台。排水设施“以奖代补”项目投资 1748.66 万元，主要包括 2019 年塌管应急抢修、华明新家园排水管网应急抢修工程、南京路泵站出水方涵应急抢修工程、排水设施养护维修疏通。至 2020 年年底，完成全部投资。

【执法管理】 2020 年，排管中心配合政法处录入行政执法检查信息 4000 余条；配合水政总队依法调查处理各类水事违法案件 41 件，立案 35 件，其中结案 34 件。开展专项执法行动，组织进行“护航”专项执法行动、“护河 2020”专项执法行动、“铁拳 2020”专项执法行动、“地铁泥浆”专项行动。通过专项治理活动，大幅提高河道行洪能力，切实维护河湖管理秩序，保护排水设施，治理污水外溢，为防汛创造良好条件。

【排水服务保障】 围绕中心城区市属排水设施开展巡视巡查工作，加强污水外溢治理力度，高度重视疫情防抗，疫情期间加强中心城区 29 处发热门诊医院及 44 处留观点位污水外溢隐患安排专人进行巡视巡查工作，日均出动巡视人员 134 人次，巡视车辆 35 车次，其间未发现污水外溢问题。

（排管中心）

【污水处理】 截至 2020 年年底，全市 100 座污水处理厂日处理能力达 401 万吨，全年处理污水 12.27 亿吨，较上年多处理 5700 余万吨；出水水质主要指标达标率 98.88%，稳步提高；全年污水处理厂超标 13 次，较上年减少 50%。

加快污水处理设施建设。启动咸阳路二期、张贵庄二期、津沽污水处理厂三期（共 85 万吨每日）扩建项目前期工作，完成可研批复。其中张贵庄二期、津沽污水处理厂三期引入社会资本，按 PPP 模式实施，2020 年年底完成财政部入库工作。环外新扩建滨海新区临港第二、静海东方雨水泵站污水处理设施、北辰大双、双青等 4 座污水处理厂，新增处理能力 11 万吨每日。

加强污水处理厂运行监管。加强对中心城区四座特许经营污水处理厂履行合同情况的日常监管，对咸阳路（新）和张贵庄 2 座污水处理厂出现的出水水质超标问题进行约谈。加强对全市已运行的 12 座深处理再生水厂监督管理，确保运行稳定和供水安全。组织了全市城镇污水处理厂化验室能力考核和安全管理工作培训；建立了在线监测平台系统，100 座污水处理厂实现在线监测，基本实现全覆盖；创新监管模式，委托第三方加强日常巡视管理，截至 2020 年年底，出具巡检报告 30 份，有力提高了污水处理厂精细化管理水平。

【污泥处置】 2020 年，杨柳青污泥燃煤耦合发电项目，新增污泥处置能力 500 吨每日。至 2020 年年底，全市已运行城镇污水处理厂 100 座，平均日产污泥约 2600 吨。全市已建成污泥无害化处置设施共 14 座，污泥处置能力 3529 吨每日，能够满足污泥处置需要。全年处理处置污泥 79 万余吨，无害化处理率 95% 以上。主要处理工艺为协同焚烧好氧发酵、厌氧堆肥等，污泥处理去向为建材及园林绿化。加强污泥处置监管，落实属地管理责任，强化污泥出路管理制度，制定印发了 2020 年污泥分配方案，强化污泥转运联单制度，实现污泥由产生、运输、处置的全闭环管理。

【农村污水处理】 出台管理办法、制定监督体系，配合市农委等部门印发《天津市农村生活污水处理设施运行维护管理办法》；制定印发《天津市农村生活污水处理设施行业管理工作考核标准》，细化管理体系和保障措施 38 项具体监管内容，加强对困难村的巡视巡检，推动各区严格执行，规范考核管理模式，提高运行维护管理水平。

加强运行维护管理，履职监管职责。按照《天津市农村生活污水处理设施运行维护管理办法》分工，纳管农村生活污水处理站 1255 座，其中 2020 年的 493 座；配合开展年度农村生活污水处理设施依效付费评价工作；按照防疫等工作要求现场检查处理设施运行情况。

建立长效管理制度。定期发布“天津市村镇污水处理站运行情况月报”，全年连续发布“天津市村镇污水处理站运行情况月报”12 期。委托第三方机构监管，采取买服务方式，聘请赛英咨询服务公司对已纳管农村生活污水处理设施进行定期检查，并形成检查报告，反馈各区运维主管部门督促整改，保证设施出水稳定达标。

组织专题会议及培训，强化责任意识。召开农村生活污水处理设施例会，开展《天津市农村生活污水处理设施运行维护管理办法》及村镇污水处理设施预防硫化氢中毒专题培训，强化农村生活污水处理设施运行维护安全责任意识。

【海绵城市建设】 市水务局配合市住建委接受住建部、水利部、财政部对海绵城市试点建设（第二批）考核验收并顺利通过；配合市住建委开展解放南路海绵城市试点片区 PPP 项目调整工作，启动海绵城市试点绩效运营期考核相关前期工作。

解放南路试点片区内陈塘泵站工程于 2019 年 12 月 28 日开工建设，该泵站设计排涝流量为 20 立方米每秒，防洪标准按照 30 年一遇设计，建成后将极大改善片区内排水问题。

完成解放南路试点片区内排水管网改建工程，根据管道内窥检测的情况，对 4 处雨污混接点、75 处管道内部缺陷严重的部位进行修复，涉及洞庭路、泗水道、珠江道等 16 条道路。

启用先锋河、新开河调蓄池，配合全市防汛运行实施同步调度，2020 年汛期首次投入使用，取得良好效果。

配合市海绵办、市财政局完成海绵城市试点建设财政绩效评价工作，对市水务局承担的海绵城市解放南路试点片区 4 类建设项目，23 个子项进行绩效评价，全部通过。

（排监处）

城市供水

原水供水

【概述】 2020年，全市总供水量27.8204亿立方米，其中地表水源供水19.2259亿立方米（含当地地表水和入境水8.1389亿立方米、引滦水1.4770亿立方米、引江水9.6100亿立方米）；地下水源供水3.0096亿立方米（含浅层水2.3611亿立方米，深层水0.6485亿立方米）；污水处理回用量5.1631亿立方米（含深处理的污水回用量0.7587亿立方米），海水淡化量0.4218亿立方米。

全市总用水量27.8204亿立方米，其中生活用水6.6310亿立方米（包含居民生活用水4.5338亿立方米，建筑业用水0.2847亿立方米，服务业用水1.8125亿立方米）；工业用水4.4604亿立方米；农业用水10.2988亿立方米（包含耕地灌溉用水量8.9439亿立方米，林地灌溉0.1304亿立方米，园地灌溉0.2634亿立方米，鱼塘补水0.8734亿立方米，畜禽用水0.0877亿立方米）；人工生态环境补水6.4302亿立方米，其中城镇环境0.6055亿立方米，河湖补水5.8247亿立方米。全市用水消耗量17.8891亿立方米。

（水资源处）

【城市供水量】 2020年全市供水行业完成总供水96013.06万立方米。其中主城区供水50172.72万立方米，滨海新区供水28925.01万立方米，新五区供水16915.33万立方米。

（张　权　肖　翊）

【区域供水】 滨海水业集团主要业务范围覆盖天津滨海新区及永定新河以北区域，承担着滨海新区全部原水和部分区域自来水的供水任务。2020年供水总计2.96亿立方米（包括引江水0.78亿立方米，引滦水2.10亿立方米，宝坻水源地地下水0.08亿立方米），原水业务共管理着10条总长610多千米的输水管线，原水管线设计供水能力128万立方米每日，自来水制水能力58.1万立方米每日。在保证安全供应引滦原水、引江原水和自来水的同时，积极开发推广粗质水、岳龙高品质饮用水，介入淡化海水、污水处理等业务，不断满足区域用水需求。

滨海水业集团通过安达供水、南港水务和港西输配水中心，向大港街部分区域、古林街部分区域、中塘工业区、天津开发区南部新兴产业区、天津石化工业区、天津石化生活区、大港经济开发区、大港石化产业园区、南港工业区、中塘镇、太平镇、小王庄镇及海滨街等区域供水，并积极推动农村供水业务。通过龙达水务公司向滨海新区北部区域和中新生态城区域供应自来水，参与北疆电厂的淡化海水业务，以及开发推广粗质水产品，为汉沽及周边区域的社会经济发展提供多种水源。通过泰达水务公司向中新生态城、天津龙达水务有限公司及滨海环保发展有限公司等区域供应岳龙高品质饮用水。通过宜达水务公司向北辰区大张庄镇、西堤头镇和双街镇部分区域供水，通过雍泉水务公司向逸仙园工业区及武清城区运河以西部分区域供水。

（兴津公司）

【生态环境补水】 2020年，天津市累计利用外调水源和雨洪资源生态补水14.26亿立方米。其中利用外调引江水2.93亿立方米、引滦水4.22亿立方米，向中心城区海河等河道补水5.03亿立方米，向州河、蓟运河、潮白新河等河道补水2.12亿立方米；利用雨洪资源，北运河上游来水4.29亿立方米，北水南调调引潮白新河上游来水0.49亿立方米（下丰庄泵站计量），上游河道来水补充七里海湿地0.41亿立方米，大黄堡湿地补水0.8亿立方米，团泊洼湿地补水1.12亿立方米。2020年利用再生水向河道补水9.83亿立方米。利用多种水源向北大港湿地共计补水1.84亿立方米，其中北大港水库1.48亿立方米，独流减河宽河槽湿地0.36亿立方米（向北大港湿地补充水量为重复计算，未累计至总水量中）。

2020年，北京市分别于春季和秋季实施两次永定河生态补水。春季补水实现了25年来永定河北京段首次全线通水。4月20日，官厅水库开闸放水；4月28日，卢沟桥拦河闸开闸放水；5月14日，永定河上游的卢沟桥拦河闸闭闸。春季补水计划终点为北京大兴国际机场，主要目的是实现北京境内永定河170千米主河道全线通水。实际调水过程中，5月17日部分补水水头在武清区邵七堤村进入天津市，至5月22日结束，累计进入天津市水量为414万立方米。秋季补水时间为10月14—27日，水头最远流达北京市市界大兴金门闸，没有水头进入天津市境内。

2020年2月初，海河等中心城区主要河道实施常态化生态补水及水体循环工作，引江水源通过子牙河分水井退水闸、引滦水源通过尔王庄复线联通工程向海河干流进行常态化生态补水。海河中心每天关注来水流量、二道闸、耳闸等重要点位水位上涨情况、国考断面水质变化情况，关注违规排放，联合各区加强补水线路河道的保水护水；同时，适时调度耳闸、新开河橡胶坝、北运河橡胶坝、海河二道闸、海河口泵站以及外环河沿河泵站（闸），确保输水畅通，改善水质，提升景观水位；为改善外环河东丽段区域水质，架设临时泵增加排水出路，加大水体循环力度，为提升外环河水环境创造条件。

为巩固中心城区水环境综合治理效果，排管中心加大对中心城区15条二级河道水生态环境综合治理和维护力度。严格执行调度令，持续做好中心城区二级河道水循环工作。针对降雨后的河道水体置换，按照制定出的具体措施，在降雨结束积水排除后，立即启动河道水循环工作，确保尽快完成水体置换，使河道水质恢复达标，提升河道水体循环调度管理精细化、专业化水平，将排沥与保水的矛盾降到最低，确保主汛期二级河道水环境良好。2020年，中心城区市管二级河道取水量3.02亿立方米。汛期为确保雨后河道水环境质量，加大二级河道水循环力度，截至5月31日，二级河道取水量9716.566万立方米，月平均取水量约2400万立方米；6月1日至9月底，二级河道取水量为12410.29万立方米，月平均取水量3100万立方米。2020年汛期水循环力度明显大于汛前。

（水调中心　海河中心　排管中心）

【引滦调水供水】 2020年，潘家口水库来水量偏少，7月1日潘家口水库蓄水10.82亿立方米，较上年同期（16.72亿立方米）偏少35%。2020年潘家口水库入库水量5.46亿立方米，为多年平均的42%，比上年同期（6.32亿立方米）偏少14%，其中汛期（7—9月）入库水量2.53亿立方米，比上年同期（3.16亿立方米）偏少20%。于桥水库全年自产水1.45亿立方米（于桥水库处提供整编数据），比上年同期（2.28亿立方米）偏少36%。

为保证天津城市用水安全，根据潘家口、大黑汀水库水质状况，结合现状城市供水需求及水环境用水需求，天津市四次实施年内引滦调水，分别为2020年3月3日至4月24日、5月7—29日、6月16日至7月9日和10月9日至11月23日。2020年度共计引滦调水6.89亿立方米（大黑汀分水闸计量）。

2020年于桥水库累计向城市供水3.73亿立方米（于桥水库处提供整编数据）。其中盘山国华电厂0.0955亿立方米、盘山大唐电厂0.0992亿立方米。向蓟运河、潮白新河补水2.12亿立方米，向海河环境补水2.1亿立方米，其余引滦取水口受引江向尔王庄地区应急供水影响，引滦水量无法准确划分。

【南水北调调水供水】 2019年10月，按照《水利部办公厅关于做好南水北调中线一期工程2019—2020年度水量调度计划编制及2018—2019年度水量调度工作总结的通知》要求，编制完成南水北调中线一期工程2019—2020年度天津市调水计划。该年度天津市计划引江调水总量12.04亿立方米，水利部批复引江计划12.04亿立方米。

2020年4月下旬至6月中旬，水利部根据丹江口水库来水情况，安排实施了南水北调中线加大流量输水，向京、津、冀、豫4个省（直辖市）沿线河道生态调水补水，为京、津、冀、豫4个省（直辖市）的地下水位回升和水环境质量改善提供了有力的水源保障。南水北调天津干线于5月21日开始输水，流量达到设计加大流量55立方米每秒，6月12日前后结束，其间增加引江水量由子牙河北分流井退水闸实施中心城区补水。

2019—2020年度天津市累计调引江水12.9亿立方米，为水利部批复年度计划的107%，超额完成了年度调水计划。其中子牙河北分水口门7.61亿立方米，曹庄分水口门2.01亿立方米，子牙河退水闸3.11亿立方米，王庆坨入库水量0.17亿立方米。

为应对引滦水质恶化，天津市2020年继续利用引江向尔王庄水库供水联通工程，城市供水全部由引江水源供给，至2020年12月16日，受引江冬季供水流量限制，将尔王庄受水区域供水水源切换为引滦水源，实施引江、引滦双水源联合调度。

武清城北、科技谷等一批水厂于2020年年初建成投入运行，宁汉管线配套工程于2020年5月建成通水，引江水源供水管网已开始陆续向农村延伸供水，进一步扩大了供水覆盖范围。至2020年年底，通过新一轮农村饮水提质增效工程，除蓟州北部偏远山区外，全市基本实现城乡供水一体化，全市饮用水同城、同水、同质。

（侯亚丽　孙甲岚）

村镇集中供水

【概述】 2020年年底，天津市共有9个涉农区（东丽区全部城镇化，不是涉农区），辖116个乡镇（街道），农业人口258.01万人。新一轮提质增效工程完工后，天津市除蓟州北部山区外，供水水源将逐步被地表水取代。现状农村供水主要有三种方式：城市自来水管网延伸供水、拆迁村单村供水、蓟州区北部山区分散式供水方式。

【村镇供水量及水质】 2020年，每月按计划开展村镇供水水质抽检任务，检测指标涉及常规13项（水利部）和40项指标（住房城乡建设部）。全年村镇供水完成计划抽检326个水样，水质合格率达到90%以上。

（朱　红　云玉玲）

【农村饮水提质增效】 按照2018年《天津市人民政府关于天津市农村饮水提质增效工程实施方案的批复》，天津市自2018年起实施新一轮农村饮水提质增效工程，并按市政府的工作要求将该工程原五年（2018—2022年）的实施年限压缩至三年（2018—2020年）。市水务局以强烈的政治担当，攻坚克难，主要负责人亲自抓，分管负责人具体推动落实，成立农村饮水提质增效工程工作专班，克服时间紧、任务重、资金筹措压力大的困难，特别是克服了突发新冠肺炎带来的诸多不利影响，通过精心组织、周密安排、提速加力，截至2020年年底，完成农村饮水提质增效工程建设任务。工程自2018年10月开始，至2020年年底，累计完成投资72.15亿元，新扩建水厂3座，新建和改造配水厂（加压站）51座，加装24套加压设备，铺设输配水管网1699千米，安装水表49万块，并提升改造了1101个村村内管网，累计完成2061个村、202.2万人饮水质量提升工作，其中2020年总投资22.88亿元，解决了904个村、72.3万人饮水不安全问题。同时通过实施工程配套完善、村庄搬迁以及补建单村供水工程等方式同步使全市1000个困难村、104.4万人，41个经济薄弱村、2.78万人的饮用水质量得到提升，并解决了地方病防治工作涉及的1380个氟超标村、165万人饮水氟超标问题。工程实施后，农村居民饮水条件得到较大改善，基本实现了农村饮水城乡供水一体化的建设目标，对改善天津市农村人居环境、建成高质量小康社会提供了供水保障，并对下一步与乡村振兴战略有效衔接工作打下了坚实的水务基础。具体情况见表1。

（防御处　灌排中心）

【村镇供水基础性工作】　2020年，每月组织对困难村开展饮用水水质抽检，对西青、北辰、滨海新区、武清、宝坻、宁河、静海、蓟州区开展困难村安全检查，与武清、静海、宝坻、宁河、蓟州区困难村驻村干部进行电话沟通，了解村民饮水情况，共计检查近300个困难村饮水情况。

明确“三个责任三项制度”。按照水利部印发的《关于建立农村饮水安全管理责任体系的通知》文件精神，向各区印发《市水务局关于建立健全我市农村饮水安全管理责任体系的函》，各区水务局制定了辖区村镇供水用水管理办法，明确区政府、区水务局、运管单位的责任，确定了农村供水运管单位、运行管理办法和运行管理经费“三项制度”，为建立农村供水良性运行机制奠定坚实基础。

为规范天津市村镇供水运行管理，充分发挥农村饮水提质增效工程效益，提高村镇运行管理单位供水服务水平，保障村镇供水安全，2020年编制了《天津市村镇供水管理技术指南》，并以市水务局名义印发。指导各区按照该指南的条款规定做好运行管理的各项工作，确保村镇供水安全。

推动水费计量收缴工作。制定并印发《天津市农村供水工程水费收缴推进工作问责实施细则》，推动各区将水费收缴工作纳入本辖区村镇供水管理办法，为全面开展农村水费收缴工作奠定了基础，做到有法可依。

按照安全生产专项整治三年行动方案要求，对农村供水安全的监督检查，采取日常检查和监督检查相结合的方式，对配水厂或泵站的水质检测制度建立、运行管理制度、水质保障等方面进行了重点检查。2020年对农村供水工程现场百余人次进行检查，检查中发现的问题要求立整立改，保证了农村供水安全。

（朱　红　云玉玲）

供水管理

【概述】　2020年，全市供水行业共有供水单位37家（较上年减少1家，为天津钢管集团），其中获得供水行政许可的公共供水单位34家，淡化海水供水单位3家。全行业供水设施产水能力430.1万立方米每日。2020年全市总用水81998.28万立方米，其中居民家庭用水35256.15万立方米；非居民用水46742.13万立方米。全市供水管网长度2.16万千米。全市用水人口1174.43万人；供水普及率100%；人均日生活用水量115.69升。城镇供水管网漏损率为8.54 %。

【供水水质监管】　2020年，每月组织具有资质的水质监测单位对出厂水42项、管网水7项指标进行检测；每年检测地表水2次，地下水1次，共检测106项指标。按照水污染防治攻坚战工作要求，满足群众对供水水质的知情权，每月按时将供水单位出厂水、管网水水质信息情况在市水务局门户网站公示。开展行业水质抽检。全年抽检城市供水水样519个，二次供水水质水样145个，抽查合格率99%以上。

表 1

天津市农村饮水提质增效工程情况表

截止时间：2020 年 12 月 31 日

序号	行政区	总体完成情况					2018 年					2019 年					2020 年					备注
		完成投资	合计（含氟改水及帮扶助困任务）		涉及市补资金/万元		完成投资	合计（含氟改水及帮扶助困任务）		涉及市补资金/万元		完成投资	合计（含氟改水及帮扶助困任务）		涉及市补资金/万元		完成投资	合计（含氟改水及帮扶助困任务）		涉及市补资金/万元		
			受益村/个	受益人口/万人	受益村	受益人口		受益村/个	受益人口/万人	受益村	受益人口		受益村/个	受益人口/万人	受益村	受益人口		受益村/个	受益人口/万人	受益村	受益人口	
总计		721523	2817	286.8	2061	202.2	78541	71	8.1	55	6.4	414166	1152	137.9	806	91.79	228816	1594	140.9	1200	104.0	
1	蓟州区	21386	736	58.2	411	32.3	无任务					1685.8	8	1.3	5	1.1	19700	728	56.9	406	31.2	
2	宝坻区	173097	682	54.4	672	53.5	49127					61808	160	16.7	160	16.7	62162	522	37.7	512	36.8	
3	武清区	165000	630	65.0	355	36.3	无任务					165000	630	65.0	355	36.3	无任务					
4	宁河区	149425	268	30.5	252	28.7	无任务					52000	3	0.5	3	0.5	97425	265	30.0	249	28.2	
5	静海区	150544	354	45.3	338	43.6	29414	71	8.1	55	6.4	112700	283	37.2	283	37.2	8430					
6	北辰区	62072	56	14.5	33	7.8	无任务					20972	2	1.1			41100	54	13.4	33	7.8	
7	滨海新区		36	7.3	无任务								11	4.5				25	2.8			
8	东丽区		24	5.3									24	5.3			无任务					
9	西青区		3	0.7									3	0.7								
10	津南区		28	5.6									28	5.6								

注 1. 完成资金仅限于市政府批复的《天津市农村饮水提质增效工程实施方案》涉及的 2061 村、202.2 万人饮水质量提升任务，为解决氟超标和帮扶困难村超额完成的 756 个村、84.6 万人为各区采取的完善措施，不再计入资金投入。

2. 蓟州、宝坻、武清、宁河、静海、北辰 6 区 2019 年完成涉及 1084 村、121.8 万人的饮水提质增效工程，2020 年 6 区完成涉及 904 村、72.3 万人的饮水提质增效工程。

【安全供水监管】 2020年，做好节日期间供水安全工作。在元旦、春节、五一、迎国庆等重要时期印发《关于做好元旦春节期间供水安全工作的通知》《关于做好国庆中秋双节期间安全供水工作的通知》，要求各供水单位抓住本单位安全生产的薄弱环节，对重点点位认真排查安全隐患，认真整改。

开展供水安全检查。在督促各供水单位做好自检自查的基础上，结合日常工作，对水厂、营销公司、水表计量检定站等单位进行现场检查。同时，利用网络、电话检查等多种方式对供水设施运行、水质安全等情况进行抽查，发现问题及时督促整改。在疫情和重要节日期间，加密检查频次，加大检查范围，确保供水万无一失。

持续开展二次供水设施安全检查。现场检查109次，电话抽查1500余处，在疫情紧张时期，加大检查力度，增加检查频次，突出重点部位，切实做好二次供水安全保障工作。开展供水行业安全生产专项整治三年行动，对于发现的问题，要求管理单位立整立改。组建二次供水事故应急处置队伍，制定方案，明确人员，配备物资，确保应急抢修工作及时、高质、高效。

（张　权　权　威　杨慧佳）

【二次供水管理】 2020年，为加强和规范天津市二次供水设施建设、运行维护和管理，形成权责明晰、管理专业、监管到位的二次供水设施建设与管理工作新格局，建立健全长效管理机制，解决好城镇供水“最后一千米”的水质安全问题，市水务局在调研各省市管理经验的基础上，结合天津市实际情况，多次与市发展改革委、市住建委等有关单位进行座谈，充分征求各区政府、市有关部门意见，编制了《天津市二次供水管理规定》，并经市政府同意，以局文件印发实施。

天津市二次供水设施清洗消毒队伍不断壮大，二次供水设施管理单位呈现多元化，为加强对二次供水设施管理单位、二次供水清洗消毒单位的管理，确保二次供水水质安全及平稳运行，对原《天津市城市二次供水设施清洗消毒管理规定》进行了修订。组织召开《天津市二次供水设施清洗消毒管理规定》宣讲会暨天津市供水行业监管平台操作培训会，规范对二次供水设施管理单位、二次供水清洗消毒单位的管理。

《天津市城市供水用水条例》（以下简称《条例》）实施以来，对指导天津市二次供水管理工作具有重要意义。为使修订后的《条例》更加科学、规范，采取多种方式进行调研。开展文献、问卷及会议调研，借鉴其他省市供水用水条例及二次供水管理规定先进经验，针对《条例》应用情况及存在问题征求各区水务局、供水企业意见，与市卫健委、市发展改革委等单位就二次供水有关问题进行电话访谈、座谈，进一步捋清各部门管理边界与职责。对《条例》的二次供水部分进行总体分析，捋清思路，明确修订内容。

按照住建部要求，市水务局对原行业标准《二次供水工程技术规程》进行修定，并积极推动此标准颁布实施；按照市住建委要求，对《天津市叠压供水技术规程》进行修订，已形成初稿并报市住建委审批。

（权　威　尹文韬）

【供水监督检查】 2020年12月14—23日，对天津市全年城乡供水管理工作进行检查。制定并下发供水管理工作检查细则，组织各区水务局提前做好自查工作。组成联合检查组对环城四区、滨海新区、远郊五区水务局供水管理工作进行检查，同时对各区城市供水、村镇供水、二次供水单位进行抽查，针对发现问题现场提出整改意见。

【行业服务标准化】 2020年，驻许可大厅窗口依法办理供水行政许可、行政服务事项共250件，满意率100%。全市新建二次供水设施竣工验收报告备案90处，清洗消毒单位申领或换证备案20个。积极开展建议、政协提案落实情况调查，全年承办10件，组织协调落实措施，和代表及时沟通，顺利完成答复工作。2020年全行业受理群众诉求150.7万件，热线接通率96.3%，办结及时率

98%，办结满意率 99.5%。

【供水行业节能降耗】 2020 年继续推动老旧供水管网改造工作，印发《关于做好老旧供水管网改造工作信息报送的通知》，定期汇总管网改造进度，全年改造 13 千米，完成本年度改造任务。督促水务集团积极做好水表更换工作，全年更换智能水表 163 万具。

2020 年初，向全市供水行业下发《2019 年供水管网漏损控制工作实施意见》，部署全年计划工作。坚持每月考核、通报行业各单位漏损率完成情况，按住建部要求每季度汇总上报行业漏损率修正参数情况。各区及各供水单位加强漏损率的管理，多渠道开展控漏工作。2020 年全市供水管网漏损率为 8.54%，完成“十三五”考核目标。

（苏洞美　赵　亮　王雲子）

水旱灾害防御

水灾防御

【概述】 2020年，按照水利部“超标洪水不打乱仗、标准内洪水不出意外、水库不垮坝失事、山洪灾害不出现群死群伤”要求，狠抓超标洪水、山洪灾害、水库安全、中心城区沥涝“3+1风险”措施落实，夯实防汛责任，补齐工作短板，压实汛前准备，有效应对强降雨。汛前，市水务局调整水旱灾害防御组织体系，修订局水旱灾害防御应急响应工作规程，编制城市超标洪水防御预案，组建水旱灾害防御队伍，落实市级防汛专项物资增储工作，组织各区水务局、局属各工管单位开展防汛检查，全面落实水旱灾害防御的各项措施。汛期，全市有8次较强降雨过程，市水务局启动局防汛Ⅲ级响应1次，市区分部Ⅲ级响应1次、Ⅳ级响应6次，全局上下反应迅速、应对及时，没有发生人员伤亡事故，中心城区实现了“大雨2小时排除，暴雨5小时排除”的承诺。

【防御组织】 2020年4月9日，市水务局组织召开2020年全市水务系统防汛工作动员部署视频会，安排部署全市水务系统2020年水旱灾害防御工作任务。局党组书记、局长、局防指指挥张志颇出席并讲话；局领导、局防指副指挥杨玉刚、张文波、唐先奇、梁宝双、杨建图出席。各区水务局主要负责人，局机关有关处室、局属有关单位主要负责人及分管负责人，水务集团有关部门负责人参加。

2020年7月2日，局防办召开贯彻落实中央领导和市领导重要批示精神视频会，传达学习贯彻习近平总书记关于防汛救灾的重要指示精神，落实李鸿忠书记、张国清市长批示和市委、市政府部署要求，以及水利部防汛视频会议精神，对全市水务系统防汛工作进行再部署再落实。局党组书记、局长、局防指指挥张志颇主持会议，局领导、局防指副指挥杨玉刚、张文波、唐先奇、梁宝双出席；局属有关单位、机关有关处室、各区水务局主要负责人，水务集团相关负责人参加。

2020年7月3日，局防指召开局防汛工作汇报会，研究部署水旱灾害防御工作，听取各工作组防汛准备工作情况，对下一步防汛工作做出安排。局党组书记、局长、局防指指挥张志颇主持，局领导、局防指副指挥梁宝双安排部署防汛工作，局领导班子全体成员和驻局纪检监察组负责人出席；局防指各工作组组长、局属有关单位、机关有关处室主要负责人和部分防汛专家参加会议。

印发《局防指关于印发2020年市水务局防汛抗旱指挥部成员名单的通知》和《市水务局2020年水旱灾害防御工作要点》，落实水利工程管理、技术负责人及全市28座水库防汛行政、技术、巡坝值守“三个责任人”，建立高效可靠的水旱灾害防御组织体系，坚持一级抓一级，确保防汛责任和安全度汛措施有效落实。

1. *局防汛抗旱指挥部*

指　挥：张志颇　局党组书记、局长

副指挥：杨玉刚　局党组成员、副局长
张文波　局党组成员、副局长
闫学军　局党组成员、副局长
唐先奇　二级巡视员
梁宝双　二级巡视员（主持日常工作）
杨建图　二级巡视员
成　员：王永强　赵金会　王立义　赵天佑
顾世刚

2. 局防汛抗旱指挥部办公室

局防汛抗旱指挥部办公室设在水旱灾害防御处。

主　任：赵天佑
副主任：王立义　顾世刚　刘　哲

3. 局防汛抗旱指挥部工作组

局防汛抗旱指挥部下设 11 个工作组：

（1）水情组。
组　长：李广智
成　员：（按姓氏笔画为序，下同）
于福民　闫凤东　谷　冰　张　艳
陈连惠　顾　琦　魏志国

（2）调度组。
组　长：刘　哲
成　员：于福民　刘战友　李　桐　赵天佑

（3）城镇排水组。
组　长：王洪玮
成　员：王令凡　王　涛　赵国钰　胡　军
顾来强　梁　晶

（4）防潮组。
组　长：吴亚斌
成　员：王立义　丰淑云　邵继彭　魏小东

（5）农村除涝组。
组　长：冯永军
成　员：王春燕　冯思军　安利群　孙志东
苏　芳　李　桐　李　智　杨树生
张　东　侯铁群　笪志祥　韩　磊
魏志国

（6）抢险组。
组　长：王立义
成　员：方志国　吕彦东　刘宏领　许光禄
孙蓟明　李　桐　李保国　张林华
陈华鸿　邵继彭　唐永杰　梁　晶

（7）物资组。
组　长：韩　英
成　员：贡　欣　李　磊　客立业　高啸宇

（8）通讯组。
组　长：王太忠（事业单位转隶前）
孟祥和（事业单位转隶后）
成　员：兰瑞田　任四海　陈薇薇　赵英虎
秦丹军　高啸宇

（9）宣传组。
组　长：王永强
成　员：王　延　文　静　尹雅清　冯　尚
吴贺楠　何　睦　单　雯　赵小旭
喻嫦娥　翟宝辉

（10）保障组。
组　长：孟祥和
成　员：王丽梅　孙　铁　黄立强

（11）财务组。
组　长：赵金会
成　员：贡　欣　周　震　客立业

【防御预案】 2020 年，制定印发《市水务局水旱灾害防御应急响应工作规程》，编修《天津城市超标洪水防御预案》，修订《洪水测预报方案》《洪水调度方案》《中心城区防汛排水预案》《防汛抢险保障方案》《蓄滞洪区运用方案》《市级专项储备防汛物资保障预案》等防汛专项预案。针对去年汛期暴露的问题，完善落实中心城区 15 处积水片、13 处易积水地道“一处一预案”。配合海委做好海河流域超标洪水防御方案编制工作。

【防御队伍建设】 2020 年，市水务局落实天津市防汛抢险队排水分队、滨海新区分队、西青分队、武清分队和宝坻分队等 5 支市级防汛抢险队，组建 9 个水旱灾害防御专家组。

5 月 19 日，市水务局在蓟运河宝坻区段进行抢险监测演习，水资源中心水文应急监测队及九王庄分中心水文应急监测队参加。演习模拟汛期蓟运河上游发生暴雨洪水，防汛指挥部门亟须实时流量监测数据，按照水文应急测报预案，两支水文应急监测队伍迅速赶往宝坻区监测现场。通过演练锻炼了应急监测队伍，队员熟练地掌握了先进监测仪器设备的使用，提高了应急监测队伍的应急监测能力和水情服务能力。

6 月 29 日，市水务局组织大清河系洪水调度推演。局领导梁宝双主持推演会商会并提出具体要求，局建管处、防御处、水调中心、水资源中心、大清河中心，滨海新区、西青区、静海区水务局等部门和单位工作人员参加，局抢险组、调度组部分专家参加。本次演练以“63·8 洪水”“96·8 洪水”为基础，以确保天津市城市防洪圈安全为重点，按照《大清河防御洪水方案》和《大清河系洪水调度方案》模拟大清河系发生超标准洪水，就洪水预报预测、洪水调度及相关防御措施进行演练。演练以室内推演形式，通过调度推演进一步提升洪水预测预报、信息传输保障、洪水调度和抢险技术支撑能力，确保在遇到突发险情时，各单位、各部门能够有计划、有准备地防御洪水，为天津市安全度汛筑牢防御基础。

7 月 2 日，按照水利部开展小型水库防汛“三个责任人”“三个重点环节”网络培训的要求，组织各水库主管部门、管理单位近 90 人进行了网上培训，取得了良好效果。按照水利部关于做好防汛抢险培训的要求，结合防汛抢险技术指导工作实际，组织开展 2020 年防汛抢险专家组专家培训，逾 40 名防汛抢险专家参加了培训。培训传达了水利部关于贯彻落实习近平总书记关于防灾减灾的重要指示精神的部署要求，对抢险专家的职责、任务分工、工作要求等进行安排部署。邀请专业人员结合天津市物资储备情况，讲授各类险情发生时物资选择及使用方法；简要介绍天津市水利工程，针对险工险段逐一研讨修订抢险方案。通过培训，参加培训的专家了解了物资情况和抢险技术知识，有针对性地熟悉了“一险工一预案”，提升了专家指导的实用性、针对性。

（防御处）

【防御物资】 7 月 11 日，局党组书记、局长张志颇到杨柳青防汛物资仓库和城市防洪圈西部防线实地检查防汛准备工作，抽查仓库储备的编织袋、雨衣、堵漏袋、救生衣等防汛物资。7 月 21 日，市防指副总指挥、副市长李树起赴杨柳青、珠江道仓库，检查指导防汛物资储备工作，现场听取全市抢险物资准备情况汇报，要求随时做好物资调运准备，持续加强防汛物资评估，不断提升物资管理信息化水平。

1. 防汛物资增储

2019 年年底，市水务局下达 2020 年市级防汛物资采购任务，增储 950 万元市级防汛物资。防汛物资采购任务于 2019 年 11 月 25 日完成政府采购程序，包括冲锋舟、操舟机、移动排水设备、救生衣、防汛土工袋、应急灯等 6 个品种，完成新增物资价值 843.5 万元，项目结余资金 106.5 万元。所有新增防汛物资 2020 年 1 月 15 日全部完成入库验收工作。

2. 防汛物资日常管护

（1）防汛物资维护保养。汛前，对 12.56 万条麻袋、46.3 万条编织袋、4.38 万平方米彩条布、22.05 万平方米土工布、19568 条膨胀袋、392 顶帐篷、3.502 万件救生衣进行外观检查，并进行防潮倒垛或翻晒，重新投放防虫药、鼠药。对库存 153 条橡皮船逐只做了 8 小时气密试验，并重新涂撒滑石粉。对 149 艘冲锋舟进行舟体外观检查；2 艘指挥船聘请第三方有资质单位进行船中自带操舟机、发电机及电器元件进行维护保养，维护后报请河北省船检部门检验并取得检验合格证书。对库存 2363 只防汛用应急灯逐只进行 10 小时充电，做照射亮度试验。对库存 79 台发电机组、16 台拖挂式泵车、30 台照明车逐台进行外观检查并试运行，主要进行了胎压监测、线路检查、电瓶保养、机械清洁及更换三滤等工作。对库存 235 台操舟机进行外观检测和防锈维护保养，对调出返还仓库的87台操舟机进行逐台试机并进行维护保养，更换火花塞、齿轮油、放油垫片等零配件，对部分损坏的操舟机进行维修。

汛期，调整了操舟机储备库，将原珠江道仓库储备的操舟机分别调整至宜兴阜仓库和杨柳青仓库存放，使冲锋舟和操舟机同库储存，便于统一调拨。分4次对库内所有机电设备进行了启动试验，包括16台拖挂式泵车、28台潜水泵、81台发电机组、11台打桩机、33台照明车、235台操舟机，保证防汛物资设备台台运转正常。

（2）防汛物资盘点。按照内控管理制度要求，2020年汛前、汛后进行全面盘点，按照账账核盘、实物全盘、实物抽盘、总结报告4个阶段进行，保障账、卡、物相符。

汛前盘点。2020年新增储物资843.5万元，物资总额6911.43万元。

汛后盘点。2020年因防汛抢险调出物资销账218.21万元，批复往年调出到期报废物资销账131.21万元，新立账物资（片石）201.6万元，物资总额6763.61万元。

3. 防汛物资调拨

（1）为配合天津警备区抢险演练调拨物资16个品种、价值197.68万元；调拨防洪工程及抢险防护用物资20.53万元。

（2）2020年8月12日市防办发布市防洪Ⅳ级应急响应，水调中心及时响应，为城市排涝紧急调动使用移动排水设备和潜水泵各3台。

（3）调动10台发电机使用于环保督察河道水环境治理。

4. 开发应急防汛物资查询系统

开发具有录入、导入、查询、修改、删除防汛物资器材数据等功能的应急防汛物资查询系统，系统还可以设置物资过期时间提醒、实现物资类别、详情的显示隐藏设置。系统集成于天津市水工程调度决策支持平台，设置公共用户，实现一键登录，不同角色用户在防汛会商时可以在系统上完成对防汛物资器材数据的查阅。

（防御处　水调中心）

【防御措施】 汛前各河系中心、各区水务局组成48个检查组对防汛责任落实、防御方案编制修订、蓄滞洪区运用准备、河道水库调度管控、工程运行安全隐患、在建涉河建设项目等进行了全面检查，173人参加检查105次，检查点位1015个。检查共发现4大类73项影响防洪安全的问题和薄弱环节，其中涉河施工及河道障碍类5项、机电及泵站类10项、堤防类38项、海堤类20项，针对防汛自查发现的隐患问题，通过落实工程措施和应急保障措施主汛期前全部整改到位。4月底，市水务局班子成员带队分7组到全市各区、各河系，检查河道水库等防汛准备、城区排水、农村除涝等各项工作，了解各区水务局备汛情况，督促各区各部门落实防洪工程管护责任，消除防汛安全隐患。

按照“汛期不过、检查不止”原则，汛期组织各工管单位落实河道、水库、低洼积水片等防洪重点部位以及物资队伍的责任人，细化各项预案。每天开展河道徒步巡查，累计巡查河道堤防2514人次、14249千米，发现问题62个，并全部处理。

修订防汛预警水文测报应急响应规程、分洪口门水文测报技术手册、基本水文站测洪及报汛方案，对大清河、永定河、永定新河，南运河、北运河、泃河、潮白河、青龙湾减河等河道的主要分洪门口和防汛监测设施进行了再查勘。完善技术方案，完成水文站网、监测预报设施、信息系统等维护工作，确保网络通、传输畅、覆盖全、运行稳。

汛前，完成市、县两级山洪灾害监测预警平台及监测预警设施设备的检查维护，做好迎汛准备。制定天津市《山洪灾害防御暗访调研工作方案》，采取“四不两直”的方式，深入山区危险村户，检查基层山洪灾害防御预案、预报预警设施、群众转移准备等措施落实情况。全面检查山洪灾害预警预报设施，确保群测群防体系发挥作用，预警第一时间到村到户到人，转移避险“方向对、跑得快”。汛期，遇强降雨提前组织598户2047人受威胁群众转移，关闭山区景区、农家院，劝返游客22877人，有效防范山洪灾害。

严密监控水库汛限水位，制定《水库防洪调度和汛限水位执行督查工作方案》，加大检查力度，从严从实督促落实水库安全度汛措施。加强防汛值班值守，通过视频系统加强对各区防御工作的动员部署和调度会商，派出工作组深入实地检查落实防汛排水应急措施。

3月18日，市防指副指挥、市政府副秘书长、市应急局局长王通海到市水务局检查市级专储防汛物资储备情况，市应急局副局长王勇、市水务局局领导梁宝双陪同，防御处、水调中心（物资中心）主要负责人参加。

4月17日、18日，副市长李树起实地检查天津市防汛排水工作，现场察看蓟州区太平沟、刘庄子水库、下营塘坝防汛措施落实和泃河治理工程进展情况，宝坻区尔王庄水库引滦复线和大刘坡泵站，宁河区蓟运河五村堤险工段，滨海新区大神堂海挡，南开区罗江路雨水管道、密云一支路地道，北辰区望江路泵站，东丽区娄山道雨水管道建设情况。

6月2日、3日，国家防总副秘书长、中国气象局副局长余勇率国家防总海河流域防汛抗旱检查组对天津市防汛抗旱工作进行检查。实地察看了筐儿港枢纽、大黄堡洼蓄滞洪区狼儿窝分洪闸、潮白新河里自沽闸。副市长李树起，副秘书长、市应急局局长王通海，副秘书长张剑，局领导梁宝双及市防办、市气象局负责人，武清区、宝坻区政府和防办负责人参加。

6月16日、17日，市委常委、天津警备区政委李军率相关区人武部主要领导和任务部队负责人现地勘察天津市防汛工作，实地勘察了杨柳青物资仓库、海河二道闸及海河东丽区大郑段险工。局领导梁宝双，防御处、水调中心、海河中心，东丽区水务局、津南区水务局负责人参加。

6月18日，副市长李树起调研水安全保障工作，实地察看了黄庄洼分洪闸、潮白新河超标洪水引泃入潮破堤段。局领导梁宝双、宝坻区政府分管负责人、北三河中心负责人、宝坻区水务局负责人参加。

6月20日，副市长李树起调研水安全保障工作，实地察看了屈家店水利枢纽、三角淀大旺村口门、永定河泛区罗古判护村埝降低段、永定河泛区安全建设工程情况及淀北郎园分洪口门、永定新河22+200分洪口门、永定新河32+000分洪口门。局领导张志颇、梁宝双，市应急局分管负责人，北辰区、武清区、宁河区政府分管负责人参加。

6月23日，副市长李树起调研水安全保障工作，实地察看了泃河辛撞闸、泃河桑梓口门。局领导张志颇、梁宝双，蓟州区政府分管负责人参加。

7月1日，副市长孙文魁检查海河防汛准备工作情况，实地察看了海河耳闸、海河口泵站防汛准备工作情况，市政府副秘书长李彩良、局领导梁宝双、市应急局负责人、滨海新区政府负责人参加。

7月1日，市委副书记、市长张国清调研检查防汛救灾工作，到宁河镇三村段和苗庄镇刘庄村段等蓟运河防洪重点险工险段，实地了解全市防洪体系、防汛抢险、防洪调度等情况。副市长李树起，市政府秘书长孟庆松，市水务局、市应急局主要负责人和分管负责人，宁河区政府主要负责人参加。

7月15日，武警天津市总队司令鲍迎祥率队开展防汛勘察，实地察看了清北分洪口门、大清河左堤1+658~3+000险段、海堤制卤厂南段险段、蓟运河宝坻区王善庄险段。副市长李树起，局领导张志颇、梁宝双，建管处、防御处、永定河中心、大清河中心、北三河中心负责人，滨海新区、宝坻区、静海区水务局负责人参加。

7月16日，市委副书记阴和俊赴武清区调研检查防汛救灾工作，实地察看了大黄堡洼蓄滞洪区狼儿窝分洪闸及武清区河北屯防雹炮站。市委副秘书长刘钊，局领导梁宝双及市农业农村委、市气象局负责人，武清区负责人参加。

7月21日，市防指副总指挥、副市长李树起赴杨柳青、珠江道仓库，检查指导防汛物资储备工作，现场听取全市抢险物资准备情况汇报，并对有关工作提出明确要求。市政府副秘书长张剑，市防办、市应急局、市水务局负责人参加。

8月1日7—23时，中心城区平均降雨49.8毫米，31个雨量站点中有20个站点超过50毫米，最大降雨量为南开区南江里81.3毫米。市长张国清来电强调要坚守岗位，持续做好应急排水工作，确保人民群众生命安全。副市长李树起在市水务局坐镇指挥，安排部署市区排水和应对强降雨等各项防汛措施。市区分部启动中心城区防汛Ⅳ级预警响应，后升级为Ⅲ级，市水务局全面落实应急排水措施，确保防汛安全。

8月9日夜间至10日凌晨，天津市中心城区发生强降雨。市委书记李鸿忠对骤降的强降雨专门作出批示，要求及时部署抢排工作，防止因积水造成早交通道路不畅。副市长李树起对防御本次降雨进行提前部署，提出明确要求。市水务局党组书记、局长张志颇和分管负责人连夜传达部署李鸿忠书记批示精神，会商指挥调度中心城区排水工作。市区分部于10日1时45分紧急启动中心城区防汛Ⅳ级预警响应，经过市水务局排水职工全力排水，9处临时积水于10日4时前陆续排净，确保了早交通市民出行畅通。

根据水利部及市气象局预报，8月11—13日华北大部、东北等地将有一次强降雨过程，其中京津冀地区将有60~120毫米降雨。市水务局深入贯彻落实李鸿忠书记、张国清市长关于强降雨防御工作的指示批示精神，按照常务副市长马顺清和副市长孙文魁、李树起、董家禄的具体部署，立即进入临战状态，迅即落实各项举措全员做好上岗准备，物资、车辆、队伍连夜部署到位。市防指市区分部12日10时启动Ⅲ级响应，市水务局防指12日10时启动水务局水旱灾害Ⅲ级响应。

8月12日中午至13日3时，全市平均降雨38.9毫米，最大降雨量为静海区王口镇127.2毫米。12日下午，副市长李树起到海河、卫津河、复兴河、月牙河泵站和海河二道闸，现场检查督促强降雨防御措施落实情况，要求紧盯关键部位、薄弱环节，重视再重视、严防再严防，全面落实好各项应对措施，确保人民群众生命安全。

12日晚，市长张国清、副市长李树起和市政府秘书长孟庆松在市水务局召开调度会商会，会商部署强降雨防御工作，要求各区各部门坚持人民至上、生命至上，密切关注山洪防御、市区排水、危陋房屋、低洼地带、地下空间等防御重点难点，把各项措施落实落细落到位，宁可备而不用，不可措手不及，切实把确保人民群众生命安全放在第一位落到实处。同时对持续坚守在防汛排水一线的职工表示慰问。会后，副市长李树起继续在市水务局与气象、应急等部门视频会商，并与西青、武清、宝坻、蓟州、静海等区视频连线，了解山洪灾害防御、群众游客转移、防汛排水等情况，要求坚守岗位、前置力量、科学调度，切实加强关键部位防御措施，确保平稳度过此次降雨过程。

8月23日7时至24日6时，全市平均降雨35.6毫米，最大降雨量为蓟州区穿芳峪176毫米，蓟州区平均降雨107.5毫米。23日晚，副市长李树起到市水务局调度指挥降雨应对工作，与气象等部门和蓟州区视频连线，强调要加强监测预报预警，全力落实各项防御措施，确保人民群众生命安全。蓟州区23日16时起，陆续提前组织转移易受山洪和地质灾害威胁区域群众280户、927人，山区景区景点、农家院做好随时关闭准备，山区小水库、塘坝水位平稳，山洪沟产生少量径流，没有出现险情灾情。

9月14日7—16时，全市平均降雨3.9毫米，最大降雨量为滨海新区刘岗庄51.5毫米。副市长李树起来电要求全力落实降雨防御措施，在确保防汛安全基础上，适时做好汛后期蓄水工作。

9月23日3—13时，全市平均降雨18.3毫米，最大降雨量为滨海新区塘沽气象站119.4毫米，最大雨强为62.9毫米每小时。副市长李树起到市水务局指挥调度降雨排水工作，要求采取应急措施，全力以赴支援西青区开展中北镇地区排水工作，并在保防汛安全的前提下，尽最大可能做好保水蓄水工作。

9月24日14时30分至16时30分，中心城区突然发生短时强降雨，中心城区平均降雨13.9毫米，局地达到大暴雨量级。副市长李树起来电要求立即采取应急排水措施，尽快排除积水，保障晚高峰道路畅通。市水务局负责人立即指挥调度中心城区防汛排水工作，截至24日18时30分，积水片区全部排除，晚高峰通行未受影响。

（防御处）

【汛期雨情】 2020年汛期（6月1日至9月15日），海河流域平均降雨量387毫米，较常年同期偏少2成，较上年同期偏多1成。降雨主要集中在7月下旬及8月，降雨过程总体偏晚，呈现前期少、后期多的趋势。与常年同期相比，大清河南北支、清南清北及东淀、子牙河基本持平或偏少1成，北运河土门楼以上、还乡河区间、永定河官厅以下、北三河下游、南运河四女寺以下偏少2~3成，泃河三河以上、潮白河苏庄以上偏少4成。

汛期，天津市境内平均降雨量371.4毫米，较常年同期（400.5毫米）偏少近1成。全市有8次较强的降雨过程。

7月31日至8月1日，天津市中南部地区降大到暴雨，部分站点降大暴雨，北部地区降小雨，全市平均降雨量31毫米，最大降雨出现在津南区小站116毫米。其中津南区降暴雨至大暴雨，平均雨量98毫米；市区、滨海新区、静海区降大到暴雨，个别站点大暴雨，平均雨量55毫米左右；西青区降大雨，平均雨量34毫米；其他区降小到中雨，平均雨量20毫米以下。

8月12—13日，天津市降大到暴雨，全市平均降雨量39毫米，最大降雨出现在静海区东子牙139毫米。其中蓟州区和静海区降暴雨，平均雨量分别为72毫米、58毫米；宝坻区、武清区降大到暴雨，平均雨量40毫米左右；市区、西青区、东丽区、津南区、滨海新区降大雨，平均雨量28毫米左右；宁河区、北辰区降中雨，平均雨量13毫米左右。

8月23—24日，天津市北部地区降大到暴雨，部分站点降大暴雨，中南部地区降小到中雨，全市面平均雨量41毫米，最大降雨出现在蓟州区于桥水库139毫米。其中蓟州区降暴雨到大暴雨，平均雨量104毫米；宝坻区降大到暴雨，部分站点降大暴雨，平均雨量56毫米；武清区降大到暴雨，平均雨量40毫米；其他区降小到中雨，平均雨量10毫米左右。

【汛期水情】

1. 水库水情

6月1日，于桥水库水位18.21米，蓄水量1.76亿立方米，比上年同期（1.92亿立方米）少0.16亿立方米，汛末（9月15日，下同）水位18.48米，蓄水量1.94亿立方米，比上年同期（0.53亿立方米）多1.41亿立方米。汛内最高水位为18.91米（8月30日16时）。汛期入库水量1.39亿立方米，汛期水库增蓄0.18立方米。

6月1日，潘家口水库蓄水量12.45亿立方米，比上年同期（17.62亿立方米）少蓄5.17亿立方米，汛末蓄水量11.82亿立方米，比上年同期（16.57亿立方米）少蓄4.75亿立方米，汛期入库水量3.35亿立方米。

2. 引滦输水

大黑汀分水闸3月3日至4月24日、5月7—29日、6月16日至7月9日提闸向天津供水，汛期内累计放水1.16亿立方米；于桥水库汛期累计放水1.21亿立方米。

3. 河道及主要闸站水情

2020年汛期，天津市行洪河道水势平稳，北四河部分河道有较小的洪（沥）水过程。

（1）海河干流。海河二道闸闸上最高水位4.36米（6月30日8时），最低水位3.53米（8月13日8时30分）。二道闸提闸7次，累计放水0.38亿立方米；海河闸赶潮提闸17次，累计放水0.82亿立方米，海河口泵站排水0.80亿立方米，合计下泄入海1.62亿立方米。

（2）北四河（北运河系、潮白河系、蓟运河系、永定河系）。受流域及本市降雨影响，天津市及周边部分道河提闸过水，主要行洪过程为8月12—15日、8月23—26日。

1）8月12—15日洪水过程。蓟运河系沙河水平口13日10时洪峰流量65.7立方米每秒，14日8时回落至11.5立方米每秒；北运河系凉水河榆林庄13日8时流量211立方米每秒，随后逐渐回落，14日8时流量33.9立方米每秒；土门楼北运河13日15时5分流量41.8立方米每秒；潮白河系吴村闸13日8时流量87.8立方米每秒，15时20分涨至231立方米每秒，14日8时回落至130立方米每秒；土门楼青龙湾12日10时20分10孔全开，流量146立方米每秒，13日15时5分涨至234立方米每秒，随后逐渐回落，15日8时流量50.2立方米每秒；黄白桥12日17时18分开4孔1米，下泄流量173立方米每秒，13日3时30分调整为5孔1.5米，流量315立方米每秒，14日8时流量344立方米每秒，随后逐步闭闸控泄，15日17时全闭；宁车沽13日22时33分提2孔，下泄流量253立方米每秒，14日2时35分提6孔，流量917立方米每秒，9时8分闭闸。

2）8月23—26日洪水过程。蓟运河系黎河前毛庄24日11时25分洪峰流量30.5立方米每秒；淋河桥24日7时22时洪峰流量19.2立方米每秒。沙河水平口24日6时45分洪峰流量73.5立方米每秒，25日8时回落至21.2立方米每秒；于桥水库23日8时水位18.58米，26日16时上涨到18.83米，30日16时达18.91米；北运河系凉水河榆林庄24日11时流量129立方米每秒，25日8时回落至40.3立方米每秒；土门楼北运河24日20时流量51.2立方米每秒。龙凤新河筐儿港24日12时5分提2孔，下泄流量190立方米每秒，16时提三孔，流量265立方米每秒；潮白河系吴村闸24日8时流量63立方米每秒，25日8时回落至28.5立方米每秒；土门楼青龙湾24日20时流量112立方米每秒，26日8时回落至18.7立方米每秒；黄白桥24日10时30分开5孔1米，下泄流量448立方米每秒，25日8时流量238立方米每秒，随后逐步闭闸控泄，26日16时全闭；宁车沽24日14时2分提8孔，下泄流量1150立方米每秒，随后逐渐回落，25日8时48分闭闸。

黄白桥闸上最高水位7.07米（8月24日10时30分），相应蓄水量0.85亿立方米，汛期内提闸过水2.03亿立方米；宁车沽闸上最高水位3.95米（8月29日8时），相应蓄水量0.58亿立方米，汛期内提闸过水0.96亿立方米。

4. 出入境水量

汛期，天津市入境水量8.17亿立方米（含引滦，不含引江），其中潮白河吴村闸过水1.62亿立方米，青龙湾河土门楼过水1.97亿立方米，北运河土门楼过水1.51亿立方米。

汛期，天津市三个防潮闸入海水量合计6.17亿立方米，其中永定新河防潮闸3.83亿立方米，海河防潮闸（及海河口泵站）1.62亿立方米，独流减河防潮闸0.72亿立方米。

【洪水调度】 2020年汛期，天津市及海河流域降雨多以局地性、分散性降雨过程为主，大范围、高强度的暴雨场次偏少，行洪河道水势总体平稳，洪水调度采取防御和疏导相结合，保障了防洪安全。同时，利用雨洪资源，为农业抗旱、水生态改善提供了保障水源。

1. 提前安排防御洪水调度措施

汛前，下发调度通知，安排主要行洪河道控制闸站按照汛限水位控制运行，确保河道水势平稳；安排具有防洪任务的大中型水库低于汛限水位运行，为可能发生的洪水预留调蓄空间；安排主要一级行洪河道橡胶坝视雨水情变化及时落坝迎汛，保障行洪安全。

汛期，视气象预警适时开展行洪河道控制闸站联合调度，降低行洪河道水位，安排好洪水出路；及时提请海委做好海河闸、西河闸、独流减河进洪闸、独流减河防潮闸及屈家店枢纽调度运用，为天津市河道行洪提供方便；与上游北京市、河北省建立沟通联系机制，及时掌握上游降雨及水文情势变化，做好入境洪沥水调度。

2. 合理安排市区沥水外排出路

汛期，适时安排西青区提启大任庄闸，津港运河泵站全力开车排水，全力降低外环河、卫津河、长泰河等河道水位，增加河道调蓄空间，为中心城区沥水排除创造条件。

安排海河南岸的和平区、河西区、南开区等区域沥水通过西青区二级河道排入独流减河，安排海河北岸的北辰区、河东区、河北区等区域沥水通过北塘排水河排入永定新河，尽力减少沥水进入海河，并在保证排水安全前提下，维持海河等一级河道水环境。

3. 引调雨洪水储备农业及生态用水资源

视雨水情及时安排于桥水库、里自沽蓄水闸、有关河道蓄水橡胶坝等调整控制水位，开展雨洪资源利用。适时开展北水南调工作，将主要一级行洪河道雨洪水资源调入二级河道、北大港水库、团泊洼水库等进行存蓄，改善河道、水库水质，储备农业及生态用水资源。

7 月 31 日至 8 月 1 日，潮白河、北运河、淀东平原降中到大雨，受此次降雨影响，北运河北关分洪闸 31 日 19 时下泄流量 136 立方米每秒，安排武清区、宝坻区、宁河区、滨海新区利用尾水及时补充水源，改善水环境。

8 月 12—13 日，海河流域出现大范围强降雨，安排潮白新河里自沽闸按 6.0 米水位控泄，同时安排蓟运河闸、宁车沽闸、永定新河防潮闸等赶潮提闸放水，确保洪水安全下泄。适时利用西关引河、卫星引河、曾口河将潮白新河下泄水量导入蓟运河，改善蓟运河水质，并向七里海湿地和滨海新区黄港一库、二库补水。

8 月 23 日，蓟州区发生大暴雨，宝坻区、武清区发生暴雨，安排宁河区利用潮白新河下泄水量，补换七里海湿地水源；安排滨海新区黄港一库、二库利用潮白新河雨洪资源进行补水、换水。

8 月 25 日，利用北水南调中线完善工程，将北部河系雨洪资源调入南部地区，为大运河补水并增加农村灌溉蓄量。

（水调中心）

【防御风暴潮】 2020 年天津市潮情总体平稳，共接到风暴潮蓝色警报 4 次，防潮分部办公室（滨海新区应急局）共启动Ⅳ应急响应 4 次，最高潮位出现在 2 月 14 日 7 时，塘沽站潮位 4.80 米（海图基面），达到蓝色警戒潮位。由于汛前准备工作扎实，反应迅速，应对措施得力，未发生潮灾损失。

组织调整。结合机构改革和人事变动，成立了永定河中心防汛防潮工作领导小组，落实了海堤行政和技术责任人。完成与滨海新区防办、滨海新区应急局的工作对接，调整工作程序。

责任制落实。重新核查堤防、附属涵闸、交通口门的使用单位，明确海堤抢险技术负责人，防潮责任落实到位。组织送技术到一线，选派技术人员为天津生态城 70 个单位的 75 名技术人员进行防汛防海潮安全管理培训。

预案管理。印发了中心防汛防潮应急响应规程，编制印发了防潮预案，修订完善了海堤抢险技术方案，梳理防潮薄弱段 25 段，进一步细化抢险措施，按高、中、低三级风险程度明确不同级别风暴潮防御重点。更新了海堤堤防高程、穿堤建筑物、险工险段等数据，结合海堤破损、险工险段、口门及易上水区域情况，做到“一险工一预案”。

防潮检查。开展了多层次、多方位的防潮检查，协调新区防办以《关于进一步落实辖区和河堤等防汛责任制的通知》将 25 个防潮工程设施风险点的具体责任单位、责任人、联系方式和应急处置措施印发各相关单位，确保防潮责任和应急处置措施落到了实处。协调汉沽杨家泊镇对大神堂防潮闸实施了维修加固工程，恢复其挡潮、排水功能。组织对白水头段、海滨浴场段和蔡家堡段 3 项潮毁工程进行了维修加固，对海堤沿线 33 座人行道口的钢闸门进行除锈刷漆，对送水路土堤段雨淋沟填垫整平，提高抗冲刷能力。

（永定河中心）

【蓄滞洪区管理】 按照《天津市蓄滞洪区管理条例》的有关规定，汛前市水务局组织各相关区水务局会同各河系管理处完成了蓄滞洪区运用预案的修订完善工作，完成了全市13个蓄滞洪区居民财产登记复核工作，组织各河系管理处及各区县防办对蓄滞洪区运用准备工作进行了专项检查，开展群众转移安置数量、地点、责任人等的复核工作，落实全市蓄滞洪区的市、区、乡镇及村级的行政、预警、转移、巡查防守等3级4类责任人，做好分洪准备工程保障，持续监控蓄滞洪区水位、面积和蓄量变化。

（夏 岢 幺 男）

【中心城区防汛排涝】

1. 中心城区雨情

2020年中心城区形成有效降雨48次，累计降雨量649.60毫米，其中汛期降雨433.88毫米。局部地区10毫米以上降雨场次29场（10.0~24.9毫米12场；25.0~49.9毫米10场；50毫米以上7场），最大降雨场次8月1日平均降雨量63.9毫米，年度最大降雨地区南开区密云路地区88.5毫米。与2019年同期相比总降雨量较基本持平。

2. 防汛准备

落实防汛责任。指挥部各成员单位设立专人加强市、区两级的协调联动和沟通配合，强化针对雨情和积水情况信息报送，提高信息的及时性、准确性。及时召开市区分部防汛工作会议，传达部署、明确任务、定岗定责，落实以行政首长负责制为核心的各项防汛抗旱责任制，进一步强化党政同责、责任监督。加强市区两级防汛抢险队伍建设，排管中心成立了包括防汛调度、科技、巡视督导在内的7个工作组、12支抢险队，强化24小时防汛值班和领导带班制度，遇防汛排水突发事件确保快速反应、有效处理。进一步夯实防汛应急抢险准备工作，对中心城区各防汛相关责任单位进行汛前准备工作及防汛物资储备检查。深入细致地了解责任单位防汛准备工作开展情况，进一步强化防汛应急处置能力，完善防汛联动机制，明确抢险责任段，细化应急处置、抢险队伍、物资储备及人员转移安置措施，确保安全度汛。

坚持开展汛前养护会战，夯实防汛基础。汛前重点开展低洼易积水地区设施疏通掏挖；治理塌管隐患；泵站设备检修和更新改造；充分发挥存量设施功能，打牢度汛基础。有针对性地对管辖的全部雨水、地道泵站的水泵机组、高低压电气设备的维护情况；雨水泵站的排水口门、闸门的启闭情况；临时站的运行准备情况进行了自查。充分发挥市区分部办公室职能，组织市区分部成员单位、水务局城市排水专家组对辖区内在建工程排水安全度汛措施、防汛组织机构、度汛责任制落实、防汛预案的编制、抢险队伍和物资储备、汛情信息渠道等工作落实情况进行专项检查，确保人员、物资、预案、措施落实到位。

强化预案管理，提升应急保障。组织修订了《天津市中心城区防汛排水预案》《市区汛期防汛排水预案》等5部预案、方案。同时，要求各单位完成防汛人员组织机构建立、防汛抢险队成员确定上报工作。围绕重点地区、敏感部位，深入排查管辖设施存在问题，找准影响设施能力的薄弱环节，重新修编《天津市中心城区积水地区防汛排水预案》，压实市内六区防汛主体责任，制定有针对性的解决方案和应急措施，进一步提高设施排涝能力水平。为提高应急抢险能力，组织市、区两级防汛排水部门加强排水抢险技能培训和实操演练，重点抓好防汛抢险预案和“一处一预案”落实，增强人员实战能力，确保关键时刻“拉得出、用得上、起作用”。市区分部办公室于5月28日、29日和6月3日组织各相关单位150人左右，开展本年度“防汛抢险应急演练”。

加强督办影响防汛问题，全面消除防汛隐患。为进一步贯彻落实市领导、市防办关于加强本市中心城区安全度汛工作的指示精神，夯实防汛基础，堵塞防汛漏洞，市区分部和排管中心针对中心城区工程影响防汛问题进行全面认真的排查。共计排查出工程影响防汛问题42项，多次召开专题会议对上述问题进行逐项梳理。根据影响防汛的情况，分出重点督办、近期督办及远期督办三个等级。责成各建设单位，落实责任，制定方案，确保防汛安全。对7个单位共计48件工程影响防汛问题下发督办函。坚持影响防汛问题分析制度，针对在建工程影响防汛问题，明确任务清单、责任清单、措施清单、整改清单，实施台账销号管理，确定时间表、路线图，推进问题整改，确保隐患及时消除。

加强防汛检查、督办防汛工作落实。为贯彻落实市委市政府、市防指、市水务局对中心城区防汛工作的有关要求，按照《市防汛抗旱指挥部关于开展2020年防汛工作检查的通知》和《关于2020年局领导带队检查防汛、复工复产、安全生产工作的通知》的安排，防汛市区分部要求各相关单位紧紧围绕复工复产、设施问题、应急措施、机制建设等方面，强化各项汛前准备措施的落实，对中心城区防汛责任制落实、排水设施养管情况、防汛预案编制、抢险队伍建设、防汛物资储备管理、应急处置及人员转移安置等措施落实情况进行督导检查。并及时对检查出来的影响防汛问题进行整改。

加强物资储备，提升处置能力。排管中心建立防汛物资储备点12处，储备防汛抢险车51辆、移动视频车11辆、大型泵车43辆、小型泵车16辆、防汛发电机组54台、防汛移动水泵79台、大型泵车43辆、小型泵车16辆，排水能力达到191500立方米每小时，有效提升应急排水能力。各区防办对防汛物资进行补充，对防汛物资指定专人管理，对高值易耗或不易存放的物资做到进货渠道畅通，做到随用随到。

加强宣传教育，强化市民防治内涝意识。利用全国防灾减灾日的契机，市内六区防汛办、排管中心按照市防指、市水务局统一要求制作防汛小常识宣传手册，并通过电视台、电台、网络媒体、热线等渠道强化宣传内涝防治和相关防汛应急知识，提升市民内涝紧急情况下自救能力，培养市民自觉保护排水设施意识，树立防汛人人有责的观念。

3. 应对强降雨

汛期中接到气象部门的预警信息后市区分部立即转发各成员单位，启动相应预警响应，落实防汛责任，全体防汛上岗人员，随时做好防汛排水和应急抢险准备。强化落实“一低两腾空”措施，遇雨情，要求排水专业部门提前加强常运行泵站开泵，保持泵站低水位运行，腾空管道、降低河道水位，增加管道、河道调蓄空间。及时启动中心城区“一处一预案”，加强重点易积水片、低洼地区、下沉地道等防汛关键点位的值守和巡查，抢险点位的设备提前准备就绪，切实做到组织、人员、预案、物资、责任的落实。对排水设施薄弱和重点地区域加强巡视，密切关注雨情和积水情况，及时发布预警，发现问题立即处置，杜绝人员伤亡事故。合理利用新建调蓄池，解决合流制地区雨天溢流污染问题。2020年汛期累计开启先锋河调蓄池8次，累计蓄水约24.5万立方米；累计开启新开河调蓄池8次，累计蓄水16.8万立方米。同时市城管委、交管部门启动各自“一处一预案”对全市下沉路段、地道、立交桥、高速匝道逐一排查，对积水地道实施封堵，派专人盯守，杜绝误闯误入造成人身伤亡事故；市交管部门做好警力备勤，落实易积水地区及地道应急疏导预案；各区主要领导亲自指挥抢险工作，对老旧房屋和地下室进行危险源排查，积极落实区域内地道、桥涵、危陋房屋、地下办公室、车库等重要部位的防汛安全。市住建委、城投集团对在建工程采取应急保护措施，并确保所辖未移交泵站及时开车。降雨停止后各单位对全市排水设施全面巡查维修养护，对泵站水损电器设备进行更换，对收水井及收水支管进行清挖疏通，确保排水设备设施安全稳定运行，为下次降雨做好充分准备。经过各成员单位及各区防汛主管部门的共同努力，未出现因降雨造成的人员伤亡和大的财产损失，圆满完成了安全度汛的任务，得到各级领导和广大市民群众的普遍认可。

（排管中心）

【河库闸站防汛责任落实】 认真落实防汛各项三个责任人，狠抓三个重点环节，并提出具体要求和落实措施。要求各工程管理单位严格落实三个责任人和三个重点环节，完善一险工一预案，做好抢险专家调整和培训等工作。按照水利部开展小型水库防汛“三个责任人”“三个重点环节”网络培训的要求，组织各水库主管部门、管理单位近90人进行了网上培训，取得了良好效果。按照水利部、局防办关于做好天津市防汛抢险培训的有关要求，结合防汛抢险技术指导工作实际，组织开展2020年防汛抢险专家培训，全市防汛抢险专家组逾40位专家参加了培训。

按照水利部、市防办关于进一步落实2020年防汛工作责任的有关要求，建管处会同有关部门和单位先后落实了水库大坝安全责任人84人次、水库安全度汛“三个责任人”84人次、一级行洪河道城市防洪堤海挡防汛“三个责任人”130人次，并对部分责任人进行了电话抽查，确保各项责任落实到位。2020年，天津市共排查发现险工险段26处，建管处建立了详细的险工险段名录，并会同各河系中心、于桥中心、有关区水务局明确了各险工险段的区、乡镇级的责任人，各河系管理中心责任人，以及具体的技术、抢险人员，为圆满完成抢险任务提供了有力保障。截至2020年年底，经过治理剩余8处。

严格按照水利部、局防指关于做好防汛预案编修的有关要求，组织各河系中心修订完善了河系防汛预案、各河系超标洪水防汛预案，并针对预案内容落实情况进行了抽查。结合天津市险工险段名录，组织各河系中心、于桥中心、有关区水务局制定了一险工一预案，明确了险工险段基本情况、抢险措施、动用人力物力的具体数量，为抢险工作提供了翔实的技术资料。

对各工程管理单位进行汛前综合检查，检查主要包括汛前准备情况、险工险段检查、涉河项目检查、安全生产、操作运行、日常维修维护等内容，累计派出检查人员7批次，检查点位20余处，发现问题3处，对检查中发现问题及时进行了督促整改。面对2020年防御超标洪水的严峻形势，为进一步摸清河道有关情况，做到心中有数，组织各河系管理单位每周开展徒步巡查，截至9月中旬，累计巡查河道堤防2514人次、14249千米，对发现的问题做好督促整改，及时消除了各类隐患。

为做好防汛抢险工作，充分发挥专家在工程抢险方面的技术支撑作用，本着业务精、能力强、懂技术、有经验、熟悉情况及有充分时间“走得出去”的原则，建管处组织局有关部门、局属有关单位成立了50人的防汛抢险专家队伍，并从防汛抢险专家中挑选出精干力量成立了由16人组成的专家指导组，进一步强化了专家的技术指导作用。

面对2020年防御超标洪水的严峻形势，建管处安排专人赴各河系中心专门调研天津市一级行洪河道堤防缺陷、穿堤口门隐患和阻碍行洪障碍物的详细情况。在日常巡查中，加大巡查频次，确保随时发现问题随时处理。

（建管处）

【农村除涝】 2020年，严格落实农村除涝组防汛责任制，持续深入开展隐患排查，落实山区水库应急度汛工作，狠抓在建工程度汛安全措施落实，加强农村除涝工作能力建设。编制了天津市灌溉排水中心农村除涝应急规程、全市农村除涝工程汇编；建立了市水务局农村除涝组专家库、天津市中小水库“三个责任人”“三个重点环节”数据库；开展全市农村除涝业务培训；开发天津市农村国有扬水站运行信息收集处理程序，高效收集汇总全市国有扬水站开车运行信息、农村除涝排水数据，统计分析各排沥小区情况，排入一、二级河道及入海河流水量，为决策提供数据支撑，成功应对多场强降雨考验，保障农村除涝安全。

（灌排中心）

旱灾防御

【概述】 2020年，天津市降雨呈现除夏季降水偏少外，其余各季均偏多的特点，年降水量600.2毫米（市气象局数据），较常年偏多1成以上，较上年同期471.4毫米偏多近3成。其中2—3月全市平均降水量32.3毫米，较常年同期平均降水量偏多143%；夏季6—7月降雨严重偏少，其中6月降雨量仅为28.5毫米，较常年同期偏少62%。2020年降水主要降雨集中在8月、9月，较常年偏多53%。10月、12月降水较常年偏少。

天津市春季降雨较频繁，麦田土壤墒情较好，有助于小麦生长及春播开展。后汛期，天津市抢抓上游雨洪水下泄时机，科学调度，抢蓄农业水源，汛末农业用水蓄水充足，保障了全市农业有序生产。

【农业旱情】 2020年天津市农业没有长时间、大面积严重旱象发生。6月、7月降水偏少，导致部分区域出现短期旱象。8月后由于降水频繁，有效缓解了前期墒情不足情况，全市整体土壤墒情得到了明显提升，但局地出现水分过多或渍涝现象。

汛末以来天津市无明显降雨过程，由于汛后期几场有利降雨过程和抢蓄雨洪资源，汛末全市地表蓄水为8.0亿立方米（不含大型水库），较上年同期基本持平。

【农业抗旱】 2020年年初，下发《关于做好今春抗旱工作的通知》，对各区做好春季抗旱工作进行安排，广开水源，统筹抗旱工作，全力保障农业生产。密切关注雨水情、土壤墒情、旱情分布及发展趋势，积极争取外调水源，增加农业蓄水量，适时调整抗旱方案，及时收集并做好抗旱信息统计的上报。优化水资源配置，合理调度、统筹分配，充分利用雨洪水、再生水等，全力保障农业生产用水需求。

抓住汛期降雨有利时机，采取科学调度措施多蓄水、蓄好水。一是抢抓汛期流域上游雨洪水下泄有利时机，引调潮白河、北运河等河道来水5.17亿立方米；二是利用全市河网水系发达有利条件，实施跨区、跨河系调水，汛期潮白新河里自沽节制闸累计向下游放水2.06亿立方米，为宁河区、滨海新区等地区增蓄水源；三是汛后期适时适当抬高河道控制水位拦蓄雨洪水，并要求沿线各区做好二级河道、中小型水库、坑塘洼淀蓄水工作。

（侯亚丽　孙甲岚）

农村水利

农村水利建设

【概述】 2020年，灌排中心继续组织各区实施中小河流治理重点县综合整治、农村饮水提质增效（详见城市供水栏目）、京津风沙源治理二期（在水土保持中记述）、国有扬水站更新改造、绿色生态项目、各区水系连通等农村水利工程建设。完成治理河道2.71千米；解决904个村、72.3万人农村居民的饮水安全问题（详见城市供水栏目）；建设水源工程119处，节水灌溉工程247处，小流域治理3平方千米；维修农田灌溉计量设施1464台套等建设内容。

【农村水利投入】 2020年，全市农村水利工程项目总投资243018.51万元，其中中央资金1647万元，市财政专项资金2864万元，一般债券16929万元，专项债券17092万元（包含补充下达的2019年静海区农村饮水提质增效工程3056.67万元），区自筹资金204486.51万元。截至2020年年底，完成投资240238.22万元，占年度任务目标239961万元的100.12%。主要建设内容为中小河流治理重点县综合整治、农村饮水提质增效、京津风沙源治理二期、农业水价综合改革4项工程。

【农村水利前期工作】 为加快农村水利项目前期工作，2020年，市水务局多措并举，督促有关各区加强组织领导，加大工作力度，做好项目储备，为各项农村水利工程的实施奠定基础。灌排中心结合推动工程建设，到现场推动各区加快农村水利项目前期工作，做好项目储备。

【国有扬水站更新改造工程】 2020年，涉及5座国有扬水站更新改造工程建设，总投资13435万元，已下达资金计划11079万元，累计完成投资11079万元，2020年完成投资980万元。其中结转2018年项目3座，为东丽区东河泵站、静海区大庄子泵站、静海区纪庄子泵站工程，总投资9545万元。东丽区东河泵站工程于2019年完成，总投资4785万元，尚有市级资金计划800万元未下达；静海区大庄子泵站、静海区纪庄子泵站工程于2020年完成，总投资4760万元，2020年下达市级资金计划980万元，资金计划全部完成。结转2019年项目2座，为津南区盘沽泵站和南辛房泵站工程，2座泵站总投资为3890万元，于2020年年底完成工程建设，尚有市级资金计划1556万元未下达。天津市农村国有扬水站更新改造工程为当地工农业生产的稳步发展起到了极大的保障作用，社会、经济效益显著。

【中小河流重点县建设工程】 2020年，中小河流治理重点县综合整治工程治理任务为治理蓟州区2个续建项目区，已完成全部工程，完成结转投资926.79万元，为蓟州区区自筹资金。完成蓟州区东河出头岭镇项目区和沟河罗庄子镇项目区河道治理2.71千米。工程的实施增加了项目区内河道的正常排蓄功能，并有效缓解了汛期其他河道的排涝压力。

2020 年中小河流治理重点县综合整治工程情况表

序号	区县	项目名称	治理长度/千米	批复投资/万元	完成投资	进展情况	备注
1	蓟州区	东河出头岭镇项目区	2.26	2666.93	446.04	完工	续建
2		泃河罗庄子镇项目区	0.45	2995.33	480.75	完工	续建
总　计			2.71	5662.26	926.79		

【绿色生态屏障项目】 按照《天津市双城中间绿色生态屏障区水系规划》要求，灌排中心负责推动区级双城间绿色生态屏障水系连通工程。2020 年计划启动实施 10 项水系连通工程（其中计划 2020 年年底完工 6 项、2021 年年底完工 4 项），其中滨海新区 2 项、东丽区 4 项、津南区 4 项。经市区两级全力推动，滨海新区中心桥引河泵站（14585 万元）和穿海河倒虹吸工程（1 亿元）、津南区盘沽泵站（1770 万元），南辛房泵站（2120 万元）、幸福河泵站（2156 万元）、石柱子泵站（2181 万元）6 项工程均已完工，累计完成投资 3.28 亿元；东丽区隆华道北侧景观河道治理工程、东丽湖岸线护砌及维修工程、新立街管控区内水系连通工程、务本河泵站扩建（一期）工程 4 项工程已开展前期工作，计划 2021 年上半年开工，2021 年年底前完工。通过水系连通工程的建设、提升改造，实现了区内河道、湖库、湿地补换水的畅通，区内河道、湿地水质将得到极大改善，为双城生态屏障提供水源保障。

【各区水系连通工程】 截至 2020 年年底，完成各区水系连通项目 13 项，分别为滨海新区中心桥引河泵站（14585 万元）和穿海河倒虹吸工程（10000 万元）、西青区大寺污水处理厂再生水管道切改工程（515.61 万元）、西青区丰产河大沽排水河水系提升工程（2536.4 万元）、津南区盘沽泵站工程（1770 万元）、南辛房泵站工程（2120 万元）、武清区水系连通二期工程（8000 万元）、武清区水系连通三期工程（42658.97 万元）、宝坻区西环路水系连通综合治理工程（6820 万元，完成年度任务目标）、静海区老幸福河清淤工程（2200 万元）、天津市宁河区七里海南站更新改造工程（3274.35 万元）、天津市宁河区青龙湾故道治理工程（2432.48 万元）和蓟州区水系连通项目（3100 万元），累计完成投资 10 亿元。工程的全面完工有力改善了河道水质恶化状况，实现了区域局部小循环，从而带动全区域内水系大循环、大连通，达到“水能动”的目的，最终改善水生态环境，让碧水长流，对建设美丽天津具有重要的意义。

（灌排中心）

农村水利管理

【概述】 2020 年，围绕“水务工程补短板、水务行业强监管、转变作风提效能”总基调，推动农村水利管理持续规范。农村水利工程继续实行“大专项+任务清单”管理模式，各区统筹使用水务改革发展资金，完成市级下达的任务指标。

【农水科技推广】 2020 年，进一步加强信息化建设和管理工作。组织开展农村水利科技项目立项申报和科研成果推广、报奖工作；继续完善水土保持信息化管理各项系统建设；做好市水利学会相关任务的组织开展工作；做好网络与信息安全管理工作，制定了《灌排中心网络和信息安全管理制度》，制定了灌排中心《关于使用天津市互联网政务安全邮箱传输工作邮件的管理要求》；按照《网络安全法》要求，开展信息系统等级保护备案、测评工作。

【农村水利改革】 2020年，市水务局配合市发展改革委推动农业水价综合改革工作。配合市发展改革委出台验收办法，待征求意见完成后印发执行。继续完善用水计量工作，未安装计量设施的，采用“以电折水”核定灌溉用水量。实施精准补贴和节水奖励项目，2020年，农业水价综合改革项目按照《财政部关于下达水利发展资金预算的通知》通知要求，计划开展节水奖励和精准补贴项目，总投资447万元，全部为中央资金，涉及蓟州区、武清区等2个区，其中武清区计划投资247万元，蓟州区计划投资200万元。截至2020年年底，完成投资447万元，占年度任务目标的100%，完成维修计量设施1464台套。

【大中型灌区规范化建设】 2020年9月，市水务局印发《市水务局关于开展大中型灌区规范化管理有关工作的通知》，明确天津市规范化大中型灌区“有功能”“有水源”“有机构”“有人管”“有机制”“有经费”“有台账”“有基础”的“8有”标准，天津市原有大中型灌区80处，对不具备条件的灌区，执行销号管理，经各区审查、申报，剩余大中型灌区30处。通过打造样板，典型引领，以尽快实现天津市灌区规范化、标准化。

开展中型灌区续建配套与节水改造工程，补齐工程短板。在蓟州、宝坻、武清3个区开展中型灌区续建配套与节水改造工程，项目涉及6个中型灌区，总投资2亿元，改造灌溉面积13333.33公顷。

（灌排中心）

【农村水利安全生产】 2020年，灌排中心成立了安全生产工作领导小组，统筹抓好灌排中心安全生产工作。灌排中心与各科室、科室与职工本人逐级签订《安全生产责任书》，签订率达100%。制定了《灌排中心2020年“安全生产月”和“安全生产专题行”活动方案》，组织干部职工参加安全生产知识竞赛，在公共场所张贴安全生产标语、宣传海报，并按要求向局安监处报送了《灌排中心2020年“安全生产月”和“安全生产专题行”活动总结》。

定期召开安全生产工作会议。全年召开专题会议、党总支会议、视频形式安全生产工作领导小组例会和领导小组例会共10次，传达市、局安全生产工作会议精神，总结分析本单位的安全生产情况，部署下一步安全生产工作。按照市水务局安全生产委员会相关要求，制定了《灌排中心安全生产专项整治三年行动实施方案》，正式启动灌排中心安全生产专项整治三年行动工作；依托灌排中心安全生产工作领导小组，成立了灌排中心安全生产专项整治三年行动工作领导小组；开展“隐患就是事故，事故就要处理”专题教育活动。

（防御处）

【农村水利新闻宣传】 2020年，灌排中心共编辑上报《水利部对我市2020年生产建设项目水土保持监督管理工作进行督查》《市水务局精准发力“四水”民生水务工作显成效暖民心》等信息55条；局水务新闻录用《天津市2020年度水土流失动态监测成果通过复核》《天津市2020年度京津风沙源治理二期工程水利水保项目全面开工建设》等53条；市政府办公厅《昨日要情》《每日要情》《要情快报》中采用《农村饮水提质增效工程提速加力，让群众尽早喝上“放心水”》《市水务局加力推进新一轮农村饮水提质增效工程》等10条。2020年，农村水利和水土保持宣传共31条，分别在天津政务网、北方网、央广网、天津日报、每日新报、今晚报、城市快报、水利部网站和水信息网上刊登《全力推进困难村饮水提质增效工程202.2万农村居民年内喝上放心水》和《天津多措并举保障山区水库安全度汛》等信息。

【农村污水处理站运维监管】 强化农村生活污水行业监管。2020 年 4 月，市农业农村委、市财政局、市水务局、市生态环境局、市发展改革委等五部门联合印发了《天津市农村生活污水处理设施运行维护管理办法》，2020 年 7 月市水务局制定了《天津市农村生活污水处理设施行业管理工作考核标准（暂行）》并印发实施。建立了农村污水处理站运行管理情况通报制度和例会制度，全面推进农村生活污水处理站的纳管有序、运行稳定。采取购买服务的方式，委托第三方专业机构——赛英咨询服务公司开展运行情况的监督性检查，排查质量安全隐患，并形成报告，跟踪检查整改情况，保证农村生活污水处理站出水稳定达标。

按照《天津市农村生活污水处理设施运行维护管理办法》，市水务局负责对全市已建成并验收合格后的农村生活污水处理站的运行维护进行监督管理。主要包括对已纳管站的运行维护情况进行调度、监管，推进各区已完成建设站的纳管、依效付费考核等具体工作。

截至 2020 年 12 月，纳管的农村生活污水处理站共 1255 座，总处理规模 8.79 万吨每日，涉及滨海新区、西青区、武清区、宝坻区、静海区、宁河区、蓟州区、北辰区、津南区等 9 个区。2020 年所纳管的农村生活污水站处理总量 1262.63 万吨，日均处理污水 3.45 万吨，全市平均综合运行负荷率 57.13%，全市平均设施利用率为 90.35%；纳管的建制镇污水处理站 77 座，总处理规模为 1.55 万吨每日，涉及宝坻区、静海区、蓟州区、宁河区、武清区等 5 个区的 66 个乡镇。2020 年处理污水总量 221 万吨，日均处理污水 0.6 万吨。

（灌排中心）

水土保持

【概述】 2020 年，天津市深入贯彻落实《中华人民共和国水土保持法》《天津市实施〈中华人民共和国水土保持法〉办法》，积极推进京津风沙源治理工程二期工程建设，深入开展水土保持监测和监督管理，强化水土保持宣传教育，建设水源及节水灌溉工程 366 处，治理山丘区水土流失 8.37 平方千米，治理平原区沙化土地、盐碱地及坡面水土流失面积 3.86 平方千米，全市水土流失治理面积总计 12.23 平方千米；完成市级审批生产建设项目水土流失方案 161 项；组织开展生产建设项目水土保持设施验收备案 44 项。

【水土流失治理】 2020 年，组织建设京津风沙源治理二期工程（水利项目），2020 年度京津风沙源二期治理工程（水利项目）涉及蓟州区、宝坻区、武清区 3 个区，总投资 2128 万元（中央预算内投资 1200 万元，市级配套资金 552 万元，区级配套资金 376 万元）；建设水源工程 119 处，节水灌溉工程 247 处，小流域综合治理 3 平方千米。综合治理水土流失面积 12.23 平方千米。

【水土保持监测】 发布了天津市 2019 年水土保持公报。组织开展《天津市水土保持公报（2020 年）》的编制工作；按期上报了国家水土保持监测点水土保持监测数据；积极组织开展市级水土流失动态监测，已完成有关成果的整编和上报工作。

【水土保持监督管理】 2020 年，结合水利改革发展总基调和水土保持“强监管”工作要求，印发《市水务局关于开展 2020 年市批生产建设项目水土保持监督检查的通知》；加大对生产建设项目水土保持监督检查力度；印发《市水务局关于进一步加强水土保持监管工作的通知》，全面梳理已批在建市级生产建设项目情况，涵盖全部已批在建的生产建设项目，做到生产建设项目书面检查全覆盖。

2020 年市级累计审批水土保持方案 161 项，组织开展 44 个项目的水土保持设施验收备案。深入开展水土保持日常执法巡查，2020 年累计出动检查人员 150 人次，出动执法车辆 40 余车次，执法范围覆盖中心城区和全部10个区。配合水利部海委对水利部批重点工程开展督察；对重点项目进行了现场核查，提出了整改要求，印发监督检查意见9份，完成未批先建生产建设项目立案查处2个，促进了水土保持措施保质保量完成，充分发挥水土保持措施效益。

配合水利部开展遥感监管工作，对全市1300个疑似违法违规图斑进行现场复核、情况调查、查处工作。最终确定不合规项目279个，正在进行监督执法工作。组织开展了天津市2020年生产建设项目水土保持遥感监管工作，经过解译、分析、筛选，最终下发疑似违规图斑487个，完成现场复核、情况调查、查处工作，确定不合规项目83个。

推进数据共享建设，继续开展全市水土保持监督管理历史数据整编和系统录入工作。依托全国水土保持监督管理系统V4.0，实现生产建设项目水土保持监管信息的部、市、区三级交换与共享。

【水土保持宣传】 结合“世界水日”“中国水周”宣传纪念活动，3月22日组织开展了纪念《天津市实施〈中华人民共和国水土保持法〉办法》颁布7周年宣传活动；完善教育基地建设，不断加强蓟州区黄土梁子科技示范园区教育展示等基础设施建设，发挥水土保持宣传教育平台作用；为生产建设项目建设单位，现场解读水土保持政策，并发放《中华人民共和国水土保持法》《天津市实施〈中华人民共和国水土保持法〉办法》100多份。

（灌排中心）

规划设计与计划

规划设计

【概述】 2020年突发的新冠肺炎疫情，是对机构改革后刚刚完成磨合的规计处全体人员凝聚力、战斗力、意志力的一次考验，在局党组的坚强领导下，经过全处人员共同努力，圆满完成了全年工作。完成国家有关部委和市委市政府部署综合业务工作9项，组织编制规划5项，推动前期工作22项。

【规划设计管理工作】 2020年，牵头落实9项国家有关部委和市委市政府部署的重点综合性工作。印发了《市水务局关于在新冠肺炎疫情下做好水务基本建设项目前期工作及投资计划执行的通知》。配合市发展改革委建立天津市应急管理能力重大项目库，提供了供水和排水工程16项，投资114亿元。制订《推动新时代京津冀协同发展和天津高质量发展工作方案分工表》，并推动落实；完成贯彻落实习近平总书记关于京津冀协同发展重要指示批示精神回头看督查工作。配合水利部和交通运输部完成《大运河河道水系治理管护专项规划》，配合市发展改革委完成《天津市大运河文化保护传承利用实施规划》及《天津市大运河文化保护传承利用行动方案》。牵头推动永定河综合治理与生态修复，印发《天津市永定河综合治理与生态修复2020年工作要点》，明确了调水补水、项目实施、工程运管、生态补偿等14项具体工作任务和责任单位。制定《天津市水务局2020年东西部扶贫协作和支援合作工作方案》；年内赴甘肃、青海、西藏、新疆、承德多地调研，推动挂牌督战、人才支援等工作落实；消费扶贫任务完成了209万扶贫产品购买，超额完成任务。牵头推动双城绿色生态屏障水系工程建设，向市领导报告市水务局关于双城中间绿色生态屏障区水系规划推动落实情况；向双城生态屏障建设领导小组办公室报送了检查指导和推动服务情况、半年和全年工作总结。此外，还牵头推动落实了滨海新区高质量发展工作、天津市推动高质量发展重要举措、天津市建设现代化经济体系具体措施工作。

完善水务规划体系，组织编制了4项重点水务规划：①深入贯彻落实市委书记李鸿忠、市长张国清对力争将北大港水库列入东线二期国家干线工程“紧盯、盯紧”的批示精神，提前开展了南水北调东线二期工程各类前期工作。认真研究，详细论证北大港水库列入干线工程的优势，同时与水利部水利水电规划设计总院、水利部海河水利委员会等部门进行了多次沟通对接，并向副市长李树起做了汇报。2020年7月，水利部组织召开东线二期国家干线工程可行性研究阶段工程规模和布局专题报告复审会议，工程规模和布局专题报告中已将北大港水库扩建列入国家干线工程。②为全面规划建设与天津市经济社会发展相适应的供水安全保障体系，结合华北地区地下水超采综合治理、南水北调东线二期工程规划及农村饮水提质增效等工程，坚持问题导向、目标导向、效果导向，编制完成了《天津市供水规划（2020—2035年）》，2020年4月，市政府批复该规划。③开展天津市水安全保障“十四五”规划编制工作。深入贯彻落实习近平总书记对“十四五”规划编制工作作出的重要指示，把加强顶层设计和坚持问计于民统一起来，坚持开门编规划，多听、多问、多思，集思广益、汇聚众智，确保规划编制的质量和水平。通过调研并征求规划思路，客观总结水务发展“十三五”执行情况，科学分析水安全保障面临的新形势和新要求，深入研究，科学谋划，确定“十四五”时期水安全保障总体目标、主要指标和重点任务。④建立水务空间布局“一张图”，推动水务基础设施空间布局规划编制工作。充分收集相关资料，及时与水利部及市规划资源局沟通对接，统筹现状、规划水务基础设施，摸清本底状况，规划水务基础设施网络布局，实现建立一个空间台账、形成一张空间底图。2020年年底，按水利部要求上报了初步成果。另外，完成了水务发展“十三五”规划总结评估工作。

【主要前期工作】 2020年完成了供水工程、排水工程、河道治理工程共三类22项建设项目前期工作。

1. 供水工程

随着供水规划的批复，重点推动了引江宝坻供水工程、引江静海供水工程、引江大港供水工程、尔王庄水库与石化管线联络工程、南水北调配套凌庄水厂供水保障工程（南干线至凌庄水厂原水管线）、滨海新区供水工程北塘水库至新区水厂供水工程、南干线至津滨水厂二期原水管线工程、洪泥河生产圈枢纽泵站一期工程、天津市南水北调中线滨海新区供水工程曹庄泵站增容工程、杨柳青水厂原水管线工程等10项工程前期工作。其中批复初步设计5项，完成可行性研究报告审查2项，完成项目建议书批复2项，完成项目建议书编制1项。

2. 排水工程

围绕消除中心城区积水片，推动了积水地道改造一期密云一支路地道改造应急防汛工程、积水地道改造二期工程、大直沽泵站、咸阳路雨水泵站改扩建及新增出水管道工程管道部分、程林庄路地区和井冈山地区积水片改造6项工程前期工作，其中批复初步设计3项，批复可行性研究报告1项，完成可行性研究报告审查2项。围绕水污染防治，推动了天津市渤海水环境综合治理中心城区市管排水管网混接改造工程（一期）、津沽污水处理厂三期工程、咸阳路污水处理厂迁建提标二期工程、张贵庄污水处理厂二期工程4项工程，其中批复初步设计1项，批复可行性研究报告3项。

3. 河道治理工程

推动列入《大运河天津段文化保护传承利用实施规划》中的北运河未治理段综合治理工程前期工作，项目建议书已获批复。推动永定河综合治理与生态修复工程，其中北辰区段已批复初步设计，武清区段已批复可行性研究报告。

【重点规划的主要内容】

1. 南水北调东线二期工程规划

南水北调是构建中国“四横三纵、南北调配、东西互济”水资源配置总体格局的重大战略性工程。分为东线、中线、西线三条调水线路，东线一期于2013年建成通水，主要向江苏省、山东省调水。规划东线二期工程是在一期工程的基础上，继续从江苏省扬州市附近的长江干流引水，利用京杭大运河及与其平行的河道北送，连通高邮湖、洪泽湖、骆马湖、南四湖、东平湖，向江苏、安徽、山东、河北、北京、天津供水，终点至北京市采育镇。

2019年11月，李克强总理主持召开南水北调后续工程工作会议，要求以历史视野、全局眼光谋划和推进南水北调后续工程等具有战略意义的补短板重大工程，有利于应对当前经济下行压力、拉动有效投资，稳定经济增长和增加就业。为贯彻落实会议精神，2019年12月，水利部编制完成了《南水北调东线二期工程规划》，上报国家发展改革委评估，规划报告未将北大港水库调蓄运用方案列为推荐方案。为力争北大港水库列入东线二期国家干线工程，市水务局认真组织研究，着力推动以下三项工作。

（1）北大港水库咸化问题风险研究。北大港水库作为引黄济津及规划南水北调东线的调节水库，天津市高度重视水库的利用与保护工作，特别是南水北调东线二期工程规划启动以来，针对北大港水库水质咸化问题，规计处牵头开展了大量的科学研究和实地调研工作，并委托河海大学开展北大港水库全库水质咸化风险专题研究，形成初步结论，水库在高水位运行下不会造成咸化问题。2020 年 4 月 22 日和 24 日，分别赴北京市水务局、中国国际工程咨询公司、水利部规计司、水利部海河水利委员会，就水库咸化问题进行了详细汇报和深入沟通，消除国家和工程沿线下游省市对北大港水库蓄水咸化的担忧。

（2）北大港水库涉及湿地自然保护区调整工作。北大港水库管理范围涉及北大港湿地自然保护区核心区和实验区，东线二期工程环境影响评价报告书、北大港水库涉及湿地自然保护区专题论证等报告编制受到法律和技术的双重因素制约，规计处就湿地调整方案积极与市规划资源局沟通，并向李树起副市长做了专题汇报。2020 年 11 月 17 日，廖国勋市长赴北大港水库实地调研有关工作时作出指示要求，市规划资源局与自然资源部（或国家林草局）沟通对接，就是否同意将北大港水库范围内的核心区调整为实验区、调整后可否实施北大港水库扩容工程两个关键卡点以书面文件予以明确。

（3）配合国家完善天津市境内段工程方案。规计处组织技术骨干力量，成立了南水北调东线二期工程设计项目组，配合报告编制单位完善天津市境内段工程方案，采取清淤和扩挖河道方式提高马厂减河输水能力；通过加高加宽水库围堤方式，增加北大港水库库容至 10 亿立方米左右。同时，配合国家发展改革委评估《南水北调东线二期工程规划》，协助填报了天津市供用水情况，并就天津市现状外调水需求情况形成了专题报告。

2020 年 12 月 30 日，水利部向国家发展改革委函送了《水利部关于报送南水北调东线二期工程可行性研究报告及其审查意见的函》，报告中将北大港水库扩容列入国家干线工程。

2. 天津市水务基础设施空间布局规划

（1）规划编制缘由。为贯彻落实中央关于统一规划体系、建立国土空间规划体系并监督实施的有关部署，适应国家规划体制改革、“多规合一”的要求，着力做好水利规划与国土空间规划之间的衔接，为水利工程补短板、水利行业强监管提供规划基础和依据，根据 2019 年《水利部办公厅关于印发水利基础设施空间布局规划编制工作方案和技术大纲的通知》及天津市关于配合开展国土空间总体规划的要求，着力做好水利规划与国土空间规划之间的衔接，规计处组织开展了《天津市水务基础设施空间布局规划》编制工作。

（2）规划编制工作。制定专项工作方案，全面统筹水利、供水、排水三大行业，明确规划工作目标和范围，绘制全市水务空间布局“一张蓝图”。积极收集整合基础资料，扎实推进规划编制工作。推动各区积极开展水务基础设施空间布局规划工作，积极对接区级在编国土空间规划。加大与市规划资源部门协调，主动与市级在编国土空间规划衔接，加强与供水等企业合作，将其管理范围内的水利、供水、排水等重要基础设施全部纳入规划，为实现水务规划“多规合一”创造条件。在全国技术组及水利部海河水利委员会的指导下，认真梳理现状水务本底情况，统计测算涉水生态空间面积，调查已建在建设施情况；同时，结合正在编制的水安全保障“十四五”规划，统筹考虑“十四五”及 2035 年时期规划重大水务项目，组织修改完成填报数据。2020 年 12 月，按时提交并详细汇报了规划成果，规划编制取得阶段性成果。

（3）规划主要成果。完成涉水生态空间划定。根据国家及地方出台的法规条例、技术大纲等文件划定19条一级行洪河道及3座湖泊水域岸线生态空间；于桥水库、引滦明渠、南水北调中线天津段等10处饮用水水源保护生态空间；东淀、文安洼等10处蓄滞洪区形成的行蓄洪水生态空间；蓟州北部山区、于桥水库等6处水源涵养生态空间；燕山国家级水土流失重点预防区和一级河道市级水土流失重点预防区形成的水土保持生态空间。

完成已建在建水利基础设施空间及用地划定。按照水库工程、引调提水工程、堤防工程、蓄滞洪区工程与安全建设、灌区工程、水生态修复工程、水文设施工程等类别，初步划定于桥等大型水库3座、北水南调等引调提水工程29项、里自沽大型灌区1处、河道堤防工程37项、蓄滞洪区工程建设与安全设施建设8项、水文监测设施29处等工程的管理范围及保护范围。

完成规划水利基础设施空间及用地划定。考虑到前期工作基础及工程布局方案的不确定性，按照工程建设规模适度超前、空间适当留有余地的原则，合理预留规划水利基础设施空间。主要涉及水库工程2项、引调水工程3项、堤防工程8项、蓄滞洪区工程及安全建设8项、水生态修复工程6项等工程。

【重点工程项目设计审批】

1. 天津市南水北调中线工程宝坻引江供水工程

宝坻区供水水源为引滦水和当地地下水。近期，由于引滦水质不稳定，发生多次应急停供事件，影响宝坻区供水安全。同时，随着地下水超采综合治理持续推进和农村饮水提质增效工程即将完成，宝坻区用水缺口还将扩大。为保障宝坻区经济社会可持续健康发展，化解供水危机，根据《天津市供水规划（2020—2035年）》为实现宝坻区引江引滦双水源供水格局，实施宝坻区引江供水工程是十分必要和迫切的。

该工程包括供水加压泵站和输水管道工程。泵站建设规模为25万吨每日，泵站到东山水厂分水口（桩号A11+571）相应流量为3.13立方米每秒，到规划宝坻第二水厂（桩号A28+150）相应流量为2.5立方米每秒，到终点泉州水厂相应流量为1.25立方米每秒。泵站与拟建的尔王庄水库至石化管道联络线工程所用加压泵站合建，选址于尔王庄水库东北侧二号闸附近。管线工程起点为二号闸泵站，终点为宝坻区泉州水厂，全长35.43千米，沿途设置两处分水口，分别向东山水厂和规划宝坻第二水厂分水。

2020年7月，市水务局下发《市水务局关于天津市南水北调中线工程宝坻引江供水工程初步设计的批复》文件批复该工程，其中概算由市发展改革委核定为68519.35万元。

2. 天津市南水北调中线工程静海引江供水工程

静海区生产生活用水主要依靠位于中心城区的凌庄水厂供应，辅以当地地下水。由于凌庄水厂距静海区较远，常发生供水水压不足等问题；另外，随着凌庄水厂周边供水区域需水量增长，对静海区供水保障程度将会逐渐降低；同时，地下水超采综合治理持续推进和农村饮水提质增效工程即将完成，静海区用水缺口还将扩大，急需为静海区开辟建设新的水源工程。为保障静海区经济社会可持续健康发展，根据《天津市供水规划（2020—2035年）》，实施静海区引江供水工程是十分必要和迫切的。

该工程从王庆坨水库引水箱涵取水通过新建静海供水泵站加压后利用新建输水管道将引江中线水输送至静海区，途经武清区和西青区，全长48.6千米，以保障静海区供水安全。静海引江供水工程高日需向静海地区供原水20万吨每日，考虑水厂自用水及管道漏损率，本工程管线设计流量2.5立方米每秒，相应泵站设计流量为2.5立方米每秒。

2020年12月，市水务局下发《市水务局关于天津市南水北调中线工程静海引江供水工程初步设计的批复》文件批复该工程，其中概算由市发展改革委核定为79634.62万元。

3. 尔王庄水库与石化管线联络工程

滨海新区大港地区生产生活用水主要依靠引滦入港和引滦入聚酯两条原水管线从尔王庄水库

取水供应，辅以宝坻石化水源地供应原水以及津滨水厂供应净水。近年来，每到夏季用水高峰期，常出现水量、水压不足现象，影响人民群众用水安全。现状引滦入港、引滦入聚酯管线和津滨水厂都基本处于满负荷运行，近期引滦水质不稳定，宝坻石化水源地同时还需兼顾宝坻区用水，造成大港地区供水更加紧张。为保障大港地区经济社会可持续健康发展，化解供水危机，根据市政府2020年批复的《天津市供水规划（2020—2035年）》，实施尔王庄水库与宝坻石化管线联络工程是十分必要和迫切的。

该工程包括供水加压泵站和输水管道工程。泵站与拟建的引江宝坻供水工程所用加压泵站合建，选址于尔王庄水库东北侧二号闸附近。尔王庄水库与宝坻石化管线联络工程高日向大港地区供原水8万吨每日，考虑水厂自用水率及管道漏损率，联络管线流量1立方米每秒，对应泵站流量也为1立方米每秒。管线工程起点为二号闸泵站，终点为石化管线（潮白新河右堤处），全长8.767千米。

2020年9月，市水务局下发《市水务局关于尔王庄水库与宝坻石化管线联络工程初步设计的批复》文件批复该工程，其中概算由市发展改革委核定为14068万元。

4. 中心城区防汛排涝补短板工程积水片改造二期工程（程林庄路地区）

随着近年来经济社会快速发展，城市防汛设施的承载负荷不断增加，遇强降雨时易造成城市内涝，对人民群众财产及出行安全造成不利影响。2018年7月24日，受台风“安比”影响，天津市遭遇特大暴雨过程，中心城区平均降雨量180.2毫米，降雨量大、持续时间长，市区出现多处积水。针对上述问题，市水务局全面分析应对强降雨存在的短板和薄弱环节，深入研究改造提升举措，并按照轻重缓急组织实施。

工程主要内容包括新建程林庄路地区登州路雨污合建泵站1座，其中雨水泵站规模7立方米每秒，污水泵站规模1.2立方米每秒。新建雨水泵站直径2.6米进水主干管道110米，2孔2.0米×1.6米出水方涵17米。新建污水泵站直径1.2~1.65米进水管道267米，直径1.35~1.65米出水管道207米。

2020年12月，市水务局下发《市水务局关于中心城区防汛排涝补短板工程积水片改造二期工程（程林庄路地区）初步设计报告的批复》文件批复该工程，其中概算由市发展改革委核定为7897.57万元。

5. 天津市北辰区永定河综合治理与生态修复工程（水务部分）

永定河是京津冀区域重要水源涵养区、生态屏障和生态廊道，是京津冀协同发展在生态领域率先突破的着力点。天津市境内河道全长37.1千米，其中北辰区境内长9.196千米。天津市永定河存在水环境承载力差、河道断流、部分河段防洪能力不足等问题。根据国家发展改革委、水利部、国家林业局联合印发的《永定河综合治理与生态修复总体方案》和天津市发展改革委、天津市水务局和天津市林业局联合印发的《天津市永定河综合治理与生态修复实施方案》，实施天津市北辰区永定河综合治理与生态修复工程是必要的。

在满足防洪、排涝安全的前提下，通过实施永定河及支流河道清淤扩挖、建设巡视道路及跨河交通桥、新建改建节制闸、堤岸绿化、新建屈家店水质净化工程等，提高永定河防洪能力，打造绿色生态河流廊道。工程主要范围包括北辰区境内的永定河以及增产河、中泓故道延长线、郎园引河延长线等重要支流及连通渠道，治理河渠总长19.98千米。

2020年3月，市水务局下发《市水务局关于天津市北辰区永定河综合治理与生态修复工程初步设计报告（水务部分）的批复》文件批复该工程，其中概算由市发展改革委核定为38500万元。

（规计处）

【规划设计成果】 2020年，完成了供水工程、排水工程、水污染防治工程、河道治理工程共四类22项规划设计成果，详见下表。

主要前期工作进展表

序号	项目名称	设计单位	主要建设内容	工程投资/万元	设计阶段及进度	批准文件
一	供水项目（共10项）			380989.65		
1	宝坻区引江供水工程	市水利设计院	供水规模为25万吨每日，新建管道35.43千米	68519.35	初步设计已批复	市水务局关于天津市南水北调中线工程宝坻引江供水工程初步设计的批复
2	静海区引江供水工程	市水利设计院	供水规模为20万吨每日，新建管道48.6千米	79634.62	初步设计已批复	市水务局关于天津市南水北调中线工程静海引江供水工程初步设计的批复
3	尔王庄水库至宝坻石化管道联络线工程	市水利设计院	供水规模为8万吨每日，新建管道8.767千米	14068.00	初步设计已批复	市水务局关于尔王庄水库与宝坻石化管线联络工程初步设计的批复
4	南干线至凌庄水厂原水管线工程	华森设计院	供水规模为44.1万吨每日，新建管道0.866千米	7021.68	初步设计已批复	市水务局关于南水北调配套凌庄水厂供水保障工程（南干线至凌庄水厂原水管线）初步设计报告的批复
5	北塘水库至新区水厂原水管线工程	华森设计院	供水规模为13.5万吨每日，主要包括维修改造北塘水库西南放水闸、新建高位井1座、新建高位井至新区水厂直径1400毫米输水管道213米	1806.00	初步设计已批复	市水务局关于天津市滨海新区供水工程北塘水库至新区水厂供水工程初步设计报告的批复
6	南干线至津滨水厂二期原水管线工程	华森设计院	供水规模为25万吨每日，新建直径2.2米管道610米接入津滨水厂	11000.00	项目建议书已批复，可行性研究报告已完成技术审查	市发展改革委关于南干线至津滨水厂二期原水管线工程项目建议书的批复
7	曹庄泵站增容工程	市水利设计院	规模由12.7立方米每秒增至22.3立方米每秒，主要建设内容为更换8台1200S-55型泵、进行电力增容改造以及更换必要的电气及自控设备	10000.00	项目建议书已批复，可行性研究报告已完成技术审查	市发展改革委关于天津市南水北调中线滨海新区供水工程曹庄泵站增容工程项目建议书的批复
8	杨柳青水厂原水管线工程	华森设计院	供水规模为10万吨每日，新建管道4.28千米	19069.00	项目建议书已批复	市发展改革委关于杨柳青水厂原水管线工程项目建议书的批复
9	洪泥河生产圈泵站枢纽一期工程	市水利设计院	一期工程输水规模为12.9立方米每秒，二期工程输水规模为19.7立方米每秒。土建工程按二期规模建设，水泵机组按一期规模安装	69871.00	项目建议书已批复	市发展改革委关于南水北调中线市内配套工程洪泥河生产圈供水枢纽一期工程项目建议书的批复

续表

序号	项目名称	设计单位	主要建设内容	工程投资/万元	设计阶段及进度	批准文件
10	南水北调中线大港引江供水工程	市水利设计院	供水规模为30万吨每日，新建管道31千米	100000.00	项目建议书已编制完成	
二	排水项目（共6项）			93883.33		
1	中心城区防汛排涝补短板积水地道改造一期密云一支路地道改造应急防汛工程	市政华北院	主要包括新建兴宁路段泵站直径1200毫米出水管道约1017米、直径1650毫米出水管道4米、直径1650毫米闸井1座及陈台子河出水口1处	1816.00	初步设计已批复	市水务局关于中心城区防汛排涝补短板积水地道改造一期密云一支路地道改造应急防汛工程初步设计报告的批复
2	中心城区防汛排涝补短板工程积水片改造二期工程（井冈山地区）	天津市政院	原址拆除重建赵沽里雨污合建泵站1座，其中雨水泵站规模15立方米每秒，污水泵站规模4立方米每秒。新建雨水泵站直径1350~3600毫米进水主干管道约4.2千米，新建污水泵站直径1800毫米出水管道约1.2千米	34258.76	初步设计已批复	市水务局关于中心城区防汛排涝补短板工程积水片改造二期工程（井冈山地区）初步设计报告的批复
3	中心城区防汛排涝补短板工程积水片改造二期工程（程林庄路地区）	天津市政院	新建程林庄路地区登州路雨污合建泵站1座，其中雨水泵站规模7立方米每秒，污水泵站规模1.2立方米每秒。新建雨水泵站直径2600毫米进水主干管道约110米，2孔2.0米×1.6米出水方涵约17米。新建污水泵站直径1200~1650毫米进水管道约267米，直径1350~1650毫米出水管道约207米	7897.57	初步设计已批复	市水务局关于中心城区防汛排涝补短板工程积水片改造二期工程（程林庄路地区）初步设计报告的批复
4	咸阳路雨水泵站改扩建及新增出水管道工程管道部分	天津城建院	废除现状咸阳路部分出水管道及出水方涵。新建直径2600毫米出水管道长度1689米，新建出水闸井1座及3.5米×1.8米出水方涵长度3米	14700.00	可行性研究报告已批复	市发展改革委关于咸阳路雨水泵站改扩建及新增出水管道工程管道部分可行性研究报告的批复
5	中心城区防汛排涝补短板工程积水地道改造二期工程	上海市政院、天津市政院	对九经路、卫国道、程林庄路、小张贵庄路、宾水西道共5处地道进行改建，缓解汛期排水不畅所造成的积水问题	19478.00	项目建议书已批复，可行性研究报告已完成技术审查	市发展改革委关于中心城区防汛排涝补短板工程项目建议书的批复

续表

序号	项目名称	设计单位	主要建设内容	工程投资/万元	设计阶段及进度	批准文件
6	中心城区防汛排涝补短板工程片外泵站一期工程大直沽泵站	天津市政院	新建泵站设计流量21.2立方米每秒，新建进水管道525米	15733.00	项目建议书已批复，可行性研究报告已完成技术审查	市发展改革委关于中心城区防汛排涝补短板工程项目建议书的批复
三	水污染防治工程（共4项）			611813.00		
1	天津市渤海水环境综合治理中心城区市管排水管网混接改造工程（一期）	市政华北院	主要包括改造排水混接点49处，其中封堵类35处，切改类14处。共计新建直径300~1200毫米管道737米，检查井44座，砌管堵112处	813.00	初步设计已批复	市水务局关于天津市渤海水环境综合治理中心城区市管排水管网混接改造工程（一期）初步设计报告的批复
2	咸阳路污水处理厂迁建提标二期工程	市政华北院	新增污水处理规模15万吨每日	73800.00	可行性研究报告已批复	市发展改革委关于咸阳路污水处理厂迁建提标二期工程可行性研究报告的批复
3	津沽污水处理厂三期工程	天津市政院	新增污水处理规模45万吨每日，新增污泥处置规模700吨每日	370000.00	可行性研究报告已批复	市发展改革委关于津沽污水处理厂三期工程可行性研究报告的批复
4	张贵庄污水处理厂二期工程	市政华北院	新增污水处理规模25万吨每日，新增污泥处置规模300吨每日（土建按照400吨每日建设）	167200.00	可行性研究报告已批复	市发展改革委关于张贵庄污水处理厂二期工程可行性研究报告的批复
四	河道治理工程（共2项）			88100.00		
1	天津市北运河筐儿港枢纽至屈家店枢纽综合治理工程	市水利设计院	河道清淤绿化15.6千米、新建堤防9.255千米、复堤2千米、堤防绿化和险工治理	49600.00	项目建议书已批复	市发展改革委关于天津市北运河筐儿港枢纽至屈家店枢纽综合治理工程项目建议书的批复
2	天津市北辰区永定河综合治理与生态修复工程初步设计报告（水务部分）	市水利设计院	工程主要范围包括北辰区境内的永定河以及增产河、中泓故道延长线、郎园引河延长线等重要支流及连通渠道，治理河渠总长19.98千米	38500.00	初步设计已批复	市水务局关于天津市北辰区永定河综合治理与生态修复工程初步设计报告（水务部分）批复
合计				1174785.98		

（规计处）

计划统计

【概述】 2020年，在局党委的正确领导下，计划统计工作紧紧围绕全局中心工作，提高政治站位，在经济下行压力增大、建设资金严重不足的情况下，锐意进取，攻坚克难，多渠道筹措建设资金，妥善化解政府债务，推动重点工程建设，提高统计数据质量，强化综合协调作用和服务大局意识，推进各项工作再上新水平。2020年下达投资计划46.56亿元，完成投资44.75亿元，其中完成固定资产投资44.65亿元。

【计划管理工作】 2020年，共落实市级及以上资金33.73亿元，其中中央资金5.14亿元、市财政专项6.42亿元、一般债券8.31亿元、专项债券12.59亿元、其他财政资金0.58亿元、水投集团筹措0.69亿元。争取中央资金5.14亿元，安排大黄堡洼蓄滞洪区安全建设、京津冀独流减河倒虹吸、永定河综合治理与生态修复、水库移民等重点工程建设。紧紧抓住政府专项债券重点支持水利建设的政策机遇，聚焦专项债券重点支持领域，认真策划包装项目，与水务集团密切合作，利用原水水费收入作为资金平衡来源，落实政府专项债券12.59亿元，用于农村饮水提质增效、于桥水库综合治理、大沽河净水厂一期、宝坻引江供水等供水工程建设。积极协调市财政局，落实财政性资金和一般政府债券15.31亿元，用于中心城区防汛排涝补短板积水片改造、重点水务工程还息还贷、弥补完工项目资金缺口等。

化解政府债务。落实市财政专项资金6.38亿元，用于完成全年化债任务。督促偿债主体水投集团每月按时完成化债任务。加强隐性债务动态监管，逐月审核各单位上报的债务变动情况，妥善处理政府债务。

投资计划执行。根据前期进展及资金落实情况，将全部项目划分重点建设和重点储备项目，分类督促推动。印发了《2020年重点水务建设项目责任分工表（第一批）》，对各项目明确了前期审批、开工等重要时间节点及各季度投资、形象进度完成目标，并根据资金落实及项目进展情况，对任务目标进行科学调整，为顺利开展水务建设指明了方向。建立局领导、主管部门、责任单位三级责任体系，逐级传导压力，分解落实责任。召开8次计划执行调度会，部署全年水务建设任务，分析研判建设过程中存在的问题和遇到的困难，提早制定可行措施，保障工程顺利实施。对项目前期进展、资金落实、投资完成、资金支出、形象进度等全方位跟踪统计，每月通报进展情况。对政府债券支出进度较慢的红桥区政府、静海区政府发督办函，对建设进度较慢的独流减河倒虹吸、大沽河净水厂一期工程进行现场督办，确保完成建设任务。重点水务建设项目共完成投资44.75亿元，为全年任务目标44.61亿元的100.3%。

【建设项目投资完成情况】 2020年重点水务建设项目完成投资447465万元，按工程类型划分为以下几个。

1. 防洪排涝项目

共10项工程，完成投资38047万元。其中泃河左堤蓟州区桑梓村至打渔庄村段治理工程完成投资2772万元，还乡新河宁河区板桥段治理工程完成投资1958万元，陈塘泵站工程完成投资9967万元，中心城区防汛排涝补短板工程积水片改造一期工程完成投资6657万元，咸阳路雨水泵站改扩建及新增出水管道工程（泵站部分）完成投资4098万元，大黄堡洼蓄滞洪区工程与安全建设完成投资6300万元，中心城区防汛排涝补短板工程积水地道改造一期工程密云一支路地道改造应急防汛工程完成投资1816万元，蓟运河宁河区西关段和刘庄段险工治理工程完成投资4479万元。中心城区防汛排涝补短板工程积水片改造二期工程（井冈山地区）正在施工准备。中心城区防汛排涝补短板工程积水片改造二期工程（程林庄地区）正在施工准备。

2. 供水项目

共9项工程，完成投资73861万元。其中南水北调中线市内配套工程管理信息系统完成投资1500万元，蓟州区2020年农村供水设施维修养护项目完成投资498万元，津滨水厂二期土建工程完成投资30710万元，凌庄水厂升级改造一期工程完成投资18000万元，南水北调配套凌庄水厂供水保障工程（南干线至凌庄水厂原水管线）正在施工准备。滨海新区供水工程北塘水库至新区水厂供水工程正在施工准备。南水北调中线工程宝坻引江供水工程完成投资12142万元，南水北调中线工程静海引江供水工程完成投资8000万元，尔王庄水库与宝坻石化管线联络工程完成投资3011万元。

3. 水环境项目

共11大项、13项工程，完成投资84594万元。其中中心城区广开四马路等7片合流制地区市管排水设施雨污分流改造工程，共3项工程，完成投资7278万元，包括2017年一期工程完成投资3809万元；井冈山路雨污水泵站工程完成投资2425万元；增产道污水泵站工程完成投资1044万元。于桥水库综合治理污染底泥清除工程完成投资1988万元。于桥水库综合治理环库截污沟治理一期工程完成投资537万元。于桥水库综合治理环库截污沟治理二期工程完成投资9100万元。引滦水源保护于桥水库综合治理入库沟口湿地工程完成投资6500万元。中心城区及环城四区水系联通工程青排渠、北丰产河连通工程完成投资6896万元。京津冀东部绿色生态屏障独流减河倒虹吸工程完成投资22966万元。中心城区水环境提升近期工程大沽河净水厂一期工程完成投资20000万元。北辰区永定河综合治理与生态修复工程（水务部分）完成投资8200万元。海绵城市建设解放南路片区排水管网改建工程完成投资1029万元。渤海水环境综合治理中心城区市管排水管网混接改造工程（一期）完成投资100万元。

4. 农村水利项目

共4大项、12项工程，完成投资240238万元。其中2019年蓟州区中小河流治理重点县综合整治工程完成投资927万元。农村饮水提质增效工程，共6项工程，完成投资236736万元，包括农村饮水提质增效工程蓟州区东后子峪水厂建设完成投资7920万元；蓟州区2020年农村饮水提质增效工程完成投资19700万元；宝坻区2020年农村饮水提质增效工程完成投资62162万元；宁河区2020年农村饮水提质增效工程完成投资97425万元；静海区2020年农村饮水提质增效工程完成投资8430万元；北辰区2020年农村饮水提质增效工程完成投资41100万元。京津风沙源二期工程，共3项工程，完成投资2128万元，包括武清区项目完成投资542万元；宝坻区项目完成投资513万元；蓟州区项目完成投资1073万元。农业水价综合改革项目，共2项工程，完成投资447万元，包括蓟州区项目完成投资200万元；武清区项目完成投资247万元。

5. 水库移民项目

共2大项、7项工程，完成投资10725万元。其中2019年水库移民项目，共3项工程，完成投资3148万元，包括蓟州区项目完成投资2775万元；宝坻区项目完成投资52万元；滨海新区项目完成投资320万元。2020年水库移民项目，共4项工程，完成投资7577万元，包括蓟州区项目完成投资5457万元；宝坻区项目完成投资500万元；西青区项目完成投资223万元；滨海新区项目完成投资1397万元。

【水务统计】 完成统计报表任务。完成水利综合统计、建设投资统计、服务业统计、城市建设统计等统计年报任务；加强统计工作协调，完善主管部门审核、会签机制，保障数据协调一致，提高数据真实性和权威性；按时向水利部、市统计局、市发展改革委等部门报送投资统计月报等定期报表120余期，未出现重大数据质量问题；认真开展统计造假专项整治“回头看”工作，保障统计数据质量，提高统计数据真实性；印发了《市水务局关于建立防范和惩治统计造假、弄虚作假责任制的通知》，建立统计工作责任体系，保障统计数据质量；编印《2019 天津水务发展统计公报》《2019 年水务统计指标》等统计资料，以翔实的数据、图文并茂的形式反映水务改革发展成就；完成水资源资产负债表、绿色发展指标体系、资源环境统计等专项统计报表工作。

（规计处）

工程建设与管理

工程建设项目

【概述】 2020年，全市水务建设项目完成投资44.75亿元，其中以建设中心、水投集团作为法人单位（或建设单位）实施新建、续建的水务建设项目共13项。建设中心主要承担12项水务工程建设管理任务，包括青排渠北丰产河连通工程，京津冀东部绿色生态屏障新建独流减河倒虹吸工程，陈塘泵站工程，引滦水源保护工程于桥水库综合治理污染底泥清除工程、环库截污沟一期工程、环库截污沟二期工程、入库沟口湿地工程，大沽河净水厂一期工程，天津梅江公园湖泊补水调蓄工程，泃河左堤蓟州区桑梓村至打渔庄村段治理工程，还乡新河宁河区板桥段治理工程，大黄堡洼蓄滞洪区工程与安全建设。水投集团公司负责建设项目1项，即天津市南水北调中线市内配套工程管理信息系统项目。

（建设中心　水务集团）

【青排渠北丰产河连通工程】 青排渠北丰产河连通工程位于海河流域北三河系和永定河系下游，全长36.247千米，起点青龙湾故道引水闸，终点北丰产河末端，渠道工程设计防洪标准为20年一遇。根据《天津市中心城区及环城四区水系联通规划方案》，为满足天津市中心城区及环城四区水系联通循环要求，拟建设南北两大水系联通体系，净化中心城区及环城四区一、二级河道水质，增加生态补水量，恢复和增强湿地功能。该工程的主要任务是完成北部循环系统中的回供工程，利用青龙湾故道、青排渠和北丰产河这三条现有的渠道，经过两级泵站提升，将七里海的水回供至中心城区（连通）；同时该线路还可反向运用，实现海河向七里海湿地补水（反向连通）。本工程的建设实施将使中心城区及环城四区水环境得到极大改善。

主要建设内容：改扩建三号桥泵站、新建青龙湾故道引水闸、新建青排渠穿永定新河倒虹吸、拆除重建永金引河倒虹吸、拆除重建北丰产河穿津榆公路管涵、清淤整治北丰产河17.762千米。

批复及投资：2019年1月28日，市发展改革委以《市发展改革委关于批复青排渠北丰产河连通工程初步设计报告的函》批复工程初步设计报告，批复工程概算总投资15280万元。

2019年11月29日，市水务局以《市水务局关于下达引滦水源保护于桥水库综合治理环库截污沟一期工程等项目投资计划的通知》下达青排渠北丰产河连通工程投资计划3800万元，来源为市级财政资金。

设计变更：2020年10月，天津市水利勘测设计院（设计单位）编制完成了《天津市中心城区及环城四区水系联通工程青排渠、北丰产河连通工程永定新河倒虹吸左堤500千伏高压塔支护设计变更报告》，市水务局以《市水务局关于青排渠北丰产河连通工程设计变更的批复》批复了该项变更。变更内容：根据现场地形条件及电力保护要求，对高压线及高压塔周边基坑采用两种方式进行支护。高压线以南段长35米，基坑高程0.95米以上按照1∶1.5边坡开挖，高程0.95米以下采用Ⅳ型拉森钢板桩支护，桩长15米；桩顶设双拼工字钢围檩，内撑采用直径609钢管，水平间距7米。高压线下段长29米，高程0.95米以上按照1∶1.5边坡开挖，高程0.95米以下采用钢筋混凝土灌注桩支护，桩长13米，桩径0.6米，间距0.8米；灌注桩桩外侧设旋喷桩进行闭水，桩径0.6米，桩长10米；桩顶设钢筋混凝土冠梁，尺寸0.8米×0.6米，内撑采用D609钢管，水平间距7米。堤防范围内拉森桩拔除后，对桩孔进行水泥灌浆回填。变更项目增加投资123.12万元，所需资金由工程招标结余解决。变更后工程总投资维持原批复15280万元不变。

工程进展：工程于2019年12月25日开工建设。截至2020年12月31日，三号桥泵站主体工程全部完成，泵站闸门、启闭机等金属结构及水机设备全部安装完成，管理用房、配电室及其他厂区附属工程已全部建设完成。完成丰产河河道清淤950米。永定新河倒虹吸右堤连通段、主河槽段及左堤滩地段已全部完成，青龙湾故道引水闸已全部完成。累计完成土方工程25.77万立方米，混凝土工程1.76万立方米。工程累计完成投资3800万元。

参建单位：

项目法人单位：天津市水务工程建设事务中心

设计单位：天津市水利勘测设计院

监理单位：天津市金帆工程建设监理有限公司

施工单位：中建六局水利水电建设集团有限公司
　　　　　天津市水利工程有限公司

质量监督单位：天津市水务局

【天津市大黄堡洼蓄滞洪区工程与安全建设】 天津市大黄堡洼蓄滞洪区工程与安全建设项目为续建工程，位于天津市武清区、宝坻区，工程主要任务是保证大黄堡洼发挥正常泄洪功能，满足北运河设计标准50年一遇洪水的滞洪要求，从而全面提高北运河的防洪、排涝能力，改善生态环境和工程管理状况，保障北运河流域防洪安全。

主要建设内容：围堤、隔堤复堤36.2千米，新建堤顶道路62.18千米；拆除或维修加固穿堤建筑物95座；拆除重建狼尔窝引河退水闸；拆除重建撤退路9条，总长26.28千米；拆除重建或维修加固桥涵6座。

批复及投资：2016年8月24日，市发展改革委以《市发展改革委关于批复天津市大黄堡洼蓄滞洪区工程与安全建设初步设计的函》批复工程初步设计报告，核定工程概算总投资20700万元。

2016年12月2日，市水务局、市财政局以《市水务局 市财政局关于下达大黄堡洼蓄滞洪区工程与安全建设2016年第一批投资计划的通知》下达工程投资计划4976.96万元，资金来源为2016年水利建设基金1020万元（城市基础设施配套费）、水投集团筹措3956.96万元。2020年7月20日，市发展改革委、市水务局以《市发展改革委 市水务局关于下达天津市大黄堡洼蓄滞洪区工程与安全建设2020年第一批中央预算内投资计划的通知》下达工程投资计划6300万元，资金来源为中央预算内投资3150万元，其他地方财政性建设资金1510万元，银行贷款1640万元。

设计变更：2017年8月，市水务局以《市水务局关于报批天津市大黄堡洼蓄滞洪区工程与安全建设武清区撤退路及北京排污河征迁设计变更及审查意见的函》向市发展改革委报批。2017年9月，市发展改革委以《市发展改革委关于批复天津市大黄堡洼蓄滞洪区工程与安全建设武清区撤退路及北京排污河征迁设计变更的函》批准变更。变更内容：取消八黄路（八里庄至四马营段）、务滋店路中的南村中心路、刘靳庄路的刘靳庄村内路段、普蒋路的普贤坨村内路、蒋庄子村内路段、白楼路的白楼村内路段、朱曹子路的朱曹子村内路段以及西丝窝路全段共8段总长7648米撤退路。新增大黄堡镇赵武路、赵庄南街路、四高庄路、赵忠路、忠辛台村内路、陈庄村东路、陈庄南街共7条、9009米撤退路。维护加固赵武路、赵忠路共2条、5227米撤退路，对路面破坏严重部位进行拆除、补强，加铺宽 4 米 C25 混凝土土面层，局部部位新建石灰粉煤灰粉稳定碎石基层；拆除重建赵庄南街路、四高庄路、赵忠路、忠辛台村内路、陈庄村东路、陈庄南街共 5 条、3782 米撤退路，拆除现状路面，新建石灰粉煤灰粉稳定碎石基层和 C25 混凝土土面层，忠辛台村北街岔路路面宽 2 米，其余道路路宽 4 米。新增砍伐狼尔窝引河退水闸及北京排污河左堤复堤施工影响范围内树木 5542 株。

工程进展：工程施工 1 标及施工 2 标于 2017 年 4 月 21 日开工，2018 年 8 月 30 日完工，累计完成武清区 8 条撤退路共计 23.477 千米、北京排污河左堤武清段堤顶路面 10.12 千米、狼尔窝引河退水闸拆除重建等工程建设任务，完成投资 4976.96 万元。施工 3 标及 4 标于 2020 年 11 月 26 日开工，至 2020 年年底，累计完成土方工程 16.04 万立方米，石方工程 0.48 万立方米，混凝土工程 1.69 万立方米，金属结构工程 729 吨。2020 年完成投资 6300 万元。累计完成投资 11276.96 万元，占批准概算投资约 54.45%。

工程 3 标、4 标的参建单位：

项目法人单位：天津市水务工程建设事务中心

设计单位：天津市水务规划勘测设计有限公司

监理单位：上海宏波工程咨询管理有限公司

施工单位：天津市雍阳公路工程集团有限公司
华北水利水电工程集团有限公司
中铁十四局集团有限公司
天津市水利工程有限公司

质量监督单位：天津市水务局

【引滦水源保护于桥水库综合治理】

1. 污染底泥清除工程

该工程为续建工程。利用于桥水库低水位调度运行裸露滩地有利时机，清除 17.8 米高程以上滩地区域富含营养盐的底泥，并结合底泥去向改造库岸，以形成适宜植被生长湖滨带地形条件，达到消减内外源污染、改善水体富营养化状况目的。

主要建设内容：结合于桥水库运行调度水位，对低水位期间于桥水库裸露滩地 17.8 米高程以上部分干场区域实施污染底泥清除工程，清除底泥 477.0 万立方米，改造湖滨带 33.5 千米，栽植植被 1400 公顷。

投资及批复：2018 年 3 月 23 日，市发展改革委以《市发展改革委关于批复引滦水源保护于桥水库综合治理污染底泥清除工程初步设计报告的通知》批复工程初步设计报告，核定工程概算总投资 32100 万元。2018 年 3 月 26 日，市水务局以《市水务局关于下达引滦水源保护于桥水库综合治理污染底泥清除工程 2018 年第一批投资计划的通知》下达工程投资计划 17600 万元，资金来源为市政府专项资金。2018 年 7 月 23 日，市水务局以《市水务局关于下达引滦水源保护于桥水库综合治理污染底泥清除工程 2018 年第二批投资计划的通知》下达工程投资计划 5605 万元，资金来源为中央水利发展资金。2020 年 7 月 15 日，市水务局以《市水务局关于下达引滦水源保护于桥水库综合治理污染底泥清除工程等项目 2020 年投资计划的通知》下达工程投资计划 4000 万元，资金来源为市级政府专项债券资金。

工程进展：该工程于 2018 年 5 月 11 日正式开工建设，截至 2020 年年底，完成全部建设内容。2020 年完成栽植植被 1400 公顷。工程累计完成投资 27205 万元。

工程参建单位：

项目法人：天津市水务工程建设事务中心

设计单位：天津市水利勘测设计院

监理单位：天津市金帆工程建设监理有限公司

施工单位：天津市水利工程有限公司
天津市津水建筑工程公司
华北水利水电工程集团有限公司
中建六局水利水电建设集团有限公司

质量监督单位：天津市水务工程建设质量与安全监督中心站

2. 环库截污沟一期工程

该工程为续建工程。开挖截污沟，利用截污

沟开挖土方修建巡视路，修建必要的河、渠、路交叉桥、涵等建筑物，对不完善的防护林进行补栽，达到滞蓄、削减于桥水库库区周边面源污染，改善水库水质的目的，同时结合现状护栏网实现水库全封闭，筑起水库生态防线。

主要建设内容：工程范围为淋河至三家店段，修建截污沟 15.5 千米，新建巡视土路或加宽现有道路 18.1 千米，利用现有道路 6 千米，配套建设交通涵桥等建筑物 17 座，补栽乔木、灌木 14.45 万株。

投资及批复：2018 年 7 月 30 日，市发展改革委以《市发展改革委关于批复引滦水源保护于桥水库综合治理环库截污沟一期工程初步设计报告的通知》批复工程初步设计报告，核定工程概算总投资 7640 万元。2018 年 9 月 17 日，市水务局以《市水务局关于下达引滦水源保护于桥水库综合治理环库截污沟一期工程 2018 年投资计划的通知》下达工程投资计划 3700 万元，资金来源为中央财政资金。2019 年 11 月 29 日，市水务局以《市水务局关于下达引滦水源保护于桥水库综合治理环库截污沟一期工程等项目投资计划的通知》下达工程投资计划 1400 万元，资金来源为市级财政资金。2020 年 7 月 15 日，市水务局以《市水务局关于下达引滦水源保护于桥水库综合治理污染底泥清除工程等项目 2020 年投资计划的通知》下达环库截污沟一期工程投资计划 1000 万元，资金来源为市级政府专项债券资金。

工程进展：该工程于 2018 年 10 月 25 日正式开工建设。截至 2020 年按批复完成全部建设内容，2020 年完成的补栽乔木、灌木 14.45 万株。工程累计完成投资 6100 万元，累计完成投资 100%。

工程参建单位：

项目法人：天津市水务工程建设事务中心

设计单位：天津市水利勘测设计院

监理单位：天津泽禹工程监理有限公司

施工单位：中建六局水利水电建设集团有限公司
天津市津水建筑工程公司
北京金河水务建设集团有限公司

质量监督单位：天津市水务工程建设质量与安全监督中心站

3. 环库截污沟二期工程

该工程属于续建工程。开挖截污沟，利用截污沟开挖土方修建巡视路，修建必要河、渠、路交叉桥、涵等建筑物，对不完善的防护林进行补栽，达到滞蓄、削减于桥水库库区周边面源污染、改善水库水质的目的，同时结合现状护栏网实现水库全封闭，筑起水库生态防线。

主要建设内容：工程范围为水库北岸蓟县水产公司至三家店、淋河左堤至水库东路、水库南岸官撞村至水库东路。修建截污沟 33.4 千米，新建巡视路 33.1 千米，配套新建建筑物 20 座，栽植乔木和灌木 75.13 公顷、17.23 万株。

投资及批复：2019 年 6 月 27 日，市发展改革委以《市发展改革委关于引滦水源保护于桥水库综合治理环库截污沟二期工程初步设计报告的批复》批复工程初步设计报告，核定工程概算总投资 15230 万元。2019 年 7 月 12 日，市水务局以《市水务局关于下达引滦水源保护于桥水库综合治理环库截污沟二期工程 2019 年投资计划的通知》下达工程投资计划 4500 万元，资金来源为节能减排财政政策综合示范奖励资金。2019 年 11 月 29 日，市水务局以《市水务局关于下达引滦水源保护于桥水库综合治理环库截污沟一期工程等项目投资计划的通知》下达环库截污沟二期工程投资计划 600 万元，资金来源为市级财政资金。2020 年 7 月 15 日，市水务局以《市水务局关于下达引滦水源保护于桥水库综合治理污染底泥清除工程等项目 2020 年投资计划的通知》下达环库截污沟二期工程投资计划 5000 万元，资金来源为市级政府专项债券资金。

工程进展：该工程于 2019 年 11 月 20 日正式开工建设。截至 2020 年年底，除绿化工程外已全部完工。完成的工程量修建截污沟 33.4 千米，新建巡视路 33.1 千米，配套新建建筑物 20 座。2020 年完成投资 9100 万元，工程累计完成投资 14202 万元，占总投资 93.25%。

工程参建单位：

项目法人：天津市水务工程建设事务中心

设计单位：天津市水利勘测设计院

监理单位：天津市金帆工程建设监理有限公司

施工单位：华北水利水电工程集团有限公司

天津市津水建筑工程公司

天津市水利工程有限公司

中建六局水利水电建设集团有限公司

质量监督单位：天津市水务工程建设质量与安全监督中心站

4. 入库沟口湿地工程

该工程属于引滦水源保护于桥水库综合治理工程。于桥水库供水形势严峻，库周面源影响突出，污染物随坡面和沟道汇流进入库区，为减少入库污染物，改善于桥水库水质，保障饮用水供水安全，在以往治理工程实施基础上建设淋河、六百户东沟、时临河和逯庄子沟沟口人工湿地。

主要建设内容：在于桥水库周边淋河、时临河、六百户东沟和逯庄子沟等4条入库沟道修建人工沟口湿地。淋河入库沟口湿地面积3.18平方千米，拦蓄5年一遇区间头场洪水；时临河入库沟口湿地面积0.52平方千米、运庄子沟入库沟口湿地面积0.17平方千米、六百户东沟入库沟口湿地面积0.11平方千米，均拦蓄2~5年一遇头场洪水。

投资及批复：2019年6月27日，市发展改革委以《市发展改革委关于引滦水源保护于桥水库综合治理入库沟口湿地工程实施方案的批复》核定工程概算总投资11230万元。2019年11月29日，市水务局以《市水务局关于下达引滦水源保护于桥水库综合治理环库截污沟一期工程等项目投资计划的通知》下达入库沟口湿地工程投资计划2000万元，资金来源为市级财政资金。2020年7月15日，市水务局以《市水务局关于下达引滦水源保护于桥水库综合治理污染底泥清除工程等项目2020年投资计划的通知》下达入库沟口湿地工程投资计划3000万元，资金来源为市级政府专项债券资金。2020年8月5日，市水务局以《市水务局关于下达引滦水源保护于桥水库入库沟口湿地工程和中心城区水环境提升近期工程大沽河净水厂一期工程2020年第二批投资计划的通知》下达入库沟口湿地工程投资计划3500万元，资金来源为中央水污染防治专项资金。

工程进展：该工程于2020年8月10日正式开工建设。截至2020年年底，完成部分土方施工，淋河河口湿地完成交通桥的灌注桩、橡胶坝下部结构施工。完成混凝土浇筑6538立方米，钢筋482.5吨，混凝土灌注桩896米，预支空心板65块，水泥土搅拌桩12800立方米，橡胶板埋件及坝袋采购，水机设备采购，金属结构采购，电气设备采购。2020年完成投资6500万元，占总投资57.88%。

工程参建单位：

项目法人：天津市水务工程建设事务中心

设计单位：天津市水利勘测设计院

监理单位：天津市金帆工程建设监理有限公司

施工单位：中建六局水利水电建设集团有限公司

质量监督单位：天津市水务工程建设质量与安全监督中心站

【大沽河净水厂一期工程】 该工程属于中心城区水环境提升近期工程之一。按照“控源截污、消减负荷、强化循环”治理思路，为有效开源节流，以削减河道水体污染负荷为目标，提高水资源重复利用率，建设大沽河净水厂一期工程。

主要建设内容：利用现有津涞公路至复康路立交桥段大沽河河道，占用河道全长5.2千米，设计规模20万吨每日。工程进水水质按地表水劣Ⅴ类水考虑，经净化处理后出水主要指标达到或优于地表水Ⅳ类水水质标准。水质净化采用“预处理+快渗”工艺，污泥处理采用脱水后处理后进行填埋。

投资及批复：2019年12月13日，市发展改革委以《市发展改革委关于核定中心城区水环境提升近期工程大沽河净水厂一期工程初步设计概算的复函》核定工程概算总投资53350万元。2019年12月17日，市水务局以《准予行政许可决定书》批复工程初步设计报告。2019年12月18日，市水务局《市水务局关于下达中心城区水环境提升近期工程大沽河净水厂一期工程第一批投资计划的通知》下达大沽河水厂一期工程投资计划8000万元，资金来源为市财政资金。2020年7月15日，市水务局以《市水务局关于下达引滦水源保护于桥水库综合治理污染底泥清除工程等项目2020年投资计划的通知》下达工程投资计划4000万元，资金来源为市级政府专项债券资金。2020年8月5日，市水务局以《市水务局关于下达引滦水源保护于桥水库入库沟口湿地工程和中心城区水环境提升近期工程大沽河净水厂一期工程2020年第二批投资计划的通知》下达大沽河水厂一期工程投资计划8000万元，资金来源为中央水污染防治专项资金。

工程进展：该工程于2020年7月1日正式开工建设。截至2020年年底，工程完成河道清淤5.19千米（100%），箱涵施工1428米（29.9%），快渗池施工747米（18.6%）。完成投资20000万元，占总投资的37.49%。

工程参建单位：

项目法人：天津市水务工程建设事务中心

设计施工总承包单位：天津市水利工程有限公司与天津市水利勘测设计院联合体

监理单位：天津市金帆工程建设监理有限公司

质量监督单位：天津市水务工程建设质量与安全监督中心站

【京津冀东部绿色生态屏障独流减河倒虹吸工程】 该工程位于北大港水库北围堤与万家码头泵站之间，设计流量30立方米每秒。根据线路布置，工程内容主要包括建设输水箱涵（包括新建独流减河倒虹吸干线输水箱涵及供水联络线输水箱涵）、北大港水库穿堤闸以及万家码头泵站出水池改造。

主要建设内容：新建输水箱涵断面型式为3孔3.5米×3.5米，采用C30现浇钢筋混凝土结构，长3703.7米。主要建筑物包括1座连接井及4座通气孔（兼有进人检修功能）。北大港水库穿堤闸位于北大港水库北围堤，穿堤闸由箱涵段、闸室段、消力池段、引渠段和连通段组成。万家码头泵站出水池改造设计方案为将池顶混凝土面凿毛并植入纵向钢筋，池顶加高至6.8米。

工程投资及批复：2019年7月18日，市发展改革委以《市发展改革委关于京津冀东部绿色生态屏障独流减河倒虹吸工程可行性研究报告的批复》批复工程可行性研究报告。10月23日，市发展改革委以《市发展改革委关于核定京津冀东部绿色生态屏障独流减河倒虹吸工程初步设计概算的复函》批复工程概算29850万元。10月31日，市水务局以《关于京津冀东部绿色生态屏障独流减河倒虹吸工程初步设计报告的批复》批复工程初步设计报告。2019年10月23日，市发展改革委以《市发展改革委市财政局关于下达2019年急需财政资金重大骨干项目投资计划（四季度）的通知》下达工程投资投资计划7000万元，资金来源为市级资金。2020年2月11日，市水务局以《市水务局关于下达京津冀东部绿色生态屏障独流减河倒虹吸工程等项目2020年第一批投资计划的通知》下达工程投资投资计划15000万元，资金来源为中央水利发展资金。

工程进展：该工程于2020年3月31日正式开工建设，截至2020年12月底，北大港水库穿堤闸部分全部完成。中间滩地部分，土方开挖完成3.3千米，土方回填完成1.9千米，箱涵浇筑完成138节。累计完成概算投资23890万元，占概算总投资80.03%。

工程参建单位：

项目法人：天津市水务工程建设事务中心

设计单位：天津市水务规划勘测设计有限公司

监理单位：天津润泰工程监理有限公司

施工单位：天津市水利工程有限公司

质量监督单位：天津市水务局

【陈塘泵站工程】 该工程位于河西区东江路与玛钢路交口，为新建工程。近年来，天津市出现了不同程度的暴雨内涝灾害，暴露出部分地区存在积水问题，政府和市民对城市排水防涝工作提出了更高的要求。陈塘地区现状涝水经复兴门泵站外排，现状规模为6立方米每秒，担负着4.15平方千米区域的排涝任务，泵站规模偏小，服务面积大，造成大雨时排水不畅。陈塘地区排涝能力严重不足，城市排水问题亟待解决。受雨水管网现状及城市建设的限制，复兴门泵站现阶段不具备扩建条件，应新建泵站解决本地区雨水排放问题。近年来，市委、市政府高度重视水污染治理，逐年加大了水环境治理和管理力度。2016年，天津市政府批复了《天津市海绵城市建设专项规划（2016—2030年）》《天津市海绵城市建设试点实施方案》，解放南路片区为近期天津市海绵城市重点示范区之一。考虑该工程位于天津市海绵城市重点示范区，为减少初期雨水径流造成的河道污染，提升河道水质，满足海绵城市示范建设要求，市水务局与市住建部门就增设初期雨水调蓄池事宜达成一致意见。

主要建设内容：进水管道、连接井、主泵房、出水箱涵、出水闸、分水箱涵、分水闸井、调蓄池、无动力除渣装置、管理用房和配电室、庭院道路、绿化、大门及围墙、污水管翻建等。调蓄池设计规模：12100立方米，总有效容积约12200立方米，初雨控制调蓄雨量为8毫米。调蓄池采用地下式，断面呈“凹”字形，布置于泵房出水箱涵下部和左右两侧。调蓄池内部设置存水室、冲洗区、放空区。排涝标准为3年一遇，控制面积2.5平方千米。

工程投资及批复：2019年5月5日，市发展改革委以《市发展改革委关于陈塘泵站工程增设初期雨水调蓄池的复函》，同意该工程在项目建议书批复建设内容基础上增加初期雨水调蓄池建设内容，纳入可行性研究报告。2019年5月，天津市水利勘测设计院编制完成了《陈塘泵站工程可行性研究报告》。2019年6月，市发展改革委组织审查，2019年6月27日，市发展改革委以《市发展改革委关于陈塘泵站工程可行性研究报告的批复》予以批复。2019年8月，天津市水利勘测设计院编制完成《陈塘泵站工程初步设计报告》，2019年9月，市水务局组织审查，2019年9月12日，市水务局以《准予行政许可决定书》批复工程初步设计报告。工程总投资14920万元。2019年9月26日，市水务局以《市水务局关于下达陈塘泵站工程2019年投资计划的通知》下达工程第一批投资计划7500万元，资金来源为中央资金（其中2018年500万元，2019年7000万元）。

工程进展：该工程于2019年12月28日正式开工建设，截至2020年年底，完成土方6.409万立方米、石方0.538万立方米、混凝土2.000万立方米，累计完成土方6.409万立方米、石方0.538万立方米、混凝土2.000万立方米。工程预计2021年4月底完成全部建设任务。累计完成工程投资7500万元。

工程参建单位：

项目法人：天津市水务工程建设事务中心

设计单位：天津市水务规划勘测设计有限公司

监理单位：天津市泽禹工程建设监理有限公司

施工单位：天津市水利工程有限公司

质量监督单位：天津市水务局

【天津梅江公园湖泊补水调蓄工程】 天津市为严重缺水城市，降雨季节集中且春季蒸发渗透量较大。河湖水体若无水源补水，将会干涸，严重影响景观效果。梅江公园周围的北湖、南湖和西湖常年湖水位较低，生态环境恶劣，蚊虫水草孳生、周围居民反响极大。该工程是为了配合天津梅江会展中心周围湖泊日常补水，同时为便于解决周围湖泊水质黑臭恶化、抑制水草生长及蓝藻暴发等工程而进行的补水调蓄工程。

主要建设内容：工程从卫津河取水，取水口位于绥江道与卫津河交口西南处，新建进水闸井（带八字）一座，通过一体化泵站提升，将水提升至北湖，对卫津河—海逸王墅段原直径1000毫米现状管道进行内衬修复，海逸王墅—北湖段新建直径1000毫米补水管道，保留北湖和南湖之间现状土坝并新建直径1000毫米补水管道及闸井（带八字），实现北湖和南湖连通，保留北湖和西湖之间现状土坝并新建直径1000毫米补水管道及闸井（带八字），实现北湖和西湖连通。在北湖西侧新建进水闸门一座，新建直径1000毫米补水管道向二期规划湖泊进行补水。

工程投资及批复：2019年6月3日，市发展改革委以《市发展改革委关于批复天津梅江公园湖泊补水调蓄工程项目建议书的函》批复工程项目建议书。2019年11月14日，市水务局以《市水务局关于天津梅江公园湖泊补水调蓄工程初步设计的批复》批复工程初步设计报告，工程总投资2010万元。2019年12月25日，市发展改革委以《市发展改革委关于追加下达2019年急需市级财政资金重大骨干项目投资计划（四季度）的通知》下达该工程投资计划390万元，资金来源为市级财政资金，2020年4月7日，市发展改革委以《市发展改革委关于下达天津梅江公园湖泊补水调蓄工程2020年度市级政府投资计划的通知》下达工程投资计划930万元，资金来源为2020年度地方政府一般债券。

工程进展：该工程于2020年4月1日正式开工建设，截至2020年12月31日，完成全部建设任务。完成一体化泵站1座，管道铺设574米。累计完成概算投资1320万元。

工程参建单位：

项目法人：天津市城市管理委员会

建设单位：天津市水务工程建设事务中心

设计单位：天津城建设计院有限公司

监理单位：天津润泰工程监理有限公司

施工单位：中建六局水利水电建设集团有限公司

质量监督单位：天津市水务局

【泃河左堤蓟州区桑梓村至打渔庄村段治理工程】 按照《全国重点地区中小河流近期治理规划》，针对泃河堤防存在的问题，对泃河左堤桑梓村至打渔庄村段进行治理，提高泃河堤防交通能力，改善工程管理状况，使泃河桑梓村至打渔庄村段达到设计20年一遇防洪标准。工程起点为泃河左堤堤顶与桑梓镇进乡硬化道路处，桩号为L0+000，终点为侯家营镇打渔庄村现状堤顶硬化道路处，桩号为L24+162，治理段总长度为24.162千米。治理措施主要为堤防加高培厚、穿堤建筑物整治、险工段治理以及新建堤顶巡视道路。

工程投资及批复：2018年8月31日，市发展改革委以《市发展改革委关于批复泃河左堤蓟州区桑梓村至打渔庄村段治理工程项目建议书的函》批复工程项目建议书。2018年10月12日，市发展改革委以《市发展改革委关于批复泃河左堤蓟州区桑梓村至打渔庄村段治理工程实施方案的函》批复工程实施方案，批复投资3370万元。2019年11月29日，市水务局以《市水务局关于下达引滦水源保护于桥水库综合治理环库截污沟一期工程等项目投资计划的通知》下达工程投资计划600万元，资金来源为市级财政资金。2020年2月11日，市水务局以《市水务局关于下达京津冀东部绿色生态屏障独流减河倒虹吸工程等项目2020年第一批投资计划的通知》下达工程投资计划1072万元，资金来源为中央水利发展资金。2020年4月9日，市发展改革委以《市发展改革委关于下达水务工程项目2020年度市级政府投资计划的通知》下达工程投资计划1000万元，资金来源为2020年度地方政府一般债券。

工程进展：该工程于2020年3月5日正式开工建设，截至2020年6月30日，已完成全部建设任务，完成土方工程10.5万立方米；石方3.1万立方米，混凝土工程1.8万立方米。累计完成概算投资2672万元。

工程参建单位：

项目法人：天津市水务工程建设事务中心

设计单位：天津市水务规划勘测设计有限公司

监理单位：天津润泰工程监理有限公司

施工单位：天津市津水建筑工程公司

质量监督单位：天津市水务局

【还乡新河宁河区板桥段治理工程】 还乡新河至今已运行40余年，经过1976年唐山大地震后，堤防沉降严重，超高不足，河道过流能力普遍较低。还乡新河规划防洪标准为20年一遇，现状堤顶高程已不能满足规划要求，且现状堤顶基本无铺装，由于未进行治理且长期堤顶行车，造成现状顶面坑洼不平，尤其进入雨季，堤顶泥泞不堪，无法行车，严重影响正常的堤顶巡视，成为汛期防汛安全的隐患；治理段河道现状堤防边坡破损比较严重。因此，需对还乡新河宁河区板桥段实施治理工程，以使河道满足规划要求。工程治理范围为还乡新河板桥段，涉及河道长11.24千米，设计流量670~686立方米每秒，通过加高、加固堤防，使其满足20年一遇设计标准。新建两岸堤顶路，设计路宽4.0米，长13.014千米。

工程投资及批复：2018年9月1日，市发展改革委以《市发展改革委关于批复还乡新河宁河区板桥段治理工程项目建议书的函》批复工程项目建议书。2018年9月13日，市发展改革委以《市发展改革委关于批复还乡新河宁河区板桥段治理工程实施方案的函》批复工程实施方案，核定概算总投资2480万元。2019年11月29日，市水务局以《市水务局关于下达引滦水源保护于桥水库综合治理环库截污沟一期等项目投资计划的通知》文件下达该工程投资计划700万元，资金来源为市级财政资金。2020年2月11日，市水务局以《市水务局关于下达京津冀东部绿色生态屏障独流减河倒虹吸工程等项目2020年第一批投资计划的通知》文件下达该工程投资计划600万元，资金来源为中央水利发展资金。2020年4月9日，市水务局以《市水务局关于下达中心城区防汛排涝补短板工程积水片改造一期工程等项目2020年度市级政府投资计划的通知》文件下达该工程投资计划421万元，资金来源为2020年度地方政府一般债券。

工程进展：该工程于2020年3月17日正式开工建设，截至2020年5月30日，已完成全部建设任务。完成土方工程14.82万立方米，石方1.11万立方米，混凝土工程0.55万立方米。累计完成概算投资1721万元。

工程参建单位：

项目法人：天津市水务工程建设事务中心

设计单位：黄河勘测规划设计研究院有限公司

监理单位：天津市泽禹工程建设监理有限公司

施工单位：中建六局水利水电建设集团有限公司

质量监督单位：天津市水务局

（建设中心）

【南水北调天津市内配套工程】 天津市南水北调中线市内配套工程管理信息系统。工程建设内容：开发建设覆盖天津市南水北调中线市内配套工程的自动化调度、工程管理、综合决策支持软件系统以及与调水业务相应的电子政务系统。建设覆盖调度中心（备调中心）、分调中心的应用支撑平台和数据存储与管理系统。建设覆盖调度中心（备调中心）、分调中心、各级管理单位以及各信息采集点的通信系统、计算机网络系统、系统运行实体环境。管理信息系统工程调度中心、调度分中心等选址在天津市水务投资集团有限公司购置的管理设施范围内。天津市南水北调中线市内配套工程调度中心设置在天津公馆，在现有北塘水库管理用房设置备调中心，在现有引滦潮白河分公司、引滦尔王庄分公司、引滦市区分公司、引江市区分公司、引江市南分公司等设置调度分中心。

工程投资及批复：2018年9月11日，市发展改革委以《天津市发改委关于批复天津市南水北调中线市内配套工程管理信息系统工程可行性研究报告的函》批复核定工程估算动态投资11400万元，所需工程投资按照李树起副市长等市领导在《市水务局关于协调落实南水北调市内配套工程建设资金的报告》上的批示和市水务局《关于报批天津市南水北调市内配套工程管理信息系统可行性研究报告有关情况说明的函》，由市财政和滨海新区政府按照6：4比例分担。2019年11月11日，市水务局以《市水务局关于天津市南水北调中线市内配套工程管理信息系统工程初步设计报告的批复》核定工程概算动态总投资9500万元。2019 年 11 月 14 日，市水务局根据《关于下达南水北调中线市内配套工程管理信息系统 2019 年投资计划的通知》，结合项目前期工作进展及资金落实情况，下达 2019 年计划投资资金 2800 万元，资金来源为 2019 年地方政府债券资金。2020 年 11 月 17 日，市水务局以《市水务局关于下达天津市南水北调中线市内配套工程管理信息系统 2020 年投资计划的通知》下达 2020 年投资 1500 万元，资金来源为水务投资集团自筹。

工程进展：2020 年 10 月开工，截至 2020 年年底，完成实体环境建设工作，完成部分设备安装，完成子系统软件开发工作。本年完成投资 1500 万元，占本年投资任务指标（1500 万元）的 100%；累计完成投资 4300 万元，占总投资（9500 万元）的 45.26%。

工程参建单位：

项目法人：天津水务投资集团有限公司

代建单位：天津水务建设有限公司

设计单位：天津市水利勘测设计院

监理单位：天津市中网通信工程监理有限公司

施工单位：中通服建设有限公司

天津市中环系统工程有限责任公司

鑫泰智慧（天津）科技有限公司

（水务集团）

建 设 管 理

【概述】 2020 年，市水务局坚持攻坚克难，全力推进水务工程建设工作高质量发展。制定天津市水务工程疫情防控措施，指导各项目参建单位组建疫情防控指挥机构，实时指导工程项目做好疫情防控和开工复工工作。依托市水务工程建设综合管理平台、水利工程建设交易管理系统，建立招投标绿色通道，实行不见面办理。深化落实“水利行业强监管”，明确落实行业管理监管部门，充实工程建设行业管理人员，发挥水行政主管部门监管职能。

【水务工程建设行业管理】 加强水务工程程序管理。办理完成 33 项项目法人组建书面报告接收，9 项开工备案初审，项目法人验收计划、竣工抽样检测、设计变更等备案初审 17 项。对天津市北辰区永定河综合治理与生态修复工程（水务部分）实施“两承诺五交底一复核”。

做好行业立法管理工作。为适应天津市水利建设形势的发展，维护水利建设市场秩序，确保水利工程质量与安全，提高投资效益，组织起草《天津市水利工程建设管理办法》（修订稿），针对《办法》中有关招投标管理、质量安全管理、融资与建管模式管理、诚信体系建设管理及法律责任等方面的内容进行增加或修改。

全年完成 10 个区水务建设领域行业监管专项检查，累计发现问题 53 项，同 5 个涉及农村饮水提质增效区指导座谈 6 次，组织各区水务局召开市管存量项目竣工验收协调推动会 5 次，促进了区级水务建设领域监管能力的提升。

【水务工程创新管理】 打造全市第一个智慧工地，在陈塘泵站工程创新引入施工现场分区人脸识别门禁系统、基坑自动监控系统、BIM 模型、BIM－VR 虚拟安全体验系统，并组织全市水务系统相关单位进行观摩学习。大力推广质量监督平台 App。全年通过质量监督移动 App 管理平台采集信息 346 次，反馈意见 243 份，推动整改各类质量安全问题 765 条，实现了项目质量信息的动态监控和大数据分析处理。

【项目法人制】 2020 年，全市水利工程严格落实项目法人责任制，检查水利工程项目法人履职行为，对市重点工程项目法人的组建、开工备案、验收计划备案、竣工验收质量抽检方案备案、法人验收鉴定书、一般设计变更等建设程序，先后对咸阳路泵站、增产道泵站、青排渠北丰产河连通工程、独流减河倒虹吸等 4 项重点工程建设程序进行 4 个批次检查。

【建设监理制】 2020年，全市水利工程严格实行监理制，工程监理率达到100%。截至2020年年底，全市有具备监理资质的企业8家，其中具备水利施工监理甲级资质的3家，水利施工监理乙级的1家，水利施工监理丙级的4家（见下表）。

天津市具备监理资质企业情况表

序号	资质级别	企业名称
1	施工甲级资质	天津市泽禹工程建设监理有限公司
2		天津市金帆工程建设监理有限公司
3		天津润泰工程监理有限公司
4	施工乙级资质	天津利源工程监理有限公司
5	施工丙级资质	天津华水水务工程有限公司
6		天津市昊天工程建设监理咨询有限公司
7		天津水缘工程咨询有限责任公司
8		天津华地公用工程建设监理有限公司

【合同管理制】 2020年，继续加大招投标合同管理，对中标单位合同进行严格审核，对水务监督范围内依法实行招标发包的水务工程合同，按照不低于20%的比例进行随机抽查。检查合同内容是否按照水利水电工程施工合同范本编制，合同实质性条款是否与招标文件和中标人的投标文件内容一致。同时加大对中标单位的合同履约监管力度，全年向水利部水利建设市场监管平台采集上报市场主体不良行为记录认定信息9条。

【招标投标制】 明确监管范围，细化监管流程，持续规范天津市水务招投标市场行为。建设中心编制《水务建设市场招投投标监督事务性工作操作手册》，依法严格界定进入水务招投标市场的项目性质与规模，理顺招投标项目监管流程，严格公告前要件审核，开评标全过程监督，招标总结报告备案等事前、事中和事后监管，监管事项实行清单化管理，全面建立起“一手册、三环节、三清单、四监督、七备案”的水务监管模式。

强化项目招标监管。全年累计办理各类招投标备案手续874项，进行开评标过程监管136场次，进入市场项目均符合相关规定及要求，未发现违规违法行为。

持续优化营商环境，深入开展各类规章和规范性文件清理，不设置法律法规之外的市场准入门槛，积极推进招投标市场市区两级监管职责。招标公告前，向招标人一次性告知所需要件，相关审核要件实行网上传输，履行网上备案，水务招投标项目实现“网上办、立即办、不见面办”。做好疫情期间招标监督工作。发布暂停招标和远程在线开评标有关要求，同时兼顾工程建设需要协调市水务局有关部门和交易大厅做好咸阳路泵站开标工作，建立招投标绿色通道，梳理市、区两级已发招投公告项目18项，待发公告项目22项。根据项目紧急程度量身定制招投标方案，协调市公共资源交易中心开通招标场地绿色通道，确保项目按时完成开评标。与市公共资源交易平台召开专题座谈会，梳理完成《水务工程建设项目招投标监管需求及其他事项确认表》，推动招投标监督事权下放并进一步简化招标监督备案流程，持续优化规范场内行为。

【诚信体系建设】 持续加强诚信体系建设，实现信用信息全覆盖。进一步健全完善天津市水务工程建设综合管理平台，与水利部水利建设市场监管平台对接，双平台实现信用信息互连互通。2020年年底，全市水务建设市场主体信用信息实现全覆盖。

建立健全水务建设市场信用评价体系，持续推进信用信息在水务建设市场中的应用。6月完成天津市2020年全国水利建设市场主体信用评价赋分工作，8月印发《市水务局关于2020年水利工程建设市场主体信用信息在政府投资项目招投标中应用工作的通知》，9月印发《水利建设市场主体不良行为记录认定和信用修复工作流程》，落实市场信用信息在招投标市场中的应用，规范不良行为认定与修复流程。全年向水利部水利建设市场监管平台采集上报市场主体不良行为记录认定信息9条，配合完成2020年水利部对天津市诚信体系考核评价。

（建设中心）

【质量与安全监督】 2020年，市水务局注重质量与安全监督的全过程管理，工程建设质量与安全处于受控状态，全市水务工程建设未发生质量与安全事故。工程一次性验收合格率100%，重点工程单元工程优良率94%。

2020年年初新冠疫情发生以来，认真落实局党组各项工作部署，制定市管水务工程复工准备和疫情防控工作各类文件。优化办事流程，落实不见面，在线办理质量安全监督手续，针对质量安全监督事项简化办事步骤，实现网上填报、在线沟通和在线审查。通过微信和电话及时了解工程疫情防控、物资储备、复工准备等工作情况。及时通过电话、微信、视频会议等方式处理有关工作，确保监督不缺位。复工复产期间，积极落实全市水务工程复工复产工作要求，检查推动宁河区区管水务工程复工复产工作，积极推动各工程后期满工满产工作。检查帮扶局扶贫项目，对高井、艾林两座区管泵站建设质量安全工作开展帮扶。

2020年新办理监督手续工程项目7项。各项工程开工前，监督人员均按照监督工作要求并结合工程实际情况，制定监督计划，明确各工程项目监督检查的内容和重点，对参建单位开展监督交底，强化监督工作针对性。在各工程项目主体工程开工前和工作时限内，审核确认项目法人提交的工程项目划分。工程建设过程中，以监督抽查方式，注重对各参建单位质量安全体系和质量安全管理行为的监督检查，及时发现工程建设过程中的质量安全隐患和问题，督促各参建单位及时整改，对违规行为进行查处，并进行通报。组织开展专项检查，针对不同时间节点，组织开展节后复工、汛期、冬季施工质量安全专项检查。按照监督工作要求，组织开展在建工程质量体系、质量行为和质量责任制、强制性条文专项检查。组织对在建工程开展监督飞检，2020年，对在建水利工程原材料、中间产品和工程实体，委托检测机构开展监督飞检8批次，形成检测报告206份，检测结果合格。

完善制度建设，规范监督程序。加强质量管理制度建设，进一步修改完善《天津市水利工程质量检测管理办法（征求意见稿）》。加强监督内部制度建设，进一步梳理完善水务工程建设质量与安全监督工作流程，组织修订水务工程建设质量与安全监督十项内部工作制度，进一步规范监督工作。

业务培训。2020年1月，组织召开水利工程项目划分编制管理规范宣贯培训会议，对《水利工程项目划分编制管理规范》（DB12/T 915—2019）进行宣贯，全市水利工程建设参建单位有关人员参加培训。

水利部水利建设质量工作考核。市水务局召开会议专题研究部署2019—2020年度水利部质量考核工作，成立由主管局领导任组长的质量考核工作领导小组，召开质量考核工作会议，安排部署质量考核工作。2020年9月21—23日，水利部考核组组长黄玮带队对天津市（2019—2020年度）水利工程建设质量工作进行考核，考核组听取了工作汇报，对天津市2019—2020年度水利建设质量工作情况进行总体评价。考核组在考核年度在建工程中抽取了陈塘泵站工程、津南区盘沽泵站工程，对质量工作开展实际效果进行评价。2020年12月8日，水利部以《关于2019—2020年度水利建设质量工作考核结果的公告》公布考核结果，天津市取得A级，全国第4名成绩。

按照市水务局“四不两直”检查方案部署，2020年6月17日至7月24日，对宝坻、宁河、静海、津南、北辰、滨海新区、蓟州、西青8个区的11个区管项目进行检查。依据水利部《水利工程建设质量与安全生产监督检查办法（试行）》要求，对各在建工程项目法人、设计、监理、施工单位进行检查，真实了解和掌握工程实际情况。对存在问题较多的项目，责成有关区水行政主管部门对相关责任单位进行约谈和通报处理，并认定不良行为，纳入诚信体系。

与区水务局、区监督机构就监督机构建设和监督工作开展情况进行政策性文件执行情况座谈和业务交流。结合检查中发现的问题，为各区水务局和区监督机构在水利工程建设质量安全管理工作中存在的问题提供指导和帮助，推动各区不断加强监督机构和能力建设，提升质量与安全监督管理业务水平。

强化水利工程质量检测单位监管，配合职能部门对天津市水利工程质量检测单位开展“双随机、一公开”执法检查。检查完成后形成检查报告并向社会公布，确保天津市水利工程质量检测工作规范有序开展。

2020年，水科院检测中心按照水利部《水利工程质量检测技术规程》和市水务局有关要求，主要承接了项目法人单位第三方检测、工程验收委员会竣工检测及监督抽检工作。其中，项目法人单位第三方检测主要包括滨海新区南四河水系联通工程、西青区大沽排水河沿岸生态修复工程、天津市宁河区2019年宁河镇高效节水灌溉项目、静海区八排干清淤扩挖治理工程项目、天津市宁河区曾口河综合治理工程等102个工程项目；配合水务工程建设事务中心完成了独流减河倒虹吸等工程项目监督抽检工作；竣工检测主要包括西青区大沽排水河堤防加固工程、静海区纪庄子泵站更新改造工程2个项目，为天津市水利工程建设质量控制提供强有力的支撑。

为保证检测能力的持续性和有效性，水科院检测中心组织并实施了《检验检测机构资质认定能力评价检验检测机构通用要求》（RB/T 214—2017）、《检测和校准实验室能力认可准则》（CNAS－CL01：2018）、质量管理手册和程序文件以及化学安全和防护知识培训；通过了全国甲级水利工程质量检测单位资质的延续；参加了国家认可委组织的水泥物理、化学，钢筋力学能力验证，开展了质量体系的内部审核和管理评审，提高了检测人员的试验能力，为更好地开展天津市水利工程质量检测工作提供坚实的保障。

（建设中心　水科院）

【建设项目检查】　2020年，对全市1家水利工程甲级、3家水利工程乙级质量检测单位和4家水利工程监理单位开展了水务建设市场主体“双随机、一公开”专项检查，并在市水务局网站上公示检查结果，对存在问题的4家单位要求限期整改；全年对12项水利工程招投标手续办理情况和备案文件合规合法情况开展专项抽查，持续规范市场主体行为，促进天津市水务建设市场健康有序发展。全年开展10次农民工工资治欠保支专项检查，有力保障天津市水务工程建设领域农民工劳动报酬权益，维护社会和谐稳定。

2020年，强化水务建设领域“双随机、一公开”。检查天津市3家水利工程质量检测单位和4家监理单位，检查结果社会公开。按照市“互联网+监管”行政检查事项职责要求，对咸阳路泵站、青排渠北丰产河连通工程、独流减河倒虹吸工程、增产道污水泵站工程等4项工程项目中监理单位履职能力进行4个批次检查，发现即查即改问题20项。

（建设中心）

【建设项目稽察】　按照水利部《关于加强地方水利稽察工作的通知》要求，组织编制了《市水务局2020年水务工程建设项目稽察工作实施方案》并印发执行。按照《水利建设项目稽察常见问题清单》开展清单化稽察，保质保量完成7个工程项目稽察，共稽察出前期设计、建设管理、计划下达与执行、资金管理、工程质量管理和安全管理等方面76个问题，下达整改通知书7份，整改率达到100%，规范了法人、资金、质量、安全管理行为。

（安监处）

【验收组织管理】　2020年，组织推动水利工程建设项目竣工验收工作，编制《水利工程竣工验收三年行动计划》，建立验收台账，明确时间节点。2020年完成宝坻区张头窝泵站更新改造工程、宝坻区里自沽泵站更新改造工程、引滦隧洞重点病害治理工程2018年度、市水务局关于印发中心城区雨污水混接改造工程社会产权支管与主干管道混接点改造工程（一、二、三期）等12项工程竣工验收工作，详见下表。

2020年竣工验收工程清单

序号	项　目　名　称	验收日期	质量等级
1	宝坻区张头窝泵站更新改造工程	2020年8月20日	优良
2	宝坻区里子沽泵站更新改造工程	2020年8月20日	优良
3	中心城区雨污水混接改造工程社会产权支管与主干管道混接点改造（一期）	2020年12月3日	合格
4	中心城区雨污水混接改造工程社会产权支管与主干管道混接点改造（二期）	2020年12月22日	合格
5	中心城区雨污水混接改造工程社会产权支管与主干管道混接点改造（三期）	2020年11月16日	合格
6	中心城区二级河道水循环能力提升工程	2020年12月3日	合格
7	中心城区易积水地区改造工程纪念馆地区等六处排水设施改造工程	2020年12月29日	合格
8	中心城区广开四马路等7片合流制地区市管排水设施雨污分流改造工程新开河调蓄池工程	2020年12月25日	优良
9	中心城区一级河道雨水泵站新增排水出路工程阎街等4座泵站排水出路改造工程	2020年12月22日	合格
10	中心城区水环境提升近期工程雨水管道残留水及初期雨水治理一期工程	2020年12月29日	合格
11	北京排污河（狼儿窝退水闸至东堤头防潮闸段）治理工程	2020年12月30日	优良
12	永定新河综合治理工程（0+000~14+500段）	2020年12月28日	优良

（建管处）

重大公益性水务工程建设

【概述】 2020年是天津市重大公益性水务工程建设指挥部（以下简称“重水指”）继续发挥平台优势的一年。按照局党组统一会议部署，在日常工作中坚持问题导向，采取一线工作法，及时发现问题、解决问题，积极调动局内外资源和力量，确保各项重点工程有序推进。

在新冠肺炎疫情期间，坚持一手抓疫情防控，一手抓开工复工。指导各重点水务工程项目参建单位组建疫情防控指挥机构，实时指导工程项目做好疫情防控和开工复工工作。在前期工作上，推动协调解决9个重点水务工程项目选址、规划、用地、移交等4个方面的11个问题。在组织推动工程项目建设上，现场检查或服务39次；召开进度例会和推动会议8次，帮助项目法人协调解决在施工程的涉及工程进度、建设移交、施工安全中遇到的问题。截至12月底，全市15项在建重点工程累计完成工程建设投资11.66亿元，占年度计划的101.56%。

【前期工作】 根据市交通运输委有关要求，为做好与航道有关水务工程的手续办理工作，向各项目法人下发通知，要求认真梳理在建和正在办理前期工作的水务工程，对涉及天津市辖区内航道的水务工程，按要求办理航道通航条件影响评价审核手续。

在项目规划和用地手续方面，组织推动南水北调中线一期工程宝坻引江供水工程、石化联络线供水工程办理项目规划和用地手续，办理完成工程选址意见书和用地预审工作，静海引江供水工程选址和用地预审手续已履行审批程序；积极协调市、区规划资源局完成中心城区桥园里等六个积水片改造相关选址手续，为工程可研批复创造条件；协调津南区规划资源局基本同意洪泥河生产圈泵站枢纽工程选址位置。

【项目推进】 坚持做好疫情防控，有序推进重点水务项目开工复工。紧紧围绕民生民心工程加强管理，突出水务特点，创新抓实现场“物防、技防、人防、思想意识防”的“四防”措施，着力采取“抢备务工人员、抢备材料设备、抢抓工期”“三抢”措施。在2020年3月16日，21个市级项目在建工地全部复工，5个新开工项目，54个区管项目全部开工复工，实现满工满产“两个100%”。

着力克服疫情影响不利因素，想方设法提速民生水务建设。组织推动在建项目二季度施工全面提速，按照年度目标任务，倒排工期，按周分解施工计划。保持重点工程进度推动力度，狠抓节点进度，着力加强建设管理。督促参建单位在大沽河净水厂、陈塘泵站等重点项目现场推行“钉钉打卡”，对“咸阳路泵站、青排渠北丰产河连通工程、独流减河倒虹吸工程、增产道污水泵站工程”等工程项目中加强监理单位履职能力检查，强化监理履职能力。

全力推动水务建设强监管，狠抓重点工程项目竣工验收和完工移交。按照市水务局部门制定的第二轮（2020—2022年）竣工验收三年行动计划，督促各单位加快竣工验收。牵头组织水务建设中心、水投集团等单位积极推动新开河调蓄池工程、月牙河泵站工程和王庆坨水库工程的实体移交工作。积极协调推动复兴河泵站工程移交，多次召开专项协调会议，推动落实各项工作，确保及早发挥工程效益。

（重水指）

水利工程管理

河道闸站管理

【概述】 2020 年，河道工程管理以实现水利工程安全、有效、良性运行为出发点和着力点，全面落实“水利工程补短板、水利行业强监管”，持续推动达标管理考核、日常维修养护、专项工程等工作的开展。市管河道堤防管理达标率保持 74%，直属闸站设施设备完好率保持 94%，河道工程管理水平进一步提高。

【河道巡视巡查】 落实堤防、水闸、泵站、水库巡查责任，实现了岗位、站所、管理中心三级的巡查巡视和局层级指挥调度监督，2020 年度累计下达巡查任务 14781 个，发现问题 592 个，已处置 554 个，巡查人数 9990 人次，巡查时长 3520 小时，累计里程 132655 千米。

【堤防水闸泵站管理】 河道工程维修维护：安排日常与专项维修项目（险工险段应急抢险项目）资金共计 7652 万元。

安排各工管单位日常维修维护项目资金 5152 万元，其中北三河中心 992 万元、永定河中心（海堤中心）1062 万元、海河中心 832 万元、大清河中心 609 万元、北大港中心 127 万元、于桥中心 1100 万元、黎河中心 300 万元、隧洞中心 130 万元。

安排险工险段应急抢险项目，共安排 11 项，资金 2500 万元（见下表）。

2020 年险工险段应急抢险工程项目计划表

序号	项目名称	总投资/万元	工程现状	主要建设内容
汇总		2500		
1	新开河—金钟河、北运河、西部防线十里横堤獾洞治理	176.02	新开河—金钟河左堤（桩号 12+400～12+950）段长 550 米，堤防迎水侧、背水侧均存在獾洞，检查发现獾洞洞口 54 个，造成沥青路面塌陷；北运河左堤（桩号 44+700～45+600）段长 900 米，迎水坡发现獾洞洞口 28 个；西部防线十里横堤清北干渠（桩号 27+700～28+200）长 500 米，背水侧堤肩堤坡发现洞穴 19 个	对堤身獾洞洞口进行局部开挖回填碾压，黏土灌浆措施对獾洞群险情进行整治

续表

序号	项目名称	总投资/万元	工程现状	主要建设内容
2	独流减河堤防破损修复及防洪通道设施治理	312.83	独流减河右堤杨成庄大桥—团泊新桥（桩号 14+500~17+500）共 3 千米段内滩坡冲刷严重，形成陡坎，影响行洪安全；独流减河右堤（桩号 9+500~10+300）（西琉城大桥下游 800 米）段路面出现不同程度破损，防汛车辆通行困难。独流减河等河道防洪通道设置了限高设施，保证了防洪通道正常通行，但限高设施也容易引发人身伤亡事故，存在重大安全隐患	选取格宾石笼防冲刷；对桩号 9+500~10+300 段 800 米沥青混凝土路面进行维修；为消除安全隐患，对防洪通道设置的限高架改造成限宽设施并完善警示标志
3	青龙湾减河堤坡冲坑、洞穴治理工程	398.5	该段位于青龙湾减河左堤庞家湾段（桩号 19+400~26+000），堤身多为沙壤土。受强降雨影响，水土流失加剧，背水侧堤坡表面冲刷破坏严重，形成多处大面积雨水冲沟和坑洞，对堤防本身造成安全隐患，同时对附近村庄的村外排水沟造成淤积	该段堤防的堤肩、堤坡布设排水沟，冲沟、坑洞开挖回填，部分背水坡防护
4	海河窑上口门等堤防险工险段治理	421.5	海河左堤东丽区窑上口门（桩号 27+444）段长 8 米、新袁庄村（桩号 34+490）段长 20 米及海河右堤（桩号 23+216）段长 3 米、桩号 30+500 段长 50 米、桩号 32+250 段长 45 米、桩号 34+260~34+380 段长 120 米，桩号 42+700~42+900 段长 200 米、桩号 44+700~44+800 段长 100 米、桩号 34+200 处长 5 米、桩号 39+030~39+120 段长 90 米以上共计 641 米堤防处于河道急转弯的凹岸处和排水口门附近，水流条件恶劣，浆砌石挡墙坍塌脱落，破损严重	按照破损情况，对右堤 8 处隐患点位、左堤新袁庄铁路桥下挡墙豁口以及窑上口门穿堤建筑物进行维修。拟对右堤 8 处隐患点位、左堤新袁庄铁路桥下挡墙豁口采取临水侧搭设围堰，重新砌筑浆砌石的方式消除隐患；为减少对原状堤防影响，在窑上口门临水侧及背水侧搭设围堰，向穿堤管涵内灌注膨胀水泥的方式，进行彻底封堵
5	大清河左堤 1+658~3+000 段灌浆	199.92	检查发现大清河左堤桩号 2+630 及桩号 2+690 处堤身堤基存在重大安全隐患，已列入水利部险工险段台账。同时该段堤防又是台头镇防护围圩，若堤身出现险情，危及周边群众安全	对该段堤防实施灌浆加固
6	海堤送水路段（海堤 104+744~106+294）治理工程	409.18	现状堤顶宽 2.0~4.0 米，高程 6.40~6.68 米，现状土堤不满足越浪要求	对现状土埝采用素填土碾压，堤身三面采用灌砌石“三面光”护砌
7	蓟运河宁河西关段防汛抢险	80.07	8 月 17 日下午，防汛巡河时发现，蓟运河西关村部分堤防出现 10 厘米宽裂缝，对沿岸村民住房安全造成威胁。初步认定堤防裂缝是由河水冲刷所致，后续有滑坡风险	对涉及住户进行了转移安置，扒子埝，迎水侧抛沙袋，使用沙子 2000 吨，沙袋 65000 个等

续表

序号	项目名称	总投资/万元	工程现状	主要建设内容
8	永定新河防潮闸启闭机液压油更换	49.28	永定新河防潮闸使用液压启闭系统，由于其运行频繁，为保证系统的安全可靠，每年汛前会对其液压油进行检测，并根据检测结果及时更换，防潮闸启闭机液压油于2014年和2017年进行了更换。今年的检测结果显示液压油颗粒度等级NAS等级超过12，需要对其进行更换	更换14套液压系统的液压油约21吨，并更换泄油软管及高压软管，共计约120米
9	二道闸电气设备维修及滑触线更换	121.44	二道闸电源开关经常出现过载跳闸水闸检修闸门电动葫芦滑触线超出使用年限，且为非防水滑触线，室外使用存在安全隐患	铺设室外电缆610米，增设开关柜1面，更换空气开关16个，滑触线更换314米
10	蓟运河闸、宁车沽闸供电线路整改	108.73	国网天津市电力公司要求，为保障蓟运河闸用电的可靠性，对茶16线路244号杆以下的1~60号杆进行提升改造；宁车沽闸原有引潮线和车南线两条供电线路保障水闸运行安全，受滨海新区政府规划调整影响，引潮线已中断为宁车沽闸所供电，为保障宁车沽闸的运行安全，与国家电网公司协商，再为宁车沽闸增加一路备用电源	蓟运河闸供电线路整改：对244号杆以下的1~60号杆拆除重建，个别杆高提升；宁车沽闸整改：由宁车沽供电站新引进一路电源，由022线09号线杆沿潮白新河左堤内堤肩连至宁车沽防潮闸管理所电源终端杆，杆上装刀闸、避雷器、接地极，共计17根基线杆，终端杆引下电缆至高压配电室，电缆总长50米
11	海河口泵站竖井贯流机组大修	222.53	对3台机组及6号机组的变速箱和水泵大修等	

【水库管理】 市水务局组织审定了杨庄水库、津南水库安全评价及安全鉴定报告书并印发；组织推动滨海新区水务局审定并印发了于庄子水库、钱圈水库、沙井子水库安全鉴定报告书。组织开展天津市全国大型水库安全监测监督平台大坝安全管理信息系统填报和审核，完成了大型水库调度规程、安全鉴定、维修养护、应急预案、年度报告等信息的填报和审核工作。

组织召开市水库管理工作会议，将防汛工作作为主要内容纳入会议议程，要求各单位认真落实防汛各项三个责任人，狠抓三个重点环节，并提出具体要求和落实措施。同时，为进一步贯彻习近平总书记、李克强总理关于水库管理的重要批示精神，落实水利部“水利工程补短板、水利行业强监管”水利改革发展总基调的要求，提高水库管理水平，发挥水库综合效益，支持经济社会可持续发展，制订并实施了《市水务局关于进一步加强水库管理的指导意见》。

为提升水库三个责任人履职能力，推动责任人从有实到有能，按照水利部开展小型水库防汛“三个责任人”“三个重点环节”网络培训的要求，组织各水库主管部门、管理单位近90人进行了网上培训，取得了良好效果，并组织开展了水库“三个责任人”履职情况和“三个重点环节”落实情况专项督查。同时，督促各区、各河系管理单位开展了多批次的防汛培训和演练，其中，各区共开展培训29次，435人参加，共开展演练23次，980人参加；各河系管理单位开展培训10次，

166 人参加，共开展演练 8 次，161 人参加。

7 月 12 日，唐山市古冶区发生 5.1 级地震，地震发生后，立即组织市管水库管理单位、各区水务局对天津市大中小型共 28 座水库开展了拉网式排查，排查重点包括围坝、涵闸、泵站等工程设施，出动排查人员近 100 人次，经排查，未发现险情，有效防止了次生灾害的发生。

按照《水利部办公厅关于加强水库大坝安全鉴定和降等报废工作的通知》要求和天津市水库降等报废计划，滨海新区和津南区先后申请注销报废。其中滨海新区中新生态城管委会建设局委托中水北方勘测设计研究有限责任公司编制完成了《天津市滨海新区营城水库报废论证报告》，并组织专家论证和联合验收，经中新生态城管委会主任办公会讨论同意并报滨海新区政府，滨海新区政府向市水务局报《关于滨海新区营城水库报废大坝注销申请备案的函》；津南区水务局委托水利部南京水利科学研究院编制《天津市津南区津南水库报废论证报告》，并组织专家论证和联合验收，经区长办公会讨论同意，津南区水务局向市水务局报《关于津南水库报废大坝注销申请备案的请示》。经市水务局审核，营城水库和津南水库的报废文件齐全，报废程序基本合理，市水务局予以备案，并将相关文件报水利部运管司和大坝管理中心备案。

2020 年 8 月，天津市共有水库 26 座（王庆坨水库尚未验收未注册），其中大型水库 3 座，分别为于桥水库、北大港水库、团泊水库；中型水库 8 座，分别为尔王庄水库、北塘水库、黄港第一水库、黄港第二水库、杨庄水库、上马台水库、新地河水库、鸭淀水库；小型水库 14 座，分别为新房子水库、刘吉素水库、刘庄子水库、赤霞峪水库、穿芳峪水库、官善水库、郭家沟水库、三八水库、南湖水库、永金水库、大兴水库、钱圈水库、沙井子水库、于庄子水库。

【国家和市级水管单位建设】 持续推动以国家级、市级水管单位为重点的达标创建工作，完成水务集团引滦潮白河分公司、引滦市区分公司国家级水管单位达标复验（3 年复验 1 次），完成金钟河闸、金钟河泵站枢纽工程市级水管单位达标复验，完成于桥水库国家级水管单位 2020 年度考核。充分发挥达标水管单位的示范和标杆的作用，进一步规范日常运行管理工作，推动标准化、制度化落实，推动干部职工管理理念转变、人员素质提升、保障设施设备安全运行，展现出天津水利管理的新形象新风貌。

（建管处）

【工程维修维护】 2020 年，日常维修养护项目投资合计 5152 万元，其中市管河道闸站日常维修养护项目 3495 万元，包括维修养护行洪河道堤防 2268 千米（含海堤），维修养护市属水闸 57 座，其中重点水闸 18 座、一般水闸 39 座，维修养护市属泵站 12 座（含芦新河泵站），其中重点泵站 3 座、一般泵站（含橡胶坝）9 座；隧洞日常维修项目 130 万元；黎河日常维修维护项目 300 万元；于桥水库维护项目 1100 万元；北大港水库日常维修维护项目 127 万元。

（康燕玲　王国宾）

【涉河项目审查】 严格涉河项目审查，强化涉水永久性生态保护区域管理。主动协调沟通，做好技术审查。截至 2020 年 12 月，完成北京燃气天津南港 LNG 应急储备项目外输管道工程等 82 项涉河建设项目的审批审查工作，对天津宁河国投 50 兆瓦风电送出工程等 45 项涉河建设方案规划路径提出了反馈意见（含多规合一平台 33 项）。

开展涉河建设项目汛前检查。对中俄东线天然气管道工程（长岭—永清）等 18 项在建涉河项目进行了专项检查，督促相关单位加强在建涉河建设项目的监管力度，及时处理违法违规行为，为保障防汛安全提供支撑。

强化涉水永久性保护生态区域管理。组织完成了尔王庄水库与宝坻石化管线联络工程等 9 个项目的生态影响论证工作，并报送市规划局；对宁河区“煤改电”工程等 209 个项目的生态影响论证报告提出了反馈意见。

深化工程建设项目审批制度改革，对 2020 年版天津市政务服务事项目录进行了确认，印发了《市水务局政务服务事项事中事后监管标准化实施细则》，推进“互联网+监管”工作开展。

（建管处）

【取土采砂管理】 按照“保护优先、科学规划、规范许可、有效监管、确保安全”的原则和要求，以规范河道采砂管理、维护河湖健康生命为目的，2020 年，《天津市河道采砂规划》编制工作基本完成，为正确处理河湖保护和经济发展的关系，进一步有效监管，加强河道采砂管理，合理开发利用砂石资源提供科学依据。

（康燕玲　王国宾）

【永定河管理】

1. 河道闸站工程管理

水利工程运行管理。对照《水利工程运行管理监督检查办法》，建立了运行管理违规行为和水利工程缺陷问题清单，针对管理行为问题制定解决方案，针对工程缺陷问题纳入项目库。编写完成了《水利工程运行管理监督实施手册》。根据所管理的水闸、泵站、堤防工程现状以及管理工作需求，建立永定河中心 2020—2022 年项目库，对入库项目严格把关，为及时立项、审批和工程建设创造条件。

金钟河闸、金钟河泵站市级水管单位达标复核。编制了市管达标复验工作方案，落实了工作内容、岗位责任、节点计划。通过日常维护资金安排基础日常维护项目 4 项，一次性日常项目 34 项，提升了水闸、泵站工程设施安全运行保障及外观面貌，同时完成管理资料整编。12 月 11 日，市水务局建管处组织专家组对金钟河闸、金钟河泵站市级水管单位达标工作进行考核复验，按照考核标准，经逐项评分，金钟河闸复验得分为 931.4 分，金钟河泵站复验得分为 934.4 分，且各类得分均不低于该类得分的 85%，金钟河闸、金钟河泵站通过市级水管单位考核复验。

工程管理考核。组织中心考核组完成闸站年度工程管理考核工作，芦新河泵站年度考核成绩 948 分、金钟河闸年度考核成绩 937.6 分、金钟河泵站年度考核成绩 938.8 分、蓟运河闸年度考核成绩 931.6 分、宁车沽闸年度考核成绩 938.6 分、永定新河防潮闸年度考核成绩 940.2 分。各闸站年度考核结果全部达到了考核标准要求，通过年度考核。

河道堤防巡查。编制巡查方案、明确巡查路线、细化巡查内容、固定巡查人员、确定巡查时间，转变河道巡查管理模式，利用市水务局巡视检查系统加强巡查管理，巡查发现问题及时处理，提高问题处置效率，巡查轨迹化系统运行正常，共完成巡查 1261 次，完成巡查点位 4431 个；上报问题 24 个，均处理完成；出动巡查车辆 960 余车次，巡查人员 2100 余人次，总巡查里程 57000 余千米。加强中心业务科室技术巡查频次，工管科、水管科、水环境科组成联合巡查组，每两周至少开展一次巡查，巡查河段或点位结合近期工作重点、热点、直属所反映、群众反映等统筹安排；积极践行“两个坚持三个转变”重要论述精神，为进一步掌握河道堤防工程隐患、工程缺陷及管理问题等情况，汛期及汛后组织全中心技术人员对河道堤防进行徒步巡查，徒步巡堤 2000 余千米，发现问题全部记录在案按轻重缓急解决，确保巡查效果，实现有效监管，通过徒步巡查及时发现了北运河、十里横堤以及金钟河堤防的多处獾洞群等问题，并实施加固治理。

永定河泛区管理。摸清底数、排除隐患。联合武清区河道管理部门，历时近 4 个月，徒步踏勘近 200 千米，基本摸清了泛区内工程底数，形成了《永定河泛区概况图集》《永定河洪水主流区踏勘报告》等重要成果。重点对永定河行洪主流区南北前围埝、北卫埝 25 处缺口和主槽内阻水坝埝等防汛隐患进行现场查勘，完成了泛区围堤 58 处口门的现场测量登记工作。组织对 25 处缺口和京沪高铁下游段两处堤身薄弱段进行了封堵、复堤。出动人员 150 余人次对永定河行洪主槽内 16 处鱼池、27处坝埝进行了拆除。

工程日常维修养护。优化调整工程日常维修养护管理模式，及时修订完善了《日常维修养护工程管理细则》，并按细则要求安排各项日常维修养护工程。完成河道堤防打草约136万平方米，修复堤防堤顶路面5500平方米，修复拦路墩156个，开展千米桩、雨淋沟维修，完成堤防树木病虫害治理；完成管辖水闸、泵站经常性项目，汛前完成高压预防性试验、防雷检测、消防设施维护、远程控制系统等维护项目，汛后集中组织各闸站启闭机减速机齿轮油更换项目，完成闸站一次性项目85项。2020年养护资金共计投入880万元；12月统计堤防管理达标长度为291.765千米，达标率为88.65%，海堤达标长度为109.427千米，达标率为78.37%；管辖闸站总体设备设施完好率98.37%；芦新河泵站、金钟河泵站设备管理等级评定均为一、二类设备。

险工险段工程管理。落实险工险段各项措施，辖内险工险段7项，建立了险工险段台账、编制险工险段管理办法、结合各相关区做好应急抢险预案，多方渠道解决险工问题。截至2020年年底，管理范围内除小汾闸险工以外的险工险段均已完成了加固维修，小汾闸险工已制定维修加固方案，落实资金投入渠道。

专项工程项目管理。2020年实施专项工程4项（见下表），总投资742万元，在工程实施过程中，实施全过程监管，除海堤送水路土埝治理工程外其他3项工程均已在参建各方的协同配合下完成。

2020年永定河中心（海堤中心）专项工程统计表 单位：万元

序号	项　目　名　称	总投资	施　工　单　位
1	海堤送水路段土埝治理工程	409	天津市水利工程有限公司
2	新开河-金钟河、北运河、西部防线十里横堤獾洞治理工程	176	山东黄河工程集团有限公司
3	蓟运河闸、宁车沽闸供电线路整改工程	108	天津华兴金力电力设备安装股份有限公司
4	永定新河防潮闸液压油更换项目	49	天津市永汇天源建筑工程有限公司

涉河建设项目管理。2020年累计对12项涉河建设项目实施监管，其中2020年新开工项目8项。根据市水务局及中心的涉河建设项目管理要求，对涉河建设项目进行事中事后严格监管，对建设和施工企业主动服务。管理范围内涉河项目均严格按照“准予行政许可决定书”要求实施。2020年完成建设项目6项，其他项目仍在建设中。汛前指导各施工单位编制完成工程度汛方案，组织开展在建项目的度汛检查，对存在的问题现场下达整改通知，施工单位均按照要求进行了整改。建立了涉河建设项目管理台账，根据工程进展随时更新台账。

工程信息化建设。按时完成堤防、水闸信息系统数据更新；完成了数字海堤管理信息平台技术审查工作，年初开展巡视巡查模块和手机App端试运行，积极落实系统二级等保措施；完成了沿海实时潮位监测系统升级改造项目技术审查，系统开始试运行；水闸、泵站设备设施工程档案基础信息已基本建立完成，其中芦新河泵站、金钟河泵站、金钟河闸工程档案实现信息电子查询及工程现场二维码查询。

完善修订工程管理制度。完善修订《天津市永定河管理中心（天津市海堤管理中心）非招标采购实施细则》《永定河管理中心（海堤管理中心）堤防工程运行管理办法》《永定河管理中心（海堤管理中心）日常维修养护项目管理细则》《永定河管理中心（海堤管理中心）专项维修养护项目管理细则》《涉河建设项目监督管理办法》《永定河管理中心（海堤管理中心）险工险段管理办法》等6项制度办法。

2. 河道防汛

成立了永定河中心防汛防潮领导小组和办公室，下设5个专业组和5个防汛防潮应急小组，落实了所辖一级行洪河道、城市防洪堤、海堤防汛责任人，编制印发了永定河中心（海堤中心）防汛防潮应急响应规程。深入开展防汛检查，组织完成各级防汛督查近20次。汛前完成所辖闸站、堤防工程自查，共排查出2大类29个问题，逐一落实了整改措施。联合相关区共同开展一级行洪河道（海堤）口门技术检查工作，落实具体管理单位和责任人，针对问题隐患制定并落实解决措施。编制印发了永定河防汛预案、防潮预案，组织开展泵站运行知识、防汛抢险技术、水闸运行常见故障及排除方法等防汛知识培训和备用电源倒闸操作、提闸泄洪、发电机应急启闭闸门等应急演练16次。配合局防办做好永定河系所辖蓄滞洪区运用预案、口门拆除预案、蓄滞洪区居民财产登记以及三级四类责任人的汇总审核。落实险工险段各项措施，建立了险工险段台账、编制险工险段管理办法、结合区做好应急抢险预案。全力做好强降雨应对工作，8月12—13日强降雨期间，组织召开会商会议，研究细化任务措施，调度闸站、设备、人力，全力做好强降雨应对工作。启动防汛Ⅲ级应急响应，金钟河泵站、芦新河泵站11日连夜全力开泵，永定新河防潮闸赶潮提放，蓟运河闸、宁车沽闸利用闸下低水位空隙适时提闸，全力降低河道水位，为迎接降雨预留空间。开展堤防、口门检查，加密巡查频次，督促各涉河项目严格按照度汛预案批复内容落实值班值守、临时工程应急拆除准备等各项措施，确保工程正常发挥效益。中心负责人分赴各基层闸站，包片督导、靠前指挥，确保水闸泵站平稳运行。密切关注水情、雨情，加强与上游以及屈家店、九王庄、里自沽等水文站点的联系，科学研判来水情况，在保障防洪安全的同时，做好后汛期雨洪资源利用。严格执行调度命令，全年所辖市管直属水闸、泵站累计泄水15.78亿立方米，其中永定新河防潮闸运行61次，泄水10.88亿立方米；蓟运河闸运行31次，泄水1.90亿立方米；宁车沽闸运行35次，泄水2.22亿立方米；金钟河泵站运行58次1908台时，排水6746万立方米，芦新河泵站运行31次947台时，排水1023万立方米。

3. 水政执法

水政巡查执法。2020年共巡查486次，出动执法人员1000人次，出动车辆510车次，累计巡查河道60500余千米。共查处各类水事违法行为16起，立案4起，结案3起。开展“护河2020”专项行动，联合各区河长办、区环保局、区农委、属地镇政府等多个部门进行执法13次，对永定新河、北京排污河、金钟河等河道内的非法拦河网、地笼、非法捕鱼船只等进行了专项清理。此次专项行动共出动船只32艘次、执法车辆65辆次、执法人员180余人次，集中清理拆除大型网具14片，地笼250个，柴油机水上平台22个，暂扣非法船只25条，恢复了河道的通畅。

水政宣传。开展了形式多样的水法制宣传活动，增强干部职工及沿河群众的法制观念。组织落实“干部学法”“七五”普法、以案释法等相关工作。在红桥区胜灾社区开展了水周水日宣传活动，宣传现场张贴宣传画，悬挂宣传横幅，摆放了讲台，执法人员向过往群众发放水周特刊，讲解了关于防汛应急处置过程中的相关事项等水法律知识。制订了《民法典》宣传方案，利用网络、微信等多媒体广泛开展宣传，在领导干部中心组学习、党支部学习中持续开展《民法典》的学习，树立法制意识，在内网设立学习专栏，定期上传学习材料，强化学习效果和应用。开展了宪法宣传周活动，通过悬挂布标，粘贴宣传画，发放宣传材料等方式，掀起学习宪法、遵守宪法、维护宪法、运用宪法的热潮。

4. 河道水环境监督管理

入河口门取排水管理。因上半年河道水位持续降低，为了确保沿河取排水工作不对河道水质造成影响，在2019年要求各区落实取排水备案的基础上，继续联系沿河各区要求加强河道取排水管理，通过河长制强化口门排水备案要求。全年共收到运行备案表61份，排水量5868万立方米，其中武清区22份，备案排水量2406万立方米；北辰区4份，备案排水量1825万立方米；滨海新区34份，备案排水量1471万立方米；东丽区1份，备案排水量166万立方米。结合河道、口门工程现状，认真落实河道取排水管理工作，通过与工程巡查、水政执法巡查相结合，进一步强化管理程序、细化管理内容，有效杜绝了乱排行为的发生。

河长制考核工作。成立了永定河中心河长制考核办公室，按照《考核办法》及《实施细则》的要求，落实河长“巡河、护河、治河、建河、修河”等工作。按照市河长制事务中心的安排，每月进行日常考核，考核主要针对堤岸水面环境、河湖水质及岸线管理等三项内容开展考核。为了做好此项工作，认真分析河长制事务中心相关文件，每月20日前完成考核并汇总考核成绩并上报河长制事务中心。参与考核工作的成员对区二级河道从熟悉河道做起，结合沿河居民、企业、市场的分布及交通等情况，根据社会关注度、上级部门重视度、基层管理容易疏漏处和养护工作容易忽视的死角等设计、调整、确定考核路线和点位，使考核反映出河道的真实情况。全年共发现问题点位414处（其中排水监管问题7处，河道感官水质2处），完成暗访5次，有效推动了属地河长履职尽责。9月组织开展了“关爱合流·保护永定河”活动，与沿河五区河长办及永投公司建立了联动机制，明确了管护要求，出现问题及时沟通，为长效管护奠定了基础。

新引河护水保水工作。为确保输水水质水量安全，强化引江、引滦输水线路护水保水巡查，开展河道、口门排查，做好市管闸站运行配合，汛前和汛后两次对新引河内的水生植物进行打捞，打捞水草约5.4万立方米，完成河道渔具清理。补充完善了护水保水相关制度，建立日常巡查和专项检查相结合的护水保水机制，共出动车辆364车次，959人次，巡查里程16600千米，确保了水质水量安全。

推动环保督查。建立了中心领导挂帅、各所各科室分工负责的工作机制，各管理所包片负责、机关有关部门成立了联合巡查组，对河道开展全天候巡查，确保及时发现并处置问题。按照河道巡查日报告制度强化监管，认真落实取排水口门巡查、水环境监督检查、河道内“四乱”问题的督促整改，掌握属地相关需求，做好服务。加强与各区河长的对接，强化监管职能。与各区河长办建立了问题反馈与督促机制，组织做好机关科室、各管理所两级巡查，对发现的问题第一时间反馈各区河长办，对问题整改情况做好跟踪督促，确保河湖水环境得到保持。认真落实局交办的任务，推动整改落实。对中心负责四个行政区的第一批84条（段）河道及沟渠、第二批36条（段）进行全覆盖核查；并对第一轮检查中发现的存在问题的26条（段）河道及沟渠进行复核检查，检查结果为全部符合要求。紧盯各区清河湖行动工作，对河道垃圾、水面浮萍等问题，开展全覆盖核查检查，及时反馈发现的问题，跟踪处理结果，确保核查工作执行有力，对永定河中心负责两个行政区600余处点位进行核查，共抽查点位355个，共检查问点位8个，并全部复核，检查全部符合要求。共出动河道巡查人员720人次、巡查车次180车次，巡查里程18000余千米。

“清四乱”管理工作。参与北辰区、宁河区、滨海新区的非法捕鱼治理工作，配合各区开展宣传教育及非法捕鱼渔船的治理。针对已清理完成点位的常态化管理、纳入长效管理点位的进展、重点难点问题的推动等工作与各区开展了深入对接，提升了各区河长对“清四乱”常态化规范化工作的重视程度，对问题点位的按期清理起到了促进作用。

（永定河中心）

【海河管理】

1. 水环境管理

河长制工作。加强了对各区河道的考核，做到了主动对接、主动牵头、主动走访。加强了协调联动，开展了阻水渔具、“三无”船只联合集中清理行动，与11个区河长单位建立了报告、反馈、跟踪机制，发现并解决河道环境问题60余个。

水环境维护工作。在重要节日、创卫迎检等重大活动期间及河道开化、生态补水、强降雨后增加保洁力量，延长作业时间，分时段、有侧重的实施河道日常保洁工作。科学施策打捞水草、浮萍、槐叶萍等水生植物，共清理堤岸及水面垃圾2万余立方米，打捞水草3.2万立方米，槐叶萍2694立方米。及时采取措施抑制蓝藻水华，喷洒生物制剂23吨，布设曝气机58台。

专项清整工作。加大“清四乱”工作力度，做好属地清整工作的指导与核验，扎实开展清整效果“回头看”，已治理河道“四乱”问题40余件。生态补水期间，及时做好保水护水及循环调度工作。

2. 工程设施管理

汛期完成了水闸、泵站试运行及电气设备检测工作，消除了设备安全隐患。2020年完成日常维修养护工程42项，包括5条河道、3座水闸、8座泵站等设施日常养护维修及运行电费等内容；专项工程3项（见下表）。加强了涉河建设项目的监督管理和技术指导服务。根据疫情管控要求及时调整巡查点位，保证了防疫安全和巡查工作完成率。

海河中心2020年专项维修工程统计表

序号	项目名称	投资/万元	主要建设内容或工程量
1	海河窑上口门等堤防险工险段治理工程	421.50	1. 对海河左堤桩号27+444处（窑上口门）现状涵管采用C25微膨胀混凝土进行封堵，封堵长度20米。2. 对海河左堤桩号27+444处、左堤桩号34+500~34+510段和海河右堤桩号30+475~30+525段、桩号32+235~32+280段、桩号42+700~43+050段、桩号44+650~44+750段共6段挡墙损坏堤段进行挡土墙拆除重建，共计563米。拆除挡墙压顶及500毫米高挡墙，500毫米以下挡墙损坏部位进行C25混凝土灌注补空。新建挡墙采用C25细石混凝土灌砌石贴坡式挡墙型式，墙高3.3米，墙顶高程3.63米，墙底高程0.33米，顶宽830毫米，底板宽2000毫米，厚900毫米，面坡坡比1∶1.1；墙底铺设100毫米厚碎石垫层及300克每平方米土工布，墙顶设置100毫米厚C25混凝土压顶。3. 对海河右堤桩号34+260~34+380段破损严重的护脚进行灌砌抛石固脚，长度120米。挡墙迎水侧抛石固脚，抛石底部铺设300克每平方米土工布，抛石顶宽3.0米，顶高程1.60米，迎水侧坡比1∶3；抛石上部进行C25混凝土灌砌，厚度500毫米。4. 对海河左堤桩号34+490~34+500段和海河右堤桩号39+030~39+120段两段破损严重护坡及齿脚进行拆除重建，损坏护坡拆除位置为高程2.00米以下，新建护坡采用0.4米厚C25细石混凝土灌砌石，下设0.1米厚碎石垫层，并铺设300克每平方米土工布，护坡坡比1∶2.5，齿脚尺寸1.0米（宽）×1.0米（高），齿脚外设抛石固脚
2	海河口泵站竖井贯流机组应急大修	222.53	海河口泵站竖井贯流机组大修涉及3台机组大修（包括主水泵大修、同步电机大修和变速箱大修三部分）及6号机组的变速箱和水泵大修。1. 主水泵大修：单台主水泵的大修包括叶轮室、叶轮、泵轴、水导轴承、导叶体、出口伸缩节、进出口底座、推力轴承、填料函、主轴密封部件等零部件维修。2. 同步电机大修：单台同步电机大修主要包括定子、转子、主轴、轴承、轴承端盖、绝缘材料、滑环、碳刷、冷却器、风冷机、接线端子等零部件维修。3. 变速箱大修：变速箱大修主要包括齿轮、传动轴、轴承、油封、润滑油、油泵、过滤器、水冷却器等零部件维修

续表

序号	项目名称	投资/万元	主要建设内容或工程量
3	二道闸电气设备维修及滑触线更换项目	121.44	1. 拆除门卫室2台低压配电柜，在配电室安装1台低压进线柜、1台滤波柜和2台馈线柜，新设低压配电柜均采用GCS柜型，柜体尺寸均为800毫米×1000毫米×2200毫米，配电柜距侧墙和后墙距离均为1000毫米。配电柜后开挖800毫米×600毫米电缆沟，采用复合电缆沟盖板。配电室外设置一孔1200毫米×900毫米电缆手孔井。2. 改造后的院区总进线采用1台400A断路器，负责院区所有用电设备配电，重新安装配电箱和漏电保护断路器。拆除原配电装置。3. 将院外和院内电缆更换为ZR—YJV22—0.6/1千伏五芯电缆，建筑内照明、插座电线更换为ZBV—500V三芯铜导线。改造完成后的低压线路采用TN—S接地方式。4. 将闸区上、下游电动葫芦滑触线更换为HD—320单极滑触线
合计		765.47	

3. 防汛工作

严格落实防汛工作责任制，成立了海河中心防汛工作领导小组，下设四个防汛专业组，1支应急抢险队伍及4个基层所防汛工作组，市区、环城四区及滨海新区防汛工作组。修订各直属闸、泵站防汛抢险预案。开展防汛检查，建立问题台账，及时进行整改。组织开展了闸门启闭培训、演练。落实了防汛备品备件。及时应对雨情水情，科学调度，2020年海河二道闸启闭运行61次，累计泄水1.086亿立方米，耳闸启闭运行13次，累计过水2.106亿立方米，海河口泵站开泵运行泄水约1.16亿立方米，北运河橡胶坝、新开河橡胶坝共升降20次。

4. 水政工作

联合多部门开展了6次专项执法行动，共清理各类阻水渔具2025件、丝网1200米、钓鱼平台202个。按照“三步式执法”及时跟进处置违法行为4起，处理水事违法行为16起。围绕“七五”普法及世界水日、中国水周活动，开展了多种形式的普法宣传，取得了良好效果。

5. 安全生产工作

进一步压实安全生产责任，开展了安全生产专项整治三年行动、二道闸危险源辨识与风险评价工作，加大了隐患排查整治力度，采取多种形式加强了安全生产宣传教育，有效提升了安全生产责任意识。

（海河中心）

【北三河管理】

1. 工程管理

日常维修养护工程管理。日常维修养护批复投资992万元，全部按计划完成，具体工作量为：共实施9条行洪河道982.257千米堤防、36座水闸的日常维修养护及巡视巡查工作，涉及蓟州区、宝坻区、武清区、宁河区、滨海新区汉沽5个区。组织完成堤防、水闸工程汛前、汛中以及汛后检查检修及试运行工作，完成全部市管水闸工程防雷检测以及变压器预防性试验。进一步完善险工险段管理，组织完成“一险工一预案”抢险方案；主要领导和班子成员深入一线，多次徒步检查9处险工险段和薄弱堤段，指导地方搭设子堤近10千米，在水利部专项检查险工险段时，得到专家肯定与好评。结合地方现场踏勘、摸清超标准洪水路线，为防御超标准洪水奠定基础。“8·12”强降雨后，迅速派出10个检查组，共40余人，及时排查降雨可能造成的风险隐患，做到重点部位重点关注，补齐险工险段管理短板。快速反应，主动进位，合力快速处置“8·17”蓟运河西关段裂缝险情。进一步收集、整理中心所辖河道、水闸等水工建筑物基础信息，完善堤防、水闸基础信息数据台账。完成水利部堤防水闸基础信息数据内部自查工作，并编制完成自查报告。组织开展所辖河道、水闸“两率”评定工作，堤防管理达标率达 70.3 %，超预期目标 1.3 个百分点；水闸设备设施完好率达 89.53%，超预期目标 0.7 个百分点，较上年均有所提升。

市级水管单位达标创建工作。年初组织召开年度创建工作部署会，进一步细化分解潮白新河（宝坻段）堤防创建相关工作；强化过程指导，组织职工深入学习考核标准，提高创建资料质量；细化资料整理整编，完善目录管理，建立完善资料整理台账，规范格式要求。结合机构改革，印发关于做好潮白新河（宝坻段）创建市级水管单位相关工作的通知，重新确立创建领导小组，明确工作任务和人员分工，明晰资料目录；积极联系宝坻区水务部门、潮白河系所，按照年度达标安排，完成 2018 年、2019 年资料的完善、整理整编工作，基本完成 2020 年相关资料整理工作。完成三岔口闸市级水管单位历次验收及复核意见问题清单整理，按照《市水务局关于印发天津市水利工程管理考核办法的通知》要求，组织完成 2020 年度自检工作，有针对性地进行整改，提前安排年度考核工作。督促宝坻区水务局、武清区水务局做好里自沽闸、狼儿窝闸年度自检及考核。

工程管理基础工作。组织修订《堤防工程管理工作标准》。成立以中心主要领导为组长，相关部门业务骨干为成员的编写小组。在组织学习堤防管理标准、施工相关规程以及法律法规的基础上，完成了标准大纲的编写工作。作为堤防管理工作标准修订牵头单位，积极联系其他中心，推荐专家配合海河中心、大清河中心修订巡视巡查管理工作标准。编制了《直管水闸检查检修工作手册》和三、四类水闸应急保障措施，修订完成水闸、堤防技术管理实施细则；采取“以修代训”“以师带徒”形式，开展水闸检修工作。以水利部对水闸、堤防运行专项督查为契机，针对 22 座水闸 71 项问题、堤防 6 项问题，北三河中心举一反三，对隐患问题进行立整立改，同时编制了应急保障方案并落实相关措施，进一步强化工程日常巡视检查，确保水闸堤防安全运行，全部整改完毕。

工程项目管理。2020 年实施 1 项河道专项维修加固工程，主要是对青龙湾减河堤坡冲坑、洞穴进行治理，已全部完工，完成投资 395 万元。在实施过程中，工程按照项目进行了公开招投标，做到应招尽招，应采尽采；充分发挥监理作用，每周至少召开一次监理例会，建设单位、施工单位、监理单位、中心监管部门有关负责人参加；落实处领导包河系、高级技术人员包河道、部门包工地、工管科全面检查的工作机制，抓实抓细工程建设过程管理与细节管理，对施工中关键节点、重要工序加强管理、多方核验，并在隐蔽工程、关键工序施工时适时旁站监督，及时组织隐蔽工程、单元工程验收，严格把控工程质量；强化文明施工管理，施工现场全部设立“七牌一图”，落实扬尘防控六个百分百。

绿化管理工作。实施多层次监管模式，强化绿化管护、病虫害防治；严格并规范树木砍伐审批程序，强化树木砍伐前、砍伐中的监管及栽植中、栽植后的管护；注重河道节点绿化提升，逐步减小绿化空白段，保证河道堤防宜绿化堤段绿化率达到 90% 以上。全年组织实施病虫害防治 3 次，办理树木采伐手续 42 件，采伐树木 14335 株，更新树木 12925 株。

巡视巡查管理。疫情期间，克服封村、封路、封堤、人员短缺等困难，联合相关区河道所采取交替、错峰巡查的形式，保证巡查到位。汛前，主要领导带领班子成员沿堤巡视查勘所辖 9 条河道现状，逆流而上调研上游水系，做到底数清、情况明。依托河道巡视巡查轨迹化系统开展全面巡视巡查工作，确保了第二轮中央环保督察期间问题点位清，反应及时迅速。

涉河建设项目管理。紧紧围绕“水利工程补短板，水利行业强监管”水利改革发展总基调，从服务京津冀一体化协同发展与水务工程建设大局出发，结合管理实际，以“五个管理”为统领，不断强化和规范涉河建设项目监督管理。加强建章立制，依规强化涉河项目管理。坚持以问题为导向，深化落实“放管服”改革，结合管理实际，修订完善《北三河管理中心涉河建设项目管理实施细则》，提升干部职工履职能力，规范工作流程。加大监管力度，对涉河项目管理实现全覆盖。一方面是加强日常监管。严格监管项目建设单位与施工单位按照审批指标进行施工，健全动态跟踪、督促检查、进展报告等机制，完善项目管理台账，坚持一项目一计划与每周不少于一次现场检查制度；及时组织开工放线、中间关键节点校测与阶段验收，抓好事中事后监管。另一方面是强化专项检查。汛前，由工管部门牵头，中心所站、建设单位以及施工单位开展在建涉河项目专项检查，全面摸清工程底数，排查安全隐患，对检查发现的问题及时督促、协调落实整改。另外，抓队伍建设，确保工程监管及时到位。建立涉河项目监管协调联动机制，工管部门负责中心涉河项目管理工作，中心所及区河道所负责所辖范围内项目监督检查，明确专人负责制，实现责任到底、到边。同时依托河道巡视巡查系统，优化整合监管方式，实现建设项目动态监管。截至2020年年底，共有26项涉河建设项目开工建设，完工19项，在建7项。提高政治站位，增强服务意识。根据2020年疫情防控要求，利用互联网、微信等方式，从快、从简办理涉河项目开工手续；实现服务与管理深度融合，积极为项目单位提供技术支持和基础数据，主动进位，跟踪服务。特别是在疫情期间，工管部门相关负责人主动多次联系建设单位掌握施工现场情况，了解掌握生产需求，指导帮助企业做好疫情防控工作，积极帮助协调解决复工手续办理，有力推动建设工程稳步实现复工复产。汛期，为确保中俄东线天然气管道工程（长岭—永清）穿越青龙湾减河顺利实施，中心加大巡查力度，掌握每天穿越进度及指标，两天一次现场监督检查，及时为建设单位提供水情、雨情信息，督促其落实度汛措施，实现了涉河项目安全度汛。

2. 防汛度汛

组织领导。成立以主要领导为组长，分管领导为副组长，相关部门负责人为成员的防汛工作领导小组，确保各项工作顺利推进。召开专题会议，强化风险意识，责任意识，立足防大汛、抗大灾、抢大险，积极做好各项工作。

防汛责任制。细化防汛责任，以部门为单元，按照职责划分，确定每座水闸、每段堤防查险责任人、管理责任人和技术责任人，通过全面巡查，共排查堤防、水闸及穿堤口门等隐患问题53个，协调河系所辖五区水务局制定了防抢方案，明确保障措施。

隐患排查。主要领导亲自带队，领导班子成员靠前指挥，落实重点部位徒步巡河；克服因支援企业“复工复产”，在岗人员少和时间紧、任务重的困难，落实排查要求，对险工险段、重点防御堤段及穿堤口门等薄弱部位，进行徒步检查，检查期间累计徒步巡查400余人次，巡视检查近千米堤防，检查穿堤口门近千座，险工险段9处，制定防抢措施共38项。通过隐患分析，梳理、甄别、分类建立4类问题台账，并结合有关区水务局细化完善防御方案，切实为地方准确部署防抢措施提供可靠的数据和技术支撑。

完善河道保障方案。结合本河系防洪工程实际及特点，针对每条河道、每个险工险段、每个薄弱部位制定可操作的防抢技术措施。根据《天津市防洪应急响应规程》《市水务局水旱灾害防御应急响应工作规程》，修订并印发《北三河管理中心应急响应行动规程》，进一步规范应急处置工作程序和响应行动，提高应急处置工作效率，确保人员迅速到岗到位，保障防御应急及抢险技术指导工作有力有序有效进行。

学习培训。采取集中培训和自学相结合的形式，多层级组织学习和培训，强化干部职工的防汛意识、责任意识，提升防汛抢险技术能力和应急处置能力。

值班值守。坚持领导带班制和24小时值班制，并实行行政和防汛“双值班”，保证信息渠道畅通，确保雨情、水情、工情等信息及时上传下达，为防汛应急处置和领导决策提供第一手资料。

应对强降雨和险情。迅速反应、压实责任、抓住要点、提前谋划，全力做好8月12日强降雨应对工作。召开专题会议，传达贯彻落实全市水务系统强降雨防范工作视频会议精神，迅速启动应急响应，连夜全员上岗，联系协调参加企业复工复产人员按时返岗，中心全员进入临战状态。加强河道巡视巡查，12日清晨派出10组共40余人对9条行洪河道开展不间断巡查，并与地方沟通对接，确保发生险情处置迅速。北三河中心领导班子成员分别带队到蓟州区、宝坻区参加强降雨应对工作会议，了解预案启动、队伍集结、物资准备、隐患排查等防汛准备情况；全面做好防范强降雨准备工作，保障河道行洪安全。

雨后排查风险隐患。圆满应对“8·12”强降雨后，全面排查行洪风险隐患，重点聚焦9处险工险段、近100处隐患穿堤口门、30余段堤防薄弱环节、6处在建涉河项目，督促相关责任单位落实保障措施。紧盯堤防和水闸运行安全。领导班子成员带队进驻里自沽闸，持续监督调令执行。

处置西关险情提供技术支撑。8月17日夜间，蓟运河宁河西关村险工险段发生裂缝险情。18日早晨，中心主要领导联系局建管处、对接宁河区水务局主要领导，并亲自带队赶赴西关村。与在现场的局建管处、宁河区应急局、宁河区水务局、宁河镇政府相关人员实地查看险情，分析发生险情的原因，就险情的应急处置措施和远期治理工作进行深入的研究、交流，提出下一步工作的措施建议，西关裂缝险情得到有效处置。对180米出险区域的堤防采取无纺布袋装沙袋人工水下抛填方式处理，稳固坡脚防止滑坡，有效控制险情蔓延，保证人民财产安全。

3. 水资源管理

防蓄结合，合理调配。充分发挥河道、市管水闸的作用，对《北三河管理中心市属水闸运行调度管理实施细则》进行修订，坚持防蓄结合、合理调配的原则，在满足防汛工作要求的同时，统筹兼顾农业及生态用水。全年接收市水务局下发、抄送调度通知54份，下发调度通知20次。全年入境（河）总水量约为11.98亿立方米；入河总水量约为5.91亿立方米。累计拦蓄水量6.07亿立方米，其中于桥水库向州河、蓟运河累计调水6次，调水量1.53亿立方米；向潮白新河累计调水4次，调水量0.59亿立方米。

加强取排水监管。完成《北三河管理中心市管河道取排水监督管理实施细则》修订，按照“先检测、再申请、后备案”的原则，强化取排水的监管。全年共对32座沿河口门的取排水情况实施备案管理，排水总量达3466.654万立方米，取水总量650.076万立方米。开展非汛期市管河道取排水情况现场查勘和调研，摸清非汛期河道用水需求、用水规律、排水规律、排入水体等情况，撰写《北三河系非汛期市管河道取排水情况调研报告》。

掌握河道水质现状。北三河中心所辖2个国考断面（潮白河黄白桥站、州河西屯站），13个区考断面。每天统计国考、区考断面水质监测情况，及时掌握和处置水质突变情况。

4. 水环境管理

严格考核，发挥督导作用。对所辖河道河湖水生态环境质量实施严格考核，督察指导属地镇村级河长制落实河长职责，加强汛期排水排污监管，加强河湖岸线违法违章行为的管理。发挥河系管理中心服务职能，全年完成水环境质量日常考核10次，出动巡视人员1220人次，出动巡视车辆330车次，发现和处置问题390余项；采取暗查暗访的方式，完成困难村40余处（条）坑塘和沟渠的检查；建立河道“四乱”问题档案，密切与各区相关部门对接，实时跟进和推动清理工作。

落实河湖“清四乱”常态化规范化。按照市河（湖）长办河湖“清四乱”专题会议精神。持续加强所辖河道“四乱”问题的清理推动工作。

坚持去存量、遏增量总体要求，建立河道“四乱”问题档案，逐一记录详细的情况，密切与各区相关部门对接，对“四乱”问题清理工作实时进行跟进和推动，确保清理整治到位。

配合完成中央环保督察工作。以中央第二生态环境保护督察工作为契机，提升河道管理水平。第一时间成立专项工作领导小组、工作办公室、检查组、保障组、监督组，召开专题会议，动员部署，明确目标和任务。克服人员少、点位多、覆盖面广等一系列困难，分组、分区、分片、分点位，主动进位，紧盯黑臭水体排查、2020 年清河（湖）行动、市级环保督察遗留问题台账，开展“捆绑式”、全覆盖的巡查、核查、抽查和暗查暗访。同时跟踪整改结果，防止问题反弹，确保河道环境持续改善。

建立上下游联动机制。主动与上游河北省三河市水文站对接，深入交流和探讨如何建立河道水文信息共享联络机制。充分运用河长制平台整合河道管理单位资源，与宝坻区、滨海新区河长办负责人，围绕建立河道多方联合巡查机制，精准研判各类问题属性，对提高发现问题、信息共享、问题处置的协调、联动效率等方面进行座谈。有效调动和发挥了各方履职尽责的积极性，形成了多方齐抓共管的工作合力，切实提升了河道管理水平。

5. 安全生产工作

全面落实安全生产管理责任制。结合改革后的职能调整，建立起工管部门综合监管，中心河系所在工程、运行、消防等领域的专业监管，以及中心各部门对本部门的主体责任“三位一体、层层把关”的安全责任体系。同时，按照“横向到边，纵向到底”的原则，为落实安全点位无空白的管理要求，组织召开 2020 年安全生产工作会议，并现场组织中心各部门签订、递交 2020 年度安全生产责任书、消防安全责任书，签订率达到 100%，保证了安全责任落实到每个岗位、每名职工，做到了责任无盲区、职责不脱节。

全面贯彻落实上级会议精神。定期召开中心安委会会议，及时传达贯彻市局安委会会议精神。严格落实中心安全生产例会制度，每月召开一次会议，总结分析本单位的安全生产情况，评估存在的风险，研究解决安全生产工作中的问题，部署下一步工作，并形成安委会会议纪要。

完善安全生产管理制度。结合事业单位机构改革以及管理职能，重新修订了《党政领导干部安全生产“党政同责、一岗双责”责任制度》《安全生产网格化管理实施方案》《安全生产管理制度》《安全生产检查制度》《安全生产例会制度》《安全隐患整改管理制度》《安全生产考核奖惩制度》《安全生产教育制度》《安全生产培训管理制度》《作业安全管理制度》《用电安全管理制度》《特种作业人员管理制度》《设备设施安全管理制度》等 53 项制度，重新修订了《安全生产考核办法及标准》《北三河中心安全生产事故综合应急预案》《北三河系防震减灾应急预案》《工程质量安全事故应急预案》《闸门启闭操作规程》《发电机操作规程》等应急处置及操作规程。

深入推进安全生产专项整治三年行动。制定了详细的《北三河中心安全生产专项整治三年行动实施方案》，明确整治范围、主要任务及相关工作要求，将排查整治任务落实到岗、责任到人。11 月 9 日，组织召开安全生产工作会议，迅速传达“全市水务系统安全生产专题部署会”精神，深刻吸取典型事故案例教训，进一步研究部署“专项整治”重点工作、防火宣教、汛后检查检修、日常巡检、施工安全、食品安全、防疫安全、廉洁纪律、信访维稳等 9 项专题工作，全面排查安全隐患，确保安全生产“零事故”。

开展消防安全检查专项行动。编制行动方案，对中心机关及基层所（站）开展全面排查。对临近换粉的灭火器全部重新换粉，累计灭火器换粉 152 个、新增灭火器 6 个；对 4 个基层所（站）锅炉进行年度维保；对排查出的 3 处即将到期的天然气罐进行更换；规范办公室、宿舍等用电安全，对经常不使用的空调插头及时拔出、断电，职工离开时手机充电器必须拔出插头等；对中心机关及基层所（站）电动车充电电源、充电器、充电场所进行全面排查，规范电动车充电管理。强化专项维修工程监管，每周定期召开工程例会，不定期深入工地现场，检查工程进展、安全生产措施落实情况。全面做好新冠疫情防控，加强复工复产和下沉社区人员管理，确保疫情防控、工程运行“两不误、双安全”。

安全风险分级管控与隐患排查治理。积极开展隐患排查及问题整改，认真开展部门自查、职能部门督查抽查。开展自查133次、不定期抽查35次，查出隐患17处，整改17处。严格销号管理，坚持“谁检查、谁验收、谁签字、谁负责”。全面开展直属水闸工程危险源辨识及风险管控工作，及时填报水利部安全生产监管系统。编制了危险源辨识与风险评价程序，建立工作组织，对直属4座水闸开展危险源辨识工作，判定危险源330处（较大风险33处），并在现场张贴危险源点位告知牌，完成风险评价报告4份，制定处置措施。

强化安全生产宣传教育。强化安全生产主责意识，切实把安全生产理念扎扎实实落实到每项工作、每个细节、每个人头，坚持全员参与，不断增强干部职工安全生产意识和应急处置能力。通过组织开展“隐患就是事故，事故就要处理”专题教育活动，分析典型事故案例、汲取事故教训，从根本上消除安全生产思想隐患。领导班子成员主动深入基层开展5次宣讲活动，尤其一把手开展了以“重视安全 守护幸福”为主题的专题宣讲活动，提高了全体干部职工安全生产意识。中心各部门参照“十个一”活动计划，开展专题学习，累计参加学习人员86人次，做到全覆盖。召开领导班子专题会议，集中学习习近平总书记重要指示批示精神、汇洋石油储运有限公司事件通报及典型事故警示案例等，结合天津港“8·12”事故、“蓟州莱德商厦大火”、燃气灶安全使用等身边发生的案例，并进行深入交流讨论。借助“全国消防日”的有利契机，组织中心机关及基层所站，分层级开展消防知识培训和防火“实战”演练，增强危机意识，锻炼应急处置能力。

安全生产应急管理。为做好北三河中心生产安全事故应急处置工作，及时、妥善处理安全生产事故，有效实施应急救援，最大限度地减少人员伤亡、财产损失和社会危害，保障职工群众的生命安全，维护社会稳定，根据国家和天津市的有关规定，结合中心实际，修订了《安全生产事故应急预案》，组建了中心应急救援队伍，开展消防安全应急演练。

6. 水政执法

水政执法巡查。全年巡查300余次，出动巡查人员500余人次，巡查河道长13000余千米，巡查水域面积65万余平方米。全年处置水事违法行为50余起，出动车辆300余台次，大型机械设备12台，运输车辆40余辆，参加执法人员500余人次，累计人均执法量达10.44次。查处主要违法行为：与蓟州区泗溜镇政府联合清理州河左堤管理范围内临时住房、养殖棚、违章建筑基础等违建3处，占地面积200余平方米，清理乱堆乱放垃圾杂物、建筑垃圾100余平方米；与蓟州区别山镇政府清理州河右堤瓦房村段2处集装箱临建及40余平方米垃圾杂物，与蓟州区桑梓镇政府联合清理泃河河道内养猪场1处，共计56000余平方米，已基本拆完；与武清区杨村街道联合清理北运河左堤桩号41+050处滩地内水泥硬化地面2000余平方米；与宝坻区史各庄镇政府联合执法清理违建鸭棚1处，共计220余平方米，制止违规建设项目4项，制止违法栽树行为10余次。

水法律法规宣传。“世界水日”“中国水周”活动期间，借助“网信宝坻”“宝坻发布”等宣传平台加大宣传力度，推送国家水周宣传口号及水周宣传相关视频，平台受众面为整个宝坻区，点击量2000余次，转载量200余次，评论500余条。中心全体职工均关注“节水课堂”微信公众号，在“中国水周”期间每天转发一部科技馆互动设施讲解小视频，转发量400余次，点击量700余次，评论130余条。结合疫情防控期间工作实际，重点对当前易发的水事违法行为（河道管理范围内违章建筑、种植树木、高秆作物、倾倒垃圾等）

进行宣传，将宣传工作融入日常管理和执法工作中，采取合理方式开展线下宣传10余次，现场讲解宣传160余人次。组织中心职工参加水利部举办的2020年网上水法规知识大赛，共78人参与。在中心机关利用电子显示屏滚动播放宣传口号、宣传片，共计播放120余小时。通过微信群让中心全体职工学习国家水周宣传主题及口号，在群内视频宣传学习，学习80余人次，转发80余次。直观有效的宣传强化水资源管理、维护河道堤防安全等有关知识，激发了村民参与学法、懂法、守法的积极性。

清河行动。按照《关于开展河道阻水渔具阻水障碍物专项整治暨“护河2020”专项执法行动的通知》精神，积极开展专项执法，共计组织巡查120次，清理地笼、渔具270余套，抽鱼虫船只70余艘，劝阻、教育违法行为人500余人。同时积极与各区河长办协调联系，配合属地政府开展专项整治行动。对所辖河道进行集中排查清理，通过与渔政执法部门、区河长办、区公安局、属地政府等单位联合行动，对河道内阻水渔具、捕鱼船只等进行集中处理。

信访处置。严格按照执法程序做好每一件信访案件的落实工作。责任部门第一时间到达现场核实情况。属于违法行为的，同时做好调查、取证工作，并采取相应处理措施。处置结果及时上报市水务局相关部门，同时反馈给举报人，做到事事有结果，件件有落实、有反馈。

7. 疫情防控

第一时间成立疫情防控领导小组，召开专题会议10余次，及时传达局党组部署要求，强调疫情防控工作纪律，制定《防控工作应急预案》，推动落实局党组和社区疫情防控措施规定。

把抓好疫情防控作为首要的政治任务，紧缩值班值守、运行管理人员，先后有20余人参与社区防疫，50余人推动复工复产，服务企业600余家，个体工商户130余家，2020年底仍有42人采用弹性工作制帮扶企业；党员积极捐款16500元支持疫情防控工作；大力培树先进典型，安静利被授予“天津市劳动模范”荣誉称号，张建超被授予“天津市级机关优秀共产党员”荣誉称号。

（北三河中心）

【大清河管理】

1. 河道工程管理

日常工作。开展日常巡查，实行“网格化、轨迹化、责任化”巡查管理，制定疫情防控期间工程巡查规定，确保日常巡查工作正常开展；开展“千里行保安全”徒步排查行动，按照“汛期不过、排查不止、整改不停”的工作要求，制定专项行动方案，中心领导带队对所辖堤防、闸站等工程设施进行了深入细致的排查摸底，累计徒步排查2426千米，排查穿堤口门111处，督促各区完成封堵31处，发现并处理雨淋沟等问题15处，针对西河右堤高程不足问题，制定了超标准洪水防御预案，将风险隐患及时排除，保证工程安全度汛；组织防汛联查和特别检查，机关、基层部门联合对工程设施和在建涉河项目开展了汛前、汛中、汛后检查，针对“8·12”强降雨和“7·12”唐山地震影响，组织开展特别检查，确保工程安全运行；完成专项督查及整改工作，配合水利部专家完成八堡节制闸等8座水闸以及大清河险工险段专项检查工作，建立了问题台账，制定了整改措施，完善三、四类水闸的安全应急措施；继续巩固达标创建成果，持续推进南运河节制闸九宣闸枢纽工程规范化管理，完成2020年运行管理资料整编，完成年度自检及考核工作，考核总分为941.9分。

涉河项目监管。2020年开展涉河项目监管13项，其中在建涉河项目10项，包括北京燃气天津南港LNG应急储备项目、独流减河倒虹吸工程、津石高速公路天津西段跨越子牙河工程、津石高速公路与独流减河左堤路堤共建段水利设施改造工程、津石高速公路独流减河左堤防护工程、津石高速公路独流减河共建段工程、杨柳青新家园104公路跨越东淀工程、工农大道（港中路至津冀界）改建工程、滨海新区南四河水系联通工程、蒙西煤制天然气外输管道工程；备案涉河项目3项，包括天津静海环保园220千伏变电站110千伏出线跨越南运河工程、西青区辛口镇燃气主管线跨越东淀、南港工业区大港水厂引水管线穿越独流减河及大港分洪道工程。按照《天津市水务局行业监管工作管理办法》及河道管理相关法律、法规要求，对河道范围内建设项目，落实涉河项目两级监管，即基层所每周至少检查一次，中心每月抽查，根据检查情况及时上报“行政检查行为录入表”“市水务局监管行为统计表”。配合市水务局做好相关行政审批事项咨询、技术性审查等工作，完成相关涉河项目征求意见20项。按照涉河管理规程要求，在第三方评估的基础上，签订涉河项目补偿协议。规范涉河建设项目监管流程，梳理制定《大清河中心（北大港中心）涉河建设项目管理实施细则（试行）》。

绿化工作。完善采伐审批、绿化种植规程，编制完成《河库绿化管理规定（试行）》。

2. 防汛工作

落实防汛责任制。编制印发了《大清河中心（北大港中心）2020年防汛工作安排》，明确了防汛组织机构及各项防汛职责，落实了中心领导、技术负责人、基层所三级防汛责任体系。召开了防汛工作动员部署会，制定了防汛工作任务清单，明确了防汛工作任务、责任部门和完成时限，按要求抓好落实工作。

修订完善防汛预案。修订了《大清河系防洪抢险保障方案》《大清河系超标洪水防御方案》，协调各区编制海河流域超标洪水防御相关预案措施，编制蓄滞洪区运用预案及阻水坝埝拆除预案。督促指导静海区水务局制定了《静海区险工险段防守预案》和险工险段台账。

防汛检查。汛前组织开展防汛自查、防汛联查，对管辖范围内的河道堤防、闸涵泵站、在建涉河项目、通信设施及视频会议系统进行检查，对闸站进行试运行，针对存在问题逐一制定措施并限时整改，不能立即整改的制定应急预案；组织有关区河道所开展一级行洪河道堤防、穿堤闸涵防汛检查；完成市防指检查、局领导带队检查、海委检查、警备区和武警总队勘查的相关工作；汛后组织各基层所开展汛后检查，并召开防汛总结研讨会，梳理汛后检查存在的问题，制定问题清单，明确责任、措施，持续抓好落实。

防汛队伍建设。加强防汛队伍培训演练，5月26日组织开展了防汛抢险演练，演练共设闸门启闭操作、巡堤查险、险情报告及会商处置方案，通过防汛演练提高了队伍应急抢险能力。6月11日、12日组织开展了防汛知识培训，编制了《防汛简明手册》《防汛相关预案汇编》《大清河系蓄滞洪区运用预案》等基础资料。

应对强降雨。为应对强降雨，于7月31日、8月1日两次防汛应急上岗，8月2日、8月12日两次启动防汛预警响应；各部门有关人员按照防汛预警响应规程迅速上岗到位，加强了防汛值守，加密河道巡查频次，密切关注河道工程设施、水位及排水情况。

3. 水生态环境

取用水口门巡查监管。严格按生态水位线控制河道取水，保障河道基本生态水量。严格落实取用水口门报备管理制度，2020年独流减河、南运河、马厂减河等河道13座口门农业取用水量共计4147万立方米。

排水口门监管。强化排水口门巡查监管，向滨海新区、西青区、静海区河长办发放《关于严格市管河道取排水管理工作的函》，严格落实取排水备案管理制度，严格执行非汛期禁止排放、汛期达标排放要求。全年累计排水5.03亿立方米。

独流减河水质改善。按照局《独流减河水环境治理工作方案》，制定了《独流减河取排水管控方案》，与河湖处、水调中心沟通协调，采取了宽河槽湿地布水渠入口打坝封堵、北深槽4号坝扒口并建设4座过水闸、河道中心滩地搭设子埝、西千米桥上游开挖4条连通渠等4项工程措施，加强水系连通，提升水质改善效果。配合做好向独流减河生态补水工作，加强与各区联动，推动水环境治理工作。

河长制考核。每月定期对滨海新区、静海区、西青区开展河长制考核工作，按时将考核结果报送市河长办。建立了中心领导带队巡河机制，发现问题现场督办处置。加强了与各区河长办协调联动，巡查发现问题及时通报区河长办，督促及时清理整治。按照市水务局《关于进一步推进水利工程管理范围内乱占乱建“回头看”清理整治的通知》，排查出涉及滨海新区、静海区、西青区“四乱”点位问题3775处，已推动清理销号908处，对剩余“四乱”点位问题根据《关于深入推进河湖“清四乱”常态化规范化的决定》（总河（湖）长令〔2020〕第1号）的要求，进行了梳理研判和分类，其中970处纳入“四乱”问题台账，1897处暂纳入管理问题台账，实行动态管理。完成市级环保督察历史遗留问题整改工作，清理清整点位12处，其余问题分类制定处置措施，纳入长效管理。

4. 日常维修养护工程

2020年日常维修养护投资609万元，主要工程量为：完成河道堤防维护487.125千米，独流减河宽河槽湿地运行维护，水闸维修养护10座，泵站维修养护1座，树木病虫害防治。通过维护，河道工程面貌进一步改观，保障了堤防、闸站正常运行和安全运用。

5. 专项工程

2020年专项维修工程共2项，投资511万元。

大清河左堤（桩号1+658~3+000段）险工险段治理工程。工程由黄河勘测规划设计研究院有限公司设计，江苏科兴项目管理有限公司监理，天津中海水利水电工程有限公司施工。工程总投资199万元，完成主要工程量为：大清河左堤桩号1+658~3+000段防渗处理，对施工过程中损坏的路面进行恢复。已按计划完成全部工程，年内尚未进行竣工验收。

独流减河堤防破损修复及防洪通道设施治理工程。工程由中水电（天津）建筑工程设计院有限公司设计，江苏科兴项目管理有限公司监理，天津市水利工程有限公司施工。工程总投资312万元，完成主要工程量为：独流减河右堤桩号14+500~17+500段堤防破损修复；独流减河右堤桩号9+500~10+300段堤顶路破损修复；防汛通道设施治理。已按计划完成全部工程，年内尚未进行竣工验收。

6. 水政执法

2020年，大清河中心加大水政巡查力度，累计巡查465次，出动巡查人员930人次，出动巡查车辆465车次，查处各类水事违法案件11件。

依法治水，加大执法力度。开展河道阻水渔具阻水障碍物专项整治暨“护河2020”专项执法行动，严厉打击了在河湖水域实施设置阻水渔具、阻水障碍物、损害涉水生态环境的违法行为。采用属地街镇分段清理的方式，开展独流减河集中清理整顿行动。出动人员378人次、车辆92车次、冲锋舟2艘、清障船24艘。共清理渔网渔具1849套、渔船82艘、捕鱼虫船5艘、渔虫机4个、浮床3处、浮桶20处、橡胶皮艇17艘，劝阻钓鱼及捕鱼人员623人。对独流减河、子牙新河等河道开展集中清理专项行动。累计出动人员155人次、车辆17车次、运输垃圾车辆2台、船只3艘。清理船只21艘、网具86套、垃圾点位38处、河道漂浮物（绿藻）26处、竹竿100余根。对独流减河桩号42+700~44+000段滩地内（东台子泵站至西千米桥）开展集中清理专项行动。累计出动人员20人次、车辆5车次。清理围网1300延米、木桩300余根。

联合执法，形成联动机制。水政监察总队、大清河管理中心、静海区人民法院等部门对南运河右堤桩号36+800处河道管理范围内违法建设的建筑物进行了强制拆除，拆除违法建筑358.5平方米，清运建筑垃圾352立方米。

以“世界水日”“中国水周”“宪法宣传周”等活动为契机，按照局“法律六进”的要求，结合疫情防控工作陆续开展系列法律宣传活动。2020年累计发放宣传品和宣传资料8000余份，受众人数达5万余人。

（大清河中心）

【海堤管理】

1. 专项维修工程

2020年海堤专项潮毁项目共计3项，分别为海滨浴场段海堤潮毁治理项目、白水头段海堤潮毁治理项目和蔡家堡段迎水坡治理工程。

海滨浴场段海堤潮毁治理项目位于滨海新区海滨浴场，海堤桩号99+261~104+183，全长4922米。工程主要施工内容包括：对迎水坡及护脚破损部位进行拆除重建，采用C30钢筋混凝土结构对1401米防浪墙进行加高，对1845米迎水坡进行抛石护脚。项目总体投资286.31万元。2019年12月17日开工，2020年5月10日完工。

白水头段海堤潮毁治理项目位于滨海新区独流减河北侧，海堤桩号104+605~107+500，全长2895米。工程主要施工内容包括：对迎水坡及护脚灌砌石破损的部位拆除重建，对破损严重防浪墙进行拆除重建，对破损严重迎水侧堤肩进行拆除重建，对迎水坡坡脚处进行抛石处理。项目总体投资359.72万元。开工日期为2019年12月19日，完工日期为2020年5月30日。

蔡家堡段迎水坡治理工程，位于滨海新区汉沽中心渔港西侧，海堤桩号22+917~24+769，全长1852米。工程主要施工内容包括：对破损严重的迎水侧护坡及齿脚拆除重建，对背水侧护坡、防浪墙进行勾缝处理，对迎海侧局部增加抛石护脚。项目总体投资252.60万元。开工日期为2019年12月20日，完工日期为2020年5月24日。

2. 日常维修养护项目

2020年日常维修养护主要内容为：对海堤沿线38座钢制防潮门进行养护并每季度进行启闭试运行；完成海堤全线护栏除锈刷漆并对千米桩、宣传牌进行养护；完成新港船闸段50米护网安装；每季度对海堤8个重点堤段垃圾杂草开展定期清理，共计清理垃圾杂草3000余立方米；组织海上环卫垃圾捡拾990余人次，捡拾垃圾约4500立方米，完成了两次海堤全线打草工作，集中开展了送水路东埝、张家新沟码头、大沽炮台和制卤场南至碱河北段环境治理工作。全年完成日常养护投资90万元。

3. 工程巡视检查

按照巡查计划，每周对海堤进行2次巡查，完成一次全线闭合巡查。全年共完成日常巡查96次、定期巡查3次、特殊巡查3次。11月组织开展海堤工程全线徒步巡查，重点对堤防破损情况和周边环境进行查勘统计，更新了海堤工程项目库。

4. 涉堤建设项目管理

2020年在建涉堤建设项目共有3项。其中2020年新受理项目为天津港新跃进北段周边道路及市政配套工程，该项目经市水务局审批，于汛后开工建设，至年底暂未完工；中新天津生态城航海道匝道工程仍在建设过程中；滨海新区轨道交通Z4线一期工程位于海堤管理范围内的建设内容暂未开工。汛期组织涉堤建设项目防潮安全检查，严格落实防潮工作“五落实”要求，确保防潮安全。

5. 水政执法

全年共完成水政巡查103次。现场及时纠正了1起施工车辆利用海堤防潮抢险通道拉运土方的行为，保障海堤工程运行安全。内河船舶海上非法运输专项治理工作已纳入水政巡查内容，实现了常态化管理。

（永定河中心）

北大港水库管理

【概述】 2020年，加强日常管理，科学安排生态补水，加大水政执法力度，完成水库日常维修养护工程项目，开展好防汛度汛各项工作；落实安全生产责任、制度管理、安全宣传教育，确保水库安全运行。

【日常管理】 加强日常巡查工作，持续推进“网格化、轨迹化、责任化”巡查管理，制定疫情防控期间工程巡查规定，开展河道点位巡查和水闸精准巡查，做到及时发现，快速解决；结合“工程、资源、环境”三位一体管理理念，修订《加强日常巡查工作实施方案》，健全了水库管理良性机制；组织防汛联查和特别检查，机关、基层部门联合对工程设施和在建涉河项目开展汛前、汛中、汛后检查，针对“8·12”强降雨、“7·12”唐山地震影响，组织开展了特别检查，确保工程安全运行；开展“千里行保安全”徒步排查行动，按照“汛期不过、排查不止、整改不停”的工作要求，制定专项行动方案，中心领导带队对所辖堤防、闸站等工程设施进行了深入细致排查摸底，保证工程安全度汛；强化堤防、闸站日常管理，执行“日清扫、周擦拭、季检修”制度，开展闸站试运行，确保了堤防管理达标率 74.9% 和闸站设施设备完好率 94.1% 的目标；编制印发《大清河中心（北大港中心）堤防、水闸、泵站工程主要技术参数统计表》，统一了水利工程技术参数；印发《关于调整各基层管理所工程管辖范围的通知》，规范各基层管理所工程管辖范围。

（北大港中心）

【水质监测】 北大港水库水质监测依照《地表水环境质量标准》（GB 3838—2002），参照《地表水环境质量评价办法（试行）》对 12 个月监测结果进行评价。北大港水库水质除 6 月符合Ⅴ类外，其余月份均劣于Ⅴ类，主要超标参数为化学需氧量、氟化物、生化需氧量等。

（水文水资源中心）

【生态补水】 2020 年，继续实施北大港水库蓄水工程，大团泊泵站累计运行 11294 台时，北大港水库蓄水 1.48 亿立方米。6 月 6 日至 11 月 10 日，通过北大港水库跃进闸向南四河累计供水 0.43 亿立方米。

【水政执法】 2020 年，加大水政巡查力度，累计巡查 154 次，出动巡查人员 308 人次，出动巡查车辆 154 车次；开展“护河 2020”专项执法行动，有效打击北大港水库周边村镇渔民在库区设置阻水渔具等违法行为，累计出动 100 人次，15 车次；清理库区内非法捕鱼网具 120 套；加强水政执法队伍建设，参加水务系统行政执法业务骨干培训班，对水政执法队伍开展精准培训，培养水行政执法骨干；以“世界水日”“中国水周”“宪法宣传周”等活动为契机，按照局“法律六进”要求，结合疫情防控工作陆续开展系列法律宣传活动。累计发放宣传品和宣传资料 8000 余份，受众人数达 5 万余人。

【日常维修养护】 2020 年，北大港中心完成日常维修工程项目 11 项，工程总投资 127 万元。完成主要工程量为：堤防维修养护 54.511 千米；马圈闸等 13 座闸涵日常维修及姚塘子泵站维修；姚塘子变电站及高低压线路维修养护；管理用房及附属设施日常维护以及绿化养护、围堤工程观测等。通过维护，水库工程面貌进一步改观，保障了工程设施正常运行和安全运用。

【水库防汛】 落实防汛责任制。编制印发了《大清河中心（北大港中心）2020 年防汛工作安排》，明确了防汛组织机构及各项防汛职责；落实了水库安全度汛行政责任人、防汛技术责任人、巡坝值守责任人；召开了防汛工作动员部署会，制定了防汛工作任务清单，明确了防汛工作任务、责任部门和完成时限，按要求抓好落实工作。

修订完善防汛预案。修订了《2020 年北大港水库防汛抢险应急预案》《北大港水库预测预报预警方案》，制定了《2020 年北大港水库汛期调度运用计划》，修订了防汛应急响应工作规程。

防汛检查。汛前组织水库所开展防汛自查，对闸涵、泵站等防洪工程设施进行了全面检查和试运行；组织由中心领导带队、业务科室参加的防汛联查，针对存在问题逐一制定措施并限时整改，不能立即整改的制定应急预案；汛后组织开展汛后检查，召开防汛总结研讨会，梳理汛后检查存在的问题，制定问题清单，明确责任、措施，持续抓好落实。

防汛队伍建设。调整了 58 人的北大港水库防汛抢险应急救援队，开展了防汛抢险演练及防汛知识培训，提高了队伍应急抢险能力。

应对强降雨。为应对强降雨，于7月31日、8月1日两次防汛应急上岗，8月2日、8月12日两次启动防汛预警响应；各部门有关人员按照防汛预警响应规程迅速上岗到位，加强防汛值守。

【安全生产】 2020年，制定印发了《党政领导干部安全生产责任制实施办法》，逐级签订了安全生产责任书，签订率达100%。

完善安全生产管理制度。编制了《安全生产制度汇编》，对制度的贯彻执行情况进行监督检查，纳入通用类管理制度21项、专业管理类制度17项，开展安全生产专项整治三年行动。制定并印发《大清河中心（北大港中心）安全生产专项整治三年行动实施方案》，落实党政同责、一岗双责，健全齐抓共管机制。

安全生产应急管理。修订完善安全生产应急管理预案6项，其中，总预案1项，即综合应急处置预案；专项分预案5项，即生产安全事故综合应急预案、苇田防火应急预案、大坝安全管理应急预案、防震减灾应急预案、防汛抢险应急预案。

安全生产宣教培训。开展了消防安全培训，组织干部职工学习安全生产知识，观看安全生产宣传教育片，参加全国水利安全生产知识网络竞赛和《水安将军》安全生产知识活动，增强干部职工安全意识。

扫黑除恶专项斗争和反恐怖工作。制定印发了《扫黑除恶工作方案》，扫黑除恶专项斗争领导小组，结合实际抓好水利扫黑除恶工作。向职工发放反恐宣传手册，讲解了常见恐怖袭击的手段和安全防范知识，开展了《中华人民共和国反恐怖主义法》宣传，印发了《反恐怖工作规则（试行）》《反恐怖工作履职报告制度》《反恐怖工作问题通报制度》《反恐怖工作问责制度》《反恐怖工作约谈制度》等制度5个，加强反恐工作。

（北大港中心）

移民后期扶持安置

【概述】 2020年在各区和市有关部门的共同努力下，圆满完成水库移民后期扶持工作，水库移民资金全部发放到位，年度库区扶持项目全部实施完成。

【人口扶持】 截至2019年12月31日，天津市核定水库移民人口121283人，其中核实到人的有116283人，核实到村的有5000人。人口分布在全市10个涉农区153个乡镇、街道，1206个村内。2020年水库移民人均可支配收入达到24403元，比上年增长3.9%，通过实施移民后期扶持政策，库区移民生产生活条件和移民收入水平得到很大提升。移民直补资金。天津市直补资金的发放已步入常态化，采取两种方式扶持：移民人口核实到人的采用发放补贴资金扶持方式，核实到村的采用项目扶持方式。2020年发放直补资金6990.78万元，其中中央后扶基金6612万元，年内抽样核查，拨付资金已全部到位，按时下发到移民个人账户。

【项目扶持】 2020年度共批复库区项目扶持246项，总投资10237万元。主要建设项目包括：新打机井61眼；铺设农田管道31.89千米；铺设产业园砂石路10.08万平方米；新修筑产业园混凝土路1.1万平方米；安装变压器17台；架设低压线路35.98千米；新修筑村内混凝土道路19.15万平方米；新建改建排水沟3.5千米；新建或改建混凝土管道排水工程4.61千米；拆除重建农用桥1座、排水沟1.16千米；铺装面包砖6480平方米；墙面粉刷2万平方米；新建田间道路14.27千米；原址拆除重建泵站2座，拆除重建涵桥3座；渠道清淤850米；新建公厕2座；拆除重建日光温室7栋。截至2020年底，工程已完成80%以上。年度计划项目已全部完成，项目资金均为中央库区基金，已全部落实。

【监督及绩效评估】 水利部专家组对天津市基金绩效评价及滨海新区、蓟州区绩效评价工作开展了复核。专家组对天津市及滨海新区、蓟州区的移民工作表示充分肯定，认为水库移民工作基础扎实，市区两级主管部门较重视，专人负责，专款专用；移民直补资金发放实行动态化管理，因地制宜，具有特色；项目管理参照基建项目，管理较为规范，资金管理严格，保障后扶资金落实到人，改善了移民生产生活，做到移民群体受益。在本次绩效评价中，天津市取得了“优秀”的良好成绩。

【稽察工作】 稽察组对蓟州区大中型水库移民后期扶持政策实施工作进行稽察。稽察组提出整改意见后，蓟州区认真研究整改措施，立即开展自查自纠，将整改作为重点工作来抓，逐项逐条对照整改。

（建管处）

引滦工程管理

泵站管理

【概述】 2020年，引滦泵站管理以确保城市供水为中心，以安全管理为重点，加强设备的日常巡视与维修保养常态化管理。坚持执行“日清扫、周擦拭、季检修”，明确职责、落实责任，实行设备挂牌、责任区挂牌、工作人员挂牌。全年泵站自动化系统、监控系统、优化运行系统运行良好，机电设备完好率达到98%以上，输水保证率达到了100%。各管理单位加强日常管理，引滦潮白河分公司、引滦尔王庄分公司、引滦市区分公司分别按照水利部《水利工程管理考核办法》完成2020年度自检，水务集团组织完成年度考核，并报市水务局备案。引滦潮白河分公司、引滦市区分公司通过国家级水管单位复核验收。

2020年，潮白新河泵站输水3.6444亿立方米，其中自流输水2.7832亿立方米，机扬0.8612亿立方米，泵站安全运行3141台时。尔王庄明渠泵站输水量2.6763亿立方米，运行7144台时；暗渠泵站输水量0.1999亿立方米，运行956台时；武清泵站输水量0.1889亿立方米，运行5347台时。大张庄泵站输水3.1068亿立方米，开机7942台时，引江逆向输水2.3451亿立方米，宜兴埠水源泵站输水0.1215亿立方米，开机2580台时。

【潮白新河泵站管理】

1. 日常管理

2020年泵站所严格按照所内各项规章制度和各项管理办法，认真履行各自的岗位职责，做好自己的本职工作，严格按照设备巡视检查内容进行巡视、检查，做到有缺陷及时发现，及时检修，达到了泵站设备完好率98%以上，确保全年安全输水工作万无一失。

为确保疫情期间的安全输水，泵站管理所积极组织支部党员、入党积极分子、青年团员及经验丰富的运行管理人员共14人成立了疫情防控安全输水运行班组，进一步优化调整运行值班方式和人员配备，搭建起防疫、输水的坚强堡垒，确保疫情期间机扬输水安全运行。

2020年10月，水利部派松辽水利委员会专家组对引滦潮白河分公司进行国家级水管单位复核验收，按照水利部《水利工程管理考核办法》及其考核标准，对分公司组织管理、运行管理、安全管理、经济管理四个方面进行考核评分，最终分公司泵站工程管理综合评分954.2分，堤防工程管理综合评分953分，顺利通过了第五次国家级水管单位复核验收

2020年，潮白新河泵站全年机扬输水总量8612.35万立方米（其中机扬入倒虹吸2496.96万立方米，机扬入排涝道6115.39万立方米）；开机时间：4月1日至4月7日、5月17日至5月26日、6月22日至7月6日、7月30日至7月31日、8月4日至8月7日、11月23日至11月26日；开机次数：6次；开机天数：42天。

2020年，潮白新河泵站全年自流输水天数为172天，自流输水量27831.89万立方米。

2. 机电设备维护检修

2020年潮白新河泵站严格按照设备巡视检查内容进行巡视、检查，制定巡视路线图与巡视时间，15个关键部位设置了巡视点，采用先进的巡视仪器进行巡视，提升了巡视人员的监视、控制、报告能力，做到了有缺陷及时发现，及时检修。1月，对四座水闸及捞草机进行维护保养；对泵站设备设施进行维修保养；更换排涝道进口闸钢丝绳；对机组调角装置进行维修养护。3月，组织人员拆除自流道进口箱涵及变电站前水池等部位破冰装置。4月，对排涝道出口闸电源电缆故障进行维修；对2号排水泵不上水故障进行排除检修。5月，对2号、5号机组风机进行维修。6月，检修35千伏、400伏开关柜指示灯；更换1号空压机压力表。7月，维修1号空压机示流器；直流屏6号母线绝缘故障检修。10月，拆除荷花池防汛排水泵和电缆井排水泵；更换1号、2号真空泵盘根；检修3号机励磁电源指示灯。11月，组织人员安装捞草机、自流道、排涝道进出口闸、投碳站等重点部位的破冰装置；对引滦原水预处理工程投药站、投碳站内管道及计量泵等设施设备采用空调加热保温等防冻措施，确保投碳、投药设备能够随时启动运行；泵站所结合实际工作情况，组织人员对原水预处理工程进行技术培训，联系厂家对原水预处理两处站点机器设备进行调试、检修；按照《引滦潮白河分公司2020—2021年度冬季输水运行保障方案的通知》，组织人员对投药站、投碳站出水口下游安装曝气装置。

3. 泵站运行专业人才培养

按照年初制订的培训学习计划，泵站所先后组织了“水闸知识培训”“分公司制度学习培训”“变电站主辅机设备运行及操作培训”“大流量开机输水预案学习培训”“安全运行应急预案学习培训”“机组解体大修知识培训”等，提高泵站职工的工作效率和安全操作技能。开展“师带徒”活动，提高了徒弟们的理论水平和实际操作能力。

泵站所持续在班组间推行“每日一题”“每月一考”学习方式，不断提升运行人员的基础知识能力。截至2020年年底，共组织运行人员考试10次，考试人员达150余人次。

为培养年轻职工熟练掌握岗位技能，以“师带徒”为契机，精心培植后备人才队伍，提高泵站整体管理水平。泵站所按照分公司“师带徒”要求，4对师徒紧密结合岗位工作需求开展培训，师傅们将积累多年的丰富经验与技巧毫无保留地传授给徒弟，徒弟们用心探索、勤学好问、虚心求教，提高了岗位技能，为分公司不断培养出技术过硬、经验丰富的人才队伍。同时积极组织人员参加集团公司开展的“泵站技能比武”活动，并取得了优异的成绩。

【尔王庄泵站管理】

1. 安全运行

2020年，引滦尔王庄分公司严格执行集团公司调度安排，明暗渠泵站运行8100台时。

2. 工程项目

6月，完成入武清泵站3号机组变频设备安装；7月，创建了“全生劳模创新工作室”；8月25日至10月30日，完成明渠泵站5面励磁柜更新；9月1日至10月30日，完成明渠泵站1、2号机组大修工程；9月14日至12月23日，完成供水系统改造工程；9月，完成防洪闸更新改造工程。

3. 运行维护

（1）设备巡视检查。严格落实《引滦尔王庄分公司工程巡视检查管理办法》《缺陷管理制度》相关内容，实行巡视检查的定位、定时和定人管理，确保设备管理无盲点。组织完成明渠泵站、暗渠泵站、入武清泵站、水闸巡视检查共1105次，其中包括汛前、汛后及冰凌期专项检查工8次、地震后特殊检查1次。发现并处理缺陷共计40项。

（2）设备维护保养。严格执行《分公司原水工程设施“日清扫、周擦拭、季检修”实施细则》内容，完成6千伏线路、泵站、变电站清扫维护工程；完成电气预防性试验工作；完成明渠泵站、暗渠泵站、入武清泵站、水闸日清扫730次，周擦拭100次，季检修8次。

完成泵站高低压设备、6千伏外线电气预防性实验工作。

完成6千伏故障检修、明渠风机维修和电缆沟维修等日常维修60余次，故障应急抢修6次；完成设备完好率评定工作，达到98%以上。

完成发电机组、泵车组、升降工作平台、电动工具及照明设备检查维护工作，完成排水系统等维护工作，确保防汛设备完好运行；完成雨前、雨中、雨后等特殊时期的巡视工作，确保汛期安全运行。

（3）疫情防控。新冠肺炎疫情防控期间，引滦尔王庄分公司泵站运行人员实行封闭管理，落实测温、消毒、通风等防控措施，同时安排检修人员上岗备勤，确保疫情防控工作及安全输水工作两不误。

【大张庄泵站管理】

1. 输水管理

2020年，引滦市区分公司严格按照集团供水指令，科学开展调度，多种供水方式同时进行，并开辟了新的供水路径，为城市供水提供新的应急保障，标志着分公司供水工作进入新阶段。

2020年引滦市区分公司累计输水55735.00万立方米。

年度通过明渠累计输水32689.18万立方米。分为两种方式：引江逆向自流输水4398.28万立方米；引滦正向开机进行生态补水28290.90万立方米。

年度通过暗渠累计输水20268.07万立方米。分为两种方式：暗渠引江通过水源地管理所向新开河水厂补水1215.40万立方米；引江水源通过新引河自流入暗渠，供明渠上游沿线水厂用水和尔王庄水库补库，共计输水19052.67万立方米。

年度累计排水2777.75万立方米。分为两种方式：输水期间向新引河排水，共计排水1103.93万立方米；引江供水期间，运行水位较高，为保证泵站等水工建筑物安全，向永定新河方向进行前池定期排水，共计排水1673.82万立方米。

2. 运行管理

泵站管理所全员34人，担负变电站、泵站和12座水闸的安全运行和安全输水，负责泵站供水设施设备的日常检修维护工作，同时负责机组大修等专项维修工程的技术管理工作。所长1人、副所长2人，运行值班人员每班5人共4班，检修人员2人，水闸维护8人，技术后勤1人。

防汛及应急管理。为保证安全度汛，在变电站东侧和南侧门口搭建30厘米防汛围堰，防止特大暴雨时沥水倒灌进变电室，同时保持前池水位处于0.5米以下，保证院区安全度汛能力。深入开展汛前、汛中、汛后大检查，加强汛期巡视检查及防汛物资储备管理，认真开展防汛演习，确保安全度汛。

设备管理。2019年泵站改造后，现装配有大型立式轴流泵5套，3台运行，备用和检修各1台，装机总容量4500千瓦，设计流量30立方米每秒，选用1800ZLQ10-5型立式液压全调叶片轴流泵，叶轮直径1.65米，单机流量10.35立方米每秒，扬程5.16米。配备TL900-24型立式同步电动机，单机功率900千瓦。每月按规定进行机组联动试验一次和定转子机组遥测一次，按时完成电气预防性试验、阀门关闭开启试验和闸门定期检查等工作。严格按照规程对泵站和水闸机电设备进行日常维护和定期维护。2020年大张庄泵站以954.2分的优异成绩顺利通过水利部复核的国家级水管单位复核验收。

安全管理。逐级、逐岗、逐人签订了安全生产责任书。定期开展安全生产和安全供水应急预案的学习和演练，组织职工知识答卷、有奖征文、网络知识竞赛、开展安全生产大检查大排查大整治等活动。

3. 工程建设与维修

大张庄泵站及后池周边建筑物维护工程。施工期为2020年8月1—30日，工程投资46.26万元，施工已完成。工程内容主要包括：对泵站副厂房和驼峰式彩钢屋顶进行全面更换；对后池护坡进行拆除并重新砌筑；对变电站现状破损地砖进行拆除，地面高度调高30厘米并找平；对破损流道护坡进行拆除并重新砌筑。改造后消除安全隐患，确保泵站安全运行。

水闸电气柜改造工程。施工期为2020年8月1—30日，工程批复投资21.56万元，施工已完成。工程内容主要包括：为引滦市区分公司机排河暗渠闸、机排河进出口闸等10座水闸更换配电柜10台；为机排河出口闸、小淀腰闸等4座水闸更换控制箱15台；低压线路更换。改造后确保引滦市区分公司水闸设备正常运行，保证正常输水排沥。

引黄进、出口闸整修工程。施工期为2020年8月1—30日，工程批复投资114.61万元。工程内容主要包括：对引黄进、出口闸闸房拆除重建，对进、出口闸排架柱、机架桥破损混凝土进行维修，并对进出口闸周边环境进行整修。整修后可以保障引黄进、出口闸闸房结构安全和操作人员人身安全。

机排河进、出口闸及周边整修工程。施工期为2020年8月1日至2020年8月25日，工程批复投资22.44万元，施工已完成。工程内容主要包括：重建进、出口闸单跨单层轻钢结构闸房；护砌及坡顶围墙更新，八字墙顶部加高、勾缝；水闸排架柱和机架桥外防腐防渗处理；水闸周边环境整修。整修后确保工程安全和人员安全，保证正常输水。

机排河管理站维修改造工程。施工期为2020年8月1—30日，工程批复投资74.69万元，施工已完成。工程内容主要包括：重建单层轻钢结构闸房，管理用房维修；排架柱、机架桥、闸室外墙面处理及喷漆，更新水闸爬梯；院区地面混凝土硬化，护栏更新。改造后消除了闸房建筑物破损、屋顶漏水等带来的安全隐患。

（水务集团）

【滨海新区供水泵站管理】 2020年，滨海新区供水泵站全年累计安全运行76116.31台时，安全输水19674.57万立方米。其中入港泵站输水1778.76万立方米，入杨泵站输水3997.23万立方米，入聚酯泵站输水2465.23万立方米，入津滨泵站输水1258.93万立方米，入开发区泵站输水3666.6万立方米，入汉沽区泵站输水3088.13万立方米，入塘沽区泵站输水3419.69万立方米，完成向滨海新区的输水任务。

安全运行。完成所有泵站运行机组的日常维护保养和机组大修，所有泵站真空系统的维修；完成了季度和平日不定期地设备清扫；与电力部门配合，完成所辖泵站、变电站高压电气设备的电气预防性试验；完成了院区及周边环境整治；完成入开院区所辖泵站、变电站智能运维平台建设，逐步减少了运维成本，降低了运行成本；完成入杨泵站3台机组改造工作，满足了武清片区高峰时用户的用水需求；完成北淮淀办公楼屋顶及入港泵站宿舍屋顶防水工作；完成入港院区路面改造及泵站、变电站外檐粉刷、泵站内的自控改造。完成了所有泵站备品配件的采购专项。根据每个项目的不同特点，安排专人负责，做到责任清、任务明、项项有人管，确保了设备完好率达到98%以上，安全输水保证率达到100%。

泵站日常设备管理。强调重点部位、关键环节、特殊时期的巡视检查。不定期地对所辖管线进行巡视检查，遇到供水异常和管网漏损情况，加强巡视检查力度并及时与地方当事人协调相关的理赔工作，切实保证安全供水；完善泵站突发事件应急处置预案，加强水泵机组开停机前模拟演示；做好汛期、冰冻期安全输水保障，保证泵站设备安全高效运行；定期组织防汛及反恐培训和演练，确保安全输水；组织职工进行安全教育、落实安全生产责任制，签订安全生产责任书；坚持每月进行两次自查自改工作，逢节假日组织安全生产小组进行安全生产大检查活动，对检查中存在的问题进行了及时整改，做好安全隐患台账的登记和网上申报工作。

坚持做好新冠病毒防控工作，完成疫情期间

出入院区人员登记、体温检测、院区防疫消毒等。加强泵站管理，完善各项规章制度，做到奖惩分明；完成每个季度组织全体员工进行业务培训和考核，通过理论与实际相结合，有针对性地进行培训，提升了员工的技术理论水平和实际操作能力；加大人才培养力度，以年轻职工为突破口，创新培训方式，加快管理型人才队伍建设，加强技术技能型人才培养，通过不定期组织泵站运行人员进行业务技能考试等活动，激励先进，树立榜样，带动全体职工的学习热潮，提高职工的整体素质。

滨海新区供水泵站高度重视天津市南水北调中线市内配套工程宁汉供水工程施工建设完成情况，该工程作为南水北调中线天津市内配套工程的重要组成部分，选址于尔王庄水库东南侧引滦高庄户泵站院内，采用对院内原引滦入塘泵站、引滦入汉泵站进行改造的方案，实现宁汉供水工程供水。自 2020 年 5 月 6 日起，完成由入塘联通阀向宁河区供水工作。

（兴津公司）

明暗渠管理

【概述】 明渠工程起于九王庄进水闸，止于大张庄泵站前池，全长 64.2 千米。其中九王庄进水闸至尔王庄泵站长 42.7 千米，设计流量 50 立方米每秒；尔王庄泵站至大张庄泵站长 17 千米，设计流量 30 立方米每秒。明渠上共有桥梁 52 座，其中公路桥 14 座，生产桥 38 座。引滦暗渠工程自尔王庄暗渠泵站压力箱出口至宜兴埠泵站前池进口闸，选用双孔 3.35 米×3.35 米的钢筋混凝土箱涵。全长 25.6 千米，设计流量 19.1 立方米每秒，流速 0.87 米每秒。

按照《天津水务集团有限公司原水设施设备巡视检查管理办法（试行）》，对明、暗渠设施设备开展日常巡视检查、专项巡视检查和特别巡视检查工作。加强维修维护工作，落实“日清扫、周擦拭、季检修”方案，确保设施设备完好率达到 98% 以上。加强水环境保护工作，按照市河长办《河湖水生态环境质量考核方案》要求，每月组织明渠水环境考核，并将结果报市河长办。加强稽查管理工作，每日开展巡查，确保水事违法违规事件得到妥善处置，做到输水保证率 100%。

（水务集团）

【隧洞管理】

1. 隧洞输水

输水计量。引滦入津工程输水计量以天津市引滦工程隧洞管理中心（以下简称“隧洞中心”）进口水文站实际计量数据为准。在引滦输水计量中，隧洞中心加强与大黑汀水库管理处水文技术人员的沟通协调，充分利用超声波流量计、悬杆测流装置等现代化测流设备开展引滦输水计量工作。同时，根据水位变化状况，增加实测次数，依据实测数据，调整水位-流量关系曲线，全年共利用悬杆测流设备实测 11 次，以实测数据为依据调整水位-流量关系曲线 10 次，输水计量准确精度显著提高。

2020 年共计输水 4 次，历时 146 天，累计输水 6.8952 亿立方米，输水时间和数量都高于历年平均水平。第一次输水自 2020 年 3 月 3 日 10 时开始至 2020 年 4 月 24 日 15 时结束，历时 53 天，共输水 2.6030 亿立方米。第二次输水自 2020 年 5 月 7 日 15 时开始至 2020 年 5 月 29 日 16 时结束，历时 23 天，共输水 1.0838 亿立方米。第三次输水 2020 年 6 月 16 日 16 时开始至 2020 年 7 月 9 日 9 时结束，历时 24 天，共输水 1.1319 亿立方米。第四次输水 2020 年 10 月 9 日 9 时开始至 11 月 23 日 10 时结束，历时 46 天，共输水 2.0765 亿立方米。2020 年第四次输水结束后，引滦入津工程自 1983 年 9 月 11 日通水以来累计从大黑汀水库调水量超过 200 亿立方米，为天津市经济社会的可持续发展和人民生活水平提高提供了强有力的水资源保障。（以上数据为隧洞进口水文站实际计量数）

水环境保洁。隧洞中心水环境保洁工作范围主要是隧洞进、出口明渠、各支洞口等部位。在水环境保洁工作中，隧洞中心加强了日常保洁和集中清理工作。加强日常保洁工作。每月保洁人员对隧洞进、出口明渠、各支洞口等工程辖区进行定期清理，全年累计清理各类垃圾400多立方米。强化集中保洁，6月和11月，集中7天时间开展2次全面集中清理活动，重点对隧洞进口明渠及两侧、隧洞进口站院外、进口纪念碑周边、二号支洞、六号支洞院外、九号支洞院外、十五号支洞、出口明渠及两侧、出口公园以及出口明渠扩散段等管理范围内的枯草、树叶、垃圾进行集中清理，先后共出动人员78人次、车辆21车次，清理垃圾总量40多立方米，实现了管理范围内保洁覆盖面和保洁到位率100%。

水质监测。在大黑汀水库、分水闸、电站下池设立水质监测点，对大黑汀水库水质状况实施常态化监测，隧洞中心水文技术人员全年累计巡查大黑汀水库水质160余次，对巡查中发现的水质问题及时向市水务局有关部门报告，及时准确掌握了引滦水质状况。巩固共建共享成果，与隧洞出口驻地村委签订《水环境保护协议书》1份，营造共建共享、共同保护引滦水环境安全的局面。

2. 隧洞工程运行管理

工程巡视检查。在隧洞运行状况巡查工作中，隧洞中心利用日常、定期和特殊检查相结合的方式，定期对隧洞工程、支洞、检查井等附属工程设施进行全面检查，全年来共开展日常检查16次，定期检查10次，特殊检查1次。7月12日，唐山市古冶区发生5.1级地震后，针对迁西县震感强烈的实际，隧洞中心立即组织人员对隧洞工程开展了特殊检查。此次检查重点为：隧洞工程进、出口闸门有无变形，能否正常启闭；洞内顶拱、边墙混凝土衬砌体是否出现坍塌，裂缝错台；洞内观测设施运行是否正常；永久支洞及洞口大门是否正常；检查井、重点部位视频监控系统是否受到损坏等。检查结果表明，隧洞工程闸门、洞体混凝土衬砌体、观测设施、支洞及视频监控系统均未发现明显异常。

工程观测。加强隧洞工程运行变化状况的观测，工程技术人员利用停水期，对隧洞洞体内埋设的衬体裂缝、收敛、外水压力等观测仪器进行了观测，并对衬体温度进行了24小时实时在线温测，全年共进洞观测7次，获得868组数据，并组织工程技术人员对观测数据进行了科学分析，这些数据为工程安全运行和病害治理提供了基础资料。

日常维修工程项目。2020年隧洞中心完成隧洞日常维护项目投资130万元。按照《市水务局关于2020年隧洞日常维修项目实施方案的批复》的要求，2020年完成隧洞日常维修项目主要包括：隧洞工程日常维护12.3945千米，隧洞底板麻面维修1140平方米，边墙顶拱排水孔疏通10908米，支洞洞内铁门维护4座，水闸日常维护2座；安装铝制宣传牌8块、埋设界桩中心桩8根；出口明渠河道破损防护网更换30平方米、出口扩散段上游河道沉砂池清淤及扩散段海漫清淤2680立方米、明渠河道破损浆砌石护坡修复12立方米；出口明渠、河道两侧的水环境保洁及共建共享管护绿化带7208平方米；隧洞进、出口管理站生产用房的日常维修维护；拨付引滦渗水补偿一项。上述日常维修项目于2020年4月22日开工，2020年12月15日全部完工。

大修工程。组织完成引滦隧洞重点病害治理工程2018年度（桩号4+800~5+400段）的竣工验收工作。依据《水利工程建设项目验收管理规定》和《水利水电建设工程验收规程》规定，隧洞中心组织召开了引滦隧洞重点病害治理工程2018年度（桩号4+800~5+400段）竣工验收自查会议，在竣工验收自查符合竣工验收要求基础上，向市水务局上报了竣工验收申请。2020年9月17日，市水务局在隧洞中心召开竣工验收会，验收委员会由天津市水务局规计处、财审处、建管处、天津市水务工程建设事务管理中心、天津市引滦工程隧洞管理中心、质量监督部门等单位代表组成，设计、施工、监理等单位代表参加了会议，竣工验收委员会现场检查了工程建设情况，观看工程建设影像资料，听取工程建设管理、质量与安全监督等工作报告，查阅有关工程资料，经充分讨论，一致认为该项目已按照批复的设计内容全部建设完成，工程质量合格，财务管理规范，投资控制合理，竣工决算已通过审计，工程档案也已通过验收，工程初期运行正常，社会和经济效益已初步发挥，同意通过竣工验收。

3. 隧洞洞线保护

2020 年，在洞线安全保护工作中，针对隧洞工程 7+860~8+400 洞段河北津西钢铁集团股份有限公司专用铁路线、三抚公路跨洞线改道等大型工程相继开工建设，隧洞中心将洞线安全保护作为工程管理工作的重中之重，加强项目论证审核，强化项目现场监管，严格监督施工单位按照论证方案施工，确保隧洞工程安全保护措施落到实处。

推动洞线安全保护范围有效落实。隧洞中心领导班子主动作为，多次与迁西县支持重点建设中心沟通协调，隧洞中心工管、水政等部门深入洞线沿线镇村、企业走访宣传，得到了驻地政府职能部门和企业的支持。2020 年 1 月 13 日，迁西县自然资源和规划局正式将隧洞洞线及保护范围标入迁西县发展整体规划图，实现了洞线安全保护工作关口前移，使洞线安全保护范围成为一条不可逾越的“红线”。

加强项目设计前期论证工作。认真对施工方案、设计图纸和流程论证进行审核，督促建设和施工单位及时向隧洞中心提供工程建设方案、建设图纸等相关资料，中心组织人员全面审核评估，全面分析评估工程建设对隧洞工程安全的影响，在确保隧洞工程安全前提下方可施工。全年共牵头组织召开洞线周边企业项目论证会 6 次，其中 8 月 19 日，隧洞中心就河北津西钢铁集团股份有限公司跨隧洞（8+540 洞段）铁路项目建设召开协调会，协调研究铁路项目建设中加强隧洞工程安全保护措施。协调会达成以下一致意见：一是隧洞中心积极支持驻地政府铁路工程项目建设，在确保隧洞工程安全前提下，做好与市局有关部门的协调和项目评估论证工作。二是要把隧洞工程安全保护纳入铁路工程设计，铁路建设单位委托第三方就铁路涵洞对隧洞工程安全进行科学评估，根据评估结果确定或调整工程设计。三是工程建设中要认真落实隧洞工程安全保护措施，确保隧洞安全。四是加强安全监测，铁路项目建设单位在铁路涵洞段安装隧洞工程部位变形监测设备，对铁路施工和运行中隧洞工程的安全进行科学监测，在厂区明显部位布设洞线界桩。五是隧洞中心对洞线周边铁路施工现场进行监管，铁路设计、施工单位要主动接受并配合隧洞中心工程和水政巡查人员的监督检查。六是与会各方建立沟通协调机制，对项目建设中出现的问题进行经常性沟通协调，确保工程进度和隧洞安全。

强化项目建设施工监管。组织人员对施工现场进行全程监管，准确掌握施工情况，监督施工单位严格按双方论证阶段确定的方案和制定的保护措施施工，确保施工中对隧洞工程实施的安全保护措施落到实处。

与洞线周边企业建立新型服务合作关系。在洞线安全保护工作中，中心领导班子变被动巡查处置为主动服务合作，变机关办公为现场办公，变等待接访为主动下访，与驻地政府、洞线周边镇村、企业建立了新型“服务+合作”关系，真正开启了共护共管模式。全年中心领导班子与驻地政府部门召开联席会议 2 次，深入洞线周边镇村、企业调研 10 余次，有效杜绝了企业未经安全论证强行施工现象。同时，提高了施工企业对隧洞工程的保护意识，企业在项目设计和施工前，都主动寻求隧洞中心的论证。

依法查处危害工程安全行为。利用“三位一体”联合执法方式，加强洞线安全巡视检查，坚决查处危害隧洞工程安全行为。全年水政执法巡查 60 次，累计出动 60 车次、187 人次。

提高洞线安全保护现代化水平。实施了隧洞地表洞线三维坐标工程，实现了隧洞洞线三维立体电子展示，极大方便了工程技术人员对隧洞洞线的管理；在隧洞进出口、洞线重点部位、无人值守支洞安装视频监控 43 个，实现了全天 24 小时实时监控。

强化水法规宣传。结合世界水日、中国水周，采取电视、广播、出动宣传车、张贴标语、发放宣传资料、召开座谈会等多种形式，开展了法律宣传进企业、进村镇、进矿山、进家庭活动。同时在隧洞洞线重点部位设立永久性宣传牌、警示牌20多个，增强洞线周边村民保护工程安全的意识和自觉性。

（隧洞中心）

【黎河管理】

1. 黎河河道治理工程

（1）引滦水源保护工程黎河河道治理工程。主要对黎河中下游提举庄桥至果河桥段32.98千米的河段进行治理，新建连锁板护砌12.424千米，浆砌石护砌3.31千米，抛石护脚0.573千米，土石网石笼7.632千米，护砌支流口7个，跌水坝维修6座，新建堤顶道路24.104千米、隔离防护网65.86千米，修建浆砌石挡墙3.76千米，工程批复总投资1.208亿元，于2016年3月22日开工，2017年12月8日完工。黎河中心作为项目代建单位的建设任务已经全部完成，2020年，向项目法人单位天津市水投集团提交了竣工验收申请。

（2）引滦水源保护于桥水库综合治理黎河污染底泥清除工程。主要对黎河炸糕店至果河桥段55.19千米河道污染底泥进行清除，基本消除内源污染，恢复水体良性生态系统，增强自净能力，提高黎河水环境容量，是列入市委常委会工作要点和市政府工作报告的重点工程，2019年4月24日，市发展改革委下发《市发展改革委关于批复引滦水源保护于桥水库综合治理黎河污染底泥清除工程实施方案的函》文件；2019年5月6日，市水务局下发《市水务局关于下达引滦水源保护于桥水库综合治理黎河污染底泥清除工程第一批投资计划的通知》文件。主体工程于2019年10月13日开工，2019年12月16日完工。工程批复总投资7580万元，完成清淤土方210.29万立方米。至2020年底，完成单位工程验收、环保验收、水保验收和工程竣工结算评审等工作，财务决算审计、档案验收准备工作基本完成。

2. 黎河日常维护工程

2020年黎河日常维护工程完成投资300万元，共有4项内容：

黎河水环境日常保洁。完成了所管辖黎河输水河道及两岸20米可视范围内，以及黎河西铺绿化带、大安乐庄绿化带、龙湾绿化带、马各庄绿化带4个沿河生态绿地的保洁养护，清理生活垃圾、建筑垃圾及杂草等2687余立方米。

黎河中上游河道封闭维护。完成了铁艺网维修维护369米，金属网维修维护780米，刺绳网维修维护5542米。

黎河中上游绿化养护及病虫害防治。对黎河中上游炸糕店桥（桩号0+000）至提举庄桥（桩号22+152）辖区内的绿化树木、河道左右岸尾矿堆绿化树木（火炬21635棵、紫穗槐518583棵）进行了浇水、喷药、修剪等维护。

黎河支流口湿地维护。对龙湾等4个支流口修剪了水生植物39225平方米，补栽水生植物2256平方米，清理杂草、杂物730立方米。

通过实施日常维修维护施工，切实减少人为入河污染，持续保护和改善了输水环境，保障了黎河安全输水。

3. 输水管理

输水计量。输水前，为提高计量精度，黎河中心前毛庄水文站对水准点、水尺零点高程和大断面进行校测，调试缆道测流系统。3月27—31日，组织全站职工完成了水准点、大断面和水尺零点高程校测工作。为做好输水计量工作，每月定期对测验设备进行维修养护并调试缆道和ADCP测流设备。2020年全年实现安全输水147天。利用水位固态存储系统对水情实施24小时监测，实时掌握水位变化情况，采用ADCP和流速仪总共实测流量33次，及时准确地上报1092份水文数据电报，累计输水6.805亿立方米。查询隧洞进口水文站输水水量6.895亿立方米，对比水量损失0.090亿立方米，损失比为1.3%。

水质监测。汛期每次降雨汇流后对支流口进行查看、监测分析，评价支流水环境状况。按照《水质监测任务书》的要求，黎河中心及时对输水水头跟踪化验并完成常规断面（炸糕店、高各庄2号桥、东滩桥、前毛庄、黎河果河桥）的水质监测，全年常规水质监测采集样品数222份，出具水质监测数据1110个；对沙河（西二环）水质监测9次，水质监测数据45个。

防汛工作。汛前开展了防汛知识培训及演练，确保了安全度汛。前毛庄水文站观测总降水量785.9毫米，降水68天。今年汛期黎河迎来2次洪水，7月18日9时00分，实测最大洪峰流量14.9立方米每秒，实测最高洪水水位26.15米；8月24日11时25分，实测最大洪峰流量30.5立方米每秒，实测最高洪水水位26.44米。在水文观测的同时，及时发布雨水情信息，汛期累计拍发水情电报376份，为防汛调度提供了准确的水情数据。

污染源调查。为准确掌握黎河支流污染源详细信息，黎河中心组织骨干力量于11月2—14日，历时13天赴黎河18条主要支流采取徒步踏勘、调查记录、影像留存的形式，对主要汇入黎河支流的污染源进行了调查，为黎河周边环境治理提供了翔实可靠的依据。

4. 河道管理

河道管护。为确保河道水工建筑物的完好，两个基层管理站所坚持每日巡查河道。输水期间，黎河中心领导全部一线带队指挥，充实机关部门青年干部、职工到查护水一线，实行24小时不间断巡视，并将巡查范围扩大到沿河支流。截至12月31日，完成日常河道巡视及查护水任务3510人次，有效制止了水污染事件的发生。

河道保洁。加强河道保洁常态化管理，全年共出动管理巡查240次，人员720余人次，保洁作业人员7920人次，清理垃圾2624立方米。实现黎河河道保洁长效化、专业化、规范化，为改善黎河水环境，巩固综合治理成果，提高设施设备完好率，发挥了积极的作用。黎河管理范围内保洁覆盖面、到位率均达到100%，输水环境得到持续改善。

水政巡查。成立由基层管理站所、水政部门、蓟州分局水上治安派出所驻黎河中心警务室组成的联合行动组，克服非法水事行为发生时间空间分散、异地执法难度大等不利因素，多次深入非法捕捞、垂钓等易发地段及重点支流，进行现场劝离和批评教育。全年巡查共出动115次，总计1041人次，巡查河道累计1951.97千米。及时发现并制止违法违规等水事行为80余起，170余人次；处理挖沙取土行为5起，清理钓鱼行为237人次，阻止电鱼行为8起。

水法宣传。通过“世界水日”“中国水周”“12·4”全国法制宣传日等宣传节点开展宣传活动，年初因新冠肺炎疫情，在黎河中心机关门口对过往行人及车辆进行了宣传；输水期间组织人员到沿河村庄、学校、沿河企业开展宣传工作，通过村委会广播、发放传单等方式向沿河群众讲解保护引滦水的重要性，提高沿河群众保护引滦水的思想意识，共印制宣传条幅20余条、张贴标语20余条、散发宣传材料210余份，宣传挂图6张，无纺布宣传手提袋50余个。与遵化市广播电视台签约，利用当地有线电视平台，滚动播放保护引滦水源的宣传条目，扩大水政宣传范围；租用遵化市内主要街道电子大屏幕，宣传与当地共建共享工程的成果，加大黎河水源保护工作的影响力。

5. 安全生产

压实安全生产责任制，认真落实安全生产“党政同责、一岗双责”“齐抓共管、失职追责”的原则，层层签订各类安全生产责任书278份。强化安全生产考核，坚持业务工作与安全生产同步推进。以“安全生产月”为契机，强化安全教育，采取培训、演练、观看警示教育片的形式，开展全员安全教育。认真开展火灾防控、汛期安全生产网格化管理、安全生产专项整治三年行动。重点从跨河桥梁、闲置房屋入手，突出重点隐患整治，共组织各类安全检查40余次，联合遵化市路政交警，重点对上游港陆段王老庄桥、杨家庄桥、崔家庄1号桥、崔家庄2号桥四座跨黎河桥梁进行联合巡查管控，出动桥梁安全巡查车辆180车次、人员720人次，禁止超过荷载车辆通行，劝阻超载重型车辆通行178辆，保护跨河桥梁安全，实现了安全生产“零事故”。

6. 疫情防控

把新冠肺炎疫情防控工作提高到政治高度，增强疫情防控的责任感和紧迫感，严格落实市水务局和属地政府疫情防控工作领导小组的各项部署，采取有力措施，切实做好疫情防控工作。按照当地政府要求负责3个小区的值守，自2020年2月4日至8月22日共坚守202天，出动人员1607人次，保障社区三个值守点位24小时不间断值守。并坚持落实疫情防控常态化要求，真正做到业务与防疫同部署同落实，充分体现了中心干部职工的大局意识、责任意识和担当意识。

（黎河中心）

【明渠管理】

1. 引滦潮白河明渠管理段

2020年，对照国家级水管单位管理考核标准，加强明渠维护，提高管理水平；根据实际情况对整段明渠维护、整治，并实行了明渠水生态环境常态化管理工作。日常坚持对明渠水体颜色、气味、透明度及水面漂浮物等水体状况进行汇总，每月对辖区外引滦明渠周边外水及水环境进行一次排查，保持明渠水面及周边水环境整洁，确保外水不进入引滦明渠污染水体。每月按时填写《河湖水生态环境质量考核评分表》，并及时将相关问题反馈至水务集团，按月完成天津市河长制河湖水生态环境质量考核工作。

打捞水面漂浮物。2020年，在明渠物业化管理的基础上，分公司渠道管理所充分发挥监管职责，确保水面漂浮物随时出现、随时打捞，有力维护水环境安全。同时，渠道巡视人员坚持每日对鲍丘河倒虹吸进出口闸、青龙湾倒虹吸进出口闸等重点部位的水面漂浮物进行打捞，全年累计动用人力1500余人次，车辆200余台班，汽艇40余次，打捞重点部位水草、杂物等800余立方米。

共建共享。为保证明渠水质不受污染，建立和保持“人水和谐”的明渠输水环境，继续强化水环境管理，继续深化与辖区重点村庄共建共享的体制机制，对在水源保护区范围内大面积堆放倾倒粪便、建筑垃圾堆放、死水渗坑、生活垃圾、村庄污水处理挖沟等危及水源保护问题，按要求定期对可能污染明渠水源的周边区域进行调查，发现问题及时与所属村庄进行对接沟通，研究制定解决水环境安全隐患的措施方法。2020年引滦潮白河分公司全年保持所辖31.4千米明渠渠道内水体洁净，符合输水源水标准，符合引滦工程保护范围内无污染源、环境整洁的管理要求。

水生态环境巡视巡查。引滦潮白河段明渠34.2千米，日常坚持每天以皮卡车全段巡视检查2次和电动车分段巡查的方式做好引滦明渠水生态环境巡视巡查。在6月中旬至10月中旬开展夏季专项巡查期间，以每天皮卡车全段巡视检查5次、电动车巡视检查4次的巡查方式，进一步加大引滦明渠水生态水环境巡查力度。2020年全年累计开展水生态环境巡视巡查3500余次，在特殊时期，如暑期、节假日等重要时间节点，针对关键点位、沿线村庄采取警示教育、水法宣传和不定期开展联合巡查的方式，充分发挥齐抓共管，为安全供水提供了有力保障。

污染源调查。积极开展一级保护区范围内垃圾点位集中排查清整工作，加强对周边村民的宣传教育，及时与引滦明渠属地政府、村委会针对引滦明渠周边污染源管控情况进行联系协商，取缔垃圾点位4处，使辖区达到了一级保护范围内无水污染源的管理要求。

水法宣传。2020年始终坚持抓好水法、水环境保护宣传工作不放松，深入临近村庄、学校，通过口头宣讲、发放宣传册、张贴标语以及悬挂条幅等形式进行水法水环境宣传。抓好暑期关键时间节点，将水法宣传与巡视管控相结合，对私自进入明渠管辖内的垂钓、游玩等外来人员开展水法宣传及正面劝导，进一步提高引滦沿线群众保水护水意识。

坚持水闸“日清扫、周擦拭、月检修”的常态化管理制度，明确职责、落实责任，实行设备挂牌、责任区挂牌，工作人员挂牌上岗，对机电设备实行全方位跟踪与检修，全年开展季度联合检修4次，对沿线12座水闸进行全面维修养护与除锈刷新，确保设备完好率达98%以上。2020年8月至10月，完成引青入潮倒虹吸进、出口闸启闭设备及闸门更新改造工作。夏季是水事违法行为高发期。为维护明渠水环境干净整洁，保证巡视检查工作规范化、制度化，结合明渠管理工作实际，制定了引滦潮白河分公司渠道管理所夏季加强安全输水管理工作方案，强化明渠水环境管理力度，确保了夏季引滦明渠输水安全。冬季冰期来临前，在引滦明渠鲍丘河倒虹进口闸、投炭站潜水泵、九王庄进水闸两侧、潮白河倒虹出口闸、青龙湾倒虹进口闸、青龙湾倒虹出口闸等部位及时安装了防冰破冰装置，保障冬季供水运行安全。

明渠堤埝管理。按照明渠专业管理标准，对34.2千米明渠进行高草清除4次，平整雨淋沟3次，清除集水槽内杂物5次；对所辖区内树木进行病虫害防治打药2次，对安桥段至朝阳大道桥巡视道路两侧乔灌木侧枝进行修剪；完成了庄头桥、岔古桥、郝各庄桥、侯家庄桥、东田五庄桥、庞桥头桥等6座桥桥口左堤护网内175棵遮挡视线树木的砍伐；完成庞桥头上下游左侧离村庄供电线路较近63棵树木的砍伐；对明渠沿线左右堤口门进行除锈刷新，全年完成护网维修240余处；11月下旬，对明渠全线左右堤坡树枝落叶进行全面粉碎掩埋清理；结合国家一级达标复验实际，先后重点对鲍丘河上游段明渠堤坡、景区亮点、花草树木进行维护管理，突出明渠水清、岸绿、景美环境综合整治成效。

原水预处理工程运行管理。结合药品投加站与粉末活性炭投加站管理实际，每天进行维护保洁巡查，每月进行试开机4次以上，及时发现整改设备缺陷，确保原水预处理设施设备运行安全。完成了对原水预处理所需药剂和活性炭的招标工作，与中标单位签订了采购合同，保证了水质恶化时能及时进药、及时投加。2020年，为保证引滦原水水质安全，分公司启动原水应急预处理2次，投加粉末活性炭648吨、投加次氯酸钠90吨，利用原水预处理，有效降低水中藻类、有机物及致臭物质，提升引滦原水水质。

2. 引滦尔王庄明渠管理段

按照《天津水务集团有限公司原水工程巡视检查管理办法（修订）》，严格落实明渠巡视检查工作，对在巡视过程中发现的工程隐患，按照分公司《工程设施缺陷管理办法实施细则》组织实施整改。

2020年，完成明渠辖区日常巡视检查979车次、2265人次，完成明渠一级保护区日常巡视检查366次、专项巡视检查13次，完成明渠二级保护区巡视检查4次。完成引滦引江连通尔王庄段明渠复线应急工程施工现场明渠堤埝、坡面、道路、防护网的恢复。

按照林业部门的要求，结合现场监测实际，与宝坻区尔王庄镇林业部门配合，完成了春尺蠖防治工作2次、美国白蛾防治3次，形成了监管记录，确保了防治效果。

3. 引滦市区明渠管理段

水环境常态化保洁。5月遵照疫情防控工作要求，陆续组织开展春季水环境集中整治工作。至年底，共计出动日常保洁人员920余人次，清运堤坡、生产桥、渠面及护网周边杂物500余立方米。

2020年渠道管理所结合国家级水管单位复验考核，组织实施日常养护工程。工程设施维护累计完成齿墙倒扶维护4000延米、堤坡整治5万余平方米、堤顶道路拆除重建318延米、堤肩板整理维护2800余延米、铁艺口门整体维护加固11座、警示牌更新70块；堤坡林草养护累计完成堤坡除草300余万平方米、补栽树木500余棵、树木病虫害防治3次、树木刷白5万余株、修剪树木1.6万余株。同时协助工程管理部完成输水明渠右堤北何庄桥至李辛庄桥段迎水坡堤肩护网封闭工程。加强对在建涉河项目津滨高铁二线二标段、三标段工程及涉河项目保护工程施工方现场的监管工作。

2020年对输水明渠工程及水环境管理工作，共计巡检850余次，出动巡检人员1900余人次，车辆970余车次，未发现涉及影响工程及水源水环境安全稳定的行为。特别在疫情防控期间，坚持对输水明渠开展各类巡检。通过上述工作的有序开展，结合河长制考核、年度水法宣传等工作的有序实施，使分公司辖区内输水明渠工程质量及整体水环境得到稳步提升，增强设施稳定安全运行的可持续性，确保分公司完成年度安全输水任务，并且以954.8分成绩顺利通过水利部复核的国家级水管单位复核验收。

强化工程建设，开展明渠右堤（北何庄桥至李辛庄桥）护网封闭工程。施工期为2020年8月1日至2020年8月30日，工程批复投资92.02万元，施工已完成。工程内容：引滦明渠右堤（北何庄桥至李辛庄桥段）1.80千米迎水侧堤顶新建护网，保证明渠输水管理与周边村民生产活动正常进行。

（水务集团）

【暗渠管理】

1. 引滦州河段暗渠管理

工程巡查。暗渠工程全长34.14千米，3孔（4.3米×4.3米）箱涵，沿线设9个进人孔、6个检修闸、1个调节池。为确保暗渠输水安全，暗渠管理人员严格落实巡查制度，紧盯占压、穿越或跨暗渠施工等行为，做好暗渠沿线巡查管控和涉黑涉恶线索摸排。截至2020年年底，共计巡检340余次，出动人员1500余人次，340余车次，及时清理暗渠渠顶次生长树木，保障工程设施运行安全。

输水调度。2020年，共接收调度指令33次，运行管理人员严格按照输水调度指令和操作规程，控制闸门开度，确保安全输水。冰冻前，完成吹冰设施安装调试，并根据气温变化及冰冻情况适时启用，保障水工建筑物正常运行。同时，定期检查发电机运行情况，及时更换防冻液，确保发电机使用状况良好。

工程养护。定期检查闸室、闸门、启闭机、电气及控制设备、钢丝绳、混凝土建筑等工程设施设备的运行情况，完成启闭机钢丝绳清洁上油、暗渠前池护坡维护等工程。对闸室环境卫生实行“日清扫、周擦拭”，确保环境整洁。汛前，做好备用电源切换调试，保障汛期备用电源可随时投入运行，确保暗渠输水安全。

安全生产。全面落实暗渠安全管理责任，定期检查暗渠进口闸、州河节制闸、调节池等水工建筑物、机电设备的安全运行情况，仔细排查暗渠输水线路，及时消除安全隐患，确保安全生产无事故。同时，组织开展暗渠反恐及防火演练，提高管理人员的安全防范意识和应急处置能力。

2. 引滦潮白河段暗渠管理

2020年，坚持自暗渠6号检修闸至暗渠出口闸的巡检管理常态化，在加强对暗渠、地表建筑、覆土、三桩、宣传牌等设施日常养护、管理的同时，巡视人员每天至少一次对暗渠及6号检修闸进行检查巡视，节假日和汛期加密巡检次数，对发现的隐患问题及时上报、妥善解决。对在暗渠管辖范围内挖沟、取土、堆放物料、非法施工等，严格遵照相关法规及时进行处理，确保了暗渠无占压、无违章建筑，工程设施安全。

3. 引滦尔王庄段暗渠管理

引滦尔王庄段暗渠箱涵段为大尔路闸至北京排污河右堤脚，于1984年5月建成，全长6479米，渠首底板高程-3.05米，渠终点（引滦市区分公司暗渠泵站）底板高程-4.05米（黄海高程），闸体结构为2孔钢筋混凝土箱涵，每节长度20米，单孔净宽3.35米，设计流量19.1立方米每秒，设计流速0.87米每秒，平均覆土厚度1.25米，工作压力1千克每平方厘米。管理和保护范围内无影响工程安全运行和危害工程安全的活动；附属设施检修线路通畅；通气孔、检查井运行正常，外部混凝土结构有轻微破损现象。

按照《天津水务集团有限公司原水工程巡视检查管理办法（修订）》，严格落实暗渠巡视检查工作，对在巡视过程中发现的工程隐患，按照分公司《工程设施缺陷管理办法实施细则》实施。

2020 年，引滦尔王庄分公司完成暗渠辖区日常巡视检查 366 次，专项巡视检查 9 次。

4. 引滦市区段暗渠管理

按照水务集团工程及水环境考核标准，依据实际管理情况对所辖输水暗渠开展日常管理工作。渠道管理所充分利用北辰区引滦水源保护区联合监管机制效能，积极协调地方相关管理部门，对输水暗渠沿线红线区占压遗存问题进行全面整改落实，先后完成红线区内 6 处停车场清除、防撞护栏加装 640 延米、防撞护栏迁移 726 延米、防撞护栏螺丝接口焊接 11000 延米，道路切改 2 处、警示宣传牌加装 60 块、生活杂物清运 80 立方米、生活区喷涂带路指示线等多项工作，保障了输水暗渠红线区水环境安全稳定，也为输水暗渠红线区下一步保护工程提前做好基础工作。

2020 年对输水暗渠巡检共计 560 余次，出动巡检人员 1330 余人次，车辆 610 余车次，未发现涉及影响工程及水源水环境安全稳定的行为发生。特别在疫情防控期间，坚持对输水暗渠开展各类巡检。通过上述工作的有序开展，结合年度水法宣传有序实施，进一步保障了输水暗渠设施及水环境安全稳定，保障输水暗渠安全输水。

（于桥中心　水务集团）

【宜兴埠水源地管理】

1. 运行管理

宜兴埠水源地管理所（简称水源地所）坐落于天津市北辰区宜兴埠镇以东，占地 93333 平方米。该水源地于 1983 年建成投产，设计日输水能力 165 万立方米。1996 年进行二期扩建，设计日输水能力增至 275 万立方米，总装机容量 18820 千瓦，宜兴埠水源地现有输水泵房 2 座、35 千伏电站 1 座、调节池 2 个，原水管网约 25 千米，分别是通往市区的直径 2500 毫米、直径 1800 毫米、直径 2000 毫米、直径 2600 毫米大型水源管道 4 条。

水源地所现承担引江输水任务，通过原水管网为市区三大水厂输送原水，对原水水质进行检验与监测，为净水厂提供原水水质数据。同时具备随时为全市输送滦河原水的供水功能。

2. 工程建设与维修

水源地所泵房电缆沟排水改造工程。施工日期为 2020 年 6 月 17 日至 2020 年 6 月 21 日。工程批复投资 8.1 万元，施工已完成。工程内容：水源地所泵房室外电缆沟做外防水处理，在与室内电缆沟衔接处的室外电缆井外部做集水井，集水井中设置排水泵。改造后，防止雨水倒灌进入室内电缆沟及墙面冲刷。

水源地所 20 号机组、21 号机组、23 号机组水泵大修改造工程。施工日期为 2020 年 8 月 1 日至 2020 年 9 月 30 日。改造工程投资 64.11 万元，施工已完成。工程内容：拆除现状 3 台泵组；拆除原泵组基础底座 3 处；重建泵组基础底座 3 处；安装 3 台已购泵组；安装泵组电机冷却水系统 3 套；安装泵组进出水管道柔口、异径管及其他管件；安装电流互感器 9 个；自控系统开关恢复 3 套；安装温度、压力、仪表及报警器等；安装 1.5 米×1 米钢格栅盖板 6 块。

（水务集团）

供水管道管理

【概述】 2020 年，天津市滨海水业集团有限公司（以下简称滨海水业）严格按照《引滦输水管道连通操作规程》《引滦输水管道突发性供水安全事故应急处置抢修预案》《引滦输水管线闸阀及连通工程操作管理规定》开展各项工作。维修井室 31 座，完成补桩 526 根，补标志牌 105 块，更换气阀及相关附件 12 组；协助其他单位完成管线指认、探管工作 42 次；按照滨海水业原水调度指令完成闸阀操作 9 次；完成漏水抢修工作 20 次，更换入开二期管线末端流量计 1 次。

【供水管道切改】 2020年，实施2项管道专项切改工程。

滨海水厂改扩建项目占压聚酯管线港西支线切改工程，合同金额28万元。本工程位于大港油田，为配合滨海水厂建设中临时路的实施，需对管线进行改造。铺设港西直径1000毫米钢制管道25米，直径1800毫米混凝土套管10米，工程于2020年1月10日进场施工，2020年1月16日竣工。

地铁11号线七经路车辆段占压津滨管线迁改工程，合同金额540万元。本工程位于天津市东丽区津滨水厂附近，为保证地铁11号线工程的顺利进行，同时保障津滨管线的供水安全，对受影响的引滦管线进行切改。铺设直径1800毫米钢制管道222.58米；蝶阀井1座。工程于2020年11月30日进场施工，预计2021年3月初完成。

【输水管道维修】

1. 供水管道维护

2020年，与12家合作护管单位签订护管协议，按照上年制定完成的《引滦管线各护管单位工作效率评估办法》，对各护管单位进行监督管理工作，采用新方式强化护管工作效率，并评选出护管先进单位及护管先进个人。

2020年，巡管部协同合作护管单位对集团所属入开、入塘、入汉、入杨、入港、入聚酯、入津滨共计544.23千米管线，7月新增石化管线120千米管线，共计长664.23千米，日常巡查282次，特殊巡查26次，累计1120余人次、车辆530余辆次，共计行驶78700多千米。2020年上半年，巡管部协同管网施工部对集团管辖管线及附属设施进行了登记排查及编号。2020年下半年对集团所属管线及附属设施占压情况进行排查及统计。

组织专业队伍每半年进行一次定期检修，完成对供水管道全面、系统的检查和维护。认真做好各供水管线气阀系统及阀门的检修保养和冬季防冻处理，分别于3月1日至4月1日和10月5日至11月5日对引滦入塘一期、引滦入塘二期、引滦入港、引滦入开发区、引滦入汉、引滦入杨、引滦入聚酯、引滦入开发区备用、引滦入津滨九条原水管线的气阀系统进行保温拆除及安装工作。对供水管道沿途钢管段阴极保护进行全面测试并记录，当阴极保护系统消耗到最低设计值时进行更换，对沿途供水管道上破损的气阀系统及阀门进行维修，安装丢失、破损的井盖。并对供水管道沿线埋设的条例宣传牌、标志桩、千米桩、转角桩进行维护，并积极做好备品备件的补充购置。日常对管线需要维护时，发现一处，处理一处，全年围绕维修、维护，重点开展了多项相关工作。

2. 泵站维修工作

对龙达水厂院内部分房屋7000余平方米的屋顶防水层进行拆除、更换、维修等工作。

对入杨泵站、淮淀泵站院内部分房屋3000余平方米的屋顶防水层进行拆除更换、维修等工作。

对东咀泵站部分生活用水管道进行更换，共计完成直径80毫米以下管道铺设300余米。

3. 供水管道抢修

2020年，供水管道抢修情况见下表。

2020年供水管道抢修明细表

序号	抢修时间	管线名称	地理位置	抢修类型	抢修措施
1	2020年1月16日	入港管线	汉港路与港塘路交口中石化加油站院	管线抢修	直径800毫米外抱箍
2	2020年3月25日	入塘1管线	青龙湾故道处	气阀抢修	清理杂物
3	2020年4月1日	聚酯管线	南港水厂支线大港区东风大桥上游10米处	管线抢修	更换PE法兰根和增加钢制伸缩器的方式进行维修

续表

序号	抢修时间	管线名称	地理位置	抢修类型	抢修措施
4	2020 年 4 月 2 日	入港管线	东嘴泵站院内消防设施 DN100 破损	管线抢修	胶皮止水
5	2020 年 4 月 9 日	入港管线	东嘴泵站院内	气阀抢修	清理杂物
6	2020 年 4 月 19 日	聚酯管线	宝坻区小田庄	气阀抢修	绑扎止水
7	2020 年 5 月 28 日	入开 1 管线	入开 1 管线宝坻区大唐辖区内（RKⅠ09）气阀	气阀抢修	清理杂物
8	2020 年 6 月 9 日	引滦入塘 2	俵口乡自由村潮白河右堤滩地管线抢修	管线抢修	更换 2 节钢管，安装 1 处外抱箍
9	2020 年 6 月 18 日	津滨管线	宁静高速空港出口处 JB81 号气阀漏水抢修	气阀抢修	更换气阀
10	2020 年 7 月 19 日	大众支线	南淮淀村北侧骨灰堂	气阀抢修	清理杂物
11	2020 年 7 月 30 日	石化管线	宝坻区东杜庄村东侧潮白河右堤路	管线抢修	法兰短节导流止水，封堵处理
12	2020 年 8 月 5 日	入开 2 管线	斜拉管桥下游 RK2－59 气阀	气阀抢修	更换短节，气阀
13	2020 年 8 月 6 日	安达支线	安达水厂院外 AD－20 气阀漏水抢修	气阀抢修	更换短节，气阀
14	2020 年 10 月 31 日	入开 2 管线	大唐牛场耕地内 RK2－07	气阀抢修	更换螺栓
15	2020 年 11 月 10 日	入开 2 管线	斜拉管桥下游 RK2－58	气阀抢修	清理杂物
16	2020 年 11 月 17 日	入开 1 管线	大唐与潘庄交界 RK－13 号气阀漏水抢修	气阀抢修	清理杂物
17	2020 年 11 月 17 日	入开 1 管线	大唐湿地东侧上返 RK－11 号气阀漏水抢修	气阀抢修	清理杂物
18	2020 年 11 月 21 日	入开 2 管线	斜拉管桥下游 1 千米	管线抢修	直径 1400 毫米外抱箍
19	2020 年 12 月 8 日	石化管线	津汉公路下游 800 米	管线抢修	拆除闸阀及伸缩器用短节替代
20	2020 年 12 月 19 日	石化管线	津汉公路东侧永和村内	管线抢修	法兰短节导流止水，封堵处理

（兴津公司）

于桥水库管理

【概述】 2020 年，于桥中心贯彻落实“十三五”水务发展目标任务，积极践行“节水优先、空间均衡、系统治理、两手发力”治水方针，扎实推进水资源、水环境、水安全各项任务落实落地见效。

【蓄水供水】 2020 年，于桥水库总入库水量为 7.66 亿立方米，从大黑汀水库引水 6.21 亿立方米，自产水量 1.45 亿立方米。总出库水量为 5.37 亿立方米，通过暗渠向下游供水 3.73 亿立方米，国华、大唐两电厂用水量 0.19 亿立方米，向州河补水 1.44 亿立方米。全年输水平均损失率为 2.6%，低于 5%的指标。

【水质监测】 按照水质监测计划，定期开展上游水库、前置库、周边入库沟道、于桥水库及上下游断面常规水质监测，及时编写发布《水质情况简报》。于桥水库草藻生长期间，加密水体巡视和监测频次，为调度决策提供依据。加强水质监测数据分析，编写水质汇报材料 27 期，上报《引滦饮用水水源地水质简报》12 期。

2020 年累计采集水样 2594 份，出具监测结果数据 17192 个。其中常规监测采集水样 856 份，出具监测数据 7708 个；前置库采集样品 265 份，出具监测数据 1778 个；上游潘家口、大黑汀水库采集样品 138 份，出具监测数据 1008 个；降雨期间监测采样 5 次，采集样品 30 份，出具监测数据 280 个；4 次引滦调水共采集水样 71 份，出具监测数据 941 个；草藻生长期间采集样品 996 份，出具监测数据 4274 个；开展库区周边 30 条沟道的河长制考核工作，并加强来水沟道的水质监测及水环境监督，采集样品 158 份，出具数据 460 个；于桥水库流域水文水质调查采集样品 16 份，出具监测数据 208 个；根据调度决策需要，开展临时监测 18 次，采集样品 64 份，出具数据 535 个。委托瑞智（天津）环境监测服务有限公司开展于桥水库臭味指标监测，臭味物质监测采集样品 211 份，出具数据 422 个；掌握指标变化，保障供水安全。

【日常维护】 每日 2 次对溢洪道闸、水库大坝等工程设施进行巡视检查，全年巡查 730 次。7 月 12 日，河北省唐山市古冶区发生 5.1 级地震，于桥水库枢纽所在地有明显震感，于桥中心立即组织开展特别工程检查，未发现异常情况。

【维修工程】 2020 年，完成维修项目 7 项，总投资 2626 万元。具体情况见下表。

2020 年于桥水库维修工程项目汇总表

序号	项目名称	批复投资/万元	主要建设内容	工期
1	于桥水库日常维修维护	300	主要包括于桥水库维修维护、水闸维修维护、树木病虫害防治、于桥水库设施维修维护、于桥水库周边防火隔离带设置、于桥水库库区水环境保洁等	4 月 25 日至 12 月 31 日
2	于桥水库库区封闭区口门及设施管理维护	400	于桥水库封闭区内 112.3 千米护栏网和 85 个口门原则实行 24 小时全天候值守管理，根据不同季节和时段的具体情况，适时调整值守方式和时间；严格按照口门管理及巡视检查相关制度要求做好巡查工作，保证护栏网、口门等设施完好	4 月 25 日至 12 月 31 日
3	于桥水库前置库维护	400	对前置库内涵闸、输水破冰设施、沟口水生植物补栽及收割、前置库内植物收割外运及收割设备维修维护、停船场维护、垃圾漂浮物清运等进行维修。保证闸涵完好，正常启闭；保证输水设施正常运转；死亡浮萍及垃圾漂浮物及时打捞；枯死挺水植物及时清除，冬季全部收割；乔木树冠完整美观，及时清除枯树、枯枝、死杈，定期修枝整齐、松土、浇水、病虫害防治和涂白	4 月 25 日至 12 月 31 日
4	于桥水库信息网络及监控设备维护	182	为保障网络及视频监控设备稳定运行，有效促进工程管理工作的开展，对设备开展维护工作，对其进行定期巡检及故障及时响应处置	6 月 19 日至 12 月 31 日
5	于桥水库菹草收割打捞处置	1119	2020 年通过政府购买服务的方式，组织机械人工打捞菹草共 23.88 万立方米，并联系地方政府负责接收处置菹草，有效减少了菹草的二次污染	4 月 24 日至 12 月 31 日

续表

序号	项目名称	批复投资/万元	主要建设内容	工期
6	于桥水库蓝藻处置及治理	126	2020年为防控蓝藻，有效缓解了藻类水华暴发的影响，购置投放水葫芦等水生植物271万株	4月25日至12月31日
7	于桥水库水质监测	99	为做好天津市引滦水源水质监测工作，及时掌握引滦水源臭味指标及水质指标变化情况，提升引滦水源供水突发事件应急处置能力，开展于桥水库臭味指标监测及水质指标监测等	2020年5月13日至2021年5月12日
合　计		2626		

【水环境治理】

1. 库区保洁

2020年，继续加大水源保护力度，深化库区常态化保洁及考核机制，确保保洁覆盖率达到100%。针对汛期降雨带入的槐叶萍进行了重点清理，并做好槐叶萍上岸后续处理，避免产生二次污染。全年出动人员1.7万余人次、车辆670余台班、船700余台班，清理垃圾漂浮物等1800余立方米。

2. 河长制考核

按照天津市河道水生态环境管理领导小组办公室要求，完成于桥水库、果河、黎河及30条入库沟道考核工作，共考核10次，发现问题及时向属地政府进行反馈，督促其整改，并将考核成绩报送至天津市河长制事务管理中心。

3. 草藻防控

菹草收割打捞。2020年，于桥水库继续低水位运行，促进库内菹草生长期提前。2020年菹草收割打捞继续采用社会化外包模式，聘请天津九鑫欣诚建筑工程有限责任公司，在水库深水区域利用割草船和运草船进行收割、打捞、转运上岸，在浅水区利用渔船进行人工打捞，并委托地方政府对转运上岸的菹草进行无害化处理，避免产生二次污染。累计打捞处置菹草23.88万立方米。

蓝藻防控。2020年，于桥水库采用降低库水位、增强水体流动置换等方式，抑制藻类生长。适时启用智能围隔进行藻类拦截，并在水库浅水区域投放水生植物271万株，全年未出现大面积藻类聚集情况。

【库区封闭管理】 2020年，于桥中心严格落实《于桥水库库区封闭管理实施意见》，继续加大封闭管理考核力度。截至11月底，开展库区封闭管理定期考核11次，抽查考核660余次，及时将发现的问题向属地镇政府（蓟州区渔阳镇、穿芳峪镇、马伸桥镇、出头岭镇、西龙虎峪镇、州河湾镇、别山镇）反馈并督促整改。

2020年12月，库区封闭管理工作移交至于桥水库TOT项目运营公司，于桥中心协同属地政府及TOT运营公司人员不定期抽查口门管理人员值守情况，发现问题及时整改和上报。

依照《于桥水库封闭网管理办法》，加强封闭设施维修维护，对破损的护栏网随发现、随修复，将整套维修流程压缩在24小时内。全年维修金属网片护栏网50000平方米，维修铁艺护栏网1630米，刺绳护栏网2000米。

严格落实《天津市水务河道巡视管理系统使用方案》，规范开展于桥水库、引滦输水暗渠巡查工作，特殊时期、重点时段加密巡查频次，发现问题及时上报处置。全年下达巡查任务3029次，完成3029次，完成率100%。

【库区管控】 2019年，天津市于桥水库管理中心整合组建，依据天津市机构编制委员会办公室批复，不再承担水政执法职责。

为维护于桥水库水源地管理秩序，于桥中心履行工程管理职责，同水政执法总队及蓟州区相关执法机构形成合力，保持库区管控高压态势。2020年累计开展库区巡查7000余次，出动6200余车次、2.6万余人次、130余船次，制止非法垂钓、游玩等水事违法行为2400余起。

2020年，联合水政执法总队、蓟州区农委、蓟州区水产服务中心、蓟州区公安分局等单位部门开展禁渔期联合执法、河道阻水渔具阻水障碍物专项整治、“碧水行动”等联合执法行动13次，检查停靠船只400余艘，依法处置机动船只1艘，收缴柴油发动机3台，处理非法捕捞渔具20余件，所有水事违法行为全部移送蓟州区水产服务中心处理。

按照宣传计划和专项工作要求，先后组织并完成了野生动物保护、送法入村庄、“关爱山川河流保护水源地”志愿者服务暨公益宣传等活动，统计悬挂宣传横幅10幅，发放宣传书包500个、宣传资料1000余份、宣传纸杯200个、宣传手提袋50个，现场解答群众疑问50余次，有力提高了于桥水库周边居民百姓的保水护水意识。

【水库灾害防御】 2020年，完成防御组织机构调整，建立抢险队伍，明确水库行政责任人、技术责任人、巡查责任人，严格落实职责。修订完善《于桥水库2020年调度运用计划》《于桥水库防洪抢险应急预案》等，完成防汛物资增储、水情自动测报系统、大坝安全监测系统及水文测验设施设备的维护。开展了于桥水库应急测洪、防汛抢险知识培训，组织“入库洪水应急测验”“果河堤岸抢险”“于桥水电公司防汛抢险”等防汛应急实战演练。开展了汛前、汛中和汛后工程技术检查。

2020年汛期，于桥水库流域有数次强降雨过程，接市水务局通知启动防汛上岗2次，于桥中心启动防汛上岗2次，中心领导坐镇指挥，防汛抢险队员随时待命，防汛关键岗位人员24小时值守，周密部署应对工作，不间断开展工程巡视检查，认真进行水雨情测报，严密监测上游河道入库流量和来水水质。

2020年汛期（6月1日至9月30日）共122天，其中有60天出现降雨过程，于桥水库流域平均降雨总量为578.5毫米。最大降雨出现在8月23日，流域平均降雨量为99.1毫米。汛期水库最高水位为18.91米（8月30日），最低水位为17.81米（6月17日）。汛期收发调度指令52条，总入库水量1.76亿立方米，其中本流域自产水量0.75亿立方米，从大黑汀水库引水1.01亿立方米。总出库水量为2.12亿立方米，通过暗渠向下游供水1.52亿立方米，为国华、大唐两电厂提供工业用水量0.08亿立方米，向州河补水0.27亿立方米。于桥水库流域水文情况见下表。

于桥水库流域水文情况一览表（汛期）

汛期降水量/毫米	最大日降水量/毫米	最大入库流量/立方米每秒	最大出库流量/立方米每秒	最高水位/米	相应蓄水量/亿立方米	最低水位/米	相应蓄水量/亿立方米
578.5	99.1	85.1	50.3	18.91	2.22	17.81	1.51
6月1日至9月30日	8月23日	6月25日	7月1日	8月30日		6月17日	

注 以上数据为6月1日至9月30日整编数据，水位为大沽基面。

【前置库运行管理】 于桥水库前置库位于于桥水库上游淋河与果河入库河口处，占地22平方千米，主要用于处理引滦来水，净化入库水质，减缓水库富营养化。建有林草地、橡胶坝、果河封堵堰、交通桥、闸、涵、进出水堰、堤防、渠道、交通道路、航道等设施。

2020年，继续规范前置库运行管理和维修管护，充分发挥前置库水体净化功能。前置库运行期间，启闭闸门193次，橡胶坝运行调整16次，净化水量2.85亿立方米。巡视出动车辆1300余车次，人员2900余人次，维护前置库管理秩序。采取社会化的方式，全面做好前置库维修维护工作，完成21座水闸、12座桥涵、130千米堤埝道路、1座橡胶坝及充排水泵站日常维修维护，完成树木养护2.3万株、水生植物打捞2.1万立方米、苇草收割230余公顷等管护工作。

【安全生产】 2020年，按照“党政同责、一岗双责、齐抓共管”和“管行业必须管安全、管业务必须管安全、管生产经营必须管安全”的要求，充分利用安全生产网格化管理平台，通过“定格、定人、定责”，进一步深化责任到人、职责到位、全面覆盖的安全生产网格化管理工作。年初制定印发《于桥中心2020年安全生产工作要点》，组织签订《安全生产责任书》《安全生产工作目标责任书》等11项安全生产责任书共计365份，签订率达100%。事业单位机构改革后，调整了安全生产工作委员会组成，定期研究推动安全生产工作落实。

开展安全生产专项整治三年行动、反恐怖防范、节日期间专项安全检查工作；开展危险源辨识与风险评价，编制了危险源辨识与风险评价报告，建立危险源档案，对危险源实行动态管理。

制定了安全生产考核细则和安全生产考核标准，中心各部门每周对大坝枢纽、闸涵、堤防等工程设施、消防设施、用电、燃气、危险化学品及水文水环境监测设备等进行自查，中心安委会每月对安全管理情况进行督查检查考核，全年累计自查4499次，督查58次，督促整改安全隐患47项，安全检查记录、隐患治理台账记录真实、规范，管理闭环。

组织开展了“4·15”全民国家安全教育日、“安全生产月”和“安全专题行”“隐患就是事故，事故就要处理”等教育活动，举办了消防安全培训演练和反恐应急演练，大力营造浓厚的安全氛围。

2020年，于桥中心各类工程设施、设备均按设计标准安全运行，未发生重大责任事故和人身伤亡事故。

【于电公司经营管理】 2020年，天津市于桥水力发电有限责任公司紧密围绕安全输水发电中心工作，不断深化“规范高效、负责担当、传承创新、和谐奉献”的管理理念，强化规范管理，圆满完成输水发电、设施设备维护、安全生产等工作。

2020年，输水量47393.68万立方米，发电963.54万千瓦时，发电收入420.96万元，营业外收入82.54万元，总收入503.50万元。总成本费用465.01万元，其中人工成本285.68万元；利润38.49万元。

设备检修维护。先后完成2号水轮发电机组大修、天车大修；1号、4号调速器及1号、3号励磁系统检修；1号技术供水泵检修。完成调压池拦污栅清理；1号至4号机组春季小修。完成升压站预防性试验、设备保护校验，并在尾水、调压池安装吹冰设备。

安全生产。严格执行“两票三制”、巡视检查制度和其他安全措施。积极开展各项安全生产活动，与各部室逐级签订《安全生产、消防安全责任书》，完成特种作业操作证审验，组织开展内部安全生产检查12次，做好35千伏线路巡视检查工作，实现全年安全生产无事故。

职工队伍建设。有针对性地开展青年职工培训，全年开展专项培训8次，对2020年新调入的10名职工进行3级培训，考试合格后安排上岗，不断提升公司规范化管理水平。

（于桥中心）

尔王庄水库管理

【概述】 尔王庄水库建于1982年，1983年正式投入使用，属中型水库，占地13.03平方千米，周长14.3千米，水面面积11.03平方千米，总库容为4530万立方米，兴利库容为3868万立方米，设计水位 5.5 米。坝顶高程 7.04 米，防浪墙顶高程 8.24 米，堤顶宽度 7 米。尔王庄水库设置了两个闸涵，一号闸和二号闸。一号闸的作用是通过暗渠泵站及后池压力箱向水库蓄水和向暗渠放水，设计流量为 29.19 立方米每秒；二号闸的作用主要是放空水库或当上游停水，关闭明渠入塘节制闸，供下游各泵站用水，设计流量为 40.2 立方米每秒。如果因上游停水，能为天津市区提供饮用水 15 天左右。

2020 年，引滦尔王庄分公司高质量完成水源切换工作，科学安排蓄水供水，加强库区水质检测，加大原水稽查力度和水环境保护力度，完成水库维修工程项目，确保了水资源安全和水库运行安全。

【科学调度】 2020 年严格执行水务集团生产技术和信息部调度安排，完成供水水源切换 1 次，全年执行调令 252 次，确保了安全输水。

【蓄水供水】 2020 年，分公司引滦输水量为 3.20 亿立方米，引江输水量为 2.27 亿立方米。其中向周边城区供水 2.14 亿立方米，明渠入津供水 0.20 亿立方米，水库补水 0.20 亿立方米，水库未出库，明渠全年最高水位 0.80 米，最低水位-0.35 米；水库全年最高水位 5.42 米，最低水位 4.57 米。全年降水量 390.2 毫米，全年（3 月 15 日至 11 月 15 日）蒸发量 703.4 毫米。

【水质管理】 2020 年，引滦尔王庄分公司对水源监测站点采取隔日检、周检和月检的方式，每周三、五、日进行隔日检 9 项化验，每周三进行周检 21 项化验，每月进行月检 21 项化验，在汛期、水库水草生长期等时期加密测次。

2020 年，分公司对辖区内取水点［水库一号闸、高庄户弯道、水库二号闸、西杜庄弯道、明渠自流道、入塘节制闸、入塘取水口、入开（汉）取水口、入港取水口、入聚酯（津滨）取水口、入杨取水口］进行定期巡视 52 次，对周边水环境（青龙湾故道、北京排污河）定期开展污染源巡视排查 12 次，通过对氯化物、pH 值、氨氮等项目的测定，准确及时地向上级主管部门提供可靠数据。

2020 年，分公司对明渠、水库水质共监测 205 次，其中完成隔日 9 项监测 134 次，周检测 26 次，月检 6 次，加测 39 次。全年水库水质符合地表饮用水Ⅲ类标准，水质良好，保证了向天津市和各周边用水单位输送合格的水质。

【原水稽查】 按照《天津水务集团有限公司稽查工作管理规定》，制定完成《稽查工作巡视巡查方案》，确定了巡视人员、职责要求、巡视范围、内容、类别、频次，规范了巡视检查路线，并严格遵照执行。

2020 年，分公司加强水库夜间巡查工作，有效杜绝外部人员进入库区捕鱼、垂钓、捉幼蝉猴等行为，全年共出动稽查车辆 1762 车次、4027 人次。

“世界水日”“中国水周”期间，围绕“坚持节水优先，建设幸福河湖”及分公司安全输水中心工作，开展了形式多样的宣传活动，主要宣传方式包括在办公楼和食堂滚动播放保护水环境的宣传视频，在外墙、围栏悬挂“世界水日”“中国水周”横幅及宣传海报，发放爱护水环境的宣传折页及倡议书 200 余册。

【水环境治理】 辖区封闭管理。2020 年完善《渠库封闭管理规定》，严格出入登记制度，严禁外来车辆和人员进入辖区。新冠肺炎疫情防控期间，制定了《疫情期间水库门卫管理制度》，严格检查健康码、扫码、测温、登记制度，禁止黄码和红码人员、不戴口罩人员以及来自中高风险地区车辆及人员进入库区。

巡查工作。严格贯彻落实《天津水务集团有限公司原水工程巡视检查管理办法》《稽查工作巡视巡查方案》。重点关注维护人员汽油机油、病虫害防治队伍药物使用情况，确保及时带出辖区，杜绝水质污染情况的发生。不定期对孙校庄生产桥改造、北排倒虹吸进出口闸整修、水库地震液化处理、除险加固等工程的施工现场进行巡查，积极与施工单位协调，确保文明有序施工，对施工人员进行全面监管，定期进行安全教育，杜绝钓鱼、捕鱼、游泳等行为的发生，确保人身安全及辖区水环境安全。

水库渔业管理。为有效控制水库生态平衡，配合水管中心分春季、秋季两批次完成水库鱼苗投放工作，共计投放鳙鱼、鲢鱼 24670.5 千克，约 125183 尾。

漂浮物打捞。在引滦、引江输水期间，加大巡视检查力度，对明渠、水库、闸前、闸后的漂浮物做到了及时发现、及时打捞，确保辖区水环境安全、洁净，共出动人工 151 工日，打捞水面漂浮物 20.6 立方米。

【维修工程】 2020 年，组织实施尔王庄水库围堤基础地震液化处理、尔王庄水库加固工程等水库管理维修工程 2 项。其中，尔王庄水库围堤基础地震液化处理于 2020 年 9 月 20 日开工，并于 2020 年 11 月 15 日完工，完成投资 385.8119 万元；尔王庄水库加固工程于 2020 年 11 月 3 日开工，至 2020 年年底完成钻孔 15706 米、高压摆喷灌浆 13418 米，完成投资 213.79 万元。

【日常维护】 2020 年，组织实施水库落叶清理、水库坡面杂草修剪、水库护网维修、6 千伏环库线路树木修剪、水库大坝安全检测 5 项水库日常维护项目，完成投资 52.98 万元。

【水库灾害防御】 修订完善《尔王庄水库防汛抢险应急预案》《引滦尔王庄分公司防汛预案》《引滦尔王庄分公司供水突发事件应急预案》《尔王庄水库大坝安全管理应急预案》《尔王庄水库预测预报预警方案》等预案、方案，组织职工对防汛预案方案进行了专项培训，同时组织了 123 人参加的防汛应急综合演练。开展了汛前、汛中、汛后检查。准备了充足的防汛物资，并对工程管理范围和保护范围每天日常巡视检查 2 次，遇特殊天气、输水期、汛期等，增加日常巡视检查频次，重点查看工程设施运行情况，及时发现工程缺陷和威胁工程安全的问题。

【安全生产】 2020 年，修订《引滦尔王庄分公司生产安全事故综合应急预案》《尔王庄水库防汛抢险应急预案》《尔王庄水库大坝安全管理应急预案》《尔王庄水库预测预报预警方案》等预案、方案，组织开展防汛演练 1 次。组织开展各类安全隐患排查整治 45 次，发现水库安全隐患 12 项，均已按要求落实整改措施。逐级逐岗签订安全生产责任书 41 份。组织开展安全生产知识、消防安全知识、安全生产警示教育以及特种作业人员安全知识等安全培训 6 次，累计参训人数 29 人次。组织完成 3 名高压电工取证复审培训。

水库辖区在建工程施工现场管理，要求施工单位对施工现场、重点区域加强管理，做到每日消毒，最大限度减少人员聚集。同时细化《外来人员（车辆）出入登记表》，凡进入库区人员必须详细登记联系方式、身份证号码及家庭住址。统一规范水库除险加固工程施工单位的车辆通行证、人员进出证，统一证件格式、内容。

安排专人负责渗流观测，确保观测设施运行良好。每月对 23 个断面 92 个测点数据进行备份、存储，确保资料数据真实，并做好设施设备调试维修工作，完成辖区水工建筑物沉降、位移观测工作。

（水务集团）

南水北调市内配套（引江）工程管理

综合管理

【概述】 天津干线工程是南水北调中线一期工程的重要组成部分，进水口位于河北省徐水区西黑山村西北，线路总体走向由西向东，沿线经过河北省保定市、廊坊市，终到天津市西青区曹庄村北，线路全长约155.305千米，主要向天津市供水，同时向沿线河北省8个县市供水。根据国务院批准的《南水北调工程总体规划》，分配天津水量多年平均为10.15亿立方米（陶岔），天津收水量为8.63亿立方米（末端口门）。天津干线设计输水规模50立方米每秒，加大输水规模60立方米每秒。

天津市配套运行工程主要包括：①西干线、西河原水枢纽泵站，向中心城区供水；②曹庄泵站、南干线，向滨海新区供水；③尔王庄水库至津滨水厂引滦入津滨管线，向环城区域供水；④北塘水库、塘沽水厂供水泵站、开发区水厂供水泵站，向滨海新区供水；⑤引江向尔王庄水库供水联通工程永清渠管线、永清渠泵站，向北部地区供水；⑥武清泵站、武清管线，向尔王庄向武清供水；⑦宁汉泵站、宁汉管线向宁河、汉沽供水。

（水务集团）

【配套工程建设管理】 配套工程验收工作有序推进。根据《水利水电建设工程验收规程》（SL 223—2008）等有关要求，市水务局6月19日主持召开天津市南水北调中线市内配套工程引江向尔王庄水库供水联通工程竣工验收会议，并顺利通过竣工验收。6月3—4日，主持召开天津市南水北调中线市内配套工程宁汉供水工程泵站工程机组启动验收会议。11月19日主持召开宁汉供水工程管线工程（A0+000～A43+850段）、宁汉供水工程管线工程（宁河及汉沽支线）通水验收会议。12月4日主持召开武清供水工程管线工程（A0+000～A32+880段）、武清供水工程管线工程（A32+880～武清规划水厂段）通水验收会议。至2020年年底各项工程均已投入运行，为天津市经济社会发展发挥了重要作用。

（建管处）

【南水北调宣传】 2020年5月初，配合南水北调中线建管局天津分局开展引江向天津市供水超50亿立方米新闻宣传，全面展示南水北调工程对保障供水安全、优化天津市水资源结构、改善水生态环境等方面的重要作用，在中央驻津和本地媒体刊登（播发）相关宣传报道20余篇。2020年12月中旬，组织开展引江通水六周年宣传报道，在《天津日报》、北方网等重点媒体刊发通讯《近60亿江水润泽津门大地》，大力宣传引江供水对保障城乡供水安全的重要作用。

（局办公室）

【征地拆迁管理】 天津市南水北调中线工程宝坻引江供水工程：2020年市水务局向宝坻区政府致函，请宝坻区政府确定该工程征迁机构并负责征迁实施工作，宝坻区政府回函明确成立工程征地拆迁领导小组，办公室设在宝坻区水务局。之后，工程项目法人与宝坻区水务局签订完成征迁补偿协议。宝坻区水务局已组织完成现场实物量复核工作。

天津市南水北调中线工程静海引江供水工程：该工程涉及武清区、西青区、静海区。2020年，市水务局分别向这三个区政府致函，请各区政府确定该工程征迁机构并负责征迁实施工作，各区政府回函明确成立工程征地拆迁领导小组，办公室设在各区水务局。之后，工程项目法人与各区水务局完成签订征迁补偿协议工作。

（建设中心）

【管理制度建设】 水务集团结合运行管理工作实际，先后制定完成了《天津水务集团有限公司原水设施设备巡视检查管理办法》《天津水务集团有限公司原水设施设备日常维修维护管理办法（试行）》《天津水务集团有限公司原水工程设施设备完好率评定办法》《天津水务集团有限公司原水工程设施设备实施“日清扫、周擦拭、季检修”工作规定》《天津水务集团有限公司生产运行类物资和服务采购管理办法》等，建立和健全了制度体系，为工程安全运行提供了制度保障。2020年，制定了《天津水务集团有限公司引江泵站调节池清淤工作管理办法（试行）》。

【水源调度管理】 引江水源从王庆坨连接井进入天津市后，通过南水北调中线天津干线和南水北调市内配套工程主要经五路向天津市供水：一是由曹庄泵站、南干线供给滨海新区津滨水厂、北塘水库、塘沽（新河、新村、新区）水厂、开发区水厂；二是由西干线、西河泵站供给中心城区芥园、凌庄、新开河水厂；三是由西干线永清渠分水口经永清渠泵站加压，通过引江向尔王庄水库供水联通工程、新引河、引滦明渠反向供给尔王庄引滦沿线各取水泵站以及北辰宜达水厂；四是由天津干线子牙河北分流井退水闸向海河进行生态补水；五是由天津干线王庆坨连接井分水口向王庆坨水库补水。

1. 调水计划量及实际输水量

2019—2020年度（2019年11月1日至2020年10月31日），《水利部关于印发南水北调中线一期工程2019—2020年度水量调度计划的通知》文件中水利部批复天津市引江调水指标为12.04亿立方米。

2019—2020年度，引江实际输水量12.91亿立方米（中线建管局王庆坨连接井进口流量计表读数），完成调水计划的107%。其中经曹庄泵站、南干线向塘沽、开发区水厂和北塘水库供水约2.01亿立方米；经西干线、西河泵站向中心城区芥园、凌庄、新开河水厂供水约4.45亿立方米；经永清渠泵站、引江向尔王庄水库供水联通工程向尔王庄区域供水约3.02亿立方米；经子牙河北分流井退水闸向海河生态补水约3.25亿立方米；经王庆坨连接井向王庆坨水库补水约0.18亿立方米。

2. 日常调度管理

按照统一调度、分级管理的原则进行供水调度。水务集团生产技术部为一级供水调度职能部门，负责集团公司总体供水调度管理工作，集团所属各原水分公司调度职能部门所辖业务管理范围内的供水调度管理工作。

一级供水调度职能部门在接报或发现水（工）情改变时，结合调度任务分类和工况运行信息，开展内部会商会议，拟定调度指令，经部门负责人、主管领导审签后，下发至二级供水调度职能部门（抄送相关单位）。二级供水调度职能部门执行调度指令，指令执行过程中，联系相关单位，了解上下游水（工）情信息，执行完毕后，将情况上报一级供水调度职能部门。调度指令执行过程中，如出现水（工）情不能满足供水要求或可能发生重大变化，导致调度指令无法实施时，二级供水调度职能部门应及时与一级供水调度职能部门沟通，提出合理化意见或建议，按照一级调度职能部门的授权和指令，做好调度工作；若调度指令由市水务局下达，一级供水调度职能部门还应将信息向其报告。

结合部室职能的调整，对集团公司原《天津水务集团有限公司供水调度管理办法》《天津水务集团有限公司原水供水计划管理规定》《天津水务集团有限公司供水调度水工情管理规定》《天津水务集团有限公司水情监测设备管理规定》《天津水务集团有限公司水库水位控制管理规定》共计5个管理制度进行了修订完善，并已印发各相关单位执行。

【调水安全管理】 2020年，调度人员24小时在岗值守，密切关注上游来水情况及沿线各用水户用水情况，依照年度调水计划及时与中线建管局沟通，调整引江上游来水流量和下游供水模式，并适时调控天津干线向天津市各分水口门引江输水流量，确保全市原水供给平衡。同时，针对2020年元旦、春节、全国两会、疫情等敏感时期特点，专门制定了安全供水调度保障措施，确保期间全市供水充足平稳。

随着新建成的南水北调天津市配套工程王庆坨水库成功蓄水，于2020年初正式开始王庆坨水库、尔王庄水库、北塘水库三库的联调运行，最大限度发挥出三座水库应急调蓄能力，天津市城市供水保障率和调蓄能力又得到了进一步提升。

应急管理。2020年调整了水务集团应急供水指挥部成员，对《天津水务集团有限公司供水应急预案》进行修订，并向天津市水文水资源管理中心进行备案；组织5家原水分公司、3家区域供水公司完成了各单位供水突发事件预案的修订、备案工作。

完成2020年度水力模型CS系统更新维护工作，建立连续168小时管网平差计算的供水新工况模型，并利用水力模型系统进行管网降压停水分析、供水工况分析、水厂改造分析、管网低压片分析以及管网铺设规划分析等共25余次，为管网应急抢修处理、管网计划停水时间把控、低压片解决方案的可行性操作分析、管网规划方案实施等方面提供重要的决策依据。

【日常维修养护】 2020年年初，各引江原水分公司根据全年设施设备维护任务，制定日常养护计划，并按计划落实全年维修养护工作。日常维修维护包括水工建筑物养护、水环境保洁、林草绿地养护、生产设备维护及非生产配套设备维护等方面。实施过程中，各单位合理控制维修养护资金和进度，认真开展质量管理和工程验收工作，做到维修养护记录准确、规范，各类资料齐全。集团公司引江管理单位全年完成日常维护420余项，投入资金915.34万元，设施设备完好率保持在98%以上，为供水安全运行提供了有力保障。

【专项维修及应急抢险工程】

1. 专项维修工程

2020年，完成专项维修工程共13项，完成总投资1881万元，主要工程包括西河泵站11号机组液控阀更换工程、西河泵站调节池清淤设备置安及附属工程、西河泵站调节池清淤工程（水质保护）、曹庄泵站调节池清淤一期和二期工程、引江市南供水管线井室防水工程、南干线二期应急联通管线闸阀增设电动头及远传控制工程等。专项维修工程严格工程方案审批，严控工程成本，优化工程实施方案，实现工程建设项目快审快批。按照2000年4月国家发展计划委员会发布的《工程建设项目招标范围和规模标准规定》，规模以上工程项目进入有形市场，规模以下工程进入水务集团招标网站进行招标，确保招采项目信息公开透明。工程实施过程中狠抓质量安全管理，组织制定《新冠肺炎疫情期间工程项目复工复产计划和专项方案》；召开5次原水重点工程建设例会，开展现场检查20次，开展质量飞检工作，确保工程质量合格。截至2020年年底，完成全部13项工程和2019年4项结转工程的竣工验收，验收全部合格。

2. 应急抢险工程

2020年共实施应急抢险工程2项，工程总投资1255元。实施的西河泵站调节池清淤抢险工程，有效缓解了泵站调节池内淤积物造成水质恶化、水体调节能力下降等问题。南干线一期A管线50号气阀下游10米处漏水点抢险工程，及时对南干线钢管漏水部位进行封堵，完成了引江调水任务，确保了工程安全、运行安全和水质安全。

【巡视巡查监管】 组织各单位按照《天津水务集团有限公司原水设施设备巡视检查管理办法》，严格落实工程巡视检查工作。要求引江各分公司根据不同工程设施确定巡查范围、巡查频次，发现问题要严格执行上报流程，及时处置。充分发挥南水北调巡视巡查系统作用，利用手机GPS定位系统，保障巡查及时到位，确保第一时间发现并先期处置现场问题。与此同时，水环境巡查与工程设施日常巡查相结合，重点对曹庄泵站调节池、西河泵站调节池、王庆坨水库和北塘水库开展巡查，发现水环境问题及时整治。在引江泵站调节池淤期间，要求加大巡查力度，在人工巡视检查的同时，借助视频监测和水质自动监测等各种手段，确保清淤期间的水质和水环境安全。组织对王庆坨水库和北塘水库开展水源保护区巡视检查工作，每月对其组织开展河长制考核，并将考核结果上报市河长办。

【考核工作】 2020年，组织对南水北调天津市配套工程的运行管理考核工作，从工程运行涉及的资料管理、运行维护管理、生产安全管理、水环境及生产环境管理、稽查管理、生产运行类采购招标管理等方面着手，采取日常考核、定期考核相结合的方式对各运管单位开展全面考核工作。实现以考促管，推动运管单位工程运行管理水平的进一步提升。

（水务集团）

供水管线管理

【南干线供水管线管理】 南干线供水管线包括滨海新区供水管线一期工程，全长36.195千米；滨海新区供水管线二期工程，全长37.73千米。水务集团相关分公司的管线管理所管理着管线及附属设施的运行、巡查、维修养护以及安全防护等工作，保障着南干线管线供水运行安全。

运行管理。加强管线巡视的现代化管理手段，充分利用巡视巡查系统对管线问题及时上报。2020年度共出动车辆约1100车次、人员约2800人次、行驶里程约62200千米。对管线气阀井室、蝶阀井室等工程设施进行巡查管护，对管线周边施工进行巡检监管并加强管线保护宣传。全年发现并制止占压及水事行为16次；与施工方插旗确认管线位置8次。

维修养护。开展专项维修工程2项，分别为2020年引江市南分公司防雷接地试验项目、引江市南分公司供水管线井室防水工程。开展日常维修项目2项、完成2020年日常维修养护项目框架协议25项。完成2020年南干线一期A管线50号气阀下游10米处漏水点抢险维修项目。定期对现有设施进行养护工作，对管线井室、蝶阀、气阀等基础设施进行保养、维修，及时处理设施漏水情况。更换损坏气阀9个；维修气阀9个，维修蝶阀13个；对南干线61个破损井盖进行更换，完成井口修缮22个；对9个南干线蝶阀井室进行防水施工，并对做过防水井室内蝶阀进行养护；安装蝶阀操作平台9处；对南干线倾斜的标志桩里程桩进行扶正加固；对津滨尾闸及管线设施周边进行清扫除草7次。共完成气阀漏水抢修3次。共接到上级调度部门调令14次，完成31次调闸任务。

水法宣传。2020年深入管线沿线进行水法规宣传，发放宣传手册以及纪念品310套，扩大水法规宣传教育的覆盖面和影响力，形成了制度化、常态化，提高沿线村民的水环境保护意识，为安全输水提供有利的外部环境。

安全生产管理。积极贯彻落实集团安全生产工作要求，对安全生产工作常抓不懈。在法定节假日、全国全市重要安全生产会议召开等重要时间节点，加大巡视巡查力度，加强养护力量，确保安全供水工作落地见效。每月召开安全生产例会，及时传达公司安全生产例会会议精神。做好安全生产培训、自查及应急演练工作。定期开展安全生产培训，主要从行车安全、预防硫化氢中毒、天车安全操作、安全用电、有限空间作业、正压式呼吸器使用安全事项，以及规章制度等方面进行培训学习。组织开展了2次消防演练、2次反恐演练、1次防汛演练及1次防硫化氢中毒演练活动，全员安全生产意识得到提高。

【西干线供水管线管理】 南水北调中线一期天津市内配套工程天津干线分流井至西河泵站输水工程（以下简称“西干线”）位于天津市的西部，起点为北辰区铁锅店南水北调中线一期工程天津干线分流井闸下，终点位于红桥区平津战役纪念馆西侧、子牙河南岸的西河泵站调节池，全线总长8.53千米，设计流量27立方米每秒。该工程作用为向西河泵站提供长江原水水源，以保证西河泵站向市区三大水厂（新开河水厂、芥园水厂、凌庄子水厂）输送长江原水。

运行管理。加强管线巡视维护的现代化管理手段，充分利用巡视巡查系统对管线问题及时进行电子上报，实现管线管理的信息化和及时性。2020年度共出动车辆31余车次、人员598余人次、行驶里程4890余千米。完成对设施井防寒防冻保护4处。

安全生产管理。组织完成运行管理细则编写工作，严格落实安全生产责任制，组织签订《安全生产责任书》，在重大节日节点加强安全生产大检查、管线巡视巡查和维修养护力度，确保供水运行安全。加强职工安全教育，主要从行车安全、预防硫化氢中毒、安全用电、有限空间作业、正压式呼吸器使用安全等事项，以及规章制度等方面进行培训学习，并组织开展了消防、反恐、防汛等3次应急演练，提高应急处置能力。

【引江向尔王庄水库联通管线管理】 引江向尔王庄水库供水联通工程供水线路主要是引江水自西干线永清渠分水口（永清渠泵站）经引江向尔王庄水库供水联通工程线路，利用新引河及引滦明渠，反向供给尔王庄引滦沿线各取水泵站及北辰宜达水厂，向北部区域供水。引江向尔王庄水库供水联通工程起点为西干线分水口，终点位于新引河进洪闸下游170米处的出口阀井，此工程管线全长12.0千米。

运行管理。分公司加强隐患排查工作，利用巡视巡查平台，加大对原水管网的巡视巡查和设施养护力度，发现安全隐患及时抢修，确保管网运行安全。2020年度共出动车辆31余车次、人员598余人次、行驶里程4890余千米。2020年度，对所有放气井及闸阀井进行防寒防冻保护19处；确保管网设施设备完好率保持在98%以上，管网抢修及时率100%，事故隐患整改率100%，安全输水保证率达100%，保证了原水管网的安全运行。

安全生产管理。组织签订《安全生产责任书》，在重大节日节点加强安全生产大检查、管线巡视巡查和维修养护力度，2020年在屈家店闸等处悬挂警示标志牌，确保了人员及供水设施的安全。

【市内原水管线管理】 市内原水管线包括7条输水管线和西河预沉池周边管线，总长59.7千米，其中引江市区分公司管辖35.5千米，引滦市区分公司管辖24.2千米。主要包括：直径2000毫米管线起自宜兴埠泵站，终到新开河水厂，全长约3.9千米，向新开河水厂供水。直径1800毫米管线起自宜兴埠泵站，终到新开河水厂，全长约3.8千米，向新开河水厂供水。直径2500毫米管线负责起自宜兴埠泵站，终到西河泵站，全长约11.1千米，宜兴埠泵站和西河泵站连通管线。直径2600毫米管线起自宜兴埠泵站，终到西河泵站，全长约 11.6 千米，宜兴埠泵站和西河泵站连通管线。西河泵站至凌庄水厂复线直径 2200 毫米管线，起自西河泵站终到凌庄子水厂，全长 12.69 千米，向凌庄水厂供水。西河泵站至凌庄水厂老直径 2200 毫米管线，起自西河泵站终到凌庄子水厂，全长 12.38 千米，向凌庄水厂供水。西河泵站至芥园水厂直径 2200 毫米管线，起自西河预沉池，终至芥园水厂，全长 2 千米，向芥园水厂供水。西河预沉池周边直径 2200 毫米管线，包括东西超管线，全长 2.23 千米。

巡线人员每天利用巡视巡查平台，对管线进行现场巡查，发现问题及时处置，管线设备按期维护保养。在重大节日、极寒天气期间，加强安全检查、管线巡视和应急抢修力度，保障设施设备运行正常。

引江市区分公司全年累计巡视里程 28582 千米，出动人员 1532 人次，车辆 46 车次。张贴占压管线安全隐患告知书 7 次，发现并制止占压行为 5 次，与施工方现场确认管线位置 18 次，确保了管线运行安全。加强了设施设备维护，全年更换加重井盖 26 套，安装井盖异动 30 套及液位报警 21 套，修缮了 6 个井盖，完成气阀漏水抢修 4 次、调闸任务 1 次，完成日常维护项目 10 项，完成对设施井防寒防冻保护 396 余处。

引滦市区分公司全年张贴占压管线隐患告知书 3 次，发现并制止占压行为 3 次，与施工单位现场确认管线位置 10 次，确保了管线运行安全。冬季对 160 座设施井采取保温措施。每季度对防坠网进行检查，对破损的进行更换。

【宁汉供水管线管理】 天津市南水北调中线市内配套工程宁汉供水管线全长 70.214 千米，起点为尔王庄水库东侧滨海水业集团入塘沽泵站、入汉沽泵站，终点分别为宁河水厂和汉沽龙达水厂，跨越宝坻、宁河和滨海新区（汉沽）三个行政区，主要为宁河区及永定新河以北的滨海新区（汉沽）北区宜居旅游区提供城市用水、实施地下水压采水源转换及实施城乡一体化供水地区的农村生活用水。

运行管理。加强管线巡视检查工作，加大对管线管理范围内涉外施工的巡视检查力度，做好管线设施设备运行管理的检查维护。2020 年共出动车辆 278 车次、人员 985 人次、行驶里程 32800 千米。全年发现并处置管线管理范围内涉外工程 6 项，完成 2 处破损阀井的维护，完成阀井防冻保护 4 处。

水法规宣传。全年深入管线沿线进行水法规宣传，发放宣传单、宣传手袋 200 余份，在宁河北地下水源地 14.4 千米管线沿线重要节点位置安装了公告牌 36 块，扩大水法规宣传教育的覆盖面和影响力，提高沿线居民对供水设施的保护意识，为安全供水营造有利的外部环境。

安全生产管理。严格落实分公司各项安全管理制度，组织签订《安全生产责任书》，在重大节日节点加强安全生产自查和管线巡视检查，确保供水安全。加强职工安全教育，主要从行车安全、安全用电、有限空间作业、预防硫化氢中毒、正压式呼吸器使用安全等方面进行集中培训学习。组织开展了消防、反恐、防汛等 3 次应急演练，提高应急处置能力。

【引滦尔王庄入武清供水管线管理】 引滦尔王庄入武清供水管线是天津市南水北调中线配套工程的一部分，全程通过管道将引滦、引江原水输送到武清区。武清供水管线采用地下管道输水方式，管线起点为武清供水泵站，终点为武清城北二水厂（朱庄水厂）。管线途经宝坻区、武清区，全长 35.42 千米。

运行管理。加强管线巡视检查工作，加大对供水管线的巡视巡查和设施养护力度，发现安全隐患及时上报抢修，确保管线运行安全。2020 年共出动车辆 358 车次、人员 1148 人次、行驶里程 28640 千米。全年发现并处置管线管理范围内涉外工程 1 项，完成更换阀井 7 处，完成阀井防冻保护 5 处。

水法规宣传。利用“世界水日”“中国水周”宣传贯彻节水护水等活动，发放宣传单 200 余份；

在管线周边及村镇发放“为保障南水北调天津市内配套工程武清供水管线运行安全致广大市民的一封公开信”，加大宣传力度，确保供水设施的安全。

安全生产管理。组织签订《安全生产责任书》，在重大节日节点加强安全生产大检查、管线巡视巡查和维修养护力度，对管线监测站、气阀井和蝶阀井进行标识牌制作安装。

（水务集团）

【尔王庄水库至津滨水厂输水管线管理】 尔王庄水库至津滨水厂输水管线是天津市南水北调市内配套工程的组成部分，起点为尔王庄小宋庄泵站院内，终点为津滨水厂，输水管线总长 43.67 千米，由两部分组成。起点至桩号 32+560 采用直径 1400 毫米预应力混凝土管，日输水规模为 20 万立方米；在桩号 32+560 处聚酯管线输水汇入本输水管线，由该点至本工程管线终点采用管径直径 1800 毫米的 PCCP 管，日输水规模为 25 万立方米。

尔王庄水库至津滨水厂供水加压泵站工程（以下简称“津滨泵站”）作为天津市南水北调中线配套工程的重要组成部分，由尔王庄水库附近明渠取水，经加压泵站和输水管线为津滨水厂提供原水。津滨泵站作为天津市南水北调中线配套工程的供水核心，承担着通过泵站加压和输水管线向津滨水厂输水的任务。津滨泵站由取水口、集水池和主副厂房等组成，于 2010 年 1 月开工，2010 年 6 月竣工，津滨泵站设计日供水量 20 万立方米。泵站装有 6 台机组，单机流量 0.58 立方米每秒，运行方式为 4 台运行，2 台备用。水泵为 KQSN400－M13－481 型单级双吸式离心泵，配套 4 台电机为 Y4006－4 型 500 千瓦异步电动机和两台 YJTF4006－4 型 500 千瓦变频电动机，供电方式为 6 千伏双电源供电，由入港变电站供给。2020 年尔王庄水库至津滨水厂输水线路累计供水 1223 万立方米，设备设施运行安全稳定，无供水事故发生，安全输水保障率达到 100%。

泵站运行管理。2020 年根据泵站的实际情况，明确了全年主要工作内容及开展时间，适时开展各项工作。梳理了日常管理中的各项工作要求，通过规范化的管理以及标准化的操作，提高泵站的管理水平，确保泵站运行安全稳定。

设备运行检管。配备运行管理经验丰富的运行和检修人员，运行方式为 5 班 3 运转。实行 24 小时值班值守。运行人员按照巡视路线每小时对设备的运行情况巡视一次，发现问题及时上报、及时处置。检修人员定期对设备进行维修养护，从而保证设备的运行完好率达到 98%。在泵站内设置了各种标示牌、安全标语，并配备了各种消防设施，确保泵站运行安全。

职工技能培训。成立了业务技能培训小组，通过定期学习培训、技能交流、月考、季度考等形式，提升职工的专业技能，展现职工风采。

水质保护。2020 年滨海水业委托天津市滨水水质检测有限公司每月对尔王庄受水区的取水口水源水进行一次常规项目检测，包括水温、pH 值、溶解氧、高锰酸盐指数、五日生化需氧量、氨氮、总磷、总氮、铜、锌、氟化物、硒、砷、汞、镉、六价铬、铅、氰化物、挥发酚、阴离子表面活性剂、粪大肠菌群、硫酸盐、氯化物、硝酸盐氮、铁、锰、化学需氧量、石油、硫化物等 29 项参数；随时向节水办、供水处、水务集团等单位了解原水的现状及切换情况，与各水厂及时沟通原水水质状况，使水厂及时调整水处理工艺来保证出厂水水质。每天在各取水口观察原水感官指标，发现问题及时反馈到相关部门进行临时的水质检测；对各原水用户反应的水质问题及时答复并现场取水化验。

维护维修。2020 年，津滨泵站制定日常维修计划，按计划实施对管理设施和运行设备的日常维修和检修，全年共开展维护工作 50 次，确保设备运行安全。建立管线巡视维护微信群，充分利用微信群对管线问题及时进行视频上报，确保管线管理的真实性和及时性。2020 年度共出动巡视车辆 400 余车次、人员 820 余人次、行驶里程 25000 余千米。发现并制止占压行为 2 次；与施工方插旗确认管线位置 11 次，制止违法行为 4 次，确保了管线运行安全。加强了设施设备维护，全年更换修缮了 20 个气阀、3 个蝶阀、井室维修 18 座；补充标志桩 156 根；补充标示牌 42 个；管道漏水抢修 4 次、调闸任务 8 次。确保管网气阀、闸阀完好率保持在 98% 以上，管网抢修及时率 100%，事故隐患整改率 100%，安全输水保证率达 100%，保证了原水管网的安全运行。

泵站防汛。制定汛前、汛中检查计划，做好汛后总结，实施汛期各项实地检查，建立防汛物资使用台账，在重点区域放置防汛物资、检查各类防汛抢险设施，确保防汛各项措施落实到位，防汛抢险各项资料齐全；修改完善了《滨海水业泵站运行中心防内涝预案》，并组织职工开展了防汛演练 1 次，锻炼了职工汛期的应急处置能力。

安全生产管理。安全生产工作始终是泵站日常工作中的重中之重，坚持每月两次自查自改工作，逢节假日组织安全生产小组进行安全生产大检查活动，发现问题及时整改，做好安全隐患台账的登记，确保安全供水零事故。

应急预案。修订完善各类应急预案 10 项，其中安全反恐类 1 项，防汛类 1 项，消防类 1 个，其他安全类 7 项，有效预防、有序处置可能发生的突发事件，降低其造成的损害，保障供水安全平稳。

应急演练。组织开展应急演练 2 次，其中反恐应急演练 1 次，消防灭火及应急逃生演练 1 次；开展安全生产培训 4 次。通过演练使职工提高了自我保护意识，增强了遇到突发事件的应急处置能力，同时检验了安全防范工作的实效性，确保安全稳定供水。

（滨海水业）

王庆坨水库管理

【概述】 王庆坨水库是天津市南水北调中线配套工程的重要组成部分，是天津市的“在线”调节水库和事故备用水源。王庆坨水库位于天津市武清区王庆坨镇西南，东靠九里横堤，北临津同公路，南至津保高速公路，西以天津市和河北省界为限。水库坝轴线长 6570 米，总库容 2000 万立方米。主要建筑物由围坝、泵站、退水闸、引水箱涵（含津保高速穿越）等组成。

泵站主要由前池、泵房、压力水箱、穿坝箱涵、穿坝涵闸、主副厂房及管理用房等建筑物组成。入库设计流量 18 立方米每秒，出库流量 20 立方米每秒。安装 5 台立式轴流泵，4 用 1 备。2020 年底共通过泵站蓄水 3969 万立方米。

王庆坨水库共设 3 座水闸，分别为分水口闸、退水闸、穿坝涵闸。

分水口闸主要作用为向武清南部地区供水，设计流量 0.6 立方米每秒，2019 年 9 月 21 日起开始供水，截至 2020 年 12 月 31 日共供水 1767 万立方米。

退水闸作用是连接水库与退水渠，发生紧急突发情况时，通过退水闸退水至退水渠，设计流量为 10 立方米每秒。

穿坝箱涵连接水库和泵站，通过穿坝涵闸对水库进行蓄水及向干线供水。为钢筋混凝土结构，尺寸为 2 孔 3.0 米×3.0 米。

【水库运行管理】

1. 日常巡视巡查

王庆坨水库巡查范围包括大坝构筑物及其附属设施、穿坝涵闸建筑物及其附属设施设备、分水口闸建筑物及其附属设施设备、退水闸建筑物及其附属设施设备、输水箱涵内外部环境、水质在线监测站设备设施以及水库范围内的环境卫生情况。日常巡查工作为每日两次，上下午各一次。特殊巡查为在有感地震和恶劣天气等情况时增加的巡查工作。2020 年共进行日常巡查 730 次；特殊巡查 2 次，分别为 2020 年 7 月 12 日唐山地震后巡视检查，2020 年 8 月 1 日暴雨天气巡查。

2. 科研项目开展

《王庆坨水库蓄水对库区周边地下水位变化及影响的研究》项目由天津市南水北调王庆坨管理处申请立项，市南水北调办批复，天津水务投资集团有限公司负责落实资金，投资计划为157.56万元。2019年7月，完成与相关单位沟通联络，根据王庆坨管理处出具的《关于天津市南水北调王庆坨管理处注销的说明》，本项目的后期工作由引江市区分公司承担。

至2020年年底，项目已经完成文地质调查、资料收集、现场实验分析和现场水位监测、数据模型建立等工作，正在开展水库蓄水后的水位监测统计工作，通过水位监测系统数据进一步验证模型，从而分析水位变化的影响因素。

3. 各类信息上报

2019年9月起进行每日水情信息上报，于每日8时和16时进行上报。自2020年7月28日起每日进行水质在线监测数据抄录和上报。自水库蓄水时，进行流量计震荡量以及蓄水量的代记录和统计工作。截至2020年年底，统计流量计震荡量和蓄水量各106条。

【水质保护】 2020年监测王庆坨水库水样209次，出具检测数据2640项，水质均符合地表水Ⅲ类水标准。5月首次鱼类增殖放流，现场投放4.5万尾优质鱼苗，“以鱼养水”提升水库水质。同时修订《水质应急处置预案》，提升水质应急处置能力。

【维修养护】 2020年，为保证王庆坨水库水质达标，每月不定期组织人员对库区内部杂草、杂物进行打捞清理，共打捞杂草垃圾约1.5万千克。并完成了退水闸加装铁丝护栏网、防寒防冻设施改造升级、库区内部加装防护救生装置、警卫室监控系统升级改造、水库护栏网外围防火打草等维修养护项目，为王庆坨水库安全供水提供了良好的保障。

【水库灾害防御】 根据引江市区分公司防汛指挥部的统一部署，按照“分级管理、分级负责”的原则，成立王庆坨水库防汛小组。做到精心编制防汛预案，调动和储备各种防汛抢险物资，根据预案情况进行防汛演练。在汛期，强化24小时值班制度，做到了逐日排班到人，随时掌握雨情、工情、汛情信息，科学管理，合理安排，确保了水库安全度汛。

【安全生产】 每月定期召开安全生产会议，并按月组织安全生产培训。进一步完善和落实安全生产责任制，开展反恐演练，签订安全责任书，将安全生产责任到人。除每月开展的日常检查外，在汛前、汛中、汛后及特殊天气时，及时组织安全检查，消除安全隐患，为保证水库安全运行打下基础。

（水务集团）

北塘水库管理

【概述】 北塘水库管理包括库区、大坝、水闸及泵站（即1座水库、2座泵站、6座水闸）等设施的维修养护、运行和水资源保护等管理工作。

【水库运行管理】 疫情防控管理。2020年新冠肺炎疫情暴发初期，严格按照水务集团部署要求，实行封闭运行管理，采取半封闭半备勤的工作方式，连续封闭运行管控7个轮次，制定疫情防控措施及流程3项，建立2所隔离观察点，24小时监控职工及亲属活动轨迹，每日进行3通风2消毒工作，全体职工团结一致，做好外防输入、内防扩散工作，圆满完成封闭期间的安全供水任务，保障滨海新区在特殊时期的生产、生活用水。

泵站运行管理。2020年，泵站运行期间运行人员24小时坚守岗位，严格执行各项操作规程，按时巡视，认真检查设备、仪表仪器和各种指示信号等设备的运行状态，发现问题及时维护，确保了运行安全。2020年入塘沽水厂供水泵站（以下简称“入塘泵站”）累计安全运行13138台时，全年供水量0.42亿立方米；入开发区水厂供水泵站（以下简称“入开泵站”）累计安全运行746台时，自流3463小时，全年供水量0.11亿立方米；全年向滨海新区新河、新村、新区水厂以及开发区水厂供水 0.53 亿立方米。

水质管理。2020 年北塘水库加大对水质的巡视力度，全年共出动巡视车辆 740 余车次，人员 1580 余人次；出动工程巡视 820 余车次，人员 2350 余人次。截至 2020 年 12 月 31 日，配合水务集团水质监测中心对北塘水库水质监测 48 次，塘沽中法水务有限公司对北塘水库监测 97 次。北塘水库除铁、总磷有超标情况外，其余主要指标均符合国家地表水Ⅲ类标准。

职工技能培训和技术比武。成立了业务技能培训小组，通过每周一题、定期学习培训、“师带徒”培训、技能交流、月考、季考等形式，提升职工的专业技能。组织职工参加了水务集团的原水分公司技术比武大赛和市水务局 2020 年“海河工匠杯”技能大赛，均取得了良好成绩。

提质增效管理。入塘泵站、入开泵站自供水以来，积极收集各项运行数据，加强与水厂的沟通联系，分析优化供水调度方式，完善入开泵站自流供水工作，采取白天电价峰段自流供水、夜间电价谷段开机供水和全天自流供水的运行方式节省电费。2020 年全年入开泵站累计节约电费 22.558 万元，其中纯自流方式节约电费 18.559 万元，利用峰谷电价差节约电费 3.999 万元。

【环境管理】 开展库区环境整治。组织人员对水库区水面、围堤护坡进行日常保洁、清理迎水坡及背水坡杂物、打捞水面漂浮物、树木病虫害防治、打草养护等工作，水环境保洁共出动车辆 580 余车次、船只 20 余船次、人员 980 余人次，清理杂物约 42100 千克，打捞漂浮物约 17100 千克，树木病虫害防治 3 次，打草面积约 75700 平方米，集中清理防护网上攀爬物 2 次，修整水库背水坡防火道 55 条。

开展饮用水水源地建设工作。按照水源地保护工作要求，加强饮用水水源地的巡视检查，杜绝违法施工占地；对照饮用水水源地国家标准，开展饮用水水源地自查评估工作，保护水源地安全。

开展水环境保护研究。对北塘水库淡水壳菜进行研究，采取捕捞培养、水下无人机观测等方式，观察其生长情况及生活习性，在入塘泵站院区内修筑培养池，对淡水壳菜进行培养、观测，放养青鱼和锦鲤，建立生物链。2020 年夏季蓝藻异常增多时期，组织人员打捞蓝藻，避免造成严重影响，同时对各取水闸闸口的拦藻网进行维护、更换，开启 4 台曝气增氧机进行增氧灭藻，共计出动打捞蓝藻车辆 40 余车次、船只 2 船次、人员 80 余人次，打捞蓝藻约 1940 千克。

【维修养护】 为保证入塘泵站、入开泵站电气设备运行安全，保障供水运行安全，根据“日清扫、周擦拭、季检修”的工作要求，开展 2020 年度日常维护工作 9 项及日常框架内工程完工 46 项。完成了专项工程 3 项，分别为北塘水库所管理用房供暖工程，曹庄、入塘、入开泵站建筑屋顶防水整修工程和引江市南分公司供水管线井室防水工程，保障了设施设备的安全高效运行，为安全输水工作打下了良好的基础。

【水库灾害防御】 开展了汛前、汛中、汛后检查，重新梳理了防汛物资，更新了应急职责，完善了防汛物资使用台账，定期对防汛应急设备进行保养，在重点区域安装储备潜水泵、电缆及电闸箱等设施设备，保障防汛应急安全。加强值班值守力度，落实汛期 24 小时防汛值班制度，认真做好汛情、雨情、险情的上传下达工作，保障汛期安全。加强职工应急培训，组织开展了《引江市南分公司防汛抢险预案》《引江市南分公司大坝安全管理应急预案》等学习培训，签订了《汛期安全责任书》，增强职工防汛意识。根据实际情况，联合管道集团组织开展防汛演练 1 次，自行组织防汛演练 1 次，通过演练进一步强化全体职工的应急处置能力，保障汛期安全运行。在发生暴雨、地震等极端天气期间，全体职工坚守岗位，对北塘水库坝体、背水坡、泵站等工程设施设备开展巡视检查，确保设备设施运行正常。

【安全生产】 开展安全生产管理。严格落实安全生产责任制，组织签订《安全生产岗位责任书》，将安全生产责任分解到点、到人、到物，在疫情防控及春节期间等重要时间节点，加强安全检查工作，开展安全自查、隐患排查、疫情防控排查等活动43次，消防安全检查40次，建立健全安全生产台账13项，召开传达安全生产会议9次，及时发现问题及时整改，有效预防和遏制了各类安全生产事故。

警企共建。加强与天津市滨海新区特（巡）警支队的沟通联系，联合开展了法律宣传、打击偷鱼违法行为、开展防汛演练、反恐安保互检等活动，有效提高了北塘水库的安全。

安全教育。开展了消防安全知识、大坝安全管理、疫情防控知识、规章制度等5项培训，组织开展了消防、反恐、防汛等4次应急演练，提高了应急处置能力。

（水务集团）

曹庄泵站管理

【概述】 曹庄泵站是南水北调天津市内配套供水工程的供水核心，主要是将干线来水通过泵站加压后输送至津滨水厂和滨海新区。泵站管理所管理着6台运行机组、调节池、35千伏变电站设施设备的维修养护、运行和水资源保护等管理工作。

【泵站运行管理】 泵站运行管理。2020年，泵站运行期间运行人员24小时坚守岗位，严格执行各项操作规程，依据《曹庄泵站运行管理手册》要求，按时巡视，认真检查设备、仪表仪器和各种指示信号等设备的运行状态，发现问题及时维护，确保了运行安全。2020年曹庄泵站累计运行29773台时，供水量1.97亿立方米。设备设施运行安全稳定，无供水事故发生，安全输水保障率达到100%。

职工技能培训和技术比武。成立了业务技能培训小组，通过每周一题、定期学习培训、“师带徒”培训、技能交流、月考、季考等形式，提升职工的专业技能。组织职工参加了水务集团原水分公司技术比武大赛和市水务局2020年“海河工匠杯”技能大赛，均取得了良好成绩。同时完成了《曹庄泵站设备故障实例》的编制工作，通过对故障实例的学习，泵站运行及检修人员能够对设备出现的故障进行初步的分析判断和预判，提高了应急处置能力。

提质增效管理。优化管理方式，提升管理效能。截至2020年12月31日，曹庄泵站累计节约电费103.392万元，其中改变电费缴费方式节约电费103.2万元、更换节能路灯节约电费0.192万元。

【水质管理】 日常水质维护。曹庄泵站根据水环境管理理念，提高环境管理水平，组织专人进行调节池水面漂浮物打捞工作，实现漂浮物清理工作常态化。并在调节池安装曝气机、淤泥及漂浮物拦网，配合人工打捞，三管齐下，确保水面清洁，2020年全年共打捞漂浮物约7350千克，出动人员920余人次。2020年6月22日至2020年7月6日，上游来水突发叶绿素超标，曹庄泵站及时发现并上报，第一时间采取应急处置措施投加药液，通过有效处置将水质问题控制在正常范围内，保证调节池水质安全。

定期水质检验。为有效保障供水水质安全，曹庄泵站每周将调节池原水水样送至引江市区分公司及水务集团水质监测中心进行监测，截至2020年12月31日，水务集团水质监测中心对曹庄泵站监测29次，引江市区分公司化验室对曹庄泵站监测157次。经检测，曹庄泵站水质稳定，各项指标均符合国家地表水Ⅱ类标准。

调节池清淤。因常年大流量供水，且受上游来水影响，曹庄泵站调节池淤积严重。为了更好地掌握调节池淤积情况，2020年度开展淤泥测量工程5次，开展调节池清淤工作2次，完成清淤总量39780立方米。

【维修养护】 日常维修养护。依据《泵站管理所设施设备“日清扫、周擦拭、季检修”工作实施细则》，制定维修计划，及时开展维修工作，确保设备运行安全。2020年组织开展设备日常检修维护工作73项，其中框架维修项目46项，包括机组设备清扫养护、故障设备的更换与检修、高压变频器日常维护保养、综合设备、自控设备维护保养等日常维护工作，确保机组正常运转，设备完好率达99%以上。全年组织实施曹庄泵站建筑物日常观测及各类设备试验共6项，分别为曹庄泵站仪表检测、曹庄泵站高压设备电气预防性试验、曹庄泵站建筑物防雷实验、曹庄泵站消防设备年检、曹庄泵站建筑物工程观测、曹庄泵站淤泥勘测。2020年曹庄泵站3号、5号、6号机组单台累计运行达到8000台时，按规范要求曹庄泵站组织实施了针对3号、5号、6号3台机组的解体大修工作。保证机组设备的正常运行，确保供水安全。

专项工程。2020年曹庄泵站专项维修工程3项，分别为曹庄泵站调节池清淤工程、曹庄泵站综合楼破损地砖更换工程、曹庄泵站建筑屋顶防水整修工程。另外，2019年单独批复的曹庄泵站新建沉淀池工程于2020年施工。4项工程于2020年年底全部完工。

【泵站防御管理】 开展了汛前、汛中、汛后检查，重新梳理了防汛物资，更新了应急职责，完善了防汛物资使用台账，定期对防汛应急设备进行保养，在重点区域安装储备潜水泵、电缆及电闸箱等设施设备，保障防汛应急安全。加强值班值守力度，落实汛期24小时防汛值班制度，认真做好汛情、雨情、险情的上传下达工作，保障汛期安全。加强职工应急培训，组织开展《引江市南分公司防汛抢险预案》学习培训，签订《汛期安全责任书》，增强职工防汛意识。2020年组织开展汛期检查6次，发电机养护3次，完成整改1项，并组织职工开展防汛演练和培训共计4次，锻炼了职工汛期的应急处置能力，为防大汛、抢大险积累了实战经验。

【安全生产】 积极贯彻落实水务集团安全生产工作要求，对安全生产工作要常抓不懈。组织签订2020年度《安全生产责任书》，在重要时间节点，加大巡视巡查力度，加强养护力量，确保安全供水工作落地见效。每月召开安全生产例会，及时传达公司安全生产例会会议精神。做好安全生产培训、自查及应急演练工作。定期安全生产培训，主要从行车安全、预防硫化氢中毒、天车安全操作、安全用电、有限空间作业、正压式呼吸器使用安全事项，以及规章制度等方面进行培训学习。组织开展隐患排查自查工作54次，发现隐患21项，均已整改完毕。组织召开安全生产会议13次；开展应急演练5次，其中反恐应急演练2次，消防灭火及应急逃生演练2次，危险源点应急处置演练1次；开展安全生产培训5次。通过演练使泵站职工提高了自我保护意识，增强了遇到突发事件的应变能力，同时检验了曹庄泵站安全防范工作的实效性，确保了曹庄泵站安全稳定供水。

（水务集团）

西河泵站管理

【概述】 天津市南水北调市内配套工程西河原水枢纽泵站（以下简称“西河泵站”），位于天津市红桥区子牙河南道与海源道之间，西河桥东侧，原西河水源厂西侧。它的主要作用就是将来自丹江口水库的长江原水输送至天津市中心城区的新开河、芥园、凌庄三大水厂。

西河泵站泵房内共设置12个泵位，其中新开河水厂5个，芥园水厂3个，凌庄水厂4个。截至2020年底，共安装了11台机组，其中3台软启机组、1台直启机组和7台变频机组。西河泵站的设计日输水规模225万立方米、远期日输水规模238万立方米，2020年西河泵站安全供水4.62亿立方米，自供水以来累计供水25.47亿立方米，日平均供水126万立方米。在水务集团2020年度科技人才奖励活动中，分公司“西河泵站深化提质增效项目”获得科技人才奖励，同时获得科技人才奖励的还有科技论文 1 篇、国家实用新型专利 3 项、国家软件著作权 1 项，促进了科研成果应用并转化为经济效益。

【泵站运行管理】 为确保设备设施平稳运行，强化运行人员的巡视责任意识，做到横向到边、纵向到底的全覆盖，要求运行人员每两小时到现场巡视一次，检修人员不定期到现场进行巡视检查，做到问题发现及时、处置及时、报告及时。

职工业务培训。提高运行及检修人员的业务能力与技术水平，定期开展业务培训工作。2020 年开展业务培训工作 10 次，参加 55 人次；脱产培训 3 次，参加 6 人次；业务考核 3 次，参加 56 次；技术比武 1 次，参加 56 人次。

【水质保护】 2020 年对西河泵站监测累计采集水样 721 份，监测数据 5472 个。应急监测采集水样 339 份，监测数据 1102 个。

针对春季调节池鸟类活动频繁所致粪大肠菌群数值偏高的情况，1 月在西河泵站调节池加装 19 台智能驱鸟器对鸟类进行驱赶，安排人员每日进行巡视检查 2 次，同时对调节池风力驱鸟器进行擦拭，更换破损风力驱鸟器 20 余台，确保原水水质安全。

根据往年高温、高藻期间原水水质特性，组织相关专业人员对西河调节池加药设备进行运行调试，确保供水期间发生水质突发事件能够及时进行应急处置。

【提质增效】 结合西河泵站实际情况，按照提质增效板块关于“优化运行调度，合理配置节能泵组，降低电费支出”的要求，继续开展机组匹配工作，以达到节能降耗的目的。于 9 月变更西河泵站基本电费计价方式，第四季度节省电费 12 万元。

【日常维护维修】 为加强泵站管理，分公司结合泵站实际情况编制了维修计划，并严格执行。定期对机电设备进行维修养护，延长了设备寿命。2020 年完成了机电及自控设备日常维护养护工作共计 109 项。

【专项工程】 为确保泵站及附属设施的运行安全，2020 年西河泵站共组织实施专项维修工程 7 项，分别为西菜园泵站预沉池集中整治工程、西河泵站 11 号机组液控阀更换工程、西河泵站综合楼集中整治工程、西河泵站调节池清淤工程（水质保护）、西河泵站调节池清淤工程（抢险）、西河泵站及西菜园泵站反恐提升改造工程、西河泵站调节池清淤设备置安及附属工程。确保了西河泵站设施设备完好率 98% 以上，安全供水保障率 100%。

【泵站防御管理】 对防汛工作进行部署，修改完善防汛应急预案，并组织防汛演练 2 次，提高了应急处置能力。2020 年启动Ⅲ级防汛预警响应 2 次，预警期间累计上岗 27 人次。汛期开展 4 次安全自查，及时增加物资储备，防汛措施落实到位，保障了安全度汛。

【安全生产】 为加强泵站安全生产管理，提高职工安全意识，2020 年开展安全培训 12 次，其中包括设备操作培训、新人入职培训、微型消防站培训等，同时开展泵站安全生产会议 12 次，对泵站应急预案及集团下发的各类安全生产文件进行学习，为泵站安全输水工作打下了坚实的基础。

完善应急预案。按照“安全第一，预防为主”的方针，2020 年开展消防演练 1 次，反恐演练 1 次，进一步提高了职工的应急处置能力。

强化安全检查。为保障设备运行平稳，确保输水安全，进一步细化安全检查内容，做到检查全面、细致、无死角。2020 年共开展安全检查 60 余次，其中包括 48 次自查、10 余次夏季消防检查、1 次汛前检查、1 次汛中检查、1 次汛后检查及 1 次冰期检查，原水巡视检查每日进行 1 次。对检查中发现的问题积极进行整改，按期复查，跟踪整治，确保整改到位。

（水务集团）

永清渠泵站管理

【概述】 永清渠泵站位于天津市北辰区李家房子村，站址紧邻子牙河。泵站内有4台1200S-24型双吸离心泵，主要建筑物包括自流道、进水闸、前池、主泵房及主厂房、副厂房、管理用房等。主要作用是向尔王庄水库输送长江原水，泵站设计规模为10.8立方米。2020年永清渠泵站安全供水3.18亿立方米，比去年增加了61%，自正式通水以来，永清渠泵站安全供水达8.01亿立方米。

【泵站运行管理】 为了确保设备设施平稳运行，分公司进一步强化运行人员的巡视责任意识，做到横向到边、纵向到底的全覆盖。要求运行人员每两小时到现场巡视一次，检修人员不定期到现场进行巡视检查，做到问题发现及时、处置及时、报告及时。

职工业务培训。为提高运行及检修人员的业务能力与技术水平，西河泵站定期开展业务培训工作。2020年永清渠泵站开展业务考核3次，参加12人次；技术比武1次，参加12人次。

【日常维护维修】 为加强泵站管理，结合泵站实际情况编制了维修计划，并严格执行。运行及检修人员对永清渠泵站设备设施每日进行清扫，每周进行擦拭，不定期进行检修，进一步延长了设备寿命。2020年共完成机组加油、更换闸阀、设备清扫、辅助设施维修等维修养护工作20余项。

【泵站防御管理】 对防汛工作经行部署，进一步修改完善防汛应急预案，并组织防汛演练2次，提高了应急处置能力。2020年共启动Ⅲ级防汛预警响应2次，预警期间累计上岗共计27人次。汛期共开展4次安全自查，及时增加物资储备，防汛措施落实到位，保障了安全度汛。

【安全生产】 为加强泵站安全生产管理，提高职工安全意识，2020年共开展安全培训12次，开展安全生产会议12次。开展安全检查60余次，其中包括48次自查、10余次夏季消防检查、1次汛前检查、1次汛后检查及1次冰期检查。对检查中发现的问题积极进行整改，按期复查，跟踪整治，确保整改到位。

（水务集团）

科技信息化

水务科学研究与科技推广

【概述】 2020年，市水务局科研立项6项，年内结题的科研项目共9项，在已有的成果中，获市水务局科技进步奖4项。

【科技管理工作】 2020年，发挥科技支撑统筹作用，服务全局工作和工程建设。组织推动落实优化科研管理，完成了对申报科研项目的审核批复；推动年度重点科研项目按计划开展；组织编写了《天津市水务局2019年水利科技统计报告》、天津市水务局科普总结分别上报给水利部和市科协；组织申报制修订地方标准7项。开展水务数据中心完善工作，持续扩充信息资源，并组织各系统做好网络安全工作，保障各系统安全运行；启动了水务信息化“十四五”重点建设任务规划编制工作。围绕引滦于桥水库供水安全和中心城区河道水环境治理等全局中心工作，各项目按计划完成了年度研究任务。开展科技推广工作，水利部示范项目“非开挖管道修复技术在城市排水管道的推广示范”1个项目通过验收。组织局科技进步奖评选，评出获奖项目4项，推荐2项成果申报天津市科技进步奖。

【科研项目】 2020年，市水务局新立科研项目6项，详见下表。

2020年市水务局新立科研项目

序号	项目名称	承担单位	项目概况	研究期限	科研经费/万元		
					合同拨款	累计拨款	年度拨款
1	天津市智慧水务建设需求分析研究	水科院	梳理水务核心业务信息化应用现状，分析采集感知、网络通信能力、资源整合共享、业务应用和公共服务等方面需求与存在的短板，提出“十四五”期间局智慧水务重点建设方向，研究信息化支撑的重点建设项目，为天津市智慧水务建设及“十四五”规划编制提供基础支撑	2020年6月至2021年5月	60	60	60

续表

序号	项目名称	承担单位	项目概况	研究期限	科研经费/万元		
					合同拨款	累计拨款	年度拨款
2	于桥水库入库河口湿地水质及水生植物跟踪监测分析	水科院	通过对入库河口湿地底泥、水质及水生植物的跟踪监测，及时掌握入库河口湿地底泥污染状况、水质净化效果及水生植物演替状况，为于桥水库入库河口湿地工程水生态系统的培育和运行管理优化提供技术支撑	2020 年 6 月至 2022 年 5 月	138	138	138
3	生物操纵技术在于桥水库富营养化治理中的应用研究与示范	水科院	建立菹草、蓝藻生物操控技术及水库自然生态系统重建技术，为于桥水库规模化防控生态灾害及重建生态系统提供翔实的数据参考和坚实的技术支撑，为保障于桥水库供水安全提供强有力的技术保障	2020 年 6 月至 2023 年 7 月	170	170	170
4	排水管网沉积物减量化研究	水科院	通过对天津市城区污水管网中沉积物沉积规律的调研总结，针对如何减少管网淤积的实际问题，分别从源头控制、管网优化设计和管道清淤三个方面进行分析，提出减少管道淤积物淤积的合理建议	2020 年 6 月至 2022 年 11 月	90	90	90
5	泥沙淤积对中心城区典型雨水管道排水能力影响研究	水科院	根据单一淤积管道和典型排水区域淤积管网排水能力计算，分析各管道的现状排水能力和泥沙淤积对区域排水能力的影响程度，并针对性地提出合理建议，为缓解城市排水管道的淤积堵塞问题、提高雨水管道排水能力、减少中心城区积水内涝风险提供技术支撑	2020 年 6 月至 2022 年 5 月	80	80	80
6	天津市主要农作物灌溉用水定额试验研究	水科院	采用灌溉试验研究和调查两种方式，获取天津市主要农作物作物灌溉用水量的相关数据。2020 年年底，补充 75% 水文年型的农业灌溉用水定额，2022 年完善修订 50% 和 75% 水文年型的农业灌溉用水定额	2020 年 6 月至 2022 年 5 月	119	119	119

2020 年，市水务局科研项目结题 9 项，详见下表。

2020 年市水务局结题科研项目

序号	项目名称	项目来源	结题形式	起止年限	主持单位
1	农田水利云的开发与应用—农业水价综合改革一体化解决方案	水务局	鉴定	2017 年 7 月至 2019 年 9 月	科技局
2	天津河道入河污染物截控及水环境改善技术开发与应用	科技局	鉴定	2015 年 1 月至 2019 年 12 月	科技局
3	非开挖管道修复技术在城市排水管道的推广示范	水利部	验收	2018 年 1 月至 2019 年 12 月	规计处
4	海河北系（天津段）河流水质改善集成技术与综合示范	“十二五”国家水专项	鉴定	2013 年 6 月至 2019 年 9 月	科技局
5	于桥水库多系列水生植物修复技术集成与应用示范	科技局	验收	2016 年 10 月至 2018 年 9 月	科技局
6	水生态修复工程与防洪除涝双向反馈效应研究	水务局	验收	2017 年 7 月至 2019 年 6 月	规计处
7	环保清淤设备试制及应用研究	水务局	验收	2017 年 9 月至 2019 年 8 月	规计处
8	海绵城市建设中砂基透水材料与砂基透气防渗材料的关键技术研究	水务局	验收	2017 年 7 月至 2019 年 12 月	规计处
9	于桥水库附着藻类、漂浮型植物防控蓝藻水华适应性及污染物去除效果研究	水务局	验收	2017 年 1 月至 2018 年 12 月	规计处

（规计处）

【科研项目获奖成果】 2020 年，“天津河道入河污染物截控及水环境改善技术开发与应用”等 4 项科研项目，获市水务局科学技术进步奖，其中一等奖 1 项，二等奖 1 项，三等奖 2 项，详见下表。

2020 年市水务局科技进步奖获奖项目

奖励编号	奖励等级	项目名称	获奖单位	获奖人员
J2020－01	一等奖	天津河道入河污染物截控及水环境改善技术开发与应用	天津市水利科学研究院	常素云、李保国、刘哲、孙井梅、姜衍祥、李金中、吴彩霞、张洪贵、王松庆、罗莎、孙冬梅
J2020－02	二等奖	基于 LIDAR、INSAR 技术在行洪河道堤防安全监测的技术研究	天津市大清河管理中心	冯永军、冯东利、刘承建、潘洪亮、杨魁、李宏强、孙瑀璠、刘玉鑫
J2020－03	三等奖	天津市典型农田排水小区排涝模数试验研究	天津市水利科学研究院	王现领、汪绍盛、李发文、朱士权、田家宾
J2020－04	三等奖	农田水利云的开发与应用——农业水价综合改革一体化解决方案	天津市水利科学研究院	史庆生、李桐、焦丽娜、田家宾、贾翔

（规计处）

【水利科技成果推广】 2020年，组织开展水利科技推广工作2次。10月14日，在世界标准日期间面向全市水务系统和企业单位广泛宣传《工业产品取水定额》（DB12/T 697—2019）、《城市生活取水定额》（DB12/T 699—2019）和《农业用水定额》（DB41/T 958—2014）三项定额标准，强化用水定额管理，指导用水户执行用水定额标准。12月22日，组织参加第十七届国际水利先进技术（产品）推介会，本届推介会采用线上方式举办，来自美国、德国、加拿大、日本、新加坡、澳大利亚、奥地利等国家及国内130家技术持有单位的252项技术成果上线展示。会议邀请水利部规划计划司一级巡视员高敏凤等围绕相关重点工作进行政策解读；邀请长江勘测规划设计研究院副院长胡维忠和黄河勘测规划设计研究院有限公司董事长张金良就“长江大保护技术需求”“黄河生态保护和高质量发展水利规划”做专题报告。推介会网上展厅设置节水、水生态保护修复、水文水资源、工程建设与管理、防灾减灾、水土保持、农村水利水电、信息化及其他等9个领域，通过视频、音频、PPT、图文等多种形式进行线上推介。

2020年，天津市水利科学研究院持有的《非开挖地下管道修复技术》获水利部2020年度成熟适用水利科技成果推广。

2020年，市推广工作站联合市水利学会共同开展了“推进智慧水务”“市水务局2020年科技进步奖评奖”“2020年学术年会”等学术交流和成果推广活动。

（水科院）

【知识产权】 2020年，市水务局获国家知识产权局授权发明专利3项，实用新型专利22项，计算机软件著作权4项。详情见下表。

2020年国家知识产权局授权专利项目表

专利号	专利名称	专利类别	授权日期	专利权人	发明人、设计人
ZL201510440160. 2	地下管道修复系统及地下管道修复方法	发明	2020年1月10日	天津市水利科学研究院	张　振、袁春波、李国起、刘　桐、郝志香、齐　伟、王建波、吴亚斌、董建克、陆　梅、王云仓、王松庆、王守春、王守霆、贡宏华
ZL201710186988. 9	海水淡化水矿化系统及海水淡化水矿化的制作方法	发明	2020年7月14日	天津市水利科学研究院	占　强、韩　旭、周潮洪、张　凯、朱金亮、赵　鹏、刘宏伟
ZL201710187030. 1	海水淡化水矿化一体化系统及海水淡化水矿化一体化系统的使用方法	发明	2020年8月18日	天津市水利科学研究院	韩　旭、周潮洪、张　凯、朱金亮、任必穷、占　强、赵　鹏、刘宏伟
201920525815. X	一种岩土勘察用辅助砂样采样装置	实用新型	2020年1月7日	天津市水利勘测设计院	王　健、李　鹏、王江涛、孙　冲、马建光
ZL201920365589. 3	一种应用于地下污水管道淤泥清理的机器人	实用新型	2020年1月17日	天津市水利科学研究院	张　振、费守明、张　玉、赵锦宪、袁春波、齐　伟、王建波、郝志香、常素云、王松庆

续表

专利号	专利名称	专利类别	授权日期	专利权人	发明人、设计人
ZL201920450813. 9	一种用于城市排水管网的污水处理系统	实用新型	2020 年 1 月 17 日	天津市水利科学研究院	齐　伟、刘宏领、李金朋、杨　微、郝志香、王建波、王松庆、陆　梅
ZL201920570436. 2	应用于岩土工程勘察中的土样存储装置	实用新型	2020 年 2 月 14 日	天津市水利勘测设计院	王江涛、孔德友、吴换营、魏厚峰、罗　凯
ZL201921073201. 9	一种用于海洋物探船拖曳式水听器的快速收放装置	实用新型	2020 年 4 月 14 日	天津市水利勘测设计院	田　伟、王希科、王江涛、张　伟、陈　鑫
ZL201921169810. 4	一种颗分搅拌器	实用新型	2020 年 5 月 5 日	天津市水利勘测设计院	杨泽君、李　鹏、徐　琛、陈慧友、王江涛
ZL201921073184. 9	一种便携式水利工程地质勘察水底软土量取装置	实用新型	2020 年 5 月 5 日	天津市水利勘测设计院	罗　凯、王江涛、王希科、王　健
ZL201921351173. 2	一种工程地质勘察钻孔水位自动量测装置	实用新型	2020 年 5 月 5 日	天津市水利勘测设计院	王希科、王江涛、罗　凯、魏厚峰、孟令智
ZL201921351206. 3	一种钻孔填封设备	实用新型	2020 年 5 月 5 日	天津市水利勘测设计院	罗　凯、李　鹏、王江涛、王希科、李　涛、魏厚峰
ZL201921073913. 0	一种淤泥及淤泥质土样采集取样装置	实用新型	2020 年 5 月 5 日	天津市水利勘测设计院	李　涛、李　鹏、王江涛、王希科、田　伟、孟令智
ZL201921277016. 1	一种电动调土装置	实用新型	2020 年 5 月 5 日	天津市水利勘测设计院	杨泽君、孙　冲、李　鹏、王江涛、徐　琛
ZL201921277041. X	一种测绘仪器用光伏充电存储箱	实用新型	2020 年 5 月 19 日	天津市水利勘测设计院	安伟彬、王江涛、程学强、胡雅娴
ZL201921277268. 4	一种可移动式土工试样制备平台	实用新型	2020 年 5 月 19 日	天津市水利勘测设计院	魏厚峰、王希科、王　健、张　伟、罗　凯
ZL201921283861. X	一种固定加热三角烧瓶装置	实用新型	2020 年 5 月 19 日	天津市水利勘测设计院	陈慧友、徐　琛、杨泽君、李　鹏、王江涛
ZL201921268345. X	一种钢板桩与钢管桩相结合的分水设施	实用新型	2020 年 5 月 19 日	天津市水利勘测设计院	苏　扬、屈永强、李浩霖、于　聪、王建明、韩　茁、张桂芝、张若婵、杨慧颖、张　丹

续表

专利号	专利名称	专利类别	授权日期	专利权人	发明人、设计人
ZL201921277027. X	一种封闭式试样粉碎防尘箱	实用新型	2020 年 7 月 14 日	天津市水利勘测设计院	耿　为、王江涛、康　琨、张昊然、张　晴
ZL201921553640. X	环保绞刀头	实用新型	2020 年 8 月 4 日	天津市水利科学研究院	袁春波、张　振、齐　伟、吴　涛、常素云、王松庆、杨　洁、郝志香、王建波、陆　梅
ZL201921521719. 4	一种取泥器	实用新型	2020 年 8 月 7 日	天津市水利科学研究院	袁春波、张　振、齐　伟、吴　涛、常素云、王松庆、杨　洁、郝志香、王建波、陆　梅
ZL201922242037. 6	一种基于物联网的机井远程灌溉控制系统	实用新型	2020 年 8 月 28 日	天津市水利科学研究院	史庆生、焦丽娜、田家宾、郑　毅
ZL202020043844. 5	工程地质勘察用安全防护装置	实用新型	2020 年 10 月 2 日	天津市水利勘测设计院	孔德友、李　鹏、王江涛、汪　余
ZL202020103500. 9	新型岩土工程勘察用钻机	实用新型	2020 年 10 月 2 日	天津市水利勘测设计院	孔德友、李　鹏、王江涛、汪　余
ZL201922334254. 8	新型逆作法装配式无压涵洞	实用新型	2020 年 11 月 24 日	天津市水利勘测设计院	陈新桥、梁永春、宋　波、冯秀娟、刘　凯、倪　欣、苗馨奕、李　颖、刘瑞梅、王　亮、王蓟清、李晓娟、叶伟超、康文昌、娄荣梅
2020SR0126945	基于 AutoCAD 管道工程穿越自动绘制程序 V1. 0	软件著作权	2020 年 2 月 11 日	天津市水利勘测设计院	张道文
2020SR0538128	CAD 图纸自动布局及图框批量修改模块软件 V1. 0	软件著作权	2020 年 5 月 29 日	天津市水利勘测设计院	张道文
2020SR0666955	管道工程纵断辅助标注模块软件 V1. 0	软件著作权	2020 年 6 月 23 日	天津市水利勘测设计院	张道文
2020SR0667163	管道工程数据交互模块软件 V1. 0	软件著作权	2020 年 6 月 23 日	天津市水利勘测设计院	张道文

【专利项目】

1. 地下管道修复系统及地下管道修复方法

地下管道修复系统及地下管道修复方法是一项发明专利，由管道修复支撑框架主体、修复器驱动装置、修复装置和操作控制装置组成。管道定位摄像头、主支撑架、定位仪、操控器和电池组组成，主支撑架整体呈圆筒框架，前端部安设管道定位摄像头，主支撑架的中部安设定位仪、电池组和操控器，操控器通过线路与驱动器、管道定位摄像头和定位仪相连接，主支撑架上安设修复装置，定位筒内放置管道修复气囊，管道修复气囊修复管道充气时撑起定位筒和胶体吸附层固定带跟随扩张，直至定位筒和胶体吸附层贴覆到修复管道上。本发明设计科学，结构合理，施工方便，制作成本低，维修人员不用进入管道，地面上遥控操作，准确勘察和定位待修复管道的修复部位，在城市输水管道修复工程中推广应用，市场前景十分广阔。

2. 海水淡化水矿化系统及海水淡化水矿化的制作方法

海水淡化水矿化系统及海水淡化水矿化的制作方法是一项发明专利。由气液混合器、矿化塔和跌宕室组成。气液混合器采用二氧化氮管道曝入方式强化海水淡化水矿化；矿化塔把二氧化碳与方解石填料充分反映，提高海水淡化水的矿化；跌宕室把未反应的二氧化碳溶出，提高含氧量，提升 pH 值，增强海水淡化水的安全性。气液混合器由气液混合器的主体、过水孔、旋转卡定槽、挡片、中心轴、进水孔和旋转轮片组成。本发明结构合理，设计科学，使用方便，制作简单，解决了传统矿化装置所存在的缺点，提高了海水淡化水的矿化效果，缩短了海水淡化水的矿化时间。

3. 海水淡化水矿化一体化系统及海水淡化水矿化一体化系统的使用方法

海水淡化水矿化一体化系统及海水淡化水矿化一体化系统的使用方法是一项发明专利。经海水蓄水池沉淀、净化去除海水中的杂质后的海水淡化水通过输送管路与矿化室上部的进水管相连接。矿化室由矿化室前室、矿化室后室和过渡室组成，通过矿化室隔板和矿化室底板分割成矿化室前室、矿化室后室和过渡室，过渡前室和过渡后室之间设置过渡室连接管，矿化室底部设置矿化室主体支撑脚，矿化室主体支撑脚支撑矿化室和跌宕室，矿化室上部的一侧设置进水管进入矿化室前室的上部，另一侧设置矿化室出水管进入跌宕室。本发明结构合理，设计科学，使用方便，制作简单，占地面积小，简化操作运行过程，把膜曝气与矿化有机地结合在一起，提高了矿化效果，缩短矿化时间。

4. 一种岩土勘察用辅助砂样采样装置

此种采样装置为实用新型专利，涉及技术领域，特别是涉及一种岩土勘察用辅助砂样的采样装置。目前市场上的以取砂样的取砂机构，仅为一个外壳内置有相应的推动板，连接可轴向在外壳内移动的活动杆，在活动杆向上拉出的作用下，通过外壳底部的取砂口利用压强差吸入砂层内的砂样到外壳内，实现取样。

本实用新型专利包括外壳以及能在外壳中轴向移动且一端伸出于外壳顶端外的活动杆，取砂机构通过螺纹结构安装在一个支撑块上，支撑块的外圆周面上均匀布置多个安装块，安装块的外侧分别安装有一个支撑件，支撑件的底部有锥状插入部，外壳的上部固定安装有旋转结构以对外壳旋转使外壳通过旋转而插入到土中。本实用新型专利通过将现有取砂机构的外壳改造后配置在辅助操作机构中，方便采样时插入土壤中的操作，相对于现有取砂机构来讲，操作省力，方便。

5. 一种应用于地下污水管道淤泥清理的机器人

一种应用于地下污水管道淤泥清理的机器人是实用新型专利，包括机器人框架、液压泵、控制箱、行走机构、水下相机、补光灯、淤泥回收装置和排泥总管。行走机构包括行走电机和行走轮；淤泥回收装置设于机器人框架的一侧，淤泥回收装置包括蛟龙安装支架、连接架、转轴、吸污口、蛟龙电机和蛟龙装置；排泥总管的一端固定嵌套于吸污口的内侧，排泥总管远离蛟龙安装支架的一端与液压泵的入水口固定连接。本实用新型专利对淤积严重、人又无法进入的管道进行清淤，可通过控制箱控制的水下相机对管道内壁的破损处进行探查，运用淤泥回收装置和排泥总管对淤积垃圾进行清除，短时间就可以全面完成，清淤效果显著。

6. 一种用于城市排水管网的污水处理系统

一种用于城市排水管网的污水处理系统是实用新型专利，包括蓄水池、沉淀池、厌氧生化池、过滤池、人工湿地和集水池。所述蓄水池、沉淀池、厌氧生化池、过滤池、人工湿地和集水池分别通过排水管路依次连接；所述蓄水池内设置有可拆卸的过滤筒，且所述蓄水池与沉淀池之间的第一排水管路上设置有阀门，所述沉淀池内设置有沉淀隔板，所述厌氧生化池与过滤池之间的第三排水管路上设置有自吸泵，所述人工湿地与集水池相邻设置。本实用新型专利在现有技术的基础上进行污水处理系统结构上的改进，使收集效果、污水处理效果明显提高，使处理后的水质能进行再次使用，节约了资源，美化了环境。

7. 应用于岩土工程勘察中的土样存储装置

本实用新型专利属于岩土工程勘察技术领域，具体涉及岩土工程勘察中对土样的存储装置。现行的常规土样存储方式是使用白铁皮将原状样圈起呈圆柱，两头加盖，然后用胶带或其他密封方式封起，最后将多个土样捆在一起，以便于搬运。土样经常经历多次装卸，这些扰动造成土工试验结果失真。

本实用新型专利装置由箱体外壳，箱体柔性隔层，箱体底座，标签袋以及箱体开合控制开关等组成。土样取出后，用蜡或保鲜膜封装，按组装箱，并在标签袋的标签上标明取样日期、取样深度、工程名称以及钻孔编号等符合工程要求的文字内容，装箱后关闭上部卡扣，通过箱脚的卡扣，箱与箱之间可紧密相连，避免运输过程中产生的晃动，具有环保、高效、成本低等特点，具有良好的经济价值与社会价值。

8. 一种用于海洋物探船拖曳式水听器的快速收放装置

本实用新型专利涉及水上测量装置技术领域，特别是涉及用于海洋物探船拖曳式水听器的快速收放装置。小型物探作业船舶收放线缆的主要做法是由工作人员徒手拉动水听器电缆，将水听器电缆拉到船上。由于电缆较长，水中阻力较大，从而造成作业效率低，工作强度大，紧急情况下不能及时收回水听器电缆，不可避免地给拖曳式水听器设备带来损伤。

本实用新型专利包括轻质管型水听器收纳仓、收纳仓旋转调节手柄、电缆卷扬机、收纳仓船侧挂件；轻质管型水听器收纳仓由轻质坚硬耐磨 PVC 管材制成，管壁沿轴向有一段开槽；收纳仓旋转调节手柄固定于轻质管型水听器收纳仓一端；电缆卷扬机固定在轻质管型水听器收纳仓的一端，由电力驱动实现快速收缆；收纳仓船侧挂件固定在轻质管型水听器收纳仓上。可实现线型拖曳式水听器快速回收和释放。

9. 一种颗分搅拌器

本实用新型专利属于岩土颗分试验技术领域，具体涉及一种颗分搅拌器。在做岩土颗分试验时，先将已经煮制完成并冷却后的液体土样倒入容量为 1000 毫升量筒内，将纯净水倒入其中至 1000 毫升处，并用搅拌器进行搅拌，每 10 个土样一组进行试验，同时需要防止飞溅。上述岩土颗分试验方法，效率低，准确性差，同时液体容易飞溅，影响实验数据准确性。

本实用新型是一种颗分搅拌器，由连接的两个搅拌器组成，中间由金属材质固定，金属材质上方安装有金属材质把手，可以同时搅拌两个颗分试样，花费同样的时间可以使试验效率翻倍；同时在搅拌器上安装 PVC 材质的飘浮盖，防止由于搅拌力度不当，容易把试验液体搅拌溅出。本实用新型高效，省时，准确性高，具有良好的实用价值。

10. 一种便携式水利工程地质勘察水底软土量取装置

本实用新型专利涉及土样量取技术领域，特别是涉及一种便携式水利工程地质勘察水底软土量取装置。现有技术工作时，传统装置笨重，不方便携带，需要配合钻机使用，容易对水底软土产生严重扰动且难以有效提取。这种水底软土量取效果差且笨重，操作不便，得到的数据误差大。

本实用新型专利包括由两个半管构成的可拆卸式的取土管、取土环刀、中空结构的连接件、带排气孔的手柄及排气孔中的橡皮塞。本专利的活塞组件及连接件上安装有单向排气排水阀，活塞盘上部的水和气体可通过这两组单向排气体排水阀排到取样器之外，取土管的上部的水和气体可以单向排出而不会进入，在取样器提出水面之后，可以在取样器底部形成一个负压，保证土样能够完整地提取出来，取土管不会掉出。

11. 一种工程地质勘察钻孔水位自动量测装置

本实用新型专利涉及工程地质勘察技术领域，特别是涉及一种工程地质勘察钻孔水位自动量测装置。现有技术中水位量测装置主要用皮尺或卷尺等进行测量，以铅坠与水面接触时发出的声响来判断水面，通过读取卷尺读数判定水深。这种装置因量测基准面受人为因素影响大、量测效果差且笨重，操作不便，得到的数据误差大，不便于对水位进行短时间多次量测和长期监测。

本实用新型专利装置包括内置有电机的电动滚筒以及缠绕在电动滚筒上的电缆线，电动滚筒安装在支撑板上，支撑板上安装有计米器滑轮，电缆线的末端连接检测探头，电动滚筒的一个支撑板的上端连接的安装板上安装有控制箱，控制箱上安装有计米器。本实用新型能实现检测钻孔水位，且测量相当准确，方便使用。

12. 一种钻孔填封设备

本实用新型专利涉及碾压填封技术领域，特别是涉及一种钻孔填封设备。钻探作业在完成之后，需要对钻孔进行封堵。现有技术对于填封深部孔洞如钻孔、裂隙等环境，主要是通过投放填料之后，人力使用长杆进行碾压捣实，此方法操作复杂、设备笨重、压实效果差、无法碾压深部、效率低下、人工成本高。

本实用新型专利设备包括破碎机构、压实机构、旋转动力机构及升降机构。旋转动力机构的动力杆与破碎机构的破碎刀具连接，升降机构的上端与旋转动力机构的底部铰接，下端与压实机构的上表面铰接，动力杆穿过所述升降机构、压实机构的压实板中央的轴孔后与破碎机构连接，压实板上形成有对应的隐藏槽，用于在压实作业时将所述破碎刀具隐藏。本实用新型专利设备破碎效率提高，破碎效果更好，压实机构可以进行压实，节省了人力，工作效率高，节约了成本和时间。

13. 一种淤泥及淤泥质土样采集取样装置

本实用新型专利涉及勘察技术领域，特别是涉及一种淤泥及淤泥质土样采集取样装置。传统淤泥类土体取样方式对于土体的扰动较大，容易破坏淤泥类土体的结构和原有性状，不适合稀软的淤泥及淤泥质土体采取原状样。土样顶出后仍需进行选样、切样和装样，会对淤泥类土体产生二次扰动。

本实用新型专利装置包括由两个半圆扣合形成的取样圆筒、取样器底刃、连接筒、排气装置及接箍。本实用新型专利既可以使用常用的小型钻机为驱动力，也可以在较浅的淤泥区采用人力驱动进行取样，把原取样方式由回转静压方式改为单纯的静压，减少一次扰动。采用内置土样皮，直接将淤泥及淤泥质土样取入土样皮内。取样器返回地面后，打开上下螺纹扣，即可从两瓣状的取样器中直接取出土样，扣上上下样皮盖即可存储、运输。省去再次切样、封装过程，减少了土样二次扰动。

14. 一种电动调土装置

本实用新型专利属于岩土工程勘察中的土工试验技术领域，具体涉及一种用于土工试验液限调土装置。在进行液限试验时，对于粒径小于0.5毫米颗粒组成及有机质含量不大于干土质量5%的土采取人工调土方式。由于试验量大，存在人工误差较大的问题，影响土样物理性指标准确性。

本实用新型专利由电动调土刀、电动测定仪两部分组成。将需制备土样放入调土杯中加入适量的蒸馏水开动机头上的按钮开始调土。调土杯分为内胆和外胆，内胆为多个可更替。将调至均匀土样放入电动测定仪中进行测试。取出 76 克圆锥仪，使电磁铁吸稳圆锥仪，调节升降座，使圆锥仪锥角接触试样面，指示灯亮时圆锥在自重下沉入试样内，经 5 秒后观测圆锥下沉深度，然后取出试样杯，取 10 克以上的试样 2 份放入铝盒中测定含水率。一次性完成试验全过程。

15. 一种测绘仪器用光伏充电存储箱

本实用新型专利属于工程测量技术领域，具体涉及一种测绘仪器用光伏充电存储箱。测绘仪器智能化水平在不断提高，对用电的需求也在不断加大，设备多数时间无法进行便捷充电，影响工作效率。加上现有箱体防震防水性能差，箱体内仪器往往因晃动、受潮而遭受不同程度的损坏。

本实用新型专利包括一个箱体和设置于箱体顶部的盖体，箱体内部通过分隔机构分为上下两层，分隔机构包括对称设置于箱体内壁上的水平隔档和可拆卸安装在水平隔档上的分隔板；上层箱体和下层箱体内均填充有减震防护海绵，海绵内部设有与测绘仪器形状相适配的放置槽；箱体的底部安装有整块方格绵，方格绵内设有放置干燥剂的凹槽；箱体的上端一侧与盖体铰接，盖体内部开设一暗格，暗格内安装有带有电线的光伏发电板。在野外测量仪器需要充电时，可以将光伏发电板抽出，为仪器快捷充电，具有良好的实用价值。

16. 一种可移动式土工试样制备平台

本实用新型专利为可移动式土工试样制备平台，通过操作台内壁活动有试验圆盘，以及提取握把之间的配合，通过试验圆盘与操作台之间的活动卡接，使试验圆盘的使用位置得到保证，方便工作人员对试验圆盘的提取，更有效提高工作人员对土样的倒取和土样更换。通过合页的一侧固定连接有防尘盖，合页和推杆锁之间的配合，防尘盖对操作台的遮盖，起到对操作台无尘保护的效果，更有效提高该装置的安全放置效果。

通过操作台的内壁活动连接有推拉板，使其在试验用的仪器有整齐的放置位置，方便工作人员对仪器的及时拿取，能够有效节省工作人员的试验时长，降低仪器丢失。通过刹车护壳的内壁活动连接有车轮，方便工作人员对该装置的移动推取，起到该装置方便移动使用的效果，更有效提高该装置的使用效率。

17. 一种固定加热三角烧瓶装置

本实用新型专利属于岩土工程勘察中的土工试验技术领域，具体涉及一种用于土工试验颗分试验煮土装置。在颗分试验中，传统的颗分试验煮土装置（电热炉）每一个加热单元只能煮制一个试验样品，煮制颗分时，由于没有固定措施，容易导致实验试剂喷溅，影响颗分实验数据准确性。每个电炉只能煮制两个颗分，存在煮制时间长、煮制量小及加热不均等问题，延长了试验时间。电炉丝高温容易烫伤试验人员。该煮土方法效率低，准确性差易烫伤试验人员，且加热不均，影响土样颗分的准确性。

本实用新型专利包括电炉子支架、电炉子陶瓷板、S 形烧瓶支架连接，在原有基础上在电炉子上增加带凹槽的陶瓷板，既能隔绝明火又能扩大加热面积，使每个电炉子上至少可以同时多煮一倍的颗分土，大大提高了生产效率。干净、高效、降低能耗，具有良好的实用价值。

18. 一种钢板桩与钢管桩相结合的分水设施

本实用新型专利涉及水利工程引调水工程技术领域，提供一种用于引调水过程中，在特定水域将水质不同的水体分开的钢板桩与钢管桩相结合的分水设施。

本实用新型专利包括钢板桩单元以及与所述钢板桩单元配合的钢管桩单元。本实用新型专利钢板桩自身通过锁口的咬合具备闭水的作用，较好地分隔开钢板桩两侧的水体，且施工速度较快，对现有河道及周边环境影响小，可分多个工作面同时进行施工，在应急工程当中的优势尤为明显。间隔设置的钢管桩结构增加了分水设施的整体稳定性，提高了分水设施的适应能力，能更好地适应不同水位情况下的运行安全和结构稳定，减小运行期间内外水位差变化对钢板桩的影响。本实用新型专利也可作为临时挡水围堰使用，可运用的范围更为广泛，还具备良好的再开发条件和应用前景。

19. 一种封闭式试样粉碎防尘箱

本实用新型专利属于岩土工程勘察中的土工试验技术领域。颗分试验是土工试验的重要一环，可以直接定量地佐证整体试验中对土性的判断。像所有土工试验一样，颗分试验前的试样制备在传统的方法中是一个对烘干土块击打粉碎的过程，该过程中避免不了粉尘的飞扬，这就造成了试验误差的增大、试验环境的破坏甚至是实验员的身体损伤。

本实用新型专利由木质箱体、捣杵、玻璃面板组成，在保证视野、稳固且不改变规范《土工试验方法标准》（GB/T 50123—2019）要求的前提下，使颗分试样的制备在箱体中进行，从根本上消除粉尘向环境中飞扬，减小了试验误差并且可以降低土块的飞溅，一定程度上增加了试验效率，整体制备过程更加干净、高效，具有良好的实用价值。

20. 环保绞刀头

本实用新型专利涉及清淤绞刀技术领域，公开了环保绞刀头，包括绞刀。所述绞刀外设有防护罩壳，所述防护罩壳两侧下边缘及前端加劲肋处各焊接一块钢板，所述钢板相接处相互焊接；所述环保绞刀头还设有水平调节装置，所述水平调节装置用于调节所述绞刀的角度。该环保绞刀头设置的防护罩壳，有效阻挡了部分上层湖中清水进入泥浆腔体和疏浚土混合。在负压作用下，吸入的底泥增加，水量减少，从而形成含水率高的泥浆，有效提高了泥浆含固率。

21. 一种取泥器

本实用新型专利为一种取泥器，包括取泥装置和封口装置。取泥装置包括采泥筒、拉杆和加长筒，采泥筒的底部固定连接有取泥头；封口装置包括设置在采泥筒底部的环形充气气囊、气泵、气囊气芯和第二气管。所述采泥筒的下端一侧开设有入气孔，所述入气孔内设有气囊气芯，所述气囊气芯位于采泥筒内部的一端与充气气囊相连，气囊气芯的另一端与第二气管连接，所述第二气管的另一端安装有气嘴，气嘴与气泵相连接；所述拉杆位于采泥筒内部的一端固定安装有橡胶塞，拉杆的另一端设有外螺纹并通过外螺纹与提拉横杆相连接，所述提拉横杆上方设有外接拉绳的提拉环。本实用新型专利通过加长筒和过滤装置的设置，使取泥器能有效提取深层泥浆。

22. 一种基于物联网的机井远程灌溉控制系统

本实用新型专利的目的在于提供农业水价综合改革服务系统，为农业水价综合改革提供先进的计量设施硬件和基于云服务技术开发的农业水价综合改革平台软件，利用信息化技术解决农业水价综合改革过程中阶梯水价无法落实、水权无法分配、机井灌溉方式落后、计费不准、水资源浪费等问题，达到一种可手机远程便捷灌溉、定时定量灌溉、水权分配到户到井到村、灌溉水量总量控制、节约灌溉成本、灌溉费用统一管理的系统的目的。

本专利按照农业水价综合改革政策的要求，为农户灌溉用水提供了便捷的手机 App 灌溉计费模式，实现了对机井、农户灌溉数据的全面采集分析，有效落实水权分配和阶梯水价制度，实现了农业灌溉用水总量控制和定额管理，项目可为天津市农业水价综合改革计量设施建设与管理提供完整的集软硬件于一体的解决方案。

23. 工程地质勘察用安全防护装置

本实用新型专利属于岩土工程勘察技术领域，具体涉及一种工程地质勘察用的安全防护装置。在工程地质勘察时，受工程场地条件影响，常施工于公路边或村庄周围，时常受交通影响或被人围观，有较大的安全隐患，现行做法是用围挡或用彩条带围起来进行封闭作业。但由于工程勘察钻孔深度较浅，需经常性地搬挪钻机，而围挡的拆装比较麻烦，甚至比拆装钻机的时间都要长，从而间接导致工程勘察效率低下、人工成本高。

本专利装置通过固定连接套、紧固插板以及定位卡块将防护栏立柱和护栏横梁连接起来，具有操作简单、拆装方便、防护效果好等优点，节约经济成本与时间成本，具有重要的经济价值和良好的社会效益。

24. 新型岩土工程勘察用钻机

本实用新型专利属于岩土工程勘察技术领域，具体涉及一种工程地质勘察用的钻机设备。现有工程勘察用钻机设备安装不便，底座易产生晃动，在施工准备中需要钻机的轨迹不能确定，容易对钻头和钻杆造成损伤。受勘察施工条件的限制，许多钻孔的位置比较复杂，可能在树林中或者旱沟中，现在的钻进设备进场比较困难，移动不便，这些问题易造成设备耗材量高、钻进效率低下等问题。

本实用新型专利组成包括：顶板，所述的顶板绕圆周开有夹角为 120° 的插口，所述的插口的左侧粘接左磁板，所述的插口的右侧粘接右磁板，所述的左磁板开有左 U 形卡口，所述的右磁板开有右 U 形卡口，所述的左 U 形卡口与所述的右 U 形卡口之间卡入固定铁杆，所述的左 U 形卡口的顶部插入吸合左固定铁插板，所述的右 U 形卡口的顶部插入吸合右固定铁插板，所述的左固定铁插板与所述的右固定铁插板固定所述的固定铁杆，所述的固定铁杆连接组装转动套，所述的组装转动套连接调节支撑装置。在钻机过程中高效、稳定，能减少钻机设备的损耗，具有良好的经济效益和社会效益。

25. 新型逆作法装配式无压涵洞

本实用新型专利属工程建设水利、市政行业技术领域，涉及一种新型涵洞结构型式及施工工法，其基于逆作法装配式技术，改进传统涵洞结构明挖施工的诸多缺陷。创新采用预制构件作为涵洞主体侧壁围护结构，可根据工程需要调整形状、长度等。顶板根据工程跨度、上部荷载分布情况分为现浇和预制两种，涵洞底板、墙身及顶板通过预制构件预留机械连接接头、键槽及钢板，通过受力钢筋锚固焊接、内部填芯构造措施进行连接，具有良好的社会推广性及经济价值。

本实用新型专利所提供工法流程如下：根据场地地质情况，确定主体围护构件（侧墙）及支护、降水方案→开挖至桩顶设计高程→密排打入预制桩身侧墙（含止水）→顶板施工→桩身、顶板协同受力，形成支护体系→逆作洞挖土方至底板高程→底板施工→完善周边配套，具备使用功能→施工完毕。

26. 基于 AutoCAD 管道工程穿越自动绘制程序 V1.0

本软件著作权属于水利工程设计领域，具体涉及一种用于水利工程设计的软件。在水利工程设计中，对于长距离输水工程，管道需要穿越沟渠、公路、鱼池以及铁路等，需要绘制大量管道穿越图纸。同时，穿越图纸绘制是在施工前期以及施工期间，往往时间紧迫，如果图纸出现错误可能会影响到施工进度。

通过使用管道穿越自动绘图程序，在绘图过程中利用桩号、高程、尺寸、壁厚自动标注，气阀、管道接口自动绘制以及管道中心线辅助绘制等功能，设计人员进行穿越设计所需时间将减少，提高工作效率，并且将大幅度减小错误率。同时利用程序绘制的管道埋深曲线，为校核人员提供校核依据。

考虑到程序提高设计人员设计效率及绘图速度，减小设计错误率，提高校核人员校核速度等因素，该程序提高水务设计公司管线穿越设计的工作效率 50%。该程序可节约大量的人力、物力成本，对于水务设计公司具有重要的经济和技术意义。

27. CAD 图纸自动布局及图框批量修改模块软件 V1.0

本软件著作权属于水利工程设计领域，具体涉及一种用于水利工程设计的软件。在水利工程设计中，图纸量非常多，往往要逐个修改图框布局，工作量非常多。本软件可以快速自动布局及图框批量修改。设计任务繁重。在设计的同时，设计人员需要出大量的图纸用于各个阶段的校核审查，人工手动图纸布局及打印往往会占用设计人员大量时间，同时手动打图容易出现错误，造成水务设计公司图纸的大量浪费。通过使用自动布局及自动打印程序，利用自动生成CAD布局视口、图框信息与Excel交互、自动放置指北针、自动打印等功能，设计人员出图所需时间预计将减少65%，并且将大幅度降低错误率。

本软件著作权拟在现有出图及图纸打印的基础上，搜集相关的资料，对相关资料进行详细的分析、归纳、整理，在此基础上选定模块功能，制定开发方案。通过制定实现相关功能的模块流程图，编写计算机程序，最后进行验证及测试工作。

28. 管道工程纵断辅助标注模块软件V1.0

本软件著作权属于水利工程设计领域，具体涉及一种用于水利工程设计的软件。在水利工程设计中，对于长距离输水管道工程，管道工程数据交互尤为关键。然而，在以往设计过程中存在问题，设计人员需要依据管道布置，手动绘制各种标注，并要求依据图纸，人工做出各种统计工作。为保证不出错误，需要人工核对很多遍，重复工作量繁重。

纵断自动辅助标注，能自动标注管材、开挖、转角、管中心高程、地面高程、任意桩号（含自定义），在管线上插入自定义块（气阀、蝶阀、流量计井、管道承插口、分水三通等图例）。

本软件著作权拟在现有管道纵断标注的基础上，搜集相关的资料，对相关资料进行详细的分析、归纳、整理，在此基础上选定模块功能，制定开发方案。通过制定实现相关功能的模块流程图，编写计算机程序，最后进行验证及测试工作。

29. 管道工程数据交互模块软件V1.0

本软件著作权属于水利工程设计领域，具体涉及一种用于水利工程设计的软件。在水利工程设计中，对于长距离输水管道工程，管道工程数据交互尤为关键。然而，在以往设计过程中存在问题，设计人员需要依据管道布置，手动绘制各种标注，并要求依据图纸，人工做出各种统计工作。为保证不出错误，需要人工核对很多遍，重复工作量繁重。

管道工程数据交互，可以将平面、纵断中上述各种工程数据提取到Excel表中，作为各阶段报告中列表、工程量统计、施工招标工程量清单、设计变更工程量对比等的基础依据。同时，能从Excel表中数据，交互到CAD中，完成自动绘图。即表示，可以先通过CAD提取数据到Excel表中，在表中修改数据后，再返回到CAD中绘图，从而大大提高效率和准确性。

（水科院　水务设计公司）

科技服务

【因公出国（境）管理】 严格执行中央和天津有关外事管理的各项规定，完成了2020年度局级及以下人员因公临时出国（境）计划的征集汇总及上报工作。由于疫情等原因，因公临时出国（境）计划未成行。

（干部处）

【市水利学会活动】 2020年度共召开学术交流会3次，邀请国内知名专家学者围绕智慧水务、海绵城市建设和再生水利用等主题进行学术讲座与交流。承担市水务局2020年科技进步奖评奖组织工作，组织会员单位党员开展参观学习活动，开展学会间业务交流，完成2020年度年报及审计工作。

学会建设。2016年5月，市水利学会召开第九届会员代表大会暨第一次理事会，周潮洪任理事长，姜衍祥任常务副理事长，曹寅白、练继建、刘建发、杜雷功、韩宏大任副理事长；罗智能任秘书处秘书长，杨军、侯英杰、王雨、何琴雯任副秘书长。2016年天津市水利学会第九届理事成员65人，成员单位60家。天津市水利学会第九届理事会成员名单见下表。

天津市水利学会第九届理事成员名单

序号	姓名	性别	职务/职称	专业	工作单位	备注
1	周潮洪	女	总工	水力学及河流动力学	天津市水利科学研究院	
2	姜衍祥	男	院长	岩土力学	天津市水利科学研究院	
3	韩宏大	男	水业部部长	给排水	天津水务集团有限公司	
4	曹寅白	男	总工	水文水资源	水利部海河水利委员会	
5	杜雷功	男	副总经理/总工	管理	中水北方勘测设计研究有限责任公司	
6	刘建发	男	总经理	水利水电工程	中国水电基础局有限公司	
7	练继建	男	书记	港口海岸	天津大学建工学院	
8	罗智能	男	科长	农业水利工程	天津市水利科学研究院	
9	杨　军	女	副调研员	光学仪器	天津市水务局	
10	王　海	男	院长	地理信息工程	河北省水利水电勘测设计研究院	
11	王　雨	男	副处长	给排水	天津市排水管理处	
12	董国凤	女	主任	地面沉降控制	天津市控制地面沉降工作办公室	
13	王太忠	男	主任	水利信息化	天津市水务局信息管理中心	
14	李惠英	女	党委书记	水利工程	天津市水利勘测设计院	
15	郭宝顺	男	主任	水文水资源管理	天津市水文水资源勘测管理中心	
16	陈　军	女	科长	给排水	天津市供水管理处	
17	程道君	男	副处长	水利	天津市防汛抗旱管理处	
18	汪绍盛	男	处长	农田水利	天津市水务局农田水利处	
19	朱永庚	男	处长	水利水电工程	天津市水务基建管理处	
20	周明华	男	院长助理	环境工程	南开大学环境科学与工程学院	
21	王志华	男	总队长	法律	天津市水政监察总队	
22	周建芝	女	处长	节水管理	天津市节约用水事务管理中心	
23	李志强	男	副巡视员	水工建筑	海委海河下游管理局	
24	田清聚	男	副局长/总工	水利工程	海委引滦工程管理局	
25	佟祥明	男	处长	物理学	天津市水务局	
26	王志高	男	处长	水利工程管理	天津市永定河管理处	
27	曹全利	男	高级工程师	水利工程管理	天津市海河管理处	
28	周　军	男	处长	水利工程	天津市北三河管理处	
29	唐永杰	男	主任工程师	水利工程管理	天津市大清河管理处	
30	宋静茹	女	书记/处长	行政党务管理	天津市海堤管理处	
31	于　斌	男	科长	水工结构	天津市南水北调调水运行管理中心	
32	骆学军	男	处长	水利水电工程	天津市南水北调北塘管理处	
33	崔海涛	男	副处长	水利工程	天津市南水北调王庆坨管理处	

续表

序号	姓名	性别	职务/职称	专业	工作单位	备注
34	张绍庆	男	主任	水利	天津水务工程建设管理中心	
35	陶玉珍	女	局长	水利行政管理	天津市东丽区水务局	
36	赵明显	男	副局长	水利工程	天津市津南区水务局	
37	张福彬	男	副局长	水利工程	天津市西青区水务局	
38	高雅双	女	副局长	水利工程	天津市北辰区水务局	
39	孟庆海	男	局长	水利工程	天津市蓟县水务局	
40	何建华	男	局长	公共经济学	天津市宝坻区水务局	
41	李春发	男	局长	水利工程	天津市武清区水务局	
42	唐立强	男	工委主任	水工建筑	天津市宁河区水务局	
43	常子贺	男	副局长	水利工程建设管理	天津市静海区水务局	
44	李继明	男	副处长	水利工程	天津市引滦工程管理处	
45	全继群	男	书记	水利工程	天津市引滦工程隧洞管理处	
46	张玉太	男	总工	水利工程	天津市引滦工程黎河管理处	
47	徐　勤	男	党委书记	水利工程管理	天津市引滦工程于桥水库管理处	
48	刘伟旺	男	副处长	水利工程管理	天津市引滦工程潮白河管理处	
49	樊世明	男	总工	水利工程	天津市引滦工程尔王庄管理处	
50	许武燕	男	副处长	水利工程	天津市引滦工程宜兴埠管理处	
51	刘瑞深	男	处长	水利工程	天津市引滦入港工程管理处	
52	王祎望	男	副总经理	管理科学与工程	天津水务投资集团有限公司	
53	季　民	男	副院长	环境工程	天津大学环境科学与工程学院	
54	孙书洪	男	院长	水工建筑	天津农学院水利工程学院	
55	杜维祥	男	主任	节水工程	天津市滨海新区汉沽节约用水管理中心	
56	徐廷云	女	主任	水资源管理	天津市滨海新区大港节约用水管理中心	
57	李洪飞	男	总工程师	水利水电工程	天津市水利工程有限公司	
58	李志伟	男	董事长/书记	工程施工管理	天津市振津工程集团有限公司	
59	李　宏	男	副所长	水工环境地质	天津市环境地质研究所	
60	石文学	男	所长	水工环境地质	天津华北地质勘查局地质研究所	
61	曹宏彬	男	总经理	测绘	天津市津典工程勘测有限公司	
62	任连海	男	总工办主任	岩土工程	天津市地质工程勘察院	
63	李玉昆	男	总经理	环境工程	天津市恒润环境工程有限公司	
64	王朝阳	男	书记/处长	管理	天津市水务工程建设交易管理中心	
65	副局长	男	副局长	水务	天津市滨海新区水务局（建交委）	

天津市水利学会设置施工专业委员会等18个专业委员会，各专业委员会主任单位见下表。

天津市水利学会专业委员会主任单位名单

序号	专业委员会	专业委员会主任单位
1	施工专业委员会	中国水电基础局有限公司
2	水文及水资源专业委员会	天津市水文水资源勘测管理中心
3	信息化专业委员会	天津市水务局信息管理中心
4	岩土力学专业委员会	中水北方勘测设计研究有限责任公司
5	机电专业委员会	中水北方勘测设计研究有限责任公司
6	水工专业委员会	河北省水利水电勘测设计研究院
7	水利规划专业委员会	天津市水利勘测设计院
8	水力学专业委员会	天津大学建工学院
9	工程建设与管理专业委员会	天津市水务基建管理处
10	水政专业委员会	天津市水政监察总队
11	水环境与水生态专业委员会	南开大学环境科学与工程学院
12	农田水利专业委员会	天津市农田水利处
13	减灾专业委员会	天津市防汛抗旱管理处
14	供水专业委员会	天津市供水管理处
15	排水专业委员会	天津市排水管理处
16	水利科技推广专业委员会	天津市水利科学研究院
17	控沉专业委员会	天津市控制地面沉降工作办公室
18	水利经济专业委员会	天津水务集团有限公司

2016年8月，按照“清理领导干部在社会团体兼职‘回头看’工作”的要求，学会理事和常务理事按照文件要求完成了社会团体兼职审批，部分理事和常务理事因工作关系不能继续在学会兼职，按照学会章程规定办理了辞职手续。根据最新的文件精神和干部管理权限要求，各会员单位重新进行学会理事推荐工作，各单位理事由主管技术的科长或技术经验丰富的职工担任，学会组织机构建设迈出重要的一步，为学会今后正常开展工作提供组织保障。

2018年，学会理事长周潮洪因工作调整，辞去理事长、常务理事、理事职务。

2019年12月26日，召开学会第九届三次理事会，会上天津市水利科学研究院党委书记、院长姜衍祥当选为学会理事长。

2020年12月25日，召开天津市水利学会第九届四次理事会，会议汇报了2020年度学会工作报告和财务报告，审议通过了理事调整、专委会调整、新会员单位接收等相关事项，会上海委灾害防御处处长徐和龙当选为学会副理事长，调整后学会理事45人，会员单位53家，其中包含接受新理事6人，接受新会员单位8家，专委会调整后设置13个（分别为施工专业委员会、岩土工程专业委员会、供水工程空间管控专业委员会、水工专业委员会、水文及水资源专业委员会、工程建设与管理专业委员会、信息化专业委员会、水利规划专业委员会、农田水利专业委员会、排水专业委员会、水环境与水生态专业委员会、河长制专业委员会、水土保持专业委员会）。因工作调动，路旭辞去学会党支部组织委员职务，选举焦丽娜担任组织委员。截至2020年年底，市水利学会共有会员3800人。

2020年天津市水利学会理事情况

序号	姓名	性别	职务（职称）	工作单位	学会任职
1	姜衍祥	男	院长/高级工程师（正高级）	天津市水利科学研究院	理事长
2	徐和龙	男	处长	水利部海河水利委员会	副理事长
3	柏章明	男	高级工程师（正高级）	天津水务集团有限公司	副理事长

续表

序号	姓名	性别	职务（职称）	工作单位	学会任职
4	刘建发	男	总经理	中国水电基础局有限公司	副理事长
5	练继建	男	党委书记/教授	天津大学建工学院	副理事长
6	徐立洲	男	高级工程师	中水北方勘测设计研究有限责任公司	理事
7	罗智能	男	主任/高级工程师	天津市水利科学研究院	秘书长
8	王　南	女	副总工/高级工程师（正高级）	天津市水务规划勘测设计有限公司	理事
9	徐世宾	男	处长/高级工程师（正高级）	河北省水利水电勘测设计研究院	理事
10	张　爱	女	高级工程师	天津市水文水资源管理中心	理事
11	刘　彤	男	助理工程师	天津市水务工程建设事务中心	理事
12	韩　磊	男	科长/高级工程师	天津市灌溉排水中心	理事
13	笪志祥	男	科长/高级工程师	天津市水土保持工作站	理事
14	贾松涛	男	高级工程师	天津市排水管理事务中心	理事
15	冯剑丰	男	副系主任/教授	南开大学环境科学与工程学院	理事
16	苏　通	男	二级主任科员	水利部海河水利委员会海河下游管理局	理事
17	姚德贵	男	科长/高级工程师	海河水利委员会引滦工程管理局	理事
18	邵继彭	男	中心副主任/高级工程师	天津市永定河管理中心（天津市海堤中心）	理事
19	唐永杰	男	副主任/高级工程师	天津市海河管理中心	理事
20	孙加东	男	科长/高级工程师	天津市北三河管理中心	理事
21	赵东雅	女	工程师	天津市大清河管理中心	理事
22	马淑红	女	高级工程师	东丽区水务局	理事
23	冯立志	男	科长	宝坻区水务局	理事
24	田泽林	男	高级工程师	宁河区水务局	理事
25	付国忠	男	高级工程师	武清区水务局	理事
26	张　伟	男	副科长/工程师	天津市引滦工程隧洞管理中心	理事
27	冯俊军	男	高级工程师	天津市引滦工程黎河管理中心	理事
28	顾　琦	男	副主任	天津市水务工程运行调度中心	理事
29	陆　克	男	科长/高级工程师	天津水务投资集团有限公司	理事
30	赵迎新	女	副教授	天津大学环境科学与工程学院	理事
31	孙书洪	男	院长/教授	天津农学院水利工程学院	理事
32	李洪飞	男	总工程师	天津市水利工程有限公司	理事
33	曹建保	男	副总经理	中建六局水利水电建设集团有限公司	理事
34	王国良	男	高级工程师	天津市地质环境监测总站	理事
35	刘景兰	女	水环专业总工/高级工程师	天津市地质研究和海洋地质中心	理事

续表

序号	姓名	性别	职务（职称）	工作单位	学会任职
36	任连海	男	高级工程师（正高级）	天津市地质工程勘察院	理事
37	李玉昆	男	总经理	天津市恒润环境工程有限公司	理事
38	张　珍	女	副总经理	建华建材科技（天津）有限公司	理事
39	张　凯	男	总经理	天津源泰景和环境科技有限公司	理事
40	钱煜哲	男	科长	天津市河长制事务中心	理事
41	吴　昊	女	高级工程师	天津市水务局综合服务中心	理事
42	焦丽娜	女	高级工程师	天津市水利科学研究院	副秘书长
43	冯伟骞	男	高级工程师	天津市水利科学研究院	理事
44	白医新	女	总经理	上海威派格智慧水务股份有限公司天津分公司	理事
45	罗　勇	男	总经理	雄安碧水源顺泽科技有限公司	理事

天津市水利学会接受新理事情况

序号	姓名	性别	职务（职称）	工作单位	学会任职
1	钱煜哲	男	科长	天津市河长制事务中心	理事
2	吴　昊	女	高级工程师	天津市水务局综合服务中心	理事
3	焦丽娜	女	高级工程师	天津市水利科学研究院	副秘书长
4	冯伟骞	男	高级工程师	天津市水利科学研究院	理事
5	白医新	女	总经理	上海威派格智慧水务股份有限公司天津分公司	理事
6	罗　勇	男	总经理	雄安碧水源顺泽科技有限公司	理事

天津市水利学会会员单位情况

序号	单 位 名 称	序号	单 位 名 称
1	天津市水利科学研究院	13	南开大学环境科学与工程学院
2	水利部海河水利委员会	14	天津市河长制事务中心
3	天津水务集团有限公司	15	水利部海河水利委员会海河下游管理局
4	中水北方勘测设计研究有限责任公司	16	海委引滦工程管理局
5	中国水电基础局有限公司	17	天津市水务局综合服务中心
6	天津大学建工学院	18	天津市永定河管理中心（天津市海堤中心）
7	天津市水务规划勘测设计有限公司	19	天津市海河管理中心
8	河北省水利水电勘测设计研究院	20	天津市北三河管理中心
9	天津市水文水资源管理中心	21	天津市大清河管理中心
10	天津市水务工程建设事务中心	22	天津市东丽区水务局
11	天津市灌溉排水中心（天津市水土保持工作站）	23	天津市宝坻区水务局
12	天津市排水管理事务中心	24	天津市宁河区水务局

续表

序号	单 位 名 称	序号	单 位 名 称
25	天津市武清区水务局	40	中建六局水利水电建设集团有限公司
26	天津市津南区水务局	41	天津市地质环境监测总站
27	天津市西青区水务局	42	天津市地质研究和海洋地质中心
28	天津市北辰区水务局	43	天津市地质工程勘察院
29	天津市静海区水务局	44	天津市恒润环境工程有限公司
30	天津市蓟州区水务局	45	建华建材科技（天津）有限公司
31	天津市滨海新区水务局	46	天津源泰景和环境科技有限公司
32	天津市于桥水库管理中心	47	上海威派格智慧水务股份有限公司天津分公司
33	天津市引滦工程隧洞管理中心	48	雄安碧水源顺泽科技有限公司
34	天津市引滦工程黎河管理中心	49	天津坤盛英泰科技有限公司
35	天津市水务工程运行调度中心	50	天津绿视野节能工程设备股份有限公司
36	天津水务投资集团有限公司	51	天津创水环科技发展有限公司
37	天津大学环境科学与工程学院	52	天津中水新华工程规划设计有限公司
38	天津农学院水利工程学院	53	中科津典勘测规划设计有限公司
39	天津市水利工程有限公司		

天津市水利学会接受新会员单位情况

序号	单 位 名 称	序号	单 位 名 称
1	天津市水务局综合服务中心	5	天津坤盛英泰科技有限公司
2	天津市河长制事务中心	6	天津绿视野节能工程设备股份有限公司
3	上海威派格智慧水务股份有限公司天津分公司	7	天津创水环科技发展有限公司
4	雄安碧水源顺泽科技有限公司	8	天津中水新华工程规划设计有限公司

学术交流。3 月 22 日，在“世界水日”“中国水周”期间，学会联合中国知网采用线上形式组织会员单位开展主题宣传和免费提供《水利知识资源总库》活动。

7 月 23 日，承担市水务局 2020 年科技进步奖评审组织工作，严格按照评奖流程，评出一等奖 1 项、二等奖 2 项、三等奖 2 项。

8 月 14 日，按照天津市科技社团党委的统一安排，组织会员单位分批参观在天津市科技馆举行的“天津市科技工作者抗疫风采展览”。

8 月 19 日，前往中国水利学会、北京水利学会，就新形势下学会职能、业务开展等事宜进行了调研交流。调研期间主要围绕本年度重点及难点业务工作、党建工作、学术交流、科普宣传和科技奖评审等工作开展情况进行了充分交流。

8 月 27 日，在天津市水务局举办了“推进智慧水务”科普讲座，邀请水利部海河水利委员会信息中心副主任黄锐教授作了题为《智慧水利框架下的流域信息化谋划》讲座，天津水利科学研究院高级工程师黄毅介绍了《水利部智慧水利总体方案》，上海威派格智慧水务股份有限公司丁小凯作了题为《智慧水务建设的结构性冲突与对策探讨》讲座，北京北科博研科技有限公司刘宁讲解了《水土保持智慧监管平台的构建》。讲座采取线上、线下相结合方式举行，市水务局机关各处室、局属各单位、各区水务局相关负责人和工作人员，市水利学会企业会员单位相关技术人员参加了会议。通过此次讲座，参会人员了解了智慧水利概念、智慧河流内涵、智慧水利总体要求、总体架构等相关技术知识，明确了智慧水利主要任务与总目标，此次讲座会达到了助推智慧水务建设的目的。

9月21—22日，为巩固和加强学会间交流效果，天津市水利学会邀请中国水利学会和北京水利学会来津，对天津市水利学会和中水北方勘测设计研究有限责任公司进行实地考察，在技术业务交流过程中，各参与方就如何做好新形势下学会工作、学术活动如何有效服务会员单位、如何更好服务水务中心工作等展开了深入的交流、研讨。

12月25日，在天津新桃园酒店举办了天津市水利学会2020年学术年会，会上邀请北京市水科学研究院张书函高工和李炳华高工分别作题为《北京海绵城市建设关键技术及管控模式研究与应用》和《再生水补给型河道水质保障与风险控制关键技术研究与集成示范》的报告，会上还对24篇优秀论文进行了表彰，并颁发获奖证书。学会理事、相关会员单位技术人员、论文作者代表参加了会议。

全年为会员推送《水利云讲堂》12期，专业涵盖水资源、水生态水环境、智慧水务、工程管理、河长制等。

（水科院）

信息化项目建设

【概述】 2020年，局综合办公系统升级改造项目建设，维护了防汛抗旱、电子政务网络等系统；组织2021年度预算项目筛选、申报工作，编制了2021—2023年项目库，申报了水调中心、水资源中心、排管中心等13个单位运营、使用的信息系统运行维护项目。组织开展了智慧水务需求分析研究，梳理水务核心业务及信息化需求。

（规计处）

【天津市农村基层防汛预报预警体系市级平台建设】 根据《市水务局关于下达天津市农村基层防汛预报预警体系市级平台等项目投资计划的通知》（津水规计〔2019〕106号），利用单位自筹资金104万元，完成天津市农村基层防汛预报预警体系市级平台项目建设。主要建设内容为在防汛抗旱系统基础上，开发市级防汛预警平台，汇集展示各区农村基层防汛预报预警体系建设成果，包括武清、宝坻、宁河、静海、东丽、津南、西青7个区的新建或集成的雨情、水情、工情等信息；完善综合数据库；发布市级预警信息；审核各区需上报中央的数据、预警等信息；将相关数据同时汇集到局数据中心，为防汛调度会商平台提供数据接口。

（张　芳　赵英虎）

【水务工程综合管理平台建设】 遵循“以用为本、统筹规则、整合资源、安全共享”原则，以全市水务工程建设管理工作为核心，对水务工程建设、诚信体系管理、扬尘监控管理等相关业务信息通过资源整合、共享交换、统一应用等信息化手段，为全市水务工程建设管理提供全方位、高效率、智能化的信息化管理平台。水务工程综合管理平台于2018年8月开工建设，批复投资127万元，并于2020年8月通过竣工验收。该平台主要通过搭建工程建设管理模块、诚信体系管理模块、扬尘监控管理模块，为水务建设提供一套统一规范、协同共享的建设综合业务管理系统，为水务工程建设提供业务数据支撑。平台自投入运行以来，为市水务局有关处室、社会公众提供了一套统一规范、协同共享的基建综合业务管理系统，更好地为社会公众和施工企业提供了信息公开透明、操作便捷高效的水务工程建设管理综合服务。

（建设中心）

【水资源信息化建设】 《市水务局关于下达天津市重点用水单位在线监测系统2020年度投资计划的通知》下达了项目资金计划文件，将财政专项资金200万元用于《天津市重点用水单位在线监测系统（2020 年）建设项目》建设工作。该项目主要内容为在滨海新区部分地区和津南区海河教育园安装 28 个水量实时在线监测站点。截至 2020 年底，191 万元项目资金已全部拨付完成。

（卢　鑫）

信息化管理

【概述】 适应信息技术发展形式，推动信息技术与水务业务相结合，组织技术力量开展了《智慧水务专项规划》编制工作；积极与市委网信办沟通，组织建设单位按全市政务整合、数据共享等要求调整设计方案，申请的水调中心处、信息中心、水文中心信息系统运行维护等 12 个运行维护项目全部通过市委网信办组织的专家审查，并积极推进项目开展建设；对重点用水户水量在线监测系统等在建项目，加强项目实施中的督导服务，定期进行督导，积极沟通协调服务项目建设；加强网络安全管理，保障了市水务局的网络安全。

（规计处）

【电子政务系统运维与管理】 电子政务网络系统运行维护项目。根据《市水务局关于转发天津市水务局信息中心信息系统运行维护项目批复及下达投资计划的通知》《市委网信办关于“2020 年大清河管理中心基层闸站视频监控系统运行维护”等 6 个项目的批复》文件要求，进行电子政务网络运行维护工作，批复资金 655 万元。

维护内容主要包括以下系统：防汛异地会商视频会议系统、水务业务管理平台、电子政务网络等系统、防汛一级通讯网、城市防洪信息系统通信系统、防汛应急指挥系统、防汛重点工程视频监控系统、天津市河长制信息管理平台及水库移民后期扶持管理信息系统。2020 年完成项目全部维护内容，各系统运行良好。

（综合服务中心）

【工程管理信息系统运维与管理】 2020 年，于桥中心实施了于桥水库信息网络及监控监测设备维护及 2020 年度天津市引滦工程管理处信息系统运维维护项目，完成投资 182 万元。通过对信息系统的视频监控、水量监测、大坝安全监测等各项软硬件设备及其配套的环境设施、网络链路进行巡检维护，保障系统稳定运行，促进工程管理规范化、科级信息化水平不断提升。

（于桥中心）

【防汛抗旱信息系统运维与管理】 市防办信息化系统运行维护项目。根据《市水务局关于转发防汛抗旱信息化系统运行维护（2020 年）项目批复及下达投资计划的通知》，完成 2020 年防汛抗旱信息化系统运行维护工作，项目总投资 144 万元。重点开展了防汛抗旱指挥系统、山洪灾害非工程措施、防汛文件传输系统的定时的软件功能检测、技术支持，功能模块的改动、扩充、功能性修改，数据处理、整理及更新等软件维护；除尘、硬件测试、故障处理修复等硬件设施维护；机房环境、电源系统、避雷接地系统及技术装备等基础环境运行维护，以及防汛指挥系统等级保护评测，为防汛抗旱调度决策提供了技术参考。

（张　芳　赵英虎）

【水资源信息系统运维与管理】 2020 年水资源监控能力项目运行维护资金分两个渠道得到批复。《市委网信办关于“于桥水库信息网络及监控监测设备维护”等 6 个项目的批复》和《市水务局关于 2020 年水文设施运行维护的批复》同意 2020 年水资源监控能力建设系统运行维护工作，共计核定经费 427.02 万元。其中包括系统平台运行维护 27 万元、地表水水位监测站点运行维护 157.61 万元、地下水监测站点维护 82.24 万元、水质自动监测站运行维护 102.44 万元和水文巡测 57.73 万元。

系统平台运行维护为完成天津市水资源管理系统软件运行维护。维护工作包括每天定时检测系统，及时处理系统中出现的错误与异常情况，每周对最新的数据文件进行全备份，每个月将全部项目的部署文件、数据库文件、SVN文件备份到备份服务器中。每天定时填报“天津市水资源监控能力建设信息管理平台系统维护日志”，每个月完成上月《天津市水资源数据上报工作简报》与本月维护工作内容报告。

地表水监测站点维护完成水资源监控能力建设（一期）129处地表水站点及223个断面，水资源监控能力（二期）宝坻灌区23个地表水站点、42个断面的基础设施维护、仪器设备更新维护、备品备件购置及遥测站点的巡检。

地下水监测站点运行维护。依据《国家水资源监控能力建设项目标准-运行维护》（SZY 505—2015）文件标准的运维要求，对387个站点远传计量设施进行定期巡检、日常故障维修、专用设备购置更换等。运维单位全年巡检2次，维修站点合计137站次，更换终端电池78块，遥测终端25台，光电直读水表12台，SIM卡6张。通过运维，保证了各监测站点的正常稳定运行。全年数据上传率保持在93.4%左右，其中重点大用水户数据上传率不低于95.5%。因地下水压采和水源转换，部分深井填埋设备拆除，在全年运维周期内裁撤站点163个。2020年热泵系统远传计量设施维护项目依据市水务局《关于2020年水文设施运行维护的批复》的文件要求，对市属32家地下水用户的163个热泵系统远传计量监测站点、远传计量设施进行定期巡检、日常故障维修、专用设备购置更换等。根据合同要求，项目应巡检32家热泵用户，实际巡检完成32家。累计维护热泵系统远传计量监测站点163个、维修故障站点5个、更换DN100光电直读水表2台、更换遥测终端主板+DTU 5块、更换遥测终端内嵌电池40块。通过定期巡检和日常故障维修等，热泵远传设备运行正常率达到95%以上，保障了各监测站点的正常稳定运行。

水质自动监测站运行维护。完成2020年度于桥水库自动站pH值、溶解氧、浊度、电导率、水温、化学需氧量、氨氮、高锰酸盐指数、总磷、总氮、锌、镉、铅、铜、生物毒性、总铁、总锰共计17个监测参数，尔王庄水库自动站pH值、溶解氧、浊度、电导率、水温、化学需氧量、氨氮、高锰酸盐指数、总磷、总氮、锌、镉、铅、铜、总铁、总锰共计16个监测参数，以及北塘水库自动站pH值、溶解氧、浊度、电导率、水温、COD_{Cr}、氨氮、总磷、高锰酸盐指数、总氮、锌、镉、铅、铜共计14个参数3处水质自动监测站日常运行及设备维护维修工作。保障了各监测站的正常稳定运行。

水文巡测完成265个水位站的委托看护、自记水位计校核调试、水尺人工观测、冰冻期凿冰观测、完成巡测报告、水文资料整编及水文调查，以及133个水位站水道断面和大断面的测量。

天津市中小河流水文监测系统建设项目是国家重点工程。系统建设包括改建水文信息中心站1处，新建省级应急机动测验队1个；新建36处水文站，水文巡测基地1处，10条河流的预警预报软件。系统建成后将实现对天津市10条中小河流防洪减灾的完全布控。项目分三年实施（2011—2013年），其中2011年建设内容包括：改建水文信息中心站1处，新建省级应急机动测验队1个，投资1095万元，已完成竣工验收并投入运行。2012年投资5220万元，2013年投资2240万元，新建36座水文站、1个滨海新区巡测基地并建成10条河流预警预报软件系统。该项目于2018年12月完成竣工验收。2020年天津市中小河流水文监测系统运行维护批复的运行经费为36.01万元。完成了36处地表水站点、55个断面以及九王庄等4个分中心（机构改革后为3个分中心）和滨海新区水文巡测基地的基础设施维护、仪器设备更新维护及备品备件购置、中心站及巡测及基地地源热泵维护维修等。

天津市水文自动测报系统自2000年开始陆续建设，2009年水文自动测报系统全部建成并投入运行，实现了信息的自动采集、传输、处理和查询，为天津市的日常水文监测、防汛抗旱工作提供了可靠的数据支持，发挥了重要作用。系统主要包括永定河泛区水文自动遥测系统、天津市城市防洪水文信息采集系统和国家防汛抗旱指挥系统一期工程——天津市水情分中心的100余处雨量、水位自动采集点，以及网络传输通信系统、中心控制和应用系统等。2020年水文自动测报系统维护批复的运行经费39.9万元。完成了166处遥测站点的巡检。

（李　莹　肖　磊）

【供水信息系统运维与管理】 2020年，天津市供水行业管理网络系统运行维护项目服务时间为2020年1月至2021年7月。主要工作内容包括：产生运行维护日志81份，日常巡检维护记录152条，运行维护工作主要包括基础设施巡检52次、基础数据巡检52次维护38次、业务系统巡检52次，维护排除异常25次，二次开发8次、技术支持79次、用户集中培训1次，总人数50人。

（吴　逊　侍建国）

【排水信息系统运维与管理】 对排水信息系统进行开发性维护，进一步提升系统的安全性和稳定性。细化平台巡检计划和巡检方案，组织专业队伍对现场监测点位进行日常定期巡检维护和突发故障应急抢险工作，全年中心平台累计开展巡检28次，现场监测点位累计开展应急抢修340站次、更换设备配件220余台套，保障了设施的上线率，为防汛工作有效开展提供技术支持。深入现场开展技术指导和调研工作，掌握系统运行情况和实际需求，积极探索新技术和环境下排水信息化建设和运维的发展方向。根据相关文件要求，有针对性地加强网络安全防护，对分控中心及泵站的计算机杀毒软件进行安全加固，组织完成等级保护培训和系统定级专家评审，并上报公安部门备案，不断提高中心信息系统网络安全管理水平。

（排管中心）

【网络信息安全与保障】 2020年，市水务局认真贯彻落实中央和市委关于加强网络意识形态工作决策部署，紧密结合水务工作特点，严格落实网络意识形态责任制，强化网络安全保障和舆论监督引导。

严格落实网络意识形态工作责任制。局党组高度重视网络意识形态工作，先后于3月20日、3月27日召开局党组会，研究2020年网信工作要点和意识形态工作要点，安排部署今年网络意识形态相关任务；安排局党组理论中心组集中学习2020年天津市意识形态领域形势研判情况通报，正确把握当前天津市网络意识形态工作总体态势；及时调整完善局网络安全和信息化工作委员会组成单位及办事机构，召开局网信委工作会议，专题研究网络安全和信息化建设，安全应用及智慧水务相关工作；召开局意识形态工作领导小组会会议，专题研究网络安全、新闻宣传、网络舆论引导等工作，确保局党组网络意识形态工作部署落实到位。

开展网络新闻宣传。研究制定局2020年信息宣传工作要点和选题计划、网上重大主题宣传和重大议题设置项目实施计划、防汛新闻宣传及舆论引导方案，以及东西部扶贫协作、全面建成小康社会等一系列宣传方案。积极落实网上重大主题宣传和重大议题设置项目实施计划，积极开展疫情防控、民生水务建设、深化河湖长制、防汛减灾等重点选题宣传报道，局分管负责人和有关部门参加2期天津电视台“百姓问政”、3期天津电台“公仆走进直播间”、1期天津政务网“政务访谈”节目录制，积极参加市新型冠状病毒肺炎疫情防控工作新闻发布会和市政府结对帮扶困难村新闻发布会，及时解读水务政策措施，全年累计在各类新闻媒体刊登播发新闻报道700多篇。充分发挥局外网、政务微博、微信公众号作用，及时推送、转发天津市重点报道和水务相关信息500多条，《为连夜排水的他们点赞!》等多篇重点信息引起广泛关注，为社会各界了解水务工作提供了平台。

强化网络舆情监测及舆论引导。依托第三方平台对涉水网络舆情进行全网监控，每日报送水务舆情日报，并将舆情反映事项纳入督办，截至目前已经累计报送舆情日报 74 期，督办舆情事项 74 项，充分发挥舆情监督处置作用。进一步充实网评员队伍，制定印发了网评员队伍建设方案，组建了 50 人的局层级网评员队伍，局属单位、区水务局、水务集团按本单位人数 5% 比例，建立了 240 人的处层级网评员队伍，先后 6 次组织针对汛期积水问题的评论引导，切实保障舆论导向正确。

加强网络安全防护。加强网络安全信息收集、分析、研判和预警工作，针对疫情防控、全国“两会”、党的十九届五中全会等敏感时期，及时向全局各部门各单位传达网络安全预警 50 多次，组织开展关键信息基础设施安全防护，确保全局网络信息安全。加大应急值守力度，组织各信息系统运维和使用单位加强重要时间节点值班值守，确保发现问题第一时间采取措施，全年未发生网络安全事件。组织全局 120 余名网络技术人员参加网络安全专题讲座，深入学习网络安全法、等级保护备案制度等相关内容，进一步提高全局网络安全意识，提升网络安全保障能力。

开展互联网党建。坚持把习近平新时代中国特色社会主义思想宣传摆在突出重要位置，充分发挥局办公内网、电子橱窗、宣传栏、全面从严治党记实系统、学习强国 App 等渠道，大力宣传习近平新时代中国特色社会主义思想、习近平总书记重要指示批示精神及党的十九届五中全会精神，教育和引导广大党员牢固树立“四个意识”，坚定“四个自信”，坚决做到“两个维护”，切实增强各级党组织凝聚力、战斗力，为推动水务工作开展发挥重要作用。

开展了市水务局 2020 年网络安全培训，发布系统漏洞、网络攻击、木马病毒传播等网络安全预警信息 50 余次，组织了防范黑客攻击、勒索病毒变种感染、微软远程桌面漏洞等网络、网站安全自查，并对重点单位进行了抽查，保证了日常工作，特别是 2020 年全国“两会”、国庆等重要时间节点的网络安全。全年市水务局计算机系统未发现感染勒索病毒，未发生网络安全事件。

（局办公室　规计处）

财 务 审 计

财 务

【概述】 2020年，按照局党组的统一部署，紧紧围绕水务中心工作，积极发挥职能作用，在市级财力紧张的情况下，加大协调力度，积极与市财政沟通，努力争取财政资金对水务事业的支持，在深化预算管理、强化资金监管、规范国有资产监管以及公益事业单位改革等方面取得了一定成效。

【落实财政资金】 2020年，落实财政资金65.2亿元，比年初预算安排的财政资金增长了55.6%，其中基本支出7.6亿元；基本建设、河道维修维护、防汛业务、应急抢险等其他项目资金31.9亿元，比年初预算增长139.8%；落实外调水资金17.9亿元，比年初预算增长42.1%；污水处理服务费7.8亿元。

【预决算管理】 印发《关于做好2020年部门预算项目前期工作的通知》，督促做好项目前期准备工作。贯彻落实市政府“真过紧日子”的要求，组织各单位按照禁止类限制类支出管控清单压减部门预算非急需非刚性支出。印发《2021年部门预算编制工作要求》，督促各单位履行预算管理的主体责任，坚持全口径预算编制，优先保障基本支出，合理安排项目支出，全面实施预算管理一体化改革。

预算执行。印发《关于加快预算执行和资金支付的紧急通知》，按照《市水务局项目预算执行考核暂行办法》，采用通报、督导、约谈、考核等方式督促局属单位加快预算执行进度。全年预算执行率达到100%。

预算绩效。组织完成2019年预算项目绩效自评并对社会公开，配合市财政局开展2020年市级重点项目绩效评价，完成市水务局2020年市级部门整体绩效目标编制，开展2020年部门项目支出绩效运行监控，推进全局预算绩效管理，将绩效管理与预算管理深度融合。

预决算及政务公开。组织编报全局2019年部门决算和2019年政府财务报告。完成2019年部门决算、2020年预算和三公经费预决算公开工作，自觉接受社会监督。

【资金监管】 组织全局开展行政事业单位资金清理、“小金库”问题专项治理工作。积极配合市级检查组对3家企事业单位进行重点检查，对发现的问题，督促各单位整改落实。

组织开展全局资金资产全面清查，从落实财务人员岗位轮换制度，建立银行账户动账提醒和实地核查机制，清理往来款项，健全内控制度等方面，督促各单位查漏洞、补短板、健全风险防控机制，确保资金安全。印发《市水务局关于进一步加强局属单位资金管理的通知》，巩固前期成果，持续做好清查工作。

对蓟州、宝坻、北辰、宁河、静海五区实施

的2020年度饮水提质增效8项工程开展专项资金检查，发现问题，督促各区整改。

【国有资产监管】 组织42家公益改革单位开展资产清查核实工作。截至2020年底，25家单位已经市财政局批复。组织设计院和入港处2家单位的转企改制资产清审评和国家资本金核定工作。持续推进局属企业规范清理工作，40户企业已累计清理完成32户，做好全市国企改革三年行动方案实施的启动工作。根据天津市统一政策，组织局属2家单位做好对中小企业出租房屋减免租金工作，共减免房租123万元。落实市委市政府工作要求，加强与市发展改革委和市财政局沟通协调，与局相关业务处室共同推进于桥水库TOT项目。

【涉水价费】 完成市水务局2019年度涉水收费年报工作，继续落实收费月报分析制度，配合做好水土保持费重新开征工作。2020年全年污水处理费预计完成缴库3.5亿元，清缴武清雍阳水厂以前年度水资源费欠款320万元。配合市财政做好2019年水利工程供水收支审核和2020年外调水筹资方案测算工作，配合市发展改革委开展水价调研。

【内控管理】 2020年，组织涉及公益类事业单位改革的单位，按照行政事业单位内部控制规范，重新修订适合本单位实际情况的内部控制体系，并组织实施，保障市水务局内部控制体系与机构改革调整后的机构设置、部门职责以及天津市最新各项规章制度要求相匹配。组织做好局机关内部控制评价及内控体系修订优化工作，完善单位层面内部控制设计，修订业务层面内控制度，对内部控制流程和表单进行完善和优化，实现风险防控目标。

【基建财务管理】 加强建设项目竣工财务决算管理。2020年，完成北塘排水河泵站工程等16项工程竣工财务决算批复，完成中泓排洪闸除险加固工程等9项工程竣工财务决算审计报告审核工作。

【其他财务管理】 指导局属单位做好疫情防控期间政府采购等相关工作。印发了《关于做好防疫期间政府采购等有关工作的通知》《防疫期间财务、审计、物资采购管理部门必须做好哪些事》等，通过局办公网财务专栏和“会乐家园”微信群宣贯政策，指导做好相关工作。

加强队伍建设，组织全局财务、采购和项目管理人员开展政府采购、政府会计、预算绩效管理、内审工作等培训，对财审人员开展廉政警示教育，参加培训累计达到400多人次。

审　计

【概述】 研究制定年度内部审计工作计划，报局党组批准后组织实施。积极开展预算执行、工程项目、后续审计工作。年度共安排完成预算执行审计2项，工程专项审计2项。按局党组委托及时组织开展局属单位党政主要领导干部任期经济责任审计3项。完成以前年度审计项目整改情况的后续审计6项。配合国家审计署和天津市政府审计部门对市水务局开展的各项审计工作，配合完成国家审计署专项审计项目2项，重大政策跟踪审计涉及市水务局事项6项；积极配合完成天津市审计局对市水务局开展的审计工作，完成对市水务局及所属单位2019年度预算执行情况联网审计1项，完成对市水务局审计专项调查工作2项。

【预算执行审计】 2020年，按年度审计工作计划完成了黎河中心、河长制中心2019年度预算执行和其他财务收支情况审计工作，督促审计发现问题的整改落实。

【经济责任审计】 2020年，收到干部人事处任期经济责任审计委托书3项，包括何睦任天津市水务局宣传中心主任期间，刘爽任天津市水务行政执法总队筹备组组长、天津市水政监察总队党支部书记期间，刘哲任天津市防汛抗旱管理处处长、天津市水务工程运行调度中心（天津市防汛物资管理中心）主任期间经济责任的审计。其中2项已完成，其余1项年末委托项目需跨年度实施。经济责任审计通过对领导干部任期经济责任履行情况进行客观评价，为加强领导干部的管理监督，推进党风廉政建设，推动被审计单位健全内部控制制度，加强内部控制管理起到积极作用。

【基本建设工程管理审计】 2020年，完成引滦引江连通尔王庄段明渠复线应急工程及中心城区防汛排涝补短板积水片改造一期工程2个基建项目的专项审计工作，督促审计发现问题的整改落实。进一步促进建设单位加强建设管理，合理合规使用资金，保证资金使用效益。

【后续审计】 梳理2019年度各项内部审计工作中发现的问题，建立审计项目整改台账，跟踪审计意见落实和审计整改情况。重点选取6个2019年已完审计项目，列入2020年审计工作计划。对周建芝任天津市节约用水事务管理中心书记及主任期间、张迎五任天津市供水管理处处长期间、唐广鸣任天津市永定河管理处（天津市水务局物资处）党委书记主持天津市水务局物资处行政工作期间、汪绍盛任天津市水务局农田水利处处长与天津市水土保持工作站站长期间、宋志谦任天津市引滦工程管理处处长期间、赵考生任天津市水文水资源勘测管理中心主任期间经济责任审计发现问题整改落实情况，开展实施后续审计。要求相关单位按时间节点报送整改资料，持续跟踪审计整改进度。重点关注局领导批示意见落实情况，督促相关单位切实做好审计整改工作，确保对审计发现的问题采取相应的整改措施，并逐步建立健全相关控制制度，不断加强管理，堵塞管理漏洞。

【配合国家审计署审计】 2020年，配合完成市长经济责任履行情况和自然资源资产任中审计涉及市水务局事项工作。完成了审计需求单办理、协调、审计证据反馈意见等各项审计配合事宜。规范审计取证资料用印审核、审计证据确认和意见反馈的逐级审核程序，有效提高了审计配合工作效率。

配合做好审计署京津冀特派办对天津市2020年贯彻落实国家重大政策措施情况季度审计工作。审计署审计组对涉及市水务局部分在建政府投资项目投资情况和项目推进情况、行政许可事项相关情况、城市供排水及污水处理情况、水资源管理情况等6个方面进行了审计调查和座谈。市水务局积极组织好各项配合工作，跟进审计工作。在本年已完成的三个季度的审计报告中，均未涉及市水务局审计整改事项。

【配合天津市政府审计部门审计】 完成了市审计局对市水务局及所属单位2019年度预算执行情况联网审计的联络、协调配合及审计报告、审计决定的整改落实反馈工作。按照市审计局要求报送相关数据资料，对三批次审计疑点进行排查，对审计中发现的问题组织局属单位立审立改，严格按照审计要求时限报送审计整改情况。

完成市审计局关于优化营商环境专项审计调查涉及市水务局工作的协调配合及意见反馈工作。积极与审计组进行沟通协调，组织局相关业务处室和局属单位按照审计需求，及时、真实、完整地提供相关业务资料，就审计征求意见稿组织反馈意见，审计配合工作得到审计组的认可。

努力做好市审计局关于双城绿色生态屏障专项审计调查涉及市水务局审计需求资料的组织报送及延伸审计项目的协调工作。积极做好市审计局双城绿色生态屏障专项审计调查涉及市水务局审计事项的协调配合及审计需求资料的报送工作，努力协调涉及建设项目延伸审计配合工作。

（财审处）

干 部 人 事

机构改革

【概述】 2020 年，在市委市政府统一部署和局党组的正确领导下，公益类事业单位改革后续工作稳妥推进，经营类事业单位转企改革工作全面收官，水政执法体制改革工作有序开展。

【公益类事业单位改革】

1. 部门内部整合事业单位改革后续工作

改革方案批复后，2019 年 12 月 13 日，局党委书记、局长张志颇主持召开公益类事业单位改革部署会，并做重要讲话，对局属公益类事业单位改革工作逐项做出部署，提出要求。一年来，市水务局党组以坚决的态度、务实的作风、昂扬的精神状态，精心组织，认真实施，圆满完成公益类事业单位改革各项任务。

完成改革后事业单位领导班子配备工作。2019 年 12 月 24 日，局党委印发《市水务局党委关于孟祥和等同志任免职的通知》，为 15 家事业单位任命干部 63 名。正式任职前，局党组书记、局长张志颇主持召开新组建事业单位主要负责人廉政履职谈话专题会，要求各单位主要负责人切实做到不忘初心、信念过硬，对党忠诚、政治过硬，担当作为、责任过硬，增强本领、能力过硬，勤政清廉、作风过硬，确保改革过程中思想不乱、工作不断、队伍不散、干劲不减，上下齐心保证改革平稳有序进行。

完成事业单位机构挂牌、印章启用及事业单位法人设立（变更）登记。2020 年 1 月 1 日，按照局统一部署，涉改事业单位均完成机构挂牌和印章启用工作，以新单位名义开展工作。6 月 30 日前，新组建的综合服务中心、灌排中心（水保站）、于桥中心、建设中心、水资源中心、水调中心（物资中心）、永定河中心（海堤中心）、海河中心、大清河中心（北大港中心）等 9 个新组建事业单位陆续完成事业单位法人设立登记，隧洞中心、黎河中心、北三河中心、排管中心、河长制中心完成事业单位变更登记。

完成处级事业内设机构设置工作。涉改事业单位按照科学合理、精简高效、权责分明的原则，依照批复的机构数量，对内设机构进行了设置。在内设机构设置上，基本要求为：一是新组建单位要按照一件事情由一个科室负责、一类事项由一个科室统筹的原则，精干高效的设置综合科室和业务科室，原有同类科室该合并的合并，不适宜业务发展的，该撤销的撤销。保留更名的事业单位，也要按照新批复内设机构数量和业务发展需要，对科室设置进行优化和调整。二是综合科室的设置原则上不超过 4 个；对于单位人数较多的单位，要设置专门的党群工作部门，配备专职思想政治工作人员；设立纪委的单位应设置纪委办公室。三是水政监察部门暂不设置，待水政执法改革方案批复后按照相关规定办理。四是此次改革机构编制事项保持不变，但未曾经局审批内设机构设置方案的单位，需要正式上报内设机构设置方案，由局党组研究审批。

在科级职数的设置上，基本要求为：各单位要严格按照市委编办核定的科级职数掌握，不得混用或借用职数。在具体配置上，一般情况下一个科室设置1正1副；人数较少的只设1正；人数较多或职责任务较重的，可适当增加科级副职。严禁在内设机构以外另设科级单位，更不得以享受科级待遇的方式违规设置科级职务。

3月27日，局党组会议审议了局属公益类事业单位灌排中心（水保站）、于桥中心、建设中心、水资源中心、水调中心（物资中心）、永定河中心（海堤中心）、海河中心、大清河中心（北大港中心）、隧洞中心、黎河中心、北三河中心、排管中心、河长制中心、水科院等14家处级单位内设机构设置方案，并原则同意。4月24日，局印发正式文件，对14家单位科级内设机构名称及主要职责进行批复。

5月22日，局党组会议审议了综合服务中心内设机构设置方案，并原则同意。6月22日，局印发正式文件，对综合服务中心内设机构名称进行批复。

改革后局属事业单位内设结构设置见下表。

局属事业单位内设机构设置一览

序号	单位名称	内设机构数量	科级职数	科级机构设置	备注
1	天津市水务局综合服务中心	11	11正 16副	办公室、党群科、宣传科、政务科、公共服务科、业务科、科技与信息化科、安全科、人事教育科、财务审计科、后勤科	
2	天津市灌溉排水中心（天津市水土保持工作站）	8	8正 8副	办公室、党群科、人事财审科、综合业务科、农田水利科、河库工程科、村镇排水科、水土保持科	
3	天津市于桥水库管理中心	19	19正 34副	办公室、党委办公室、纪委办公室、人事科、财务科、后勤管理科、工程管理科、水管理科、工程维护管理所、水质监测所、船舶管理所、水文测验所、闸坝管理所、暗渠管理所、白庄子管理所、淋河管理所、库区东岸管理所、库区南岸管理所、前置库管理所	
4	天津市水务工程建设事务中心	14	14正 22副	办公室（党委办公室）、党群科、纪委办公室、人事科、财务科、行业管理科、市场监管科、质量与安全监督事务站、综合业务科、投资评审科、前期工作和征迁科、项目建设一科、项目建设二科、项目建设三科	
5	天津市水务工程运行调度中心（天津市防汛物资管理中心）	9	9正 12副	办公室、党群科、综合技术科、防汛调度科、供水调度科、物资管理科、减灾科、信息科、仓库管理所	
6	天津市水文水资源管理中心	21	21正 38副	党委办公室、办公室、纪委办公室、人事科、财务科、规划计划科、技术科、推广科、水资源管理科、城市供水管理科、村镇供水管理科、二次供水管理科、节水计划科、节水管理科、水情科、测验科、水信息科、水环境监测中心、九王庄分中心、大港分中心、塘沽分中心	

续表

序号	单位名称	内设机构数量	科级职数	科级机构设置	备注
7	天津市永定河管理中心（天津市海堤管理中心）	15	15 正 20 副	办公室（党委办公室）、纪委办公室、党群科、人事科、财务科、工程管理科、水管理科、安全监督科、水环境管理科、永定河管理所、永定新河管理一所、永定新河管理二所、永定新河管理三所、永定新河防潮闸管理所、海堤管理所	
8	天津市海河管理中心	15	15 正 20 副	办公室、党群科、纪检监督科、人事科、财务科、工程管理科、水管理科、河道环境管理科、安全监督科、海河管理所、北运河管理所、外环河管理一所、外环河管理二所、二道闸管理所、海河口泵站管理所	
9	天津市大清河管理中心（天津市北大港水库管理中心）	14	14 正 18 副	办公室（党委办公室）、纪委办公室、党群科、人事科、财务科、后勤管理科、工程管理科、水管理科、安全监督科、河库环境管理科、水库管理所、子牙河管理所、南运河管理所、独流减河管理所	
10	天津市北三河管理中心	10	10 正 10 副	办公室、党群科、人事科、财务科、工程管理科、水管理科、北运河系管理所、潮白河系管理所、蓟运河系管理一所、蓟运河系管理二所	
11	天津市引滦工程隧洞管理中心	6	6 正 6 副	办公室、党群科、财务科、综合服务科、工程管理科、洞线管理科	
12	天津市引滦工程黎河管理中心	8	8 正 8 副	办公室、党群科、财务科、后勤管理科、工程管理科、水管理科、崔家庄河道管理站、前毛庄水文（河道管理）站	
13	天津市排水管理事务中心	40	40 正 92 副	办公室（党委办公室）、纪委办公室、劳动人事科、财务科、审计科、资产管理科、科技科、安全监督科、组织部、宣传部、群团部、后勤保障科、采购管理科、规划科、计划科、设施管理科、调度科、河务管理科、行业事务科、工程管理科、法制科、质量管理科、第一排水管理所、第二排水管理所、第三排水管理所、第四排水管理所、第五排水管理所、第六排水管理所、第七排水管理所、第八排水管理所、第九排水管理所、第十排水管理所、第十一排水管理所、机电安装维修所、工程建设管理站、质量安全监督站、城市排水监测站、房地产管理所、退休职工管理所、城市排水收费管理所	

续表

序号	单位名称	内设机构数量	科级职数	科级机构设置	备注
14	天津市水利科学研究院	13	13 正 3 副	党委办公室、纪委办公室、办公室、财务科、项目办公室、节水技术研究所、水环境与水工程研究所、防洪减灾研究所、水资源研究所、信息化研究所、水利工程质量检测中心、科技推广中心、水务发展研究中心	
15	天津市河长制事务中心	4	4 正 4 副	综合办公室、管理科、考核科、督导科	
小计		207	207 正 317 副		

完成事业单位岗位设置工作。各事业单位结合市委编办批复的单位类别、主要职责、等级规格、人员编制和领导职数，按照相关规定进行岗位设置。局党组作出要求：一是在保障处科级岗位职数和政工管理岗位的前提下，合理确定管理岗位和专技岗位的结构比例。专业技术岗位数占总岗位数比例低于 70% 的单位，不得按“以专业技术提供社会公益服务的事业单位”设置岗位。二是此次改革虽然机构编制事项未做调整，但不符合岗位比例要求的单位，也应按照统一要求进行岗位设置变更。

1 月 17 日，局党组会议审议排管中心岗位设置变更方案，原则同意排管中心管理、专技、工勤三类岗位的比例调整为 16% ：70% ：14%。1 月 19 日，报送市人社局申请备案。2 月 17 日，市人社局反馈同意备案。

3 月 27 日，局党组会议审议综合服务中心、灌排中心（水保站）、于桥中心、建设中心、水资源中心、水调中心（物资中心）、永定河中心（海堤中心）、海河中心、大清河中心（北大港中心）、隧洞中心、黎河中心、北三河中心、河长制中心、水科院、经济办等 15 家岗位设置（变更）方案，并原则同意。3 月 30 日，报送市人社局申请备案。5 月 15 日，市人社局反馈同意备案。

完成人员转隶和岗位聘用工作。2019 年 12 月底，按照《关于改革调整市水务局所属公益类事业单位有关问题的通知》文件精神，整建制并入新组建事业单位的工作人员自动转隶至新组建事业单位。2020 年 7 月底，转隶人员完成工资社保上册。所在单位按照受聘人员岗位等级不降低的改革政策，开展了岗位聘用工作，确保全员聘用。岗位聘用后，除事业单位法定代表人和党的负责人不签订聘用合同外，其余人员都按照规定与单位签订聘用合同。

2. 配合跨部门整合事业单位改革

2020 年 7 月，按照市委编委《关于印发〈天津市市级信息服务机构改革方案〉的通知》文件精神，经市水务局与市委网信办协商一致，完成人员转隶工作，最终王太忠、程道君、张洋、高春华、刘国芹、李铭、田源、胡杨、陈红卫、康炳迁、叶欣、范晓娟、杨晓云、赵欣、王照环等 15 名在编人员转隶至市大数据管理中心。张颐、兰瑞田、闫亮、张顺启、马元洪转隶至市水务局综合服务中心。

2020 年 12 月，按照市委编委《关于印发〈天津市市级干部教育培训机构改革方案〉的通知》文件精神，经市水务局与市委党校协商一致，整建制将市水务局所属中共天津市水务局委员会党校并入市委党校。将中共天津市水务局委员会党校5名在编人员（宋娜、赵静静、李廷廷、魏华烨、冯晓晓）和2名退休人员（尹英宏、刘玉霞），全部转隶至市委党校。

【经营类事业单位转企改革】 根据《中华人民共和国公司法》及相关规定，经2020年7月9日局党组会议审议，同意入港处党总支提出的建议人选（转企后公司名称暂定为"天津兴津资产管理有限公司"），具体为：张建民为天津兴津资产管理有限公司董事长、总经理；朱士权为天津兴津资产管理有限公司董事、副总经理；陶蕾为天津兴津资产管理有限公司董事；刘津霞为天津兴津资产管理有限公司财务负责人；田军为天津兴津资产管理有限公司监事会主席；刘颖为天津兴津资产管理有限公司监事；罗芊为天津兴津资产管理有限公司职工监事。

同意设计院党委提出的建议人选（转企后公司名称暂定为"天津市水务规划勘测设计有限公司"），具体为：屈永强为天津市水务规划勘测设计有限公司董事长、总经理；吴换营、李鹏、孙永军为天津市水务规划勘测设计有限公司董事、副总经理；王江涛为天津市水务规划勘测设计有限公司职工董事；王玲豫为天津市水务规划勘测设计有限公司财务负责人；李帅青为天津市水务规划勘测设计有限公司监事会主席；毛少波为天津市水务规划勘测设计有限公司监事；何丽丽为天津市水务规划勘测设计有限公司职工监事。

7月30日，市财政局印发《市财政局关于核定市水务局所属天津市水利勘测设计院、天津市引滦入港工程管理处转企改制后国家资本金的批复》，同意天津市水利勘测设计院转企改制为有限责任公司，由天津国兴资本运营有限公司履行出资人（股东）职责；同意天津市引滦入港工程管理处转企改制为有限责任公司，由天津国兴资本运营有限公司履行出资人（股东）职责。

8月5日，为做好两家单位转企改革工作，局印发《工作通知》，要求设计院和入港处尽快办理企业法人注册和事业法人注销工作。设计院和入港处按照通知要求，完成相关手续办理工作。

8月21日，市水务局起草了《市水务局党组关于撤销天津市水利勘测设计院事业单位建制的请示》报送市委编办，申请撤销事业单位建制。8月26日，市委编办印发《关于撤销天津市水利勘测设计院事业单位建制的批复》，同意撤销天津市水利勘测设计院事业单位建制，其295名事业编制由市收回。

9月3日，市水务局起草了《市水务局党组关于申请撤销天津市水务局引滦入港工程管理处事业单位建制的函》报送市委编办，申请撤销事业单位建制。9月8日，市委编办印发《关于撤销天津市引滦工程管理处事业单位建制的批复》，同意撤销天津市引滦入港工程管理处事业单位建制，其49名事业编制由市收回。

12月，设计院和入港处按照规定办理事业单位法人注销登记手续，市水务局经营类事业单位转企改革工作基本完成。

【执法机构改革】 2020年10月，市委编办对市水务局上报的《天津水务行业行政执法总队组建方案》提出修改意见，具体要求为：一是按照规范文体调整组建方案的体例和格式。二是完善和规范主要职责表述，避免职责交叉和职责遗漏。三是规范内设机构设置，明确执法支队的编制数和管理范围。综合性内设机构的数量必须压缩，原则上只能设置3个。四是明确现有人员经费来源仍维持原经费渠道，在中央统一明确前暂时保持编制性质不变。市水务局就人员转隶资格条件、岗位设置、社会保险及公积金相关事宜提前研究，做好方案。五是资产划转、公务用车指标划转等问题提前与市有关部门沟通。

按照上述工作要求，干部处起草了《天津市水务综合行政执法总队组建方案（送审稿）》，就主要职责、内设机构设置、人员编制和领导职数等机构编制事项提出意见。经2020年12月4日局党组会议审议通过，报送市委编办。

2020年12月26日，市委编办印发《关于印发〈天津市水务综合行政执法总队组建方案〉的通知》，批复组建天津市水务综合行政执法总队，为天津市水务局管理的行政执法机构，规格为正处级，以天津市水务局名义实行统一执法。天津市水务综合行政执法总队设置10个科级内设机构：办公室、党建工作办公室、执法综合室、执法一支队（于桥支队）、执法二支队（北三河支队）、执法三支队（永定河支队）、执法四支队（海河支队）、执法五支队（大清河支队）、执法六支队（城北支队）、执法七支队（城南支队）。核定天津市水务综合行政执法总队事业编制230名，处级领导职数1正6副，其中党组织书记、总队长1名，党组织专职副书记、副总队长1名，纪检工作负责人1名，副总队长4名。内设机构（科级）领导职数10正23副。

（干部处）

机构人员

【概述】 2020年，为构建系统完备、科学规范、运行高效的机构职能体系，修订了局机关处室主要职责范围，对有关职责进行界定，按期完成了局属事业法人年检、机构编制实名制统计和用编审批工作。

【机构编制】 2020年1月16日，市委编办印发《关于为天津市水务局所属事业单位核拨2019年度军队转业干部事业编制的批复》，同意为市水务局核拨事业编制2名，其中市水文水资源管理中心1名、市河长制事务中心1名。

4月26日，市委编办、市委网信办联合印发《关于进一步加强我市网信工作体系建设有关事项的通知》，要求市水务局明确负责网信工作的内设机构，加挂网络安全和信息化办公室牌子，相应增加网络内容建设、网络安全和信息化建设等职责。经研究，5月14日市水务局报送《关于加挂市水务局网络安全和信息化办公室牌子的请示》，申请为办公室加挂网络安全和信息化办公室牌子。5月18日，市委编办印发《关于天津市水务局设置网络安全和信息化办公室的批复》，同意市水务局办公室加挂网络安全和信息化办公室牌子，相应增加牵头负责网络安全和信息化相关工作，统筹协调、组织推动网络内容建设、网络安全和信息化建设工作等职责。

9月29日，为厘清机关处室职责，明晰工作分工，按照坚持“三定规定”各处室职能不变的前提下，在河长制运行上建机制，在需要明确的事项上打补丁，在牵头与配合上立规矩，以保障局行政效能提高的总思路，经局党组会议审议，印发了《关于机关有关工作职责界定的意见》，对河长制有关工作、有关工作职责界定和有关办文职责界定予以明确，提高了机关行政效能。

11月2日，经局党组审议通过，印发了《关于修订印发天津市水务局内设机构主要职责范围的通知》，分别对市水务局总工程师、总规划师、总经济师、督察专员主要职责，内设机构主要职责和群团组织主要职责进行修订。

【队伍现状】 2020年12月，天津市水务局共有在职职工3146人，较上年减少484人。其中局机关114人（局级9人：张志颇、杨玉刚、闫学军、唐先奇、梁宝双、杨建图、张文波、张贤瑞、孙宝华），事业单位3032人（详见下表和下图）。

（干部处）

天津市水务局2020年年底人员情况一览表

序号	单位名称	全局在职职工（含内退）总人数		全局职工中具备专业技术资格人员情况分类					全局职工中具备干部职务人员情况分类					全局工人情况分类						全局职工中具备学位学历人员情况分类						全局职工年龄情况分类				离休总人数	退休总人数
		总人数	其中：女性	合计	正高	副高	中级	初级	合计	正处级	副处级	正科级	副科级	合计	高级技师	技师	高级工	中级工	初级工	合计	博士	硕士	本科	大专	中专及以下	35岁以下	36~45岁	46~54岁	55岁以上		
1	天津市水务局	114	43	73	8	22	24	19	105	33	32	26	14							114	3	31	75	2	3	19	36	34	25	4	149
2	天津市水务局综合服务中心	39	23	28		12	10	6	3	1	2									39		12	26	1		15	19	3	2		38
3	天津市灌溉排水中心（天津市水土保持工作站）	36	14	32	1	21	5	5	11	1	3	3	4	1					1	36	1	12	23			10	15	7	4		17
4	天津市于桥水库管理中心	262	94	204	1	86	80	37	51	2	4	16	29	33			31	2		262		10	190	31	31	69	75	52	66	2	168
5	天津市水务工程建设事务中心	126	60	121	3	53	45	20	38	1	5	14	18	1					1	126		27	96	3		57	48	17	4	1	50
6	天津市水务工程运行调度中心（天津市防汛物资管理中心）	87	46	54		15	18	21	20	2	2	8	8	4			4			87	1	18	61	4	3	23	34	14	16	1	103
7	天津市水文水资源管理中心	267	126	227	5	104	74	44	26	1	4	15	6	14			14			267		41	187	27	12	60	89	66	52	1	188
8	天津市永定河管理中心（天津市海堤管理中心）	141	47	117		48	44	25	31	1	6	13	11	14	1		11	2		141		13	112	7	9	55	46	22	18		95
9	天津市海河管理中心	139	61	122	2	48	51	21	28	1	4	10	13	5			2	3		139		9	122	4	4	33	79	15	12		44
10	天津市大清河管理中心（天津市北大港水库管理中心）	143	55	118	1	31	28	58	37	1	4	15	17	14	1		11	2		143		6	111	13	13	36	65	32	10		147
11	天津市北三河管理中心	81	24	68	2	24	28	14	19	1	3	9	6	5			3	2		81		3	73	4	1	29	34	9	9		12
12	天津市引滦工程隧洞管理中心	50	15	40	1	11	16	12	13		3	6	4	2			2			50		3	38	8	1	15	8	11	16		20
13	天津市引滦工程黎河管理中心	66	18	62	2	23	32	5	18	1	3	8	6	2			2			66		8	57	1		14	18	8	26		23
14	天津市排水管理事务中心	1443	511	906	10	318	322	256	121	2	6	37	76	437			348	53	36	1443	1	71	908	112	351	323	595	332	193	1	2677
15	天津市水利科学研究院	99	41	88	13	53	20	2	17	1	2	12	2	4			3		1	99	7	40	40	7	5	16	40	26	17	3	82
16	天津市河长制事务中心	33	13	30	1	6	13	10	7	1	2	4								33		7	26			22	10	1			
17	天津市水利经济管理办公室	2		1			1		2			1	1							2			2				2				
18	天津市水政监察总队	18	6	13		5	5	3	5		1	3	1							18		6	12			8	8	1	1		2
	合计	3146	1197	2304	50	880	816	558	552	50	86	200	216	536	2		431	64	39	3146	13	317	2159	224	433	804	1221	650	471	13	3815

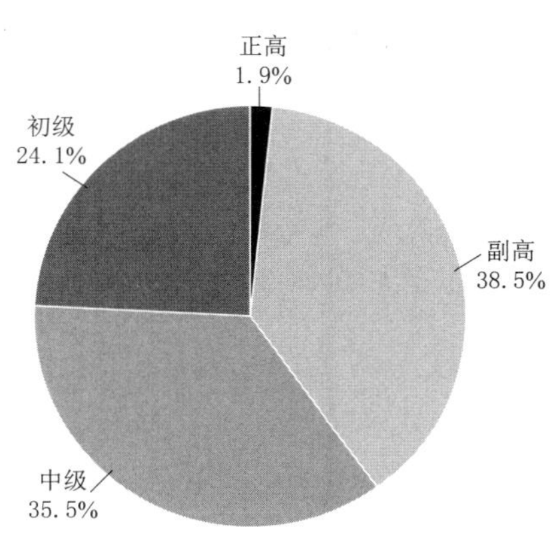

全局在职职工中具备专业技术资格人员情况分类

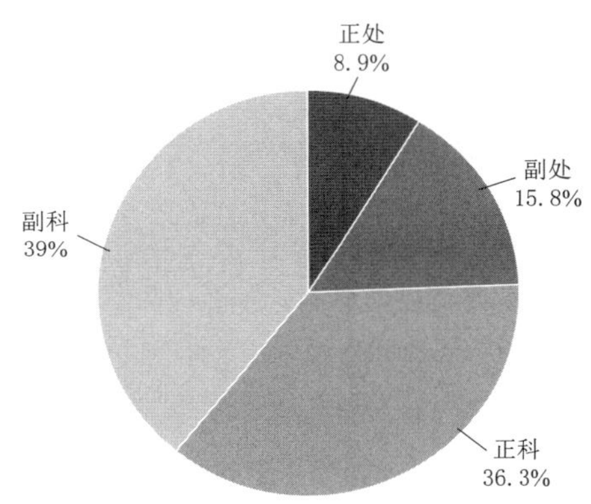

全局在职职工中具备干部职务人员情况分类

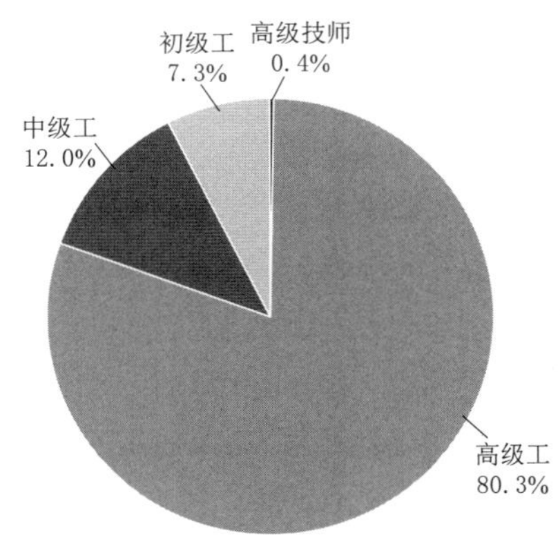

全局在职职工中工人情况分类

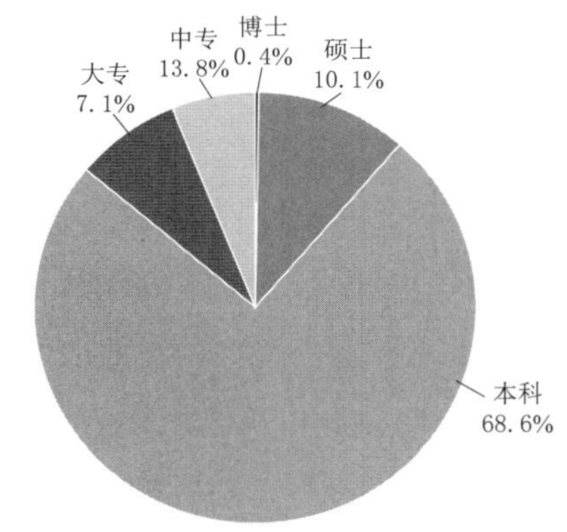

全局在职职工中具备学位学历人员情况分类

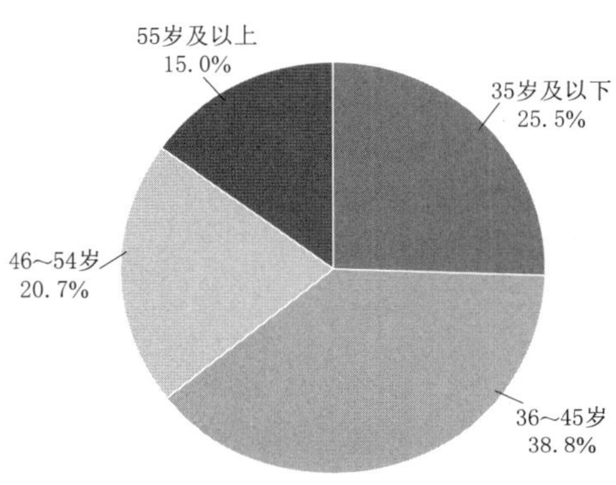

全局在职职工中年龄情况分类

干部队伍建设

【概述】 2020年选人用人工作坚持以习近平新时代中国特色社会主义思想为统领，认真落实新时代党的组织路线和20字好干部标准，从坚决贯彻落实中央和市委决策部署、推动水务事业发展的“需求侧”着眼，从干部选拔任用的“供给侧”发力，着力锻造适应新时代水务发展要求的高素质干部队伍。

全年调整处级干部68人次，其中提拔18人，晋升职级13人，调任公务员3人，试用期满转正1人，交流、轮岗19人，免处级领导职务任职级公务员或转专业技术岗、政工岗14人。此外，还有8名处级干部到龄退休，11名处级干部因改革转往外系统。

【市水务局负责人】

天津市水务局党组成员

书 记：张志颇

成 员：李文运（1月8日免）

杨玉刚

张文波（12月2日免）

刘海芙（2月28日免）

闫学军

苏海鹏（7月23日任）

天津市纪委监委驻市水务局纪检监察组

组 长：刘海芙（2月28日免）

苏海鹏（7月20日任）

天津市水务局行政领导成员

局 长：张志颇

副局长：李文运（2月6日免）

杨玉刚

张文波（12月2日免）

闫学军

二级巡视员：唐先奇 梁宝双 杨建图

【局机关处室及局属单位负责人变化情况】

《市水务局党组关于王朝阳同志免职的通知》，2020年1月13日经局党组会议决定：

免去王朝阳天津市水务工程建设交易管理中心党支部书记、党支部委员、主任，天津市水务建设工程招标投标管理站站长职务。

市水务局党组于2020年1月19日印发《市水务局党组关于蔡淑芬同志退休的通知》：

蔡淑芬不再担任天津市水务局总经济师职务、一级调研员职级，退休。

市水务局党组于2020年2月29日印发《市水务局党组关于滕健 刘国伟同志退休的通知》：

滕健不再担任天津市水务工程建设事务中心副主任职务，退休。

刘国伟不再担任天津市永定河管理中心（天津市海堤管理中心）副主任职务，退休。

《市水务局党组关于穆浩学等同志任免职的通知》，2020年3月6日经局党组会议决定：

穆浩学任天津市水务局机关党委办公室主任，免去其天津市水务局巡察工作办公室主任职务；

张绍庆任天津市水务局巡察组组长，免去其天津市水务局机关党委办公室主任职务；

刘玉宝任天津市水务局巡察工作办公室主任，免去其天津市水务局巡察组组长职务；

刘振宇任天津市于桥水库管理中心副主任，免去其天津市北三河管理中心副主任职务。

《市水务局党组关于王丽梅等同志任免职的通知》，2020年3月20日经局党组会议决定：

王丽梅任天津市水务局办公室副主任、三级调研员，免去其天津市水务局离退休干部处副处长职务、三级调研员职级；

张书伟任天津市水务局办公室二级调研员，免去其天津市水务局巡察组二级调研员职级；

肖琳娜任天津市水务局巡察组副组长，免去其天津市水务局办公室副主任职务；

李宪文任天津市水务局离退休干部处副处长，免去其天津市水务局水旱灾害防御处（农村水利处）副处长职务；

刘爽任天津市水政监察总队党支部委员、书记；

免去刘威天津市水政监察总队党支部书记、委员职务。

市水务局党组于2020年5月11日印发《市水务局党组关于高洪芬同志退休的通知》：

高洪芬不再担任天津市水务局督察专员职务、一级调研员职级，退休。

市水务局党组于2020年5月26日印发《市水务局党组关于尹英宏同志退休的通知》：

尹英宏不再担任中共天津市水务局委员会党校副校长（主持日常工作，正处级）职务，退休。

《市水务局党组关于李建芹等同志晋升职级的通知》，2020年5月22日经局党组会议决定：

李建芹晋升为规计处一级调研员职级；

魏素清晋升为水资源管理处（市节约用水办公室）一级调研员职级；

王立义晋升为建设与管理处（南水北调建设

管理处）一级调研员职级；

徐相晋升为办公室二级调研员职级；

贺金玲晋升为办公室二级调研员职级；

张艳晋升为水资源管理处（市节约用水办公室）二级调研员职级；

王柔晋升为机关党委办公室二级调研员职级；

纪俊松晋升为规计处三级调研员职级；

刘瑞芳晋升为财审处三级调研员职级；

曹素华晋升为干部人事处三级调研员职级；

李宪文晋升为离退休干部处三级调研员职级。

市水务局党组于 2020 年 6 月 15 日印发《市水务局党组关于李建芹同志退休的通知》：

李建芹不再担任天津市水务局规计处一级调研员职级，退休。

市水务局党组于 2020 年 6 月 19 日印发《市水务局党组关于李广智同志任职的通知》：

李广智 2020 年 5 月 14 日任职试用期满。经考核合格，局党组决定：李广智任天津市水文水资源管理中心主任。

《市水务局党组关于王洪玮等同志任免职的通知》，2020 年 7 月 1 日经局党组会议决定：

王洪玮任天津市水务局排水监督处处长（试用期一年）；

王涛任天津市水务局排水监督处副处长（试用期一年）；

孟献智任天津市水务局政务服务处副处长（试用期一年）；

常守权任天津市水务局河湖保护处副处长（试用期一年）；

何睦任天津市水务局办公室副主任（试用期一年）；

刘丽敬任天津市河长制事务中心副主任（试用期一年）；

王金智任天津市海河管理中心党总支委员、书记、主任（试用期一年）；

王铭霞任天津市水务局水旱灾害防御处（农村水利处）副处长、三级调研员，免去其建设与管理处（南水北调建设管理处）副处长职务、三级调研员职级；

付国群任天津市引滦工程隧洞管理中心副主任，免去其天津市引滦工程黎河管理中心副主任职务；

免去顾世刚天津市水务局排水监督处处长职务。

《市水务局党组关于杜学君 程君敏同志任免职的通知》，2020 年 7 月 17 日经局党组会议决定：

杜学君临时主持天津市引滦工程隧洞管理中心党政全面工作；

免去程君敏天津市引滦工程隧洞管理中心副主任职务。

《市水务局党组关于刘磊等同志任职的通知》，2020 年 7 月 17 日经局党组会议决定：

刘磊任天津市水务工程建设事务中心副主任（试用期一年）；

王瑞海任天津市永定河管理中心（天津市海堤管理中心）副主任（试用期一年）；

高雷任天津市引滦工程黎河管理中心副主任（试用期一年）；

董立新任天津市水利科学研究院副院长（试用期一年）。

《市水务局党组关于石敬皓同志任免职的通知》，2020 年 8 月 24 日经局党组会议决定：

石敬皓任天津市水务局政策法规处处长、一级调研员，免去其政务服务处处长职务、一级调研员职级。

《市水务局党组关于张春秋等同志任职的通知》，2020 年 8 月 24 日经局党组会议决定：

张春秋任天津市大清河管理中心（天津市北大港水库管理中心）副主任（试用期一年）；

刘重阳任天津市北三河管理中心副主任（试用期一年）；

张鹏任天津市北三河管理中心副主任（试用期一年）；

胡军任天津市排水管理事务中心副主任（试用期一年）。

市水务局党组于 2020 年 10 月 16 日印发《市

水务局党组关于肖承华同志退休的通知》：

肖承华不再担任天津市水务局建设与管理处（南水北调建设管理处）二级调研员职级，退休。

《市水务局党组关于汪绍盛等同志任免职的通知》，2020年10月15日经局党组会议决定：

免去汪绍盛天津市水文水资源管理中心党委书记、党委委员职务，转专业技术岗位。

免去钱俊平天津市水文水资源管理中心纪委书记、党委委员、纪委委员职务，转专业技术岗位。

免去刘学军天津市于桥水库管理中心纪委书记、党委委员、纪委委员职务。

免去韩英天津市水务工程运行调度中心（天津市防汛物资管理中心）副主任职务，转专业技术岗位。

免去张会金天津市海河管理中心副主任职务，转专业技术岗位。

免去王春生天津市大清河管理中心（天津市北大港水库管理中心）副主任职务，转专业技术岗位。

免去崔宝金天津市水利科学研究院纪委书记、党委委员、纪委委员职务，转专业技术岗位。

免去陈政天津市水务行政执法总队筹备组组员职务，转专业技术岗位。

顾琦任天津市水务工程运行调度中心（天津市防汛物资管理中心）副主任，免去其天津市水文水资源管理中心副主任职务。

郭江任天津市水文水资源管理中心副主任，免去其天津市水务局综合服务中心副主任职务。

免去屈永强天津市水利勘测设计院院长职务。

免去吴换营天津市水利勘测设计院总工程师职务。

免去李鹏天津市水利勘测设计院副院长职务。

免去孙永军天津市水利勘测设计院副院长职务。

免去李帅青天津市水利勘测设计院副院长职务。

免去张建民天津市引滦入港工程管理处处长职务。

免去朱士权天津市引滦入港工程管理处副处长职务。

免去王太忠天津市水务局信息管理中心主任职务。

免去程道君天津市水务局信息管理中心副主任职务。

免去张洋天津市水务局信息管理中心副主任职务。

市水务局党组于2020年10月30日印发《市水务局党组关于高培田同志退休的通知》：

高培田不再担任天津市水政监察总队副队长职务，退休。

《市水务局党组关于刘战友 刘哲同志任免职的通知》，2020年11月16日经局党组会议决定：

刘战友任天津市水务工程运行调度中心（天津市防汛物资管理中心）党总支书记、主任（试用期一年）。

免去刘哲天津市水务工程运行调度中心（天津市防汛物资管理中心）党总支书记、委员、主任职务，转专业技术岗位。

《市水务局党组关于王永强等同志任免职的通知》，2020年11月30日经局党组会议决定：

王永强任天津市水务局督察专员，免去其天津市水务局办公室主任职务。

免去张贤瑞天津市水务局督察专员职务。

唐永杰任天津市海河管理中心副主任，免去其天津市大清河管理中心（天津市北大港水库管理中心）副主任职务。

《市水务局党组关于刘宏领同志任免职的通知》，2020年11月30日经局党组会议决定：

刘宏领任天津市水务局建设与管理处（南水北调建设管理处）副处长，免去其天津市海河管理中心副主任职务。

市水务局党组于2020年12月17日印发《市水务局党组关于邢华同志免职的通知》：

局党组会议研究决定，并经2020年8月12日局工会全委（扩大）会议选举、市总工会批复同意：

邢华不再担任天津市水务局工会第六届委员会主席、常委、委员职务。

《市水务局党组关于杨宝伶同志免职的通知》，2020年12月14日经局党组会议决定：

免去杨宝伶天津市引滦工程隧洞管理中心副主任职务。

《市水务局党组关于刘伟等同志任免职和吕彦东等同志晋升职级的通知》，2020年12月14日经局党组会议决定：

刘伟任天津市水务局安全监督处处长（试用期一年）；

范书长任天津市引滦工程隧洞管理中心党总支委员、书记、主任（试用期一年），免去其天津市永定河管理中心（天津市海堤管理中心）纪委书记、党委委员、纪委委员职务；

赵明志任天津市引滦工程隧洞管理中心副主任（试用期一年）；

杜学君不再主持天津市引滦工程隧洞管理中心党政全面工作；

吕彦东晋升为天津市水务局规计处四级调研员职级；

张平晋升为天津市水务局排水监督处四级调研员职级。

《市水务局党组关于刘爽同志任职的通知》，2020年12月14日经局党组会议决定：

刘爽任天津市水务局督察专员（试用期一年）。

【干部培养锻炼】 2020年8月17日，局党组研究决定，选派陈环文等9名干部参加多岗位锻炼，锻炼时间从2020年9月至2021年8月。具体安排如下：

天津市水务局河湖保护处三级主任科员陈环文到天津市河长制事务中心工作；

天津市水务局办公室四级主任科员杨扬到天津市水务局综合服务中心工作；

天津市水务工程建设事务中心项目建设三科副科长张昕到天津市水务局规计处工作；

天津市水务工程运行调度中心（天津市防汛物资管理中心）物资管理科副科长张民升到天津市水务局水旱灾害防御处（农村水利处）工作；

天津市灌溉排水中心（天津市水土保持工作站）村镇排水科刘杰到天津市水务局水旱灾害防御处（农村水利处）工作；

天津市水文水资源管理中心推广科刘大国到天津市水务局水资源管理处（市节约用水办公室）工作；

天津市北三河管理中心工程管理科王旭阳到天津市水务局河湖保护处工作；

天津市引滦工程黎河管理中心工程管理科王国宾到天津市水务局建设与管理处（南水北调建设管理处）工作；

天津市排水管理事务中心第二排水管理所严济洲到天津市水务局排水监督处工作。

2020年7月，局党组同意王景波援藏期限延长一年半，在贡觉县商务局工作至2022年7月。

2020年，局党组选派林旭宝等12名优秀年轻干部参与东西部扶贫、污染防治攻坚战等重大专项工作。

【人才管理】 2020年，局人才工作全面落实《市水务局关于加强人才工作的若干意见》，切实推进人才强局战略实施，完成各项人才选拔培养工作，在全局范围内营造干事创业的浓厚氛围。

4月，按照市人才工作领导小组办公室《关于印发〈天津市2020年享受政府特殊津贴人员选拔推荐办法〉的通知》要求，按照自下而上、逐级推荐的原则，在局系统内开展推荐工作，推荐姜衍祥2020年享受政府特殊津贴人员候选人，最终未能获选。

6月，按照《水利部办公厅关于组织开展第十一届全国水利技能人才评选表彰工作的通知》要求，按照自下而上、逐级推荐的原则，在局系统内开展推荐工作，推荐排管中心刘健为全国水利技能人才候选人，最终未能获选；推荐排管中心为全国水利行业技能人才培育突出贡献奖，并获评。

7月，按照《水利部办公厅关于组织开展第三批全国水利行业首席技师选拔工作的通知》要求，按照自下而上、逐级推荐的原则，在局系统内开展推荐工作，推荐永定河中心李志华为全国水利行业首席技师候选人，并获评。

9月，按照《市人社局关于在全市事业单位集中开展脱贫攻坚专项奖励工作的通知》要求，在全局事业单位范围内组织开展奖励工作。按照《天津市事业单位工作人员奖励实施细则》规定的奖励权限和程序，共5个单位给予6名工作人员脱贫工作奖励，具体为：天津市于桥水库管理中心授予王景波（天津市扶贫协作和支援合作工作先进个人、援藏干部）记功奖励，张峪昕（柔性援疆干部）嘉奖奖励；市水务局授予天津市海河管理中心副主任刘宏领（柔性援疆干部）嘉奖奖励；天津市水务工程建设事务中心授予商涛嘉奖奖励；天津市永定河管理中心授予杜健行嘉奖奖励；天津市水文水资源管理中心授予陈晓虎（柔性援疆干部）嘉奖奖励。

10月，按照市退役军人事务局《关于开展天津市退役军人事务工作评选表彰的通知》要求，按照自下而上、逐级推荐的原则，在局系统内开展推荐工作，推荐永定河中心崔立山、于桥中心可心、水调中心刘四璐等3位职工干部为天津市模范退役军人候选人，推荐排管中心为天津市退役军人工作模范单位候选单位，推荐排管中心席峰为天津市退役军人工作模范个人候选人。至年底仍未有评选结果。

（干部处）

人力资源管理

【概述】 2020年，为规范公务员管理和局属事业单位人事管理，严格落实《中华人民共和国公务员法》和《事业单位人事管理条例》等各项政策，完成了岗位聘用、教育培训、职称评审、年度考核、绩效工资、统战民族等各项工作，为建设高素质的人才队伍打下坚实基础。

【职称评聘】 2020年，根据市人社局《关于深化工程技术人才职称制度改革实施意见》和《市人社局关于开展2020年度专业技术职称申报评审工作的通知》文件精神，市水务局组织开展了2020年职称申报评审工作。2020年水务中高级职称申报推荐和评审与往年相比有四点变化：①在专业分类方面，按照文件要求，自2020年起原水利专业与城市供水专业整合为水务专业，整合后工程技术系列水利专业职称评委会更名为水务专业职称评委会，承担天津市水利和城市供水专业的职称评审职责；②在职称评委会组成方面，按照职称办要求，水务高、中级职称评委会合并为副高级职称评委会，负责天津市水务专业副高、中级专业技术职称评审工作；市水务局按照市人社局2019年发布的《天津市职称评审管理暂行办法》规定，重新组建了水务专业副高级职称评审委员会专家库，专家库成员由局属事业单位现聘任专业技术岗位和全市从事水务工作企业中的具备水利和供水专业高级职称资格（含正高级）的人员共同组成；③在岗位管理方面，严格落实《市水务局关于进一步规范局属事业单位岗位管理有关问题的通知》文件规定，要求局属事业单位严格按照现任岗位开展申报推荐工作，现任处科级干部一律不得参加职称申报推荐工作（水科院、水文水资源中心三个测站除外）；④在学历资历方面，淡化学历要求，对于先参加专业技术工作后取得学历的专技人员，申报年限不再要求延长一年，可正常申报。天津市工程技术系列水务专业副高级评审委员会于2020年12月21—25日召开评委会，本次申报副高级职称245人，中级职称349人；经评委会评审副高级通过196人，其中局属单位36人；中级通过253人，其中局属单位43人。

截至2020年年底，局属事业单位共聘用了正高级专业技术人员29人，其中三级7人、四级22人；副高级专业技术人员608人，其中五级83人、六级158人、七级367人；中级专业技术人员686人，其中八级142人、九级140人、十级404人；

初级专业技术人员 603 人，其中十一级 229 人、十二级 367 人、十三级（员级）7 人。2020 年局属事业单位专业技术岗位聘任情况见下表。

截至 2020 年年底，局属事业单位聘用政工人员 179 人，其中高级政工师（副高级）46 人，政工师（中级）118 人，助理政工师 15 人。

2020 年局属事业单位专业技术岗位聘任情况一览表

单位名称	正高级			高级			中级			初级		
	二级	三级	四级	五级	六级	七级	八级	九级	十级	十一级	十二级	十三级
合计		**7**	**22**	**83**	**158**	**367**	**142**	**140**	**404**	**229**	**367**	**7**
天津市水务局综合服务中心					2	2	4	1	8	1	8	
天津市灌溉排水中心（天津市水土保持工作站）			1	3	5	5	2		2	5	4	
天津市于桥水库管理中心				8	18	17	22	27	20	30	16	1
天津市水务工程建设事务中心			1	5	7	11	9	12	16	15	9	
天津市水务工程运行调度中心（天津市防汛物资管理中心）				3	8	4	4	5	9	11	10	2
天津市水文水资源管理中心		2	2	13	23	25	22	25	31	35	26	
天津市永定河管理中心（天津市海堤管理中心）				8	5	12	11	14	12	16	13	
天津市海河管理中心			1	7	12	12	12	13	10	21	13	
天津市大清河管理中心（天津市北大港水库管理中心）			1	3	5	5	8	6	1	34	16	
天津市北三河管理中心			1	2	4	5	8	8	7	10	9	
天津市引滦工程隧洞管理中心			1	2	2	4	3	4	2	4	7	
天津市引滦工程黎河管理中心				4	5	3	6	4	7	10	1	
天津市排水管理事务中心			6	17	45	244	23	9	261	26	223	4
天津市水利科学研究院		5	8	8	16	17	6	9	13	2	3	
天津市水政监察总队					1		2	2		3		
天津市河长制事务中心						1		1	5	6	9	
天津市水利经济管理办公室												

【人员调配】 2020 年，局系统内部调动 62 人次，外系统调入 2 人（1 人调入水调中心，1 人调入综合服务中心），调出系统 6 人（1 人调至市纪委监委组织部，1 人任命至天津水务集团有限公司，1 人调至蓟州区委组织部，1 人考录蓟州区公务员，1 人调出至市纪委监委驻天津理工大学纪检监察组，1 人调出至市纪委监委驻天津外国语大学纪检监察组）。全年安置退役士兵 10 人（于桥中心接收 1 人，水资源中心接收 2 人，永定河中心接收 3 人，海河中心接收 2 人，大清河中心接收 2 人）。

【公务员管理】 至 2020 年年底，1 人被任命为二级巡视员职级（张文波），另有 23 人晋升职级，其中晋升一级调研员职级 3 人（魏素清、李建芹、王立义），晋升为二级调研员职级 4 人（徐相、贺金玲、张艳、王柔），晋升为三级调研员职级 4 人（纪俊松、刘瑞芳、曹素华、李宪文），晋升为四级调研员职级 2 人（吕彦东、张平）；晋升为一级主任科员职级 5 人（王晓亮、宋涛、刘蕊、苏庆永、王杨），晋升为二级主任科员职级 1 人（任晓琳），晋升为三级主任科员职级 3 人（李健、张祺帆、程谟思），晋升为四级主任科员职级 1 人（孙蕊）。

【工资福利】 推进完成全部 44 家原局属事业单位准备期养老保险与职业年金清算工作。审核与批复机构改革后 16 家局属事业单位的绩效工资分配办法。组织开展局属事业单位所属国有企业 2019 年度工资总额预算结果清算与信息披露工作。推动完成局属事业单位所属国有企业 7 名退休人员社会化管理工作。

【年度考核】 2019 年，局机关处级公务员 62 人，参加年度考核 62 人，考核优秀等次 9 人，其他参加年度考核的处级公务员均为称职等次。局属 22 个事业单位，共有处级干部 97 人，参加年度考核 97 人，考核优秀等次 17 人，1 人只写评语不确定等次，1 人确定为基本合格等次，其他参加年度考核的人员均为合格等次。

2020 年，局机关部分二级巡视员及处级公务员 61 人，参加年度考核 61 人，考核优秀等次 11 人，2 人只写评语不确定等次，其他参加年度考核的人员均为称职等次。局属 17 个事业单位，共有处级干部 69 人，参加年度考核 69 人，考核优秀等次 14 人，1 人只写评语不确定等次，其他参加年度考核的人员部均为合格等次。

2020 年，按照市委组织部《关于做好公务员考核工作的通知》等文件精神，局机关部分四级调研员及科级公务员参加考核 44 人，优秀等次 10 人，占参加考核公务员总数 22. 7%；局属事业单位科级及以下职工共有 2973 人参加考核，考核优秀等次 452 人，合格等次 2509 人，不合格等次 6 人，不定等次 6 人，优秀等次人数占参加考核人数的 15. 2%。

【人事档案管理】 按照市委组织部《关于深入贯彻落实〈干部人事档案工作条例〉的实施意见》和市水务局《市水务局人事档案规范化管理工作实施方案》《关于进一步做好我局人事档案专项审核“回头看”工作的通知》的要求，对局属单位人事档案专项审核“回头看”工作完成情况和档案库房建设情况进行督导检查，全年指导局属单位完成档案问题整改共计 36 项，有效推动了全局人事档案规范化管理。全年完成提拔、调任和离任处级干部档案审核 63 卷，指导局属单位完成人事档案新产生材料整理归档 3600 余卷。

（干部处）

人　　物

【新任局领导】

苏海鹏　男，汉族，1968 年 11 月生，辽宁大连人，1992 年 6 月加入中国共产党，1989 年 8 月参加工作，在职研究生学历、法学硕士。1987 年 9 月至 1989 年 8 月在天津光电通信公司技校无线电专业学习，1989 年 8 月至 1993 年 6 月任天津光电通信公司十四厂定额员、计划员，1993 年 6 月至 1994 年 12 月任天津光电通信公司第二办公室干部，1994 年 12 月至 1996 年 11 月任天津光电通信公司团委书记，1996 年 11 月至 2000 年 1 月任共青团天津市委组织部主任科员，2000 年 1 月至 2004 年 6 月任天津市委组织部党政干部处主任科员，2004 年 6 月至 2009 年 3 月任天津市委组织部党政干部处助理调研员（副调研员），2009 年 3 月至 2011 年 5 月任天津市委组织部区县干部处副处长，2011 年 5 月至 2015 年 5 月任天津市委组织部区县干部处调研员、副处长，2015 年 5 月至 2018 年 4 月任天津市委组织部干部考评处处长，2018 年 4 月至 2019 年 1 月任天津市委组织部干部考评处处长、一级调研员，2019 年 1 月至 2020 年 7 月任天津市委组织部公务员三处（干部考评处）处长、一级调研员，2020 年 7 月至今任天津市纪委监委驻市水务局纪检监察组组长、市水务局党组成员。

【专家学者】 2020年，全局在职人员中共有54名正高级工程师，其中2020年晋升为正高级工程师的有刘哲、韩民安、胡华芬、王子文4人。

刘　哲　男，汉族，1963年7月出生，河南省邓州人。中共党员。1983年7月毕业于天津市仪表无线电工业学校无线电技术专业，中专学历；2001年9月至2004年7月在中国科学技术大学信息管理与信息系统专业学习，大学本科学历。历任水调中心助理工程师、工程师、高级工程师。2006年获天津市“十五”防汛抗旱先进个人。2019年获全国水利系统先进工作者称号。2004年11月被评为工程技术高级工程师，2020年12月被评为工程技术高级工程师（正高级）。

负责全市防汛组织、防洪供水调度、生态环境水量调度，组织市有关单位成功防御暴雨洪水台风，主持实施引江、引滦双水源调度和引黄应急调度，保障天津供水安全；多次处置供水应急事件，实施常态化生态补水，确保全市防汛、供水和水生态安全。主持完成17项重大课题研究，6项获奖，省部级荣誉2项，作为主要起草人出版专著1部，在核心期刊或省市级期刊发表论文9篇。

防汛供水保民生。主持制定《引江引滦联合调度》等方案并组织实施。作为技术负责人主持制定引江断水、引滦断水应急供水预案并组织实施；独立提出引江应急调水总体方案（永清渠）、北运河向尔王庄引江应急供水方案并组织实施，保障引滦供水区200万百姓饮水安全。成功处置2016年引江冰塞、2016—2017年多次供水突发事故、2016—2020年引滦水质恶化等重大供水突发事件。作为市防办副主任和调度专家组长，主持制定《天津市防汛预案》《城乡防汛排水联合调度方案》《天津市水务局气象灾害应急保障方案》等重要技术文件。主持制定《天津市防汛抗旱工作安排意见》，部署落实全市防汛工作。主持成立8支国家级、市级防汛抢险队和市防汛抢险救援队，开展军地联合防汛演练、大清河系和北运河系防汛调度等演习。实施2010—2020年洪水调度，创新提出“提前预泄、上游分流、中游错峰、下游赶潮放水”调度原则，成功防御暴雨洪水台风袭击，避免了蓄滞洪区分洪运用。主持编制《中心城区水循环调度方案》《天津市河湖湿地生态用水调度保障方案》《引滦向北大港应急调水方案》等调度技术方案，实施跨区、跨河系调水。主持实施“875”“736”“153”“1+4规划”调水，保障四大湿地、大运河、天津绿屏等生态用水需求，全市优良水体率由15%提升至55%，劣Ⅴ类水体由65%降至0。2014—2016年组织实施国家172项重点工程永定河泛区工程与安全建设一期工程，总投资21285万元。组织实施2013—2015年、2019年山洪灾害防治非工程措施建设，总投资3515万元。组织实施历年应急度汛工程建设。

完成科研成果。2011—2018年主持编制《独流减行洪能力分析和工农兵闸控制水位调整研究》《旱限水位（流量）确定工作技术报告》《2010—2011年度引黄济津应急调水后评价报告》。2014年作为第1人完成《海河干流生态环境水量调度保障措施研究》课题，实施后中心城区水循环范围扩大，河道水质明显改善。2018年主持完成《大黄堡洼蓄滞洪区公（铁）路联合阻水效应研究》课题，分析联合阻水效应，指导防洪调度工作。2018年作为第2人完成《南水北调运行期招标投标管理研究》课题，对南水北调运行调度管理提出专业对策。2018年主持开发《天津市防汛调度决策支持平台》，布设于市政府、市防办、市水务局，在防洪调度工作中在发挥重要作用。2019年主持完成《天津市中心城区水环境改善优化调度研究》课题，在水循环调度和工程管理中运用取得良好效果。2020年作为第一人完成《引滦水资源优化配置与科学调度环境分析及战略框架研究》课题，中国水利学会评为优秀技术报告，查新报告认定为国内领先，应用于水资源配置调度，成效显著。2020年作为第3人完成《天津河道入河污染截控及水环境改善技术开发与应用》课题，应用后中心城区河道水循环效率明显提升。

2011—2020年，主持制定《一级行洪河道调度管理规定》《天津市主要行洪河道特征水位》《天津市主要行洪河道警戒水位和保证水位调整》《潮白河里自沽节制闸汛期调度方案》《天津市设计、中小洪水调度方案》《北四河四闸联合调度规程》等防洪调度技术指导规范。2012—2020 年，主持制定《天津市水务局防汛工作人员上岗制度》《市水务局水旱灾害防御应急响应工作规程》《抗旱物资储备管理指导意见》防汛管理技术规范。2013 年主持完成《天津市抗旱规划实施方案》，纳入《全国抗旱规划实施方案》，实施七里海湿地 2 项，保障抗旱生态用水。2016 年作为编审及第 3 人出版《天津市防汛应急管理培训教材》专著。2020 年主持完成《天津市超标洪水防御预案》，报请市防指下发全市，作为防御超标洪水技术方案。

韩民安　男，汉族，1964 年 6 月出生，河北省沧州河间市人。中共党员。1983 年 7 月毕业于天津市电子计算机职业学校计算机专业，中专学历；2004 年 7 月毕业于中国科学技术大学信息管理与信息系统专业，大学本科学历。1983—2004 年在市水利局水源调度处工作，历任助工、工程师。2004—2020 年在水调中心任高级工程师，主要从事防洪调度和供水调度。2003 年获引滦入津 20 周年保护饮用水安全先进个人。2006 年获天津市"十五"防汛抗旱先进个人荣誉。2004 年 11 月被评为工程技术高级工程师，2020 年 12 月被评为工程技术高级工程师（正高级）。

作为主要技术负责人完成防洪与抗旱减灾重点技术项目，包括：作为第一作者完成《天津市抗旱减灾"十一五"规划报告》，并上报国家防办；以第一作者完成《天津水利发展"十一五"规划（洪水管理部分）》，并上报天津市水务局，纳入天津水利发展"十一五"规划。起草了《引黄济津（九宣闸以下）输水调度方案》，并在 2000—2011 年历次引黄济津工作中落实执行。

作为主要完成人、技术负责人承担并完成市级及以上课题研究，包括：完成《天津市行洪河道快速测量技术及北三河行洪能力分析》课题研究，并在历次防汛工作中得到应用。完成《2009 年汛期永定新河尾闾防汛调度措施分析报告》课题研究，并在 2009 年防汛工作落实执行。完成《天津市南部洪水预报及实时调度系统的建立与应用》，并于 2007 年获天津市水利科技进步一等奖、2009 年获水利部大禹水利科技三等奖。完成《2000—2004 年引黄济津输水调度分析》课题研究，并获得学会论文优秀奖，在 2004 年后历次引黄济津工作中应用。完成《青龙湾减河潮白新河二十年一遇洪水遭遇研究》课题，并在防汛工作中得到应用。完成《2010 年前应急引水济津方案分析》课题研究，并历次引黄济津工作中应用。

作为天津市主要撰写人及组织者完成国家防办编撰《引黄济津调水实践》一书，于 2013 年 1 月由中国水利水电出版社出版。作为第一起草人，完成规范防洪与调供水等工作重点技术标准，包括：《关于印发天津市一级行洪河道调度程序规定的通知》《天津市中心城区及滨海新区排涝调度应急响应预案》《关于报批〈天津市防汛预警响应规程（报审稿）〉的请示》《关于印发〈天津市设计洪水、中小洪水调度方案〉的通知》《市水务局关于于桥水库 2019 年汛期调度运用计划的批复》《市水务局关于北大港水库 2019 年汛期调度运用计划的批复》《关于印发〈天津市防洪抗旱条例〉的通知》。

作为防洪调度专家主要技术负责审查中俄东线天然气管道工程（长岭至永清）穿越潮白新河、青龙湾减河、北京排污河、引滦明渠及黄庄洼蓄滞洪区洪水影响评价报告，审查北京城市副中心防洪工程方案专题论证报告，审查北京新机场项目供油工程津京第二输油管道（天津市管段）防洪评价报告，审查新建北京至唐山城际铁路（天津段）防洪影响评价报告，审查大清河流域设计洪水复核报告，审查雄安新区起步区安全度汛洪水分析报告（修改稿），审查海河流域水文设计成果修订。2011 年提出北三河洪水调度方案修订意见，市水务局以《关于对北三河洪水调度方案修订意见的函》上报市政府及海河水利委员会，确保河道堤防防洪安全。作为防洪调度专家起草

《防洪调度通知》《情况专报》《水务信息》等技术资料，为各级领导正确决策提供了有力技术支撑，既保障防洪安全，又及时调蓄水源，保存抗旱用水，社会效益和经济效益显著。作为专家组组长，主持《水资源调查评价重点流域划分》《滨海新区排水除涝应急预案》审查会，使相关单位保障防汛工作正常开展，安全度汛。

胡华芬　女，汉族，1968 年 7 月出生，天津市静海区人。中共党员。1990 年 7 月毕业于天津大学水利水电工程建筑专业，本科学历。2002—2004 年工作于河闸总所市区所从事河道管理；2005 年，到海河管理处工作，2007 年至 2018 年 1 月任海河管理处水管科科长，负责所辖河道、水闸、泵站的取排水管理、水污染防治、水环境管理、防汛、河长制等工作。2018 年 2 月至 2020 年 6 月任海河管理处（海河管理中心）考核办副主任（正科级）。2001 年 12 月被评为工程技术高级工程师，2020 年 12 月被评为工程技术高级工程师（正高级）。

作为主要完成人（第三人）编制了《天津市子牙河“一河一策”实施方案》（2018—2020 年）、《天津市北运河“一河一策”实施方案》（2018—2020 年）、《天津市外环河“一河一策”实施方案》（2018—2020 年）；主持编写了《海河处水资源管理、防汛管理十一五规划》《海河处“十二五”及 2015 年工作总结》《海河处“十三五”及 2016 年工作思路》。作为主要完成人（前五名）主持编写了 2017 年《天津市中心城区一级河道专项应急治理项目》、2018 年《中心城区一级河道及外环河水体生态修复项目》《中心城区一级河道及外环河日常保洁项目》等实施方案并组织实施；主持制定了《天津市中心城区一级河道专项应急治理项目实施方案》获得批复并组织实施，保障了全运会圆满召开。

参加编写了《天津市水利工程管理规划》；参加编写了《天津市防汛手册》，已由市水务局印发使用；参加编写了《天津市行洪河道资料汇编海河及南部河系》，其中主持编写海河子牙河北运河外环河部分，已在市水务局印发使用；作为主要完成人（第三人）编写《海河处防汛手册》，已刊印成册，作为日常防汛工作工具书；主持编写了《水资源环境管理工作标准》，作为市水务局工程管理标准之一印发执行；作为主要完成人（第三人）制定了《海河系防汛预案》、作为第四完成人编制了《河道防汛工程抢险方案》北运河篇海河篇并印发执行。

参加国家科技重大专项课题《水体污染控制与治理》之“海河干流水环境质量改善关键技术与综合示范项目”，参加了项目方案论证及数据分析；作为海河处代表参加了天津市重大科技专项“城市河道水体净化与生态修复技术研究项目”，通过天津市科委验收，成果登记，第五完成人；作为主要参加人（第三人）参加了天津市科委科研项目《面向城市河流生态治理和水质保持的智能加速曝气机技术集成与应用示范》，已结题，通过验收，成果完成登记。作为主要完成人（第二人）完成的《河道蓝藻暴发应急控制技术研究》及“蓝藻治理试验工程”等筛选出的治藻控藻技术，在历年天津市河道蓝藻治理中得到了广泛应用；作为主要完成人（第四人）完成的《天津市市区河道用水排水情况调查》科研项目，研究成果在海河口泵站规模论证中得到了应用；作为主要完成人（第二人）完成了《城市河道移动取水设施研究》科研项目，成果在河道取水管理中得到应用，解决了移动取水无计量设施难题；参加的水利部“948”项目《微过滤机处理系统的引进、研究与应用》项目获得了一项发明专利、一项实用新型专利，被同行专家认可。

参加《天津市总氮总磷总量控制研究》《天津市西青区丰产河外环河段综合治理工程水资源论证》《海河防潮闸除险加固工程施工期排水及度汛影响》等项目咨询评审。参加第一次全国水利普查河湖开发治理保护专项情况普查，主持实施中心城区河道普查工作，对所辖河道 629 个口门进行分析筛查，填报河湖取水口、入河排污口、治理保护河流（河段）清查表；对规模以上取水口实行台账管理；按照要求完成了普查表静态数据的填报和数据网上录入工作。

王子文 男，汉族，1961年12月出生，河北省遵化县人。1986年7月毕业于天津大学水利建筑工程专业，本科学历。1986—1999年在河北省水利水电勘测设计研究院工作，主要负责了云州水库除险加固工程、承德橡胶坝工程、南水北调中线工程河北段等工程设计工作；1999—2005年在天津市水利基建管理处工作，在天津市金帆工程建设监理有限公司任天津市海河堤岸改造工程、天津市南水北调工程市内配项目总监，主持工程监理全面工作；2006—2010年，在天津市水利基建管理处工作，在天津市金帆工程建设监理有限公司任天津市引滦入津水源保护工程12标、14标、cy7标段、天津市引滦入津水源保护工程明渠护砌工程、天津地区南水北调工程（应急段）项目总监，主持工程监理全面工作；2008—2010年，作为天津市泽禹工程建设监理有限公司法定代表人任2008年海挡工程、2009年海挡工程、泃河治理工程、团泊水库除险加固工程、新地河除险加固工程等大小50余项工程项目总监。2010—2015年，主持天津市水利基建管理处安监科工作，主持并参加2012年天津市海挡工程、独流减河综合治理工程、永定新河治理二期工程等百余项市区两级工程质量与安全监督工作；2015—2019年，在天津市水务工程建设质量与安全监督中心站工作，作为项目监督负责人对蓟运河阎庄上游左堤板桥—孟旧窝段治理工程、引滦水源保护工程于桥水库入库河口湿地工程等工程开展监督工作。2019年12月至今，在天津市水务工程建设事务中心作为项目监督负责人对引滦水源保护于桥水库综合治理环库截污沟二期工程开展监督工作。2000年11月被评为工程技术高级工程师，2020年12月被评为工程技术高级工程师（正高级）。

监理工作，2000—2010年在天津市金帆工程建设监理有限公司担任天津市海河堤岸改造工程、天津市南水北调工程市内配套工程西干线工程、天津市引滦入津水源保护工程12标、14标、cy7标段等工程项目总监，主持工程监理全面工作。历任天津市水利工程监理咨询中心（后变更为天津市泽禹工程监理有限公司）总工程师、法人代表，其间担任2008、2009海挡工程、泃河治理工程、团泊水库除险加固工程、新地河除险加固工程等大小50余项工程项目总监，工程总投资规模约40亿元。作为天津市水利工程建设监理制的先行者，全面细化规范全市水利工程监理“三控三管两协调”的工作，实现受监项目主体施工一次合格率100%，优良率达到90%以上。

工程质量与安全监督工作方面，2010年6月至2016年1月作为天津市水利基建处安监科科长主持并参加独流减河治理工程河道深槽扩挖及清淤部分、永定新河综合治理工程桥梁部分的质量安全监督工作。2015年3月至2019年12月作为天津市水务工程建设质量与安全监督中心站项目监督负责人对蓟运河阎庄上游左堤板桥—孟旧窝段治理工程、引滦水源保护工程于桥水库入库河口湿地工程等工程进行质量安全监督。2019年12月至今作为天津市水务工程建设事务中心质量与安全监督站项目监督负责人对引滦水源保护于桥水库综合治理环库截污沟二期工程等市区两级重点水务工程开展质量与安全监督工作，监督项目总体投资规模近50亿元。全市监督水利工程一次性验收合格率达100%，重点工程单元工程评定优良率达90%以上。监督工程未发生安全生产事故。

稽察巡查等工作，作为水利部专家参与了2017—2020年全国水利建设质量工作考核，对福建、安徽等12个省级水行政主管部门开展了考核工作；作为受邀专家在水利部开展172项节水供水重大水利工程质量与安全巡查工作中，参加了云南滇中引水工程、四川都江堰毗河供水一期工程等重大水利工程的巡查工作。2012年至今作为天津市水务局稽察专家，参加了天津市水务局组织的北水南调完善工程、新开河调蓄池工程、先锋河调蓄池工程等23项工程的稽察工作，规范了全市水利工程建设管理行为，有效加强工程建设质量安全的监管。

作为第一起草人制定《市水务局关于做好水利部2017—2018年度水利建设质量工作考核有关工作的通知》《市水务局关于印发2017—2018年度水利建设质量工作考核评分细则的通知》《市水务局关于印发进一步明确水务工程建设质量与安全监督事权划分的通知》《市水务局关于开展2017—2018年度水利建设质量工作考核的通知》，作为第一起草人先后制定并印发《天津市水利工程质量终身制实施办法》《天津市水利工程质量管理规定》等规范性文件。作为第一起草人制定印发《关于印发〈天津市水利工程建设施工项目划分标准（试行）〉的通知》《关于印发天津市水利建设质量工作考核办法的通知》《关于印发〈天津市水利工程施工质量检测标准（试行）〉的通知》《天津市水务工程常用单元工程施工质量验收评定表》《市水务局关于规范全市水利工程建设项目安全生产费用管理使用工作的通知》《质量与安全监督站关于印发〈质量与安全监督站工程项目监督手续办理工作制度〉（试行）等工作制度的通知》等地方标准和制度文件。作为主要编写者参与了水利建设质量工作考核办法和考核评分细则修订工作，相关办法和细则已印发并应用于全国考核工作；作为主要编写者参与了水利部行业标准《水利水电工程单元工程施工质量验收评定标准——地基处理与基础工程》（SL 633—2012）的编写工作。

（干部处）

【劳动模范】 2020年，排管中心排水七所回庆被党中央、国务院评为“全国先进工作者”。北三河中心安静利、永定河中心董少波、水科院常素云获“天津市劳动模范”称号。

回　庆　男，回族，天津市人，1969年4月出生，中共党员。1988年7月毕业于天津市政工程学校给排水专业，中专学历；1997年7月毕业于天津市建筑工程业余大学工业与民用建筑专业，大专学历；2009年7月毕业于中央广播电视大学，本科学历。1988年9月在排水管理处参加工作，1999—2003年担任天津市排水工程公司第六分公司（城西分公司）经理，2003—2009年担任天津市排水工程公司第六分公司（城西分公司）经理，2009年至今任天津市排水管理中心七所所长，北辰区政协委员，从事北辰区片防汛排水工作。

回庆几十年如一日服务于为民解难题的一线岗位。自己患有严重强直性脊柱炎，脊柱重度弯曲，长期受病痛折磨，但一刻也没耽误带头战斗在防汛一线，雨将到人已在，水不退人不还。采用“五进工作法”（进社区、园区、站区、施工区、学院区），解决所管70平方千米内的乡镇街村、企事业单位排雨污盲区，对数百雨水井清挖杂物，保证雨后退水。身为政协委员以政协提案促建了6个大泵站，有效提升了管区排水能力。多年来，回庆为部队、工厂、医院、车站等单位解决汛期排水难题。无论分内分外，只要是接到或发现哪有排水难题，都立即赶赴现场解决。群众评价“哪里有雨情，哪里有回庆”！回庆已经成为排水战线上的一面旗帜。回庆还带领全所人员热心公益，资助贫困山区5名儿童，树立帮扶助困共建小康社会的精神风貌。

曾在2015年、2020年获天津市五一劳动奖章；2014年获区优秀政协委员；2018年作为“新时代新征程，新担当新作为”先进典型人物，其事迹被天津市各大媒体报道；2019年被水利部评为“全国水利系统先进工作者”；2020年被党中央、国务院评为“全国先进工作者”。

安静利　男，1984年1月出生，天津市人，中共党员，高级工程师。2007年6月毕业于三峡大学，本科学历。2007年12月就职于天津市北三河管理处，2012年11月13日任三岔口闸管理站站长，2013年6月28日任杨津庄站站长，2014年4月8日任综合办副主任。现为北三河管理中心一线技术人员。

该职工大学毕业后始终工作在河道管理一线，对河道管理和防洪安全不辞辛苦，深入实际，总结摸索出“水闸钢丝绳检查法”和“水闸制动器调整法”，有效提高了工程运行管理效率；参与主编《天津市市管河道堤防工程管理工作标准》，在全市推广实施；在省部级刊物上发表论文 10 余篇；申请实用新型专利 1 项——《一种水利施工用钻孔机》，获得国家知识产权局授权。

2017 年，在（国家二类竞赛）第五届全国水利行业技能竞赛中取得第 11 名；2018 年被水利部授予“全国水利技术能手”称号；2019 年在“京津冀”河道修防工技能竞赛中获第 5 名；2015 年以来在天津水务行业各项技术比武中均名列前茅，其中 2 次夺冠。先后获得“天津水利安全生产先进个人”“天津市水务行业技术能手”“天津市水务五佳青年”等称号。2019 年被推选确定为“天津市水务行业洪水影响评价专家”及“天津市‘131’创新型人才培养工程第三层次人选”。

十几年来，安静利以工匠精神对待工作，不断储备能量，厚积薄发，成为水利基层工作的行家里手。用自己的行动，践行“忠诚干净担当、科学求实创新”的新时代水利精神，在基层工作岗位上甘当螺丝钉，践行中国梦。2020 年获“天津市劳动模范”称号。

董少波　男，1977 年 8 月出生，天津市滨海新区人，中共党员。1996 年毕业于天津市水利学校，中专学历；2003 年毕业于北京工业大学（函授）水利水电工程专业，本科学历。1996 年参加工作，就职于天津市河道闸站管理总所蓟运河闸管理所。1996 年 7 月至 2006 年 12 月在蓟运河闸工作；2006 年 12 月至 2007 年 4 月，天津市永定河管理处永定新河管理三所，技术员；2007 年 4 月至 2009 年 5 月，永定新河管理三所，助理工程师；2009 年 5 月至 2010 年 12 月，任永定新河管理三所副主任；2010 年 12 月至 2012 年 1 月，任永定新河防潮闸管理所副主任，工程师；2012 年 1 月至 2017 年 3 月，任永定新河防潮闸管理所主任、书记，工程师；2017 年 3 月至 2019 年 12 月，永定新河防潮闸管理所主任、书记，高级工程师；2019 年 12 月至今，任永定河管理中心永定新河防潮闸管理所党支部书记、主任。

董少波 25 年扎根水利一线，坚守“水利为民”初心，在平凡的岗位上践行“忠诚干净担当、科学求实创新”的新时代水利精神。作为党支部书记抓实支部，以“一名党员就是一面旗帜”发扬党员先锋模范作用，以“爱心助学活动”组织党员累计捐赠 7 万余元帮助贫困生，带领干部职工积极参加社区志愿服务。支部先后获市级机关工委先进基层党组织、市级基层党建工作示范点。作为管理所主任，他昼夜坚守，防潮闸建成以来连续 9 年安全运行，年均泄水量达 15 亿立方米，成功抵御了历年强降雨及台风侵袭。开展了《永定新河闸群联合调度技术研究》，获市水务局科学进步一等奖，为洪水资源利用和防洪安全做出贡献。

2016 年获天津水务系统“最美水务人”，2018 年获市水务局优秀共产党员，2018 年获市文明办“天津好人”荣誉称号，2019 年获天津市五一劳动奖章，2020 年获“天津市劳动模范”称号。

常素云　女，1982 年 4 月出生，河北省邯郸人，中共党员，高级工程师。2005 年 6 月毕业于河北建筑工程学院给排水工程专业，本科学历；2007 年 6 月毕业于天津大学环境工程专业，硕士学历；2009—2011 年受国家奖学金资助在美国杜克大学公派留学，2011 年 6 月毕业于天津大学环境工程专业，博士研究生学历。2011 年 7 月在天津市水利科学研究参加工作，2011 年 7 月至今为一线职工。现为天津市水利科学研究院科研人员，从事水环境治理与水生态修复工作，致力建设绿色生态屏障，为提升城市生态宜居水平做出突出贡献。

常素云在开展《滨海新区水库咸化及富营养化防治技术研究》期间，不畏严寒酷暑踏遍北大港水库 150 万平方千米，为解析滨海新区水库咸化机理提供了大量基础数据，建立了咸化模板，为南水北调东线的北大港水库规划及独流减河宽河槽设计等提供重要技术支撑。针对天津市河道汛期水质较差的问题，5 年来采集每场降雨地表径流、入河排水水质数据，用于改善水质研究，战斗在每场降雨和特大暴雨第一线。

完成的《滨海新区水库咸化及富营养化防治

技术研究》在2014年获天津市科技进步二等奖，参与完成的《咸化水体水生植物生态修复关键技术研究》在2015年获天津市科技进步的三等奖，参与完成的《关于完善天津市水环境治理机制的对策建议》在2019年获得天津市优秀调研成果二等奖。《滨海新区水库咸化及富营养化防治技术研究》及《天津河道入河污染截控及水环境改善技术开发与应用》项目均被评为达到“国际领先”水平。申请发明专利20余项，2015年入选天津市“131”第一层次人选。

曾获2015年度天津市“五一劳动奖章”，2016年获市水务局优秀共产党员，2018年获市文明办“天津好人”荣誉称号。2017年当选天津市第十一次党代会代表、2018年当选天津市政协十四届委员会委员。2020年获“天津市劳动模范”称号。

（局工会）

【先进集体、先进个人】

1. 先进集体

排管中心排水五所获“天津市模范集体”称号。

水文水资源中心城市供水科获“全国住建系统抗疫先进集体”称号。

于桥中心获天津市政府颁发的“天津市民族团结进步模范集体”称号。

局机关工会被市总工会授予“天津市模范职工之家”称号。

排管中心排水三所分会被市总工会授予“天津市模范职工小家”称号。

市水务局机关退休干部第一党支部被市委组织部、市委老干部局授予“天津市离退休干部先进集体”称号。

永定河中心永定新河防潮闸管理所、蓟州区河道所被市政府办公厅评为“绿化工作先进集体”。

排管中心排水六所志愿服务集体荣获2018—2019年度天津市优秀青年志愿服务集体荣誉称号。

局办公室被市人社局、市档案局授予“天津市档案工作先进单位”称号。

原水政监察总队被市普法办评为天津市“七五”普法中期先进集体。

市水务局被天津市科技周组委会办公室评为“天津市第33届科技周活动优秀组织单位”。

天津节水科技馆被市科技周活动组委会评为“天津市第33届科技周活动优秀组织单位”。

排管中心第七排水所团支部被团市委授予“天津市五四红旗团支部”称号。

排管中心经中央文明委复查确认继续保留全国文明单位荣誉称号。

2. 先进个人

排管中心排水七所回庆被党中央、国务院评为“全国先进工作者”。

北三河中心安静利、永定河中心董少波、水科院常素云被市委、市政府评为“天津市劳动模范”称号。

排管中心赵国钰、回庆获市总工会颁发的天津市“五一劳动奖章”。

局干部处王帅被中共天津市委评为“天津市优秀共产党员”。

局建管处王墨飞、大清河中心李洪才、北三河中心曹健被市政府办公厅评为“绿化工作先进个人”。

局机关巡察办副主任、援疆干部刘海辰获天津市对口支援新疆工作前方指挥部颁发的“疫情防控先进个人”称号。

于桥中心援藏干部王景波获市委、市政府颁发的“天津市扶贫协作和支援合作工作先进个人”称号。

永定河处（物资处）办公室副主任刘永媛被市人社局、市档案局授予“天津市档案工作先进个人”称号。

局机关于健丽被市妇联授予“天津市三八红旗手”荣誉称号。

海河中心魏鹏程在水利部、全国总工会、全国妇联组织开展的“寻找最美河湖卫士”活动中被评为“青年河湖卫士”。

海河中心冯逸濛被市总工会授予“天津市优秀工会工作者”荣誉称号。

排管中心孙晟尧被团市委授予“天津市优秀共青团员”称号。

排管中心李云仙被团市委授予“天津市优秀共青团干部”称号。

排管中心排水七所王雅奇被团市委授予“2018—2019年度天津市优秀青年志愿者”荣誉称号。

排管中心排水五所刘文亮被市文明办评为天津敬业奉献好人。

北三河中心张建超被市委市级机关工委评为“天津市级机关优秀共产党员”。

原水政监察总队科长梁赫玮被市普法办评为天津市“七五”普法中期先进个人。

天津节水科技馆张博被市科技周活动组委会评为“天津市第33届科技周活动优秀组织者”。

局规计处任四海被天津市科技周组委会办公室评为“天津市第33届科技周活动优秀组织者”。

局政服处石敬皓、赵静、白洁被市政务服务办党组授予“改革排头兵”称号。

局财审处刘瑞芳被天津市内部审计协会评为“天津市内部审计先进工作者”。

（干部处　局工会　局办公室）

教育培训

【概述】 2020年，为全面贯彻落实局党组扩大会议精神，建设高素质天津水务人才队伍，按照市委组织部、天津市人力社保局对公务员和事业单位工作人员培训内容和学时要求，分单位、分专业、分岗位开展了形式多样的教育培训。组织开展了天津市水务行业职业技能竞赛。

【干部党性教育】 2020年，围绕深入学习贯彻习近平新时代中国特色社会主义思想任务要求，坚持分层培训精准学，突出政治之训、党性之训。全年组织4期专题培训班，累计培训干部近400人次，52学时。其中7月初举办了处级干部培训，142名处级干部参加培训。10月下旬举办了新任职处级干部培训班，局领导班子成员、各单位各部门主要负责人、各单位纪委书记和分管党务工作的处级干部以及2019年以来新提拔任用的处级干部近60人参加培训。11月中下旬举办了党外人事培训班，116名干部参加培训。12月中旬举办了优秀年轻干部培训班，局机关全体一、二级主任科员和局属单位部分正科级干部共计86人参加培训。通过各类专题培训进一步夯实各级干部理论基础、思想根基和治理能力，引导各级干部不断筑牢理想信念堤坝，提升政治修养。

与市委组织部、市农委、市委党校联合举办了1期市管干部实施乡村振兴战略专题研讨班。重点围绕习近平总书记关于三农工作重要论述、治水兴水系列重要论述等内容进行培训辅导，进一步增强了参训市管干部推动“三农”事业高质量发展的本领。

结合新时代新要求，组织局处级干部开展11期网络培训班，内容涵盖了政策理论和专业知识等内容。涉及参训人员近987人次，共计110学时。组织7名局级干部先后参加市委组织部开展的11期实体培训班，培训共计440学时。组织3名正处级干部参加市委组织部开展的3期专题研讨班，培训共计120学时。组织5名处级干部参加市级机关工委组织的5期研修班，培训共计80学时。具体班次见下表。

2020年市水务局选调干部培训情况统计表

序号	级　别	培训类型	培训方式	班　　次	参训人数	学时
1	局级	专题研讨班	实体班	市管干部安全生产、应急管理及防灾减灾专题研讨班	1	40
2	局级	专题研讨班	实体班	市管干部推动京津冀协同发展专题研讨班	1	40
3	局级	专题研讨班	实体班	市管干部优化营商环境专题研讨班	1	40

续表

序号	级　别	培训类型	培训方式	班　　次	参训人数	学时
4	局级	专题研讨班	实体班	市管干部金融服务实体经济、防范化解金融风险专题研讨班	1	40
5	局级	专题研讨班	实体班	市管干部推进健康天津建设专题研讨班	1	40
6	局级	专题研讨班	实体班	市管干部实施乡村振兴战略专题研讨班	1	40
7	局级	专题研讨班	实体班	市管干部坚持和完善社会主义先进文化制度专题研讨班	1	40
8	局级	专题研讨班	实体班	市管干部提升规划和自然资源管理能力专题研讨班	1	40
9	局级	专题研讨班	实体班	区和市部委办局党政主要负责人政治能力提升专题研讨班	1	40
10	局级	专题研讨班	实体班	市管干部打好污染防治攻坚战专题研讨班	1	40
11	局级	专题研讨班	实体班	市管干部加快法治政府建设专题研讨班	1	40
12	机关公务员	网络培训班	线上培训	学习贯彻党的十九届四中全会精神专题班（第一期、第二期）	114	20
13	机关公务员	网络培训班	线上培训	提高应急管理能力，夺取疫情防控斗争全面胜利专题班（第一期、第二期）	114	5
14	机关公务员	网络培训班	线上培训	坚持底线思维，着力防范化解重大风险专题班（第一期、第二期）	114	6
15	机关公务员	网络培训班	线上培训	学习贯彻习近平新时代中国特色社会主义思想专题班（第一期、第二期）	114	9
16	局机关处级以上干部	网络培训班	线上培训	学习贯彻党的十九届四中全会精神专题班（第三期）	69	4
17	局属事业单位处级领导干部	网络培训班	线上培训	学习贯彻党的十九届四中全会精神专题班（第四期）	84	24
18	局机关处级以上干部、局属事业单位处级领导干部以及从事脱贫攻坚工作干部（含援派干部和驻村干部）	网络培训班	线上培训	脱贫攻坚网络专题培训班	136	8
19	局机关公务员及局属事业单位处级领导干部	网络培训班	线上培训	学习“四史”网络专题培训班	201	10
20	局机关公务员及局属事业单位处级领导干部	网络培训班	线上培训	2020年全国两会精神解读	201	6
21	机关部分四级调研员（职级公务员）、以及主任科员及以下公务员	网络培训班	线上培训	统战理论政策网络专题培训班	44	10
22	局机关及局属事业单位处级以上领导干部	网络培训班	线上培训	《习近平谈治国理政》第三卷专题学习	138	长期

续表

序号	级　别	培训类型	培训方式	班　　次	参训人数	学时
23	处级	专题研讨班	实体班	公务员专题研讨班（第 1 期）“贯彻新发展理念”专题	1	40
24	处级	专题研讨班	实体班	组工业务培训班第 3 期	1	40
25	处级	专题研讨班	实体班	公务员专题研讨班（第 3 期）“依法治市”专题	1	40
26	处级	专题研修班	实体班	推动经济高质量发展	1	16
27	处级	专题研修班	实体班	总体国家安全观	1	16
28	处级	专题研修班	实体班	提高应对突发公共卫生事件能力	1	16
29	处级	专题研修班	实体班	提升党建工作能力	1	16
30	处级	专题研修班	实体班	科技前沿与应用	1	16

【继续教育】 对 2020 年继续教育工作进行了部署，指导局属单位做好本单位 2020 年度事业单位工作人员年度培训计划的制定和年度继续教育验证工作。经统计，局属单位 2020 年完成市公需课课程培训近 3000 人次，其中专业技术人员完成公需课课程培训近 2000 人次。

【职工培训】 2020 年，严格落实机关年度培训计划，通过线上、线下两种形式，全年 11 个机关处室合计组织开展 29 项业务培训班，培训干部 2200 余人次，培训共计 272 学时。加强法制学习教育。为进一步强化全局处级干部和公务员的普法意识，增强积极投身水务普法工作的使命感和责任感，及时将普法课程安排进学习教育课程中，组织开展了网上普法在线学习，涉及机关公务员和局属单位处级领导干部共计 195 人。

【技能比武】 按照《水利部人事司 中国就业培训技术指导中心　中国农林水利气象工会全国委员会关于举办 2020 年全国行业职业技能竞赛——第八届全国水利行业职业技能竞赛的通知》及《市人社局市总工会团市委市妇联关于印发 2020 年“海河工匠杯”技能大赛计划安排的通知》要求，市水务局于 9 月 21—25 日，组织开展了 2020 年“海河工匠杯”技能大赛——天津市水务行业职业技能竞赛，竞赛工种为灌排泵站运行工，各区水务局、局属单位及水务集团共选派 46 名选手参赛。经过三天的理论知识培训考核和两天的技能操作培训考核，最终水务集团李全生、杜金，排管中心鲍鹏，津南区水务局韩少冬，排管中心张超和水务集团白鸥分别获得总成绩第 1～6 名，同时授予李全生、杜金和鲍鹏“天津市水务行业技术能手”荣誉称号。11 月，天津地区第二名获得者杜金代表天津市水务局参加“2020 年全国行业职业技能竞赛——第八届全国水利行业（泵站运行工）技能竞赛决赛”，取得了全国第 23 名。

（干部处）

综 合 管 理

行 政 管 理

【概述】 2020年，行政管理工作紧紧围绕市委、市政府决策部署和全局中心工作，在局党组的正确领导下，突出政治功能，聚焦主责主业，深化“五个坚持”，不断提高“三服务”工作水平，为水务事业发展提供了有力的基础保障。

【公文管理】 全年收文7400件，制发公文4035余件，向各单位发送文件2280件，为领导及时送呈待办，包括待阅公文、各种材料和信息等约18500件。全年用印5000余件，加盖公章2.6万余份。按规定时限落实批示要求，对市领导来的批示件做到件件有回音，不误时，不压件，向市委、市政府报送文件870份，其中上报上级单位（津水报）81件，专报市领导材料92件。与市委电子政务内网、市政府政务外网和水利部电子公文交换系统对接，做好文件收发、网站运维等工作；落实疫情防控部署要求，做好文件接收、管理、归档工作；做好局综合办公系统日常维护和升级保障工作，推动完成全局国产化软硬件替代工作，局计算机、涉密计算机、打印机等硬件设施基本替代完成，新综合办公系统于2021年上线运行。

【档案管理】 2020年，接收整理2019年文书档案5800余件，全年查阅电子档案603人次，查阅纸制文件150人次、500卷（件）。做好中央环保督察资料调阅工作，配合驻局纪检监察组做好市纪委监委资料调阅工作，共计报送资料60余盒、400余件。开展年度专项档案整编归档工作，对疫情防控、扶贫助困、扫黑除恶专项斗争等9项专项档案进行归档整理。加强工程档案验收和专项检查，全年共验收工程档案5次，开展工程档案专项检查13余次。加强档案业务能力培训，将专兼职档案人员培训列入局培训计划，对局重点水务工程档案中心城区二级河道水环境能力提升工程、中心城区一级河道雨水泵站新增排水出路工程改造等7项工程档案进行专项培训。2019年市水务局办公室被评为天津市档案工作先进单位。

【督促检查】 2020年，不断加强统筹协调，定时定量定性、扎实有序高效开展督查工作。细化分解、督办推动、如期完成2020年度国务院政府工作报告、市委常委会工作要点、市政府工作报告、20项民心工程和局党委工作要点等155项涉水年度任务。明确分管领导、责任部门、责任人，制定时间表与路线图，利用信息化管理手段进行在线监控和内部考核，提升督促检查效能。有明确量化指标任务的，均按时圆满完成；需要长期坚持持续推动的，均取得了阶段性进展。通过督查专网及时反馈市领导关注、老百姓关心的民生水务进展，累计报送、更新进展150余次，督办落实局主要领导要求批示80余项。

【建议提案办理】 2020年，市水务局共办理建议提案68件，其中全国人大会办件5件，市人大建议23件，市政协提案40件；列入市重点督办件2件，列入市政协重点督办件2件。内容主要涉及水资源管理、城市排水、农村饮水等方面。局长办公会对建议提案办理工作进行专题研究部署，明确每件建议提案的分管局领导、办理处室分管领导及具体承办人员。在建议提案办理工作中，局领导召开座谈会，主动听取、回应代表委员意见建议，督促落实，确保落实到位；各承办单位认真落实“走访落实情况报告”制度，积极主动与代表委员沟通联络，研究办理意见；10月中旬，将落实情况向代表委员汇报。

局办公室将办理工作列入局绩效考核范围，定期督办和通报。在各方面共同努力下，市水务局建议提案均按质、按量、按时答复，与代表委员沟通率100%，面商率100%（受疫情影响，市建设提案办表示采取电话、电子邮件、寄送材料等非面商交流方式均视为面商），采纳率86%，代表委员满意率100%。按照建议提案公开要求，在局门户网站公开建议提案办理答复4件。

【信访工作】 2020年，市水务局接待处理来信来访81项、103件次。受疫情影响，信访事项大幅减少，各渠道信访事项总量同比下降53.45%、58.63%。市水务局多次召开局党组会、局信访工作联席会议，听取信访工作汇报，研判信访工作形势，部署重要节点期间信访维稳工作。市水务局积极创新工作招法，推进信访基础业务日趋完善，重点做好以下工作：一是积极开展矛盾纠纷排查化解工作，强化源头管控；二是开展重复信访专项治理工作，确保重复信访事项控增减存；三是持续推进“百千万、去‘四访’”活动，推动重难点问题事心双解；四是进一步加大督查考核力度，提高信访事项的办理质量和效率；五是组织开展全局信访干部培训工作，提高信访规范化水平；六是做好疫情防控常态化阶段接访工作，做到疫情防控和接访处置两不误。市水务局依法依规化解市信访办交办及市水务局排查的重复信访事项、重点难点问题11项。全年特别是“两会”、党的十九届五中全会期间未发生大规模群访、进京非正常上访及极端上访事件，实现了“北京不能去，天津不能聚”的政治目标。

【水务信息】 2020年，编发《水务情况通报》13期、《水务信息》1054期，向水利部报送政务信息82篇、住房城乡建部报送政务信息9篇，向市委报送政务信息146篇、市政府报送政务信息151篇，其中反映疫情防控10余篇、防汛抗旱30余篇、城市供排水20余篇、水环境改善20余篇、水务工程建设20余篇，贯彻落实中央、中纪委、市委、市纪委、市级机关工委全面从严治党决策部署类信息10余篇；被市委办公厅采用45篇、市政府办公厅采用60篇，在全市55个委局和有关单位中排名第12位。《天津破解水资源短缺和水污染治理难题水生态环境质量持续改善》等重点信息被市政府办公厅《津政信息》采用，突出了水务工作亮点，展现了良好水务形象；《市水务局强力推进污染防治攻坚收官战》等信息获得局主要负责人批示，有效推动了相关工作进展，充分发挥了信息工作服务大局、服务重点工作、服务领导决策的参谋助手作用。

【新闻宣传和舆论监督】 2020年，围绕疫情防控和经济社会发展“双战双赢”，开展城乡供水、防汛减灾、民生水务建设、深化河湖长制、水环境治理保护、支持中小微企业等重点选题宣传报道。利用“世界水日”“中国水周”重要契机，以线上方式组织开展节水科技馆开馆十周年云参观活动，通过政务新媒体发布节水、河湖保护等图文、短视频，营造全社会关心支持水资源、水环境治理保护的网络氛围；局分管负责人参加天津市疫情防控新闻发布会，介绍中小企业“污水处理费免征和基本水价降价”有关政策，并在局外网开设相关专栏，方便企业和个体工商户办理减免手续；配合南水北调中线建管局天津分局开展引江向天津市供水超50亿立方米大型宣传报道，扩大水务工作社会影响力；聚焦全国两会民心热点，组织新闻媒体对天津市中心城区积水片改造工作进行全面报道。2020年上半年累计在重点媒体上刊登（播发）相关报道120余篇，通过政务新媒体转发天津市疫情防控信息和全市重点新闻600多条，推送市水务局工作信息70多条，取得了较好宣传效果。

充实网评员队伍，制订并下发市水务局网评员队伍建设方案，局机关、局属单位、区水务局、水务集团按照每单位1~2人标准组建了50人的局层级网评员队伍，局属单位、区水务局、水务集团按本单位人数5%比例建立了240人的处层级网评员队伍，为开展网上宣传和舆论引导做好了准备。针对汛期舆论热点，制订并下发2020年防汛信息宣传及舆论引导方案，就不同级别降雨分别制定宣传和引导措施，明确水务系统各级防汛部门职责和任务，确保疫情防控和防汛叠加敏感时期舆论安全。积极采用第三方舆情监控服务，对全网涉及天津水务的所有舆情进行24小时不间断检索，每日形成水务舆情日报，并将处置情况纳入督办，截至2020年底，共监测到网络舆情40起，累计报送舆情日报17期，所有舆情事项处理结果均作反馈，及时消除舆情安全隐患，维护了水务形象。

【政务信息公开】 2020年，坚持以“公开为原则，不公开为例外”，密切关注与人民群众息息相关的水务政府信息，加大政府信息公开投入力度，有效提高政府信息公开工作效率，提升政府信息公开工作水平，切实保障广大人民群众的知情权、参与权和监督权。本年度主动公开政府信息230件，报送主动公开纸质版文件690份；受理政府信息依申请公开59件，其中通过天津政务网提出申请14件，邮寄45件，均在规定期限内依法办结；受理政府信息公开行政复议1件，经水利部行政复议决定，市水务局作出的政府信息公开行为事实清楚、证据确凿、适用依据正确、程序合法、内容适当；受理行政诉讼1件，为复议后起诉，经北京市西城区人民法院判决，市水务局对原告所申请公开信息中已经主动公开的，告知了获取该政府信息的方式、途径，决定不予公开的信息亦向原告说明了不予公开的理由，符合《中华人民共和国政务信息公开条例》规定，驳回诉讼请求。

【国家安全】 按照天津市国家安全重点工作相关内容，针对绩效管理、外事活动、档案管理、制度建设等要求，编制工作方案，逐项落实推动市水务局国家安全人民防线建设工作，局党组会2次研究国家安全工作，针对疫情防控，下发《关于进一步加强疫情防控期国家安全工作的通知》《关于进一步完善我局涉外活动报告制度的通知》，在全局范围开展“4·15”国家安全教育日、“11·1”《中华人民共和国反间谍法》宣传教育活动，成立局国家安全义务宣传队，举办局属单位国家安全培训2次，编制《局属单位国家安全绩效管理考评细则》《局办公室国家安全绩效考评业务工作实绩指标》，将国家安全纳入局绩效考核，开展局国家安全自查、督导检查，整改18项问题，上报自查报告、测评报告、工作总结，落实上级有关文件要求，配合市国家安全有关部门开展相关工作。

【绩效考评】 2020年，继续组织做好局绩效管理考评工作，组织修订完成了日常工作15个子项、党建工作9个子项的考评细则，形成了包含316项指标内容、5.2万余字的市水务局2020年度局绩效考评业务实绩指标体系。深化局绩效考评工作，推动完成16个局属单位和16个机关处室1000余项绩效考评指标任务，实现了全局范围内绩效考评全覆盖。在实施绩效管理过程中，不断加强过程在线监控和台账式管理，实时掌握一手进展情况，及时帮助解决各单位在绩效管理中遇到的难题，督促检查任务指标按计划节点完成。年终，经局党组研究决定，授予海河中心、于桥中心、建设中心、水调中心（物资中心）、河长制中心、灌排中心（水保站）6个单位“市水务局2020年度绩效管理考评先进局属单位”荣誉称号，授予办公室、干部处、水资源处（节水办）、河湖处、建管处（南水北调建管处）、排监处 6 个处室“市水务局 2020 年度绩效管理考评先进机关处室”荣誉称号，予以通报表彰。

【志鉴工作】 2020 年，完成《天津水务志（1991—2010 年）》志稿四校、五校、六校工作。12 月，出版社装印 3 本样书，编办室对样书进行校核（七校）。至年底，出版社正在进行校对修改。完成《武清区水务志》三校、样书校对工作，校对修改意见返回出版社，出版社正在印刷出版。完成对《宝坻区水务志》三审稿的校对工作，将校对修改后的稿件发给出版社。编办室对《静海县水务志》稿件进行编纂指导，对稿件体例、框架结构、内容数据等方面提出详细具体的审稿意见交给静海区水务局，静海区水务局正在修改完善志稿。

《天津水务年鉴》编纂工作。征求各编纂单位意见，对《天津水务年鉴（2020 年）》栏目大纲进行归纳整理，下发《关于做好 2020 年天津水务年鉴编纂工作的通知》。1 月底，各编纂单位陆续上报年鉴稿件，编办室针对上报稿件进行组稿。5 月底，组织召开《天津水务年鉴（2020 年）》出版印刷招标评标会。经评审，中国水利水电出版社为中标单位。6 月中旬与出版社签订《天津水务年鉴（2020 年）》出版印刷合同。年鉴稿件经中国水利水电出版社出版三审四校，至年底编辑出版 91.3 万字的《天津水务年鉴（2020 年）》。

2020 年，按照要求，完成了 1.86 万字的《中共天津工作》、1.16 万字的《中国水利年鉴》、0.51 万字的《中国建设年鉴》、1.14 万字的《天津年鉴》、2.23 万字的《海河年鉴》中市水务局所承编的天津水务条目编纂工作，经领导审核后上报。另外，为《中国水利年鉴·文学艺术卷》撰写了地方水利天津市综述和水文化条目约 1300 字。

（局办公室）

安 全 监 督

【概述】 市水务局深入贯彻落实习近平总书记关于安全生产工作的重要论述精神，始终把安全生产工作摆在重要位置，积极落实“党政同责、一岗双责”要求和党政领导干部安全生产责任制，坚持底线思维，强化复工复产及重要时间节点的安全风险防范，扎实开展安全生产专项整治三年行动，健全完善安全风险分级管控和隐患排查治理双重预防机制，全年没有发生亡人安全生产事故，水务安全形势持续稳定向好。

【安全生产责任制落实】 建立健全安全管理机制。落实“三个必须”要求，对照水务安全生产责任清单，充分发挥水务系统各级安委会的作用，推进建立起“综合监管、专业监管、日常监管、属地监管”天津水务安全生产监管体系。组织局属单位签订安全生产责任书，把安全生产责任逐级落实到位。市水务局与局属单位签订 19 份，局属单位与基层单位签订 218 份，局属单位与职工本人签订 3066 份。强化企业主体责任落实，向全市水务企业发送安全生产主体责任清单和提醒信，加强现场监督检查，督促推动水务工程运行、建设单位以及供水排水企业等水务生产经营单位落实安全生产风险管控、隐患排查治理和应急管理等主体责任。

【“双机制”建设】 结合水务行业特点，继续健全安全风险分级管控和隐患排查治理双重预防机制，突出预防为主，积极开展水务安全生产重点领域和关键环节的整治行动。组织水务工程危险源辨识与风险评价培训，推动局属各单位、各区水务局按照《水利部关于开展安全风险分级管控的指导意见》等制度和规范文件要求，建立健全安全风险分级管控制度，制定危险源辨识和风险评价程序，明确具体要求和方法，全面开展危险源辨识和风险评价，强化安全风险管控措施，切实做好安全风险管控各项工作。加强复工复产期间水务工程安全运行和建设施工安全生产管理，强化城市供水、排水和农村饮水等服务疫情防控和民生保障的水务工程安全生产管理，为天津市疫情防控和经济社会发展“双胜双赢”提供了坚实水务安全保障。扎实开展安全生产专项整治三年行动，及时研究制定《天津市水务局安全生产专项整治三年行动实施方案》，细化工作内容和责任分工，把三年行动各项工作要求落到实处，全力推进水务安全生产工作。加强重点领域专项整治，对水务工程建设、运行以及供水排水行业、出租房、危化品和水库林草防火等领域持续开展安全生产督查检查工作，同时强化重要时间节点安全风险防范，全面做好隐患排查和整治工作，确保不发生亡人安全生产责任事故，全力维护水务安全稳定的良好局面。

【安全标准化建设】 2020 年，按照《天津市水利二、三级安全生产标准化评审实施细则》，组织施工企业水利安全生产标准化建设宣贯培训，完成永定新河管理所蓟运河闸、津南区西关泵站 2 家水利安全生产标准化评审工作。

【安全生产宣传教育培训】 开展“隐患就是事故、事故就要处理”专题教育活动。持续深入学习习近平总书记关于安全生产重要论述、市委市政府工作要求、安全生产法律法规和天津汇洋事件通报、“8·12”事故调查报告等，局、处两级领导干部进行交流研讨，并由局领导带队开展安全生产主题宣讲。学习宣贯《天津市消防安全责任制规定》，由局安委办联合市消防救援总队共同举办消防培训，强化消防法制意识、安全意识和责任意识，提升防火、灭火、逃生安全业务技能，同时大力开展消防责任制宣传活动。

结合“安全生产月”和“安全生产万里行”活动，开展安全生产宣传活动，充分利用局官方网站、政务微博、微信公众号以及张贴悬挂安全标语、横幅、挂图、电子显示屏等多种形式，在办公场所、水务施工工地、基层闸站等地开展水务工程建设、工程运行、防汛安全、消防安全等方面的安全生产宣传，使安全理念深入人心，营造全行业关心安全生产、参与安全发展的浓厚氛围。为深刻吸取“11·1”南环铁路桥坍塌事故教训，贯彻落实 11 月 5 日全市安全生产电视电话会议精神，结合天津市水务系统实际，向全市水务行业领域 1094 家企业印发《致企业的一封信》，提醒相关企业做好安全生产工作，切实承担起企业主体责任和社会责任。

制订全年安全生产教育培训方案，并纳入全局培训工作计划。组织形式多样的安全教育培训，培训内容涉及《中华人民共和国安全生产法》《天津市安全生产条例》等法律法规，水务工程危险源辨识与风险评价、水利监督信息化系统应用、水利安全生产标准化，水利工程建设“三类人员”安全生产管理、安全常识、消防知识、防范知识、应急救援、逃生自救技能等。

（安监处）

平安天津

【概述】 局党组高度重视平安天津建设工作，多次召开局党组会议和专题会议，研究部署国家安全、扫黑除恶、信访维稳、反恐怖、安全生产、事业单位改革和疫情防控等平安天津建设方面相关工作。同时，印发《市水务局 2020 年平安天津建设工作要点》，明确 8 项重点工作，细化责任分工，并将平安天津建设工作纳入局绩效考核，进一步压实各方责任，巩固水务稳定局面。

【扫黑除恶】 2020 年，制定印发《市水务局扫黑除恶专项斗争领导小组 2020 年工作要点》《市水务局关于深入开展扫黑除恶专项斗争“六清行动”的实施方案》，明确全年工作任务、目标重点和主攻方向。与市扫黑办查询核实 26 条问题线索办理情况，联合纪检、巡察和水政执法等部门全面摸排梳理历年案件 80 余条，完成“线索清仓”目标任务。依托“2020 清河（湖）”“护河 2020”“碧水行动 2020”等专项治理行动，推动落实“行业清源”行动，让黑恶势力在水务行业无生存土壤、立锥之地。组织开展扫黑除恶专项斗争主题宣传月活动，为全国和市网上主题展览馆提供筛选宣传展品，推荐典型人物、先进集体、先进工作者，大力宣扬水务行业扫黑除恶专项斗争取得的压倒性胜利。制定出台《天津市水务工程建设领域扫黑除恶专项斗争长效机制》《天津市水务执法领域扫黑除恶专项斗争长效机制》，推进水务行业扫黑除恶专项斗争常态化实施，为创建“无黑”水务提供制度保障，助推水务事业发展长治久安。

【应急管理】 2020 年，制定印发《天津市水务局应急预案管理办法》，对全局 1 个专项预案、8 个部门预案、77 个单位预案进行分级管理，全面建立健全水务应急管理体系。编制《天津市抗震救灾水利安全保障计划》《水务基础设施抢修专项保障方案》，建立健全地震灾害应急机制。开展内河救援应急体系调研，收集统计全市河道、湖泊、水库风险分布情况，为水上搜救提供数据依据。组建包含 663 名人员的市供水事故应急处置队伍和包含 482 名人员的市抗洪抢险应急技术专家队伍，指导局属各单位组建防汛、供水、排水、消防多领域综合性应急救援队伍，提高各类突发事件应急救援能力。

【维护社会稳定】 2020 年，将《天津市党委和政府维护稳定工作领导责任制规定（试行）》纳入局党组理论学习中心组学习计划，有效贯彻落实维稳工作领导责任制。制定《天津市水务局重大决策社会稳定风险评估实施办法（试行）》，并纳入“三重一大”事项决策程序，将社会稳定风险评估工作程序化、规范化、制度化。做好社会稳定风险评估报备，梳理历年重大水务工程、事业单位改革改制等方面风险评估情况，向市委政法委推荐风险评估优秀案例。加强矛盾纠纷隐患排查，提标提速提效处置群众反映的各项问题，确保实现了特殊敏感时期“北京不能去，天津不能聚”的工作目标。

【反恐】 2020 年，将反恐怖工作要点纳入 2020 年国家安全、平安天津建设工作要点和局绩效考核内容，开展《中华人民共和国反恐怖主义法》颁布实施四周年主题宣传活动，发放《公民防范恐怖袭击手册》340 余份、《公民预防恐怖活动行为指引》570 余份。聘请市反恐办专家开展 2020 年国家安全教育日反恐业务培训，组织水务系统反恐重点目标所在单位开展有针对性的反恐实战演练，为相关单位反恐应急队伍配发、更新必要的设施装备。制定印发《落实反恐督导检查工作方案》，督促指导反恐重点目标开展全面自查，参与市反恐办联合督导检查，对滨海新区、宁河区、南开区等区管供水企业进行实地督导，配合水利部开展南水北调输水蓄水工程安全风险专项核查，全面压实供水企业反恐责任，保障全市供水安全。

【内部安全保卫】 2020 年，制定《市水务局智慧内保系统单位基础信息采集录入工作方案》，全面落实内保工作条例，强化内部保卫人员配备，如期完成信息采集录入工作。站在全市防疫一盘棋的高度，协助做好市三级应急响应级别下单位内部涉疫重点人员追查工作。

（安监处）

后勤管理

【概述】 2020 年，后勤管理工作在局党组的正确领导下，以习近平新时代中国特色社会主义思想为指导，克服事业单位改革面临的新问题，着力筑牢基础，持续强化服务保障理念，在实践中积极探索新管理模式，全力推进全面从严治党向纵深发展，为服务机关提供有力保障，圆满完成了各项任务。

【节能减排】 机构改革后，对全局各公共机构情况进行了摸底调研，健全完善了公共机构节约能源资源名录库。对水务机关“十三五”公共机构节约能源资源情况进行了总结，提出“十四五”公共机构节约能源资源工作的意见建议。因经费紧张，节水机关建设突出宣传工作，引导职工在思想上、观念上形成节约能源资源意识。

【办公用房管理】 按照事业单位改革情况，对全局办公用房进行了调整，为全局房屋建档立册。对闲置办公用房开展摸底调研，积极推动盘活利用，摸底、调整、盘活涉及17个机关处室、16个处级事业单位的36000余平方米办公用房和技术业务用房。

【消防安全管理】 2020年，市水务局严格落实消防安全责任制，层层签订消防安全责任书，组织开展消防安全知识讲座和实地火灾应急逃生演练，组织开展今冬明春火灾防控、“两会”期间隐患督查、天然气和消防专项治理及消防安全专项整治三年行动活动，在市政府考核中被评为优秀。

【交通安全】 市水务局坚持每年与驾驶员签订交通安全保证书，重要节日前开展驾驶员交通安全教育和车辆检查，做好疫情防控、汛期车辆应急、调度工作，严格按照政策规定做好车辆临时租赁、定点加油，建立健全车辆管理台账，做到“一车一档案”。2020年未出现重大交通安全责任事故。

【公务用车管理】 对局属各单位检查派车手续和节假日车辆封存停驶制度等落实情况，严格规范管理。根据《天津市党政机关公务用车管理办法》文件精神，结合《市水务局事业单位业务车辆管理办法》和《市水务局局属事业单位车辆租用管理规定》，完成了水科院租用业务用车2辆，根据工作需要完成了水政执法总队在市水务局的2部执法执勤车辆停放地点变更为天津市水政监察总队（河西区平山道2号）工作。根据《天津市党政机关公务用车管理办法》和《天津市水务局事业单位业务车辆管理办法》，经严格审核，完成了永定河中心（海堤中心）机动车辆更新工作。

【局办公楼设施改造】 对局机关大楼、附属楼、会议楼部分设施设备进行维修保养。主要有局机关大楼后院下水道及地砖更换、大院西侧地砖更换、对机关围墙粉刷、大院西侧窨井抢修、自来水管道抢修、局会议楼通风与空调维修维护、防汛值班室更换断桥铝窗户、对局机关食堂地面防水进行维修、更换局机关及老干部活动中心燃气锅炉及设施设备等，全年总计完成各类设施设备日常维修1200余次。

【三产遗留问题清理】 2020年1—8月，受疫情影响，案件被搁置。9月8日，河西法院组织对综合服务中心和被告天水物业公司、超杰公司进行了询问。在询问过程中，主审法官提出原被告双方是否接受调解，市水务局是否考虑出售天水大厦房产由被告超杰公司进行购买。市水务局表示在国有资产不流失的情况下同意调解，超杰公司也表达了购买天水大厦房产的意向。

接受询问后，综合服务中心和超杰公司共同委托天津同章房地产土地资产评估公司分别于9月10日、10月13日两次对市水务局持有的天水大厦房产进行了评估。由于评估价值较高，超出了超杰公司的购买能力，超杰公司经过慎重考虑，于10月19日，向综合服务中心回复：天水大厦房产价格过高，无法购买。因此，调解没有成功。

河西法院于2020年12月24日开庭进行了审理，服务中心代理律师、超杰公司、天水物业公司、天水淘宝公司均到庭参加应诉，双方提交了证据材料。通过一下午的庭审，庭审程序基本完成，法官表示还会有第二次开庭。关于本案的审理走向，法官明确本案原一审已结束多年，现在的情况已发生较大变化，不可能将以往所有的遗留问题都一次性彻底解决完，希望各方充分理解。

（综合服务中心）

党 建 工 团

组 织 工 作

【概述】 2020年，深入学习贯彻习近平新时代中国特色社会主义思想和党的十九大、十九届二中、三中、四中、五中全会精神，巩固“不忘初心、牢记使命”主题教育成果，按照中央和市委决策部署，持续提升基层党组织组织力，不断提高基层党建工作质量。

【党员队伍管理】 根据市委市级机关工委批复，完成发展党员50名，按期转正党员48名，完成419名党员组织关系个别转移工作，组织发展对象、新党员培训班、党务干部培训班、党支部书记培训班。2020年元旦春节期间，走访慰问生活困难党员、老党员84人，发放慰问金8.4万元；慰问甘肃省天水市结对帮扶困难户共计10户，发送慰问金3.5万元；走访慰问马场街社区困难群众共计30户，发放慰问金1.5万元。

【基层党组织建设】 2020年按照机构改革要求，对局属单位党组织进行调整，推动局属各单位及时进行选举工作。全局77个基层党组织按期进行换届，做到应换尽换，严格落实“三人以上成立党支部”要求，新成立62个党支部，整建制转移原中共天津市水利勘测设计院委员会、原中共天津市水务局引滦入港工程管理处总支部委员会到中共天津国兴资本运营有限公司委员会，撤销中共天津市水务局信息管理中心总支部委员会。调整后，共有基层党组织数221个，其中党委8个，党总支10个，党支部203个。市水务局共有党员2244名，在职党员1653名，退休党员591名。

【基层党建】 巩固“不忘初心、牢记使命”主题教育成果，深入学习贯彻习近平新时代中国特色社会主义思想和十九届四中、五中全会精神，及时跟进学习习近平总书记一系列重要讲话精神和重要指示批示，全面落实习近平总书记“三个着力”重要要求，落实党员干部理论学习制度，印发《2020年市水务局党组党员教育培训工作方案》，编印《十九届四中全会精神学习资料汇编》等9类学习材料，为党员干部配备《天津日报》《人民日报》《中国共产党党内法规选编》《习近平谈治国理政》（第三卷）等党建刊物，推动全局各级党组织和广大党员干部以深入学习《习近平谈治国理政》（第三卷）为抓手，通过支部集中学习、宣讲讨论、主题党日、分级分类培训、线上线下自学等多种方式，不断厚实理论功底，坚定理想信念，在全局开展“党课开讲啦”活动，组织党员讲“微党课”，拍摄党课视频39个。

以提升组织力、强化政治功能为目标，推动党支部标准化规范化建设。创新提醒单、告知单、督办单“三单机制”，前置工作程序、及时督办整改、跟踪落实效果，压实基层党组织日常工作，推进党支部标准化规范化建设。制定修改《市水务局党组关于党费收缴、使用和管理办法（暂行）》等规章制度，对 2018 年以来发展党员、党费收缴使用管理情况开展 2 轮督查，确保各项程序严格、科学、规范；严格落实“三会一课”、组织生活会、主题党日等组织生活制度，明确规范党员领导干部参加双重组织生活的 7 项措施，开展 2 轮督查，确保规定动作一丝不差、关键环节一步不漏，党内政治生活质量进一步提升。加强分类指导推动，对全局党支部过“筛子”，确定了 39 个先进党支部，125 个一般党支部，22 个相对后进党支部。对相对后进党支部采取“一支一策”建立工作台账，开展集中整顿，促进晋位提升，推动全局党支部标准化规范化建设。持续深化“五好党支部”创建，积极培树排水五所为市级机关“基层党建工作示范点”，市水务局党建与业务深度融合素材入选市级机关工委成果展示，成立 240 人党员先锋队，充分发挥了先进典型的榜样作用。

【机关党建】 制定《市水务局党组开展创建“让党中央放心 让人民群众满意的模范机关”的实施方案》，召开机关党建工作会暨创建“让党中央放心 让人民群众满意的模范机关”推动会，以点带面、以机关带系统，全面推进模范机关创建。进一步完善机关党委工作制度，不断压实机关党建主体责任。制定《市水务局机关党委议事规则》《市水务局机关党委基本职责及委员工作分工》《市水务局机关党委委员联系党支部制度》，进一步规范机关党委工作，充分发挥机关党委作用。全面落实党支部书记一岗双责，加强党支部书记队伍建设，及时调整 8 名机关党支部书记。严格落实《市级机关基层党组织书记任职谈话制度（试行）》，对机关 3 名新任党支部书记、1 名新任党支部副书记开展任职谈话。不断严肃党内政治生活，制定《市水务局机关党支部组织生活标准化建设规范（暂行）》，扎实推进党支部标准化规范化建设。局领导班子成员严格落实《关于进一步规范市级机关党员领导干部参加双重组织生活的七项工作措施》，坚持以普通党员身份参加支部组织生活，认真执行因故缺席及时请假备案要求，在重学习、守纪律、尽责任、讲奉献等方面为党员群众立标杆、作表率。加强推动检查，通过在先锋网线上检查、支部线下督导等方式，加强对机关各党支部督查检查，及时通报提醒共性问题，推动立整立改，使机关支部组织生活从内容、程序、方式、责任等方面严格按标准贯彻落实，机关支部党建工作质量显著提高。突出机关青年干部政治训练和政治学习，强化对年轻干部的思想引领，以机关带系统，推动全局成立青年理论学习小组 32 个，教育引导青年筑牢思想基础，充分激发了青年干部学习党的创新理论的主动性。深入开展“使命·奋斗”大讨论、“问计基层、问需群众”大走访等活动，机关党员干部主人翁意识不断强化，责任心使命感切实增强，干事创业热情进一步激发。22 名机关党员组成局机关党员先锋大队，在机关共创建 10 个党员先锋岗。进一步加强党性教育，制定《关于机关党员过政治生日的活动实施方案》，完善机关党员重温入党誓词和入党志愿书、党员过“政治生日”等政治仪式，党员身份意识和责任意识进一步强化，遵守党章党规党纪的自觉性进一步提高。发展新党员 2 名，预备党员到期转正 3 名。

（机关党办）

【“双万双服促发展”工作】 2020 年 3 月 20 日，市委、市政府召开市委常委会，审议通过了《中共天津市委常委会 2020 年工作要点》，其中要求在全市持续开展“双万双服促发展”（万名干部、万家企业，服务企业、服务项目，促进发展）活动。会后，按照会议精神和市双万双服活动办下发的《天津市 2020 年“双万双服促发展”活动工作安排》的要求，市水务局办公室印发《天津市水务局 2020 年“双万双服促发展”活动工作安排》，组建市级工作十一组，对口负责静海区“双万双服促发展”活动的综合协调与推动服务，组长为副局长闫学军，成员由大清河中心（北大港中心）、水文水资源中心、永定河中心、建设中心、海河中心负责人构成；组建市水务局服务组，负责协调解决、处理各区活动领导小组办公室提交给市水务局的企业和项目问题，组长为二级巡视员杨建图，成员由规计处、政服处、水资源处（节水办）、建管处（南水北调建管处）、河湖处、防御处（农水处）、排监处、政法处主要负责人构成。设立局“双万双服促发展”活动办公室，为市级工作十一组和局服务组的日常办事机构，实行集中办公。

协调推动静海区活动。市级工作十一组会同区活动领导小组办公室不定期深入静海区企业和项目单位上门服务，宣讲2017年《中共天津市委市人民政府关于营造企业家创业发展良好环境的规定》、2018年《中共天津市委市人民政府关于进一步促进民营经济发展的若干意见》、2020年《天津市人民政府办公厅关于印发天津市打赢新型冠状病毒感染肺炎疫情防控阻击战进一步促进经济社会持续健康发展的若干措施的通知》和《天津市人民政府办公厅关于印发天津市支持中小微企业和个体工商户克服疫情影响保持健康发展若干措施的通知》，了解静海区活动动态；明确专人负责政企互通服务信息化平台工作组账号的登录运行，协调市有关部门解决静海区活动领导小组办公室提交的问题，协调静海区解决其他市级工作组转交的需由静海区负责解决的企业和项目问题。市级工作十一组共受理企业和项目单位提出的疫情防控、人才用工、项目环评审批等问题13条，按时办理率100%，研究审定事关静海区企业生存发展、跨区、跨部门重难点问题139个。

扎实开展水务服务。明确专人负责政企互通服务信息化平台服务组账号的登录运行，负责受理由其他工作组转来的水务方面的问题并在规定时限内接办、转办和回复。线下，有关部门积极与企业或项目建设单位对接，现场摸清实情，提出切实可行的解决方案，并在解决问题后回访。主动深入企业和项目建设单位上门服务，将线下受理的问题纳入服务体系，抓紧解决、尽快回复、一一回访。局服务组共答复企业提出的供水问题2条，按时办理率100%。线下受理的玖龙纸业公司及北疆电厂淡化海水利用问题、圣纳科技自来水管道升级改造问题、北京燃气天津南港LNG应急储备国家重点能源项目问题、爱玛科技园区积水问题等5条问题，已全部妥善解决，企业对办理结果均表示满意，并收到北京市燃气集团有限责任公司赠送锦旗一面。

认真开展重点企业应用场景服务工作。市工作十一组、市水务局服务组建立市区协同服务机制，实地走访应用场景名单中重点服务企业即天津飞悦航空零部件制造有限公司和天津滨港电镀企业管理有限公司，开展“一对一”服务。与静海区相关部门，共同研究解决企业招商引资、产品宣传推广、申报建立项目研究室等应用场景需求，并建议企业将具体需求上报政企互通服务信息化平台，由工作十一组发挥桥梁纽带作用，与相关区或部门进行沟通协调，切实搭建好交流平台，竭诚为重点企业服务。

归集整理政策措施。建立涉企水务政策措施定期归集更新工作机制，按月归集整理涉企水务政策措施，按月更新“天津政策一点通”网络平台上的“政策包”，全年补充更新政策信息及相应的解读文件2条，撤出逾期失效政策信息及相应的解读文件7条，为企业和群众提供水务信息服务。

（双万双服办公室）

扶贫助困

【概述】 认真学习传达贯彻落实党中央、国务院关于东西部扶贫协作和对口支援工作的决策部署，结合《天津市水务局2020年东西部扶贫协作和支援合作工作方案》安排，机关党办牵头制定了《天津市水务局2020年开展东西部扶贫协作结对认亲活动工作计划》，定期更新联系卡和结对认亲手册，运用多种形式开展帮扶活动，确保完成年度任务。2020年9月局分管负责人及有关处室负责人、工作人员主动赴麦积区石佛镇看望了3户结对帮扶困难户，耐心询问了家庭人员基本情况、家庭经济主要来源、生产生活中存在的困难和问题等，并向困难户送上了慰问品和慰问金，勉励困难户在今后的生活中克服困难、主动作为，争取早日过上幸福生活。2020 年疫情期间，结对认亲的党员干部与各贫困户互通微信、电话询问关切新冠疫情情况，并在疫情期间为贫困户所在村寄送消毒水和口罩等防护用品。各结对认亲党支部自发以其他形式帮助贫困户，为贫困户寄送棉衣、康复仪，切实关心贫困户身体健康，为贫困户解决实际问题。积极帮助贫困户家庭学生采购课外书籍，帮助学生丰富课外知识、开拓视野，在学生即将开学之际开展爱心助学活动，为贫困家庭大学生资助学费，赠送文具用品，满足学生微心愿。机关结对党支部自发购买贫困户农副产品，积极开展帮助采购贫困地区农副产品工作。结合“端午”节日赠送节日慰问金，解决贫困户家庭实际困难，帮助贫困户完成心愿。自开展结对帮扶工作以来市水务局各党支部捐赠款物总计价值 5 万余元。

（机关党办）

【东西部扶贫协作】 为深入贯彻党的十九大和习近平总书记关于东西部扶贫协作和支援合作工作系列讲话精神，全面落实市委、市政府关于东西部扶贫工作的决策部署，根据市协作支援办的具体工作要求，市水务局党组将东西部扶贫协作和支援合作工作作为一项中心工作来抓。在市委、市政府的坚强领导和市协作支援办的指导帮助下，通过紧抓组织推动、宣传引导、督办落实，不断创新帮扶模式、强化责任担当，圆满完成 2020 年度工作任务，为夺取脱贫攻坚战全面胜利、助力受援地区与全国一道进入小康社会，提供坚实水务支撑和保障。

1. 提高政治站位，强化组织领导

市水务局高度重视东西部扶贫协作和对口支援工作，从增强“四个意识”、坚定“四个自信”、做好“两个维护”的高度，坚决履行这一重大政治责任。多次召开局党组会，传达习近平总书记重要讲话精神，围绕习近平总书记的重要讲话精神及扶贫助困方面的理论开展专题交流研讨，进一步提高认识、统一思想，对习近平总书记对脱贫攻坚的重要指示、打赢脱贫攻坚战的重大意义、脱贫攻坚的正确方向、脱贫攻坚的任务有了全面深入了解，进一步增强做好脱贫攻坚、东西部扶贫协作和对口支援工作的责任感和紧迫感。制定了《天津市水务局 2020 年东西部扶贫协作和对口支援工作方案》，继续强化市水务局扶贫协作和对口支援合作工作领导小组职能，局主要负责人任组长，各相关处室按分工具体负责。按照工作方案和主体责任要求，局主要领导与市合作交流办签订工作责任书，厘清责任，实化细化帮扶举措，及时部署、推动相关工作。

2. 扎实推动，完成各项专项工作任务

在人才支援、消费扶贫和扶贫宣传方面持续发力，明确专项工作责任人及联络员，制定专项工作方案，定期参加月、季度、半年等工作会议，配合完成了既定工作任务。

（1）干部人才支援。持续不断加大干部支援帮扶力度，促进受援地水务人才培养和水务事业发展。2020 年 1 月选派 1 名处级干部刘海辰进疆工作，任新疆和田地区援疆前方指挥部宣传交流部（党办）主任、和田地区水利局副局长。刘海辰作为疫情防控先进个人，受到天津市对口支援新疆工作前方指挥部临时党委通报表扬。

（2）消费扶贫。制定了《天津市水务局 2020 年支援东西部消费扶贫工作方案》，细化分解了年度消费扶贫任务。精心组织、广泛动员全局干部职工购买新疆和田地区消费扶贫产品，取得了较好成效。2020 年，直接购买消费扶贫产品 211.22 万元，帮助销售和田地区洛浦县白条鸭 30 万元，总计 241.22 万元，超额 20.61% 完成本年度总体任务。

（3）扶贫助困宣传。制定完成市水务局东西部扶贫协作和支援合作工作等一批新闻选题，组织中央驻津及本地主流媒体开展集中采访 40 余次，在各大媒体刊登（播发）相关报道百余篇。分管负责人先后 8 次参加市政府扶贫助困新闻发布会，以及天津电视台“百姓问政”、天津电台“公仆走进直播间”、天津政务网“政务访谈”等访谈节目，全面解读有关政策和工作进展，现场解答群众关心的农村饮水安全、河湖长制管理、农村水环境提升等相关问题。通过央广网、人民网、今日头条等发布水务扶贫信息30余条。

3. 升级加力，主动开展水利帮扶协作

根据市协作支援办关于扶贫协作方面要求，结合水利工作特点和实际，主动对接，从多个方面开展水利扶贫协作。

（1）饮水安全。2020年9月，为帮助提高当地水质检测化验水平，组织专家对甘肃省天水市麦积区水质监测中心、水厂技术20余人进行了实地培训，现场对水质实验室管理、运行、采样监测等实地操作讲演。此次参加培训的水厂可覆盖整个麦积区，饮水安全工作提升后，可使26.7万当地群众受益。为帮助新疆和田地区解决农村饮水安全问题，提高其水务工作水平，2020年10月，市水务局主要负责人赴和田，与和田地区行署就津和两地水利发展交流合作事宜进行洽谈交流，签署了《2020—2022年交流合作框架协议》，重点关注和田地区水利人才，特别是农村饮水安全人才培养。2020年11月，组织了第一批农饮工作人员来津培训。

（2）结对认亲。制定了《天津市水务局2020年开展东西部扶贫协作结对认亲活动工作计划》，按照“五个一”工作方案，将结对困难户当成“真亲戚、实亲戚”，尽最大努力满足合理愿望。年度组织机关在职党员和入党积极分子开展自愿捐款活动，募集27800元用于甘肃省天水市麦积区10户贫困户。疫情期间，结对人与各贫困户互通微信、电话，询问当地疫情情况并予以慰问。2020年9月，赴甘肃省天水市麦积区实地看望了3对结对贫困户，给所有10户贫困户送去了慰问品。今年以来，为结对认亲贫困户累计捐款捐物5.6万余元。

（3）引滦上下游生态补偿。2020年7月，赴潘大水库现场查勘，重点研究潘、大水库底泥污染治理、联合调度等措施。10月，赴河北省迁西、宽城、兴隆，对当地利用补偿资金建设的污水处理厂、垃圾填埋场、小流域治理项目以及潘大水库周边面源污染等问题进行实地调研，了解引滦上下游补偿资金的使用效果。

（4）交流对接。2020年5月和10月两次赴新疆调研，与和田地区行署就津和两地水利发展交流合作事宜进行洽谈交流，并签署了《2020—2022年交流合作框架协议》。9月，赴西藏调研就加强生态环境保护工作进行了交流，赴甘肃、青海与当地水务部门召开座谈交流会。在水利综合治理及管理、生态河道建设、水资源利用、水环境整治等方面进行了充分沟通交流，推动两地水利“十四五”规划编制工作。在青海考察了天津对口援建项目，交流指导水利工程建设思路。2020年，实现了新疆、西藏、青海、甘肃、河北承德等地区副局级以上领导调研对接全覆盖。

（5）推动挂牌督战村。市水务局高度重视挂牌督战村工作，局党组书记、局长张志颇同志赴新疆代表市水务局赴挂牌督战村看望贫困群众，并实地推动工作落实。杨玉刚副局长牵头负责，根据《天津市对口支援和田地区深度贫困县挂牌督战细化方案》制定了专项工作方案，推动部署落实各项工作。5月，实地走访了挂牌督战的科克亚乡科克亚村，与乡、村两级干部召开沟通交流会，深入了解科克亚村脱贫攻坚基本情况及面临的突出困难；与挂牌督战村签订了帮扶协议，落实了20万元帮扶资金用于庭院改造及支部共建。9月，在了解到挂牌督战村公益性岗位存在5.4万元资金缺口情况后，动员社会力量，积极筹措资金，解决科克亚村15人公益性岗位工资。10月，为解决科克亚村困难群众就业问题，助力当地建设扶贫产业园，动员相关企业支援资金26万元，建设扶贫产业园区150平方米房屋，为贫困村民提供了创业就业平台。

（规计处）

【困难村落实河（湖）长制】 贯彻落实局党组扶

贫助困工作部署，全市10个涉农区将困难村和经济薄弱村沟渠坑塘纳入河（湖）长制管理。多措并举压实区、乡镇、村三级河（湖）长落实困难村河（湖）长制管理责任。全市1000个困难村、41个经济薄弱村，除40个困难村、2个经济薄弱村无沟渠坑塘外，960个困难村、39个经济薄弱村9157个沟渠坑塘设立了1243名河（湖）长，推动全市困难村实现水生态环境持续改善。

1. 涉农区落实困难村河（湖）长制管理

2020年，印发《2020年全面推行河（湖）长制主要任务（第一批次）》，将困难村、集体经济薄弱村落实河（湖）长制情况列入各涉农区2020年河（湖）长制主要任务，纳入市级河（湖）长制年度考核。编制印发《天津市“2020清河（湖）专项行动”方案》，要求市有关部门、各区人民政府全面推进困难村黑臭水体治理，将沟渠坑塘日常保洁纳入农村人居环境管护长效机制。困难村168条黑臭水体（包括困难村159条，经济薄弱村9条）已全部治理完成。印发《市河（湖）长办关于进一步加强结对帮扶困难村落实河（湖）长制的通知》，督促各涉农区巩固提升结对帮扶困难村落实河（湖）长制成果，推动沟渠坑塘水生态环境问题整治清零，健全农村小微水体管护长效机制，压实基层河（湖）长责任。

2. 指导涉农区建立困难村沟渠坑塘台账

2020年，按照市有关要求，将全市41个经济薄弱村（武清8个、宝坻5个、宁河区1个、蓟州区27个）纳入涉农区河（湖）长制管理，与困难村同检查、同考核。困难村沟渠坑塘已实行常态化管理，日常管护问题发现一处治理一处销号一处，累计治理完成沟渠坑塘3225个。

3. 对困难村沟渠坑塘暗查暗访

2020年，在制定全市困难村暗查暗访年度检查计划基础上，开展了以困难村坑塘沟渠为检查重点的河（湖）长制暗查暗访工作，对10个涉农区累计590个困难村进行了检查，印发通报8期，对管辖河湖问题整改存在回潮、反弹现象的24名河（湖）长给予通报批评。

4. 对困难村落实河（湖）长制情况进行督查督办

对照“市河（湖）长办关于2019年涉农区河（湖）长制工作自查自纠情况现场核查的通报（第35期）”，赴现场对10个涉农区、28个镇、35个困难村共计64个水环境问题的整改落实情况进行了复核。对复核中发现的回潮、反弹问题，印发整改通知，相关涉农区已全部整改完成。完成结对帮扶困难村2020年河湖长制督查工作。

5. 困难村落实河（湖）长制宣传

2020年，将各涉农区困难村落实河（湖）长制管理情况列入河（湖）长制宣传重点，一是印发了河（湖）长制工作动态23期，及时反映了各区困难村落实河（湖）长制情况。二是督促各区报送河（湖）长制宣传工作总结，推动各区摸清今年以来各区河（湖）长制宣传工作开展情况。各涉农区均已采取多种形式对困难村河（湖）长制开展宣传。

（河湖处）

【困难村农村饮水提质增效】 2020年，通过实施工程建设、城镇化搬迁以及水源转换等措施，解决了326个困难村（滨海新区2个、北辰区12个、宝坻区58个、宁河区14个、蓟州区240个）和24个经济薄弱村（宁河区1个、蓟州区23个）饮水不安全问题。工程自2018年10月启动实施至2020年底，全市1000个困难村及41个经济薄弱村饮水不安全问题已全部解决。

（灌排中心）

【困难村污水处理】 出台管理办法、制定监督体系。从实际工作出发，制定印发《天津市农村生活污水处理设施行业管理工作考核标准》，细化管理体系和保障措施38项具体监管内容，加强对困难村的巡视巡检，推动各区严格执行，规范考核管理模式，提高运行维护管理水平。加强运行维护管理，履职监管职责。按照《天津市农村生活污水处理设施运行维护管理办法》分工，纳管农村生活污水处理站1255座，经排查涉及困难村

460个；根据工作安排，配合开展年度农村生活污水处理设施依效付费评价工作；按照防疫等工作要求现场检查处理设施运行情况，要求相关区根据检查结果制定整改措施并限期完成。加强困难村村镇污水处理站运行情况月调度，聘请专业机构，定期巡检，形成检查报告，反馈各区运维主管部门督促整改，保证设施稳定运行。

（排监处）

【帮扶困难村】 支援高景村和艾林村口罩、方便面等1000余元的防控物资；组织中共党员、团员捐款1万余元，用于高景村和艾林村疫情防控。投资6.325万元，完成高景村绿化项目建设。投资5.6万元，完成高景村36公顷土地平整帮扶项目建设。投资8万元，为两村安装了村标。投资7.6万元，完成艾林村泵站看护房项目和高景村马江路西侧沟渠治理项目建设。

2020年4月，高景大队排灌站拆除重建工程、新建艾林村北排灌站工程建成投入使用（该两项工程总投资440万元）。

4—5月，两次协调潮白新河里自沽闸提闸放水，为宁河区6个镇增加灌溉水量，保证了农业用水。

9—12月，协助市、区主管部门对高景村、艾林村结对帮扶工作进行验收，局承担的新一轮结对帮扶困难村任务全面完成；高景村、艾林村均达到美丽村庄、五好党支部、文明村、平安村庄创建标准。

（干部处）

思想政治工作

【概述】 2020年，以习近平新时代中国特色社会主义思想为指导，深入学习贯彻党的十九大和十九届二中、三中、四中、五中全会精神，全面贯彻新时代党的建设总要求，深入贯彻新时代党的组织路线，坚持党的全面领导，坚持党要管党、全面从严治党，全面推进党的建设高质量发展，不断增强各级党组织的创造力、凝聚力、战斗力，认真开展政工专业职称评审推荐工作，积极参与各种评优活动，认真落实全域创建文明城市各项工作，积极开展文明单位创建活动，深入学习新时代水利精神，思想政治工作取得良好效果。

【政工队伍建设】 2020年，开展政工队伍基本情况和政工职评工作调研，形成专题调研报告，根据调查结果及时调整工作思路和相关工作举措，进一步加强全局政工人员队伍建设，提高政工职评工作水平。开展了高级政工职称的评审和推荐工作，评审10人，推荐9人，通过8人；开展了中级政工职称的评审工作，成立了中级政工职称评审委员会，评审3人，通过3人；开展了初级政工职称的认定工作，3人通过认定。组织了政工师进行“以考参评”和网络继续教育学习，组织局属各单位参加2020年度水利思想文化建设研究成果评选活动。

【精神文明创建】 2020年，坚持党建引领文明创建工作，建立健全“党建+文明创建”机制，促进党建与文明创建交汇融合、双向提升的良好格局。在全局机关、局属单位、基层闸站、工地布设社会主义核心价值观24字主题词，布设12字新时代水利精神及党建宣传走廊，利用多媒体电子屏滚动播放十九大和十九届二中、三中、四中、五中全会精神以及社会主义核心价值观，《新时代爱国主义教育实施纲要》《新时代公民道德建设实施纲要》等宣传内容。结合水务特点，把社会主义核心价值观与各项规章制度、文明创建活动、水文化的传播、创作、推广等结合起来，把社会主义核心价值观及新时代水利精神真正落实在岗位上，融入干部职工日常学习、生活和工作中，广大水务干部职工积极参与全域文明城市和文明单位创建活动，干部职工创建参与达到95%以上。在办公网和外网设立文明单位创建专栏，及时宣传中央、市委关于精神文明建设的新部署、新要求，深入宣传贯彻落实《天津市精神文明建设条例》

《天津市文明行为促进条例》《天津市促进精神文明建设条例》《天津市志愿服务条例》，通过电子宣传屏、水务微博和“津水微言”微信公众号等平台，及时宣传展示文明创建成果，营造文明创建氛围。全年市水务局向水利部文明网、天津市文明网推送刊载关于市水务局党建与水务工作深度融合、疫情防控、精神文明建设等信息45篇，其中水利部文明网刊发12篇，天津市文明网刊发33篇。认真贯彻落实《天津市志愿服务条例》，局机关志愿服务等11个项目在市文明办立项。根据市文明办《关于开展“决胜小康 志愿有我”主题志愿服务活动的通知》要求，在全局集中开展“决胜小康 志愿有我”主题志愿服务活动。充分发挥节水科技园教育基地功能，组织开展节水进社区、进学校、进企业等公益科普活动，增强社会公众共同节约与保护水资源的责任感和使命感。

（机关党办）

保密工作

【概述】 2020年，市水务局深入学习贯彻习近平新时代中国特色社会主义思想，认真落实中央保密委、市委保密委的决策部署，加强保密组织领导，推动工作落实，召开局党组会和局保密委会议，传达中央保密委、市委保密委文件精神，对2020年全局保密工作进行部署安排，组织开展了保密自查自评、涉密人员分类确定、保密专项督查整改工作等，做好涉密人员、公务员、借调人员等保密教育，做好信息公开的保密审查，确保全局保密工作扎实有效开展。

【组织推动】 把保密工作列入局党组议事日程。局党组会两次传达学习了习近平总书记重要指示精神和中央保密委、市委保密委的文件精神，审议通过局2020年保密工作要点、保密工作开展情况及下一步工作，就做好保密工作提出要求。积极安排部署。局保密委召开会议3次，传达学习中央保密委、市委保密委相关文件精神，对保密工作进行安排部署，下发局2020年保密工作要点，组织2020年保密自查自评工作，开展保密专项督查整改工作等，转发了《关于进一步加强疫情防控期间工作秘密保密管理的通知》等文件。加强制度建设。印发了《天津市水务局国家秘密定密管理暂行办法》《关于加强保密工作队伍建设的通知》《天津市水务局光盘使用保密管理办法（试行）》《天津市水务工作的工作秘密事项清单》等。扎实开展相关工作。组织开展涉密人员分类确定、保密要害部位调整、文件清退等工作。加强定密管理工作，调整了定密责任人。对水利保密有关制度进行征求意见与汇总反馈工作。做好普通密码安全保密工作，在2019年普通密码工作考核中，市水务局被评为先进单位。完成了2019年度事业单位法人年度报告书保密审查工作。

【宣传教育】 2020年，局党组理论中心组两次学习安全保密和党政领导干部保密工作责任制有关规定等，举办了保密专题党课、借调外聘人员和保密工作暨工作秘密培训班，对机关涉密人员、公务员、借调人员集中进行保密法治教育，组织开展了保密法治知识答题活动，通过发送保密宣传短信、局办公网内网安全保密专栏、移动飘窗、电子宣传屏等多种形式，加大保密和防谍宣传力度，营造浓厚氛围。会同干部处对6名出国（境）人员进行行前安全保密教育。

【督促检查】 局保密办联合规计处、综合服务中心采取“四不两直”等形式对文件管理、计算机、疫情防控期间政务邮箱、互联网公共邮箱、即时通信工具等开展检查，共抽查部门、单位14家，对发现的问题提出整改意见，并督促抓好整改，同时，针对保密要害部位、文印室、会议室等重点部位进行日常检查和工作提醒，确保不发生失泄密事件。

（局办公室）

全面从严治党

【概述】 2020 年，坚持以习近平新时代中国特色社会主义思想为指导，深入学习贯彻党的十九大和十九届二中、三中、四中、五中全会精神，坚决贯彻落实习近平总书记对天津工作的重要指示批示精神和治水兴水重要论述精神，认真落实中央和市委关于落实全面从严治党的部署要求，坚持“严”的主基调，压实全面从严治党主体责任，推动全局上下牢固树立“四个意识”，坚定“四个自信”，做到“两个维护”。

【政治生态】 加强政治纪律和政治规矩教育，严格落实党内法规执行责任制，班子成员带头学习党章、廉洁自律准则、纪律处分条例、重大事项请示报告等党内法规，逐条对照、深刻检视、规范言行。制定《天津市水务局 2020 年加强政治生态建设重点任务》，明确 6 个方面、19 项任务和责任分工，切实压实责任，确保净化政治生态各项工作落到实处。针对驻市水务局纪检监察组《2019 年市水务局政治生态分析研判报告》，专题研究整改措施，建立工作台账，扎实推进实施、督促检查、落地见效、抓实整改、举一反三，不断涵养风清气正的良好政治生态。坚持教育在先、警示在先、预防在先，及时组织学习中央纪委、市纪委全会精神和有关通报，将警示教育纳入理论学习中心组、“三会一课”，充分发挥警示教育的治本功能。采取多种形式组织开展“转理念改作风勇担当”警示教育月活动，召开“转理念改作风勇担当”、违反中央八项规定精神典型案例、“讲担当、促作为、抓落实”3 次警示教育大会，教育引导党员干部始终绷紧纪律之弦。

【意识形态】 认真贯彻落实中央和市委对意识形态工作的部署要求。制定 2020 年意识形态工作要点、宣传思想文化工作要点、网信工作要点，先后印发了深入贯彻落实意识形态工作责任制实施办法的通知和意识形态工作责任制工作规范，重新修订了意识形态工作责任制实施细则等一系列文件，对意识形态工作做出部署，推动中央和市委部署要求落到实处。建立健全意识形态工作联动机制。以事业单位机构改革为契机，对局内设机构进行调整，在局办公室设置网络安全和信息化办公室，统筹协调、组织推动网络内容建设、网络安全和信息化建设等工作。在局属党委建制单位设立党委办公室，在局属总支（支部）建制单位设立党群科，负责各单位意识形态领域工作，确保意识形态工作责任切实落实到基层党组织。建立健全意识形态检查督导机制。将意识形态工作责任制落实情况纳入巡察监督内容，精心选派人员组成专项检查组，在局党组 2020 年第二轮巡察中对 1 个局属单位开展意识形态工作责任制专项检查。结合日常工作调研，以“四不两直”方式，对局属单位党组织贯彻落实意识形态工作责任制和宣传工作条例情况进行督导，重点检查是否将意识形态工作纳入全面从严治党主体责任清单和任务清单、定期分析研判意识形态领域情况等工作内容。建立健全监督考核机制。制定各级党委（总支、支部）责任清单、有关部门责任清单、检查考核内容清单、检查考核流程清单、检查考核负面清单等“五清单”；明确意识形态工作总体架构、学习教育工作流程、分析研判工作流程、报告工作流程、重大问题处置工作流程、专项督查工作流程、问责工作流程等“七流程”，将落实意识形态工作责任制纳入党的建设日常监督和全面从严治党年度考核工作体系当中。

【政治文化】 制定新时代爱国主义教育实施方案，精准化、常态化、多样化开展“四史”教育，强化了理想信念，激发了爱国主义热情。培育和践行社会主义核心价值观，大力宣传弘扬新时代水利精神，持续做好文明创建工作，局机关通过 2018—2020 年度市级文明单位验收，4 个单位通过全国水利文明单位复验。积极组织向人民英雄张伯礼、单玉厚等抗疫先进典型学习，同时大力培树身边典型，1 人获评全国先进工作者，12 人、3 个集体获得省部级表彰，各级媒体 2020 年对市水务局工作进行 728 次报道。

【作风建设】 锲而不舍贯彻落实中央八项规定及其实施细则精神，坚守重要时间节点开展监督，在元旦、春节、“五一”、端午等节假日采取“四不两直”法，对违规发放津补贴、公车私用、形式主义官僚主义等问题进行督察检查；2020 年“十一”前后，会同驻局纪检监察组创新“四级联查”机制，组织 32 个检查组对局机关、局属各单位及基层闸站所共 83 个点位的离津外出请假报备、坚决制止餐饮浪费行为、秋冬季疫情防控与落实中央八项规定精神情况进行立体交叉式检查，发现问题全局通报曝光，坚决防止老问题复燃、新问题萌发、小问题坐大。坚持纠“四风”和树新风并举，深入贯彻落实习近平总书记关于坚决制止餐饮浪费问题的重要指示批示，通过开展“杜绝‘舌尖上的浪费’”专项整治，召开专题组织生活会、签订承诺书、加强食堂用餐管理等措施，强化勤俭节约意识，营造厉行节约、反对浪费良好氛围。通过教育引导、问题排查、明察暗访、整改落实、严肃追责等多种形式，进一步加大治理力度，对照市委不作为不担当问题专项治理三年行动、集中整治形式主义官僚主义目标任务，深入开展“回头看”，找差距、抓整改、求实效，从 2018 年至 2020 年 10 月，不作为不担当专项治理共处理问题 140 起，党纪政务处分 19 人次，第一形态处理 215 人次，真正抓出习惯、抓出长效、抓出自觉，治理成果不断巩固和扩大。持续推进为基层减负，充分发挥视频会议系统作用，提高会议效率，让基层少“跑路”，以位于河北省的两个局属单位为例，近 60% 的局会议通过视频参加，来市里参加会议的次数比去年减少 7 成，往返油费、过路费两项就节省 7 万余元。

（机关党办）

【警示教育】 2020 年，深化运用陈振飞严重违纪违法案例、形式主义官僚主义不作为不担当问题典型案例选编和李国文等违纪违法典型案例通报，推进“以案三促”，开展常态化警示教育。充分发挥局内网“以案为鉴”“曝光台”专栏作用，公开通报曝光典型案例，增强警示教育的震慑效果。组织开展“转理念改作风勇担当”警示教育月活动，组织全体机关干部参观全面从严治党主题教育展。先后组织召开“转理念改作风勇担当”“违反中央八项规定精神典型案例”专题警示教育大会和“讲担当、促作为、抓落实”动员会暨警示教育大会，用身边事教育身边人，强化作风建设，推进全面从严治党向纵深发展。全年组织开展典型案例警示教育 10 次，在内网“曝光台”曝光典型案例 8 期，“以案为鉴”栏目发布 27 期。

【执纪问责】 2020 年，制定《市水务局党组关于讨论和决定党员处分事项工作程序规定（试行）》，按规定对 11 名同志违纪问题履行程序，做好后期执行工作。编印《监督执纪“第一种形态”谈话手册》，推动各级党组织书记履行好“第一责任”和领导干部履行好“一岗双责”。全年办理信访举报 16 件次，处置问题线索 5 件，运用第一种形态处理 10 人次，下达纪律检查建议书 2 份，整改通知书 1 份，下达工作提示函 2 份。对 2019 年以来受诫勉以上处分的 5 名干部进行回访教育，督促和指导局属单位纪检组织开展回访教育工作。做好廉政档案建立和完善工作。

【纪检队伍建设】 2020 年，以事业单位机构改革为契机，16 个局属单位中，7 个党委建制的单位全部建立了纪委，成立了纪委办公室，明确专职纪检干部，9 个非党委建制的单位分别明确了 1~2 名专兼职纪检干部。协助驻局纪检监察组组织开展全局纪检干部培训班，机关纪委积极参加市级机关纪工委纪检干部培训班，组织召开纪检工作座谈会，交流纪检工作开展情况，增强监督执纪问责的能力和“打铁还须自身硬”的意识，多渠道为干部提升能力创造条件。

（机关纪委）

【巡察工作】 2020 年受新冠肺炎疫情影响，全年共开展 2 轮常规巡察工作。8 月 18 日开展第一轮巡察，采取“一拖二”形式，对永定河管理中心永定新河三所党支部和海河管理中心海河所党支部开展常规巡察，共发现具体问题 31 个，被巡察单位党组织针对巡察反馈问题制定整改措施 80 项，修订完善相关制度 6 项。11 月 11 日开展第二轮巡察，对排水管理事务中心党委进行常规巡察，同时开展选人用人、意识形态、执行编制三个专项检查。截至 2020 年年底，还未形成巡察报告。

（巡察办）

工 会 工 作

【概述】 2020 年，局工会在局党组和上级工会的正确领导下，坚持以习近平新时代中国特色社会主义思想为指导，围绕水务工作总基调，增“三性”、去“四化”，顺应新时代工会发展需要，在服务水务行业发展大局中发挥了重要作用。坚决贯彻党中央、市委决策部署和局党组要求，重大事项、重要问题及时向局党组和上级工会组织请示汇报，保持工会工作正确的政治方向，深入学习党的十九届五中全会精神，深入贯彻落实习近平总书记系列重要讲话精神，组织学习习近平总书记在全国劳动模范和先进工作者表彰大会上重要讲话精神。

【组织建设】 2020 年，局工会系统直属单位工会 22 个，局机关工会 1 个；工会会员 3562 名，女性 1377 名；专兼职工会干部 143 人，其中女性 81 人；女工组织 23 个。

工会“建家”。持续保障广大职工特别是一线偏远职工的体育活动需求和文化需求，做好全局职工之家、职工书屋的提升工作。前往基层闸站所职工之家进行调查研究，倾听实际需求，为北三河中心拨付 2 万元用于职工篮球场配备器材，为基层单位配备“四史”及工会方面相关书籍 79 本。

工会财务经审。事业单位改革，涉及市水务局多家单位工会撤销整合，组织局属单位工会开展撤销、合并资产清查审计和资产评估工作。通过严格监督管理，不断规范工会财务管理，各单位工会财务内控制度逐步健全，财务管理、工会经费使用不断规范，工会资产管理安全完整，使工会经费能够较好地服务于职工会员，杜绝了违规违纪、违反中央八项规定精神问题及其廉政风险的出现。

【职工维权】 2020 年，按照《水利系统企事业单位职工代表大会规定》，积极鼓励引导职工代表围绕单位发展、严细管理、职工思想、劳动安全、生活福利等方面的内容，广泛征集职工意见建议，并于 6 月底前高标准召开了年度职工代表大会，有效地组织和引导广大职工积极参与各单位的民主决策、民主管理和民主监督。

劳动保护监督。参与安全生产相关检查、推动和落实等活动，履行好工会安全生产和劳动保护监督职责；暑、汛期间，局工会在做好防暑降温的劳动保护和慰问基层职工活动中共发放慰问品金额为 10.88 万元。

大病救助。按照市总工会有关规定，持续落实职工住院慰问制度和持卡会员专享救助保障工作。全年累计慰问住院职工 124 人，慰问亲属去世职工 83 人次，为 4 名职工办理了大病救助资金。

女职工维权。开展女职工维权行动月、“点赞最美女性”、文明家庭大讲堂等活动。新建“爱心妈咪之家”4 个，开展女职工权益保护及性别平等相关法律法规宣传培训活动 32 场，参加女职工 1077 人次，开展女职工权益保护及性别平等相关法律法规知识竞赛活动 19 场，参加女职工 1170 人次。

工会信访、劳动调解。做好信访接待、法律服务工作，积极构建和谐劳动关系，做好职工贴心的“娘家人”。组织开展职工满意度测评工作，建立职工对工会工作评价反馈通道。

【素质工程】 评先创优工作。大力弘扬劳模精神、劳动精神、工匠精神，积极挖掘、培养、选树先进典型，大力宣传、展示先进人物的典型事迹。2020年，市水务局推荐参评市级劳动模范4人，市级模范集体1个，全国先进工作者1名，住房城乡建设部抗疫先进集体1个，获市级模范职工之家、职工小家、先进工会工作者各1项，1名职工获市级三八红旗手荣誉称号。由市妇联、市文明办、市总工会三家主办单位联合开展了“点赞最美女性”活动，自下而上、优中选优，评选出10名“最美女水务人”。市水务局“最美女水务人”代表，受邀做客市妇联和天津经济广播联合推出的“点赞最美女性”专题节目直播间，讲述水务故事。向全社会积极宣传市水务局的社会责任，充分展现了新时代水务人的使命担当。

劳动竞赛活动。按全总农林水利气象工会部署安排，组织参加“人水和谐·美丽京津冀”创新示范引领劳动竞赛，市水务局共派出6支参赛团队，获2个三等奖，4个优胜奖。

劳模工作。精准做好全国和市级劳模走访慰问、健康查体、疗休养和困难帮扶工作，为80岁以上劳模发放生日慰问，组织劳模进行免费体检。

【文化体育】 2020年，贯彻落实《天津市全面健身实施纲要》，于春节前组织机关大楼迎新春小型运动会，机关大楼内各单位、处室踊跃报名参加，共设立乒乓球、双升、斗地主、象棋、五子棋、跳棋、踢毽7项比赛，300余名干部职工参加。

结合市级机关纪工委开展的“转理念 改作风 勇担当”主题警示教育月活动，与机关纪委联合举办了“丹青润津水·翰墨廉自芳”廉政主题书画展，各单位书画爱好者积极围绕古今廉政格言、家风家训、清官廉吏、先进典型、优秀榜样等词句、先进人物、清廉意味的山水意象，以歌颂廉洁、鞭挞腐败为主题，创造了40余幅书画作品，抒发水务职工转理念、改作风、勇担当的强烈情感，提振干部职工干事创业的精气神，促进思想观念、精神状态、工作作风实现改变。

于国庆节前夕与局团委合办了庆祝新中国成立71周年文艺汇演，局属各单位积极组织职工开展节目的创作和编排活动，共有17个节目演职人员150余人参加本次汇报演出，节目主题鲜明、内容丰富、形式多样、精彩纷呈，讲述天津水务人在疫情防控、复工复产、防汛攻坚战、水资源水环境水安全方面担当作为的生动故事，激励了广大职工以朝气蓬勃、昂扬向上的精神面貌投身到水务事业的各项工作中。

【帮扶解困】 2020年，局工会严格按照市总工会困难职工认定标准，全面摸排，做到不落一人、不落一户，困难职工动态管理，精准掌握困难职工基本情况，精准做好困难职工帮扶工作。2020年为全局建档困难职工及时发放了困难职工季度帮扶救助款，共计帮扶职工43人次。

“送温暖”工作。推进“四季帮扶”（即春送岗位、夏送清凉、金秋助学、冬送温暖）工作常态化。2020年累计帮扶困难职工11.4万元。在做好困难职工慰问的同时，对大病职工、一线职工、劳动模范、派驻干部及复工复产干部进行慰问。

（局工会）

共青团工作

【概述】 2020年共青团工作按照局党组的部署要求，着力强化青年思想引领，着力开展岗位建功，着力服务青年需求，着力增强组织新活力，团结引领广大水务青年坚定不移听党话、跟党走，在水务改革发展和疫情防控中发挥生力军和突击队作用。

【思想教育】 2020年，开展“青年大学习”行动，成立了32个青年理论学习小组，举办青年集体学习、交流活动131场次，参与青年892人次。开展青年“四史”学习教育活动，组织主题参观活动17场次，参与青年419人次。开展党的十九届五中全会精神学习宣传贯彻活动，共举办读书班20场次，受教育201人次；主题团日活动23场次，受教育207人次；宣讲22场次，受教育238人次。开展学习贯彻习近平总书记“7·2”重要讲话精神、关于青少年和共青团工作的重要指示批示精神以及在2020年秋季学期中央党校中青年干部培训班上的重要要求活动，举办专题学习28场次，受教育301人次。

【组织建设】 2020年，共青团天津市水务局委员会由王帅、公彦、张进、王冰、苏洞美、韩钏、刘芳池7人组成，王帅任书记，公彦任副书记，下设基层团委1个，团总支3个，团支部33个，现有35岁以下青年784人，团员265人。2020年1月23日，《市水务局团委关于同意黎河中心团组织更名的复函》同意共青团天津市引滦工程黎河管理处支部委员会更名为共青团天津市引滦工程黎河管理中心支部委员会。《市水务局团委关于同意北三河中心团组织更名的复函》同意共青团天津市北三河管理处支部委员会更名为共青团天津市北三河管理中心支部委员会。《市水务局团委关于同意大清河中心（北大港中心）团组织更名的复函》同意共青团天津市大清河管理处支部委员会更名为共青团天津市大清河管理中心（天津市北大港水库管理中心）支部委员会。《市水务局团委关于同意隧洞中心团组织更名的复函》同意共青团天津市引滦工程隧洞管理处支部委员会更名为共青团天津市引滦工程隧洞管理中心支部委员会。

4月7日，市水务局团委《关于共青团天津市水文水资源管理中心总支部委员会选举结果的批复》同意共青团天津市水文水资源管理中心总支部委员会人员组成及分工。书记：苏洞美，组织委员：杜蓝桥，学习委员：卢鑫，宣传委员：孙旸，文体委员：张瑄埔。市水务局团委《关于共青团天津市于桥水库管理中心总支部委员会选举结果的批复》同意共青团天津市于桥水库管理中心总支部委员会人员组成及分工。书记：张进，副书记：吴双，委员：孔庆杰、陈天然、郭钊、张航、安兴华。

6月19日，市水务局团委《关于同意共青团天津市水务局委员会第三次代表大会选举结果的批复》同意王帅、王冰、公彦、刘芳池、苏洞美、张进、韩钏等7人组成共青团天津市水务局第三届委员会委员；王帅任共青团天津市水务局第三届委员会书记，公彦任共青团天津市水务局第三届委员会副书记。

7月8日，《市水务局团委关于同意排管中心团组织更名的复函》同意共青团天津市排水管理处委员会更名为共青团天津市排水管理事务中心委员会。

10月2日，市水务局团委《关于共青团天津市永定河管理中心（天津市海堤管理中心）支部委员会选举结果的批复》同意共青团天津市永定河管理中心（天津市海堤管理中心）支部委员会人员组成及分工。书记：卢津津，组织委员：刘冠乔，宣传委员：李亚琳。同日，市水务局团委《关于共青团天津市引滦工程隧洞管理中心支部委员会选举结果的批复》同意共青团天津市引滦工程隧洞管理中心支部委员会人员组成及分工。书记：王峥，组织委员：杨森，宣传委员：王雪纯。

11月2日，市水务局团委《关于共青团天津市水务工程运行调度中心（天津市防汛物资管理中心）支部委员会选举结果的批复》同意共青团天津市水务工程运行调度中心（天津市防汛物资管理中心）支部委员会人员组成及分工。书记：周迪，委员：么男、李珅。《市水务局团委关于同意海河中心团组织更名的复函》同意共青团天津市海河管理处支部委员会更名为共青团天津市海河管理中心支部委员会。

12月2日，市水务局团委《关于共青团天津市引滦工程黎河管理中心支部委员会选举结果的批复》同意共青团天津市北三河管理中心支部委员会人员组成及分工。书记：贾建舒，组织委员：南静，宣传委员：吴婕。

12 月 7 日，市水务局团委《关于共青团天津市引滦工程黎河管理中心支部委员会选举结果的批复》同意共青团天津市引滦工程黎河管理中心支部委员会人员组成及分工。书记：杨葳，组织委员：张伟鹏，宣传委员：王玮。《市水务局团委关于同意王峥、杨森同志任免职的复函》同意免去王峥共青团天津市引滦工程隧洞管理中心支部委员会书记职务；杨森任共青团天津市引滦工程隧洞管理中心支部委员会书记。

【青年文体活动】 1—11 月，开展“保护母亲河 争当河小青”系列志愿服务活动，涉及义务植树、河道清整、保水护水宣传，共举办青年志愿服务活动 10 场次，参与青年 107 人次（不含受众）。

2020 年，开展团员到社区报到工作，206 名团员（不含保留团籍的党员）完成到社区报到工作。开展“我替大家值个班，我为抗疫作贡献”活动，参与青年 54 人次。

6—8 月，选派 2 名青年参加“一切为了人民——市级机关青年党员讲诵会”演出。

7 月，发出《初心如磐 使命在肩 坚决打赢防汛攻坚战——致全局青年的倡议书》。

8 月，拍摄杜绝舌尖上的浪费微视频，获市文明网等媒体刊载，网络点击率 3 万余次。

与团市委、市文明办、市民政局、市文旅局、市卫生健康委、市残联共同举办 2020 年天津市青年志愿服务项目大赛暨志愿服务交流会。举办市水务局庆祝新中国成立 71 周年文艺汇演，局机关有关处室、部分局属单位处级领导干部、职工 150 余人参加。

（局团委）

离退休干部工作

【概述】 市水务局离退休干部工作全面落实全国、全市老干部局长会议精神和市水务局党组扩大会议部署，紧紧围绕水务工作中心，认真履职，不断创新，着力推进离退休干部党的建设，加强信息化、精准化、规范化建设，注重发挥离退休干部独特优势和作用，组织引导支持老同志唱响时代主旋律，增添正能量，坚持疫情防控和服务离退休干部两手抓、两不误，大力加强老干部工作队伍自身建设，力戒官僚主义和形式主义，用心用情做好离退休干部工作。2020 年，天津市水务局有离退休人员 3858 人，其中离休 13 人，退休 3845 人（排水管理中心退休人员 2679 人）；退休干部 1202 人，其他退休职工 2643 人。年龄结构：60 岁以下 317 人，61～70 岁 2402 人，71～80 岁 822 人，81～90 岁 289 人，91 岁以上 28 人。党员 619 人。共有 13 个单位建有离退休干部党支部，其中离休支部 1 个，退休支部 11 个，离退休联合党支部 4 个；有 5 个单位离退休党员纳入在职党支部；有 305 名退休党员将党组织关系转入所居住社区党组织。局机关和 6 个局属单位共有离休干部 13 人，其中 81～90 岁的 6 人，91 岁以上 7 人；女同志 2 人；局级 1 人，处级 10 人，科级及以下 2 人。全局有离退休局级干部 16 人。

【离退休干部党建】 全局离退休干部党建工作以习近平新时代中国特色社会主义思想为指导，深入学习贯彻党的十九大和十九届二中、三中、四中、五中全会精神以及习近平总书记关于老干部工作的重要指示精神，深入领会全国离退休干部先进集体、先进个人表彰大会精神，全面落实全国、全市老干部局长会议精神和局党委扩大会议的部署，围绕中心，服务大局，不断推进离退休干部党的建设。

以习近平新时代中国特色社会主义思想为指导，持续深化“不忘初心、牢记使命”主题教育实践活动，不断推进“两学一做”学习教育常态化制度化，进一步加强离退休干部党组织和党员的思想政治建设，紧紧围绕全面建成小康社会、实现中华民族伟大复兴中国梦这一主题，引导离退休干部树牢“四个意识”、坚定“四个自信”、坚决做到“两个维护”，自觉在思想上、政治上、行动上同以习近平同志为核心的党中央保持高度一致，做到政治上绝对可靠、对党绝对忠诚。

充分发挥离退休党组织的主体作用和老干部之家的主阵地作用，加强离退休党员的学习教育。坚持以党的政治建设为统领，把学习宣传贯彻习近平新时代中国特色社会主义思想作为首要政治任务，组织老同志读原著学原文悟原理，引导老同志做习近平新时代中国特色社会主义思想的坚定信仰者和忠实实践者。利用“三会一课”，组织离退休党员学习党的十九届五中全会、《中共中央关于制定国民经济和社会发展第十四个五年规划和二〇三五年远景目标的建议》精神和全市老干部局（处）长会议精神，切实抓好《习近平谈治国理政》（第三卷）和党史、新中国史、改革开放史、社会主义发展史的“四史”学习教育。新冠肺炎疫情期间，按照疫情防控要求，离退处党总支拓宽学习载体，丰富学习形式，组织老同志通过电视电台、手机 App、微信群、微信公众号等新媒体开展网上学习、专题活动、座谈交流讨论、知识答题，增强离退休党员学习的兴趣，扩大覆盖面，增加学习实效性。在市委老干部局组织的“我看脱贫攻坚新成就”主题活动中，局机关退休党员陆铁宝、丛建华等老领导畅谈脱贫攻坚新成就的感受、体会并提出意见建议，其文章被市委老干部局微信公众号选用刊登。全局 120 名老同志、16 名离退休干部工作人员参加“两读一看”线上知识竞答；年老体弱、行动不便的老同志坚持送学上门，全年向老同志发放学习书籍 100 余册。

紧密围绕决战决胜全面建成小康社会、打好疫情防控阻击战和总体战，引导老同志们发挥独特优势和作用，积极弘扬正能量。新冠肺炎疫情发生后，通过微信群引导老同志们响应党和政府的号召，安心居家防护，认真落实好各项防护措施。老同志们纷纷在支部群里介绍各种防护知识和健身知识，推送愉悦身心的文章、音乐、视频，相互鼓励。机关退休一支部书记陆铁宝同志在全国水利系统第一个拿起画笔作画推送到支部群和天津水务书画群中，讴歌党的坚强领导、讴歌奋战在抗疫一线的白衣战士，为武汉加油、为战疫助力，水利部离退休干部局凌先有局长对此给予充分肯定，并决定举办全国水利系统离退休干部抗疫文艺作品网络展览。组织全局老同志参加水利部离退休干部局、市委老干部局举办的离退休干部抗疫网络文艺作品展，共有 12 位老同志创作绘画、书法、诗歌等作品 37 幅（首），歌颂抗疫先锋、时代英雄，歌颂党的领导、人民的力量，凝聚发挥正能量，助力战疫做贡献。全局 615 名离退休党员坚决响应党中央号召，积极为抗击新冠肺炎捐款 117970 元，用实际行动诠释了共产党人的初心使命和宗旨本色，展示了水务老人的无边大爱和上善情怀。

充分发挥老干部工作制度优势，加强离退休干部工作信息化、精准化、规范化建设。“离退休干部工作”和“枫叶正红 与党同行”微信公众号以及“天津老干部”App 作为服务离退休干部的重要载体和老同志们凝聚正能量的网上家园和精神载体，具有发挥政治引领、服务管理、文化养老的作用。离退处结合工作实际，采取多种形式宣传“离退休干部工作”和“枫叶正红 与党同行”微信公众号以及“天津老干部”App，积极组织引导老同志关注和安装，使之成为老干部学习、交流、互鉴的信息平台，并及时用微信将有关文章转发到退休党支部工作群中，供老同志们学习。

【落实政治生活待遇】 以深化“五好”党支部创建工作为载体，认真落实“三会一课”、组织生活、主题党日、教育管理等制度，采取多种方式，开展主题党日、专题党课、支部学习活动。落实离退休党组织工作经费保障、党费使用以及支部书记补贴等制度规定，为离退休干部党建工作提供组织和服务保障。认真落实基层组织选举工作条例，完成离退处党总支、离休干部党支部和退休第二党支部延期进行换届选举有关工作。认真贯彻党支部工作条例，加强离退休干部党组织标准化规范化建设，不断完善离退休干部党支部联络员制度。引导离退休干部党员始终牢记党员身份，自觉做到党的意识不弱化、党员标准不降低、党内生活不脱离。

树立尊老、敬老、爱老的理念，立足职责，用心用情精准服务老同志。利用互联网加强和老同志的联系沟通，坚持定期通报和走访慰问制度，落实老干部政治待遇，坚持领导干部联系老干部工作制度，及时了解和掌握老同志的思想动态和合理诉求。坚持定期向老同志通报天津水务工作完成情况及人事变动情况，严格落实老干部的“知情权、参与权、选举权、监督权”。新冠肺炎疫情期间，通过电话、微信与老同志特别是离休和独居的老同志保持联系，关心他们的生活状况，了解他们的生活所需。组织开展“走千家、进万户、精准服务老干部”活动，结合疫情防控要求，认真研究制定国庆节重阳节走访联系离退休干部的工作方案，采取线上线下相结合的方式开展活动。对离休干部、局级退休干部、2020年患病住院和独居的退休干部为重点进行入户联络走访，对其他人员通过电话、网络进行了联系走访31人，购买8264.91元的慰问品。在抗日战争胜利暨世界反法西斯战争胜利75周年和纪念中国人民志愿军抗美援朝出国作战70周年之际，走访慰问3名健在的抗日战争时期及以前参加革命工作、2名参加抗美援朝出国作战的老战士，向他们发放慰问金和中国人民志愿军抗美援朝出国作战70周年纪念章，送上党和国家的关怀和温暖。

加大对特殊困难离退休干部的帮扶力度，对身患重病、高龄、失能、失独、空巢、家庭负担重等特殊困难的老同志给予特别关爱和照顾，切实做到精准帮扶、应帮尽帮。坚持重大节日进行走访慰问、生日祝寿，切实做好及时报销离休干部医药费、组织老同志体检、看望患病老同志、丧事办理等各项服务工作。新冠肺炎疫情期间，得知老同志患病后，及时联系定点保健医院，安排老同志就医。老同志王济尧去世后，子女因疫情未能回国，离退处积极协助其受托的邻居料理后事。2020年元旦春节期间走访慰问离退休人员、已故局级领导遗孀和困难党员、困难群众198人次，发放慰问金39.5万元。为7名80岁、90岁的老同志发放生日蛋糕券，送上温馨的生日祝福。

坚持完善离休干部“三个机制”，确保离休费和由单位支付的各项费用按时足额发放。坚持离休干部医药费“双月清”制度，确保医药费按规定及时报销，避免离休干部个人垫付大额医药费。认真落实离休干部无固定收入配偶和遗孀各项照顾服务措施。扎实推进离休干部“四就近”服务工作，充分利用街道、社区资源为离休干部服务，使老同志能够更好地就近学习、就近活动、就近得到关心照顾、就近发挥作用。落实并完善老同志来信来访工作机制，耐心做好政策解释和心理疏导工作。

【老干部活动中心】 依托老干部活动中心，组织开展各项文娱活动，为老同志“教、学、乐、为”提供支持和保障。新冠肺炎疫情期间，老干部活动中心严格落实各项防控防疫措施，为确保老同志身体健康决定暂时停止了各项文体活动，并本着坚持疫情防控和服务离退休干部两手抓、两不误的工作原则，通过微信群宣传养生保健知识、开展网上文娱活动，丰富老同志精神文化生活。疫情稳定后离退处第一时间向局疫情防控指挥部提出申请，并按照批复的工作方案及市防疫指挥部有关文件要求重新开放文体活动，满足老同志的需求，顺应老同志的呼声，成立了老干部京剧兴趣小组及相应的党组织，定期在老干部活动中心开展活动。

（离退处）

统 战 工 作

【概述】 2020年，局统战工作的开展在疫情影响下，不打折扣，寻求创新，加大理论学习宣传。

主动服务统战工作大局，注重发现培养和使用党外干部，为巩固党执政的群众基础贡献水务之为。

【民主党派】 截至2020年年底，市水务局共有在职民主党派人士76人，其中处级干部10人，科级干部14人，科级以下干部52人。民革12人、九三学社13人、民盟15人、民建5人、致公党17人、农工党4人、民进党2人、台盟1人、无党派人士7人。全国人大代表1人，河西区人大代表1人，市政协委员1人，河北区政协委员1人，和平区政协委员1人。

引导党外干部参与疫情防控。深入落实市委统战部《关于当前切实做好党外人士思想政治工作的具体措施》，动员党外干部积极投身疫情防控，并做好有针对性的保障和宣传工作，全局共有264名党外干部奋战在下沉值守社区、推动复工复产一线，1名党外人士参加滨海新区大规模核酸检测志愿服务活动，为“双战双赢”做出了积极贡献。

统战理论政策学习。6月30日至7月4日举办全局处级干部培训班，在市台办的大力支持下，邀请市委党校专家就中央对台工作政策开展宣讲及剖析；10月14—16日举办发展对象培训班、10月20—22日举办新党员培训班，分别通过视频课的形式开展统战理论政策培训。10月20—22日举办统战理论政策网络专题培训班。11月23—24日举办党外干部培训班，并组织参训人员交流研讨。2020年组织统战理论政策学习工作实现统战干部和党外干部培训立体化、全覆盖。

党外人才接续培养。推荐市党外代表人士队伍建设“十百千工程”人选6人；配合河西区委统战部推选党外代表人士队伍三个层面人选5人；协助河西区委统战部做好1名党外代表人士的调研推荐工作；为天津市欧美同学会（天津市留学人员联谊会）推荐4名会员人选。

【侨务、民族工作】 截至2020年年底，市水务局共有归侨、侨眷8人，其中归侨2人、侨眷6人。共有少数民族152人，其中满族84人、回族55人、蒙古族10人、白族2人、侗族1人。

（干部处）

新型冠状病毒感染肺炎疫情防控

疫情防控组织推动

【概述】 自2020年初始，市水务局深入学习贯彻习近平总书记关于统筹推进疫情防控和经济社会发展的一系列重要指示精神，全面落实市委、市政府决策部署，从增强“四个意识”、坚定“四个自信”、坚决做到“两个维护”的政治高度，坚持疫情防控和水务发展两手抓两手硬，以供水、排水保障为重点，助力“两战”并重、“双胜双赢”，为全市疫情防控和经济社会发展提供坚实水务保障。

【疫情防控主体责任】 为落实天津市突发公共卫生事件Ⅰ级应急响应，2020年1月28日，成立局疫情防控工作指挥部，由局主要负责人任指挥，局班子全体成员任副指挥，统一领导、统一指挥疫情防控工作；指挥部下设办公室和供水、排水、建设、内保、下沉服务、项目前期6个工作组，层层压实责任，精准化、差异化抓紧抓细抓实各项措施。坚持战时状态、战时思维、战时方法，局主要负责人和班子成员24小时值守，涉及疫情防控的公文、信息、通知即收即办，第一时间将中央和市委决策部署传达贯彻落实到基层；印发《关于落实市委组织部〈关于在新型冠状病毒感染的肺炎疫情防控中充分发挥基层党组织战斗堡垒作用和共产党员先锋模范作用的通知〉的通知》，全局各部门各单位始终坚持战时状态，坚决落实各项疫情防控措施，全力推动各项重点水务工作，切实把思想和行动统一到习近平总书记重要讲话精神上来，以实际工作成果体现水务担当和使命，构筑起天津水务疫情防控坚实防线，为筑牢首都政治“护城河”贡献天津水务力量。

【防控队伍】 2020年1月25日，市水务局党组印发《关于落实市委组织部〈关于在新型冠状病毒感染的肺炎疫情防控中充分发挥基层党组织战斗堡垒作用和共产党员先锋模范作用的通知〉的通知》，充分发挥党组织的战斗堡垒作用，局属各单位党组织、局机关党委共成立21个临时党支部、4个临时党小组，覆盖全体下沉党员。统筹、协调、替换、调整共2批次下沉社区人员、1批次推动复工复产人员和1批常态化下沉社区人员，全局共计1427人次干部职工下沉社区和推动企业复工复产工作。在值守点位张贴“市级机关党员服务岗”标识，党员佩戴党员徽章，亮出党员身份，树立良好形象。局领导班子成员和处级党员领导干部带头捐款，全局党员及离退休老干部广泛响应、踊跃捐款，全局党员自愿为防控疫情捐款共计601635元。局机关党员干部积极开展志愿服务，协助四化里社区执勤值守，做好社区疫情防控工作。

（机关党办）

【疫情防控督办检查】 按照市指挥部关于开展督

办检查有关要求，成立3个督办检查小分队，下沉到宝坻、蓟州区开展工作，形成“1+6”督办检查报告，反馈问题7个，提出意见建议9条，为构筑全市防控工作网络提供了支撑。积极响应市委疫情防控检查指导督导工作要求，成立局督导小组，局班子成员带队下沉西青区开展督导，形成督导检查报告123篇，发现好经验好做法10条，反馈基层防控薄弱点101个，提出改进建议161条，为上级决策和基层工作改进提供了有效参考；同时，协助有关企业解决防控物资紧张、复工人员住宿、复工备案手续办理等问题，提出助推企业复工的具体建议85条，得到相关部门和企业好评。

（局办公室）

【防控宣传】 统筹疫情防控和经济社会发展“双战双赢”，紧扣水务职责任务，配合新闻媒体做好疫情防控期间保障城乡供排水安全等宣传报道，宣传疫情防控、下沉值守、支持企业复工复产工作，累计在媒体渠道刊登（播发）各类报道50多篇。深化支持中小微企业发展等政策解读，局分管负责同志参加我市疫情防控新闻发布会，解读中小微企业污水处理费免征和基本水价降价有关政策；在局外网、政务微博、微信公众号开设疫情防控及支持中小微企业政策专栏，集中发布有关政策文件、解读文章300多篇，方便群众了解疫情防控有关政策，办理减免手续。

积极选树疫情防控中涌现的先进典型，局机关王帅获评天津市优秀共产党员、北三河中心张建超获评市级机关优秀共产党员、排管中心回庆获评疫情防控“天津好人”。

通过水利部网站、市文明网等渠道，大力度对疫情防控中涌现的先进典型进行宣传报道，全局共有47人受到各类媒体报道，收到感谢信72封，彰显了水务人的初心和使命。

（局办公室　机关党办）

【提升水生态环境质量】 有效提升污水处理能力，继续实施污水管网空白区、合流制地区和雨污混接点改造，全市日污水处理能力达到401万吨。深入推进引滦水源保护，实施于桥水库综合治理截污沟二期工程，建设入库沟口湿地，加强于桥水库前置库调度运行，落实水库草藻防控措施，进一步改善引滦水质。全力改善水环境质量，大力推进黑臭水体治理，全市567条黑臭水体全部完成主体工程建设，2020年全市国考断面优良水体比例达到55%，劣V类水体比例降为0，全市12条入海河流全部消劣，水环境质量达到近年来最佳水平。深化河湖长制管理，着力推动河湖长制从“有实”到“有能”，制定河湖长制工作规范，持续开展河湖长培训，深入推进河湖“清四乱”常态化规范化，依法开展联合执法，一般“四乱”问题做到动态清零。

【水务惠企政策落实】 积极落实免征污水处理费和基本水价（非居民）降价工作，市政府出台中小微企业和个体工商户“27条措施”后，按照市发展改革委统一部署，第一时间会同市财政局、水务集团等单位研究相关措施，理顺污水处理费退库程序；2020年3月26日，市水务局印发《阶段性免征污水处理费和基本水价（非居民）降价明白卡》，通过市水务局官方网站、政务微博、微信公众号对外发布，并同步发送各区水务局及相关供水企业。指导自来水集团等重点供水企业优化相关办理流程，开发线上减免手续办理平台，自来水集团、津滨威利雅水业等供水企业自4月1日起通过微信公众号接受企业和商户免征申请，办理减免手续；按照让企业和商户“只申请一次、只跑一次”的原则，市级定价范围内应退还的“10%基本水费”及免征的“污水处理费”可做到同步返还。截至12月31日，全市累计办理139521户中小微企业和个体工商户免征污水处理费和基本水价（非居民）降价工作，涉及水量16054.1万立方米，减免金额31665.3万元。

（局办公室）

疫情防控供水保障

【概述】 为确保天津市疫情防控时期供水安全，市水务局印发《关于加强疫情防控保障供水安全工作的通知》《关于开展疫情防控期间供水安全大检查的通知》《关于全市疫情期间水厂封闭管理的紧急通知》《关于疫情期间加强水质检测的通知》《市水务局关于供水厂疫情防控管理有关工作的通知》《市水务局关于供水厂疫情防控管理有关工作的通知》，优化配置、科学调度、加强巡查、严格检查，全方位加强供水管理。一是优化疫情防控水源调度，优先保障发热门诊医院周边等重点地区供水安全，建立突发事件快速反应机制，全市各供水企业80余支、560余人应急抢险队伍随时待命，确保发现问题及时处置；二是加强供水管理，对全市34座水厂开展疫情防控和安全供水大检查，针对城市供水、二次供水、村镇供水开展系列检查，保障供水安全稳定；三是确保全市供水安全，疫情防控期间天津市自来水日均供水量约270万立方米，水量充足、水质达标，尔王庄、北塘、王庆坨3座城市供水水库全部蓄满，出入库总体平衡。

（局办公室）

【供水管理】

1. 组织水厂封闭管理

2020年2月6日，市水务局向各区水务局、水务集团下发《关于全市疫情期间水厂封闭管理的紧急通知》，要求立即采取“一批上岗、一批备岗”的大轮班封闭管理模式，减少职工感染可能性。同时要求加强内部职工自我防护管理，做好应急人员物资储备，切实保障一线防疫及隔离区域供水安全。做好返津人员管控，向各供水单位下发“疫情期间水厂返津复工人员情况统计表”，对返津人员进行全面摸排，确保水厂运行安全。

2. 加大水质保障力度

向水务集团、各区水务局下发《关于疫情期间加强水质检测的通知》。各供水单位积极协调和落实供水水质检测计划调整工作，加密水质检测频次，结合水厂工艺实际情况，提高水质内控指标，调整出厂水浊度和余氯值，确保水质安全。

3. 做好应急处置工作

全市各供水企业配备80余支应急抢险队伍，560余人，24小时备勤，随时应对抢修任务。及时处置了滨海新区部分水厂大风断电、赛达医药产业园区管网漏水、河东区金月湾小区二次供水抢修等供水突发情况，确保了供水安全。

4. 特殊点位重点保障

2020年1月28日，市水务局向水务集团、各区水务局下发《关于加强疫情防控保障供水安全工作的通知》，要求相关单位做好发热门诊定点医院、隔离管控区域等重点区域的供水保障，发现问题及时沟通第一时间解决，加强对供水管网巡视排查，确保供水持续稳定。水务集团所属津南水务在疫情初期将海河医院供水系统切换为双水源，为持续稳定供水上了“双保险”，抢修人员、机具24小时备勤，全力做好供水保障工作。

5. 加强二次供水管理

市水务局紧随疫情变化，有针对性地对居民小区、学校、办公楼等单位的二次供水水质进行抽查。2020年3月13日，及时向各区水务局下发《水文水资源中心关于做好复工复产单位二次供水保障工作的通知》，要求各区加大检查、监管力度，做好辖区内二次供水安全保障工作，及时上报突发情况。市区两级齐抓共管，确保二次供水设施运行安全和水质安全。

【安全检查】

1. 城市供水检查

市水务局党组书记、局长张志颇带队对安达供水公司、武清区城北及引江水厂、新开河水厂、水务集团进行现场检查，对各单位应对疫情采取的保安全供水措施给予了充分肯定，并对奋战在供水一线的全体职工表示衷心的感谢，同时针对供水安全工作进一步提出要求。局领导杨建图带队对王庆坨水库、曹庄泵站、塘沽中法供水公司进行安全检查，对工作人员表示慰问，提出各岗位人员要进一步做好供水保障工作，确保供水安全稳定。对水厂、营销公司、水表计量检定站、滨水检测技术有限公司等单位疫情防控、安全供水和复工复产等情况进行现场检查。同时，利用微信、电话等多种方式对供水设施运行、水质、服务等情况进行抽查，发现问题及时督促整改。

2. 二次供水安全检查

水文水资源中心领导带队赴华澄公司检查疫情防控和应急抢修工作，慰问一线工作人员并发放防疫物资。年初对各居住小区开展二次供水检查，检查二次供水设施运行情况、泵房安全情况、泵房管理措施及管理人员安全保护情况，要求各管理单位重点对出入口、门把手、阀门开关、排水沟、通风口等部位进行消毒，消除用户对水质安全的顾虑。随着复工复学逐步展开，及时转移检查重点，对学校、办公楼、宾馆酒店等人员密集区域加大检查力度，保障二次供水设施平稳安全运行。电话抽查 1500 余处二次供水设施，均无异常。检查市内六区二次供水设施数量覆盖率达到 50% 以上。

3. 农村供水督查

重点对农村饮水提质增效工程延伸通水的村、单村供水、已拆迁村及仍有滞留户村的防疫工作、水厂封闭管理、供水服务、供水质量等进行安全督导检查，全年开展 1000 余次。各水厂严格落实水厂封闭管理，供水水质正常，设施运行平稳。实现了农村供水良性运行，保障了村镇供水安全。

【供水保障】

1. 做好服务保障

为便捷各单位对重点部位的巡线，汇总发热门诊对应供水单位明细表，发放各单位，为供水管网的巡线工作提供便利条件。依据住房城乡建设部水专项成果，整理并向各供水单位下发了《关于针对目前新型冠状病毒的疫情强化水厂各主要工艺环节运行管理的对策建议》，要求尚未对水处理工艺进行升级改造的水厂，在特殊时期全面加强各工艺环节的运行管理，保障水质安全。及时发放防疫物资。及时向市指挥部申请防疫物资并向各区水务局和供水单位发放。针对疫情形势变化情况，及时推动企业进行复产复工。对水务集团水表计量检定站、凌庄水厂升级改造一期重点工程复产复工及疫情防控情况进行现场督导检查。

2. 降低水价落实惠企政策

为支持中小微企业和个体工商户共渡难关，贯彻落实《市发展改革委关于新冠肺炎疫情防控期间降低中小微企业和个体工商户用水价格（非居民）的通知》《市水务局污水处理费免征和基本水价（非居民）降价明白卡》等文件要求，积极推动各区水务局、水务集团落实减费工作，加大政策宣传力度，确保工作落实到位。减费期间，水文水资源中心领导带队多次赴武清区水务局、华明高新区投资服务中心分别就降低水价落实情况、中小微企业和个体工商户惠企水价政策落实情况进行调研，并到武清供水营业厅现场查看了业务办理情况。同时采用电话、微信等多种方式对水务集团、宁河区、静海区、宝坻区、滨海新区、北辰区等单位疫情防控期间降低水价政策落实情况进行了抽查。

（张　权　权　威　朱　红）

疫情防控排水保障

【概述】 印发《市水务局关于加强排水与污水处理行业防疫工作的通知》，指导各区排水管理部门及有关单位，全面做好抗击和阻隔新型冠状病毒的工作。加强城镇排水系统调度管理。提高污水厂及污水泵站运行负荷，做到污水应收尽收，重点对医疗机构周边（特别是 47 家定点发热门诊医院）的污水外溢事件，做好防护措施，特别强化对海河医院周边的污水外溢事件的应急处置。加强水质监测单位防疫管理，避免发生工作人员因取水检测发生感染。加强应急处置机制落实。市、区排水责任部门及相关单位全面落实属地责任制，在防疫减灾的特殊时期，坚持守土有责、尽职尽责。建立健全新型冠状病毒感染肺炎疫情防控安全领导责任制和应急处置机制，完善工作预案，落实岗位工作责任制，加强领导，积极协调，在市委、市政府及各区政府的统一领导下，通过采取切实有效措施，城市排水及污水处理各项工作顺利开展。

（排监处）

【排水安全保障】 为全面做好疫情防控期间排水工作，最大程度预防和减少排水突发性事件及其造成的损害，全力抗击和阻隔新冠病毒，2020 年 1 月 27 日，市水务局印发《关于加强排水与污水处理行业防疫工作的通知》，编制完善排水行业防疫应急预案，协调解决相关小区污水排放问题，严格落实相关排水措施，及时会商、多措并举确保排水安全。加强排水和污水处理行业监管，强化城镇排水统一调度，各污水泵站全力开车，确保污水应收尽收、进厂处理。加强巡视巡查，以中心城区发热门诊医院、集中隔离点为重点，每日开展巡视巡查，确保发现问题及时处置；指导相关企业制定疫情防控期间污水处理厂应急预案，组织力量深入重点污水处理厂、再生水厂检查防护措施落实和消毒设备、药品使用储备情况，确保防护到位；全市 100 座污水处理厂均正常运行，日均污水处理量约 337 万吨，平均运行负荷率 85%，卫生学指标全部稳定达标。

（局办公室）

【城市排水和污水处理安全保障】 围绕中心城区市属排水设施开展巡视巡查工作，加强污水外溢治理力度，高度重视疫情期间中心城区发热门诊医院及留观点位周边污水外溢问题，日均出动巡视人员 151 人次，巡视车辆 40 车次。共计发现并处理排水问题 71 件，其中市属排水问题 27 件全部落实解决，累计出动排水抢险人员 782 人次，出动抢险车辆 374 车次。非市属排水问题 64 件已通知属地进行督办解决。

严格落实《市水务局关于加强排水与污水处理行业防疫工作的通知》要求，对中心城区污水处理厂、再生水厂以及污泥处置厂落实防疫工作情况及运行管理情况进行监督检查，确保设施设备安全运行，确保操作人员安全防护到位。各污水处理厂消毒药品充足，消毒剂药量及紫外强度加大，加密细菌类指标的检测频率，确保出水细菌指标符合国家标准。

（排管中心）

【农村生活污水处理】 按照局整体工作和防疫工作的总体要求，坚持疫情防控和工作并重，督促指导各区运管单位切实做好村镇生活污水处理站运行和防疫有关工作。要求运维部门结合农村生活污水处理点的处理工艺特点，加强出水水质监测和消毒保障，制定应急处置预案，建立与属地疫情防控指挥部门的联动应急机制。结合依效付费考核、行业管理考核等工作，加强对已移交农村生活污水处理站的监管，对 9 个区的 120 座农村生活污水处理站进行了现场抽查检查，并对发现问题做好跟踪，督促整改。做好各区村镇生活污水处理站运行维护和消毒灭菌情况的每日统计、综合分析，为疫情防控和稳定运行掌握第一手数据，连续发布十二期“天津市村镇污水处理站运行情况月报”。规范监督标准，做好疫情防控常态化监管。研究制定了《天津市农村生活污水处理设施行业管理工作考核标准（暂行）》，包括 14 个类别 38 项具体管理内容。将疫情防控措施、物资物品储备、应急预案等纳入管理内容，做好疫情防控常态化的督促指导。

（灌排中心）

【免征污水处理费】 为贯彻落实《天津市支持中小微企业和个体工商户克服疫情影响保持健康发展的若干措施》，进一步减轻中小微企业和个体工商户用水成本，市水务局多措并举，落实免征污水处理费惠民惠企政策。印发的《阶段性免征污水处理费和基本水价（非居民）降价明白卡》，详细解读降价政策，明确受理范围、办理步骤，并通过市水务局官方网站、政务微博、微信公众号、市疫情防控工作新闻发布会等渠道广泛宣传明白卡，督促供水企业加大宣传力度，并向社会公布咨询和监督电话，确保将政策红利及时传导到中小微企业和个体工商户。为简化办事程序，为加快中小微企业和个体工商户免征污水处理费和降低基本水价办理事宜，印发《市水务局 市发展改革委关于简化疫情期间中小微企业和个体工商户减免水费办理流程的通知》，中小微企业和个体工商户不再提交“承诺书”及证照复印件，改为由执收单位对大型企业名单以外的中小微企业和个体工商户直接免征污水处理费。督办免征污水处理费政策落实情况。通过接听市水务局预留监督电话等途径及时处理用户诉求，确保减免政策落实落地。

截至12月31日，累计办理13.3万余家中小微企业和个体工商户免征污水处理费工作，涉及水量1.57亿立方米，减免金额2.2亿元，降低了中小微企业和个体工商户用水成本。

（排监处）

疫情防控水务工程保障

【概述】 市水务局全面贯彻落实市委、市政府复工复产工作部署，一手抓疫情防控，一手抓复工复产，以“咬定青山不放松”的韧劲，排除解决工程建设堵点、难点，安全有序推进重大项目复工。紧紧围绕民生民心工程、水系联通、水源地保护、今年度汛应发挥度汛效益的重点水务项目，分区域推进中心城区防汛排涝补短板工程积水片改造一期工程全面复工。截至2020年3月13日，市管项目21个在建工地全部复工。

扎实做好工地疫情防控。严格落实水务建设行业监管责任、项目法人首要责任，全面压实天津市复工复产疫情防控措施，突出水务特点，深化“施工围挡”物防、“建设工地疫情防控措施体系”技防、“场内人员24小时管理”人防、“宣传疫情防控知识”思想意识防，打赢工地疫情防控堡垒战。

（建设中心）

【水务工程开工复工】 为最大限度降低疫情对水务工程建设的影响，在做好疫情防控工作的前提下，加快水务工程建设。自2020年2月开始先后印发了《市水务局关于做好市管水务工程复工准备工作的通知》《市水务局关于调整水务工程建设领域农民工工资专用账户拨付比例的通知》等文件，全面组织水务工程开工复工。一是有序推进市级水务工程开工复工，紧紧围绕民生民心工程、水生态环境治理、防汛排水等重点项目，结合工程实际和疫情风险区域划分，实施分类分批开工复工。二是坚持“一项一策”，对泵站、调蓄池、中心城区积水片改造等点性工程实施全封闭管理，对管线、堤防等线性工程生活区、器材区实施全封闭管理，严格落实疫情防控措施“八个到位”和安全生产条件“七个必须”。三是优化施工方案及工序，优先组织机械施工、局部施工和临时工程施工，以“四不两直”方式督促检查建设进展。3月13日市级项目21个在建工地全部复工，复工率100%；计划新开工4项工程全部开工，开工率100%。四是加快督促推动区级水务工程复工，指导各区水务局精准制定复工计划，低风险区全面复工，中风险区逐步有序复工，3月16日各区计划复工项目54项全部复工，建设进展顺利。

（局办公室）

【水务工程疫情防控】 工程建设现场第一时间进入战时状态，制定水务工程防控措施，2020年2月12日，出台《市水务局关于进一步做好水务工程建设领域疫情防控有关工作的通知》，2020年2月7日《市水务局关于做好市管水务工程复工准备工作的通知》，指导21项工程项目法人和施工单位组建疫情防控指挥机构，建立一把手防控工作微信群，实时指导疫情防控和开工复工工作。优化办事流程，制定水务建设行业疫情防控措施方案，进一步简化项目法人组建和招投标、质量安全监督和开工备案办理流程，印发16项备案事项清单和简要操作说明，网上和微信随时解答有关备案问题。实行不见面办理，依托市水务工程建设综合管理平台、水利工程建设交易管理系统，通过协同办公、视频会商等方式加强沟通协调，实现水务工程建设程序“网上办、立即办、不见面办”，同时采取首接负责制和一次性告知制、限时办结制。建立招投标绿色通道，印发《关于做好重点水务建设项目招投标监督管理工作的方案》，梳理市、区两级各类招标公告项目，根据项目紧急程度量身定制招投标方案；协调市公共资源交易中心特辟招标场所，圆满组织实施咸阳路泵站、宁河区两个帮扶村泵站招标。五是强化市场监管，贯彻落实《关于在新型冠状病毒肺炎疫情防控期间隐瞒病史等行为纳入失信监管的实施意见》，制订疫情期间招投标监督方案，确保疫情防控期间交易市场秩序不乱、监管不断。六是出台惠企政策，印发关于调整水务工程建设领域农民工工资专用账户拨付比例的通知，根据水务工程特点实行差别化拨付，有效缓解施工企业资金周转压力；允许将疫情防护物资费用和防护人员工资等纳入建设成本；针对务工人员成本和工程材料成本明显增加的现状，允许调增工程建设成本。

（建设中心）

【助力天津市企业复工复产】 印发《市水务局关于打赢新型冠状病毒感染肺炎疫情防控阻击战进一步促进经济社会持续健康发展相关措施的通知》《关于做好疫情防控期间涉河建设项目审查有关工作的通知》，在做好疫情防控工作的前提下，进一步简化水务审批手续，坚决打赢疫情防控阻击战，促进经济社会持续健康发展。一是积极做好审批服务工作，全方位开展审批服务，开展电话咨询和线上服务，积极主动引导办事群众线上查询办理业务、申报资料；开展信用承诺、容缺受理服务，针对疫情期间无法提供部分申报资料情况，由申请人作出书面承诺后进入实质审批，事后再补交纸质材料；按照要求对中小微用水和排水企业实行包容审慎监管，助力企业复工复产。二是优化涉水相关审批程序，制定相关措施，实行“线上办、不见面、零跑动”和专家评审函审制，建立涉水审批绿色通道，开展24小时电话咨询、线上办理和信用承诺、容缺后补等服务。三是坚持特事特办、快事快办，采取“特事特办”方式，主动为总医院、天津医院、人民医院等10余家发热门诊医院重新核定增加用水计划指标。四是简化排水规划出路手续办理流程，办理周期由3天缩短为1天，要件由5项减少到2项。

（局办公室）

疫情防控水务项目前期工作

【概述】 深入贯彻习近平总书记在2020年2月3日中共中央政治局常务委员会会议上的重要讲话精神以及市委、市政府工作部署，围绕“六稳”，统筹抓好保持经济平稳运行各项工作，在抓好疫情防控工作的前提下，统筹力量抓好水务基本建设项目前期工作和投资计划执行，最大限度降低疫情负面影响，充分发挥水务工程保民生、稳增长的重要作用。

【前期工作推动】 2020年2月18日，印发《市水务局关于在新冠肺炎疫情下做好水务基本建设项目前期工作及投资计划执行的通知》。要求各部门围绕政府工作报告，对打赢精准脱贫攻坚战、永定河流域综合治理和生态修复、大运河文化保护传承利用，以及“736”“875”、碧水保卫战、渤海综合治理攻坚战、农村饮水提质增效、积水片改造、水资源管理、防汛抗旱工程建设、地下水超采综合治理等工作，逐个项目细化实化前期工作方案，实行清单式管理，保证充足的新开工项目储备。创新工作方式，除涉密项目外，尽可能采取函询、微信、电子邮件、视频会议等方式与各方沟通交流意见；对于需要开展测量、地质勘查等外业工作的项目，严格遵守地方防疫工作安排，根据区域疫情发展情况及时优化工作方案；进一步简化水务审批手续，建立涉水审批绿色通道。抓好项目资金计划执行，要求各项目法人精细组织工程实施，逐项明确节点任务及各季度投资完成目标，加快建设进度和投资计划执行，尽快形成实物工作量。

【项目储备及资金筹措】

1. 加快前期工作进度和加强项目储备

为贯彻落实2020年1月4日市政府第87次常委会精神，按照“过紧日子”的原则，结合政府工作报告对打赢精准脱贫攻坚战、永定河流域综合治理和生态修复、大运河文化保护传承利用等工作，以及“736”“875”、碧水保卫战、渤海综合治理攻坚战、农村饮水提质增效、积水片改造、水资源管理、防汛抗旱工程建设、地下水超采综合治理等明确安排部署，对项目进行了多次梳理，按照轻重缓急，提出年度水务基本建设项目，向局党组汇报年度基本建设项目计划安排。向市发展改革委报送了申请中央预算内资金支持项目，报送了市政设施中供水、排水、污水方面的支持项目共18项。配合市发展改革委建立天津市应急管理能力重大项目库，向市发展改革委提供供水和排水工程16项，投资114亿元。

突出保民生、补短板，加快推动水务建设项目前期工作。供水工程方面，重点推动了引江宝坻供水、尔王庄与石化管线联络工程等10项工程前期工作。排水工程方面，围绕消除中心城区积水片，推动了积水地道改造一期工程和二期工程等4项工程前期工作。围绕水污染防治，推动了中心城区市管排水管网混接改造工程、污水处理厂等4项工程。河道治理工程方面，推动北运河未治理段综合治理工程和永定河综合治理与生态修复工程。

2. 加快资金筹措

深入贯彻习近平总书记在统筹推进新冠肺炎疫情防控和经济社会发展工作部署会议上的重要讲话精神，落实落细市委、市政府决策部署，积极谋划水务基本建设项目申请使用专项债券。研究全年重点水务基本建设资金筹措方案，不等不靠、主动出击，分项目类型、资金安排方向，多渠道争取。主动发挥行业主管部门作用，支持水务集团用好用足专项债券政策，协助水务集团申请专项债券资金并做好专项债发行，主动承担资金监督责任，确保资金尽早发挥效益。

（规计处）

疫情防控下沉社区企业服务

【概述】 为应对疫情大战大考，全局党员干部闻令而动、担当作为，局防控指挥部统筹、协调、替换、调整共2批次下沉社区人员、1批次推动复工复产人员和1批次常态化下沉社区人员，全局共计1427人次干部职工下沉社区和推动企业复工复产工作。成立“下沉社区和推动复工复产”督导组，通过“四不两直”方式，对各单位下沉工作进行督导检查，对下沉人员进行走访、慰问和工作状况等情况进行抽查，持续加强对下沉人员教育管理和督查检查，关心关爱职工，保障防护物资等工作，在疫情防控一线彰显水务力量。

【下沉社区、企业】 全局共计1427人次干部职工下沉社区和推动企业复工复产工作，2020年2月17日，局疫情防控指挥部印发《关于做好党员、干部到社区（村）参加疫情防控工作的通知》，明确党员、干部到社区参加疫情防控工作要求；印发《市水务局下沉社区和推动复工复产人员明白纸》（以下简称《明白纸》），要求全局各级党组织要确保将《明白纸》发到每一个下沉人员手中，对下沉干部进行再教育、再培训；通过微信群等方式迅速传达市委、市纪委和驻局纪检监察组关于纪检组织加强对疫情防控工作监督的有关要求，对下沉人员进行警醒教育。

按照推动复工复产要求，2020年3月24日，局机关党办印发《关于全面做好市水务局党员干部下沉一线、成立工作专班、推动中小微企业和个体工商户加快复工复产复业工作的通知》，要求下沉一线党员干部认真学习文件精神，为企业和个体工商户宣传解读和落实国家和我市惠企援企政策，加大《天津市支持中小微企业和个体工商户克服疫情影响保持健康发展的若干措施》的宣传和执行力度，推动中小微企业和个体工商户复工复产复业。及时向企业传达《关于推动新冠疫情防控期间降低中小微企业和个体工商户用水价格政策落实的通知》，并加强政策宣传，从下沉企业和个体工商户了解反馈此政策和污水处理费减免政策落实情况。

【常态化复工复产】 落实好常态化复工复产工作，截至2020年年底，全局仍有117名人员参与常态化疫情防控中。2020年8月17日，市水务局转发市防控工作指挥部复工复产组印发《关于优化完善“132”机制推动帮扶工作常态化的通知》，全力推动企业和个体工商户复工复产。建立及时响应工作机制，将工作方式从每天走访服务转变为定期走访和随时报到相结合，在保证每两周深入一线指导疫情防控和安全生产工作的基础上，采取弹性工作方式，随时为企业和个体工商户解决问题，做到“有呼必应，无事不扰”。加强对复工复产人员的思想教育，使其充分认识到当前新冠疫情的严峻形势，坚决杜绝麻痹思想、松懈情绪、厌战心态，继续做好疫情防控工作。各单位及时掌握复工复产人员动态，定期开展走访慰问工作，为复工复产人员提供相应的物资保障。

（机关党办）

疫情防控后勤保障

【内部疫情防控】

1. 做好信息排查

密切关注疫情发展态势，建立信息排查上报机制，及时对全系统职工在中、高风险地区旅居或者与相关地区人员接触情况进行排查，确保早发现、早隔离、早治疗。

2. 指导局属单位做好疫情防控工作

2020年1月底，陆续印发《关于做好新型冠状病毒感染肺炎防控消毒工作的通知》《关于加强疫情期间公务用车管理的通知》《关于进一步加强新型冠状病毒感染肺炎疫情防控工作的通知》《关于印发工作期间发热人员处置意见的通知》《关于继续做好新型冠状病毒感染肺炎疫情防控工作的通知》《关于申请天津“健康码”的通知》《关于加强常态化新型冠状病毒感染肺炎疫情防控工作的通知》《关于加强疫情防控工作的通知》《关于加强冬春季新冠肺炎疫情防控工作的通知》等系列文件，指导局属各单位做好疫情防控工作。

【日常管理】 做好局机关院区内职工体温监测、每周“健康码”查验工作，特别做好外来办事人员体温监测、查验“健康码”，来访事由、人员信息登记工作。物业、餐饮公司外聘人员按照本单位职工管理。

【食堂及物业公司管理】 做好食堂用餐保障，积极联系肉类、蔬菜、水产品、粮食等食材供货商，落实疫情防控期间供应保障机制。要求餐饮服务人员每日对餐厅进行通风、消毒杀菌。根据疫情发展态势，严格执行禁止堂食、错峰就餐、隔座就餐。严格按照天津市有关要求，禁止采购进口冷链食品，要求餐饮服务公司明确专人进出食堂小型冷库，并定期对相关人员进行核酸检测。组织物业公司做好院区、楼道、电梯、卫生间等公共区域及食堂餐厅日常通风和常态化消杀工作，每日定时对公共区域消杀，并做好相关记录。

【物资保障】 加大疫情防控物资储备，做好物资管理、发放工作，全力为做好机关工作人员，全市供排水行业、水利工程复工复产人员，党员干部下沉社区及复工、复产服务人员个人防护提供保障。为提高体温监测准确性，针对冬季红外线非触式额温枪无法正常工作情况，购置安装热成像自动测温系统，提高体温监测准确性。

（综合服务中心）

各区水务

滨海新区水务局

【概述】 2020年，按照市委、市政府总体部署，在区委、区政府的坚强领导下，在市水务局的大力支持下，滨海新区水务局坚持以习近平新时代中国特色社会主义思想为指导，积极践行习近平总书记“节水优先、空间均衡、系统治理、两手发力”的新时期治水方针和系列治水兴水重要讲话精神，扎实推进滨海新区水资源、水安全、水环境、水生态、水文化各项任务，为建设繁荣宜居智慧的海滨城市提供坚实的水务支撑。

【水资源开发利用】 2020年，滨海新区总用水量6.5368亿立方米，其中生活用水2.2457亿立方米（包括城镇居民生活用水0.5372亿立方米，城镇公共用水1.6599亿立方米，农村居民生活用水0.0486亿立方米），工业用水1.6455亿立方米，农业用水0.4501亿立方米（包括农田灌溉用水0.1034亿立方米，林果灌溉用水0.1439亿立方米，鱼塘补水0.2000亿立方米，牲畜用水0.0028亿立方米），生态环境用水2.1955亿立方米。

2020年，滨海新区地表水总供水量3.3862亿立方米；地下水供水量0.2685亿立方米；非常规水源供水量2.9932亿立方米，其中深度处理再生水供水量0.3938亿立方米，粗制再生水供水量2.0084亿立方米，雨洪水利用量0.0787亿立方米，淡化海水供水量0.5132亿立方米。

【水资源节约与保护】

1. 节水管理

滨海新区通过组织开展节水型企业、节水型小区、节水型公共机构创建活动，充分发挥节水网络作用，加强节水型载体创建宣传引导，扩大节水型单位范围，激发和调动社会各界参与节水的积极性，2020年12月成功入选全国节水型社会建设达标区。2020年，滨海新区节水办联合各街道办事处完成27个节水型居民小区的创建工作，联合滨海新区机关事务管理局完成83个区级公共机构节水型单位创建工作，并通过现场审查。完成9家节水型企业（单位）创建工作。

工业节水减排。全年未审批涉及钢铁、纺织、造纸、建材行业新改扩建设项目新增取水许可项目，未予延展未按期淘汰高耗水工艺、技术和装备的企业和单位。加快实施供水管网改造建设，降低供水管网漏损，全面新建供水管网33千米，督办各供水单位漏损控制工作，全年漏损率控制在10%以下。严格执行特种行业水价，推动特种行业节水。2020年全区执行特种行业水价用户232户，全年抽查供水企业9家、特种行业用水企业64家，均按照特殊水价执行。

节水宣传，普及水效标识知识，深入开展公共领域、居民家庭节水，优先推荐使用已贴水效标识的节水产品，逐步淘汰不符合节水标准的用水器具。全年发放水效标识宣传册400余册。联合滨海新区市场监督管理局开展针对节水型器具联合执法检查活动，未发现销售非节水型器具行为。

2. 地面沉降控制管理

2020 年，滨海新区年平均地面沉降 12 毫米，年沉降量 50 毫米以上区域面积 8 平方千米，完成了市政府下达的年平均沉降量 15 毫米，年沉降量 50 毫米以上区域面积 22 平方千米的指标。

滨海新区现有地面沉降水准点 79 个，CORS 站 2 个，一孔多标分层标 50 个，地下水位长观井 174 个。2020 年开展空中包括 INSAR、CORS 监测、地面包括水准点测量，地下包括地下水位监测及分层标监测在内的地面沉降多维立体监测。开展杨家泊地区分层标及配套设施建设，做好全区范围内地面沉降数据信息获取，为明确现状、找出问题、针对性施策防治提供数据，为地面沉降防治精细化管理打下基础。

滨海新区调整了控沉工作领导小组成员，召开 3 次专题会议，推动落实 15 项 28 条任务措施，印发年度工作要点，结合地面沉降监测成果及年度压采指标编制下发了《2020 年滨海新区控制地面沉降工作细化任务》，为沉降中心区、趋势增长区、功能区及其他地区四部分制定年度指标任务。针对沉降中心开展专题调研，通过水准点测量现状、地下水机井现状、沉降异常点现场踏勘进行汇总分析，结合周边地区地面沉降现状，明确沉降内外因，提出防治建议。2020 年，继续实施基坑疏干排水项目取水许可及控沉备案管理工作，全年办理基坑疏干排水许可 64 个，其中 15 家 5 米以上基坑项目完成控沉备案，7 家缴纳水资源税 232399.8 元。

【水生态环境建设】 区管河道巡查检查。滨海新区坚持统筹谋划、不断完善河道水环境保护制度，严格执行河道取排水管理规定和非汛期禁排规定。不断加大加密河道巡视巡查力度，确保河道巡视人员每 2~3 天至少闭合巡查一遍，同时实现入河排口实时视频监控，实时准确掌握河道及排口情况，发现问题立即处置，坚决杜绝不达标水进入河道。2020 年滨海新区市、区管河道巡查共出动 6643 人次，2395 车次，查处各类水事违法、水污染案件及群众举报案件 27 件。

市、区管河道取排水管理。2020 年市管河道 2 条，取水 9 次，共取水 4687.62 万立方米；排水 44 次，共排水 6998.688 万立方米，均向河系处进行了备案登记。区管河道 2 条，取水 9 次，共取水 37.77 万立方米；排水 36 次，共排水 2651.9456 万立方米，均由各河道管理单位进行了备案登记。

生态补水。2020 年，共计补水 4.19 亿立方米。北大港水库补水 1.45 亿立方米、独流减河滨海新区段补水 1.13 亿立方米、北大港湿地补水 0.36 亿立方米；自潮白新河、永定新河、海河干流上游向新区中部水库、河道片区补水 0.73 亿立方米；自北大港水库、子牙新河向新区南部河道补水 0.52 亿立方米。

【水旱灾害防御】 2020 汛期滨海新区气候形势总体偏差，汛期（6 月 1 日至 9 月 15 日）全区降雨天数 25 天，其中塘沽地区降雨量 432.2 毫米（历史同期 414.3 毫米），汉沽地区降雨量 370.4 毫米（历史同期 377.8 毫米），大港地区降雨量 292.0 毫米（历史同期 401.3 毫米）。9 月 14—15 日，滨海新区普降暴雨，局部大暴雨，最大降雨量出现在新河街，雨量达 148.2 毫米。9 月 23—24 日，滨海新区普降中雨，局部暴雨，最大降雨量出现在开发区，雨量达 98.9 毫米。

截至 9 月 15 日，滨海新区未发生超过警戒潮位的高潮位，未发生海水上溯险情及财产损失情况；未发生长时间大面积沥涝积水，农村没有发生饮水困难和明显旱情。

2020 年 6 月 6 日，区水务局召开水利系统防汛工作会议，调整完善区水务局应急抢险救援指挥部，明确了滨海新区全区 7 条一级河道、10 条二级河道负责人，8 座大、中、小型水库安全度汛三个责任人，3 个蓄滞洪区运用“三级四类”责任人。组建 23 人的防汛专家组、85 人的抢险救援组，修订各类防汛预案规程 29 项。全年成功处置雷电、暴雨预警 39 次，风暴潮预警 6 次，启动防潮Ⅳ级应急响应 2 次、防汛Ⅳ级应急响应 1 次。

结合防控风险点、薄弱环节等变化情况，修订完善7座中、小型水库的调度、防抢、安全度汛方案。完成3个蓄滞洪区运用方案及居民财产登记核查，进一步细化落实了蓄滞洪区运用、群众转移安置、口门扒除等工作措施。针对河道险工段，制订蓟运河、青静黄排水渠、板桥河抢险技术方案、台账及河道调度方案，落实技术支撑责任。

防汛隐患安全大检查。开展4轮防汛隐患大排查，针对排查出的堤防高水位渗水、穿堤涵闸破损等25处问题隐患，制订蓟运河、青静黄排水渠、板桥河抢险技术方案、台账及河道调度方案，全部落实隐患整改措施。

防汛应急保障措施。盘点冻结价值约2500万元的区级防汛抗旱抢险物资，对价值约200万元的超期储备物资进行报废更新、215台套抢险设备进行维护保养。滨海新区防汛应急指挥系统全时运行，241个水文监测站点对全区水、雨、潮情实时监测。2020年4月26日，区水务局与滨海新区应急局、海滨街道办事处、小王庄镇政府在钱圈水库联合开展了2020年水库安全防汛抢险联合演练，参练人员50余人。制作蓄滞洪洪区安全运用明白卡3万余张，发至蓄滞洪区内每一户群众手里。2020年7月14日，会同滨海新区应急局、太平镇政府，开展沙井子行洪道群众转移安置演练，参练群众200余人、车辆5辆。强化协调联动，建立跨境河道防汛调度联动机制，及时掌握上游洪水控泄流量，优化调度措施，科学合理控制河道水位。加强城市排水调度，落实19处积水点“一处一预案”，提前采取“一低两腾空”措施，尽最大努力减少城市积水现象、减少降雨对水环境的影响。

水利工程设施管理维护。完成43条区管河道和3座中、小型区管水库堤防及配套涵闸的养管工作，保证堤防运行安全、涵闸设施启闭灵活。完成82座排水泵站及配套管网等排水设施养护工作，疏通排水管道2609千米，清掏收水井59519座次，检查井53008座次，处置管网污泥6471吨。按照《塘沽、大港老城区排水改造近期建设规划》要求，完成汉沽片区6个点位的混接点改造工程。

【农业供水与节水】 开展农业水权制度改革。按照滨海新区农业水价综合改革工作安排，完成农业水权制度改革工作。改革任务19573.3公顷，2019年年底累计完成6566.7公顷，2020年完成全部改革任务。印发《滨海新区2020年农业水权分配方案》，按照“总量控制，定额管理”的原则，确定滨海新区农业水权总量4969万立方米。将农业水权分配到各街镇，全区131个村级用水主体水权全部确权登记并发放水权证。

【灌区管理】 2020年初，委托天津万君达园林绿化有限公司开展田间试验，专人观测记录灌水试验数据，对田间观测设施进行管护。经测算2020年中塘一灌区和徐庄子灌区灌溉水有效利用系数分别达到0.7138和0.7376。至2020年年底，将东方红灌区、中塘一灌区、中塘二灌区、中塘三灌区、徐庄子灌区、小王庄灌区、太平镇西部灌区、子牙新河灌区、沧浪渠灌区、远景二灌区、港南农场灌区、北大港农场灌区12个不符合灌区界定划分条件的中型灌区予以销号处理，厘清原灌区管理体系，落实街镇属地管理责任。加强13个重点小型灌区用水管理。规范灌区水利工程管护责任和农业用水管理。核实样点灌区典型作物种植情况，新增2个实测典型地块，安装更换12套观测设施。

【水土保持】 滨海新区从组织机构建设入手，成立滨海新区水土保持工作领导小组，结合滨海新区机构改革及事业单位职责调整，设立水土保持科，做到有岗、有人、有责，切实加强生产建设项目水土保持监督管理，有效遏制生产建设活动造成的水土流失。

为确保“三同时”制度的落实，依托“政务一网通系统”，滨海新区水务局与滨海新区政务服务办高效联动，以“即批即管”为原则，将所有已批复项目纳入监管台账，积极参加水土保持方案技术审查会议，与建设单位沟通水土保持工作情况，对重点项目提出要求持续跟进。针对滨海新区各功能区独立审批监管实际情况，先后印发《滨海新区水务局关于做好疫情防控时期水土保持有关工作的通知》《滨海新区水务局关于加强生产建设项目水土保持监督检查的通知》，转发《天津市水务局关于做好天津市2020年水土保持遥感监管工作的函》《天津市水务局关于进一步加强水土保持监管工作的通知》等文件，做好政策解读和技术指导工作，保证滨海新区水土保持工作整体同步推进。

按照“把工作重心切实转变到监管上来”的水土保持工作要求和2019年《天津市水务局关于印发进一步深化“放管服”改革全面加强水土保持监管实施意见的通知》精神，滨海新区水务局创新形式，狠抓落实，对建设项目水土保持工作实施全过程监管。

2020年滨海新区水土保持常规监督检查主要分为两个阶段：第一阶段按照《天津市水务局关于做好疫情防控时期水土保持有关工作的通知》要求，积极采取措施应对疫情，及时与相关生产建设沟通联系，通过文件审核、电话询问等多种形式对大港海滨港西学校项目、北塘九年一贯制学校项目、中塘镇安和路西延等已批复工程持续跟进，了解水土保持工作落实情况，确保监管工作不断档。第二阶段随着疫情逐步稳定，依据《天津市水务局关于开展2020年市批生产建设项目水土保持监督检查的通知》，在配合天津市水务局对市批生产建设项目水土保持监督检查进行告知，要求其按时上报相关资料的同时，全面开展区批生产建设项目水土保持监督检查工作，将所有在建项目纳入监管体系，全覆盖实施监管。2020年度区级共批复项目142个，已采取文件监管37个，电话跟踪监管72个，同时根据实际情况，对铁东区域雨污水排水改造工程、中心桥引河泵站新建工程、中塘示范镇配套项目东区福塘路工程等39个项目进行实地监督检查，对现场发现的管理制度编写不规范，施工、监理合同未明确水土保持内容及现场水土保持措施不到位情况，并督促相关项目按时整改完成。

按照水利部、天津市水务局对生产建设项目水土保持遥感监管工作的相关要求，滨海新区水务局联合各功能区相关单位对遥感发现疑似施工扰动点位进行现场核实查处，2020年度共核查点位270个，确定不合规项目88个，均已下发整改通知，滨海新区水务局将持续跟进，督促整改落实，确保图斑核查工作顺利完成。截至2020年年底共完成整改31个项目。

落实水土保持工作全过程监管，积极开展水土保持设施验收监督管理工作。建立水土保持设施备案台账，对已完成自主验收的项目按要求告知其备案流程及规范，对上报文件进行审核，经审核无误后接受备案，共完成备案项目21个。开展验收核查工作，对已备案重点项目开展验收核查工作，核查前下发通知，核查中程序规范，核查后有核查意见。2020年度共核查国华天津滨海新区小王庄风电场二期工程、天津滨海腾飞路—中沙石化专用站110千伏送出工程、东江路雨污水合建泵站工程和铁东区域雨污排水分流工程4个项目。

滨海新区水务局结合有关宣传和新闻部门运用各种形式广造舆论，宣传水土保持生态环境建设的重要意义。充分利用“世界水日”“中国水周”等时机，向市民宣传水土保持生态环境建设的重要意义和紧迫性，同时积极组织开展水土保持进湿地、进企业等活动，通过一系列宣传活动，取得了良好的宣传效果，全社会的生态环境意识和水土保持观念得到了显著提高，为水土保持工作提供了良好的社会氛围。同时邀请海委水土保持专家尚润阳针对滨海新区实际情况对各功能区、街镇水土保持监督管理人员进行培训讲解，梳理监管流程，明确监管重点。

【工程建设】 中心桥引河泵站新建工程。批复概算总投资24585.49万元，主要建设内容包括：新建排水规模64立方米每秒、供水规模6立方米每秒供排水泵站1座及其配套设施。项目于2018年12月28日开工，于2020年11月完成全部建设任务，具备运行条件。

滨海新区荒地排河治理工程。批复概算总投资3226.42万元，主要建设内容包括：口门封堵、河道清淤、挡潮闸维修、污水处理厂尾水回用。项目于2019年10月29日开工，于2020年5月24日完工，并于8月11日完成单位工程验收。

东方红泵站修缮工程。批复概算总投资4361.74万元，主要建设内容包括：对原址东方红泵站及其配套设施进行原规模改造，泵站规模8立方米每秒。项目于2020年10月开工建设，2020年12月底完成桩基础施工。

南四河水系联通工程。批复概算总投资17013.37万元，主要建设内容包括：对公社河河道进行清淤、复堤，同时对沿河建筑物进行改造。项目于2020年9月开工建设，2020年12月底完成公社河清淤。

黄港湿地生态区水环境综合治理与修复工程。批复概算总投资248401.12万元，其中政府专项债券200000万元。主要建设内容包括：生态蓄水湖工程、黄港湿地水系连通治理工程、黄港湿地生态区水环境提升工程、黄港二库泵站重建工程、东兴隆泵站新建工程、黄港水库堤岸修复工程、黄港一库生态修复工程等。2020年12月底完成生态蓄水湖子项目施工招投标并开工建设。

东方红排干恢复工程。批复总投资2854.99万元，主要建设内容包括：对东方红排干约5.5千米、黑域沟约1.5千米、三岔河约2.5千米进行清淤、河道恢复等。项目于2020年1月开工建设，2020年12月主体完工。

天津市滨海新区2019年度二期北大港库区及移民安置区基础设施项目。总投资875万元，主要建设内容包括：道路硬化9处，长6537米；管涵工程26座（拆除重建穿路管涵1座、新建穿路管涵5座，维修管涵20座）；环境整治工程1处，包括铺设排水管道、配套集水井14座、新建配套涵闸1座、三通检查井1座（含闸门）。工程于2019年11月开工建设，截至2020年底已完成全部建设任务。

天津市滨海新区2020年度北大港水库库区及移民安置区基础设施项目。总投资1734万元，主要建设内容包括：道路硬化22处，长15542米；管涵工程8座（拆除重建穿路管涵7座、新建穿路管涵1座）；泵站3座（拆除重建2座、新建1座）。于2020年10月开工建设，截至2020年底已完成工程总投资80%，预计2021年6月底前完成全部工程建设任务。

【供水工程建设与管理】 滨海新区现有自来水厂11座，设计日生产规模为123.5万立方米；再生水厂11座，设计日生产规模为41.18万立方米；雨洪水中水厂1座，设计日生产规模为5万吨；海水淡化厂4座，设计日生产规模为31.6万立方米。截至2020年12月，滨海新区形成了以外调滦河水、长江水为主，以开发利用再生水、海水淡化水和雨洪利用水等非常规水源为辅，并逐步减少开采深层地下水的多水源优化配置的供水用水体系，有效保障了新区居民正常用水安全、支撑了城镇化和社会经济发展。

滨海新区水务局严格按照《天津市城市供水用水条例》进行供水行业管理，检查督促供水企业规范服务热线受理工作流程、标准、时限，开展问题跟踪服务和回访，切实端正服务态度，提高服务质量。通过8890便民服务热线（滨海新区网格化服务管理平台）、区信访办、区委督办件、人民网、北方网、天津智慧信息系统、政民零距离等政务平台，办理答复信访件4277件，办结率100%。

滨海新区2020年农村饮水提质增效工程涉及海滨街、茶淀街、汉沽街、杨家泊镇、胡家园街、新城镇共36个村，涉及人口约7.3万人。新区共有8项供水工程，涉及汉沽区域的杨家泊镇、汉沽街，大港区域的海滨街。主干管网铺设约33千米，村内管网铺设约307千米，总投资为26259万元，至2020年年底，完成26259万元，占总投资约100%，全部通水。

组织开展各项供水安全检查。适时对各功能区、各供水单位开展安全检查，推动落实属地管理责任和企业主体责任；在重要时期和重大节日期间加强对水源地、水厂运行、二次供水、安全防火、电气设备等重点部位的安全检查。强化供水应急演练。修编完善滨海新区供水应急预案，完成供水单位供水应急预案及备案管理；组织推动供水单位开展应急预案演练和研练，进一步提高应急处置能力。

疫情期间，加强水厂防疫管制，实行封闭式管理。通过加强对供水设施和生产区域环境的消毒，加强水质检测力度。对外服务的18个供水营业厅全部正常营业。窗口启用“一对一”服务，积极推广“网上办”缴费业务，引导用户通过各种线上渠道办理各项涉水业务。供水客服热线不间断，高效、及时解决居民遇到的用水问题，处理率达到100%；同时做好信息公开工作，公示防疫期间饮用水水质状况，普及供水、用水知识，引导居民不信谣、不传谣。

【排水工程建设与管理】

1. 排水工程建设

塘沽渤海石油新村（三供一业）排水设施改造工程。批复概算总投资2399.86万元，主要建设内容包括：5座泵站排水规模由原来8.8立方米每秒提升至10.36立方米每秒。项目于2020年9月15日开工，于2020年12月20日完成全部建设任务，具备运行条件。

铁东区域雨污排水改造工程。批复概算总投资31887.36万元，主要建设内容包括：建设雨水管道9317米，污水管道3569米，建设东江路合建泵站1座，雨水设计流量19.2立方米每秒，污水设计流量0.33立方米每秒。项目于2018年3月31日开工，于2020年12月底完成全部建设任务，具备运行条件。

五大街泵站第二出水管线工程。项目概算总投资6327.23万元。位于开发区第五大街泵站现状出口暗涵至海港公园西侧现状排水暗涵，全长515米。新建1孔3.2米×2米钢筋混凝土泵站出口排水涵连接压力方涵45米，2孔4.5米×3米钢筋混凝土压力排水方涵470米及钢筋混凝土连接及附属设施。工程于2018年6月开工建设，2020年7月完工。

东海路排水管网工程。项目概算总投资3亿元。位于新港四号路及海滨大道布线，起于拟建北海路地道泵站，终点与东海路东侧现状明渠相衔接，全长约5千米，包括排水管网、出水方涵及雨水泵站等。工程于2016年3月开工建设，2020年7月完工。

南排河污水处理厂进水主管网工程。泵站工程：该工程总投资3940万元，泵站位于津沽一线与水线路交口，将污水经提升后排入南排河污水处理厂。工程于2018年12月开工，2019年12月已完工。排水管网工程：该工程总投资约1.56亿元，主线均为顶管施工，长约4500米。顶管管径分为1800~2200毫米。工程于2018年12月开工，截至2020年年底，完成顶管施工3100米，占总数的70%，计划2021年完工。

2. 排水行业管理

2020年，滨海新区养管的市政排水泵站共155座，排水主干管网1434千米，2020年全年累计疏通管道近19万米，维修清掏检查收水井5545座次，改造排水管网（含明渠）12886米，排水设施完好率95%以上。妥善解决排水领域信访件1120件。

3. 污水处理行业管理

2020年，滨海新区污水处理厂建成30座，总处理规模为85.555万立方米每日，2020年污水处理量约为2.29亿立方米，城镇污水处理率为95.18%。滨海新区水务局按照《天津市污水处理厂管理办法》，建立滨海新区污水处理厂管理台账，配合天津市水务局推进城镇污水处理厂在线监测设施建设，加强污水厂出水水质行业监管、执法监督，实现稳定达标排放。协助南排河污水处理厂、大港环科蓝天污水处理厂办理减停运申请，协调财政按时拨付污水和污泥处理费，确保污水处理厂正常运行。

4. 污泥处理行业管理

切实加大污泥处理处置行业管理力度，实现污泥无害化处理。2020 年滨海新区建成污泥厂处理能力为 610 吨/日，污水厂每日污泥产生量约 500 吨左右。严格执行“五联单”制度，实现污泥处置全过程的无缝监管。全区城镇污水处理厂产生污泥全部无害化处理。健全污水处理付费价格机制，提升污泥处置行业市场化发展水平。

5. 市政排水管理

持续推进排水许可制度，加大对排水许可的事中、事后监管力度，2020 年配合区行政审批局办理排水许可 39 件，妥善解决排水领域信访件 1120 件。

【水政监察执法】 开展水法宣传。组织各相关单位在官方网站、微博、微信公众号推送水法宣传相关内容，在微信公众号平台展开宣传，发布宣传材料 10 余条，在微广播中发布 3 篇相关文章，转发达 100 余次，阅读量突破 1600 余次。开展集中送水法上门活动 3 次，共送水法宣传手册 300 余本。

加强执法队伍建设。组织 6 名新行政执法人员开展了行政公共法的学习和考试，完成了 95 名行政执法人员的执法证件的注册，注销水利部水政监察证 34 人、天津市市证 53 人。结合民法典讲解行政执法三项制度，结合重点违法案件、典型案例，以案释法组织学习培训，全年共组织举办各类执法培训活动 5 次。

依法查处水事违法行为。2020 年，共查处“天津环通金属制品有限公司未经水行政部门许可擅自凿井案”等水事违法案件 65 件，收缴罚款 12.8 万元；组织“天津渤天化工有限责任公司拖欠地下水资源费”等案听证会 17 场。上传执法平台各类信息共 6007 件。

【工程管理】 强化河湖管理工作，严格水生态空间管控，滨海新区水务局组织开展水利工程管理范围划定工作。截至 2020 年底，全面完成全区范围内的水利工程管理范围划定，共完成 46 条区管河道、3 座区管水库、44 座国有泵站及 28 座附属闸涵、3 条区域内市管二级河道、4 条全国第一次水利普查目录内街镇管沟渠的管理范围划界任务，划定管理范围界线 831.33 千米。

加强水利工程设施管理维护。全面加强各类水利工程维修保养，完成 43 条区管河道、3 座中小型区管水库堤防及配套涵闸的养管工作，保证堤防运行安全、涵闸设施启闭灵活。完成 82 座排水泵站及配套管网等排水设施养护工作，疏通排水管道 2609 千米，清掏收水井 59519 座次，检查井 53008 座次，处置管网污泥 6471 吨。按照《塘沽、大港老城区排水改造近期建设规划》要求，完成汉沽片区 6 个点位的混接点改造工程。

强化水库大坝安全管理。落实 3 座区管水库大坝安全责任制，明确政府责任人、主管单位责任人和管理单位责任人，组织并完成钱圈水库大坝安全鉴定工作，鉴定结果为二类坝。

加强蓄滞洪区管理。完成 3 处蓄滞洪区运用方案及居民财产登记核查，进一步细化落实了蓄滞洪区运用、群众转移安置、口门扒除等工作措施，并将“蓄滞洪洪区安全运用明白卡”发放到人。同时为提高预案的科学性和可操作性，会同区应急局和属地街镇，重点对蓄滞洪区运用和水库大坝抢险进行了实战演练，演练共动用各类设备 300 余件，人员 300 余名。

营城水库降等报废工作。营城水库坐落于滨海新区中新生态城核心区域，始建于 1973 年，1989 年进行了工程扩建，设计库容 3043 万立方米。水库自 1998 年以来一直未蓄水运用，周边社会经济发生巨大变化，病险问题突出，水库功能、效益基本丧失。鉴于营城水库功能、效益基本丧失的现状，结合当地发展需要，中新生态城管委会城管局依据《中华人民共和国水法》《水库降等与报废管理办法》等法律、法规相关规定，组织中水北方勘测设计研究有限公司编制完成了《天津市滨海新区营城水库报废论证报告》，并于 2020

年4月7日通过了论证报告的专家评审会。

2020年6月9日，中新生态城管委会建设局召开营城水库报废联合验收会，按照相关规定妥善安置了水库职工，处置了相关资产，并通过了中新生态城经济局、财政局、城管局和投资公司的联合验收。经新区政府、中新生态城管委会逐级审批，营城水库完成报废工作。2020年7月6日，滨海新区人民政府就营城水库报废销号备案事宜报请天津市水务局备案。

2020年，滨海新区水务局组织各项目法人单位积极开展水利工程质量提升工作，严格落实工程质量终身责任制，设计工作质量、设计变更管理，水利工程质量提升、规范施工单位质量管理行为、质量检测管理，年度水利建设质量考核，质量管理信息化等。委托滨海新区水政监察支队制定《水务工程建设质量安全监督计划》，并对全部新建水利工程办理质量监督手续。此外，组织各项目参建单位认真做好扬尘控制、农民工工资、非道路移动机械、渣土运输、创文创卫、扫黑除恶等工作。

【河（湖）长制】

1. 河（湖）长制组织体系

2020年，滨海新区有总河（湖）长2名，区级河（湖）长4名，街镇级总河（湖）长41人、街镇级河（湖）长70人，村级河（湖）长202人。全区共有1847条（座）水体，其中市管河道9条、市管水库2座；区管河道44条、区管水库3座；街镇管沟渠712条、坑塘1042座、水库1座、景观湖33座，全部纳入河湖长制管理，实现河湖管理“全面挂长”无盲区。

2. 建立健全制度

修订完善区级责任制度，2020年编制实施《滨海新区市、区管河道取排管理制度》《滨海新区河（湖）长制考核办法实施细则》和《滨海新区河（湖）长制工作责任追究暂行办法》（2020修订版）。

3. 河湖整治专项行动

河道清障专项行动。2020年6月10—12日，联合滨海新区公安局、滨海新区农业农村委、滨海新区生态环境局、天津市有关河系处管理中心、各相关街镇（开发区）开展了对海河、潮白新河、永定新河、蓟运河、独流减河、子牙新河、北排河、沧浪渠、青静黄排水河等河道非法捕鱼船只、非法渔具等问题联合开展集中清理专项行动。共出动工作人员、执法人员505人次，车辆75车次，船只14艘，吊装机械9台次，清理插网、地笼等阻水渔具747个，清理三无渔船161艘。

2020年4—9月，开展2020清河（湖）专项行动，全面排查24个街镇（开发区）139个村的1837条（个）河湖坑塘沟渠，清理整治水面面积34101.069平方米、水面插网217处、水面地笼132处，堤岸生活垃圾1649立方米、堤岸建筑垃圾899.01立方米、堤岸工业废弃物0.6吨、堤岸非正规垃圾堆放点12个、堤岸旱厕18个，其他废弃船只28条。

“清四乱”常态化规范化工作。研究制定《滨海新区关于深入推进河湖“清四乱”常态化规范化的工作方案》，对全区各街镇（开发区）开展全覆盖“四乱”问题排查。共排查问题203处，完成清整88处，纳入长效管控104处，11处问题推进整治中。2020年9月10日、10月26日区水务局先后联动属地街镇、公安局、塘沽河道所、汉沽河道所、大港河道所等，清理独流减河河心涉津南区、西青区“飞地”的7处集装箱、彩钢房乱占乱建问题。

河湖水生态环境和水资源保护专项行动。2020年8月18日，与区检察院联合印发《滨海新区人民检察院、滨海新区河（湖）长制办公室关于开展河湖水生态环境和水资源保护专项行动的实施方案》，开展为期1年的专项行动。检察机关运用公益诉讼等职能、两法衔接等手段，协助推动河（湖）长制工作落实。专项行动期间，区检察院可登录滨海新区河长制信息管理平台，共享区河长制工作信息，双方召开工作会议3次，对“清四乱”难点问题进行梳理研判，助力“清四乱”工作。

4. 考核督查

暗查暗访和监督考核，将河长制落实情况纳入“三考合一”考评体系，会同区委专项办、区委督查室开展5轮现场检查暗访，下发整改通知单76份，挂牌督办通知单15份，印发通报函23份、提醒函27份。

5. 宣传工作

会同区委宣传部、融媒体中心，加大对河湖长制的宣传力度，在《人民日报海外版》《滨海时报》《中国商报》《科技日报》等主流媒体和新媒体上宣传共656次，其中报刊4次，广播7次，电视8次，网站、微信、微博110次，进农村、进社区137次，发放宣传册92次，张贴横幅67次，乡村广播216次，讲座、会议等其他形式15次，不断提高全区河（湖）长制知晓率和支持率。

6. 河（湖）长制培训

为提高各级河（湖）长履职能力，促进各河（湖）长制领导小组成员单位联动合作，滨海新区于8月6日下午召开了滨海新区2020年河（湖）长制工作培训专题会议，区河（湖）长办邀请了天津市河（湖）长制办公室常务副主任闫学军授课。此次培训有区河（湖）长制领导小组各成员单位16人、各级河（湖）长251人、各级河（湖）长办工作人员86人，共353人参加。

7. 2020年“优秀河长 最美河湖”评选表彰

按要求开展“优秀河长 最美河湖”评选推荐和宣传工作，通过在2019年、2020年度河（湖）长制考核总排名靠前和总体表现较好的河（湖）长中筛选“优秀河长 最美河湖”。经市河（湖）长办综合评比并经市河（湖）长制工作领导小组同意，决定授予滨海新区北塘街河长乔柏林乡镇（街道）级“优秀河长”称号、新城镇营房村王玉刚和古林街官港第二社区居委会许立文2人村级“优秀河长”称号；授予滨海新区中新生态城静湖、天津空港保税区空港景观湖“最美河湖”称号。区河（湖）长办会同区融媒体中心，加大对受表彰的“优秀河长”“最美河湖”称号的单位和个人进行宣传报道，通过在《滨海时报》、滨海电视台等主流媒体和新媒体上进行先进事迹广泛宣传，使受到表彰的河（湖）长珍惜荣誉，再接再厉，不断提升河湖水生态环境质量。

【水务改革】 2020年9月24日，区委编委《关于改革调整区水务局所属公益类事业单位有关问题的通知》对滨海新区水务局所属公益类事业单位进行改革调整。

1. 整合组建的事业单位

整合天津市滨海新区塘沽排灌管理处、天津市滨海新区汉沽排灌管理站、天津市滨海新区大港排灌管理站、天津市滨海新区汉沽营城水库管理所、天津市滨海新区大港钱圈水库管理所、天津市滨海新区塘沽水务物资站、天津市滨海新区塘沽排水管理所、天津市滨海新区塘沽泵站管理所、天津市滨海新区塘沽排水收费管理所、天津市滨海新区汉沽工业污水排放管理所、天津市滨海新区汉沽排水所、天津市滨海新区大港污水处理费收缴管理中心等12个事业单位，组建天津市滨海新区排灌事务中心，为区水务局管理的事业单位，规格为正处级，经费形式为财政补助，划入公益一类。核定事业编制140名。

整合天津市滨海新区汉沽节约用水管理服务中心、天津市滨海新区大港节约用水事务管理中心、天津市滨海新区大港供水站、天津市滨海新区塘沽河道所、天津市滨海新区汉沽河道所、天津市滨海新区大港河道所、天津市滨海新区塘沽水资源管理中心（天津市滨海新区塘沽控制地面沉降管理中心、天津市滨海新区塘沽水土保持站）、天津市滨海新区塘沽农村水利技术推广中心（天津市滨海新区塘沽水利工程建设管理中心）、天津市滨海新区汉沽水利工程经营管理所、天津市滨海新区大港水务物资站等10个事业单位，组建天津市滨海新区河长制事务中心（天津市滨海新区水资源事务中心、天津市滨海新区控制地面沉降事务中心），为区水务局管理的事业单位，规格为副处级，经费形式为财政补助，划入公益一类。核定事业编制 451 名。

2. 保留的事业单位

天津市滨海新区汉沽自来水管理所核定事业编制 23 名，核定科级领导职数 1 正 2 副。

3. 撤销的事业单位

撤销天津市滨海新区汉沽水利工程经营管理所、天津市滨海新区汉沽营城水库管理所、天津市滨海新区大港钱圈水库管理所、天津市滨海新区塘沽农村水利技术推广中心（天津市滨海新区塘沽水利工程建设管理中心）、天津市滨海新区塘沽排灌管理处、天津市滨海新区汉沽排灌管理站、天津市滨海新区大港排灌管理站、天津市滨海新区塘沽水务物资站、天津市滨海新区大港水务物资站、天津市滨海新区汉沽节约用水管理服务中心、天津市滨海新区大港供水站、天津市滨海新区大港节约用水事务管理中心、天津市滨海新区塘沽水资源管理中心（天津市滨海新区塘沽控制地面沉降管理中心、天津市滨海新区塘沽水土保持站）、天津市滨海新区塘沽排水管理所、天津市滨海新区塘沽排水收费管理所、天津市滨海新区汉沽排水所、天津市滨海新区大港污水处理费收缴管理中心、天津市滨海新区汉沽工业污水排放管理所、天津市滨海新区塘沽泵站管理所，整合天津市滨海新区塘沽河道所、天津市滨海新区汉沽河道所、天津市滨海新区大港河道所。

调整后，区水务局所属事业单位由 23 个调整为 3 个；事业编制由 985 名精简为 614 名。

【精神文明建设】 2020 年，滨海新区水务局认真贯彻落实《新时代公民道德建设实施纲要》和《天津市文明行为促进条例》，围绕滨海新区创建文明城区目标任务，广泛开展精神文明创建活动，努力提高全社会文明程度和全系统干部职工素质，为滨海新区成功创建全国文明城区提供坚强有力的水务支撑。2020 年针对疫情防控形势任务，采取线上为主、线下为辅的方式，围绕“世界水日”“中国水周”“防灾减灾”和“倡导绿色生活”等主题，开展宣传纪念活动，网上节水知识问答阅读量约 3500 人次，短视频及宣传口号累计播放 3000 余次；线下制作宣传展板、宣传条幅 40 多条（块），发放宣传册 10000 余册。积极发挥党建引领作用。党委先后 9 次研究创文工作，组织机关及基层党组织 347 名党员到社区报到，开展“习近平新时代中国特色社会主义思想进机关”专题党课活动 1 次，局属各级党组织开展“认领一片绿地、共创一方文明”认领绿地活动，共认领绿地 345 平方米，主动参与创文攻坚、美丽滨城创建工作，发挥了党组织在创文工作中的战斗堡垒作用。在创建全国文明城区过程中，区水务局深入发掘优秀典型事例，切实发挥榜样引领工作。滨海新区水务局荣获创建全国文明城区先进集体，杨子勇荣获创文先进个人，大港河道所荣获 2018—2020 年度滨海新区文明单位称号。充分发挥工会、团委、妇联组织作用，积极开展“垃圾分类”“文明守信公民”“五好家庭”“模范机关创建”和争创“最美和谐家庭”活动。

【队伍建设】

1. 局领导班子成员

党委书记：刘振江

党委委员：王红卫　李振河

局　长：刘振江

副局长：王红卫　李振河

2. 机构设置

局设 5 个室和 3 个基层事业单位。

机关室：办公室、党建工作室、水资源管理室（区节约用水办公室）、河湖保护室、排水监督室（防灾减灾室）。

基层事业单位：天津市滨海新区排灌事务中心、天津市滨海新区河长制事务中心（天津市滨海新区水资源事务中心、天津市滨海新区控制地面沉降事务中心）、天津市滨海新区汉沽自来水管理所。

3. 人员结构

2020年，滨海新区水务局在职人员545人，退休52人，辞职2人。其中局机关编制30名，在职38人（公务员36人，工勤2人）。人员按学历分：研究生及以上学13人，本科19人，大专学历4人，中专、高中及以下学历2人。按年龄结构分：35岁及以下10人，36~45岁5人，46~54岁11人，55岁以上12人。局机关退休职工105人。

事业单位编制614名，在职507人。人员按学历分：本科及以上学历328人，大专学历72人，中专学历36人，高中及以下学历71人。按职称分：正高级工程师2人，高级工程师31人，工程师65人，助理工程师102人，技术员2人。按年龄结构分：35岁及以下72人，36~45岁207人，46~54岁141人，56岁以上87人。事业单位离退休职工950人。

滨海新区城管委拟划转区水务局职工60名、退休职工113人。

4. 先进集体、先进个人

滨海新区水务局被滨海新区精神文明建设委员会评选为创建全国文明城区先进集体。

大港河道所被滨海新区精神文明建设委员会授予2018—2020年度滨海新区文明单位称号。

杨子勇被滨海新区精神文明建设委员会评选为创建全国文明城区先进个人。

【疫情防控】 滨海新区水务局以战时机制投入抗疫大局，建立疫情防控常态化体系，坚持“四个原则”、健全“四个机制”，全区11家供水厂、30家污水处理厂和75个泵站管理单元，封闭管理，轮岗值守，确保战时供排水安全。同步抓好23处供水营业厅门店和系统内部办公场所的防疫检查排查，以疫情防控重塑社会治理新格局。发挥各级党组织和广大党员的战斗堡垒作用和先锋模范作用，水务系统356名党员干部、志愿者下沉村居。组织“突击队”于2020年11月20日凌晨开赴东疆逐户排查登记、防控宣传，机关全体党员37名干部下沉社区，助力“滨城大筛”。推动建设项目开工复工、市场主体复产复业。制定水务领域复工复产方案和应急预案，实行“日报告、零报告”制度，推动15个水利建设工地开工复工，实现应开尽开。出台实施《中小微企业和个体工商户水费减免办法》，免征污水处理费，降低基本水价，为2993家中小微企业减免水费4687.7万元。

（雷恩琦）

东丽区水务局

【概述】 2020年，东丽区水务局深入贯彻落实习近平总书记提出的“节水优先、空间均衡、系统治理、两手发力”新时期治水方针，积极践行水利改革发展总基调，统筹推进疫情防控和水资源、水环境、水安全等各项工作落实落地。水资源节约管理更加严格，全面落实“节水优先”方针，抓好计划用水管理，推进节水型载体创建，深化节水宣传普及，严格地下水管控，加大再生水利用力度，东丽区成功创建节水型社会建设达标县（区），水资源支撑保障能力进一步提升。水生态环境建设标本兼治强力推进，排水行业监管更加严格规范，完成11条黑臭水体治理任务，推进二级河道水生态修复，组织开展清河（湖）专项行动，推进河湖“清四乱”常态化规范化，进一步深化河（湖）长制管理，全区域基本消除黑臭，水生态环境持续改善。圆满完成水旱灾害防御任务，汛前准备扎实有效，雨情应对迅速有力，抗旱工作落实到位，防灾减灾能力不断提升。水利工程管理提质增效，完成《东丽区水务发展“十四五”规划》编制，规范河湖岸线管理，完成区管泵站管理范围划定，推进泵站管理制度化、规范化，抓好水库安全运行管理，水利工程保生态惠民生促发展的作用进一步发挥。水土保持工作水平稳步提升，建立健全相关工作制度和运行机制，强化水土保持方案刚性约束，全方位加强生产建设项目水土保持监管，开展水土保持集中宣传，坚决遏制人为水土流失。坚持依法行政，水行政执法力度明显加大，深入开展水法律法规宣传普及，注重执法队伍培训，推进法治机关建设，依法治水管水能力不断增强。政务服务水平不断提升，服务理念进一步强化，积极帮助企业和群众协调解决涉水问题，落实惠企政策，助力企业复工复产，全面推进以信用为基础的新型监管机制，水务扶贫帮困成效明显，树立了水务行业良好形象。扎实开展新冠肺炎疫情防控，全面落实疫情防控各项措施，全力支援社区和隔离留观点疫情防控，在大战大考中展现出水务担当。圆满完成局属公益类事业单位改革。全面加强科技教育、精神文明建设及干部队伍建设，不断提升水务队伍整体素质与能力，为各项工作任务圆满完成提供组织保障。

【水资源开发利用】 严格地下水管控。严格执行地下水禁采区和限采区规定，严格执行取水许可和水资源论证制度，实行地下水取水项目地面沉降“一票否决”制，禁止工农业生产及服务业新增取用地下水。2020 年无新增取水许可，全年实际用水量为 83.2 万立方米，较上年减少 104.8 万立方米，用水总量同比下降 55.7%。推进企事业单位实施地下水水源转换工作，通过水源切改、企业拆迁转消防备用等手段，完成 46 家企业的水源切改工作。加强机井管理，及时封填停用及报废机井，全年累计回填机井 73 眼，截至 2020 年底东丽区共有机井 273 眼。

推动再生水利用。区水务局立足天津市水资源紧缺的实际，深入贯彻落实《天津市打好污染防治攻坚战再生水利用专项方案》工作要求，以实现污水资源化利用为目标，进一步规范东丽区再生水利用管理，积极督促各用水企业科学使用再生水并做好统计上报工作。2020 年全区完成再生水利用总量 4955 万立方米，超额完成市水务局下达的 3387 万立方米年度任务指标。

【水资源节约与保护】 全面落实“节水优先”方针，按照以水定需原则，不断推进东丽区节水型社会建设，进一步提高水资源节约能力。按照市节水办下达的年度用水计划，对纳入计划用水考核范围的自来水和地下水用水户进行计划用水考核，共核定用水户 336 家，分配指标 1381.34 万立方米。东丽区以节水统计季度报表和重点监控单位月用水报表为考核依据，对纳管用水户进行考核，用水报表由各用水单位填报，区节水办进行审核汇总上报。组织开展用水统计调查和取用水管理专项整治行动，建立用户名录 50 家，完成 70 处取水口门登记工作。完成 4 家节水型企业（单位）（天津市芭而蒂服饰有限公司、天津平高智能电气有限公司、天津新兴数字电子有限公司、天津滨海创意投资发展有限公司）、9 家节水型居民小区（东丽湖赏湖苑、东丽湖揽湖苑、东丽湖万科城观澜苑、东丽湖万科城揽湖别墅、东丽湖万科城一期、东丽湖万科城二期、东丽湖万科城三期、温泉公寓、华明家园小区）创建工作。东丽区顺利通过水利部县域节水型社会达标建设复核验收，被水利部命名为第三批节水型社会建设达标县（区），在天津市第一批完成县域节水型社会达标建设工作。完成 7 家企业（单位）水平衡测试工作。按照水利部和市水务局相关文件要求，从严从实开展节水评价工作，从源头把好节水评价关，对水资源论证报告等严格审查，规范节水评价登记台账管理，完成 32 份水资源论证（用水报告书）节水评价审查。组织开展节水宣传活动，在严格落实疫情防控措施的前提下，利用“世界水日”“中国水周”“全国城市节水宣传周”等契机，采取线上线下活动相结合的方式，宣传普及节水法律法规、节水常识等，全年累计开展节水宣传 20 余次，发放节水宣传材料 2200 余份，全民节水意识日益提高。克服疫情困难，严格按照水利部县域节水型社会达标建设复核标准，逐项对照完善复核材料，按时将整编材料上报水利部海河水利委员会。

【水生态环境建设】 2020 年，区水务局结合职能职责，注重协调联动，强化排水监管，持续开展水生态修复，推进河湖“清四乱”常态化规范化，实现全区河湖水生态环境持续向好。

严格规范落实排水监管。依据《天津市东丽区排水专项规划（2018—2035 年）》，做好新建管网的规划指导，提供规范的评估审核意见，完成对金钟街仁通路（雨水管道）、军粮城街示范小镇一期农民还迁住宅建设项目、新建驯海路（先锋东路—新裕路）规划方案的审核工作。依据《东丽区加强城市排水管理工作指导意见》推动养管责任落实，将城市排水设施管理工作完成情况纳入区河（湖）长制月度考核。组织各街道和设施养管单位开展春季和秋冬季养管会战、汛前管网养护、雨污串流大排查、乱泼乱倒整治等专项行动，将治理工作常态化落到实处。强化污水处理行业指导监督，每月对 3 座区管城镇污水处理厂开展一次出水水质消毒、检测，每季度开展一次安全检查，确保了全年正常运行。严格排水许可管理，推动落实排水许可承诺制，对持证排水户开展排水水质检测，保障城市排水安全平稳。

持续推进黑臭水体整治。在巩固前期黑臭水体治理成效的基础上，全力推动剩余 4 条黑臭沟渠整治工作。指导属地街道通过安装一体化处理设备、增置曝气增氧设施和垃圾清理等手段，多措并举开展黑臭水体治理工作。截至 2020 年 7 月，完成金发道边渠、南何庄一号地大渠、大毕庄 421 渠和大毕庄铁道南渠 4 条黑臭沟渠主体工程治理任务，提前完成市水务局下发的黑臭水体治理任务，并顺利通过专家验收，完成治理后评估工作，治理进度在全市位居前列。

二级河道水环境面貌持续改善。通过曝气增氧、生态浮床等手段，巩固前期河道治理成效，提高水体自净能力，逐步恢复良好、可持续的河道水生态系统。2020 年，东丽区 6 条区管二级河道顺利通过市生态环境部门组织的全市黑臭水体交叉监测工作。二级河道水环境面貌得到明显改善，形成了自然环境和谐、人文景观优美、生态宜居的河道水环境，对促进周边环境、经济发展、民生民计等起到了良好的推动作用。

推进河湖“清四乱”常态化规范化。积极落实天津市 2020 年第 1 号总河（湖）长令的要求，推进河道管理范围内“乱占、乱采、乱堆、乱建”问题治理，2020 年完成水利部、市水务局反馈点位、日常巡查发现点位及“清四乱”专项行动一、二批次遗留点位整改工作，形成一级河道、二级河道、街村沟渠全覆盖，全年共清理“四乱”问题 71 处。

【水务规划】 2020 年，以中共十九届五中全会精神及《中共天津市委关于制定天津市国民经济和社会发展第十四个五年规划和二〇三五年远景目标的建议》为指导，结合东丽区实际，完成《东丽区水务发展“十四五”规划》（初稿）编制工作，明确 2021—2025 年东丽水务改革发展的任务目标，从水环境建设、排水、水资源利用建设、管理能力建设四个方面进行谋划，为“十四五”期间东丽区水务工作发展提供规划支撑。

【水旱灾害防御】

1. 雨情汛情

2020 年，东丽区全年降水天数为 61 天，降水量 600.2 毫米，比上年同期降水量 430.1 毫米同比上涨 28.3%，比多年平均降水量 545 毫米上涨 9.2%。汛期降雨 382.8 毫米，与上年同期降雨量 372.1 毫米基本持平，比多年平均降雨量 434.7 毫米下降 11.9%。

2020 年汛期，东丽区先后启动了 6 次防洪Ⅳ级预警响应。最强降雨出现在 7 月 31 日至 8 月 1 日，24 小时全区平均降雨量 82.4 毫米，最大降雨量出现在无瑕街地区，降雨量达 134 毫米。

2. 防汛

防汛物资、队伍。区水务局作为区防指成员单位，积极落实各项工作职责。落实区级防汛物资增储，补充应急工作灯 6 盏、排水泵 4 台套、帐篷 10 顶等，同时对排水泵、泵车、发电机等机械设备进行了检修维护。重新组建防汛抢险技术指导分队，并于6月组织开展防汛培训暨应急排水演练。

防汛信息系统抢修维护。对防汛水雨情系统、视频监视系统等各系统进行检修维护，共完成检修调试3个视频会议系统、37路视频监视系统、12座雨量站、13座水位站、10座泵站运行监控站，确保防汛指挥中心正常运行。

排水设施维修维护。区水务局对10座国有排水泵站进行检修维护，完成机泵检修、闸门启闭机除锈防腐、电气设备预防性实验、泵站试运行和闸门试启闭等，确保各泵站随时开车排水。在汛前和汛中定期开展排水设施检查，梳理存在问题，及时完成整改，并做好设施维修维护及试运行工作。

应对强降雨。坚持24小时值班和领导带班制度，做好河道、泵站、涵闸的指挥调度，全面做好应急排水措施。2020年，东丽区有效降雨天数较多，但降雨较平稳，在几场较大降雨中，区水务局及时进行动员部署，积极主动与市水务部门、区应急管理局、区气象局等沟通对接，全力做好泵站开车排水、河道水位巡视、排水抢险等各项工作。针对积水严重、排水困难的区委党校区域，及时派出抢险组，调运移动排水泵车支援排水，有效发挥应急排水技术支撑作用，保障了全区积水及时排除。

3. 抗旱

开展抗旱工作，做好各种抗旱设施的维修养护，及时合理调度水源，为农田春耕生产创造了良好的墒情条件。根据市政府下发的《天津市土壤污染防治工作方案》要求，保护灌溉水水质安全、预防土壤污染，加强水质监测，做好东丽区2个地下水点位和15个地表水断面的水质检测工作。经检测，东丽区灌溉水水质处于较好水平，符合农业灌溉用水的标准。

【水土保持】 2020年，东丽区持续加大监督检查工作力度，完善审批部门与监管部门工作联系制度、生产建设项目水土保持方案许可的技术审查管理制度、生产建设项目水土保持方案许可的工作联系制度等相关制度，构建起审批权、监管权既相互分离又相互协调的运行机制。组织开展3次水土保持宣传教育行动，引导全区民众充分认识水土流失的状况和危害，了解水土保持在经济社会发展中的重要地位和作用。强化水土保持方案刚性约束，配合区政务服务办审查新建项目水土保持方案39个。创新监管方式，依托卫星遥感和组织现场核查、暗访督查等方式，实施生产建设活动常态化全过程精准监管，联合第三方专业技术单位现场复核疑似违法扰动图斑172个，对51个已通过水土保持审批的生产建设项目，做好施工、监理、监测等全方位日常监管，发现问题及时督促相关单位整改到位。加强生产建设项目水土保持设施自主验收监管，验收备案核查4个。在2020年度天津市水土保持目标责任考核中，东丽区排名全市第一，获得优秀等次。

【工程管理】 河道管理范围划定。按照水利部、市河（湖）长办关于划定河湖管理范围有关要求，结合水利普查成果资料，完成区内13条河道、1座中型水库河湖管理范围划定工作，划定成果分别于10月16日、12月7日通过区政府网站进行公告。同时，对区管河道、泵站、水库组织开展界桩埋设工作。

水闸安全鉴定。根据《水闸安全鉴定管理办法》，2020年对区管袁家河1号节制闸、袁家河2号节制闸、新地河节制闸、东减河北环铁路闸、航空产业区中河节制闸、东河泵站进水闸桥6座区管水闸组织开展安全鉴定工作。通过安全鉴定，东减河北环铁路闸为一类闸，东河泵站进水闸桥为三类闸，其余4座为二类闸，为下一步组织开展维修工作奠定基础。

水库管理。新地河水库管理所强化责任落实，抓好水库安全运行管理。加强水库管理制度化、规范化建设，按照水利部要求编制并报批了《水库调度规程》《水库大坝防汛抢险预案》《水库大坝安全管理应急预案》《水库预测预报预警预案》，整理完善了16项水库管理制度，对提高水库预警和应急处置能力提供了规范指导，为做好东丽湖地区防汛工作起到至关重要的作用。完成水库防汛演练，针对水库出现管涌、溃坝、人员落水等情况进行了实际演练，增强了水库工作人员处置风险的能力。严格落实汛限水位，汛前完成了新地河水库降水工作，汛期确保控制汛限水位1.5米以下，为东丽区防汛做好以蓄代排准备。认真落实以行政首长负责制为核心的防汛抗旱责任制，河长制各成员部门单位明确职责任务，熟悉工作情况，落实责任、预案、队伍、物资等各项措施，逐级落实包保责任制、岗位责任制，一级抓一级，层层抓落实，确保了东丽湖地区安全度汛。利用汛期降水，适时开泵对水库水质进行调换，总计调换水量约370万立方米，确保了景观用水需求，避免了蓝藻暴发。

【排水工程建设与管理】 区管泵站管理人员派遣制改革。按照东丽区事业单位体制改革的要求，2020年1月9日，区编委、区水务局、区排水处召开排水处人员安置接收大会，并于1月底完成区排水处60名人员接收及岗位分配工作。同时进一步规范泵站管理工作，制定值班、卫生、安全、操作等管理制度，制定《东丽区水务局泵站管理考核暂行办法》，针对泵站管理中容易出现的14种违规行为，制定记分细则，对全体泵站管理人员进行量化考核管理。

【科技教育】 2020年，区水务局有序开展科技兴水及培训教育工作。扎实组织开展科普集中宣传月活动。走进西河泵站、中河泵站和东河泵站宣传普及安全生产知识，并对泵站安全责任制、安全管理情况、消防设施、用电安全和安全保卫等进行检查，引导泵站工作人员牢固树立“安全第一”的思想，确保泵站设备安全运行。走进西河沿岸和四合新城小区，开展爱护水环境、节约用水宣传活动，现场悬挂横幅2条，向群众发放节约用水、水土保持、河长制等科普资料200余份，发放节水宣传挂图20余张，现场解答群众咨询，用贴近群众生活的方式和语言宣传水务科技知识，引导广大群众依法用水、保护河道、珍惜水资源、维护水生态。

组织水利学会会员参加天津市水利学会2020年学术年会论文征集活动，水务系统会员围绕城乡供水、防汛排水、水资源管理、水环境污染等涉水突出问题，开展研究分析，提出了可行性解决方案，为规划设计和管理提供借鉴和参考，全系统共上报征文3篇。

组织全体公务员参与网上学法用法活动，组织下属事业单位干部职工参加天津市专业技术人员和管理人员继续教育网络培训，组织举办水行政执法、水土保持等专题培训，组织开展消防、预防硫化氢中毒、建筑施工、水闸危险源辨识等专题安全培训7次，着力提升干部职工的业务水平和综合素养，为更好地开展工作奠定基础。

【水政监察】 2020年，区水务局坚持将水政执法作为保障水务行业健康发展、守护水生态文明建设的重要手段。严格落实执法监督，加大重点水利设施、重要河道等重点领域行政执法力度，加大执法巡查频次，严格执行河道日常巡查记录制度，水行政处罚案件8起，均已结案，有力维护了正常的水事秩序和良好的水环境。开展“护河2020”专项执法行动，累计出动执法人员600余人次，保障了汛期河道安全行洪，维护了河湖管理秩序。加强法制培训，组织举办专题培训讲座2次，组织水行政执法人员进行专业法考试，着力提升水行政执法人员业务素质和干部职工依法履职能力。深化普法宣传，以“世界水日”“中国水周”“全国城市节水宣传周”等重大水事节日为契机，开展集中宣传活动，同时将普法宣传与日常执法、检查有机结合，面向社会大众广泛宣传节水、河（湖）长制、防汛、水土保持等水法律法规，“七五”普法期间共计发放各类宣传材料10000余份，接待咨询达4000余人次，有效增强了群众的水忧患意识和水法治观念。推进法治机关建设，党委理论学习中心组坚持集体学法，组织干部职工参与各类学法用法活动，充分发挥法律顾问在行政决策中的参谋助手作用，严格落实行政执法“三项制度”，水务系统依法行政水平稳步提升。

【河（湖）长制】 2020年，区河（湖）长办牢固树立和全面践行“绿水青山就是金山银山”理念，认真贯彻落实2020年总河湖长1号令精神，着力推动河（湖）长制“有名”“有实”“有能”，不断提升河（湖）长制和河湖管理保护水平，区域河湖水生态整体面貌进一步提升。在2020年河（湖）长制年度考核中，东丽区排名全市第四，获得优秀等次。

河（湖）长制制度不断完善。按照上级部门工作要求，修订完善河（湖）长制责任追究暂行办法、考核办法及实施细则等方案制度，印发《东丽区河（湖）长制办公室贯彻落实〈水利部关于进一步强化河长湖长履职尽责的指导意见〉的实施方案》，对河（湖）长制工作责任进行了再划分，明确了东丽区2020年河（湖）长制重点任务。

组织开展清河（湖）专项行动。组织各街道（功能区）对全区域内河湖沟渠坑塘开展全面排查，共发现问题点位533处，共计清理漂浮垃圾7万余平方米、插网地笼500余处、堤岸生活垃圾2000余立方米、建筑垃圾80余立方米、非正规垃圾堆放点8处、围垦200余平方米。

联合开展河湖水生态环境和水资源保护专项行动。区河（湖）长办深入贯彻落实《关于充分发挥检察公益诉讼职能协同开展河湖水生态环境和水资源保护专项行动的实施方案》，于11月初联合区检察院对金钟河沿线鱼池养殖尾水处理情况进行调研走访，督促各部门、街道共同发力，做到“绿色养殖”“健康养殖”，创建和谐的水生态环境，推动本区水环境面貌不断改善。

参与市河（湖）长办组织的天津市“优秀河长　最美河湖”评选。东丽湖获天津市“最美河湖”称号，新立街道党工委副书记、办事处主任，街级总河（湖）长韩宝星获天津市乡镇（街道）级“优秀河长”称号，在水利部开展的全面推行河长制湖长制先进集体、先进个人评选表彰工作中，韩宝星获“全国优秀河（湖）长”称号，并通过区级媒体平台进行广泛宣传，号召各街道（功能区）以受表彰的先进典型为榜样，立足本职实干实政，不断创造新业绩、实现新突破。

严格执行问责机制。每月对市区管一、二级河道及沟渠水面170余处点位进行断面监测，将地表水环境质量、河湖水生态环境质量、“清四乱”、管网设施养护、社会监督等指标统筹纳入考核体系，综合打分排名进行全区通报，并通过政府网站公开公示。按照《东丽区河长制工作责任追究暂行办法》，对落实河（湖）长制工作不到位的街级河（湖）长进行问责，全年问责5人次。

跨区域协调联动。协调滨海新区解决东减河空港段纬十闸泵站管理问题；会同宁河区对金钟河左岸部分河段管理权属进行现场确认；联合北辰区完成金钟河杨北公路段水草打捞工作；协同津南区建立完善两区河（湖）长制联席会议制度，共同落实河湖管护责任，凝聚河湖管护合力。

各级河（湖）长扎实履职尽责。各级河（湖）长定期对负责的河道进行巡查，组织召开河（湖）长制专题会议，协调解决发现的重难点问题以及上级部门部署的重点工作。全年，区级河（湖）长巡河72人次，街级河（湖）长巡河1400余人次。

强化河（湖）长制明察暗访。始终坚持问题导向，将街道自查、河道管理部门分组巡查与河（湖）长办暗查暗访相结合，建立完善三级巡河制度，不间断反复巡查重点河渠、重点点位，发现问题及时督促责任单位整改。全年下发整改通知44份、暗访通报9期，涉及问题点位240处，相关街道均已按照节点要求完成整改工作。

帮扶困难村落实河（湖）长制管理。在日常巡查及暗查暗访中重点关注困难村水环境管护情况，并将困难村涉及水体纳入东丽区河（湖）长制月度考核，发现问题及时反馈相关部门，倒逼河（湖）长履职尽责。督促相关街道聘请专业保洁队伍，持续加强对困难村沟渠坑塘环境卫生的巩固提升。按照市相关部门要求，对所辖困难村进一步加强巡视巡查和日常保洁，未发现新增黑臭水体。

河（湖）长制专项培训。全年组织3次河（湖）长制培训，邀请行业专家从河（湖）长制背景、性质、组织结构、主要任务以及河（湖）长如何履职尽责等方面进行系统讲解，各级河（湖）长及相关部门工作人员共计百余人次参与培训。

河（湖）长制宣传。编制《东丽区2020年河（湖）长制年度宣传计划》，组织开展河（湖）长制宣传10余次，先后走进社区、企业、国有泵站、河道周边等区域，在显著位置张贴宣传海报、设立展牌横幅，发放河（湖）长制工作宣传资料，并一一解答群众询问，进一步加深人民群众对河（湖）长制工作的了解，营造出良好的河湖水环境人人参与保护治理的浓厚氛围。

【水务改革】 配合推进农业水价综合改革工作。根据2020年农业水价综合改革工作任务，积极配合牵头单位区发展改革委做好水价综合改革相关工作，按照市水务局下达的水量指标将用水权分配到用水主体。完成了全区涉及的6个街道45个用水主体的水量分配工作。

局属公益类事业单位改革圆满完成。严格按照全区关于事业单位改革工作的总体部署，积极、平稳、有序推进局属公益类事业单位改革工作顺利开展，并圆满完成改革任务。根据中共天津市东丽区委机构编制委员会《关于改革调整区水务局所属公益类事业单位有关问题的通知》，整合天津市东丽区地下水资源管理中心（天津市东丽区控制地面沉降管理中心）、天津市东丽区水务建设开发中心、天津市东丽区水利工程建设管理中心、天津市东丽区市河管理所、天津市东丽区河道所，组建天津市东丽区水务综合服务中心，作为天津市东丽区水务局管理的事业单位，规格为副处级，经费形式为财政补助，划入公益一类；保留天津市东丽区河长制事务中心，作为天津市东丽区水务局管理的事业单位，规格为正科级，经费形式为财政补助，划入公益一类；撤销天津市东丽区地下水资源管理中心（天津市东丽区控制地面沉降管理中心）、天津市东丽区水务建设开发中心、天津市东丽区水利工程建设管理中心、天津市东丽区市河管理所、天津市东丽区河道所5个事业单位。

【政务服务】 服务企业。持续推进“双万双服促发展”活动，帮助企业协调解决涉水问题12件，中层以上干部每人结对包保5家企业，深入开展走访调研，助力企业复工复产。推动排水许可承诺制落实和津滨威立雅水业有限公司项目审批提速，获得用水报装由原“3环节3材料5.5天”减为“2环节3材料4天”。严格落实阶段性免征污水处理费及降低非居民用水价格、国有资产经营用房房租减免等惠企政策，累计为5家中小企业和1家个体工商户减免租金23万余元，为优化全区营商环境提供有力水务保障。全面推进以信用为基础的新型监管机制，开展诚信宣传活动2次，为营造良好的营商环境贡献水务力量。

服务群众。协调解决党群网格服务综合信息平台转办群众反映污水外溢、自来水管道故障、河道污染及水行业法律法规咨询等涉水事项2050件，回复率达100%。

扶贫帮困。完成金钟街道新中村、华明街道朱庄子村三年结对帮扶目标任务，顺利通过考核验收，持续为全区10个困难村提供水务扶持和指导，鼓励和引导党员主动结对帮扶困难户18户，参与消费扶贫、捐款48.8万元，为打赢脱贫攻坚战、全面建成小康社会作出水务贡献。

【精神文明建设】 借助东丽区创建全国文明城区和国家卫生区有利契机，深入推进水务系统精神文明建设，持续巩固深化“不忘初心、牢记使命”主题教育成果，培育践行社会主义核心价值观，不断提升干部职工思想道德水平，弘扬社会主旋律。

构建学习教育常态化格局。加强对党员干部的理想信念教育、革命传统教育、形势政策教育、先进典型教育、警示教育、保密教育等。以上率下带动学，局领导班子带头开展中心组学习18次、开展专题学习讨论8次，为联系点支部讲党课3次，开展主题宣讲2次，突显了“头雁”作用。支部跟进深入学，各支部严格落实“三会一课”制度，平均开展集中学习24次、讲党课2次、宣讲1次，教育引导党员干部增强“四个意识”、坚定“四个自信”、做到“两个维护”。丰富载体线上学，用好用足“学习强国”APP、“东丽水务”微信公众号等网络平台，引导党员干部积极开展在线学习。

开展形式多样的文明创建活动。组织开展河道清洁、共驻共建社区志愿服务、参观“国家荣誉——中国女排精神展”、趣味运动会等形式多样的主题党日活动和志愿服务活动9次。深入宣传新冠肺炎疫情防控期间水务系统涌现出来的先进典型和感人事迹，组织参与“诚信公民”“优秀志愿者”和“东丽好人”评选活动，号召广大干部职工做正能量的传递者、社会主义核心价值观的实践者。倡导文明新风，深入开展《天津市文明行为促进条例》学习宣传活动，普及防疫知识，开展垃圾分类科普知识宣讲，按要求规范配备垃圾桶，张贴垃圾分类宣传画和分类指南，推动《天津市生活垃圾管理条例》在水务系统落地实施，引导职工自觉养成文明健康的生活方式和良好的行为习惯。结合水务职能职责，以实际行动助力东丽区创建全国文明城区和国家卫生区，加强河湖监管、水资源管护和排水行业监管等，着力构建与全国文明城区、国家卫生区相适应的水务保障体系，组织干部职工担当文明交通志愿者，维护交通秩序，倡导文明出行。

【队伍建设】

1. 局领导班子

党委书记：杨海良

党委委员：张庆国（10月退休）

张　玮　赵凤宽

第朝阳　张志兰　朱长会

局　　长：杨海良

副 局 长：张　玮　赵凤宽　张志兰　魏　鹏

二级调研员：第朝阳

2. 机构设置

（1）机关科室。局机关设置5个科室：办公室、河湖管理科、规建管理科（水利工程建设质量与安全监督科）、排水监督科（水土保持科）、水资源管理科（节约用水办公室）

（2）下属事业单位。机构改革前设6个局属事业单位：天津市东丽区地下水资源管理中心（天津市东丽区控制地面沉降管理中心）、天津市东丽区水务建设开发中心、天津市东丽区水利工程建设管理中心、天津市东丽区市河管理所、天津市东丽区河道所、天津市东丽区河长制事务中心。

机构改革后设2个局属事业单位：天津市东丽区水务综合服务中心、天津市东丽区河长制事务中心。

（3）人员结构。至2020年年底，东丽区水务局在职人员141人，其中局机关25人（公务员24人，工人1人），基层单位116人。人员变动：机关1人调往天津市东丽区人民政府新立街道办事处，2人退休；下属事业单位1人调往天津市东丽区应急管理局，1人调往东丽区纪委监委，5人调往东丽区网格化管理中心，2人退休。

按学历划分：本科及以上学历122人，大专学历11人，中专学历5人，高中及以下学历3人。按职称分：工程系列50人，其中副高级工程师6人、工程师17人、助理工程师27人；会计系列9人，其中会计师2人、助理会计师7人；统计系列3人，其中统计师2人、助理统计师1人；政工师4人。按年龄结构划分：35岁及以下30人，36~45岁73人，46~54岁26人，55岁及以上13人。全系统离退休职工175人。

3. 先进集体

东丽区水务局被天津市双拥工作领导小组评为“天津市爱国拥军模范单位”。

4. 先进个人

东丽区地下水资源管理中心副主任祁文杰被天津市双拥工作领导小组评为“天津市爱国拥军模范”。

邢纪江家庭被东丽区妇女联合会评为2020年度“东丽区最美家庭”。

【疫情防控】 全市启动重大突发公共卫生事件一级响应后，区水务局强化党委引领，凝聚战“疫”合力，为统筹推进疫情防控和经济社会发展“双战双赢”贡献了水务力量。

系统内部防控有力有效。第一时间成立疫情防控组织机构，制定工作方案，压紧压实疫情防控政治责任和工作责任，严格执行防疫期间值班值守制度、干部职工身体健康状况日登记报告制度，全面落实佩戴口罩、体温检测、隔离留观、消毒、错峰用餐、封闭管理等防控措施，通过微信公众号、微信工作群随时普及防控政策和防护知识。由于内部防控措施到位，实现全系统干部职工零感染目标。

全力支援社区和隔离留观点疫情防控。坚决贯彻落实区委、区政府包保社区防控工作有关部署，统筹安排人员力量，水务系统151名干部职工先后下沉到万新街、新立街、华明街等街道社区28个卡口点位值守，全力配合做好体温测量，防疫消毒，出入证和车辆通行证办理发放，外来、返津、入境人员登记等社区防疫工作。基层党支部积极支援共驻共建社区抗疫活动，广大党员落实“双联系双报到”制度，自觉参与居住地社区防疫工作。同时，局党委先后抽调翟俊正、杜祥斌、孔庆旺、梁营富、计忠慧5名水务干部参与区隔离留观点疫情防控，扮演着保安员、物资保障员、送餐员、清洁员等多种角色，清物资报信息、配送餐饮快递、排查酒店隐患、点位巡查消杀、心理健康疏导等，其中翟俊正、杜祥斌自2020年2月7日起一直奋战坚守在区隔离留观点。局党委引领全体干部职工以无私奉献和无畏担当，为筑牢疫情防控“第一道防线”贡献出力量。

（王书侠）

西青区水务局

【概述】 2020年，在区委、区政府的领导下，深入学习贯彻落实党的十九大精神和习近平新时代中国特色社会主义思想，全面践行新时期中央水利工作方针和兴水惠民决策部署，坚持以“工程水利、民生水利、资源水利、生态水利、平安法治水利”建设为重点，不断完善全区水系协调管理机制，始终以提升防灾减灾能力为重点，不断加强防洪除涝责任和能力建设；致力于河道综合管理，有效改善水环境质量；坚持以服务西青发展为重点，确保发挥水务工作的重要保障作用，各项水务工作取得了突破性进展。

【水资源开发利用】 2020年，西青区按照《天津市实行最严格水资源管理制度考核办法》，紧紧围绕用水总量、用水效率、水功能区限制纳污“三条红线”全面提高水资源利用效率和效益，提升管理能力和水平，促进水资源的可持续利用，支撑和保障了西青经济社会的又好又快发展。11月25日水利部下发正式公告，西青区完成节水型社会建设工作，获第三批节水型社会建设达标县（区）荣誉。

1. 地下水管理

对全区地下水用户（含转入西青区的市管地下水用水户）进行考核，计划用水量为27.024万立方米，考核率达100%，计量设施完好率达100%以上；对超计划用水单位实行累进加价制度，全面完成年度用水指标压采计划，全区深层地下水开采量约为24万立方米，浅层地下水开采量约为193万立方米，分别比上年度下降79.6%和49.8%。不断加大巡查检查力度，严厉打击私自开采地下水行为，全年开展不定期巡查检查工作，依据相关规定进行了处罚。

2. 取水许可

严格落实取水许可和水资源论证制度，依据《取水许可和水资源费征收管理条例》，不断加大取水许可管理力度，协助区审批局办理取水许可58户，实施水资源论证49户。

3. 控沉管理

2020年年初，对西青区2019年地面沉降防治工作进行了系统的总结，认真分析西青区2019年地面沉降形势，编写了《关于西青区地面沉降防治工作的专题报告》。针对辛口镇2019年沉降量大幅度增加的情况，联合辛口镇等部门从多方面调查原因，积极开展沉降治理工作。截至2020年年底，根据市控沉办提供数据，西青区全年平均沉降量为18毫米，较2019年减少8毫米，完成了2020年27毫米的市级考核指标；超过50毫米沉降区面积为8平方千米，较2019年减少27平方千米，完成了2020年30平方千米的市级考核指标。2020年12月浅层地下水水位平均约回升0.2米，深层地下水水位平均约回升3.11米。

联合各街镇完成对全区工业企业水源转换和机井封填工程的收尾工作，从源头上治理辖区内地下水超采以及地面沉降的问题。全年封填机井18眼，压采水量15万立方米。其中工业企业压采10万立方米，农业生产压采3万立方米，生活压采2万立方米。

4. 地下水动态监测

完成42眼区级地下水自动监测机井日常观测工作，对全区设施农业机井实现水量、水质、水温和水位的远程实时监控。并利用该系统对基坑疏干抽排地下水实行了远程计量。

5. 基坑疏干排水控沉管理

积极推动建设项目疏干排水控制管理工作，明确进行基坑降水的建设单位都需办理取水许可证并根据实际用水量缴纳水资源税。全年参加水资源论证报告技术评审会10次，评审项目27个（不含2—5月函审项目），包含26个基坑疏干抽排地下水项目和1个取用河道水项目。

【水资源节约与保护】 2020年，深入贯彻落实“节水优先”治水方针，提高用水效率，3月底前完成了757家自来水用户用水计划指标核定工作并按季度进行考核。对超计划用水实施累进加价制度，收取率达100%以上。完成43家企业、单位的计划用水指标增加及临时用水指标的审批工作。

1. 节水载体创建

10月，完成对中汽（天津）系统工程有限公司、天津滨海通达动力科技有限公司等4个企业，社会山东苑、知景澜园2个社区的节水型系列创建申报工作，并于11月通过市专家组考核验收。截至12月底，西青节水型企业（单位）覆盖率达到77.8%以上，节水型社区覆盖率达到55%以上。

2. 节水设施改造

投资33万元，对西青区河道管理一所实施直饮水设备节水改造及尾水回收利用改造工程，6月底竣工并完成验收。

3. 二次供水设施规范管理

对清洗消毒情况进行检查核实，全年完成371家次二次供水设施清洗消毒证明的审批。提高二次供水设施运营单位管理水平，对不符合行业管理规范的单位要求其限期进行整改，包括完善相关管理制度、应急预案，及时进行二次供水设施的清洗消毒，保障设施环境安全卫生。结合西青区供水特点制定了《西青区供水突发事件应急预案》，组织各街镇、西青开发区对赛达水务供水设施、地下水、二次供水卫生安全隐患进行排查，对供水末端水质进行化验，未发现安全隐患，化验水质全部达标。

【水生态环境建设】

1. 整治河湖重点突出问题

全力攻坚“黑臭水体”。纳入市黑臭水体整治任务的6条沟渠已全部完成治理任务。同时建立完善长效养管机制，杜绝黑臭水体问题反弹。全力推进2020清河湖专项行动。5月开始，对全区160个行政村内所有水域展开地毯式调查摸排，清理水面漂浮垃圾7136.5平方米、插网10处、地笼30

处，堤岸生活垃圾 1176.1 立方米，水环境面貌提升明显。全力开展独流减河、子牙河清障行动。联合大清河中心、海河中心，组织公安西青分局、区生态环境局、区水务局、区运管局、区农业农村委、区城管委等部门街镇开展 5 次集中清理行动，共计出动工作人员 315 人次、车辆 52 台、清障船 13 艘，打捞、清理河道地笼网、渔网 1180 余套，清理渔船 40 余艘、劝离垂钓人员 410 余人，有效维护河湖正常管理秩序及水环境安全。

全力推动河湖“清四乱”工作常态化规范化。一、二批次“清四乱”任务完成后，西青区水务局主动谋划部署，自 2019 年 10 月开始对全区一、二级河道管理范围内河湖“四乱”问题开展再排查，建立问题整改台账，于 2020 年 4 月进行三批次河湖“四乱”问题整治，组织 4 次专题会议进行部署推动，坚持发现一处、清理一处、销号一处，截至 12 月底，台账中 284 处问题已全部完成。

2. 河湖管理范围线规划

2019 年 7 月，区水务局通过公开招标的方式，确定由天津市测绘院、天津市城市规划设计研究院分别承担区管河湖测量和蓝线划定工作。2019 年 11 月河道蓝线定线规划经政府常务会审议通过后由区河长办颁布施行。2020 年 9 月，区水务局委托天津市测绘院、天津市城市规划设计研究院分别承担区管河湖测量和管理范围线划定工作。至年底完成区管河湖管理范围划定工作，形成矢量图，通过书面方式征求 26 家相关区级单位意见，区司法局合法性审核已通过，区政府常务会已审议完成，并于 12 月 8 日在西青区政务网进行公告。

3. 入河排口水质监测

持续对西青区 238 个入河排口和泵站进行每月一次水质监测，严控源头污染源，未经排水部门许可，不达标水体一律不得入河，根据环渤海污染防治攻坚战要求，启动独流减河、大沽排水河出入境段面监测制度，并将监测结果纳入河长制专项通报，督促相关街镇改善水质，保证入海排口水质达标。

【水务规划】

1. 西青区排水工程规划

按照《天津市西青区人民政府办公室关于印发天津市西青区国土空间总体规划（2019—2035）编制工作方案的通知》，牵头组织编制《西青区排水工程规划》，年末处于招标阶段。

2. 西青区给水工程规划

按照《天津市西青区人民政府办公室关于印发天津市西青区国土空间总体规划（2019—2035）编制工作方案的通知》，牵头组织编制《西青区给水工程规划》，年末处于编制阶段。

3. 西青区地面沉降防治专题报告

2019 年，为有效控制地面沉降，缓解地面沉降为西青经济社会发展带来的压力，编写了《关于西青区地面沉降防治工作的专题报告》，全面分析西青区地面沉降防治工作目标任务、面临形势、存在问题，为进一步做好控沉工作提出了建议。9 月，编制完成《西青区地下水超采综合治理实施计划》，经由区政府第 82 次常务会议研究通过，于 9 月 16 日正式下发。此项实施计划的出台，对西青地下水超采综合治理各项治理措施和实施计划进行细分，明确了各街镇、开发区和各相关单位的具体任务，对推进西青区地下水超采综合治理工作提供了有力的支撑。7 月，编制完成《西青区无采矿许可证地热井专项清理整治行动实施方案》，于 11 月 4 日印发给各街镇，开发区和相关部门。方案明确了各部门职责和阶段划分，并要求相关单位、街镇政府和开发区按照规定时间向区控沉办报送落实结果。

【水旱灾害防御】 2020 年，汛期（6 月 15 日至 9 月 15 日）西青区平均降雨量 138.45 毫米，具有降雨频繁、雨量不均的特点，较往年同期偏少。6 月平均降雨量 44.1 毫米，7 月平均降雨量 108.6 毫米，8 月平均降雨量 209.3 毫米，9 月平均降雨量 191.8 毫米。9 月 15 日夜间，全区降雨 114.4 毫米，为本年单日最大局部降雨。汛期，全区防汛工作紧张有序，总体运行平稳，共计排除沥涝

16073.06 万立方米。

1. 组织机构

结合 2019 年人事变动和防汛工作需要，根据机构设置和职能转变，对区防指成员单位构成进行了调整，由 2019 年 53 个单位调整为 50 个单位，确定了区防指组织机构、区防指人员构成及工作职责。区防指与各街镇、开发区及主要成员单位完成了防汛责任书签订工作。各街镇与行政村、居住社区、工业园区、农业园区签订了责任书，逐级落实了防汛责任。落实了 3 条一级河道（包括独流减河、子牙河、中亭堤）、鸭淀水库、东淀蓄滞洪区等重点防汛部位的区级“行政、管理、技术”责任人，确保防汛各项工作部署落到实处。

2. 防汛编制

组织修订了《西青区重要二级河道调度分预案》《西青区农村除涝分预案》《西青区防汛抢险物资保障分预案》《西青区东淀蓄滞洪区运用分预案》《2020 年鸭淀水库防汛抢险应急预案》《西青区 2020 年超标洪水防御洪区分洪口门分预案》，为汛期的应急处置提供了科学有效的技术支撑，进入汛期后，又结合检查中提出的问题，重点对物资保障和蓄滞洪区运用等预案重新进行了修订。

3. 隐患排查

4 月中旬区水务局副局长张连启带队深入基层单位、沿河泵站、物资仓库，重点对泵站水闸运行情况、基层单位防汛落实情况、东淀蓄滞洪区点位情况进行了检查。5 月下旬重点对防疫工作开展汛前检查，严格按照“谁检查，谁签字，谁负责”制度，并要求检查人员按每项防疫制度应当签字存档，同时对一级行洪河道堤防、小型穿堤涵闸防汛检查，对检查出的问题进行及时整改，确保全区防汛安全。

4. 物资保障

西青区物资仓库实有防汛物资无人机 1 架、橡皮船 2 条、冲锋舟 4 艘、桩木 187 立方米（4~6 米长）、钢管 3.064 吨（3~6 米长）、塑料编织袋 33.9 万条、8 号铅丝 3.9 吨、土工织布 4 块（4710 平方米）、片石 5710 立方米、救生绳 18 根、救生衣 405 件、救生圈 66 个、铁锨 370 把、油锯 7 把、自动升降工作灯 4 台，移动泵车 23 台套、临时泵 8 台、自吸式临时泵 4 台。2020 年在此基础上投资 87.08 万元采购 6 寸应急泵 3 台，编织袋 5 万条，木桩 800 根，雨衣 200 件，防洪沙袋 2000 条，各规格消防水带 31 卷等共计 15 种物资。

5. 防汛责任

结合人事调整，成立了以区水务局主要负责人为组长、其他局领导为副组长的防汛领导小组，领导小组下设水情巡查组、信息资料组、防汛抢险组、后勤保障组、宣传报道组。各组由科室负责人任组长，相关人员为组员，各组明确分工，协调配合，充分发挥水务局专业职能作用，全方位做好西青区除涝抢险相关工作。结合 2020 年组织体系，区水务局重新调整西青区防汛专业 38 人技术抢险队。区水务局落实防汛责任制，对河道堤防、泵站、水闸建立了运行管理单位责任人和技术责任人，对鸭淀水库落实了“三个责任人”和“三级责任人”，落实了东淀蓄滞洪区的“三级四类责任人”，并明确责任人职责，确保责任人履行职责到位。

6. 防汛任务

防洪任务。西青区境内有独流减河、子牙河、中亭河 3 条行洪河道（总长 75.5 千米），承担着大清河系洪水下泄任务，其中：独流减河左堤、子牙河右堤、中亭堤是天津市城市防洪堤重要组成部分，担负着天津市西南部防线的防御任务；西青区有东淀蓄滞洪区 1 处，占地 3333.33 公顷，为确保雄安新区及天津市城市防洪安全，承担着 1.17 亿立方米洪水蓄滞任务。

内涝排除任务。西青区境内有 19 条二级河道（总长 245 千米）、18 座区管泵站（总排水能力 316 立方米每秒），承担着全区内涝排除任务；有中型水库 1 座，汛期承担 1000 万立方米沥涝的以蓄代排任务。

中心城区沥涝代排任务。西青区境内的陈台子排水河、大沽排水河、津港运河等多条二级河道还承担着中心城区海河右岸（红桥、南开、和平、河西）70%的沥水排放任务。

7. 防汛工程

2020年水闸、泵站的岁修总投资1286.73万元。其中对大卞庄闸、北斜闸等11座水闸进行加固；对大杜庄泵站、琉城西泵站等11座泵站进行维修。

8. 汛前排查

在上汛之前积极组织区城管委、区公路局、各街镇以及开发区等相关部门开展对重点路段、积水路段重点疏掏，聘请专业清掏队伍下井作业，管网淤塞状况全部疏通，管网过水能力得到很大提高。累计共清理雨水管道977千米，清掏雨水井21262座、检查井29030座，处置管网污泥1200余吨。

9. 蓄滞洪区管理

修订完善了《2020年蓄滞洪区运用预案》，落实了蓄滞洪区人员转移、财产登记、坝埝和口门拆除准备措施，为东淀启用做好准备。对东淀内涉及15家企业、23633人的基本情况等信息完成采集，做好了东淀启用准备工作。

10. 应对局地强降雨

针对“6·25”“8·12”“9·14”“9·23”的几次强降雨，严格服从市水务局调度，合理启闭闸门，及时开启泵站，降低河道和管网水位，指导街镇排除路面积水，扎实落实队伍保障、物资储备、加强巡堤查险等保障措施，最大限度地减轻洪涝灾害损失。

6月25日夜间至26日凌晨，西青区出现雷阵雨天气，伴有短时大风、冰雹，全区降雨量中到大雨，极大风速41.1米每秒，最大冰雹直径2.5厘米，部分街镇达到暴雨。全区平均降雨量为32.6毫米，最大降水量出现在大寺镇自动气象站为69.4毫米。25日7时至26日7时各街镇和开发区平均降雨量：大寺镇69.4毫米、赤龙南街49.6毫米、李七庄街47.6毫米、中北镇43.2毫米、杨柳青镇39.8毫米、精武镇30.6毫米、开发区27.1毫米、张家窝镇20.7毫米、辛口镇12.3毫米、西营门街10.4毫米、王稳庄镇8.0毫米。区水务局连夜协调高速集团施工单位对津沧高速收费站旁积水点进行排水，协调南运河临时泵站对金盛里工业园、104国道地道洞进行排水，对李七庄瑶环路与津涞道交口、瑶环路与泰佳道交口等10余处积水点位进行排除降低水位。区水务局服从市水务局调度，连夜提起梨园头闸、大任庄闸，同时开启南引河泵站，开车32台时，排水69.12万立方米；开启小孙庄泵站，开车19台时，排水25.65万立方米，来降低中心城区与外环河的水位。暴雨过后区水务局领导同排水科及时对水库、河道、堤防、闸涵、泵站等防汛重点部位和关键部位进行巡查检查，对出现故障泵站、涵闸加班加点进行维修，确保正常运行排水，对各街镇、开发区道路出现积水问题积极协调各相关单位，开启临时泵站等排涝设施，确保全区人民生命财产安全，平稳度汛。

8月12日中午至13日早上，西青区出现降雨天气，并伴有短时大风、冰雹，全区平均降雨量为43毫米，最大降水量出现在王稳庄镇为84.6毫米。全区降雨量达到大到暴雨级别。为全面应对强降雨，区水务局积极备战，全面织就防汛安全网。立即召开防汛工作会议，及时贯彻市、区两级防汛会议精神，要求局属各单位要绷紧思想之弦，闻“汛”而动，将市“六个强化措施”及区“五个及时”的要求落到实处，全面进入战时状态，做好应急准备。12日10时，西青区启动防洪Ⅳ级应急响应，区水务局积极做好与气象、市政、街镇的协调联动，密切配合。开启独流减河沿线泵站，降低全区二级河道水位，腾空河道，缓解强降雨带来的排水压力。截至13日上午，累计开启12座泵站，开车512台时，排水615.43万立方米。区水务局抢险队38人全员上岗，做到随时能够拉得出，全局科级以上干部坚持24小时在岗在位，时刻保持汛令畅通。同时落实物资保障，共向街镇发放编织袋5万余个、应急排水设备8台套。区水务局及时对水库、河道、堤防、闸涵、泵站等防汛重点部位和关键部位进行巡查检查，对出现故障的泵站、涵闸加班加点进行维修，确保排水正常运行，对各街镇、开发区道路出现的积水问题，积极协调各相关单位，开启临时泵站等排涝设施，确保全区人民生命财产安全，平稳度汛。

【农业供水与节水】 按照《市发展改革委 市财政局 市水务局 市农业农村委关于加快我市农业水价综合改革工作的通知》《市水务局 市农业农村委 市发展改革委 市财政局关于印发天津市农业水价综合改革灌溉计量以电折水系数参考值及使用指南（试行）的通知》有关要求，依据职责分工，西青区水务局开展了如下工作。

1. 完善灌溉计量设施

西青区于2017年开展农业水价改革试点项目，实施面积160.67公顷，2018年实施872.77公顷，由于水源等原因其中588.07公顷尚未使用计量设施，已纳入以电折水台账范围进行统计。

2. 建立台账

依照《天津市农业水价改革灌溉计量以电折水系数参考值及使用指南（试行）的通知》要求，区水务局联合各成员单位下发了《西青区农业水价改革灌溉计量以电折水系数参考值及使用指南（试行）的通知》，并牵头制定了《西青区农业水价综合改革灌溉计量以电折水工作实施方案》，组织各相关单位、街镇村参加以电折水工作业务培训并填报《西青区农业水价综合改革灌溉计量以电折水工作台账表》。依照统计年鉴数据，西青区有效灌溉面积为7033.33公顷，2020年年底实施农业水价改革以电折水面积6446.67公顷，初步完成以电折水台账建立工作。

3. 出台精准补贴节水奖励办法

西青区经充分征求相关单位意见，现已制定四部门《关于进一步完善西青区农业水价管理及补贴奖励工作的通知》并已下发。2020年4月，区水务局收到由区财政局拨付精准补贴和节水奖励资金35万元，并已全额拨付到位。依据《关于进一步完善西青区农业水价管理及补贴奖励工作的通知》，制定2021年预算用于实施农业水价改革精准补贴及奖励。

4. 落实农业用水总量控制和定额管理

按照《天津市水务局关于建立健全农业水权制度的指导意见（试行）》的文件要求向涉农街镇下达《关于西青区农业用水水权证发放工作的通知》，要求各街镇上报农田基本信息。统计汇总各街镇上报信息后，按照《天津市农业用水限额及水量核定工作办法（试行）》标准核定农业用水总量控制目标。依据核定的水权水量和农田产权所有人等基本信息制作了农业用水水权证明，并对各街镇农业服务中心进行发放。现已完成辖区内所有农业地块水权证明发放工作，全部地块占地面积共计7033.33公顷，水权水量共计4120.8914万吨。

【水土保持】 2020年，严格履行水土保持法律法规，以图斑复核为抓手，全面推进水土保持各项工作。

1. 专项宣传活动

针对特定的项目法人，深入企业和生产建设项目工地开展宣传80余次，增强项目建设单位水土保持工作的自发性、主动性，累计发放宣传资料500余份。

2. 水土保持信息化录入

在全国水土保持信息管理上报系统中对2018年、2019年的224个水土保持项目的监督检查、监测、监理及验收备案情况进行录入；同时对2020年62个水土保持项目的审批、监管、检查等数据进行录入，确保按时完成市水务局布置的录入工作。

3. 2020年度图斑复核

根据国家和天津市要求，对160个疑似斑块进行了现场复核，对其中17个违规项目下发了整改通知书，同时对2019年度14个违规项目进行督促整改，对拒不整改的2个项目进行了立案查处。截至2020年年底，2019年项目全部整改完毕，整改率100%，2020年违规项目正在有序整改中。

4. 监测监管

结合区政府工作报告，将水土保持工作纳入区国民经济和社会发展规划，投资20万元专项用于西青区水土保持监测及图斑复核工作。依据《西青区水土保持监测工作方案》，开展2020年度水土流失监测工作，编制完成《西青区2020年水土保持监测成果报告》，同时针对验收备案工作严格5日报备制度，2020年累计完成40项验收报备工作。

【工程建设】 2020年，实施了西青区独流减河沿岸生态修复工程，西青区大沽排水河沿岸生态修复工程，西青区重点河道提质增容综合治理工程，西青区丰产河、大沽排水河水系提升工程，以及大寺污水处理厂再生水管道切改工程等5项工程建设。项目总投资40969.89万元。其中西青区独流减河沿岸生态修复工程、西青区大沽排水河沿岸生态修复工程和西青区重点河道提质增容综合治理工程等3项属于2020年区级民心工程。

1. 建设项目信息

（1）民心工程。西青区独流减河沿岸生态修复工程，北起陈台子村陈台子扬水站，南至小孙庄，南北总跨度约8.9千米，总占地面积约697.67公顷，总投资25595.9万元，其中中央资金11700万元。项目采用“强化预处理系统+强化复合式潜流湿地+表面流人工湿地+自然湿地”的组合处理工艺，主要处理周边养鱼塘退水。主要建设内容包括表面流湿地、强化预处理系统、强化复合式潜流湿地及湿地配套工程等。2020年3月底开工，预计2021年12月底完工，2020年完成湿地内部水系连通以及进出水口水工设施建设的年度建设目标。

西青区大沽排水河沿岸生态修复工程，起点为跑水洼泵站，终点为赛达大道，跨度3千米，总投资4696.43万元，其中中央资金2150万元。项目采用“强化预处理系统+强化复合式潜流湿地+表面流人工湿地+自然湿地”的组合处理工艺，主要处理周边养鱼塘退水。主要建设内容包括表面流湿地、强化预处理系统、强化复合式潜流湿地及湿地配套工程等。2020年6月24日开工，预计2021年12月底完工，2020年完成湿地内部水系连通以及进出水口水工设施建设的年度建设目标。

西青区重点河道提质增容综合治理工程，总投资7625.55万元，其中中央资金2400万元。主要建设内容：对中亭河、南引河开展河道底泥清淤、自然生态护岸、安装微纳米曝气、水体微生物活化等生态措施。2020年10月14日开工，预计2021年6月30日完工。

（2）重点工程。西青区丰产河、大沽排水河水系提升工程，总投资2536.4万元。丰产河提升泵站工程主要建设内容：新建丰产河提升泵站，800米丰产河生态河段清淤疏浚，设计规模4.0立方米每秒。丰产河与大沽排水河连通闸工程主要建设内容：在丰产河与大沽排水河交汇处新建丰产河连通闸1座，设计规模4.0立方米每秒。大沽排水河节制闸工程主要建设内容：新建节制闸1座，设计流量20.0立方米每秒。2020年10月26日开工，预计2021年6月30日完工。

大寺污水处理厂再生水管道切改工程，总投资515.61万元。主要建设内容：铺设钢筋混凝土管道管径D1200毫米长436米，新建检查井7座、截流井1座、出水口2座。2020年8月31日开工，2020年11月底完工。

2. 项目建设管理

项目前期工作。为确保西青区水利工程项目高效、顺利实施，通过公开招投标方式选择技术实力雄厚的设计单位，协调沟通当地政府，认真考察，实地踏勘，严格按相关规范和文件规定编制各阶段方案；同时加强与区财政、区审批局等部门的协调沟通，按要求上报各类前期手续，并及时掌握项目申报进度、审查结果，认真整改工作中存在的问题和不足，形成前期工作合力，确保前期工作顺利推进。

工程质量管理。注重完善管理机制，强化落实主体责任，与各参建单位签订《质量终身责任承诺书》，对施工过程进行全方面动态管理。要求设计单位建立设计服务体系，负责工程技术交底，并派驻工地代表在施工过程中根据实际情况随时进行技术指导；要求监理单位质量控制体系，成立项目监理部，对工程施工进行动态监理，严格控制工程质量、进度等，对重要工序、重要部位实行旁站监理，对于不合格的工序责令其进行整改，合格后方可进行下一工序的施工，严把质量关；要求施工单位建立施工质量管理体系，现场成立项目经理部，按照技术交底、施工图纸组织施工，对施工放线、基础处理等重要部位施工严格把关。

工程安全生产管理。按照“安全第一，预防为主，综合治理”的指导思想，不断完善安全生产管理制度，与各参建单位签订《建设工程四方主体单位安全生产责任书》；针对工程特点开展安全岗前培训，重点进行施工机械、安全用电等方面的讲解，提高预防安全事故的意识与能力，有效防范各类事故的发生；对工程现场进行消防演练，要求各施工现场制定应急预案，责任分区分部位落实到人，增强作业人员突发险情情况下的安全生产管理。

水利工程质量安全备案管理。2020 年对 12 项水利工程进行了质量与安全生产监督备案，落实项目前期、中期、后期安全监管；采取自查和重点联查相结合的方式，对在建工程的安全机构设立、安全责任制度建设、强制性标准执行情况、重点部位和薄弱环节进行全面检查；按照《水利水电建设工程验收规程》（SL 223—2008）和《水利工程建设项目验收管理规定》（水利部第 30 号令）的规定，开展了 7 项水利工程竣工验收工作。

【科技教育】 农村基层防汛平台改造项目。投资 150 余万元，对 2019 年建成的农村基层防汛预报预警体系的 94 处自动水位监测、18 座泵站和 73 处水利设施运行视频监测点、10 处积水点和 11 套视频会议系统及数据库、管理平台进行运行维护，为汛期指挥调度提供有力的技术支撑。

2020 年，以第 29 届“全国城市节水宣传周”为契机，深入西青体育公园、天津至富压铸有限公司、柳轩苑社区等进行现场集中宣传，向社区居民宣传水法律法规，宣传西青区节水护水和生态文明建设工作取得的主要成绩，向过往群众、社区商户发放节水宣传册、宣传画及节水宣传单。宣传期间，悬挂宣传横幅 4 处，发放宣传册 1400 份、宣传海报 20 份、宣传纪念品 500 份。

以普法宣传为手段，提高执法人员法治素养。开展执法宣传工作。结合“七五普法”“世界水日、中国水周活动”和“宪法宣传日”等集中宣传活动，联合各业务科室开展普法“六进”活动，集中开展法制宣传 6 次，累计宣传人员 500 人次，累计发放 2000 余册宣传手册。

【水政监察】 2020 年，西青区水务局有效落实水政监察工作责任，规范执法程序，依法加强对河道水质、水环境、涉河工程执法监管，严禁涉河违法活动。

1. *严格执法活动*

在积极推动执法队伍建设的基础上，大力查处违法案件。2020 年水政科共立案 10 起，对怡和新村小区二次供水设施超期清洗案和青凝侯污泥填埋场违规处置污泥案件，进行了行政处罚，共计罚款 50.3 万元。持续开展执法巡查工作。组织对涉河工程、违章违建、河湖水质、水土保持等开展专项执法巡查。全年执法巡查 100 余次，出动车次 100 余台次，执法人员 200 余人次，巡查约 7000 千米。

2. *推动工程保证金退款工作*

大力推动工程保证金退款工作。采取网上查访、关联单位协查、实地调查等方法，多措并举推动工程保证退款工作，2020 年累计退还 10 个单位 212 万元，至 2020 年年底退款工作已全部完成。

3. *优化涉河项目审查备案手续*

制定涉河项目手续一次告知书，推行承诺制审查，对工程量小、对河体影响小的项目实行业务科室联签手续，减少前置时间，提高备案效率，累计审查涉河工程 41 项，召开 5 次项目审查会。

【工程管理】

1. 河道巡查

每天对辖区河道进行闭合式巡查，发现问题积极协调相关街镇河长办进行处理，全年发布日报信息400余期，为河道巡查数据化作出了初步努力。对所辖1条一级河道、16条二级河道的河道概况、桥梁、排口涵闸、河长制公示牌情况、绿化、考核断面情况、违章情况、巡查情况、与相关单位的联系方式、存在常见问题等进行统计汇总，不断完善“一河一档”基础资料，极大地提高了巡查工作效率，形成了河道巡查立体化精准化理念。全年共发现河道水质问题80起，垃圾问题587起，涉河施工5起，围垦问题11起，违章占地3起。以上问题均按照时限整改完毕。累计巡查河道长度45000千米，巡查人次3920人次，巡查车次920车次，现场制止违法行为19次。

2. 泵站管理

运行维护。健全完善区管泵站运行管理制度，实现泵站运维的规范化、标准化、精细化。建立健全水管单位安全生产责任制和安全生产规章制度，逐人、逐岗全员签订安全生产责任书，做到安全投入、安全管理、基础管理、应急救援“四到位”。依据《主要设备及辅材、辅料维保更换周期表》，做好所辖泵站主要设备的定期检修，坚持“三巡检”，即对所辖泵站日常巡检、季节性巡检、特殊气候条件下巡检，及时发现问题隐患，及时整改排除隐患。完成对各泵站机电设备的正常保养，完成各类油液的更换、加注，电力系统的除尘、保养，各类易损件、耗材的备料及更换。确保了全年泵站主要机电设备运行良好率达100%。

安全生产。深入学习贯彻习近平总书记关于安全生产工作的重要论述、重要指示精神，认真贯彻党的十九届五中全会精神和党中央、国务院和天津市委市政府、区委区政府决策部署，牢固树立“四个意识”，坚决做到“两个维护”，坚持以“安全第一，预防为主，综合治理”为安全生产方针，“全员、全过程、全方位、全天候”为安全管理原则，健全和落实以安全生产责任制为中心的各项安全管理制度。机电组每月针对机电设备和安全运行进行安全检查；每日值班人员负责当天的每日一次的安全自查工作；结合汛前、国庆、春节等专项隐患排查行动不定期开展隐患排查及安全检查等，强化安全意识和责任，推进安全生产责任制落实，为排灌水提供坚实的保障。

消防管理。开展泵站防火应急演习，有效提升职工迅速、高效、有序地做好防火救灾应急工作的能力，进一步提高各泵站职工应对突发火情的应急反应能力，增强防范意识和自救能力。严格落实24小时值班制度、突发事件信息公开制度，修订并下发《安全生产事故应急预案》《预防硫化氢事故应急预案》《防汛应急预案》，建立健全监测、预测、预报、预警体系。安全员定期对灭火器、消防栓等消防设备和器材进行检查，每月不少于一次，并认真记录。汛前对消防设备进行检查，更换灭火器，达到了查找隐患、整改到位的目的。

安全生产标准化。2020年琉城东泵站开展安全生产标准化创建工作，被市水务局评为水利安全生产标准化二级单位。逐步健全标准化管理，对泵站现场的安全标识、应急照明、消防设施、接地系统以及安全生产标准化资料等多个方面进行改进和完善，改善安全生产现状，提高工作效能，实现了安全生产标准化的全覆盖、全天候、零距离。

3. 水库管理

为满足水库泄洪、排涝、防汛等功能需要，满足水库管理工作需求，保障管理工作有序开展。2020年完成了堤顶路硬化及泵房屋顶改造工程、鸭淀水库35千伏变电站改造工程以及鸭淀水库大坝安全监测设施工程三项工程项目的竣工验收工作。持续开展水库日常养护服务项目，包括迎水坡打草，堤防日常维修，堤防垃圾捡拾和清运，千米桩、标志标牌、限行设施维修等内容。

为严格落实习近平总书记关于社会主义生态文明建设的重要指示精神，树立“绿水青山就是金山银山”的理念，全力提升爱绿护绿、环境保护意识。2020年完成了对鸭淀水库西南侧20公顷鱼塘的退渔造林，栽植国槐10581株，白蜡7501株；并且持续对2010年实施的314281平方米水库绿化工程片林以及2016年实施的1240672.87平方米储备林项目片林提供绿化养管服务，包括土壤管理、追肥施肥、修剪、浇水、除杂草、苗木补种、树木涂白等树木保养工作。

【河（湖）长制】 2020年，西青区坚决落实水利部《关于进一步强化河长湖长履职尽责的指导意见》及天津市总河（湖）长1号令部署要求，践行绿色发展观，聚力水环境综合治理，完成河（湖）长制各项任务。在区总（河）湖长的带领和区河（湖）长制工作领导小组成员单位的共同努力下，整治了一大批水环境顽瘴痼疾，全区河（湖）长制工作取得明显成效，地表水环境质量得到明显改善。

1. 压实河（湖）长职责

全年组织召开河（湖）长制各类工作会议9次，为河（湖）长制工作把关定向。开展13次“河长集中行动日”活动，发现解决问题88个，切实增强河（湖）长履职尽责的主动性。为提高河（湖）长履职能力，编制《西青区河（湖）长制口袋书》，开展河（湖）长制培训，引导各级河（湖）长掌握正确的工作方法和工作机制。各级河（湖）长认真履职尽责，充分发挥作用，全年巡河31131人次，发现解决各类水环境问题300余个，进一步推动河（湖）长制从“有名”到“有实”的转变。

2. 完善考核问责体系

修订完善河（湖）长制考核办法、河（湖）长制奖补办法、责任追究暂行办法，坚持每月对各街镇进行考核，形成考核月报进行印发。加大通报和追责力度，不定期对街镇进行监督检查、明察暗访，牢固树立全区河（湖）长履职意识，促进河湖水环境问题整改。

3. 完善协调联动体系

主动协商解决涉及上下游、左右岸的水环境问题，与武清区、北辰区签订联防联治协议，有力推动上游治污力度，有效减少境外水环境不利影响。积极与河西区对接，召开保水护水座谈会，加强跨界河道治理保护力度，有效改善共治水域。强化部门联动，制定印发《西青区水环境提升工作会商制度》，协商推进河（湖）长制工作的难点问题，提升河湖管护工作效率和工作水平。与区检察院联合开展河湖水生态环境和水资源保护专项行动，发挥检察机关法律监督职能，协同推进涉水公益诉讼相关工作，助推“清四乱”重点、难点问题。

4. 完善社会监督体系

聘请18名“民间河（湖）长”，引导和推动社会企业、志愿团体及志愿者参与到河湖治理管护中来。及时解决各级社会监督员举报问题，全年共解决中央环保督查转办涉水问题50个，市级监督员举报问题16个，8890举报问题131个。深入开展河（湖）长制宣传，开展河（湖）长制进乡村、进社区、进企业等活动9次，使河（湖）长制逐渐深入人心，形成共建共治共享的河湖治理新格局。广泛利用新闻媒体进行河（湖）长制宣传，新华社、天津电视台、天津日报等媒体先后10次到西青区进行宣传报道活动，实地采访西青区河（湖）长制、黑臭水体治理、生态湿地建设等工作，挖掘西青区全面推行河（湖）长制工作的总体成效和创新做法，形成良好社会反响。

为表彰激励河（湖）长制工作涌现的先进典型，市河（湖）长办印发《关于表彰“优秀河长最美河湖”的决定》，授予西青区南运河“最美河湖”称号，同时授予杨柳青镇李宝磊街镇级“优秀河长”称号，辛口镇郝庆水、杨柳青镇唐国庆、大寺镇张其良为村级“优秀河长”称号。

【水务改革】 2020年7月，严格按照《中共天津市西青区委 天津市西青区人民政府办公室印发〈西青区深化从事公益服务事业单位改革方案〉的通知》，整合区鸭淀水库管理中心、区河道管理一所、区河道管理二所、区水资源服务中心、区水利物资管理站、卫南水利排灌所、津西水利排灌所、区水利工程建设管理中心，组建区水务事务中心，为副处级公益一类事业单位，编制 233 名。保留区河长制事务中心，为科级公益一类事业单位，编制 17 名。制定事业单位机构改革方案，完善事业单位职能配置、内设机构和人员编制，完成干部职工 242 人次人员转隶工作，使水务工作职能得到优化提升。

【水务经济】 在疫情期间西青区水务局深入华能杨柳青热电厂，了解企业生产经营状况，积极讲解免征污水处理费的惠企政策，严格按照《中小企业划型标准规定》，并多次询问区财政局国库科、区水务局财务科等部门，最终确定了从资产总额、营业收入、从业人员三个指标来确定企业是否属于中小微企业，既而享受到免征污水处理费的优惠政策。通过让电厂等企业提供承诺书、营业执照的方式，确定 20 户企业为中小微企业，2020 年度全年对 20 户中小微企业共计免征污水处理费 3636579. 8 元。按要求征缴污水处理费，确保足额上缴国库，2020 年度共计征缴污水处理费 592999. 4 元。

【精神文明建设】 为深入推进服务型党组织建设，发挥广大党员先锋模范作用，建立健全党员志愿服务体系，水务局党委以及各基层党支部全面贯彻落实党的十九大精神和习近平新时代中国特色社会主义思想，围绕创建服务型党组织，坚持贴近实际、贴近生活，组织广大党员从自身做起，各支部以联席联建为依托，每季度都深入社区进行志愿服务，有效推进志愿服务常态化，从小事做起，广泛开展内容丰富、形式多样的志愿服务活动，充分发挥表率作用，树立良好形象，引领社会风尚。“关爱山川河流 保护独流减河”志愿服务队组织开展的 2 次活动先后被西青电视台、天津电视台报道，有力助推了全区创文创卫工作。

全力打造让党中央放心、让人民群众满意的模范机关，多措并举强化精神文明建设，获 2018—2020 年度西青区文明单位称号，并被推荐复审全国文明单位。强化宣传舆论引导，“西青水务”公众号 69 篇次优秀文章被西青融媒、天津西青等公众号转载，达到了凝心聚力的宣传效果。坚决落实区疫情防控部署，全体干部职工闻令而动，积极参与杨柳青镇、大寺镇、李七庄街隔离点疫情防控，优良的工作作风得到了区领导、社区、群众的充分肯定，圆满完成了区委交给的任务。

【队伍建设】

1. 局领导班子成员

党委书记、局长：刘凤景

党委副书记、副局长：王绪忠

党委委员、副局长：张连启　赵洪平

二级调研员：张福彬（4 月退休）

四级调研员：吴志焱（9 月调出）

2. 机构设置

2020 年，西青区水务局机关内设 7 个职能科室：党政办公室、人事科、财务审计科、水资源管理科、排水管理科、水政监察科、工程建设管理科（西青区水务工程建设质量与安全监督办公室）。

下设 9 个基层单位：河道管理一所、河道管理二所、河长制事务管理中心、津西水利排灌所、卫南水利排灌所、水资源服务中心、鸭淀水库管理中心、水利工程建设管理中心、水利物资管理站。

2020 年 7 月，机构改革完成后整合为 2 个公益类事业单位：西青区水务事务中心、西青区河长制事务中心。

3. 人员结构

2020 年，区水务局行政、事业编制 275 名，机关行政编制 25 名、事业编制 250 名。至 2020 年年底，区水务局在岗干部职工 262 人，其中局机关 21 人（其中处级 6 人，科级及以下 15 人）；事业编制241人（其中管理岗和专技岗121人，工人120人）。2020年退休7名（公务员2人，事业编5人），调出5名（公务员3人，事业编2人），死亡1人，新招录1人。

截至12月31日，全局在册职工262人，其中研究生16人，大学本科学历155人，大学专科学历49人，中专学历12人，高中及以下学历30人。全局有高级职称9人，中级职称25人，初级职称25人。35岁及以下118人，36~45岁46人，46~54岁82人，55岁及以上16人。共有退休职工283人，其中干部88人，工人195人。

4. 先进集体

西青区水务局经中央精神文明建设指导委员会复查合格，继续保留全国文明单位称号。

西青区水务局被水利部复查确认全国水利文明单位称号。

西青区水务局被水利部评选为全面推行河湖长制工作先进集体单位。

西青区水务局被西青区精神文明建设委员会授予西青区优秀志愿服务团队称号。

津西团支部、卫南团支部被共青团天津市西青区委员会授予西青区五四红旗团支部的称号。

5. 先进个人

孙军伟被共青团天津市西青区委员会授予西青区优秀共青团干部称号。

韩晓娟被共青团天津市西青区委员会授予西青区优秀共青团员称号。

张超、李宏宇、李奇被共青团天津市西青区委员会授予西青好青年称号。

杨瑞家庭被天津市妇联授予天津市最美家庭称号。

【疫情防控】 西青区水务局深切关注疫情之势，敏锐感知形势之变，提前谋划应对之策，坚决打赢防疫之战。

在疫情发生后，特别是在全市启动重大突发公共卫生事件一级响应后，区水务局坚决服从市委、区委防控指挥部“军令”，绷紧思想之弦，先后召开5次党委扩大会暨疫情防控指挥部会议，对关于疫情防控工作的各项要求及时部署、及时安排，将全局思想迅速统一到区委决策部署上来。提高政治站位，深入学习贯彻习近平总书记关于疫情防控的一系列重要讲话精神。2月24日，区水务局召开局务会，及时学习传达习总书记《在统筹推进新冠肺炎疫情防控和经济社会发展工作部署会议上的讲话》精神，特别是对习近平总书记提出的“七项重要要求”和“八项重点任务”进行了深研细学，并对全局的疫情防控工作提出了具体要求，进一步增强“四个意识”、坚定“四个自信”、坚决做到“两个维护”。疫情发生后，区水务局第一时间发布战“疫”集结号，6次召开局务会对疫情防控工作进行部署，做好战“疫”动员，机关各科室和各基层单位领导干部积极响应、迅速出列、以身作则，火速加入疫情防控志愿者队伍中，第一时间冲在疫情防控前线，为全局干部职工作了表率、树立了榜样。

面对严峻的疫情形势，自1月22日开始，区水务局就对全局人员进行严格管控，及时宣传疫情形势，使春节期间离津人员从53人降到31人，离津人数下降约42.5%。1月27日全员返岗后，及时建立每日零报告、请销假和弹性制工作制度，全面开展疫情排查。自1月27日起，每日做好全局职工干部的体温统计工作，先后4次在全局范围内排查去过湖北或与湖北人员有密切接触者，对重点人员进行密切关注，随时询问，做好记录，同时做好隔离干部职工的心理安抚，增强职工信心，凝聚队伍力量。做好防疫物资储备，确保“装备”到位。根据全局人员数量多、泵站分布散的特点，局党政办积极与物资调拨单位沟通协调，确保全局口罩、酒精、消毒液、消毒湿巾等防疫物资数量充裕，认真做好疫情防控物资备案登记工作，做到“粮草”充足，心中有数。结合西青区实际，区水务局及时印发了《关于做好在建水利工程新型冠状病毒疫情防控实施方案的通知》《水务局加强新型冠状病毒感染疫情防控行政执法工作预案》，全面加强与疫情防控相关的执法检查工作，确保业务工作中的疫情防控科学、规范、有效，同时紧盯业务中的疫情防控，包括农村、医院、隔离点的污水废水处理，及时劝离河道水面钓鱼人员，对在建工程进展情况进行检查，要求落实好防控措施。

新冠肺炎疫情发生之后，区水务局在领导层面建立疫情防控工作责任制，局党委一把手负总责，其他主要领导分别担起各自分管领域责任人责任，看好门，管好人，办好事。区水务局成立疫情防控指挥部，局党委书记任总指挥，副书记任副总指挥。为充分发挥基层党组织战斗堡垒作用和党员先锋模范作用，增强组织领导，成立4支支援街镇疫情防控分队，由分管领导和骨干担任分队长和副分队长，支援一、二、三、四分队分别成立临时党支部，将所有支援抗“疫”的党员纳入其中统一管理，把支委会开到战“疫”一线，让党旗在疫情防控一线高高飘扬。局党委压实干部责任，激励全局干部在服务基层的过程中经受磨砺考验、锻造过硬作风，并注重在疫情防控一线挖掘优秀党员干部，将先进人物事迹整理成文，对表现突出的积极向区委推荐，大力表扬，形成示范，发挥榜样作用，同时加大对作风轻浮、拈轻怕重、纪律涣散的失职失责人员的追责问责力度。

局党委超前部署、提前安排，自1月28日开始，全局146名在职党员到居住地社区报到，积极参加所在社区疫情防控工作，主动参加社区值守和防疫宣传，为筑牢织密社区疫情防控网络贡献力量。为充实街镇工作力量，助力街镇建立起外防输入、内防扩散最有效的防线，按照市委、区委的统一部署安排，区水务局取消节假日，泵站职工缩短休息时间，动员一切可以动员的力量下沉基层，自2月3日起，先后召集150多名党员干部下沉到杨柳青镇、大寺镇和李七庄街，支援基层疫情防控工作。执勤人员严格落实社区防控措施，不放过一辆车，不漏掉一个人，在大风中坚守，在雨雪里奉献，不顾个人安危，为每一位过往群众测体温，做登记，认真细致，恪尽职守，下沉干部特别能吃苦、特别能战斗的水务作风赢得了社区工作人员和居民的认可和赞扬。面对境外疫情加速蔓延、输入风险显著增加的情况，局党委严格贯彻区委关于疫情防控的新部署新要求，针对疫情新形势，在全局发布“最美逆行者”召集令，38名党员干部陆续出列，主动到更危险的集中隔离点、接驳组参加战“疫”，面对危险主动请缨、迎难而上，穿起防护服，争做战“疫”排头兵，成为防疫线上的“最美逆行者”，成为全局的榜样和英雄，自3月27日至2020年年底，这些迎难而上的防疫“战士”仍然坚守在隔离点一线。自疫情防控工作以来，区水务局深入宣传全局联防联控措施、疫情防控成效，广泛宣传下沉基层一线党员干部的先进、感人事迹，形成上下齐心、共抗疫情的良好氛围。截至2020年年底，“西青水务”公众号共发送51条抗“疫”文章，被区融媒体中心、文明办、组织部等部门公众号转载采用34次，天津电视台《都市报道60分》对区水务局干部下沉社区做好防疫工作进行了详细报道。

（王继超）

津南区水务局

【概述】 2020年，津南区水务局以习近平新时代中国特色社会主义思想为指导，牢固树立“四个意识”、坚定“四个自信”、坚决做到“两个维护”，全面贯彻党的十九大和十九届二中、三中、四中、五中全会精神，以科学发展水务事业为主题，深刻领会并自觉践行习近平生态文明思想，完成全年各项目标任务。

2020年，完成津南区新建南辛房泵站工程、新建盘沽泵站工程，石柱子河泵站拆除重建工程、幸福河泵站拆除重建工程主体已完工。加快推进津南区地面沉降防控工作，对全区671眼机井进行全面排查，健全机井台账，更新机井档案；完成关停机井454眼的任务。压采地下水317.5万立方米，全年地下水开采量同比下降69%。完成了剩余12条黑臭水体治理及渤海污染防治攻坚战 9 项合流制改造项目，其中包含 25 处雨污水管网混接错接点改造及 2 片污水空白区改造。牵头组织各镇各部门，采取排查、监测、调水、封堵、治点的办法排查河道 102 千米，监测断面 486 个，封堵口门 87 个，河湖水环境质量得到明显改善，年度同比改善 28.16%。

【水资源开发利用】 2020 年，地下水开采量为 118.83 万立方米，其中工业 36.79 万立方米，农业 34.57 万立方米，农村生活 17.97 万立方米，生态及林牧渔副 29.50 万立方米，无新打机井。

津南区严格规范取水许可证的管理，严禁新增取水许可量。每季度按时登记各单位地下水开采量。加强地下水动态监测，完成 2019 年地下水动态监测年鉴整编工作，新建地下水位监测井 4 眼。

按照《天津市地下水水源转换实施方案》的要求，津南区政府与天津市政府签订了《津南区地下水压采工作目标责任书》，2020 年，完成转换地下水量 25 万立方米，超额完成了 2020 年水源转换 10 万立方米的任务。压采地下水 317.5 万立方米，关停机井 454 眼，其中封存机井 116 眼，回填机井 56 眼，封停机井 282 眼。

【水资源节约与保护】

1. 节水工作

2020 年，核定自来水用户 621 家，分配指标量 2970.7430 万立方米，实际用水量 879.8387 万立方米。核定 20 家地下水用水指标，分配指标量 74.164 万立方米，实际用水量 66 万立方米。扩大计划用水考核覆盖率，加强节水管理。完成 21 家企业、单位的水平衡测试工作。

完成节水型社会达标建设工作，建立健全全区节水评价登记台账，2020 年全区共完成 20 个建设项目节水评价审查工作（见表 1）。完成天津市津南区水务局、天津市津南区审计局、天津市利好食品有限责任公司、咸水沽镇博雅时尚小区等 21 家企事业单位、小区的节水型机关（企业、小区）创建工作（见表 2）。

表 1　　2020 年全区共完成 20 个建设项目节水评价审查

序号	规划或建设项目名称	类型	施 工 单 位
1	天津大学北洋园校区硕士公寓二期项目	非水利建设项目	天津大学
2	爱情花园北里项目	非水利建设项目	天津市爱之山置业有限公司
3	爱情花园南里项目	非水利建设项目	天津市爱之山置业有限公司
4	云熙府项目	非水利建设项目	天津市美昌房地产开发有限公司
5	天津海河教育园区 02 单元 04－09 地块二期项目	非水利建设项目	天津睿瀛置业有限公司
6	天津海河教育园区 02 单元 04－09 地块三期项目	非水利建设项目	天津睿瀛置业有限公司
7	学苑府项目	非水利建设项目	天津金楠置业有限公司
8	万橡馨苑项目	非水利建设项目	天津富远置业有限公司
9	天津海河教育园区 02 单元 04－07 地块项目	非水利建设项目	天津光耀房地产开发有限公司
10	天津市海河医院四期配套工程项目	非水利建设项目	天津市海河医院
11	天津嘉泰地产有限公司翰林苑项目	非水利建设项目	天津嘉泰地产有限公司
12	津南尚礼园项目	非水利建设项目	天津天地源置业投资有限公司
13	辛庄镇鑫怡路西侧 C10 居住地块项目	非水利建设项目	中铁建设集团（天津）置业有限公司

续表

序号	规划或建设项目名称	类型	施 工 单 位
14	产教融合工程中心和学生生活设施增建项目	非水利建设项目	天津轻工职业技术学院
15	汀泽庭院一期项目	非水利建设项目	天津滨涪置业有限公司
16	天津海河教育园区 02 单元 02－07 地块项目	非水利建设项目	天津中海海顺地产有限公司
17	天津海河教育园区 02 单元 02－03 地块一期、二期工程项目	非水利建设项目	天津瑞雅房地产开发有限公司
18	天津市公安局津南分局北闸口派出所迁建工程	非水利建设项目	天津市公安局津南分局
19	天津海河教育园区 02 单元 04－03 地块君诚雅苑项目	非水利建设项目	天津阳光城金科房地产开发有限公司
20	星耀五洲 20 号地	非水利建设项目	天津星耀投资有限公司

注 1. 各区（单位）按年度汇总统计本区（单位）已经或正在开展节水评价审查的规划和建设项目，按要求及时报送上级主管部门。

2. 规划和建设项目分为水利规划、非水利规划、水利工程项目和非水利建设项目四种类型。

3. 审查时间以出具审查结论的文件印发日期为准，审查结论以印发正式文件为准，分为通过和未通过两种情形。审查结论为通过时，需填审查前后的新增取用水量，并做必要的补充说明；审查未通过时，仅需填审查前的新增取用水量。

表 2　　2020 年津南区创建节水型企事业单位、小区名单

序号	类别	单 位 名 称	序号	类别	单 位 名 称
1	企业	天津市利好食品有限责任公司	12	小区	万翠台北苑
2	企业	天津天涂豪邦涂料有限公司	13	小区	尚科家园社区新科园小区
3	企业	天津民祥生物医药股份有限公司	14	小区	博雅时尚
4	企业	天津立白日化有限公司	15	小区	雅晟轩
5	企业	天津亚兰化工有限公司	16	学校	天津市津南区北闸口第一小学
6	企业	天津市圣滨化工有限公司	17	学校	天津市津南区八里台第一小学
7	企业	天津可喜涂料有限公司	18	学校	天津市津南区第五幼儿园
8	企业	天津珍熙美容实业有限公司	19	学校	天津市津南区第六幼儿园
9	小区	民盛园	20	学校	天津市津南区第七幼儿园
10	小区	欣悦佳园	21	单位	天津市津南区审计局
11	小区	万翠台南苑			

对辖区内学校、企业开展用水定额宣传工作，发放用水定额相关文件，各镇街开展用水定额专项培训。全年共开展节水宣传活动 19 次，其中深入企事业单位宣传 11 次。创新节水宣传形式，制作节水宣传片 4 部；全年节水宣传活动共发放节水知识手册、宣传折页、节水宣传品等 5000 余份，制作横幅 9 条。

2. 控沉管理

开展控沉点巡查工作，日常巡护组对辖区内的控沉点进行动态巡查，形成控沉点动态巡查网络。完善区级地面沉降治理管理体系；加强基坑疏干抽排地下水管理工作，对基坑取水建设项目进行定期巡查，建立台账并动态跟踪。2020 年共新增基坑取水许可证 24 件，并安装远程计量设备，足额收取地下水资源税。

3. 再生水利用工作

津南区2020年计划完成再生水利用量高品质400万立方米，低品质1235万立方米。2020年全年实际完成再生水利用总量2957.0836万立方米。其中高品质利用量634.4336万立方米，低品质利用量2322.65万立方米，全部用于生态补水及农业灌溉。

【水生态环境建设】

1. 全面消除黑臭水体

津南区全区域列入市级台账共有黑臭水体43条（个），其中42条农村沟渠、1个农村坑塘。42条农村沟渠总长约为23.34千米，分别为北闸口镇2条、八里台镇7条、辛庄镇3条、小站镇14条、双桥河镇15条、葛沽镇1条；1个农村坑塘面积约为0.6平方千米。2020年6月底，43条黑臭水体全部整治完成。

2. 坚决打赢碧水攻坚战

2020年，津南区共完成海河科技园、紫江路、红旗路、欣发公寓、欣达西里、欣达公寓、双桥河镇工业园区9项合流制改造项目，铺设雨污水管网34.89千米；完成咸水沽镇25处雨污水管网混接错接点改造；完成双桥河镇津沽公路以南、北闸口镇三道沟村2片污水空白区改造任务。

【水务规划】 按照《津南区“十四五”规划编制工作方案》的要求，津南区水务局负责津南区绿色生态水环境“十四五”规划编制工作，截至2020年12月31日，《津南区“十四五”规划编制工作方案》初稿已完成，正在征求各部门意见中。

【水旱灾害防御】

1. 雨情

2020年，津南区全年累计降水量591毫米，比上年（529.9毫米）偏多61.1毫米。其中1—5月累计降水量160.7毫米，比上年同期（52.9毫米）多107.8毫米；6—8月累计降水量285.6毫米，比上年同期（435.6毫米）少150毫米；9—12月累计降水量144.7毫米，比上年同期（41.4毫米）多103.3毫米。汛期内（6—9月）降水量达395.1毫米，比历史同期偏少16.9毫米。

2. 防汛

为落实各项防汛工作，确保津南区安全度汛，根据人员变化情况，经局领导研究同意，及时调整津南区水务局2020年防汛抗旱指挥部成员，明确各部门防汛抗旱责任人。

局防汛抗旱指挥部成员：

指　挥：魏志忠　局党委书记、局长

副指挥：朱庆兰　党委委员、二级调研员

孙文祥　党委委员、副局长

宁树明　党委委员、副局长、津南水库主任

王学玲　党委委员、副局长

成　员：党委办公室、行政办公室、河湖保护科（排水监督科）、水资源管理科、水旱灾害防御科、建设管理科、水库管理处、排灌管理站、河道管理所、市政排水所、河长制事务中心、机关后勤服务中心、建设管理中心、技术推广中心、水资源事务中心。

津南区水务局防汛抗旱指挥部办公室设在水旱灾害防御科，办公室主任由任新权兼任，副主任由孙文东、袁振广兼任。指挥部下设堤防巡查组、堤防抢险组、信访接待组、排涝调度组、机电抢险组、抢险物资组、城镇排水抢险组、信息宣传组、后勤保障组9个工作组。

防汛预案。立足防范超标洪水、局部强降雨，重新修订《津南区水务局2020年防汛预案》，细化洪水防御、强降雨排水处置方案。编修了《津南区海河右堤防汛抢险分预案》《津南区大沽排水河防汛抢险分预案》《津南区市政排水分预案》《津南区污水处理厂防汛抢险分预案》《津南水库防汛抢险分预案》5个专项预案。津南水库落实行政、技术、巡查三个责任人和水情预测预报预案、调度运用方案、防洪应急预案“三个方案”，确保人民群众生命安全。

防汛队伍和物资。汛前，组建了3支防汛应急队伍，多次组织河道管理所、水库管理处、排灌管理站、市政排水所开展突发防汛抢险应急处置演练。对防汛物资进行了维护和补充，截至2020年年底已储备编织袋和麻袋13.5万条、潜水泵72台、铁锨1200把、抢险帐篷8顶、大型移动式发电机4台、小型移动式发电机2台、移动泵站1座、移动泵车6台、冲锋舟7艘、高压冲洗机1台、垃圾清运车1辆、吸污车1辆、防撞桶4个、路锥铁架16个、警示灯8个、警示墩7个。修订防汛物资储备及调运预案，落实责任、严密巡查，精心维护，防止防汛物资资产损失。

防汛演练。为应对防汛突发事件，提高防汛抢险的反应能力，检验防汛抢险队伍应急处置能力。按照“安全第一，常备不懈，以防为主，全力抢险”的防汛方针，2020年4月28日、29日，津南区水务局先后组织河道管理所、水库管理处、排灌管理站相关工作人员开展了2020年防汛应急演练。

防汛检查。汛前，开展防汛隐患排查，对各泵站、闸涵、管网、污水处理厂、水库开展安全检查，对存在问题实行台账管理，明确工作责任，制定整改措施，限定完成时限，发现一处、整治一处、销号一处，决不放过一个漏洞、盲点。汛前，共派出检查组19组次，检查点位108处，发现问题点位23处，已全部处理完毕。同时，对津南区水务局市政排水所负责的双港、辛庄、咸水沽、双桥河等镇的20处易积水片区进行了全面排查，制定了专项排水预案，并指导相关街镇对各自辖区内的易积水片区也制定了专项预案，成立了专业抢险队伍、备足了防汛抢险物资。在全区范围内对47座排水泵站的222台机泵完成维修保养任务，闸涵33座，疏通管线75千米，清掏检查井、收水井共计28000座次。

防汛设施维护。汛前对河道堤防、排水闸门及泵站、排水沟口等提前进行了检查维护。总结前期防御工作经验，分析“7·31”强降雨暴露出来的问题和不足，坚持问题导向，在补齐短板上下功夫。加强排水管网、河道、闸涵、泵站等重点部位、薄弱环节的巡视检查力度，发现问题及时解决。

强化农村基层防汛预报预警体系。整合视频监控监测预警系统，市区、区镇视频会商系统，共享水文、气象自动监测站点数据，优化自动监测预警站网布局，补短板补空缺，实现了津南区雨水情监测全覆盖。对视频系统软件及硬件进行了保养维护，确保汛期安全运行。进一步完善防汛视频监控系统布局，强化对泵站、闸涵的科学运行调度与管理。

加大防汛执法力度。组织相关科室及河道管理所和排灌管理站水政执法人员对区内二级河道违法违章情况进行了摸底调查，详细了解河道内施工坝、坝根、垃圾及拦河网箱等阻水障碍物的分布情况。汛前津南区水务局组织相关部门对河道内障碍物进行集中清整，确保汛期河道排水畅通。

强化责任担当，全力应对“7·31”强降雨。7月31日，津南区普降大雨，平均降雨量71.4毫米，其中最大降雨量出现在小站镇为113.2毫米，强降雨造成津南区共出现15处积水点位和2处地道积水断交。津南区水务局协同区防办、各街镇等单位相关负责人及时对全区重点易积水点位进行巡查，主要领导和分管领导深入一线，靠前指挥，督促、指导属地街镇快速排除积水。据统计，全区各单位共出动抢险人员545人，抢险车62辆，临时排水泵25台，移动泵车5辆，沙袋600个，开启雨水排水泵站7座，河道排水泵站2座，闸涵2处，挖掘机3台，累计排水423万立方米。经各相关单位工作人员共同努力，全区所有点位积水已于当晚22时前全部排出。

汛期值班。严格遵守防汛工作纪律，坚持汛期24小时值班和领导在岗带班制度，一旦遭遇汛情、险情，及时上岗到位，提前部署应对，及时启动应急预案，确保第一时间报送，第一时间研判，第一时间处置，力争防患于未然，最大限度地减少损失和影响。津南区水务局行政办公室、纪检组定期或不定期对各基层单位防汛工作情况进行督查，对督查发现的问题，要责成相关单位及时整改。

3. 抗旱

编制完成《2020年津南区水循环调度方案》，协调市相关部门，进行河道水系循环的同时，增加区二级河道引调水量，2020年以来，多次引调海河水及大沽排水河水，累计取、调水1200万立方米。有效保障了绿色生态屏障建设的用水需求、春播春种及小站稻种植等农业生产的正常进行。

【农业供水与节水】 津南区水务局按照《天津市津南区土壤污染防治—加强灌溉水水质管理实施方案》相关要求，在春灌、汛前、冬灌三个时间段对灌溉水水质进行了检测，其中地表水9个点位，地下水7个点位。

【水土保持】 津南区水务局会同区行政审批局印发了《关于办理生产建设项目水土保持方案许可的告知书》，对生产建设单位进行宣传告知，按照工作计划和水土保持“三同时”制度要求，津南区水务局加强与津南区审批部门的沟通协调，加大审批力度，同时津南区水务局做好生产建设项目事中事后监督检查工作，落实主体责任，确保水土保持方案情况的跟踪检查全覆盖。全年完成生产建设单位水土保持审批手续67件，接受设施验收备案12件，开展验收核查3次。

【工程建设】 完成南辛房泵站工程。该工程位于津南区马厂减河中下游南岸边的十八米河上，设计排涝流量为10立方米每秒。工程总投资2120万元，工程于2019年10月开工，2020年12月完工。

完成盘沽泵站工程。该工程位于津南区海河二道闸下游南岸的小黑河上，设计排涝流量为12立方米每秒。工程总投资1770万元，工程于2019年8月开工，2020年10月完工。

石柱子河泵站拆除重建工程主体完工。该工程位于大沽排水河与石柱子河交汇处，设计排涝流量2.4立方米每秒，设计引水流量6.0立方米每秒，拆除原有泵站，重建石柱子河泵站；购置安装机电设备、水机设备及金属结构设备。工程总投资2181.49万元，工程于2020年5月开工，12月主体完工。

幸福河泵站拆除重建工程主体完工。该工程位于大沽排水河与幸福河交汇处，设计排涝流量3.2立方米每秒，设计引水流量6.0立方米每秒，拆除原有泵站，重建幸福河泵站；购置安装机电设备、水机设备及金属结构设备。工程总投资2156.12万元，工程于2020年5月开工，12月主体完工。

完成大沽排水河（二炮部队—洪泥河、孝德彩钢—板桥变电站段）堤顶防洪通道提升改造工程，在维持已治理现状河道堤顶高程和断面不变的情况下，对大沽排水河（二炮部队—洪泥河、孝德彩钢—板桥变电站段）单侧防汛通道进行提升改造。工程总投资831.9万元，工程于2020年5月开工，7月完工。

【供水工程建设与管理】 供水行业管理。加强对津南区全区供水水质、设施及服务监管，充分发挥水行政主管部门职能，确保供水水质安全，保证供水设施安全稳定运行，累计解决居民反映供水问题3件。加大供水行政检查及执法工作力度，发现违法行为及时处置，规范供水用水行为。承担管网漏损控制的监管责任，落实管网漏损控制措施。建立津南区二次供水台账，推动二次供水验收报告备案相关工作，定期对辖区内的小区物业开展二次供水设施清洗消毒情况管理检查工作。

【排水工程建设与管理】 至2020年年底，津南区有城镇污水处理厂3座，工业污水处理厂1座，总污水处理能力为每天11.5万立方米，全年共处理污水3216.1万立方米。污泥处置厂（天津泰新垃圾发电有限公司）1座，工艺为垃圾混烧，混烧污泥能力达到180吨每日。

污水处理提质增效，加强日常管理力度，委

托水质监测机构每月对污水处理厂出水水质进行监测，同时加强季度考核工作。局领导带队对污水处理厂集中开展6次检查工作，检查的内容为化验检测方面、运行管理方面、设施设备管理方面、日常工作管理方面、安全管理方面等。不断强化日常管理，促使污水处理厂做到规范管理、稳定运行、达标排放。

污泥处置溯源跟踪，对区管4座污水处理厂的污泥及本区污泥处置单位，定期跟踪接收污泥及污泥产品情况，确保污泥无害化处置。

完善区级管理制度，切实发挥监管能力。为强化污水处理厂的监管能力，津南区水务局于6月5日印发《津南区区管污水处理厂管理制度》《津南区区管污水处理厂减量停运管理办法》《津南区区管污水处理厂水质监测制度》《污泥处置厂管理制度》《津南区区管污水处理厂付费办法》《津南区区管污水处理厂考核办法》，充实行业管理手段，确保污水处理厂及污泥处置的良性运转。

强化安全意识，开展安全生产培训及演练。2020年年初，与4座污水处理厂签订安全生产责任书，进一步明确安全责任主体。按照《津南区污水处理厂应急预案》的要求，6月11日组织开展2020年排水及污水处理防汛暨突发事件演练活动。6月24日组织市政排水所、污水处理厂工作人员进行安全生产培训。7月29日对有限空间进行重点安全检查工作。

强化城镇排水系统调度管理及应急处置工作。按照《津南区水务局关于加强排水与污水处理行业防疫工作应急处置预案》的要求，各相关部门及污水处理厂均编制了津南区水务局针对疫情防控的应急处置预案，落实岗位工作职责。津南区水务局强化对污水处理厂及市政污水泵站的协调调度工作，做到污水应收尽收。

加强发热门诊、医学观察隔离点周边的排水管网巡视力度。疫情期间，津南区水务局多次深入海河医院、津南医院（新、老医院）、小站医院及医学观察隔离点周边的市政排水设施进行巡视，杜绝污水外溢事件的发生，保障疫情期间污水处理设施的安全平稳运行。加强污水处理厂及市政排水泵站的防疫、运行检查。津南区水务局对污水处理厂、市政泵站、污泥处置情况进行疫情防控和运行情况的检查。

排水设施管理。做好市水务局排水监督半年考核与季度检查工作。为提高津南区排水及城镇污水处理行业管理水平，依据《天津市污水处理行业管理工作考核暂行办法》，津南区水务局高度重视，积极准备整理相关检查材料，最终在全市排水监督半年检查中成绩为良好等次；同时按季度对区管四座污水处理厂进行季度考核工作。

完成合流制改造工作。截至2020年年底，雨污水管网合流制改造工程——红旗路工程、紫江路工程、工业园区改造项目已完工，双桥河镇欣发公寓、欣达公寓、欣达西里已完工，咸排河泵站工程正在施工阶段，25处混接错接点改造任务已顺利完成。

汛期防汛排水监管。在汛期前，津南区水务局指导市政排水所、各镇街对雨、污水管网收水井进行定期检查和清掏，防止汛期出现积水情况；降雨期间提前通知各街镇上报易积水点位情况，协调相关部门提前做好排涝准备最大限度减少城镇内涝，防止“坐车看海”的现象发生。

按照津南区政府工作要求，根据《津南区机构改革方案》，排水职能现由津南区水务局负责。《津南区排水专项规划》的编制工作由津南区住房城乡建设委于2020年6月移交至津南区水务局继续完成，津南区水务局主动联系天津市政设计院，并积极与津南区规自局、津南区住房城乡建设委、各街镇、津南开发区、海河金岸公司、海河教育园区等单位进行工作对接，收集掌握相关数据和资料，截至2020年年底已完成招投标工作。

做好排水许可证办理工作。全年办理排水许可证16件，对已办理排水许可证的27家排水户，加强事中事后监管，定期开展水质检测工作。

【科技教育】 2020年，加强防汛抗旱信息化建设，汛前将对视频监控点位进行优化调整，提高覆盖率，强化对泵站、闸涵的科学运行调度与管理。加快提升水利网信水平，提升网络安全能力，加强统计、数据安全管理，强化网信安全宣传培训，完善相关制度体系。加快视频会议系统升级改造，推进河湖长制管理信息系统建设管理，加强系统管护。

津南区水务局贯彻《天津市专业技术人员和管理人员继续教育条例》，把继续教育工作落实到科室、基层和个人，对不同专业、不同人员制订继续教育计划和实施计划，组织分类学习、培训。5月28日，津南区水务局举办消防知识培训，邀请津南区消防救援队专家前来授课，全局70余名干部职工参加。11月3日，津南区水务局开展“坚持节水优先，建设幸福河湖”主题座谈会，旨在科普水利法律法规，增强在场人员科学节水知识水平。

【水政监察】 行政执法工作。2020年共开展执法巡查51次，出动巡查人员190余人次，巡查车辆55辆次，主要包含水资源、河湖、排水、防汛、水利工程等方面。其中执法专班重点工作包括：完成市水务局“护河2020”专项执法行动重点任务，同时配合津南区农业农村委做好海河禁渔专项工作，按照市水务局《关于开展河道阻水渔具阻水障碍物专项整治暨“护河2020”专项执法行动的通知》的要求，津南区河（湖）长办会同海河中心和东丽区河（湖）长办，组织双港镇、辛庄镇、咸水沽镇、双桥河镇、葛沽镇、公安津南分局、津南区农业农村委、津南区交通运输管理局，开展河湖专项执法活动。津南区河（湖）长办会同海河中心二道闸管理所，组织公安津南分局、津南区农业农村委、津南区交通运输管理局、津南区水务局、辛庄镇、咸水沽镇、双桥河镇、葛沽镇联合开展“打击涉河湖领域违法犯罪”活动。针对海河津南段存在的违法捕捞、网箱、地笼、船只、摆摊设点卖鱼等行为进行联合清理，共开展11次专项行动，出动工作人员87人次、车辆13辆次、清理船7艘次，共清理渔网80余具、网箱10余个、地笼40余处，清运水草6车次，驱逐非法渔船1艘。在进行执法清理的同时，针对沿河百姓进行《中华人民共和国水法》《天津市河道管理条例》等水法律法规的宣传工作；联合公安津南分局、津南区农业农村委开展海河地区违法捕捞设置拦河渔具专项夜查工作。会同区市政排水所及各街镇开展“乱泼乱倒”问题专项整治工作；为保障污水处理厂正常运行，打击企业超标排放违法行为，配合津南区生态环境局开展企业超排专项夜查执法活动。

行政处罚。截至2020年年底，共立案水务行政执法处罚案件15起，共执行到账罚款人民币53000元，无行政复议和行政诉讼的情况发生，结案率为100%。同时按时完成“水利部水行政执法平台”“新版天津市行政执法监督平台”“发改委双公示平台”“市场监管双随机一公开平台”“国务院互联网+监管平台”“国务院行政复议和行政诉讼信息平台”6个执法类平台的填报工作；做好涉水环保执法、生态损害补偿机制、河湖专项执法月报、治理乱泼乱倒报表、扫黑除恶报表、行政案件向刑事案件转化移送表等6项报表的月度报送工作。

法治宣传。2020年3月22日是第二十八届“世界水日”，3月22—28日是第三十三届“中国水周”。2020年“世界水日”和“中国水周”活动的主题为“坚持节水优先，建设幸福河湖”。本年度宣传工作因新冠病毒疫情影响，津南区水务局在3月19—25日对有条件的街镇采取发放宣传画的形式开展送法进机关工作，同时在局机关和事业单位办公场所进行了张贴宣传工作，共发放“坚持节水优先，建设幸福河湖”宣传画30套。3月22—28日，津南区水务局通过互联网等线上方式，积极组织干部职工参加水利部举办的2020年网上水法规知识大赛及市水务局组织的“我与水政同发展”主题征文活动。4—5月重点对民法典进行法治宣传活动，7—9月完成防汛法律法规宣传工作，同时向区依法治区办、市水务局报送“七五”普法验收总结报告及佐证资料，圆满完成

“七五”普法验收工作。

津南区水务局2020年年初持有执法证件人员共75人，截至2020年年底已通过审验注册持证人员74人，因工作单位调动注销证件1人。

【工程管理】

1. 水利工程日常运行管理

落实泵站运行管理各项制度，加强对泵站日常巡查管理，定期进行安全生产、泵站运行、维修养护运行调水等记录按时填写、统一着装、站容站貌等方面的日间和夜间巡视检查，发现问题及时解决。结合泵站运行实际情况，对重点泵站运管人员进行调整。采取不定期对泵站运管人员进行实际操作的日常考核方式，随时检查，随时现场考核。

2. 水利工程和设备的检修及维护

根据泵站水泵设备使用情况制定维修保养计划，定期对13座国有泵站逐一进行排查、维修和维护。全年完成水泵大修19台、水泵小修52台、清污机维修保养49组、维修水闸13面、养护水闸及启闭机146套、天车维修保养17台、变压器检修保养17台、柴油发电机保养6台、配电检修保养等，并对双月泵站仓库屋顶和墙壁维修，对13座泵站进行了常规电气试验、防雷检测试验，对泵站电气设备进行除尘清扫。

完成33座区管闸涵汛前维修养护，完成洪泥河防洪闸院区修缮1200平方米，秦庄子闸闸板除锈110平方米，闸体粉刷2100平方米，护栏维修加固320平方米，闸体混凝土修补210平方米，更换闸箱5套、电机2台。对闸所进行常规电气试验及避雷检测。

3. 津南水库报废工作

2020年，津南区全面启动并完成津南水库报废论证工作。7月12日，经第81次区长办公会议通过，由津南区水务局办理水库报废手续，8月26日完成水库注销手续并报市水务局备案。天嘉湖作为津南绿色生态屏障的重要点位，将充分发挥水系连通、水生态涵养及绿化的功能作用。

4. 安全生产管理

2020年，津南区水务局在津南区委、津南区政府、市水务局以及津南区安委办等有关部门的领导下，全力做好安全生产专项整治三年行动和国家安全发展示范城市创建工作，津南区水务局制定了《津南区水务局安全生产“党政同责、一岗双责”实施办法》《天津市津南区水务局安全生产工作责任清单》《津南区水务局安全生产专项整治三年行动实施方案》《津南区水务局安全生产事故应急预案》等文件。

落实市委书记李鸿忠强调的“隐患就是事故、事故就要处理”。坚持严字当头，严在日常、严在经常，建立系统健全的安全生产隐患排查制度，加强对隐患的辨识、评估、建档、登记、监控和动态管理，防患于未然。形成了隐患排查、登记建档、问题反馈、整改落实的闭环系统。2020年，局安委会累计开展各类安全检查38次，其中泵站22次、防汛4次、在建工地10次、机关2次，发现隐患3处，已全部整改完毕。

【河（湖）长制】 2020年，津南区严格落实河（湖）长制相关制度，共有区、镇（街）、村三级河长217名，其中区级河长14名、镇（街）级河长104名、村级河长99名。全年区级河长共巡河198人次，镇级河长共巡河1564人次，村级河长共巡河1934人次。

1. 河湖管理

津南区境内有市管河道海河、先锋排水河、外环河共3条，总长度51.74千米；区管河道洪泥河、大沽排水河等共17条河道，总长度200.41千米；天嘉湖（津南水库，2020年8月报废）总面积4.6平方千米；镇管干渠小黑河等6条，总长度38.37千米；村管支渠497条；农村坑塘412个；全部纳入河（湖）长制管理。完成466块河（湖）长公示牌更新与增设工作。

2. 河湖管理范围划定

按照《市河（湖）长办关于进一步推进依法

划定河湖管理范围工作的通知》文件精神，对照中华人民共和国第一次水利普查成果，全力开展河湖管理范围划定工作，并根据相关工作要求，河湖管理范围划定成果由津南区人民政府予以公示。2020年完成市管河道3条，区管河道17条、湖泊1个，镇管干渠6条（秃尾巴河、西排河、十八米河、十五米河、小黑河、东排干河），镇、村级沟渠497条，坑塘412个管理范围划定工作。

3. 专项行动

2020年清河行动。按照《天津市“2020清河（湖）专项行动”方案》要求，津南区及时启动清河行动，对全区10个镇域河湖、沟渠、坑塘垃圾池、旱厕、生活污水直排口门等陆生污染源，浮萍、水草、藻类等水生污染源进行排查整治。津南区河（湖）长办排查发现各类水生态问题146处。各镇街治理河湖、沟渠、坑塘90条段（个）。全区共打捞清理水面漂浮垃圾248423平方米、插网748处、地笼1175处、堤岸生活垃圾14294.6立方米、堤岸建筑垃圾7525.5立方米、堤岸工业废弃物76.7吨、堤岸非正规垃圾堆放点19个、垃圾池51处、旱厕23个。

津南区严格落实“清四乱”常态化、规范化要求，坚持区委、区政府负总责，水务牵头、部门协同，全面落实属地管理责任。切实履行河（湖）长“巡查改”职责，将“清四乱”任务压实到每一位河（湖）长，形成层层抓落实的责任体系。充分利用无人机、视频监控、巡河App等技术手段，全覆盖、拉网式全面排查“四乱”问题，建立河湖“清四乱”问题动态台账，落实河湖管理单位和人员，完善网格员队伍，加强河湖日常巡河。严格管控新出现河湖“四乱”问题，防止已整治问题反弹，做到应改尽改、能改速改，做到“四乱”问题动态清零。继续完善区、市两级河（湖）长办上下联动的河湖暗访督查体系，组织对全域内河湖进行暗访督查。加强对河湖“四乱”动态台账的抽查复核，对抽查发现的整改不到位、问题反弹等问题，盯紧靠上，及时整改到位。

4. “优秀河长 最美河湖”评选

2020年“优秀河长 最美河湖”评选表彰工作。按照市河（湖）长办《天津市“优秀河长 最美河湖”评选办法》的要求，津南区河（湖）长办积极组织、推动，经过各镇（街）推选、公众投票等形式，最终确定申报名单。2020年12月8日，市河（湖）长办印发《市河（湖）长办关于表彰“优秀河湖”的决定》，决定授予津南区葛沽镇镇级河长袁锡道乡镇级“优秀河长”称号；决定授予津南区辛庄镇邢庄子村村级河长邢维铜、辛庄镇前辛庄村村级河长刘冠林、双桥河镇西官房村村级河长张玉铁村级“优秀河长”称号；决定授予津南区海河故道“最美河湖”称号。

5. 监督考核

完善“发现—移交—督导—整改—反馈—核实”的河（湖）长制闭环工作机制，按照考核细则要求，实施月考核、半年督导、年度考核相结合的考核模式。全年组织召开各类河（湖）长制相关工作会议23次，印发考核月报12期，组织开展2次督导检查，印发各类简报31期，按照河（湖）长制考核成绩发放2020年四个季度“以奖代补”考核资金，分别针对各类问题对各属地责任单位下发交办、督办单48份，并督促相关单位及时整改回复。

河（湖）长“向群众汇报工作”。按照《天津市河（湖）长“向群众汇报”工作方案》的工作部署，津南区于12月中旬率先完成镇、村两级河（湖）长2020年度汇报工作，采用政务平台、公众号平台、与群众面对面汇报、公告栏张贴等多种形式相结合，详细汇报了本年度河（湖）长制工作开展情况、河（湖）长履职情况，广泛听取群众心声意见，接受群众监督，回应群众关切。

6. 科技手段助力河湖管理

建设津南区河（湖）长制信息平台，构建信息全区域“一张图”，实现河湖数字化管理全覆盖，为河湖管护奠定坚实基础。充分发挥“互联网+”的科技优势，与津南区生态环境局实时分享水质数据，建设污水管网流量监测系统，进一步完善区域河道视频监控系统，为涉水事务管理提供决策依据。在河长巡河的基础上，采用无人机、水下机器人等手段协助河长巡河。2020 年，无人机对洪泥河、马厂减河、大沽排水河等重要河段开展巡河查污 130 余次，进行水下探查 60 余次，排查及治理口门 59 处。

【水务改革】 农业水价综合改革。根据农业水价改革的相关要求，结合津南区实际情况，截至 2020 年年底津南区共计安装供水计量设施 100 套，并结合“以电折水”开展农业灌溉计量工作。同时，按照总量控制、定额管理的原则结合津南区农作物种植的实际情况，编制完成双桥河镇、北闸口镇、小站镇、八里台镇、葛沽镇、咸水沽镇、辛庄镇等 7 个镇的农业水权分配方案。

【精神文明建设】 突出政治引领，加强党的理论武装。局党委始终坚持思想建党，持续深入学习习近平新时代中国特色社会主义思想，充分发挥以上率下、以上促下的示范引领作用，深入指导推动所属 8 个党支部落实落细读原著、学原文、悟原理的基础工程，不断巩固拓展“不忘初心、牢记使命”主题教育成果。以中心组理论学习和专题学习的形式，就 85 项内容开展学习 93 次，就 17 项内容开展专题研讨 121 人次。处级党员干部讲党课 7 人次，党支部书记讲党课 8 人次，普通党员参加集中学习千余人次。同时，在“肃清李国文恶劣影响 进一步净化政治生态”专题民主生活会和组织生活会上，全体党员干部深入检视剖析党委班子存在的问题和不足，坚决彻底肃清李国文恶劣影响，营造水务系统风清气正的政治生态。

突出政治核心，严格落实主体责任。统筹谋划压紧压实责任。研究部署 2020 年全面从严治党工作，制定《津南区水务局 2020 年党的建设工作要点》《津南区水务局 2020 年党风廉政建设和反腐败工作要点》，7 月、10 月分别对各党支部完成情况进行督查检查。研究制定全面从严治党责任清单和任务清单，党委书记及时对班子和班子成员的清单进行“签字背书”，定期听取班子成员落实全面从严治党主体责任工作汇报。落实督查检查责任。2020 年对一个科室、一个基层单位 2019 年以来的整体工作开展督查体检，召开督查整改反馈会议，并出具督查报告。对于督查中发现的履职不力、推动工作缓慢的问题，在系统内进行了通报，警示干部职工担当作为，倒逼责任落实。

突出政治导向，全面夯实基层基础。提升党员教育培训针对性。学习贯彻《中国共产党党和国家机关基层组织工作条例》《2019—2023 年全国党员教育培训工作规划》，并结合水务工作实际，制定《区水务局 2020 年党员教育培训工作计划》，努力建设政治合格、执行纪律合格、品德合格、发挥作用合格的水务党员队伍。全年共完成党支部书记学习、培训 64 人次，党务干部学习、培训 48 人次，普通党员集中轮训 50 人次，新党员“筑基”培训 8 人次。持续推动“明责尽责，担当作为，岗位职责大练兵活动”。做到“四个全面”，练兵责任全面压实。建立“一把手亲自抓、分管领导负责抓、主管部门具体抓、相关部门协作抓”的工作机制，责任明确到人，定期跟踪督办，确保有效落实。练兵人员全面覆盖。230 名干部职工全面梳理职责清单，明确工作标准及流程，在清单中加入了职责执行的政策依据及存在的风险点。练兵方式全面整合。采取理论讲座、专业培训、参观学习、知识竞赛、技能比拼、实战演练等多种方式持续开展练兵活动。练兵氛围全面发力。通过会议、简报、微信公众号等形式宣传报道水务系统自身强素质、对外优服务的举措和动态，营造“练、学、比、争”的良好氛围。

突出政治功能，提升基层组织战斗力。圆满完成党组织调整工作。津南区水务局公益类事业单位改革如期完成，局党委及时对所属基层党支部进行了调整：撤销党支部 6 个、成立党（总）支部 6 个，按照《中国共产党章程》和《中国共产党基层组织选举工作条例》规定，于 12 月初完成了全部选举工作。强化党支部主体作用。严格落实“三会一课”制度，依托主题党日活动，不断强化党支部政治功能，开展社区防疫、分享“战”疫故事和“万名党员联万户”等，深化“以人民为中心”思想。参观污水处理厂、冬季植树等明责尽责，激发党员干部使命担当。

突出政治担当，筑牢为民服务思想。立足职能，开展精准帮扶。为小站镇前营村拨付帮扶资金50万元，用于沟渠治理，积极改善村民的人居环境。6月底完成了全区43条黑臭水体治理工作，并筹措59万元，对已完成治理的黑臭水体，进行整治效果评估，从而缓解各镇资金压力。完成28个村农村饮水提质增效工程。

【队伍建设】

1. 领导班子

党委书记：魏志忠

党委委员：朱庆兰　宁树明

王学玲（6月调入）

王家旺（驻区水务局纪检监察组组长）

孙文祥（12月调出）

孟庆安（6月退休）

局　长：魏志忠

副局长：宁树明（9月兼任津南区水务事务中心主任，津南区津南水库管理处主任职务自然免除）

王学玲（6月调入）

孙文祥（12月调出）

孟庆安（6月退休）

二级调研员：朱庆兰

2. 机构设置

经区委编办审批，津南区水务局设6个内设机构：党委办公室、行政办公室、河湖保护科（排水监督科）、水资源管理科、水旱灾害防御科、建设管理科。

因公益服务事业单位改革，截至2020年12月，津南区水务局下设3个基层单位：津南区水务事务中心（副处级，公益一类，于8月由原津南区津南水库管理处、津南区排灌管理站、津南区河道管理所、津南区水资源事务中心、津南区水务技术推广中心、津南区市政排水所、津南区水务局机关后勤服务中心整合组建），津南区河长制事务中心（原津南区河湖长制事务中心，于8月更名），津南区水务工程建设事务中心（原津南区水利工程建设管理中心，于8月更名）。

3. 人员结构

2020年，经津南区委编办批准，核定津南区水务局机关行政编制23名，机关工勤编制3名，其中设局长1名，副局长3名，科级领导职数7人；因公益服务类事业单位改革，核减津南区水务局所属事业单位编制43名，核定所属事业单位编制182名，设副处级领导职数1名，正副科级领导职数32名。截至2020年12月31日，全局有公务员23人，其中局长1人，副局长2人，二级调研员1人，四级调研员2人，正副科长7人；机关工勤3人；所属事业单位干部职工178人，正副科长17人。

学历情况：研究生5人、大学本科126人、大学专科27人、中专8人、高中及以下38人。

年龄情况：35岁及以下70人、36~40岁32人、41~45岁24人，46~50岁35人、51~54岁24人、55~59岁19人。

职称情况：工程系列高级工程师16人、工程师28人、助理工程师24人；政工系列政工师7人，助理政工师5人；会计系列会计师1人，助理会计师8人。

2020年办理退休手续5人，调出2人，系统内部调动23人。招募“三支一扶”人员4人（不在编），政策性安置“三支一扶”服务期满人员2人；政策性安置退役士兵1人。

【疫情防控】　2020年疫情期间，津南区水务局坚持人民至上，践行初心使命的政治自觉不断提升，坚决贯彻执行党中央的各项决策部署和市委、区委各项部署要求，统筹把握好疫情防控和经济社会发展两个大局。

统筹深入重要点位抓好疫情防控。疫情防控第一时间，局党委成立领导小组，制定应急预案，成立应急队伍，深入海河医院及津南医院周边排水设施、污水处理厂等重要点位指导防疫及安全运行工作。津南水务系统128名干部职工第一时间奔赴在高速路口、隔离点、社区卡口等疫情防控的各个岗位上，顽强奋战，尽心尽责做好疫情防控工作。各监管部门及时深入各医疗点、污水处理厂、泵站、水利工程在建工地、办公场所等点位进行督查检查。在疫情常态化管理下，津南区水务局组建疫情防控预备队，全员参与到防疫当中。

积极推进企业复工复产。在全力推进复工复产阶段，积极落实供水、排水减免惠企政策，努力“保苗护苗”，为2239户中小微企业减免168.1万元水费，为推动企业发展贡献了水务力量。148名党员捐款17950元，为抗疫贡献绵薄之力。

疫情防控和水务工作发展“双战双赢”。在这场“疫情大考”中，津南区水务局向人民群众展示了扎实务实、作风过硬的“水务铁军”良好形象，尽职尽责抓好各项任务落实，为津南区疫情防控工作奠定了坚实的水务基础。在全体干部职工共同努力下，顺利完成了2020年各项工作任务，实现了疫情防控和水务工作发展的“双战双赢”。

（张　欣）

北辰区水务局

【概述】 2020年，北辰区水务局在区委区政府的正确领导下，水务局党委坚持以习近平新时代中国特色社会主义思想为指导，以“守初心、担使命，找差距、抓落实”，把以人民为中心的思想贯穿于水务工作各方面全过程为目标，牢牢把握新时代水利改革发展的新基调，在做好疫情常态化防控同时，围绕人民群众“盼环保”“求生态”的热切需求，紧紧围绕深化水务改革、水生态环境整治、水利工程项目建设等重点工作任务，坚持城乡水利协调发展，水安全、水资源、水环境综合治理，统筹推进水利工程建设、水务行业强监管，加强水务行业作风转变和队伍建设，有序推进全年各项工作。

截至2020年年底，全区水利工程有：一级河道7条，河道总长度105.8千米；二级河道9条，河道总长度129.463千米。区境内共有市、区管理国有雨水泵站40座，排水流量435.61立方米每秒，其中环内市排管处排水七所管理泵站11座，排水流量141.54立方米每秒；环外市水务局管理泵站5座，排水流量42.7立方米每秒；园区等单位管理泵站6座，排水流量68.3立方米每秒；区排灌所管理泵站14座，排水流量169.62立方米每秒；区排水所管理雨水泵站4座，流量13.45立方米每秒。区排水所管理污水泵站32座，流量9.407立方米每秒。水闸200座，其中中型1座，小（1）型11座，小（2）型188座。全区现有普通机井150眼，其中居民用水井88眼，农业井7眼，工业企业井50眼，其他类井5眼。

【水资源开发利用】 列入市级绩效考核任务的北辰区农村饮水提质增效和企事业单位水源转换工程开工。主要建设内容是对实施范围包括规划保留的27个村和全区2000余家企事业单位接通自来水，以实现农村饮水提质增效、企事业单位水源转换并有效控制地面沉降。工程中标价：1标段（2019年项目），合同金额16790.2069万元；2标段（2020年项目），PPP中标合同金额38169.2772万元；3标段（穿越铁路项目），PPP中标合同金额843.0448万元。工程中标单位为天津市水利工程有限公司，工程于2019年10月14日开工。截至2020年年底完成西堤头镇、双口镇27个村，大张庄镇、双街镇及宜兴埠镇等23个工业区通水，完成输配水管网建设217.6千米（直径200毫米及以上），井室砌筑23201座，加压泵站安装33座。

2020年年底，双青污水处理厂污水处理能力4万吨、工业用再生水处理能力1.2万吨。2020年11月，双青污水处理厂再生水管线晨兴力克段已建成通水。2020年5月，大双再生水厂完成扩建及验收，污水处理能力8万吨、工业再生水处理能力 2 万吨，通过输水管道向北辰区开发区工业企业供水。

【水资源节约与保护】

1. 节水宣传

结合“世界水日”“中国水周”“城市节水宣传周”“节能宣传周”“科技周”等开展节水宣传活动。疫情期间节水宣传周主要通过网络线上宣传，利用公众号平台发布节水宣传信息 4 篇、天津预警信息发布 4 条节水宣传短信，大屏幕滚动播放宣传短片。结合“节能宣传周”“科技周”在御龙湾广场、金门里社区组织节水宣传活动，发放宣传材料及宣传品 200 余份，向群众宣讲介绍节水方法和措施，展示水效标识基本样式，引导用户使用带有水效标识用水器具。

2. 自来水用水管理

编制北辰区年度用水计划，核定用水计划 2330 万吨，其中自来水 2115 万吨，地下水 215 万吨。全区非生活用水户 607 家用水单位纳入管理范围，涉及自来水用水户 570 家，地下水用水户 58 家（其中 21 户同时使用自来水和地下水），全年下达用水计划 1670 万吨。对纳管户季度用水量、节水器具使用等情况进行核查、统计汇总上报，依据《天津市超计划用水累进加价收费征收管理规定》分季度考核“纳管户”用水情况。对超计划用水单位和企业进行约谈，督促整改。推进居民自来水表更换，与供水企业协作，完善落实四级联系机制。截至 2020 年年底，水务集团换表率已达 91. 4%，宜达水务换表率已达 99. 9%。

北辰区被市水务局列为重点监测用水单位共有 10 家，按照市水务局要求，对“重点户”用水情况、器具使用情况实行月报核查管理。对区内 17 个新建项目下达临时用水计划指标 113 万吨，从临时用水指标下达日开始，跟踪所报项目节水情况，到项目投产使用，落到节水“三同时”管理。组织天津长荣云印刷科技有限公司等 8 家用水单位水平衡测试，通过测试结果分析，8 家用水单位未发现超定额用水和不合理用水情况，测试单位指导优化用水措施和方法，发掘节水用水潜力。

3. 地下水资源管理

加快实施地下水超采综合治理。加强地面沉降防治管理体系建设，发挥区控沉领导小组职能，建立联防联控和督查监管机制，明确并细化职责分工，定期组织例会通报工作进展。全年共召开区级控沉专项推动会 19 次，下发各类文件通知 30 余件，督办提示函 4 件。实施区主要领导双周专报和区分管领导月度调度制度，制定全区普通机井治理作战图，按照疏堵结合原则，结合水源转换、示范镇建设、水系连通等工程进展，有序实施机井封填，到年底全区共封填有证普通深机井 263 眼。

4. 地面沉降监测设施建设

按照天津市控制地面沉降工作领导小组《关于进一步加强我市地面沉降防治工作有关要求的通知》要求，北辰区建成一组覆盖主要地下水开采层位的地面沉降分层监测标，建成后可查明开采不同深度地下水，以及对区域地面沉降影响程度，为精准控沉提供科学依据。监测标工程位于北辰区双口镇郝堡村，分层标孔施工，年底累计钻探深度达到 3500 米（设计钻探深度 4210 米）。

5. 节水型社会创建

2018—2020 年，北辰区开展节水型区县达标建设工作，按照市有关部门要求，组织编制上报《天津市北辰区节水型社会达标建设申报材料汇编》《天津市北辰区节水型社会达标建设支撑材料汇编（一至三）》等申报材料，于 2020 年 6 月将最终申报验收材料上报至水利部，通过了水利部“节水型社会达标建设任务的县（区）”的全面复核，成为天津市第一批 9 个建设达标的区之一。

6. 节水型小区、企业、单位创建

2020 年，组织天津市北辰区人民政府办公室、中共天津市北辰区纪律检查委员会、天津市北辰区城市管理委员会、天津市北辰区农业农村委员会、天津市北辰区公路建设养护中心、天津市北辰区教育局、天津市北辰区工业和信息化局、天津市北辰区土地整理中心、天津市北辰区财政局共9家公共机构，晨辉里社区、红郡雅苑小区、双发温泉花园社区、金玺园社区、拜泉西里社区、顺和里小区、泰来南里小区、饶河里社区、饶河公寓社区、虎林里社区、集安里小区、瑞贤园社区、瑞通社区、星河时代共14个社区和天津市维之蓝家具制造有限公司、金石（天津）科技发展有限公司、天津雅迪实业有限公司3家企业开展节水型单位（小区）创建工作，各单位（小区）全面贯彻国家和天津市有关节水管理的法律法规规定，坚持基础管理和定量考核相结合，为促进单位（小区）节水技术进步，提高用水效率效益，推动节水管理水平提升做了大量工作。经各单位（小区）自评、申报、初审和专家评审，各单位（小区）全部达到天津市节水型单位（小区）标准，由市、区两级分别下发命名文件并授予节水型单位（小区）奖牌。截至2020年年底，全区76家公共机构全部完成创建工作。全区共38家单位（企业）、82个居民小区获市级节水型企业（单位）、节水型小区荣誉称号。

【水生态环境建设】

1. 农村污水治理

实施西堤头镇韩盛庄村、辛侯庄村，双口镇上河头村、中河头村、下河头村、东堤村、杨河村、岔房子村农村生活污水集中收集处理工程，新建污水管道、检查井、化粪池建设等。实施西堤头镇霍庄子、季庄子、芦新河3个村生活污水收集处理工程，新建污水管道、检查井、化粪池、污水处理站。完成环外现有9所医院、51所学校公建单位院内内雨污混接合流切改。完成双街镇居住区小区及周边道路混接点雨污合流点位改造。铺设污水管线，新建污水检查井及隔油池等。

2. 黑臭水体治理

按照“区指导、镇推动、村落实”原则，采取控源截污、内源清淤等措施，以实现根治、长制久清为目标。在全局人员紧张情况下，成立4个工作组，采取工作组驻镇村模式。截至10月30日，全区已基本完成67条黑臭水体治理年度任务。同时进一步强化区级暗查暗访，督促镇村落实主体责任，确保长效机制落实到位。

2020年受疫情影响，区水务局在时间紧迫、任务艰巨、责任重大的前提下，大力推进污染攻坚、扶贫助困、环保督察整改，2020年河（湖）长制月考核在全市排名同比月排名均有提升。到9月底，断面考核工作在市生态环境局组织的地表水环境质量考核中年度累计获得奖励420万元。

【水务规划】 编制《北辰区水安全保障“十四五”规划》。2020年10月底至12月，经过各科室各基层单位对接会、4次全局汇报会、1次专题汇报会和第一轮全区各单位征求意见之后，形成了初稿。初稿共分9节，分别为“十三五”水安全保障现状、面临形势与存在问题、规划总体思路和目标、工程补短板、行业强监管、改革提效能、“十四五”水务重大项目、环境影响评价、保障措施与效果评价。下一步将继续进行第二轮全区各单位征求意见，待区国民经济和社会发展第十四个五年规划和2035远景目标纲要、市水务局水安全保障“十四五”规划定稿后，将修改完善的《北辰区水安全保障“十四五”规划》上报区政府常务会报批。

【水旱灾害防御】

1. 雨情雨量

2020年6—8月降水量270.3毫米，比历年平均（326.1毫米）偏少55.8毫米，降水时空分布不均，北辰区气象站本站一日最大降水量46.3毫米，出现在7月6日。6月降水量21.2毫米，比历年平均82.1毫米偏少60.9毫米。7月降水量113.5毫米，比历年平均136.7毫米偏少23.2毫米。8月降水量135.6毫米，比历年平均107.3毫米偏多28.3毫米。

6月以后，共出现1次较强降水过程，为9月15日凌晨到夜间暴雨天气，全区平均降雨量47.5毫米，单站最大雨量出现在北辰青光为84.4毫米。

北辰区各自动站降雨量统计表

单位：毫米

站　名	累计雨量（6月1日至10月31日）	累计雨量（4月1日至10月31日）
北辰本站	318.3	387.2
大张庄	286.1	392.3
天穆镇	273.1	341.9
宜兴埠	260.1	344.0
岔房子	344.3	423.5
南王平	227.6	304.0
辛侯庄	272.2	400.5
青光	333.6	406.1
陆路港	271.7	368.0
双街	303.2	389.0
小淀	260.2	319.3
双口	313.0	384.2
西堤头	346.8	454.1
科技园东区	213.1	300.6
科技园北区	292.4	390.1
大兴水库	265.1	389.4
前丁庄	274.4	344.8

2. 防汛责任体系

年初，成立北辰区水务局水旱灾害防御工作指挥部，区水务局局长任指挥，各副局长任副指挥，科室及基层单位负责人为成员，并根据职责分工分为5个工作组，分别为城区排水组、农村排涝组、河道水库组、引滦引江组和监督保障组，加强分片巡查，确保运行通畅。

北辰区水务局水旱灾害防御工作指挥部成员：

指　挥：仰　东（书记、局长）

副指挥：左维红　魏贺忠　肖　刚　郑玉山

组　员：曹世宏　宋亚臣　米鸣春　陈　辉　赵北平　王竟鹏　周学海　于立强　孙宝起　李向阳　张　伟　吴佳坤　马　健　王　攀

组织全局专业技术中级以上职称人员成立防汛抢险水务技术专家组，共计18人。成立北辰区水务局城区排水抢险队、农村除涝及水库防汛抢险队、防汛抢险预备队3支专业防汛抢险队，共计157人。根据《北辰区全面推行河（湖）长制实施方案》，落实副区长、水务局分管领导和水库行政责任人的水库度汛“三个责任人”责任制，并完成对水库度汛责任人的培训工作。

3. 水旱灾害防御预案和措施

编制2020年水旱灾害防御工作要点，组织编制超标洪水防御等19项预案。做好蓄滞洪区群众转移的调度准备及各项专项预案演练，配合区防指实施永定河泛区群众转移演练。将各项预案落到实处。落实职责全力备战备汛，4月25日，区水务局组织召开北辰区水旱灾害防御工作动员部署会，部署2020年北辰区水务局水旱灾害防御工作，动员全区各方面力量，认真贯彻执行市、区两级领导关于防汛工作的指示精神，明确各单位、各组的工作职责，指挥协调各级排水调水部门做好水旱灾害防御工作，组织各街镇、开发区开展防汛自查和隐患排查治理工作。强化预警和调度，实施排水除涝各项措施，全区防汛排水体系运行顺畅。

4. 工程设施检查

区水务局按照防汛检查规范要求，自4月10日开始开展为期一周的水旱灾害防御汛前检查，共出动检查组18组31人，检查66次，完成河道、堤防、水库、蓄滞洪区、闸涵、泵站、管道、通信设备等检查，排查点位190处，其中排查问题隐患18处，逐一建立清单台账，认真分析制定措施，明确整改时限和责任人，汛前全部完成整改，各项工程设施运行状况良好。同时，督促各镇（街）对管辖范围内的泵站、闸涵、险工险段、防汛物资、排水沟渠、排涝措施和在建工程开展防汛检查，发现安全隐患，限时处理或上报。完成视频会议系统、防汛信息传输系统测试工作。

5. 入汛值班值守

入汛后重点加强防汛值班和领导带班，及时掌握水情、雨情、工情、险情，健全防汛工作规章制度，严肃防汛值班纪律，确保 24 小时值守，如遇突发事件按照应急响应机制快速反应，及时启动各项预案，使防汛工作有序开展。

6. 排水设施维修改造

完成果园新村街朝阳里（含高峰楼、丹凤里）积水片、顺义道（含天穆外园）、宜兴埠地区三千路积水片区排水工程改造。完成 14 座区管雨水泵站水泵、变压器、高压控制设备、低压控制柜检修，泵站防雷检测；完成全区二级河道 54 座涵闸维修养护，并对中泓故道窑坑堤防塌陷、渗漏 2 处，经紧急复堤及灌浆。梳理重点防护区段，制定“一段一方案”应急措施。完成建成区排水管道疏通掏挖，汛前完成掏挖检查井 11.07 万座次，疏通排水管道 895 千米。与各污水处理厂形成联系调度机制，在小雨情况下加大污水处理厂处理量，保障小雨雨水进入污水管网，减少对河道污染保障断面水质达标。联合市排水七所在 14 处易积水片区安排临时排水设备，保证及时排水。

7. 防汛应急演练

引河里社区开展城区排水应急演练。5 月 15 日 9 时 30 分在引河里小区开展易积水片区防汛应急排水演练。区防办、引河里社区相关负责人员参加了此次演练。现场主要进行了应急架泵，排水现场防护措施架设等相关内容，副局长肖刚对汛期应急排水的安全工作提出了要求。通过演练提升应急排水队伍的实际操作能力，同时向现场参观的群众普及防汛应急排水知识，有助于促进社会理解支持防汛抗旱工作。

5 月 15 日，在引河里小区开展易积水片区防汛应急排水演练

5 月 15 日，在永金水库进水闸开展水库堤防防汛应急演练

7 月 17 日，在永定河泛区庞嘴村开展群众转移应急演练

水库堤防防汛应急演练。5 月 15 日 14 时 30 分在永金水库进水闸开展水库堤防防汛应急演练。区水务局 30 余名干部职工及各镇防汛负责人参加演练。现场主要演练了堤防管涌抢险以及堤防漫溢抢险。现场对参演人员开展堤防管涌、漫溢、决口应急抢险，蓄滞洪区运用人口转移，汛期安全培训，使各单位切实树立防大汛、抢大险的意识，提高应急抢险能力。

北辰区永定河泛区群众转移应急演练。2020

年7月17日9时，区防办组织区武装部、区应急局、区水务局、区教育局、公安北辰分局、区卫健委、区运管局、区商务局、区工信局、区人防办和双街镇在永定河泛区庞嘴村开展群众转移应急演练。依据《永定河泛区群众转移演练脚本》，在遇到上游超标准洪水、汛情紧急的情况下，能够迅速、高效、有序地组织人员安全撤离受灾区域，做好自救应急工作的预期目标。检验统筹组织能力、部门协同能力、应急反应能力，提高人民群众的防灾抗灾避灾意识，最大限度地减轻水灾造成的损失，保障人民群众生命和财产安全。

8. 防汛物资储备

西堤头防汛物资仓库，主要防汛物资有：28类，16.6万件，为北辰区水务局代管，正在与区防办进行移交，全区统筹使用。租用1000千瓦移动发电机组两套，自有两台720千瓦发电机组，作为单电源泵站应急备用电源。落实重型挖掘机18台，推土机18台，自卸货车40辆，抢险人员400名。采购防汛沙袋1.6万条，与企业签订预储协议。

9. 抗旱调水补水

年内，组织编制《2020年北辰区河道水库水系用水调度保障方案》，加强全区水循环科学调度，侧重向沉降严重区域倾斜。年内，从北京排水河、北运河等一级河道向郎园引河、丰产河、永青渠等二级河道引调水6622万立方米。利用市水务局北水南调、海河复线补水6980余万立方米，其中向西部区域调水1100万立方米。汛后，运用河道、水库、坑塘适时蓄水1000万立方米。

【村镇供水】 2020年年底，全区共剩余普通机井150眼，其中居民用水井88眼，农业井7眼，工业企业井50眼，其他类井5眼。现存农村生活井中涉及17个计划拆迁村56眼机井需暂时保留，居民饮用水源仍为为地下水（经除氟设备处理后桶装水），未经处理地下水仅供生活杂用。全年地下水总开采量536万立方米，其中居民生活用水量170万立方米，工业企业用水量52万立方米，农业用水量314万立方米。

【水土保持】 2020年，北辰区全年共批复水土保持方案65件，水土保持设施自主验收备案共17件，对已批复生产建设项目检查68个项目，其中现场检查18个，书面检查50个。约谈5家涉嫌未批先建的生产建设单位。根据水利部、市水务局工作部署要求，遥感监管共认定违法违规项目12个，其中水利部遥感监管下发图斑共45个，经过现场核查拆分调整后总计55个，认定违法违规项目6个；市级遥感监管二次加密图斑68个，经现场核查拆分调整后共计72个，认定违法违规项目6个。

落实水土保持工作联席会议制度，参加区水土保持方案审查会34次（涉及33个项目），方案审查规范，无差错，无投诉。

【工程建设】 新区污水处理厂配套管网工程。主要建设内容为进水管网总长度约13.3千米，出水管网总长度约2.1千米，沿途建设4座提升泵站。总投资46290.6万元。工程于2020年7月开工，至2020年底，完成管道15.4千米；完成科技园区提升泵站、陆路港提升泵站和西堤头1号提升泵站施工建设；完成西堤头2号提升泵灌注桩施工，计划2021年6月底前完工。施工单位为中建六局水利水电建设集团有限公司、天津市水利工程有限公司。

2019年农村生活污水集中收集处理工程。涉及村庄为西堤头镇韩盛庄村、辛侯庄村。主要建设内容为两村庄污水管道、检查井、化粪池建设、道路恢复建设等。项目分为农村污水集中收集工程和污水处理工程（BOT）两个部分。①农村生活污水集中收集工程，总投资7630.15万元，资金来源为区财政，工程铺设直径160～300毫米管道74千米；②污水处理工程（BOT），总投资787.25万元，工程包括辛侯庄污水处理站，日处理规模200立方米；韩盛庄污水处理站，日处理规模200立方米。工程于2019年8月28日开工建设，2020

年4月20日完成完工验收，并投入使用。施工单位为天津市水利工程有限公司。

2019年农村生活污水集中收集处理工程，施工中标价为15506.6634万元。项目位于北辰区双口镇上河头村、中河头村、下河头村、东堤村、杨河村、岔房子村。主要建设内容为沿村庄内现状道路及胡同铺设排污管道，并接入住户内，新建检查井7639座、化粪池3522座、管道141.8千米（其中直径160毫米管道86.7千米），路面恢复197350平方米（其中户内46818平方米）。本工程于2019年10月15日开工，2020年9月29日竣工。施工单位为天津市水利工程有限公司。

2020年农村生活污水集中收集处理工程，投资68392.05万元，工程项目采取PPP模式。项目位于北辰区双口镇和西堤头镇，其中西堤头镇7个村分别为芦新河、霍庄子、姚庄子、季庄子、东堤头、西堤头、刘快庄；双口镇3个村分别为线河一村、线河二村、双河村。主要建设内容为沿村庄内现状道路及胡同铺设排污管道，并接入住户内，设计新建检查井31602座、化粪池18091座、管道安装631.5千米（其中直径160毫米管道448.8千米），恢复路面1212743平方米（其中户内269398平方米）等内容。工程于2020年6月15日开工，至2020年年底管网已经铺设完成100%，工程总体进度为85%，计划2021年5月底完工。施工单位为天津市水利工程有限公司。

完成环外现有9所医院、51所学校公建单位院内内雨污混接合流切改，工程总投资4500万元。其中西堤头镇补建污水管网有6处3.5千米，宜兴埠镇补建雨污水管网3处2.5千米；青光镇刘家码头村内沟清淤下管，建直径100~1650毫米排水管道长18.675千米，污水收集池31座，隔油池8座。工程于2020年3月18日开工，2020年12月30日完工。施工单位为中建六局水利水电建设集团有限公司。

完成双街镇居住区小区及周边道路混接点雨污合流点位改造，工程总投资1200万元。该工程铺设直径300~800毫米污水管线685延米，新建污水检查井及隔油池49座。工程于2019年12月15日开工，2020年8月30日完工。施工单位为天津市建芝市政建筑工程有限公司。

北辰区城镇化搬迁村除氟供水站改造及优化提升工程，项目于2020年4月2日完成立项批复，批复总投资为650.79万元。工程包括大张庄镇、双口镇、小淀、青光4个镇共5个村除氟供水站改造，改造及优化提升内容为采购和安装水处理除氟设备及相关配套等；双口镇双口村等3个村除氟水站优化提升，更换部分设备部件，修缮设备厂房等。工程于2020年7月1日开工，7月底完工。施工单位为天津市华水自来水建设有限公司。

北辰区西部地区水环境综合治理工程，施工中标价1849.3325万元。对卫河、中泓故道、杨河排干、东支渠、线河南排干、河头排干等6条河渠清淤10.33千米，新建中泓故道灌溉泵站1座、安光引渠灌溉泵站1座、杨河排干泵站1座、东支渠灌溉泵站1座、王庆坨排干连通闸1座。工程于2020年11月10开工，计划2021年4月全部完工。施工单位为中建六局水利水电建设集团有限公司。

杨河湾子泵站拆除重建工程，施工中标价372.1512万元。工程位于北辰区宜兴埠镇丰产河右岸。主要建设内容为原址拆除重建，设计排涝流量同原泵站流量为4.0立方米每秒。工程于2019年2月28日开工，2020年5月30日完工。施工单位为中建六局水利水电建设集团有限公司。

双街镇双街、双源、郎园3个工业区和双迎里居民小区雨污分流管道工程，估算投资1400万元。铺设污水管道0.706千米、雨水管道5.068千米、收水支管2.119千米。工程于2019年7月15日开工，2020年12月底完工。

【供水工程建设与管理】

1. 供水工程建设

实施27个规划保留村农村饮水提质增效和2000余家企事业单位水源转换工程。截至2020年年底，该项工程建设任务已全部完成，其中27个村已实现自来水通水，3308家企事业单位也已全部具备自来水报装和通水条件。

完成16个计划搬迁村除氟供水站提升改造工程。有8个村已于2017—2018年新建了除氟供水站，2020年重点对剩余8个村中5个村改造6处除氟供水站（刘安庄2处），3个村除氟供水站进行优化提升，2020年年底全部完成。

2. 供水工程管理

编制印发《北辰区供水突发事件应急预案》；强化村镇供用水管理制度建设，编制印发《天津市北辰区村镇供水用水管理办法》；落实供水安全生产监督管理职责，制定《城镇供水设施安全生产专项整治三年行动实施方案》。年内对供水企业、除氟供水站、用水单位等开展安全检查20次，排查整改安全隐患3处；对二次供水设施开展81次检查，协调解决相关问题。

【排水工程建设与管理】

1. 排水工程建设

新村街部分地区雨水管道改造工程。果园南道—丰产河段铺设管线直径800毫米、钢筋混凝土管218米，新建3立方米每秒雨水泵站1座，工程总投资750万元，工程于2020年4月27日开工，7月15日完成。

天穆镇顺义道积水片区排水及环境提升改造工程，总投资2800万元。其中光明道段雨水管线铺设完成，道路路恢复涉及切改燃气管道。该工程于2020年5月16日开工，截至2020年年底完成85%，预计2021年6月完工。

宜兴埠镇三千路积水点改造工程，总投资130万元。三千路部分路段通过单侧铺设雨水篦子方式增大收水效率，管道辅设380延米，管道清淤1千米。2020年10月21日开工，11月底完成。

2. 排水工程管理

2020年，排水所管理的建成区雨污水泵站36座，其中雨水泵站4座，污水泵站32座，正常运行，养护排水管道1195千米，检查井67648座，化粪池1411个，收水井20432个。年内，完成道路雨污水检查井及收水井、小区污水井掏挖6次，小区雨水检查井、收水井及化粪池掏挖3次，所有排水管道疏通2次。环外排（灌）水泵站14座，实行日常维修养护，完成汛前水泵设施设备大检查，重点对机泵、闸门和启闭机等设备，防雷、监控系统维护检修，对变压器预防性试验，设施设备运行正常。

【科技教育】 组织开展“安全生产大讲堂”活动。聘请市水务局专家讲课，区水务局领导、机关各业务科室、各基层单位主要负责人和负责安全生产工作人员近40人参训。

开展安全生产月、安全生产知识竞赛、“安全生产宣传咨询日”及“安全生产大家谈”活动。发送安全生产宣传短信13条，微信公众号推送安全月宣传图片、视频等内容文章4篇；参加全国水利安全生产知识网络竞赛活动123人次；参与《水安将军》安全生产知识趣味活动89人次；参与“安全生产宣传咨询日”系列活动206人次；参与“安全生产大家谈”活动84人次。

开展“隐患就是事故，事故就要处理”专题教育活动。学习习近平总书记关于安全生产工作的重要论述，《中华人民共和国安全生产法》《天津市安全生产条例》《天津市党政领导干部安全生产责任制实施细则》等法律法规，天津汇洋石油储运有限公司事件通报，“8·12”特别重大火灾爆炸事故调查报告及典型事故警示案例。

组织系列普法活动。在局机关组织开展民法典专题讲座，共计开展5次集体宪法法律学习。参加区文明办在小淀镇组织的文化科技卫生法律“四下乡”活动。疫情防控期间在方舟温泉花园、佳宁里、桃香园等6个社区组织开展的“世界水日”“中国水周”宣传活动。在永定新河堤岸、河岔泵站等场所组织悬挂宣传标语开展扫黑除恶活动；参加北辰区司法局组织的行政规范性文件专题培训。

公务员参与网上学法用法考试，25名人员完成全部学习内容和考试，合格率达100%，全员150余人参加网上学习强国活动。

【水政监察】

1. 法治政府建设

严格落实中央、市委、市政府和区委、区政府关于法治建设的决策部署，成立法治建设领导小组，将法治建设纳入年度工作要点。每年年初组织召开法治建设工作专题会议，及时研究解决法治建设重大问题。年底，形成年度法治政府建设工作报告上报区政府、市水务局，并通过北辰政务网向社会公开，实现了法治政府建设工作报告制度程序化。

按照区网信办《关于启动北辰区政务数据“四清单”编制工作的通知》要求，根据职能覆盖、系统现状、共享需求等方面以权责清单为依托开展责任清单、负面清单、需求清单、系统清单编制工作，汇总形成政务数据“四清单”，并上传日常检查相关资料，推进数据共享应用工作。

2. 依法行政

优化法律顾问制度，完成行政执法监督平台、水行政执法统计直报系统等 8 个平台的填报管理工作。办理行政处罚案件 11 起，对其中 1 起未安装计量设施案件拟做出 8000 元罚款，对其中 2 起未经批准擅自取水案件分别拟做出 4 万元、10 万元罚款，对 8 起排水户不按规排放不做罚款。全年共回填工业水井 12 口，回填高铁两侧 200 米范围内水井 5 口，配合双口镇、西堤头镇对 35 家企业进行政策宣传。

2020 年，组织餐饮户排水专项检查，对深入北仓镇、集贤街、双街镇等实地走访 392 家餐饮户，出动人员 1126 人次，改善建成区内餐厨垃圾排入污水管网问题。区水务局执法大队、河长办联合市水务局海河中心、永定河中心共展开 21 次执法行动，出动执法人员 86 人次，清理各种材质渔船 61 艘，劝离非法捕鱼船只 20 艘，清理渔网 390 米、地笼 180 套、大型自制捕鱼设备 9 个、钓台 16 个；张贴通告 113 张、条幅 16 面，发放宣传材料 900 余份。年内，对水事违法案件立案 11 起。

【工程管理】

1. 工程运行管理

开展安全专项检查。在节假日、敏感时期等开展安全专项检查，主要对辖管水域、泵站设施、污水处理厂、供水企业、再生水企业及在建施工项目进行危化品、消防安全、特种设备等针对性检查，共检查 937 家次，发现并整改一般隐患 176 处。

聘请安全专家助查。每季度聘请安全生产专家对河道、泵站、水库等进行安全检查工作，截至 2020 年年底，共发现 681 处安全隐患，均责令限期完成整改。

强化工程质量监管。严格落实质量与安全和开工备案标准，完成 7 项工程质量与安全监督备案和 7 项工程开工备案工作。对水利工程质量不定期抽查，进行现场检查和资料检查共 102 次，限时整改 70 次。开展扬尘污染防治专项整治行动，对在建水务工地开展 69 次扬尘检查，确保扬尘“六个百分百”落实到位。对近几年 88 项水务工程各建设阶段涉及基本信息收集汇总，建立北辰区水务工程监管信息库雏形。

2. 落实安全生产责任

组织局党委中心组学习习近平总书记关于安全生产重要论述 3 次，召开水务系统 2020 年度安全生产工作会议 6 次，组织召开专项工作会议 5 次，在全局系统内对安全重点工作进行宣传、动员、部署。完成 2020 年度《生产（消防）安全责任书》和《安全生产党政同责、一岗双责责任书》的签订工作，全面落实生产（消防）安全责任制和一岗双责制。落实节假日及重要会议期间值班制度。制定并下发关于加强节假日期间值班工作的部署及要求，收集汇总各单位“国庆”“中秋”期间值班表，并通过电话、实地等多种方式对各单位值班情况进行检查和监督指导。

3. 安全生产基础建设

推进“安全监管+信息化”。持续强化水利安全生产监管系统应用，充分运用信息化手段，落实局属各单位主体责任。

组织危险源辨识与风险评价。9月2日，下发《关于开展危险源辨识和风险评价及水利安全生产信息系统数据填报工作的通知》，在全局范围内开展危险源辨识和风险评价工作，9月30日，完成危险源辨识和风险评价工作。

完善安全生产应急预案体系。落实《生产安全事故综合应急预案》，推动基层单位及时修订应急预案，落实人员、装备和物资储备要求，制定2020年应急预案演练计划，加强人员培训和应急演练，提高应急处置能力。

【河（湖）长制】 压实河（湖）长职责。落实执行双总河（湖）长制度；进一步完善河（湖）长制月考核内容，增加黑臭水体治理等重点工作考核项；环保督查期间建立暗查暗访日报制度，充分调动各级河（湖）长积极性；开展最美河湖和优秀河长选拔工作，圆梦湖、永定新河（郊野公园段）2条获“最美河湖”称号，西堤头镇赵庄子村赵绍军、双街镇庞咀村石建军、双口镇前丁庄村周永亮、青光镇青光村王晓东4名人员获“优秀河（湖）长”称号。

落实“长”“常”二字。严格落实月度考核、年度考核和暗查暗访机制，坚持常考核、常通报、常抓整改。采取“四不两直”方式进行现场核验，及时掌握实际情况，指导督促有关部门和镇村落实河（湖）长制各项任务。切实加大问责和约谈力度，倒逼河（湖）长履职尽责，对双口镇1名镇级河（湖）长和双河村1名村级河（湖）长进行了问责。

开展“三大”专项行动。在健康大运河行动中，完成57个点位的排查和销号工作；推进“清四乱”常态化规范化工作中，发现并整改新增四乱点位3处；组织“清河”行动，开展多部门联合执法21次，清理各种材质渔船61艘、渔网390米、地笼180套、大型自制捕鱼设备9个、钓台16个；清理整治漂浮垃圾1947平方米，堤岸垃圾7143立方米和旱厕14处。

【水务改革】

1. 事业单位改革

2020年8月5日，北辰区机构编制委员会下发《关于改革调整区水务局所属公益类事业单位有关问题的通知》：

整合天津市北辰区水库运行综合服务中心、北辰区排水所、北辰区排灌所、北辰区河道一所、北辰区河道二所等5个事业单位（撤销以上单位），组建天津市北辰区水务综合服务中心为区水务局所属财政补助事业单位，划入公益一类。主要职责：负责本区所辖河道、水库、管网、泵站及配套设施的运行管理、维护养护、安全监测、巡视检查等工作；承担水资源和水环境保护相关事务性工作；协助主管部门开展防汛排涝、抗旱调水等相关工作；支持配合水务执法部门开展相关执法辅助工作；参与本区水务工程规划建设，配合相关部门开展涉水工程审核、行业管理、设施接收等事务性工作。设置8个内设机构，规格正科级，具体为：综合科、财务计划科、安全运行科、河湖事务科、工程建设科、规划设施科、行业事务科、排水事务科。人员编制及领导职数：核定事业编制90名。设党总支书记、主任1名，副主任3名。

将天津市北辰区水利工程建设服务中心更名为天津市北辰区水务工程建设服务中心，为区水务局所属科级、财政补助事业单位，划入公益一类。为该中心核定事业编制17名，相应科级领导职数1正2副，其中党支部书记、主任1名，副主任2名。

保留天津市北辰区河长制事务中心，为区水务局所属科级、财政补助事业单位，划入公益一类。核定事业编制16名，相应核定科级领导职数1正2副，其中党组织书记、主任1名，副主任2名。

2020年8月11日，北辰区机构改革编制办公室下发《关于区水务综合服务中心职位设置方案的审定批复》，同意区水务综合服务中心设置职位90名。其中领导职位4名：党支部书记、主任

（副处级）1名，副主任（正科级）3名；内设机构领导职数22名。

2020年8月27日，北辰区机构编制委员会下发《关于明确区水务局所属部分事业单位机构规格的通知》，明确天津市北辰区水务综合服务中心，规格为副处级，领导职数1正3副。

2. 持续深化“一制三化”改革

公益性水利工程建设项目竣工验收取消申请材料“竣工验收自查工作报告”，办理时限由法定办理时限20个工作日压缩到8个工作日。质量监督手续办理时限由法定办理时限15个工作日压缩到3个工作日，申请材料中“项目法人、监理、施工、设计单位的质量管理体系表”实行信用承诺办理。水利工程建设安全生产措施备案办理时限由法定办理时限15个工作日压缩到3个工作日。

【水务经济】 2020年全年由市级资金、区财政及融资等共投入约7亿元（不包括污水处理厂建设和PPP投资项目），当年完成投资约6.7亿元，完成中央环保督察整改工程、区重点工程、民心工程等。包括新区污水处理厂配套管网切改、农村生活污水集中收集处理、非规划保留村临时截污、环外医院学校院内污水切改、双街镇居住区小区及周边道路混接点雨污合流点位改造、除氟供水站改造及优化提升、西部地区水环境综合治理、排水泵站重建工程等，经济效益和社会效益显著提升。大兴水库水面养殖对外承包，承包收入38万元上缴区财政。

【精神文明建设】 组织全局干部职工深入学习贯彻习近平新时代中国特色社会主义思想，不断深化和巩固“不忘初心、牢记使命”主题教育成果，突出思想建党，不断强化理论武装和政治教育。把贯彻落实全面从严治党决策部署作为中心组理论学习内容，制定《北辰区水务局2020年度理论学习安排意见》，组织党委中心组理论学习15次。组织全体党员干部习近平总书记关于疫情防控重要批示指示精神，深入开展庆祝中国共产党成立99周年系列活动，组织党员干部集中观看抗美援朝70年纪念大会，传达部署党的十九届五中全会会议精神，学习习近平新时代中国特色社会主义思想，不断夯实理想信念之基，提高党员队伍思想素质。认真贯彻落实党中央、市委区委工作决策部署，坚持以人民为中心的发展思想，充分发挥8个志愿服务支队作用，组织志愿者到帮扶村姚庄子村开展帮扶慰问30余次，深入金门里社区院落围墙环境清理12次，收集听取基层及百姓反映的水务方面需求27条。积极回应群众关切，切实解决群众最关心最直接最现实的利益问题，在抓好水利工程建设、水环境治理、排水调水等主要业务工作同时，特别是以看得见的变化回应群众期盼，群众获得感、幸福感、安全感明显提升。认真办理各类涉水事务的相关工作。做好8890工作平台接收群众咨询投诉3580余件和信访事项8件，按工作流程做好转办、处理等流程，全部完成处理，切实解决群众反映强烈的突出问题。制定完善《水务局离津报备审批制度》，从严监督管理干部，强化干部职工离津管理。加强对党员干部的日常教育管理监督，抓严抓实警示教育，强化正面教育，突出反面教育，在春节、五一、国庆等重点时间开展6次专题警示教育，及时通报区委纪委监委的情况通报，利用中央纪委国家监委网站、海河清风、极目辰光等网站公众号，通报各种案例40余个，利用身边事教育身边人，使广大党员干部吸取教训、引以为戒，“不做案中事，不成案中人”。

【队伍建设】

1. 领导班子成员

党委书记：郑永建（2月免）
　　　　　仰　东（3月任）

党委委员：左维红　魏贺忠（3月任）
　　　　　肖　刚　郑玉山

局　　长：郑永建（3月免）
　　　　　仰　东（5月任）

副 局 长：仰　东（5月免）　左维红

魏贺忠（4月任） 肖 刚

三级调研员：左维红（12月任）

四级调研员：郑玉山

2. 机构设置

2020年年底，北辰区水务局机关设6个职能科室，即办公室、水政安监科、水资源管理科（区节约用水办公室）、工程规划建设管理科（水务工程建设质量与安全监督科）、排水调水管理科（水土保持科）、财务科。4个基层单位：天津市北辰区水务综合服务中心（副处级单位）、天津市北辰区水务工程建设服务中心（科级单位）、天津市北辰区河长制事务中心（科级单位）、天津市北辰区水务综合执法大队（科级单位）。天津市北辰区水务综合服务中心（副处级单位）下设8个内设科室：综合科、财务计划科、安全运行科、河湖事务科、工程建设科、规划设施科、行业事务科、排水事务科。

3. 人员队伍

截至2020年12月底，全局总人数154人，其中机关工作人员30人，包括机关公务员26人，工人编制4人。其中公务员男19人，女7人，工人编制男4人。全年招录选调生1名，调出1名，调入1名，退休机关工勤1名。学历情况：公务员研究生6人，大学本科17人，大学专科3人；工人大学本科1人，中专1人，高中及以下2人。年龄情况：公务员35岁及以下10人，36~40岁2人，41~45岁2人，46~50岁7人，51~54岁2人，55岁及以上3人；工人51~54岁1人，55岁及以上3人。

截至2020年12月31日，事业单位工作人员从业人员124人（其中男性87名，女性37名）。当年政策性安置1名，退休6人，调出1人，解除合同1人。学历情况：研究生14人，大学本科学历72人，大学专科学历25人，中专学历3人，高中学历10人。年龄情况：35岁及以下62人，36~40岁12人，41~45岁9人，46~50岁19人，51~55岁9人，56岁及以上13人。专业技术人员（43人）情况：水利专业高级职称4人，中级职称13人，初级职称11人；电气专业初级职称7人；会计专业中级职称1人，初级职称2人。政工高级职称2人，中级职称10人，初级职称6人。

【疫情防控】 2020年，区水务局党委把疫情防控工作作为最重要的工作来抓，精心部署安排，干部职工团结奋战、艰苦努力、共克时艰，助力打赢疫情防控阻击战。

单位内部疫情防控。通过及时制作《新型冠状病毒感染的肺炎防控知识》健康教育宣传栏专刊、在办公区域张贴疫情防控“三字经”及在单位微信群下发疫情防控相关知识等工作，将疫情防控知识宣传到位。同时，每日定时对单位公共区域进行消毒，对进入单位的工作人员测量、记录体温，严格外来人员登记，督促职工戴好口罩、不扎堆不聚集，推动形成群防群治的良好局面。

协助社区值守。疫情面前，人人都是抗击疫情的参与者。河道二所认真贯彻落实局党委决策部署，从1月28日开始，党员干部身先士卒，充分发挥先锋模范作用。在舟温泉花园、佳宁里、桃香园等社区值守期间，一手做好疫情隔离点管线维护、百姓用水安全、重点工程复工复产；一手做好社区人员排查、值守、登记、扫码。局党委班子成员以身作则、精心组织，广泛召集党员干部参与社区防控工作。将全局116名党员干部分为8个工作组，放弃了春节、周末等休息日，深入天穆镇8个社区16个出入口，全面参与体温测量、防疫宣传、公共区域消杀、发放出入证、返乡人员排查等工作，把党旗插在战“疫”第一线，全体党员干部没有做手机前的点赞者，坚决成为战胜疫情的参与者。在150多天的值守工作中，全体职工以实际行动当好居民“守门员”，受到社区居民的一致好评。

排污水点排查。疫情防控期间，为保证污水正常排放，预防污水外溢的情况发生，区水务局对北辰医院、北辰中医院2家医院与格林豪泰快捷酒店、汉庭优佳酒店（华北集团地铁站店）、维也纳3好酒店、汉庭优佳酒店（北辰双街开发区店)、佳临日盛酒店、7 天酒店（双街京津公路店)、北辰区豪庭商务酒店、北辰区颐贤商务酒店、泉水湾度假宾馆、锦江都城酒店、永政快捷酒店、龙顺庄园 12 家隔离点进行污水管道调查，并对汉庭优佳酒店、佳临日盛酒店、永政快捷酒店、龙顺庄园进行污水管道切改。切改完成后每日对北辰区医院、儿童医院、北辰中医院 3 座定点发热门诊所在医院，以及维也纳酒店、7 天酒店、汉庭优佳酒店（华北集团地铁站店)、佳临日盛酒店、颐贤商务酒店、豪庭商务酒店、汉庭优佳酒店（北辰双街地铁站店)、格林豪泰快捷酒店、泉水湾度假酒店、锦江都城酒店、永政快捷酒店、龙顺庄园 12 座启用及备用隔离点进行巡视工作，共计巡视 823 次。

（杨立赏）

武清区水务局

【概述】 2020 年，武清区水务工程总投资约 11.97 亿元，汛前完成国有区管排灌泵站应急度汛工程，为提高街区雨水排沥对 2 条渠道进行治理，开展城区泉州路、泉旺路、振华东道雨污分流制改造，继续实施武清区水系连通二、三期工程，推进京津风沙源治理二期工程水利项目建设，全年铺设节水管道 31.38 千米，建设水源工程 12 处，新增节水灌溉面积 243 公顷，全年对 566 个灌溉计量设施维修养护，全区全年总供水量约 8242.86 万立方米，比上年增加供水量 2811.32 万立方米。编制并实施《龙凤河故道 104 国道至北运河段生态水量保障实施方案》，为加强河道生态功能提供了保障。

【水资源开发利用】 2020 年，全区水资源总量 1.98 亿立方米，其中地表水资源量 0.94 亿立方米、地下水资源量 1.31 亿立方米、地表水资源与地下水资源重复量 0.27 亿立方米。截至 2020 年年底，有机井 65 眼，其中工业井 9 眼、生活井 19 眼、农用 27 眼，无其他用井。全年全区入境水量 7.18 亿立方米，比上年增加了 4.77 亿立方米。全区累计抗旱浇地 5336 公顷。其中麦田一水 2668 公顷，麦田二水 2668 公顷。上马台水库春季农业抗旱提闸放水约 700 万立方米，汛期水库蓄水 1100 万立方米。城区全年再生水利用量为 3821.52 万立方米，其中城区污水处理厂（第二、三、四、五、七污水处理厂）出厂再生水 2839.79 万立方米，主要作为河道生态补水排入北运河、龙凤河故道、机排河、运东干渠；开发区三期西区污水厂及再生水厂（华电再生水厂）出厂再生水 981.73 万立方米，用作城区绿化浇灌、道路喷洒、工业用水及龙凤河生态补水。

【水资源节约与保护】

1. 节水管理

编制并实施《武清区 2020 年计划用水管理方案》，严格计划用水管理。2020 年度全区计划用水考核户 637 户，涉及机关企事业单位 64 户、用水服务业 128 户、工业制造 445 户等，在全年用水考核管理户中未发生超计划用水情况。推进自来水超定额累进加价工作，全区 207 户（非居民用水户）全部成为超定额用水考核户。为优化用水途径，提高水资源利用效率，因疫情影响，选 2 家非生活用水户开展水平衡测试工作。

持续加大节水型社会创建力度，全面强化“三条红线”刚性约束。2020 年培育节水型企业（单位）5 家，全区累计 51 家；培育节水型居民小区 7 个，全区累计 57 个。全区共评选出 12 名节水先进个人、15 名校园节水宣传大使。继续开展天津市节水型企业、节水单位及节水型社区创建，重点抽查 11 家用水企业、单位和 19 个居民小区用水管理制度建立、计划用水指标使用、用水计量设施等用水节水情况，均未发现不合规用水。

2020 年，在做好防疫工作的前提下，全年开展节水宣传活动 29 场次，通过“节水宣传”“水源地探访”“节水宣传周主题活动”“节水科技馆参观”“节水主题井盖绘画”“节水大使评选活动”等活动，增强群众节水意识。全年共发放宣传单

10000余份、挂图300余张、宣传手册500余本、宣传品近4000份，直接受益1.62万人，间接受益3.8万人。

2. 控沉管理

持续推进区级重点控沉工作，地面沉降速率大幅下降，地面沉降形势得到明显缓解。制定任务清单和任务分解表，全面压实部门和镇（街）责任。实行地下水井分类施策，对全区机井、地热井应封尽封，2020年应封机井348眼，截至2020年年底已封273眼，完成2376万立方米深层地下水压采；对全区119眼无证地热井全部实现永久封填，39眼有证地热井按照采矿证到期不再延续，并且对已到期的12眼完成封填；对已注销采矿证地热井6眼完成封填封存。

实施农业结构调整，完成6126.67公顷高标准农田建设任务，其中包括1323.33公顷高效节水灌溉；实施土地休耕轮作673.33公顷；完成农机深松整地作业6144.67公顷。

按照《天津市水资源税改革试点实施办法》，完成全区征收地下水资源税按季度水量核定工作，督促项目单位及时申报水资源税。在全区开展建设项目基坑备案工作，加强建设项目基坑降水工程取水许可管理，完成在建项目工地基坑检查。全年完成全区镇域71眼观测井每月水位监测上报；完成2019年度天津市地下水动态监测资料整编。

全年完成沉降严重区企业用水情况调查。为提高工业节水效能，对全区高耗水工业企业的工艺、技术和装备进行了新一轮排查，全年推广工业用水重复利用节水技术和生产工艺4家，对属于高耗水的新、改、扩建项目不再受理取水申请。完善全区地面沉降监测体系，完成沉降中心区分层控沉标选址，在沉降中心区石各庄镇和陈咀镇建设完成2眼深层水位监测井，补齐深层水位监测短板；截至2020年年底，全区共建成控沉水位监测井73眼，做到深层、浅层水位监测全覆盖；开展沉降中心区分层控沉标组建设，完成地质鉴别孔和孔隙水压力观测孔主体工程。推进全区控沉工作群防群治常态化，以镇（街）、园区为主体，对全区机井、地热井进行了拉网式排查，对已封机井、地热井加强日常监督检查，确保无漏封、瞒封，无偷采、盗采。持续开展控制地面沉降宣传工作和对非法取水取热行为的有奖举报，在全区累计发放控沉宣传海报和有奖举报明白纸45万份，并通过多种媒体渠道进行了推送，全年接受举报线索50件，已处理并奖励11件。

【水生态环境建设】 加强生态环境维护建设。城区河道两岸种植栾树、樟子松等乔灌木5000余棵，种植应季花卉15万余株，河道内种植莲藕1.1万余株；北运河新三孔闸两岸共种植草皮5万余平方米，种植草花6万余平方米；全年加强花草树木绿化养管，适时对草木修剪施肥，做好病虫害防治。

开展河岸整治，北运河武宁路桥至京津桥左堤新垫绿化土8000平方米；完成北运河、龙凤河及龙凤河故道沿河木栈道、景墙的维修管护，并在重要节点安装景观围栏、公路护栏；在北运河安装荷花池护网26个长710米，并在徐官屯左堤段安装双圈护网600米；对二支渠（翠亨路至南东路）沿岸设施维修1.7万平方米；北运河新三孔闸两岸设置公路护栏2100米；在城区运河段行船码头安装防护网6处。

汛前完成城区河道石坡护砌修复，河道勾缝1.9千米，维修台阶10处；二支渠勾缝7000平方米，开发区渠系护砌和勾缝修复8000平方米。加强景观设施和绿地保洁力度，对沿岸护栏、河岸绿地、林荫道、近水广场及河道沿线景观灯开展专业保洁，制定严格的管理制度，垃圾清理车每天对河道沿线垃圾及时清运。

全年城区河道保洁面积644万平方米，清理水面垃圾5574.5立方米、生活垃圾2493.5立方米，清理水草5000立方米，出动保洁人员3.3万人次，出动车辆2500车次。全年共清理拆除北运河、二支渠违建渣土600平方米，北运河新三孔闸右岸清理废弃渣土2000余平方米；为防止冬季火灾清理干枯的水生植物132.64万平方米。保证了河道水面清洁清澈，为武清市民创造干净整洁休闲舒适的水生态环境。

2020年区水务局在全区开展控源截污、垃圾清理、清淤疏浚及生态修复等措施落实情况的自查，全面清理河道、坑塘、沟渠等水系中有害水生植物、垃圾杂物和漂浮物，打造了“水清、岸绿、景美”的水环境。依照区委、区政府关于农村人居环境整治三年行动的决策部署，编制2020年《武清区水务局清洁水体环境工作方案》，并与区河长办联合发文至各镇（街）园区，同时编制《农村全域清洁化工程整治标准》以备镇（街）开展自查工作，及时将镇（街）反馈问题梳理汇总成《农村全域清洁水体环境清洁任务推进表》，确定整改时间节点，有针对性地开展治理，以集中时间、集中力量解决影响农村水环境突出问题。为保证河道水生态环境，全年采取水样43个，共计检测129项，促进了河道水生态构建。

【水旱灾害防御】 2020年，按照区防汛抗旱指挥部分工，区水务局党委书记、局长杨来增任区防汛抗旱指挥部副指挥，党委委员、副局长邵士成任区防汛抗旱指挥部办公室副主任。

为做好区防汛抗旱水务局分管职能工作，区水务局于3月成立局防汛抗旱指挥部，其成员为：

指　挥：杨来增　党委书记、局长

副指挥：邵士成　党委委员、副局长，主持日常工作

黄士福　党委委员、副局长

陈国忠　党委委员、副局长

李　军　二级调研员

刘金香　三级调研员

范继红　四级调研员

马宇平　党委委员

成　员：党委办公室、行政办公室、财务审计科、水旱灾害防御科、排水监督科、规划与建设管理科、河湖保护科、水资源管理科、水务调度中心、城市管理办公室、建管中心、执法大队、雍盛源水务有限公司、泉兴水务有限公司、天津雍阳水务集团有限公司、潞河供水公司、水利技术服务中心等主要负责人。

水务局防汛抗旱指挥部办公室设在水旱灾害防御科，主任由副局长邵士成担任。并设置8个工作组：水情及调度组、城区排水组、农村除涝组、抢险组、物资组、信息宣传组、后勤保障组、财务组。

1. 防汛

（1）雨情、水情。

全区全年平均降雨量394.9毫米，比上年增加54.3毫米。汛期共发生28次降雨，全区平均降雨量287.2毫米，武清本站（气象局院内）累计降水量313毫米，比多年平均（1990—2020年）406.4毫米少93.4毫米。其中6月（16—30日）全区平均降雨量19.097毫米、7月全区平均降雨量81.193毫米、8月全区平均降雨量158.57毫米、9月（1—15日）全区平均降雨量28.37毫米。汛期降雨量占全年全区平均降水量72.7%。全区全年降雨最大的镇（街）是汊沽港镇，降雨量为516.8毫米；最小的是曹子里镇，降雨量为315.6毫米。

水情：汛期青龙湾减河流量达到50立方米每秒以上的情况出现在7月3日至8月25日，共计7次，其中8月13日15时，青龙湾减河土门楼闸下泄流量达到273立方米每秒，狼尔窝分洪闸水位达到6.5米，八孔闸枢纽十六孔分洪闸水位7.5米；8月25日8时，青龙湾减河土门楼闸下泄流量105立方米每秒，狼尔窝分洪闸水位6.7米，八孔闸枢纽十六孔分洪闸水位7.4米。

（2）防汛部署。

汛前召开3次防汛大会，立足防大汛、抢大险、防大灾，从防汛检查、预案、物资、队伍建设及措施落实等方面入手，提前准备，加强防范，确保安全度汛。针对汛期强降雨，武清区防汛抗旱指挥部于8月11日发布了《关于启动区防洪Ⅳ级预警响应的通知》，8月12日降雨量达到39.5毫米是入汛以来的强降雨；8月23日发布了《关于启动区防洪Ⅳ级预警响应的通知》，此次降雨量达到53.9毫米。区水务局按照应对强降雨工作视

频会议要求，立即响应，做到三降低（降低河道水位、降低管道水位、降低水库水位）和一腾空（腾空泵站前池水位）。雨前，联合运用城区北郑庄泵站、二支渠泵站、南夹道泵站以及部分水闸降低城区排水管道及渠道水位；提前把城区主要泄洪河道（北运河和龙凤河故道）下泄闸涵打开，将河道水位降至最低；对上马台水库、于庄水库库容水位降至汛限水位以下来增加沥水容量；通过以上排沥措施，有效地降低了强降雨带来的内涝风险。

严密监控雨情、汛情，加强全员值守。针对8月23日强降雨，重点做好城区防汛工作，出动抢险人员125人。汛前对泉州北路、雍阳西道、团结路等城区道路收水井清掏；安排抢险车辆、发电机20余台，在城区11个低洼易积水点位摆放沙袋、架设水泵，按照一个点位一套预案做好防汛部署。2020年汛期通过运用武清区农村基层防汛预报预警体系能够实时掌握雨晴、水情以及关键闸涵泵站的视频信息，为武清区防汛工作提供了信息化保障，为领导科学研判决策提供了依据。

（3）防汛检查。

区水务局汛前开展防汛自查两次（3月15日、4月15日），共排查隐患26项，并于6月15日之前全部整改完成。坚持“汛期不过，检查不止”的防汛原则，全面严排细查。4月，对局属各闸涵、泵站进行了重新调试，确保闸涵启闭自如，泵站随时开车。7月9日，再次召开了深入开展防汛检查工作部署会，对防汛物资、城区防汛、农村防汛进行部署，并采取自查与抽查相结合，领导检查和技术人员检查相结合，定期与不定期相结合的方式，对查出的问题和隐患部位在较短时间内整改完毕。在汛期里，排水设施设正常运行。

（4）防汛预案。

汛前修订完善了区水务局2020年防汛应急预案体系。对蓄滞洪区运用预案、阻水坝埝紧急拆除预案、群众转移安置预案、水务局抢险物资调运预案、河道防抢预案、城区排水预案、城区易积水点位“一处一预案”、水库调度预案等13项预案进行修订完善。制订超标准洪水防御预案，区水务局会同有关镇（街），完善细化了六个分洪口门（四高庄口门、陈赵庄口门、北排干口门、大旺村口门、南围埝口门、北前围埝口门）的扒除预案及群众转移预案，并落实具体措施。汛期，认真做好新冠肺炎疫情防控工作，落实水务部门防汛职责。

（5）防汛队伍。

突出“专业抢险，常备不懈”的原则，按照区水务局各基层单位职能分工，组建河道所、排灌站、上马台水库、城管办、排水所等8支共257人的专业抢险队伍，同时配备抢险装备，负责河道堤防、闸涵、泵站、水库、供水等重要部位的防汛专业抢险工作，4月17日完成第一轮培训，6月2日会同区防办完成第二轮防汛抢险技术培训。

（6）防汛演练。

6月3—5日，区水务局会同区防办开展了全区防汛抢险演练。副区长徐继珍参加观摩，参加演练单位有区水务局、武装部、消防支队、驻区部队和各镇（街）。河道事务科（天津市防汛机动抢险队第四分队）有31人加入区水务局防汛队伍，并与武装部、消防支队、驻区部队和各镇（街）共计160人在上马台水库开展防汛演练，其课目涉及堤防险情排查、堤防管涌抢险、堤防漏洞抢险、堤防漫溢抢险、堤防滑坡抢险、水上救生等。此次演练使用各类器材物资1000多件，冲锋舟6艘。通过实操演练提高了水务局应急领导小组及抢险人员的应急能力，熟悉了应急预案启动程序，为2020年辖区安全度汛奠定了基础。7月10日区水务局市政排水科开展了城区防汛演练，在演练活动中抢险队员能够准时到位，熟练操作抢险设备；泵站人员操作规范，水泵运行正常；防汛物资做到专人专管，物资数量充足；防汛小组之间能及时有效沟通、相互协调配合，切实做到了上情及时下达、下情及时上报，使防汛演练达到预期效果的同时提升了城区防汛抢险实战技术水平。

（7）防汛物资储备。

通过公开招标的形式完成583万余元防汛物资采购，主要采购砂石料1万立方米，排水泵车16台套和防水挡板600套，及时补充防汛库存，为防汛抗洪提供了物资保障。为保证大宗防汛物资紧急供应，对木桩、编织袋等采取社会号料，与天津市武清区欧塑塑料制品厂、崔黄口木材市场签订了防汛物资抢险应急调用协议。汛前，根据2020年区水务局抢险物资调运预案开展了物资运输路线演练。

（8）应急度汛工程。

国有区管排灌泵站维修工程总投资195.5064万元。①应急维修工程总投资178.91万元，对隶属于排灌事务科的18座泵站（王三庄、陈赵庄、东汪庄、大宫城、拾梅、高坑、南口哨、洪庄子、辛庄、耿庄、泗村店、大谋屯、小谋屯、茨州、黄花店、庞艾、东肖庄、南排干）和隶属于排水事务科的3座泵站（南夹道、北夹道、北郑庄）进行防雷装置检测并实施防雷整改工程，工程于4月10日开工，5月13日竣工；对16座泵站（王三庄、陈赵庄、东汪庄、拾梅、南口哨、洪庄子、辛庄、耿庄、泗村店、大谋屯、小谋屯、茨州、黄花店、庞艾、东肖庄、南排干）及排灌事务科办公楼安装智慧用电安全监测设备，工程于4月12日开工，5月15日竣工；对王三庄泵站2台900ZLB水泵机组拆除更新，大谋屯泵站1台900ZLB水泵大修，东汪庄泵站主变维修且对35千伏高压开关柜断路器维修和出水闸门拆解大修并制作安装出水闸爬梯及护笼，洪庄子泵站更换35千伏电缆终端以及对35千伏高压开关柜断路器维修，南口哨泵站出水闸门拆解大修并制作安装出水闸爬梯及护笼，拾梅泵站主副厂房、管理用房屋顶重新做防水，排灌事务科办公楼屋顶重新做防水，工程于4月19日开工，5月13日竣工；汛前完成排灌事务科所辖的18座泵站全面开展安全检查评估，并进行安全用具检测，对排灌事务科所辖的18座泵站和排水事务科的3座泵站视频监控系统进行网络维护；②实施泗村店泵站4号、5号机泵维修和更换变压器工程，投资10.3万元，工程于4月27日开工，5月18日竣工；③大谋屯泵站屋顶更换工程于6月22日开工至6月30日竣工，投资6.2964万元。

河道闸涵汛前设施维护工程总投资751.0568万元。①邀请防汛专家对青龙湾减河右堤查勘，针对部分堤段薄弱、背水坡边坡陡峭、堤顶路面裂缝较多、背水坡存在多处渗透通道、堤防迎背水坡存在雨淋沟等问题，制定了青龙湾减河右堤应急除险加固工程实施方案，于6月10日工程施工，7月9日竣工，工程投资503万元；②针对防汛专家对武清区永定河泛区大旺村分洪口门查勘提出的问题制定了武清区永定河泛区大旺村分洪口门应急加固工程实施方案，于7月22日工程施工，8月21日竣工，工程投资约240.86万元；这两项工程的实施确保堤防安全度汛；③针对有些河道节制闸、十六孔闸、倒虹吸闸钢丝绳存在不同程度的磨损，投资3.2万元，于5月底完成更换；④投资4万元，于5月底完成对各闸启闭机齿轮油的更换。

2. 抗旱

春季抗旱累计浇地5.34万公顷，其中春灌返青水2.67万公顷，二水2.67万公顷。全年共引调水源约7.18亿立方米，其中北运河4.43亿立方米，龙凤河2亿立方米，北水南调0.747亿立方米。为确保农业灌溉用水，与上游友邻协调水源调水，2019年9月中旬至2020年12月底，由上游调水0.38亿立方米；武清区上马台水库为周边农业灌溉提供700万立方米水源，浇地2917公顷；旱季之前做好蓄水闸涵泵站检修维修，做到浇地时能合闸出水；京津风沙源治理二期水利项目2020建设工程实施后年节水灌溉面积增加243公顷；引调北运河、青龙湾减河和龙凤河的水源共向大黄堡湿地补充水源8000万立方米。

【农业供水与节水】 全面推动全区农业水价综合改革，组织25个建制镇（街）进行“以电折水”技术培训，明确各镇以电折水系数，确定村级灌水员，建立维修台账、用水台账、财务专账，明确水费收缴制度。按照《天津市农业水价综合改革部门联系会议制度》分工，完成撰写《武清区农业综合水价管护标准（试行）》任务。9月武清区农业水价综合改革领导小组办公室下发《关于发放2018、2019年度武清区农业水价综合改革用水补贴的通知》，以落实《2018、2019年农业水价综合改革补贴与奖励分配方案》，完成白古屯、大良、崔黄口、大孟庄、泗村店、河北屯、河西务等7个镇发放2018年农业水价补贴与奖励资金总计99万元，完成大王古庄、白古屯、大良、崔黄口、大孟庄、泗村店、河北屯、河西务等8个镇发放2019年度农业水价补贴与奖励资金总计247万元。

继续开展灌溉水利用系数测试，对全区4个灌区11个典型地块总计47个测试点（涉及大田、蔬菜大棚）种植的农作物进行全生育期的灌溉用水量测量，计算出全区24个典型灌区的灌溉水利用系数，为武清区灌区管理提供了技术支撑。2020年灌溉水利用系数为0.72。

【村镇供水】 继续加强对全区镇村供水工作的行业指导力度，定期开展供水设施安全检查，发现问题立即书面通知街镇进行整改，保证了全区供水厂安全供水。截至2020年年底，全年武清区总供水量33388万立方米，其中地表水供水水源量25433万立方米，地下水供水水源量4065万立方米，其他水源供水量3890万立方米。全区总用水量33388万立方米，其中农田灌溉用水量19231万立方米，鱼塘补水和畜禽用水量1570万立方米，工业用水量3251万立方米，生活用水量5503万立方米，生态用水量3833万立方米。武清2020年全区城乡集中式供水工程共51处，其中城镇自来水厂5处，农村集中式供水工程46处。

【农田水利】 根据《武清区2020年农用灌溉水水质监测方案》开展农业灌溉水水质检测，中标检测单位启衡（天津）检测科技有限公司，选取春灌、汛期及冬灌时期的水质进行检测，通过对地表水33条河的断面监测点水质和地下水井34眼监测点水质检测，全面掌握了全区灌溉水水质状况，并形成评价报告，对全区全年灌溉水水质管理提供了技术保障。按照水利部开展取用水专项整治部署，对20个中型灌区及2个街道办事处农业用水取水口102个进行了核查登记，并同时完成20个中型灌区农业灌溉用水量按季度填报工作。

【水土保持】 2020年，按照《市水务局关于做好疫情防控时期水土保持有关工作的通知》要求，水土保持监管采取文件方式开展，设施验收备案通过网络报送，验收核查原则上避开疫情防控时期。严防疫情，做好复工复产工作，2—9月，对在水系连通二期工程施工人员开展体温日检测。

贯彻落实《武清区水土保持行政审批与监督管理协调联动工作制度》，通过天津市政务一网通权力运行与监管绩效系统平台，实现审批信息双向告知，推动了水土保持审管信息互联互通。区水务局会同区政务服务办全年召开生产建设项目水土保持方案审查会65次，涉及电力、水利、交通运输、信息化、房地产行业等重要领域，截至2020年年底完成全部审批工作。

加强生产建设项目监管力度。对全区65家生产建设单位下发了《区水务局关于开展2020年区批生产建设项目水土保持监督检查的通知》，通过检查发现生产建设单位水土保持监测未按要求委托第三方开展技术服务，并存在水土保持监理资料不完整以及水土保持临时防护措施不到位的问题。为强化管理，对津武（挂）2019－040号宗地住宅项目、花乡家园二期、花郡家园六期项目、中国电信集团有限公司京津冀大数据基地、镇街新建中小学项目、美克嘉阳花苑四期项目及昆瑶（武清区）智慧物联网共同运营中心等先后下达了水土保持监督检查意见的函，截至2020年年底建设单位均已完成整改工作。制定2020年水土保持设施验收备案台账，完成水土保持设施验收备案9件，并在区政府政务网站进行了公示。严把水土保持验收关，2020年区水务局对已经备案的天津武清创新园110千伏输变电工程、雍西110千伏变电站扩建工程、高场220千伏变电站110千伏出线切带武信线工程现场核查，发现问题后立即下达整改通知，建设单位在规定时间内完成整改。

利用遥感开展水土保持违法违规项目监管，按照《市水务局关于做好天津市2020年水土保持遥感监管工作的函》的要求，开展水土保持遥感监管图斑复核及违规行为查处工作。全年核查生产建设项目133个，其中违法违规项目30个，并同时完成违法违规项目的系统录入工作。查出每一个违法违规项目就立即下达《区水务局关于武清区2020年度遥感监管违法违规项目整改的通知》，要求建设单位在60个工作日内完成依法编报水土保持方案工作。8月，就2019年水土保持遥感监管违法违规未完成整改的7个项目逐一进行现场约谈，并下达了水行政执法限时整改通知，截至2020年年底有4家完成整改。12月，市水务局组织开展了全市生产活动水土保持卫星遥感监管二次加密工作，武清水务局于12月31日前完成了图斑现场复核及录入工作，并向7家生产建设单位下达了整改通知。

加大水土保持工作宣传教育力度，营造全社会保护水土资源的良好氛围。拓宽宣传渠道，利用门户网站、微信公众号公示相关政策、信息及办事指南。2020年结合武清区第34届科技周，在泉昇佳苑小区内开展宣传活动，通过发放宣传单千余张、铺设展板对群众进行水土保持法律法规普及，提高了广大群众水土保持法制意识。全年通过组织宣传，号召群众时刻关注水土流失现象，积极参与水土保持工作，让人民群众普遍认识到水土保持是基本国策，进而树立了水土保持可持续发展的观念。

为持续改善京津地区的生态环境质量，治理沙化土地，遏制沙尘危害，国家在京津风沙源治理一期工程建设成果基础上，决定对京津风沙源继续治理。经国家发展改革委、国家林业局、农业部、水利部联合发文实施《京津风沙源治理工程二期规划》（2013年）。市发展改革委、市林业局、市水务局会同蓟州区、宝坻区、武清区编制了《天津市京津风沙源治理二期工程规划（2013—2022年）》，工程建设期限为10年，规划武清区水务工程是建设水源工程174处，节水灌溉工程1345处；工程总投资7595万元，其中水源工程投资870万元，节水灌溉工程投资6725万元。该《规划》自2019年开始逐年实施，截至2020年年底，共计投资1376.66万元，其中2019年投资834.75万元，2020年投资541.91万元。

【工程建设】 国有区管泵站维修项目，总投资447.4258万元。工程建设内容：新建辛庄泵站进水闸，包括新装3台闸门、启闭机及相关机电设备；对洪庄子、拾梅、陈赵庄、东汪庄、黄花店、耿庄、大谋屯共7座泵站院区环境整体提升改造；对陈赵庄、东汪庄、耿庄、王三庄、洪庄子等泵站管理用房屋顶做防水处理。工程于2019年11月28日开工，2020年4月30日竣工。

上马台水库安防监控系统工程，总投资117万元。工程建设内容包括：在水库围堤临水的坝顶上安装视频监控系统一套，智能设备85台套。2019年12月开工，2020年12月4日验收合格，此项工程的实施保证了水库区域24小时智能监控全覆盖，实现了水库高效管理。

徐官屯街二干渠管道工程，总投资258.7万元。根据武清区行政审批局《关于徐官屯二干渠管道工程实施方案（代项目可行性研究报告及初步设计及概算）的批复》，项目实施地址位于武清城区杨村街、徐官屯街，西起杨崔路东雨水排水管道、东至机场道，全长582米。上游段340米位于徐官屯街，采用铺设管道、填埋明渠的方式进行改造，主要建设内容为：拆除杨崔路东排水管道出口处现状出水闸1座，敷设直径1800毫米钢筋混凝土排水管道（雨水管道）330米，建设10米浆砌石渐变段；拆除上游段桥涵5座，在原桥涵位置恢复路面472.1平方米（按四级公路设计）；随管道建设9座雨水检查井。下游段明渠242米位于杨村街，主要建设内容为接上游管道段新建出口闸1座，对渠道进行清淤治理，清淤后渠道断面为上沿宽8.5米、渠底宽1米、渠深2米。工程于2020年4月1日开工，2020年6月10日竣工。

经纬置业片区内规划景观渠建设工程，总投资556.98万元。为解决经纬置业片区排涝及新建惠民道排水出路问题，根据区水务局《关于经纬置业片区内规划景观渠建设工程初步设计及概算的批复》及区审批局《关于经纬置业片区内规划景观渠建设工程概算的复函》，工程项目起点位于惠民道桥、终点至二支渠，全长234.3米，主要建设内容包含明渠段工程（穿玉锦园小区）和倒虹吸段（穿强国道联通二支渠）工程。其中明渠段全长143.7米，起点位于玉锦园小区南侧新建惠民道桥预留排水管道，终点位于小区北侧消防通道，主要利用小区内现有景观渠进行扩挖改造，使其具备相应的排水能力，同时拆除重建景观桥1处、实施广场铺装41.64平方米，切改景观渠底现状电力、给排水管线及绿化工程等；倒虹吸工程段全长90.6米，起点与明渠段顺接、终点至二支渠，主要新建沉砂池1处、连接井2处、排水管道80米（其中顶管68米、埋管12米）。工程于2020年4月1日开工，8月6日竣工。

杨村镇建设路供水管道工程，总投资739.86万元。在建设路（光明道至前进道）铺设供水管道6294米，其中直径500毫米聚乙烯拉管1362米，直径500毫米球墨管道3224米，直径300毫米球墨管道325米，直径200毫米球墨管道500米，直径200毫米聚乙烯管道739米，直径100毫米聚乙烯管道144米。工程于2020年4月6日开工，9月10日竣工。

下朱庄街天河城片区供水管网联通工程，总投资1400万元。工程自雍阳东道至杨北公路与外环交口处总计铺设直径500毫米球墨铸铁管道5000米，服务面积99.87万平方米。2020年5月1日开工，8月30日竣工。

河道闸维修工程，总投资约115.88万元。工程分三个分项，其中北京排污河穿越北运河倒虹吸闸闸门维修加固工程，投资约28.93万元，工程于2020年5月6日开工，5月31竣工，恢复闸涵正常启闭功能，保证水位调度；节制闸、十一孔闸、王庄闸变压器更新工程，投资约63.70万元，工程于2020年5月15日开工，6月5日竣工，解决了变压器老化及容量小的问题，确保汛期供电稳定；西王庄闸渗水漏水维修工程，投资23.25万元，工程于2020年6月1日开工，6月30日竣工，与此同时完成了西王庄闸办公用房翻新改造。

杨村镇泉兴路供水管道工程，总投资495.93万元。在泉兴路（南财源道至强国道）铺设管道4405米，其中直径500毫米球墨管道3127米，直径500毫米聚乙烯拉管1278米。工程于2020年7月23日开工，10月12日竣工。

武清区路南地区水系连通专项（二期）工程，总投资8000万元。对5个建制镇（黄花店镇、石各庄镇、陈咀镇、汊沽港镇、王庆坨镇）共计40条渠道合计109.6千米清淤，其中区级骨干渠道：清北干渠、六支渠、永南干渠、南排干，二级河道：中弘故道，其余35条是镇（街）渠道。同时建设完成63座配套建筑物，工程于2019年9月开工，至2020年年底竣工。工程把北运河、龙凤河等河流生态水源引入路南地区，减少地下水使用量，对恢复地下水位，控制地面沉降起到积极作用。

武清区水系连通（三期）工程，总投资96619.93万元。根据区审批局《关于武清区水系连通工程（三期）项目可行性研究报告的批复》，工程完成武清区25个镇（街）903条河道清淤，总长1044.88千米，总清淤量1003万立方米，新、改建水闸239座，新、改建泵站132座，新、改建桥涵394座，新、改建橡胶坝2座，水量计量设备安装127处，购置移动泵车10台。该工程的实施推动了武清区农业水源转换、有效控制地下水压采，优化水资源配置。工程于2020年9月30日开工，12月31日竣工。

武清城区泉州路、泉旺路、振华东道雨污分流改造工程，总投资8711.86万元。根据区审批局《关于武清城区泉州路、泉旺路、振华东道雨污分流改造工程初步设计及概算的批复》，实施泉州路、泉旺路、振华东道合流制管网分流改造。泉州路新建雨水管道（直径300~2000毫米）3050米，新建污水管道（直径300~600毫米）690米，路面拆改及修复72380平方米；泉旺路新建雨水管道（直径300~2000毫米）2100米，新建污水管道（直径400~500毫米）930米，路面拆改及修复1708平方米；振华东道新建雨水管道（直径300~800毫米）539米，路面拆改及修复4800平方米。振华东道2020年10月15日开工，10月31日竣工；泉州路2020年11月15日开工，截至2020年年底完成管道1600米；泉旺路2020年12月19日开工，截至2020年年底完成5个顶坑止水桩施工。

京津风沙源治理二期2020年建设工程，总投资541.91万元，包括水源和节水灌溉工程，在白古屯镇大赵庄片林、黄花店来鱼公路两侧绿化带及石各庄敖南、敖西果园铺设节水管道31380米，建设水源工程12处，通过工程建设，全区节水灌溉面积可新增243公顷，11月12日开工，12月14日完工。

武清区灌溉计量设施维修养护项目，总投资246.43万元。对泗村店、大孟庄、河北屯、河西务、大良、崔黄口、白古屯等7个建制镇总计566台智能控制柜进行维修，工程于2020年12月16日开工，12月20日竣工，保证了农田智能控制柜的正常使用，达到了节水、节能、增产增收的目的。

【供水工程建设与管理】 2020年5月18日，武清城区成立两个法人独资供水公司，即天津雍盛源水务有限公司和天津泉兴水务有限公司。天津雍盛源水务有限公司有运河水厂1座，3个补压点，负责武清城区运河以东片区供水，供水面积52.4平方千米，供水管道629.24千米。天津泉兴水务有限公司有河西水厂和泉兴水厂2座，2个补压点，负责武清城区运河以西片区供水，供水面积18.20平方千米，供水管道1069.60千米。截至2020年年底，武清城区供水管道总长度1940.82千米，全年供水管网漏损率4.59%。

2020年完成10个新建小区供水管网配套施工54.021千米。为降低老旧小区供水管道抢修时间，减小停水范围，在城区供水主管网上新增设150个截门。2020年城乡高层住宅二次供水泵房新增13处，全区共计245处，全年核发二供设施清洗消毒证420张次。

区水务局全年加强全区供水监督检查，为保证供水安全，要求各供水单位每年重新修订供水保障预案。定期对供水厂开展供水设施安全检查和隐患排查，严格落实供水规章制度和水厂安全生产操作规程。

供水单位负责监督辖区二次供水的小区物业公司每半年进行一次二供水箱清洗消毒，在取得水务局颁发的二次供水清洗消毒合格后才能供水，在疫情期间有力地保证了二次供水用户用上放心水。

加强全区供水水质检测，全年检测完成饮用水水样1299个共计16396项。每周对雍盛源、河西、泉兴、卧龙潭、逸仙园、上马台、城北、潞河、引江水厂等9座水厂的进出厂水以及城区供水管网末梢水水质进行13项抽检；对全区建制镇45座配水站出厂水及末梢水水质检测；按市供水处要求开展建制镇供水站管网末梢水水质专项检测；完成居民用水户投诉水质检测。

疫情期间，按照《中华人民共和国传染病防治实施办法》，严格落实疫情防范规定和要求，对各供水单位、水厂开展防疫监督检查，加强供水人员防疫知识教育，重点加强水质检测，安排第三方水质检测机构定期对城区各水厂及全区各建制镇配水站开展水质检测，并加大检测频率，全年对全区供水进行了2100余次抽检，确保了全区供水水质达标。为方便居民网上购水，在城区7个住宅小区为3698户开通网络购水渠道，实现了用水网上缴费。严格落实区发展改革委于3月发布的《武清区发展改革委关于新冠肺炎疫情防控期间降低中小微型企业和个体工商户用水价格（非居民）

的通知》，做好基本水价降价的收缴退费工作，并配合市场监督局对辖区内阶段减免情况进行检查。

【排水工程建设与管理】 城区合流制管网改造工程，总投资7364.01万元。完成城区机场道10处雨污水混接点位以及城区14个居民小区和46个机关企事业单位合流制管网雨污分流改造。新建雨污分流制管道32.861千米，其中雨水管道直径300～800毫米铺设29.428千米，污水管道直径300～400毫米铺设3.384千米，铺设直径160毫米出户管49米；建设雨水检查井1009座，污水检查井211座；破除、铺装沥青及混凝土路面约5.73万平方米，恢复绿化1590平方米。工程自2019年11月1日开工，至2020年10月19日完工。

截至2020年年底，武清城区排水管网总长度432.978千米，其中雨水管道250.533千米，污水管道151.802千米，合流制管道30.643千米；收水井8263座；检查井11702座。汛前对城区415千米排水管网进行疏通、拉锚、清淤，清理管网出水口，对19060座检查井、收水井开展养管及清掏工作。针对振华东道因商业门脸较多，管网及收水井油块垃圾杂物较多；泉州北路合流管网老旧、管径较细，导致水位高易淤堵情况，6次对这两条路个别点位管网及收水井、检查井进行清淤疏通和拉锚，保证排水设施的完好和排水通畅。

排水泵站。截至2020年年底，城区（开发区）泵站共计40座（不含代管雨水泵站3座），其中城区雨水泵站16座，污水泵站1座，雨污合用泵站3座；开发区雨水泵站10座，污水泵站10座。汛前对31座闸涵进行检修，加注黄油、更换防护罩、刷漆、防护栏加固等维修养护工作，确保全部设施设备启闭正常。对城区20座泵站的所有设备进行全部排查，水泵、设备、电力、附属设施等分类统计。对20组水泵、电器设备进行维修保养；对泵站粉刷、地面整修、围栏维修等；对电力设施高低压柜、变压器进行检测及维修。保证城区泵站在汛期前全部正常运转。

市政排水管理。2020年1月24日零时起，天津市启动重大突发公共卫生事件一级响应，按照区疫情防控的指示精神和水务局党委安排部署，市政排水科制定了疫情防控处置预案，成立了疫情防控工作领导小组，自1月27日开始全员上岗，认真履行“一岗双责”，全员进入防疫“战斗状态”。派出7名工作人员到河西务镇、徐官屯街参加为期106天的疫情防控执勤。完成天鹅湖隔离点、高新公寓隔离点周边污水管网排查疏通、检查井清理工作，确保隔离点周边污水管网排水畅通，无污水冒漏，保障了辖区人民群众的生命安全和社会稳定。汛前组织人员对城区易涝易灾低洼地段进行摸底排查，做好书面统计，制定2020年“一积水一预案”应急抢险方案，重新编修《2020年市政排水科防汛工作预案》。分别于5月19日、5月28日、6月12日组织河东南片区、河东北片区、河西南片区、河西北片区、河西西片区、兰海片区、西区片区等7个片区养护作业施工人员进行下井作业、养护安全作业、路面施工交通安全及机械打击伤害等安全作业培训。市政排水科组建125人的应急抢险队伍，在5月19日和7月10日分两次开展防汛应急演练，熟练使用抢险设备，操作水泵技术规范，保证水泵正常运转，为汛期防汛打下坚实基础。汛期共出动防汛抢险车及巡视车1100余辆次，投入排水抢险人员达2300余人次，处置低洼处临时抽水点15余处，全面开启泵站10余次，抢修水泵及设备60余次，泵站累计开车750余台时，排水量500余万立方米。武清城区合流制管网改造跨年工程于2019年11月1日开工，2020年6月22日竣工，完成城区14个小区，46个单位合流制管网雨污分流改造和10处雨污水混接点位切改工作。

排水监督管理。加强全区排水、污水、污泥处理行业监管，制定城镇排水及污水处理设施季度检查方案，完成全区37座污水处理厂的运行、水质、水量等监督管理。制定《武清区镇街园区污水处理厂运行情况月报》，采取书面通知、约谈等方式督促排名靠后的污水厂进行整改；完成对彤泰城污泥处置厂、远新污泥处置厂的运行、泥质、泥量等监督管理工作。全区污水处理厂出水水质达标率达到99%以上，污泥无害化处置率均达100%。在全市城镇污水处理月度综合考评中，武清区各项指标均保持良好水平，稳居全市污水处理行业前四名。大力推动城镇排水户排水许可证办理工作，同时配合区政务服务办完成许可证办理事项，截至年底办证排水户153户，并由第三方水质检测机构每半年监测一次。完成全区污水处理厂低负荷整改，督促各相关镇政府制定了“一厂一策”专项整改方案，通过新建配套管网，扩大收水面积，加快完成“散乱污”治理，恢复企业生产等方式完成污水处理厂低负荷整改工作，截至年底城区天和城片区、河西务镇、高村镇、梅厂镇福源经济区污水处理厂已完成整改。认真完成第二轮中央环保督察迎检工作，通过开展自查自纠，全面补齐短板，保证第一轮督察问题落实整改，提前做好迎检材料准备，分门别类归档成册，按时完成报送。针对此次督察期间提出的问题和交办的信访件，立即开展并完成整改工作。10月，区水务局接管区农业农村委移交的全区301个村282座农村生活污水处理站，截至2020年年底，全区农村生活污水处理站均正常运转，农村生活污水排放标准达到《天津市农村生活污水处理设施水污染物排放标准》。

疫情期间及时传达疫情防控文件《市水务局关于进一步加强排水及污水处理行业防疫及运行管理工作的通知》《市水务局关于在新型冠状病毒疫情期间确保污泥处置单位正常运行的函》《关于全市疫情期间水厂封闭管理的紧急通知》及区疫情防控指挥部的各项部署要求，督促排水泵站、污水处理厂做好环境、设施运行及安全生产自查。对城区9座污水泵站、全区40座污水处理厂（站）、2座污泥厂以及天鹅湖、奥兰际德、高新公寓等隔离点进行不定期疫情防控排水检查，保证污水、污泥厂在疫情期间安全运行，阻断了新冠病毒通过污水污泥传播。助力全区中小微企业和个体工商户复工复产，按照《市发展改革委市财政局关于新冠肺炎疫情防控期间免征污水处理费和城市道路占用费的通知》，对武清区中小微企业和个体工商户实施免征污水处理费和基本水价降价的收缴退费工作。截至2020年年底，为全区1028家中小微企业办理污水处理费减免，涉及水量约1264万立方米，总计减免约1770万元；为1351家个体工商户办理污水处理费减免，涉及水量约43万立方米，总计减免约60万元。

污水处理厂管理。全区共建有污水处理厂（站）40座，设计日处理能力总计24万立方米。城区污水处理厂8座，为第二、三、四、五、七污水处理厂，开发区三期污水处理厂，天和城污水处理厂和国中润源污水处理厂；建制镇、工业园区污水处理厂32座，含4座园区污水处理厂，即崔黄口镇电子商务产业园、梅厂镇汽车产业园、汊沽港镇京津科技谷、大王古庄镇京滨工业园污水处理厂。全区全部污水处理厂均达到天津市地方排放标准，其中城区有8座达到A级排放标准，工业园区有1座达到A级排放标准、有3座达到B级排放标准，建制镇有18座达到B级排放标准、有10座达到C级排放标准。全年对全区40座污水处理厂（站）加强监督管理，按月汇总《武清镇街园区污水处理厂运行情况月报》，对3家出厂水水质超标单位进行约谈，有效促进整改，保证出厂水水质达标排放；为保证污水处理厂出水水质达标排放，委托第三方水质检测机构对全区40座污水处理厂（站）的进、出水水质进行检测。2020年加强排水许可证办理及排水户管理，截至年底已取得排水许可证用户157户，纳入第三方水质检测机构开展半年检测，有效地推动了城镇排水规范化。加强日常排水设施监管，全年对城区23座排水泵站、闸涵和排水管网开展全天巡视检查，发现问题立行立改。2020年在市水务局对全市城镇排水及污水处理工作考核中武清区取得了第二名的好成绩。

污泥处理厂管理。全年完成彤泰城污泥处置厂、远新污泥处置厂监督管理，全年处置污泥量约4.2万立方米，污泥无害化处理率达100%，确保环境的可持续发展。加强城区排水设施、污水处理厂、污泥处置厂安全生产管理工作，保证了全年安全生产无事故。

【科技教育】 为深入实施武清区安全生产专项整治三年行动，8月5日，区水务局召开安全生产专项整治三年行动分析推动会和安全生产教育培训会，机关相关工作人员和各污水处理厂派出工作人员共计50余人参加，会议由主管局长邵士成主持，由段绍君老师主讲，对排水施工中遇到硫化氢气体如何预防以及设施设备电气火灾预防和制度建设方面进行了培训。11月17日，区水务局组织供水单位工作人员进行危险化学品培训，由天津工业大学环境科学与工程学院黄娟茹博士主讲，通过学习进一步提高了供水单位工作人员安全生产能力。11月18日，区水务局组织城区各供水单位的水质化验人员开展水质检测安全生产教育培训，由天津工业大学环境科学与工程学院王润霞教授和黄娟茹博士授课，主要内容为实验室水质检测水平分析、水质检测实验室管理、安全事故的案例分析等，通过此次培训提高了水质检测人员业务水平，增强了供水安全保障能力。区水务局于12月25日参加了天津市水利学会第九届四次理事会暨2020年学术年会。

【水政监察】 加强法律法规学习研究，准确行使行政裁量权，监督行政裁量权执行情况，确保行政裁量制度得到有效执行。编制下发《武清区水务局全面依法治区2020年主要目标任务责任分工方案》《武清区水务局2020年度普法依法治理工作方案》，推动依法行政、文明执法工作。依据《天津市水务局行政执法监督办法》，规范行政执法人员行政执法行为，加强行政执法监督，重点对行政处罚和行政强制程序的合法性及案卷的规范性进行了全面检查。根据机构改革和权责清单调整，及时更新行政执法监督平台职权信息。

持续加强行政执法队伍建设，全年完成原有持执法证人员培训考试换证工作，有6人通过培训考试申领到执法证，2020年全局有执法持证人员109名。组织执法人员参加由市水务局主办的2020年水行政执法培训，提高了执法人员行政执法能力。

继续落实“谁执法谁普法”普法责任制。根据普法责任制实施方案、以案释法制度和普法责任清单，督促有关单位开展普法宣传工作，全年共上报以案释法案例8个。为增强全局干部职工法治观念，推进水利“七五”普法工作，组织50余人参加由中央宣传部、司法部、全国普法办制作的3场民法典视频公开课学习；印制《中华人民共和国民法典》宣传材料35套315张，在局属单位办公地点及工地张贴；组织执法人员参加水法、防洪法、行政处罚法、行政强制法等相关法律法规学习；参加区司法局组织的2020年度天津市行政执法监督平台在线培训；聘请天津市云樯律师事务所徐彬律师对民法典基本原理、行政法做了专题讲座；组织全局干部职工500余人参与水利部举办的2020网上水法规知识大赛。

水行政执法。全年加强执法人员新冠肺炎防疫工作，开展日常巡查检查300次，出动执法人员600人次，检查区内企业21家，发出责令整改通知书9起，涉及违法排污2起，未编制水土保持方案7起，配合北三河处制止5起设置阻水渔具行为。2020年度共立案9起，涉及私装计量设施1起，擅自施工临时排水3起，河道管理范围内违建1起，不缴纳超计划用水加价水费2起，设置阻水渔具2起。为及时接收处理群众举报及突发事件，实行24小时值班制度，公开举报电话、电子邮箱，全年处理群众举报及环保转办件69起，其中天津市8890便民服务专线转办件37起，中央环保督察7起，举报电话及举报信25个，涉及水体污染、水生物死亡、非法捕捞、非法引水及防汛通道不畅通等问题，对投诉举报的案件做到件件有查处，宗宗有回复。加强执法平台信息录入使用管理，2020年度上传行政检查78件，行政案件9件。根据市河（湖）长办工作要求，武清区水务综合执法大队协助区河（湖）长办全年开展水环境及黑臭水体暗查暗访、清四乱专项巡查共计258人次，同时使用无人机进行检查，有效地减少水环境污染的发生。落实汛前执法检查，按市河（湖）长办行刑连接工作要求，与区公安部门对接，对河道管理范围内妨碍行洪物件全部清除。因新冠肺炎疫情影响，利用区广播电视台“民生视点”栏目播出以宣传节约水资源的快板；“中国水周”期间，在区水务局机关院内显著位置悬挂张贴宣传画，在机关门前道路交通隔栏悬挂布标，并由河道事务科、执法大队、市政排水科等单位利用日常巡查，发放到沿河村街及相关企业。组织机关全体人员进行《天津市文明行为促进条例》集中学习。

【工程管理】

1. 水务运行调度

2020 年 9 月 29 日，天津市武清区水务运行调度中心成立，并加挂天津武清区河长制事务中心牌子，并且将区水务局城市管理办公室职能也纳入其中，主要承担城区防汛物资储备；负责城区排水设施的日常巡查、维修养护、运行管理等技术性、事务性工作及城区防汛相关工作；承担区水务局所辖河道、堤防、闸涵、水库，国有区管扬水站等水利工程的运行管理、日常巡查、维修养护、安全监测等技术性、事务性工作；承担全区河道水资源管理、保护及相关技术性、事务性工作；承担河长制管理及考核的政策措施实施、数据统计分析等技术性、事务性工作；负责已建水利排灌工程、抗旱设施的运行管理、维修养护、更新改造等技术性、事务性工作；承担河道堤防绿化管理、日常保洁、水面保洁等事务性工作。12 月 24 日取得事业单位法人登记证。

（1）水库管理。

水库事务科于 3 月对上马台水库泵站七台轴流泵机组、各水工建筑物开展多次检查、做好维修、养护，保证正常运行。汛前水库累计放水约 700 万立方米，发挥水库抗旱功能，既保证了周边农田的灌溉，又有效地在汛前将水库水位降低，为汛期以蓄代排预留出库容。组织职工进行闸门启闭机安全操作、橡胶坝安全操作和泵站安全运行的培训，组织水库抢险队参与全区防汛抢险演练。在水库大坝临水侧安装视频监控系统一套，实现了水库区域智能监控全覆盖，保证 24 小时水库有监控，外来人员违规进入有报警，实现了水库高效管理，并将监控视频与防汛应急指挥平台连接，在区水务局视频监控指挥中心可实时查看水库情况，提升了防汛应急能力。按照水利部要求，修订完善上马台水库 2020 年《防汛抢险应急预案》《预测预报预警方案》《大坝安全应急管理预案》《调度运用预案》《闸涵泵站运行保障预案》《供电保障预案》《防汛责任制》，明确了水库行政责任人、技术责任人、巡查责任人。水库物资仓库储备汽油发电机一台、柴油发电机（50 千瓦）1 台、潜水泵 12 台、柴油机船 2 组，救生衣 2900 件、编织袋 6.6 万条、铁锹 170 余把、铅丝 9000 斤；另外还备有电缆、电线、应急灯等。汛期做好水库泵站开车情况上报工作，全年上马台水库共计开车蓄水 1300 小时，蓄水 1100 万立方米。

积极开展疫情防控工作，购置消毒液、测温枪、温度计、紫外线消毒灯、口罩、酒精等防疫用品，严格开展防疫消毒，对单位出入人员进行体温检测并做好信息登记，向水库附近群众发放防疫防控宣传明白纸，悬挂宣传标语。为保证水库安全，通过认真组织，周密部署，狠抓落实，开展人员、食品、用电、消防、车辆等安全隐患排查专项治理，确保上马台水库全年安全零事故。

（2）排灌站管理。

排灌事务科管辖全区 19 座国有扬水站（王三庄、陈赵庄、拾梅、大宫城、高坑、大谋屯、小谋屯、泗村店、东汪庄、洪庄子、辛庄、耿庄、茨州、东肖庄、南排干、庞艾、黄花店、南口哨、五支扬水站），承担所辖泵站水利工程的运行管理、日常巡查、维修养护、安全监测等技术性、事务性工作。完善扬水站管理体制，确定各扬水站站长为第一负责人，与区水务局签订《安全生产责任书》《消防工作目标责任书》；制定管理考核评比奖惩制度，不定期对扬水站开展全面监督检查，并进行检查评比打分，排出名次，于每月28日站长例会进行通报，表扬第一名并树立为标杆，组织扬水站站长们前去参观学习，且对存在各种问题的扬水站责令其整改。严格要求各泵站按照《安全操作规程》开展泵站运行，做好泵站机电设备日常维修养护工作。汛期前，对19座扬水站开展大排查大整治，保证汛期落实24小时值班制度，电器设备安全运行。为了提升职工职业技能，聘请专业教师对27人开展高低压操作技能培训2天，并组织考试，对不及格职工单独培训，直到其全部掌握。疫情期间，购置防疫用品，用于全员防护和工作场所日常消毒防疫工作；加强人员管理，排查与疫情高、中风险地区人员接触史，禁止节假日出津；应派尽派干部职工参加河西务镇、徐官屯街、奥蓝际德酒店隔离点疫情防控志愿服务；复工复产期间加强工地防疫及安全生产检查工作。

（3）河道堤防闸涵管理。

立足防大汛、抢大险、防大灾开展度汛部署，汛前完善《河道堤防防汛抢险预案》《武清区行洪河道险工险段防洪抢险方案》《闸涵运行保障预案》《河道所供电保障预案》，在狼尔窝分洪闸设置防汛物资储备点，储备救生衣、无纺布、编织袋、铁锹等防汛抢险救援物资20余种，将2台挖掘机、1台3立方装载机、1辆移山180超湿地推土机运抵青龙湾减河右堤。为防汛人员保障，建立80人的闸涵防汛指挥工作组，下设闸涵检修作业组、堤防抢险作业组、堤防抢险技术指导组，并参与2020年武清区防汛演练。汛前对所有闸站和堤防进行了全面检查，共计10余次20个点位，并及时完成隐患整改12处。6月初完成了青龙湾减河右堤除险加固工程前期的征迁协调工作。全年完成河道、堤防巡视检查约4000人次，每天出动巡查人员12人，巡查车4辆对管辖范围内4条一级河道堤防343.77千米，5条二级河道堤防114.9千米开展巡视检查。全年清理倒树200余棵，发现并填垫雨淋沟80余处，修缮水簸箕30余处，新建水簸箕30余处。开展堤防树木采伐更新监督管理，严格履行林木采伐审批程序，全年一、二级河道树木更新采伐共计一万余株。及时养护树木，在第二季度分3次，每次约一周时间组织人员60人次，动用机动车一辆20台班、打药机器一台20台班，对北运河、北京排污河、青龙湾减河、永定河堤防树木进行打药，以消灭病虫害，总计200余千米。加强涉河中俄东线天然气管道工程的监督管理，在给予施工配合的同时，保证了青龙湾减河、北运河、龙凤河无污染。

根据水利部《关于做好河湖生态流量确定和保障工作的指导意见》和《关于做好2020年重点河湖生态流量保障目标确定工作的通知》要求，区水务局编制《龙凤河故道104国道至北运河段生态水量保障实施方案》，按照区政府2020年11月9日《武清区人民政府关于对龙凤河故道104国道至北运河段生态水量保障目标的批复》精神印发实施，该方案明确了龙凤河故道104国道至北运河段的生态水量保障目标、管控措施、监测预警方案、责任主体、考核要求和保障措施，通过统筹生活、生产和生态用水，优化配置水资源，为高质量实现龙凤河故道104国道至北运河段的生态功能提供了重要保障。

2020年疫情期间，城区河道每天安排工作人员巡查，及时劝阻及疏散河道两侧观景平台人员聚集，封堵大岛公园和篮球场两个大型娱乐场所。在闸坝站点、公厕、广场放置体温枪15个，体温计30个，喷雾器20个，消毒液50箱，购买口罩5000余个用于公众防疫。3月10日在复工复产前，对绿化养管人员发放《水务局城管办疫情防控期间复工工作规定》明白纸，发放防疫物品，尤其做好车辆工具的消毒记录和人员体温检测登记。

汛前做好城区河道闸坝检测维修，对车辆、船只、发电机进行维护保养，购置了铅丝、铁锤及照明灯具、救生衣等防汛物资。防汛期间城区河道闸坝有工作人员24小时值班值守，步话机全天候开启，并要求防汛抢险人员手机24小时开机。在景观河道沿线路口、桥头新设置安全桩50个，对城区河道及各闸坝的130多个摄像头进行及时维护，对各站点、厕所的灭火器更换或增添共计20个，制作并张贴河道冬季警示标语15条。每月定期召开安全生产专题会议，每季度组织全体职工、各闸坝站点负责人参加安全生产知识学习，提升了职工安全生产意识。在景观河道沿线，利用执法宣传车宣传《关于加强城区河道管理的通告》以及防疫注意事项，2020年全年，在城区景观河道水环境治理中，共办理各类便民热线68条，包括八中旁运河左堤道路树木修剪、调整城区二支渠夜景灯光时间等，提高了群众满意度。加强景观设施，绿地保护巡查，及时制止沿堤停放车辆以及钓鱼或游玩破坏占压绿地。实施闸坝站点、管理房安全生产巡查，实行堤防打点巡查，及时消除各类安全隐患。

（4）湿地养护管理。

7月完成了2020年北运河新三孔闸两岸二期养管工程的招投标工作，确定了兴润建设集团有限公司为中标单位，中标价格为428.3895万元（财政拨款），并与中标单位签订绿化养管合同，由中标单位对1号三里浅湿地（南蔡村镇）、2号七百户湿地（南蔡村镇）、3号蒙辛庄湿地（大良镇）、中药园湿地（大良镇）和各节点管理段进行养护，负责草坪和苗木的更植、浇水、施肥、打药、冬季防寒等养管工作，确保草坪和苗木的正常生长，防止病虫害的发生。每日安排两名巡查人员对湿地进行巡视，对湿地范围内河道、堤岸的保洁情况及木栈道设施进行巡查，对草坪的生长情况和苗木成活率进行监督管理，秋冬季加强对落叶及木栈道周围杂草的清理，防止火灾发生。发现问题及时联系养管人员解决，确保湿地、节点更好地发挥作用。全年引调北运河、青龙湾减河和龙凤河的水源共向大黄堡湿地补充水源8000万立方米。

2. 规划建设管理

根据《水利部关于加快推进水利工程管理与保护范围划定工作的通知》和《水利部关于加快推进河湖管理范围划定工作的通知》以及市水务局部署，武清区河湖及国有水利工程管理与保护范围完成划定工作并且公示。按照区发展改革委文件《武清区“十四五”规划编制工作方案》要求，编制《武清区水务发展“十四五”规划》并完成初稿。全年完成武清区控制性详细规划及细分导则征求意见反馈30余个；在天津市工程建设项目“一张蓝图，多规合一”平台完成武清征求意见反馈320余个。

复工复产时期，制订《武清区水务工程建设领域疫情防控工作方案》，下发了《关于水务建设领域复工有关问题的通知》及《关于疫情期间体温报表报送情况的通知》，及时督促项目法人做好防疫工作。全年完成水务工程项目法人组建方案备案7个；完成水务工程项目开工备案项目7个；完成水务工程项目法人验收计划备案12个；完成水务工程项目竣工验收3个。协调推动王庆坨水库工程动物检疫站拆迁重建工作；协调推动解决王庆坨水库包干资金及养老金等问题。完成了北运河新三孔闸两岸及北运河郑楼段工程2020年及2021年两年租地费的申请及发放工作。2020年12月与天津市水务工程建设事务中心签订了《天津市南水北调中线静海引江供水工程（武清区）征地拆迁投资包干协议书》。制订完成水务部门区级政府投资项目2021年度投资计划及三年滚动计划。2020年共接收扬尘管控重污染天气应急响应4次，累计开展检查督查35次人员84人，检查工地37处，确保项目施工现场严格落实“6个100%”要求。配合市水务局推进天津市北运河筐儿港枢纽至屈家店枢纽综合治理工程，2020年9月17日工程项目建议书已经市发展改革委批复。配合市水务局和永定河流域投资公司推进武清区永定河综合治理与生态修复工程项目（水务部分），2020年11月18日武清段项目可研报告已经市发展改革委批复。2020年完成天津市武清区农村河湖“清四乱”常态化规范化调研工作，形成了《武清区农村河湖管理范围认定和农村河湖“清四乱”问题认定标准工作调查报告》；9月中旬完成中央环保督察2020年度重污染天气预警及水务工程施工现场扬尘管控工作的迎检档案材料整理工作。按月完成水务局2020年京津冀协同发展任务进展情况报送至区协同办的任务。

加强工程质量管理，2020年实施区级水务工程项目8项，受监督工程项目无质量事故发生质量监督率达到100%。全年累计开展质量与安全监督检查、水务建设行业检查46次，共出动监督监管人员138人次，下达检查意见单7次，截至年底全部整改完成。根据《市质量工作领导小组办公室关于开展2020年天津市“质量月”活动的通知》和武清区质量工作领导小组办公室《关于开展2020年武清区“质量月”活动的通知》精神，9月制定并下发了《2020年武清区水务局“质量月”活动实施方案》，在建工程项目部要求建设单位组织开展“质量月”活动，其间，监督组深入在建工程施工现场开展“质量月”宣讲活动和质量管理经验交流，要求各参建方在工程建设过程中严格遵守规程规范，确保工程质量符合相关规范的要求，牢固树立“质量第一”的宗旨，打造优质工程。

落实水库移民后期扶持政策，认真做好武清区大中型水库农村移民后期扶持人口核定登记、信息核查及补贴款发放工作。全年完成全区28个镇街276名群众直补资金发放工作。完成王庆坨水库后期移民扶植2865人的核定工作。截至年底完成王庆坨水库移民后期扶持项目初步设计报告。

3. 水建工程管理

全年对11个重点工程推进项目建设，按照招标法和政府采购法相关要求及武清区水务局工程项目供应商采购管理规定，组织招投标工作，全年协助相关科室完成局内招标79次，做到公开、公正、透明。抓好工程验收工作，制定时间验收节点，年底前完成法人单位验收1项；严格遵照验收程序，进一步完善档案资料。加强水利项目建设管理，严格实行项目法人制、招标投标制、建设监理制和合同管理制的“四制”管理；抓好资金管理，严格执行财经纪律和资金拨付程序，落实廉政责任制，资金设立专项账户，确保资金使用规范安全，掌握资金计划落实情况，及时进行资金申请，保证了工程按时开工，保障了工程按进度计划组织实施；建立技术交底、工程例会、质量抽检、现场巡查和整改验测等5个质量管理制度，每项工程都抽调专业技术骨干进驻水利施工工地，各个工程分别委托第三方质量检测机构全程跟踪质量检测，做到层层质量监督，严格施工安全管理，确保工程优质、资金安全、干部安全。加强质量、安全、控尘等专项工作的排查整治工作，做好专项检查和重要节点节日检查，针对农村引水提质增效工程、水系连通三期工程，检查频次由每月不少于2次专项检查调整为4次，有效遏制各种质量、安全及控尘问题。制订了建管中心安全生产专项整治三年行动方案，组织冬季火灾防控活动，截至2020年年底共出动检查36次，发现各类问题7个，全部整改完成。通过定期和不定期的项目法人检查有步骤的改进工作，不断推进文明标准化工地建设，提高工程管理水平。

4. 安全生产管理

制订2020年度水务安全生产工作目标，树立安全生产无小事的指导思想，确保全年安全生产无事故。6月和9月局党委理论中心组分两次学习了习近平总书记关于安全生产重要论述；在局党委会上14次研究安全生产工作，局安委会多次召开会议，分析安全形势，安排部署工作；业务科室落实“管行业必须管安全，管业务必须管安全，管生产经营必须管安全”的要求，及时召开供水、污水污泥处理等安全生产会议，安排部署推动全局安全生产工作落实。通过观看视频和发放学习资料学习习近平关于安全生产重要论述，传达市区两级安全生产会议精神，牢固树立了“生命至上、安全发展”“红线意识”“底线思维”和“隐患就是事故、事故就要处理”的理念，压紧压实安全生产监管责任和主体责任。按照市水务局和区安委会要求，扎实开展水务安全生产专项整治三年行动。深入贯彻《武清区党政领导干部安生责任制实施细则》，健全“综合监管、专业监管、日常监管”的安全生产监管体系，通过责任书签订，层层压实责任，做到人人有责，巩牢安全生产防线。按照“隐患就是事故、事故就要处理”

理念，局领导经常深入一线，对水务领域安全生产进行督促检查，指导解决存在问题和困难。紧盯水务在建工程、水务工程运行、危化品、有限空作业、火灾防控及出租屋等重点领域，坚持问题导向，加强隐患排查整治，消除安全隐患，强化风险管控，加大防范措施落实。积极开展教育培训，通过邀请专家授课、工作一线人员交流，组织参加市水务局培训等形式，加强消防、有限空间作业、电气防范、危限源辨识、危化品管理及使用等领域培训，提高业务能力，提升安全意识。同时通过推荐、考察，重新在全局内选拔素质硬、业务能力强技术人员，充实局安全生产专家成员，提供安全基础保障。

【河（湖）长制】 2020 年，继续深入贯彻落实武清区河湖管理职责。按季度向市河（湖）长办报送武清区“一河（湖）一策”方案编制及实施情况。全年完成河（湖）长制月度考核工作，对镇街、园区河（湖）长制各项工作落实情况的考核结果在全区通报。全区河（湖）长共 1305 名，全年区、镇（街道）级河长巡河已实现常态化，总计巡河 7931 人次，发现并解决问题 1578 件。7 月对全区镇街、园区上半年河（湖）长制开展情况进行了督导检查，重点检查了“清四乱”专项行动推进情况、黑臭水体全排查治理工作落实情况、“清河行动”开展情况、“一河一策”工作任务落实情况、长效机制建立情况等，对取得的成绩或存在的问题都进行通报，针对存在问题并督促其限期整改。依据《武清区河长制湖长制暗查暗访工作制度》，全年完成区级暗查暗访排查并发现解决河道水环境问题 843 处。开展河（湖）长制宣传工作，联合“村村喇叭响起来”，协同农业农村委组织的万人劳动，以及联合市、区两级河道主管部门，沿河发放倡议书，开展“关爱河流、保护永定河”专项宣传；支持属地镇街开展多种形式对河（湖）长制宣传；配合市水务局组织开展“最美河湖 优秀河长”创建工作，经过民意调查、公众投票、现场核查、暗查暗访等评审，武清区东蒲洼街道刘威、崔黄口镇前赵庄村王荣、大黄堡镇忠辛台村王则平、大碱厂镇尖嘴窝村顾维连、高村镇牛镇社区夏广新、白古屯镇小天村张然、河北屯镇河北屯村刘俊江获“优秀河长”称号，武清区北运河八孔闸至碱东路段、龙凤河故道武静路东洲桥至老龙凤闸段获天津市“最美河湖”称号。

开展清河（湖）专项行动，制订并下发《武清区“2020 清河（湖）专项行动”方案》《关于落实 2020 清河（湖）专项行动“补充要求”的通知》，成立工作小组并于 4 月 27 日召开区级总河（湖）长工作会议，会上传达了 2020 清河（湖）专项行动要求，并对武清区“2020 清河（湖）专项行动”进行了安排部署。总计清理水面漂浮垃圾 25.70 万平方米、插网 7 处、地笼 14 处，堤岸生活垃圾 4093.37 立方米、建筑垃圾 3384.4 立方米、工业废弃物 0.025 吨、垃圾池 1 个、旱厕 12 个。依据 7 月市河（湖）长办下发的《关于深入推进河湖“清四乱”常态化规范化的决定》，武清区制订印发了《武清区关于深入推进河湖“清四乱”常态化规范化的实施意见》，要求相关单位深入开展自查自纠，将“清四乱”整治范围向中小河流、农村河湖全覆盖，对发现的新问题发现一处、整治一处。对“清四乱”专项行动整改完成点位进行了全面复查，并对二级及以下河道进行了问题点位排查，发现问题点位 21 处，主要为集装箱看护房、厕所、养殖场等三类，对于发现的问题要求属地镇街立即进行整改，截至 2020 年年底基本完成。全年推动各镇、街治理黑臭水体，截至年底涉及武清区 10 条段黑臭水体全部完成治理。

开展河（湖）长制专题培训，对全区 35 个镇街园区河湖长开展培训，实现河湖长制培训进党校，推动镇级河长办开展对村级河长及河长办工作人员培训，全年实现全区各级河湖长培训全覆盖。为加强河长制湖长制区级社会义务监督员履职能力，2020 年在全区招聘、培训 44 名社会义务监督员，同时聘任 5 名区级“民间河（湖）长”，全年共处理社会监督件 90 个。

【水务改革】 2020 年，区水务局机构改革完成局属 10 个公益类事业单位调整合并及更名工作，成立 1 个副处级事业单位，即天津市武清区水务运行调度中心；成立 1 个科级事业单位，即天津市武清区水利技术服务中心；更名 1 个科级事业单位，即天津市武清区水务工程建设事务中心。

根据中共天津市武清区委机构编制委员会 2020 年 7 月 18 日印发的《关于改革调整区水务局所属公益类事业单位有关问题的通知》，以及 7 月 15 日《中共武清区委办公室 武清区人民政府办公室关于印发〈武清区从事公益服务事业单位改革实施方案〉的通知》，改革调整区水务局所属公益类事业单位。

整合天津市武清区水务局上马台水库管理处、天津市武清区排灌管理站（天津市武清区抗旱服务站）、天津市武清区河道所（天津市武清区防汛机动抢险队）、天津市武清区市政排水所、天津市武清区水务物资供应服务站 5 个事业单位，组建天津市武清区水务运行调度中心，加挂天津市武清区河长制事务中心牌子，为天津市武清区水务局管理的财政补助事业单位，规格副处级，划入公益二类。内设 7 个科室，分别为党建工作办公室（综合科）、财务科、河道事务科（防汛机动抢险队）、排灌事务科（抗旱服务站）、市政排水科、水库事务科、河长制事务科。核定暂用事业编制 309 名，其中党组织书记、主任 1 名，党组织副书记 1 名，副主任 3 名。随自然减员，编制退一减一，逐步达到编制限额 198 名。

整合天津市武清区机井建设服务站、天津市武清区水利灌溉试验站、天津市武清区水利技术推广中心、天津市武清区地下水资源服务中心 4 个事业单位，组建天津市武清区水利技术服务中心，为相当科级、财政补助事业单位，划入公益一类。主要职责为：承担水利技术的引进、试验、示范和推广，水利技术人员培训，水利公共信息及教育培训，水资源管理和防汛抗旱技术咨询等工作；为地下水环境检测、地质勘查施工、地质资料收集整理等工作提供相关服务。核定事业编制 80 名，其中党组织书记、主任 1 名，党组织副书记 1 名，副主任 2 名。

天津市武清区水利工程建设管理中心更名为天津市武清区水务工程建设事务中心，为相当科级、经费自理事业单位，划入公益二类。主要职责为：承担水务工程建设的项目、质量与安全、招标投标、工程造价等相关事务性工作。核定事业编制 25 名，其中党组织书记、主任 1 名，副主任 2 名。

撤销天津市武清区水务局上马台水库管理处、天津市武清区排灌管理站（天津市武清区抗旱服务站）、天津市武清区河道所（天津市武清区防汛机动抢险队）、天津市武清区市政排水所、天津市武清区水务物资供应服务站、天津市武清区机井建设服务站、天津市武清区水利灌溉试验站、天津市武清区水利技术推广中心、天津市武清区地下水资源服务中心 9 个事业单位。

2021 年 1 月 13 日，中共天津市武清区委机构编制委员会办公室印发的《关于调整天津市武清区水务运行调度中心事业编制的通知》文件，核减天津市武清区水务运行调度中心（天津市武清区河长制事务中心）事业编制 6 名，由区委编委收回，其暂用事业编制由 309 名减至 303 名。其中市政排水科暂用事业编制由 135 名减至 129 名。其他机构编制事项不变。

【水务经济】 2020 年，上马台水库捕捞养殖鱼类 10 万斤，收入约 30 万元；水库西堤两侧土地改造 40 公顷，均种植水稻，总产量 68 万斤，净收入约 40 万元。

【精神文明建设】 2020 年水务局党委坚持和加强党对意识形态工作的全面领导，制订了《区水务局党委意识形态工作 2020 年工作计划》，落实工作责任制、全年组织召开 4 次党委会进行重点部署，坚持一级抓一级，强化监督考核，做到守土有责、守土负责、守土尽责。每半年召开一次局党委会意识形态工作总结，有效推进全局意识形态工作稳步前进。制定《武清区水务局2020年党建工作要点》，为履职尽责健全责任体系。加强党员理论学习，完成党支部书记、党务工作者培训61人次，党员学习3084人次，组织支部书记讲党课32次，入党积极分子培训48人次，开展“庆祝建党99周年”“四史”知识竞赛2次，组织观影活动4次。全年党建工作以提升全局各党支部组织力，强化政治功能为重点，激发党员工作积极性、主动性、创造性，充分发挥党员干部先锋模范带头作用。以践行人民至上理念，完善党员干部联系群众制度，制订《武清区水务局党支部工作联系点台账》，为每名领导干部确定一个基层党支部作为联系点，全年完成40次基层党支部走访活动，深入基层调研389次。对水务局定点帮扶的15个困难户进行走访慰问。加快推进结对帮扶工作73项指标进度，完成水务局负责的三项指标（基本消除黑臭水体、困难村自来水普及率达到100%、饮水水质执行《生活饮用水卫生标准》），并通过区级验收。在疫情期间，水务局成立临时党支部，先后选派112名党员干部参加镇街疫情防控，8名党员参加疫情防控医学隔离点工作。

以党建带群建为工作原则，充分发挥工青妇的桥梁和纽带作用，丰富干部职工业余文化生活，组织参加“品味端午，传承文化”包粽子活动和“如何制作营养美味的家常面点”培训等。干部职工积极参加区妇联组织的“守护妈妈的微笑”公益活动，为甘肃省平凉市泾川县困难妇女筹集善款1500元，为天津市困难母亲和儿童筹集善款1万元，全局干部职工为全市困难妇女儿童认购爱心存钱罐200个共计1万元。春节期间走访慰问离退休干部及遗属174人，为离休干部及遗属办理困难补贴2人；为困难职工送去慰问金3.1万元，慰问品9千元。组织全局在职和退休职工336人进行了健康体检，根据《天津市总工会关于设立职工重病关爱资金的实施办法（试行）》及相关规定，为8名患病住院职工慰问，并发放慰问金5500元。助力脱贫攻坚，通过832平台购买对口帮扶地区农副产品共计5万余元。

【队伍建设】

1. 局领导班子

党委书记：杨来增

党委委员：陈国忠　邵士成　黄士福
　　　　　马宇平（科长）

局　　长：杨来增

副 局 长：陈国忠　邵士成　黄士福

二级调研员：李　军

三级调研员：刘金香（12月25日任）

四级调研员：范继红

正处级干部：刘延强（4月30日任）

2. 机构设置

截至2020年年底，水务局机关设8个科室：党委办公室、办公室、规划与建设管理科（水利工程质量与安全监督科）、财务审计科、水资源管理科（区节约用水办公室）、河湖保护科、水旱灾害防御科、排水科。局属1个执法机构为天津市武清区水务综合执法大队，科级事业单位，公益一类。局属3个事业单位，即天津市武清区水务运行调度中心，副处级事业单位，公益二类；天津市武清区水利技术服务中心、天津市武清区水务工程建设事务中心，均为科级事业单位，公益一类。

天津市武清区水务运行调度中心根据9月29日中共天津市武清区委机构编制委员会印发的《关于印发〈天津市武清区水务运行调度中心职能设置、内设机构和人员编制规定〉的通知》设置。内设7个科室，分别为党建工作办公室（综合科）、财务科、河道事务科（防汛机动抢险队）、排灌事务科（抗旱服务站）、市政排水科、水库事务科、河长制事务科。

3. 人员结构

截至2020年12月31日，全局在职干部职工430人，其中机关34人（公务员29人，工勤5人），所属执法机构、事业单位396人。按照年龄划分：30岁（含30岁）以下34人，31~40岁52

人，41~50 岁 235 人，51~60 岁 109 人；按照文化程度划分：研究生 18 人，大学本科 176 人，大学专科 107 人，中专 18 人，高中及以下 111 人。全局具有专业技术资格人员 174 人，已聘 150 人，其中高级工程师 27 人，工程师 48 人，助理工程师 58 人；高级会计师 1 人，会计师 6 人，助理会计师 5 人；经济师 5 人。全局具有政工职务人员 22 人，已聘 21 人，其中高级政工师 1 人，政工师 17 人，助理政工师 3 人。

2020 年 12 月 30 日新聘任专业技术职务 7 人，其中工程师 2 人，高瑞芳、高微；会计师 1 人，张树梅；助理工程师 4 人，王鑫、张宇、毕连亮、陈国放。

2020 年晋升高级技术工人 1 人，尚玉君。

4. 人员变动

机关人员变动：由王庆坨镇政府调入正处级干部 1 人（刘延强）、安置军转干部 1 人（张文明）；机关退休 3 人（四级调研员兼科级正职 2 人、二级主任科员 1 人）。

事业单位人员变动：事业单位政策性安置 2 人（“三支一扶”服务期满）（张履伸、张熠琦）；事业单位退休 19 人，调出 1 人，辞职 1 人。

全局离退休（职）病故 8 人。

5. 领导干部调整

全局科级干部调整（含职级晋升）21 人次，其中机关科级提拔 1 人、交流 1 人，事业单位改革重新任职 3 人，免职 8 人（退休 3 人、事业单位改革 5 人）、晋升职级 8 人。

局机关领导干部调整情况：

调研员晋升 1 人：2020 年 12 月 25 日区委印发《关于李瑞泽等同志晋升职级的通知》中，四级调研员刘金香晋升为三级调研员。

科级交流 1 人：2020 年 5 月 7 日局党委印发《关于王宝辉等同志任免职的通知》，王宝辉任区水务局河湖保护科科长，免去其区水务局水旱灾害防御科科长职务。

科级提拔 1 人：2020 年 7 月 10 日局党委印发《关于王维同志任免职的通知》，王维任区水务局办公室主任（试用期一年），免去其水资源管理科（区节约用水办公室）副科长职务、三级主任科员职级。

公务员晋升职级 8 人：2020 年 1 月 7 日局党委印发《关于段建存、潘学政同志晋升职级的通知》，段建存晋升为武清区水务局三级主任科员职级；潘学政晋升为武清区水务局三级主任科员职级；2020 年 1 月 10 日经区委组织部同意，水务局党委印发《关于蒋金标同志晋升职级的通知》，蒋金标晋升为武清区水务局四级调研员职级；2020 年 1 月 22 日局党委印发《关于魏江萍、陈伟同志晋升职级的通知》，魏江萍晋升为武清区水务局二级主任科员职级；陈伟晋升为武清区水务局四级主任科员职级；2020 年 7 月 17 日局党委印发《关于崔永娣、杜双双同志晋升职级的通知》，崔永娣晋升为区水务局二级主任科员职级；杜双双晋升为区水务局四级主任科员职级；2020 年 8 月 14 日经区委组织部同意，水务局党委印发《关于张凤山同志晋升职级的通知》，张凤山晋升为武清区水务局四级调研员职级。

公务员退免职 3 人，2020 年 5 月 7 日局党委印发《关于王宝辉等同志任免职的通知》，蒋金标不再担任区水务局办公室主任职务、四级调研员职级，退休；免去魏江萍区水务局二级主任科员职级，退休；2020 年 9 月 24 日局党委印发《关于张凤山同志免职的通知》，张凤山不再担任区水务局财务审计科科长职务、四级调研员职级，退休。

局属事业单位干部调整情况：

因事业单位改革撤销，免职 5 人，2020 年 5 月 29 日局党委印发《关于李文华等同志免职的通知》，免去李文华天津市武清区河西自来水服务站站长职务；免去陆辰龙天津市武清区河西自来水服务站副站长职务；免去贾杰天津市武清区河东自来水服务站副站长职务；2020 年 9 月 11 日局党委印发《关于付国忠等 5 位同志任免职的通知》，免去张守强区水利灌溉试验站站长职务；免去邢建国区机井建设服务站站长职务。

因事业单位改革重新任职 3 人，2020 年 9 月

11 日局党委印发《关于付国忠等 5 位同志任免职的通知》，付国忠任区水务工程建设事务中心党支部书记、主任，免去其区水利工程建设管理中心主任职务；陈钊任区水利技术服务中心党支部书记、主任（试用期至 2020 年 9 月），免去其区水利技术推广中心主任（试用期一年）职务；王咏梅任区水利技术服务中心副主任，免去其区水利技术推广中心副主任职务。

6. 先进个人

蒋晶晶获得武清区妇联颁发的 2019 年度“武清区三八红旗手”称号。

蒋晶晶获得区委、区政府授予的“武清区抗击新冠肺炎疫情先进个人”称号。

【疫情防控】 2020 年，按照区委区政府对新型冠状病毒防疫要求，全面启动新型冠状病毒防疫工作。制订《区水务局应对新型冠状病毒感染肺炎应急预案》，建立疫情防控监测组、应急处置及物资保障组、组织宣传组、供水保障组、排水保障组、河湖保障组、施工现场组等 7 个专项工作组，明确责任分工，统筹人员物资调配，做好疫情监测、应急处置、信息报送等分管领域疫情防控工作。

为供水安全及用水保障，水厂实行封闭式管理，并做好应急水源调试，增加供水用药剂和物资储备；加强供水单位重点区域安全检查排查，增加对二次供水设施及清洗消毒情况检查频次，对农村饮水提质增效工程供水设施开展全面检查，加强供水厂、配水厂水质检测。完善供水应急预案，建立农村供水保障工作群、各供水厂疫情防控工作群等网上办公渠道。供水厂实施“一批上岗、一批备岗”每 14 天交替更换的轮班模式；供水服务实行抢修人员 24 小时备勤，供水热线电话 24 小时畅通，对医院、隔离区等重点区域加强管网巡线，铺设应急供水管道。

污水处理是水务防疫重点。区水务局领导加强对污水泵站、污水处理厂（站）、污泥厂的疫情防控督导检查，重点检查应急预案落实情况，污水处理安全运行，排水服务具体措施及作业人员个人防护等，严格落实新型冠状病毒疫情的应急管控要求。加强污水检测及水质上报工作，每日 12 点前将 40 家污水处理厂、2 座污泥处置厂的处理水量、粪大肠菌群数值（值小于 1000）报《天津市城镇污水处理行业信息系统》网上平台，同时上报污水各项化验指标及污泥处置情况，每日 14 点前将 3 座污水处理站（白古屯、下伍旗、河北屯）运行、防疫等情况上报市水务局；防疫隔离点、定点医院范围内收集的污水委托第三方检测机构进行检测化验。

区水务局全年共抽调 27 人次参与奥蓝际德酒店、天鹅湖度假村等隔离点支援任务，主动对接河西务镇党委、徐官屯街工委，向两地派驻志愿者 112 人，其中党员 61 名；疫情期间为徐官屯、河西务镇捐献口罩各 1000 个。区水务局加强全局办公场所防疫工作，对办公场所实施每日消毒 4 次，对来办公人员测温、登记。食堂实行分时分餐制，并购置外带餐盒，减少冷冻食材应用。对全局干部职工排查疫区旅居史，采取市外工作人员暂缓返津、区外工作人员返岗前自动隔离 14 天的措施。

落实疫情之后复工复产工作，按照《全市建设工地开复工疫情防控工作导则》稳步推进水务工程复工复产，项目法人按照水利建设程序具备开工条件的在开工前办理备案并接受监管，返岗人员继续落实防疫规定。按照区政府要求，制订并实施《区水务局落实〈天津市支持中小微企业和个体工商户客服疫情影响保持健康发展的若干措施〉方案》，全年对 25984 个中小微企业及个体工商户共减免自来水水费 516 万元，污水处理费 1830 万元；减免房租租金 38.3 万元，将惠企惠民措施落到实处。

（吴晓莉）

宝坻区水务局

【概述】 2020 年天津市宝坻区水务局以坚持习近平新时代中国特色社会主义思想为指导，以科学发展观为统领，坚持绿色发展理念，紧紧围绕区委、区政府下达的各项任务指标，在疫情防控、防汛抗旱、水资源管理、工程建设、河道管理等方面取得一定成效。

疫情期间宝坻区水务局全面加强城乡供水、农村生活污水处理设施建设管理，安排泉州、东山、天宝三个水厂实行封闭式管理，加强对区人民医院、中医院等重点部门的供水服务保障；组织全局329名党员干部参加卡口、小区和复工复产等志愿活动；及时组织推动复工复产各项工作，复工率达到100%；疫情防控常态化，对来访人员实名登记并测量体温，询问有无高中低危险地区旅居史，建立日常消毒台账，设立应急隔离室，制定干部职工离津报备制度。

2020年累计调蓄水3.5亿立方米，有效保证了宝坻区农业用水需求；完成应急度汛及专项工程建设，加强雨汛情信息网建设，完善排水措施，保障城区安全度汛；持续深化河（湖）长制管理，组织黑臭水体治理攻坚战；完成农村饮水提质增效工程建设任务；完善农村生活污水处理设施建设；加强基坑降水控沉管理；加快企业水源转换工程；深入推进节水型社会建设。

【水资源开发利用】

1. 地表水

宝坻区共有6条一级河道，2020年累计调蓄水5.13亿立方米。汛期（6月15日至9月15日）上游来水总量5.28亿立方米，其中潮白新河1.82亿立方米，泃河、蓟运河0.33亿立方米，引泃入潮0.26亿立方米，青龙湾减河1.97亿立方米，北京排污河0.90亿立方米。潮白新河里自沽蓄水闸汛期下泄总量2.07亿立方米。截至2020年年底，全区蓄水总量1.65亿立方米。其中一级河道9600万立方米、二级河道700万立方米、干支渠3000万立方米、鱼池坑塘3200万立方米。

2. 地下水

完成宝坻区“全国取用水管理专项整治行动（农村取水口）”工作，截至2020年年底，全区机井总数4270眼，涉及企业用水户430个，机井585眼，村队670个，生活机井782眼、农田灌溉机井2903眼。

2020年，全区地下水开采总量为5935.62万立方米，其中农田灌溉用水4421.16万立方米、居民生活用水362.70万立方米、企业用水1142.00万立方米、规模以上设施农业用水9.76万立方米。

对黄庄、八门城、大唐工业园区实施地下水压采水源转换工程，共涉及76家企业，地下水压采量30万立方米。

加强基坑降水控沉管理。基坑抽排地下水项目的控沉取水许可纳入控沉取水许可管理，进一步强化事前、事中、事后的监管工作，截至2020年年底，办理基坑抽排地下水项目的控沉取水许可16个。

2020年度处理各类涉水案件14起，涉及违法凿井12起，违法取水案件2起。

【水资源节约与保护】

1. 节水管理

计划用水管理。截至2020年年底，宝坻区节约用水办公室对全区1250户非生活用水户（自来水：875户，地下水：375户）进行计划用水考核，年用水量5000立方米以上的418个非生活用水户全部纳入考核范围。

节水“三同时”管理。对新建、改建、扩建项目严格落实节水“三同时”。全年共办理接水项目69个，其中建设项目临时用水11个，新增非生活用水户58个。对节水“三同时”工作进行了事后监管。实现了全域新、改、扩建项目的节水设施与主体工程同时设计、同时施工、同时验收投入使用。

水平衡测试工作。根据《天津市节约用水条例》《天津市水平衡测试管理办法》，每年年初制订水平衡测试计划，并下达水平衡测试通知，2020年共开展测试单位7家。

节水型系列创建。按照市节水中心下发的节水型系列创建工作要求，区节水办积极开展了节水型企业（单位）、居民小区等系列创建工作。2020年全区共创建市级节水型企业（单位）4家［天津冠硕精密仪器有限公司、天津碧水源膜材料有限公司、博安信（天津）汽车配件技术有限公司、天津市浩宇助剂有限公司］，市级节水型居民小区8个（瑞祥花园、泽润家园、菁华豪庭、瑞景花园、锦尚佳苑、嘉兴园、菁英豪庭、玫瑰湾），区级公共机构节水型单位6家（天津宝坻区京津中关村科技城管理委员会、天津市宝坻经济开发区管理委员会、天津市宝坻区退役军人事务局、天津市宝坻区网格化管理中心、天津市宝坻区机关事务服务中心、天津市宝坻区供销合作社联合社）。截至2020年年底，共有节水型企业（单位）124家，公共机构节水型单位共计97家。

节水型社会达标建设工作。按照2018年市节水办、市发展改革委、原市工信委、原市农委联合发布的《关于深化天津市节水型区县建设的通知》要求，实施了《宝坻区节水型社会达标建设实施方案》的全部工作内容，2020年年底在天津市水务局官方网站进行公示，公示期为12月22—28日。

节水机关建设。按照《市水务局关于开展水务行业节水机关建设工作的通知》有关要求，宝坻区节水办编制了《天津市宝坻区水务局节水机关建设实施方案》，坚持全方位节水、努力建设全区节水示范引领工程为导向，积极开展节水机关改造工作。节水机关改造工程于6月初开始建设，已于8月上旬全部完工，11月初通过验收，达到节水机关建设标准。

节水统计工作。完成8家重点监控单位的用水量报表填报工作和1250家节水统计报表数据的填报工作。

2. 节水宣传工作

第二十八届“世界水日”、第三十三届“中国水周”，宝坻区节水办围绕“坚持节水优先，建设幸福河湖”的宣传主题，开展多种形式的宣传活动：①向全区市民发放“宝坻区世界水日、中国水周节约用水倡议书”；利用“宝坻节水”公众号推送2020年“世界水日央视节水公益广告等宣传内容；②2020年5月10—16日是第29个“全国城市节约用水宣传周”，区节水办在全区范围内开展了以“养成节水好习惯，树立绿色新风尚”为主题的宣传活动。在宝坻城区591路、592路、593路、宝5路、宝8路公交车体刊登节水宣传广告；在城区劝宝购物广场，健身广场等5处户外大屏幕播放节水宣传视频，让市民在外出乘车或健身活动中随时随地的观看学习节水知识，以此营造浓烈的社会节水氛围；③在宝坻节水公众号上及时发布节水宣传知识和节水宣传周各项活动内容；④在宝坻电视台新闻后播放节水宣传短片，以提高节水宣传影响力；⑤充分调动社区志愿者在城区53个社区宣传栏张贴节水宣传画，由物业公司和居委会组织群众学习日常节水方法和节水措施；⑥结合局机关驻厂复工复产人员，在黄庄镇政府及辖区内7家企业开展节水宣传活动；⑦9月2日在王卜庄镇农贸市场开展节水科普活动。5名节水志愿者为百姓讲解节水知识、向百姓发放节水宣传单、宣传品、手提袋和节水宣传手册，使节约用水深入人心。营造了浓厚的全民节水氛围，进一步扩大了全区节水科普工作实效性和影响力；⑧9月24日区节水办组织全局新入职职工及青年干部一行50余人参观天津节水科技馆，通过观看视频及亲自试验，增强大家的节水意识和保护水生态环境意识。

【水生态环境建设】 春季清水攻坚行动。4月，区委书记殷向杰签发总河（湖）长1号令，部署为期一个月的“2020年春季清水攻坚行动”。全区各级河（湖）长高度重视，各街镇、园区深入开展专项整治行动。截至行动结束，全区共排查治理各类水环境问题498处，出动人力3265人次、车辆1090台次、清理垃圾约5957.5立方米。

“春季清水攻坚行动”回头看。为进一步巩固总河（湖）长1号令工作成果，着力解决河湖黑臭水体、“四乱”及水环境脏乱现象，5—9月，宝坻区组织开展了“清水攻坚行动”回头看，全面加大水环境治理力度。共治理各类水环境问题1548处，清理水面漂浮物约66.3万平方米、插网363个、地笼744个，堤岸生活垃圾1.85万立方米、建筑垃圾3323立方米、工业废弃物13.5吨、非正规垃圾堆放点65处、垃圾池110个、旱厕211个、沟渠清淤2400立方米。

持续推进黑臭水体治理。2019年，宝坻区组织各街镇、园区开展了全域河湖黑臭水体排查，共发现黑臭水体70处，结合排查成果，制订了工作方案，并纳入2019—2020年度治理计划。截至2020年年底，全区70处黑臭水体已全部完成治理。

持续开展河湖“四乱”整治。宝坻区持续开展河湖“四乱”清理整治工作，组织各街镇对2019年264处台账问题点位进行了清查核实，共清查出“四乱”反弹问题4处，新发现问题3处，已全部完成治理。

【水务规划】 依据《天津市水务发展“十四五”规划》《天津市宝坻区国民经济和社会发展第十四个五年规划纲要》以及各相关专项规划，编制了《宝坻区水务发展“十四五”规划（2021—2025年）》（初稿），提出了“十四五”时期宝坻区水务发展的指导思想、总体思路、规划目标、主要建设任务及保障措施等。

按照宝坻区国土空间规划编制工作方案，5月委托天津市水利勘测设计院编制《宝坻区供水专项规划》和《宝坻区排水专项规划》，截至2020年年底正在修改中。

【水旱灾害防御】

1. 雨情

2020年汛期，宝坻区降水总量392.6毫米，较历年（1981—2010年）平均降水量395.1毫米偏少2.5毫米。全年汛期三次有效降雨过程分别发生在7月28日、8月12日和8月23日。其中8月23日夜间全区平均降水为暴雨，累计平均降水量为66.3毫米，最大降水量出现在牛道口镇，为119.6毫米。全年48次降水过程，全区平均无超过100毫米降水量。

2. 河道水情

汛期宝坻区一级河道来水量3.67亿立方米，其中青龙湾减河土门楼泄洪闸最大来量267立方米每秒、潮白河吴村闸最大来量231立方米每秒。区水务局提前开启扬水站和里自沽蓄水闸，降低一、二级河道和干支渠水位，为农田除涝和河道行洪腾出预留空间，汛期扬水站共开车11396台时，排水9929万立方米，里自沽蓄水闸下泄量1.99亿立方米、最大下泄流量448立方米每秒。

3. 防汛

2020年宝坻区抗旱防汛指挥部成员

政　　委：殷向杰　区委书记
总 指 挥：毛劲松　区长
副总指挥：刘程彦　常务副区长
　　　　　陈秀华　副区长
　　　　　陈忠杰　副区长、公安宝坻分局局长
　　　　　王　辉　副区长
　　　　　王志林　副区长（负责日常工作）
　　　　　王智东　副区长
　　　　　温华战　区武装部部长
　　　　　李继明　市北三河管理中心主任
　　　　　李立仁　区应急管理局局长
　　　　　闫秀余　区水务局局长
　　　　　刘德义　区气象局局长

区抗旱防汛指挥部办公室设在区应急管理局，承担指挥部日常工作，办公室主任由区应急管理局局长李立仁兼任，副主任由区应急管理局副局长刘孟军、区水务局副局长王金星担任。

提前谋划，完善预案。宝坻区水务局编制完成《蓄滞洪区运用和群众转移安置预案》和《宝坻区超标洪水分洪抠门破除及群众转移预案》，并上报和印发各相关单位及街镇，协助区防指办编制完成《宝坻区防汛抗旱预案》，及时发放蓄滞洪区群众转移安置明白卡。

人员、措施。进一步明确各处河道堤防、配

套泵站、城区排水泵点及蓄滞洪区分滞洪设施管理责任人、技术责任人职责，确保人员到位、责任到位、措施到位。

度汛工程建设。全面完成应急度汛及专项工程建设，对全区33座国有扬水站和所属闸涵进行维修维护，确保汛期发挥作用。

组建队伍落实物资。组建完成区级55人专业抢险队，成立防汛抢险专家组，落实19个品种区级专储防汛抗旱物资。

开展实战演练。6月23日，区水务局组织专业抢险队在蓟运河王善庄险段进行防汛抢险应急演练。7月1—3日水务局专业抢险队参加区防指组织的军地联合防汛抢险演习，并圆满完成演习任务。通过演练和演习达到了锤炼队伍，积累实战经验的目的，确保关键时刻抢险队伍拉得出、能作战、打得赢。

隐患排查整改。加大隐患排查力度，发现问题及时整改处置。同时，针对蓟运河沿线4处险工险段制定了一处一预案。

水情监测预报。加强同气象、应急部门沟通，第一时间掌握气候趋势和降雨预报信息。加强与上游北京、河北等地区的沟通联系，做好洪水预测预警预报，为指挥调度服务。

落实蓄滞洪区运用准备工作。编制完成《蓄滞洪区运用和群众转移安置预案》，落实指挥机构、抢险救生队伍及物资，做好分洪扒口的各项准备工作，落实蓄滞洪区围堤无堤段应急抢险措施；开展对蓄滞洪区相关街镇群众转移安置“明白卡”发放情况检查工作，督促街镇正确填写和及时发放到每村每户；调查转移群众是否知晓自己的转移路线和安置点位；对照预案组织林亭口镇邹庄子村群众转移安置进行演练，对发现存在的问题，指导整改。

科学调度。汛期城区排水工作人员全员上岗，按照雨情就是命令要求，随时巡视积水路段，开车排水，对积水严重区域，严格落实一处一预案。根据气象信息，调度部门适时发布指令，降低河道水位，为农村除涝、城区排水腾空河道，同时采取泵站联合运行的方式及时除涝；河道管理部门坚持巡视河道行洪、排涝状况，为调度部门提供可靠信息。

城乡排水措施。宝坻新城降雨前提前采取“一低两腾空”措施，四处易积水片区全部落实“一处一预案”。遇雨会同交通、交管、电力等部门，落实道路桥梁等防汛安全措施，确保排水顺畅和市民出行安全。统筹做好农村除涝工作，针对雨情及时安排各处泵站开车排沥，抢排农田积水。

4. 抗旱

2020年5月至7月初，宝坻区无明显有效降水，农业生产用水量剧增，全区一、二级河道和干支渠水位持续下降的紧急情况，区水务局积极采取应对措施，科学调配水源。协调上游北京、河北地区引调水源8400多万立方米；加大与市水务局沟通协调力度，争取到于桥水库水源3150万立方米向宝坻区补水。采取闸涵泵站联合调度的方式，积极向全区缺水地区引调水源，区水务局防汛抗旱服务站、河道所、排灌站、河道二所等相关科室200多名工作人员24小时值守，随时科学开启相关闸涵泵站联合调度，向区干支渠补水。并与街镇对接做好解释工作，让群众了解抗旱形势。同时，加强区内水源统一调度和管理，根据全区作物布局和需水要求，实行定向、定量，分区供水，确保全区农业生产的正常开展。

【农业供水与节水】 天津市宝坻区2020年高标准农业节水灌溉工程共涉及9个乡镇，2个乡镇为改善节水灌溉工程。其中高效节水灌溉工程涉及王卜庄镇、口东街道、方家庄镇和霍各庄镇，共铺设节水管道16.88千米。

【农田水利】 宝坻区2019年度高标准农田建设项目：包括泵站43座，机电井22眼，管道14.6千米，衬砌渠道26.9千米，清淤17.15千米，渠系建筑物214座，田间道路62.16千米，输变电线路5.52千米，变压器4台，总投资10415万元。

该工程于2019年7月1日开工，2020年9月30日完工。

【水土保持】

1. 水土保持监督管理

2020年，受疫情影响，宝坻区生产建设项目开工较晚。工程复工后，区水务局及时开展水土保持监督检查工作。采取随机抽查与专项检查相结合的形式对房地产开发、水利、输变电等140余项工业企业项目进行水土保持检查。对个别项目存在未批先建、水保措施不到位等违规行为，下达了整改通知书，限期整改，截至2020年年底已全部整改完成。

2. 实施2020年京津风沙源治理工程

2020年京津风沙源治理工程可行性研究报告、初步设计已于8月底通过市发展改革委、市水务局批复，工程投资513.05万元。建设内容包括水源工程47处，节水灌溉工程47处。截至2020年年底工程已完工。

【移民安置】 移民人口直补资金发放。2020年全区核定移民人口共计555人。截至年底已经完成年度直补资金发放工作，共计发放直补资金33.3万元。

尔王庄水库库区及移民安置区基础设施建设。2020年度批复宝坻区尔王庄水库库区及移民安置区基础设施项目，工程涉及8个村，建设内容包括路面硬化、铺设面包砖、拆除重建涵桥、新建公共厕所等，投资计划462.6万元。截至2020年年底工程已完工。

【工程建设】 2020年农村饮水提质增效工程。工程共涉及林亭口、黄庄、八门城、大钟、口东5个镇179个村。于2020年4月20日正式开工，新建加压泵站2座，铺设输水干管245千米，村内管网3392千米，入户54198户。截至2020年年底工程已全部完工并通水。

2020年农村生活污水处理设施建设工程。农村生活污水及旱厕改造项目分两年实施，工程概算投资15.5亿元。2020年计划完成口东、林亭口、黄庄、八门城等街镇148个村农村生活污水治理任务，实现规划保留村污水处理设施覆盖率达到100%。截至2020年年底已全部完工。

西环路水系连通综合治理工程。工程直接费8613万元，建设内容包括第一标段窝头河至潮左截渗沟水系连通及景观治理2.6千米，第二标段百里河至中关村大道（通唐路）水系连通及景观治理1.4千米、西环路东侧绿化带治理6.3千米。工程于2019年6月开工，截至2020年年底，第一标段（窝头河至潮左截渗沟）水系连通及景观治理工程已完成85%。第二标段（百里河至通唐路）水系连通及景观治理工程已完成70%；西环路东侧20米绿化带治理工程已完成95%。

宝坻新城水系综合治理工程。工程投资51700万元，建设内容为革命渠河道开挖景观提升、百里河河道开挖景观绿化提升、望月路渠河道开挖景观绿化提升、西护城河河道开挖景观绿化提升、西护城河引渠景观绿化提升、朝霞湖渠河道开挖景观绿化提升。建设五座水系景观公园包括：明德公园、了凡公园、钰松公园、朝霞公园、龙潭公园的水系景观提升综合治理。工程于2016年4月开工，截至2020年年底，一期项目已完成革命渠、百里河、西护城河、西护城河引渠开挖，景观绿化提升，园建主体施工等建设内容，完成合同任务的80%。二期项目已完成潮阳大道至广阳路、望月路至建设路、朝霞路至进京路以北河道开挖，景观绿化提升，完成合同任务的40%。两期项目共完成河道开挖12千米，种植各类乔灌木2.77万株、草化地被15.1万平方米，完成广场亲水平台8个、景桥主体4座。

宝坻区小套排干水系改线工程。工程投资1288.99万元，主要建设内容为新开挖主河道2.708千米、支渠0.772千米，共计3.48千米。同时对该区域现有1.25千米小套排干及1.234千米兰家洼二支进行回填，对区域内0.838千米潮白新河右截渗沟进行清淤。工程于2020年4月开工，截至2020年年底，潮白新河右截渗沟清淤和浆砌石护坡已全部完成，渠道开挖已完成2.6千米，原小套排干回填已全部完成，共完成工程总量的80%。

【供水工程建设与管理】

1. 供水建设

宝坻区2018年市政给水工程项目。完成安成街、朝霞路（南三路至建设路）、朝霞路（南城西路至北环西路）、威远街、云水街、云山街、朝霞路（北环西路至北外环）和次干路一（云山街至秦柳璐）8条道路给水配套工程，铺设管网长度7766米，投资额为685万元。工程于2018年11月14日开工，2020年11月25日完工。

宝坻区2018年新增市政给水工程。完成腾跃路、威远街、西城北路和吴苏路北延4条道路给水配套工程，铺设管网长度5300米，投资额为690万元。工程于2018年11月28日开工，2020年10月15日完工。

宝坻区2019年城区主要街道新增市政消火栓工程。完成苏北路、银练路和渔阳路等13条道路消火栓铺设工程，完成建设消火栓91个，投资额为450万元。工程于2020年7月5日开工，2020年12月12日完工。

宝坻区2019年老旧小区、老旧楼房给水改造工程。完成望都楼、荣府楼和引滦楼等10处老旧小区给水改造工程，改造管网长度4400米，投资额为577万元。工程于2020年7月1日开工，2020年12月4日完工。

宝坻高铁片区还迁小区临时配套给水工程。完成津围路、钰华街、丰三道和丰四道4条道路给水配套工程，铺设长度5193米，投资额为338万元。工程于2020年6月1日开工，2020年7月31日完工。

2. 供水保障

供水单位水质抽检。按供水规范化考核要求，每月联合启衡（天津）检测科技有限公司对辖区内泉州水务、东山水厂的“水源水9项、出厂水9项、管网水7项、出厂水106项”进行水质抽样检测，2020年出具122份水质检测报告，各项指标均符合饮用水标准，基本做到辖区内小区全覆盖。

村镇供水水质抽检及自检工作。根据天津市水文水资源管理中心要求，制订2020年村镇供水水质抽检计划，抽检管网延伸村51个点位；对辖区内58个地下水村进行水质抽样检查，饮水水质均达标。

3. 二次供水

全区共有149个二次供水设施，其中小区的114个（变频调速供水方式的87个，叠压供水方式的27个）；公建的35个（变频调速供水方式的26个，叠压供水方式的9个）。

2020年，宝坻区水务局在保证二次供水设施正常供水的情况下，加强疫情期间的防控管理。截至2020年年底，所有二次供水设施运行平稳、水质安全。经“线下”排查宾馆、学校、医院二次供水设施共计10次，发现问题3处，下发限期整改通知3份。截至2020年年底已全部整改完成。

按《天津市城市二次供水设施清洗消毒管理规定》，二次供水水箱至少每半年进行一次清洗消毒，2020年度共出具《天津市二次供水设施清洗消毒证明》211份。水质均符合《生活饮用水卫生标准》。

2020年天津市水文水资源管理中心委托天津滨水检测技术有限公司抽检辖区的5处二次供水居民小区现已全部完成。宝坻区水务局制定计划对宝坻区100个二次供水点位进行不定期抽检。2020年抽检水样100个，水质均符合《生活饮用水卫生标准》。

【排水工程建设与管理】

1. 城区汛期排水

宝坻新城城区现有雨水管道78.217千米，污水管道71.024千米，雨污合流管道74.417千米，现有7座排水泵站，总排水能力10.232立方米每秒。根据2020年度汛工程安排，对管理范围内的5640座雨污检查井、6629座雨水收水井进行集中清掏；机械疏通淤积严重的排水管网8.9千米，确保管网的日常安全运行和汛期强降雨后的积水迅速排出。

2. 管网日常维护管理

安排专职人员进行日常巡查，主干道每天巡查、次干道两天巡查一次、支路每周巡查一次，特殊情况加大巡查力度；汛前对城区泵站管网设施进行全面清查，对存在问题的管网进行清掏和疏通；针对市民来电、信访件等涉及城区排水、排污管网维修维护的处理，设立24小时维修电话，并安排应急人员加强值班，对来电反映的问题及时进行安排处置。

截至2020年年底，维修维护检查井240处、更换222处；收水井维修427处、更换593处；排水管网疏通清掏419处；乱泼乱倒整治39处次。

【科技教育】

1. 科技

宝坻区2020年土壤污染防治——加强灌溉水水质监测根据《天津市宝坻区土壤污染防治——加强灌溉水水质管理实施方案》和2019年《天津市水务局关于抓紧开展土壤污染防治加强灌溉水水质管理工作的通知》要求，宝坻区水务局编制完成了全年的检测计划，并且完成了对应的检测任务。

灌溉水利用系数测算工作。按照《天津市水务局关于2020年天津市农田灌溉水有效利用系数测算分析实施方案的批复》，2020年继续开展此项工作，其中田间试验部分是该项工作中最基础的一部分，直接决定天津市农田灌溉水有效利用系数的准确性。此项工作涉及宝坻区8个街镇12个村59个典型田块，其中41个田块进行小麦玉米田间净水量试验，12个田块内利用水尺开展水稻田间净水量试验，6个田块内开展蔬菜田间净水量试验。截至2020年年底完成典型田块信息上图工作；填报农业用水量与灌溉水效率信息管理平台下发灌溉用水量、净灌溉用水量工作和样点灌区的室内工作佐证材料编制成册工作。

2. 教育

干部职工的法律知识培训。组织全局科级以上领导干部网上学法用法考试工作，确定专人负责考务工作，及时督促单位领导干部网上学法考法，27名领导干部全部报名参加网上学法用法，并通过考试。

强化全社会水法制意识。在“世界水日”“中国水周”活动期间，积极响应市水务局和区依法治区领导小组的号召，开展了内容丰富、形式多样的普法宣传活动，向全局干部职工及社会大众宣传水法律法规。共组织普法宣传2次，悬挂宣传标语2幅、设置宣传展牌32块，张贴宣传画4张，出动宣传车4台，发放主题宣传资料380份，宣传纪念品1600余份，利用微信公众号宣传4次，通过微信朋友圈、微信群向全区市民发放“宝坻区世界水日、中国水周节约用水倡议书”，引领社会形成珍惜水、节约水和爱护水的良好风尚。

【水政监察】 落实“双随机一公开”制度。全年共查处水事违法案件9起，结案1起，罚款人民币2万元。其余均在走法律程序。宝坻区水务局对所查处的各类水事违法案件，严格依据法律条文进行处理，坚决做到证据充分，程序合法，对水行政执法行为的每项活动进行相应记录，实现全过程留痕和可回溯管理，促进行水政执法公开透明、合法规范。

完善天津市行政执法监督平台更新。对平台实行专人管理，水事违法案件及时归集、录入，确保相关资料和数据的及时、准确。截至2020年年底共录入执法检查信息283条。

“互联网+监管”系统工作平台。2020年认领监管事项25条，并进一步完善监管事项梳理及实施清单填写工作。完成天津市政务一网通权力运行与监管绩效系统分发工作126条。

完成2020年执法证的注册考核工作。组织96人完成审验注册，截至2020年12月底区水务局共有持执法证人员96人，均经过法律知识培训，考核合格后持证上岗，并按照权责清单界定的执法权限开展执法活动。

【工程管理】

1. 河道、堤防、水闸运行管理

落实一级河道、涵闸等水利工程设施的两级巡视巡查要求，对任务的下达、巡查的范围及内容、责任的追究都进行详细规范，对问题的发现及处置流程进行了明确和规范，确保河道巡视巡查的终端落实。

二级河道巡查分为城区巡河组，城外巡河组和王卜庄管理段巡河组，城区河道全天候巡查，城外河道是每周至少一次；巡查内容以水质变化，水面漂浮物，堤岸垃圾，有无排污，阻水坝挡渔具，乱占乱建等现象为主。

天津市宝坻区水利工程建设管理中心被天津市水利学会授予2019年度水利工程优质奖。

2. 设施维护

度汛工程。对宝坻区33座扬水站、10个管理段、新城城区7座泵站机电、土建和金结设备进行了针对性维修维护工作。

扬水站机电设备预防性试验。对全区33座扬水站、10个管理段、7座城区泵站进行了预防性试验，检查检测出机电设备不合格项目全部进行处理，确保33座扬水站及7座城区泵站电气设备安全可靠，保证汛期扬水站全部能够正常开车，为全区抗旱排涝提供有效地保障。

城区排水设施日常维修维护。加强城区排水管网日常维护维修、排水管网、泵站维修维护，有效地解决了城区管网的淤积、跑冒漏现象，为城区顺利排水提供了可靠保障。

【河（湖）长制】

1. 机构设置

宝坻区河（湖）长制工作领导小组由区委书记担任组长，区长担任常务副组长。区、街镇分别设立总河（湖）长、河（湖）长，行政村设立村级河（湖）长。区级总河（湖）长由区委书记、区长担任，5名区级河（湖）长由副区长担任；53名（华泰建业、东旺投资、潮南工贸、九园工贸）街镇级总河（湖）长由街镇党工委、党委书记、主任、镇长担任（包括华泰建业、东旺投资、潮南工贸、九园工贸），176名街镇级河（湖）长由街镇及园区行政负责人担任；711名村级河（湖）长由行政村主要负责人担任。

面向全区推行了“民间河长”机制，向社会各界招聘了“民间河（湖）长”89名，均由宝坻区口碑好、威信高、熟悉河湖的热心公益人士担任，形成了“民间河（湖）长”与“党政河长”互补衔接，并参与到宝坻区河（湖）长制管理，不断推动宝坻区河（湖）长制公众参与和监督机制向纵深发展。

2. 河道管理

2020年，为推动河（湖）长制各项工作落到实处，宝坻区河长办安排督导组，每天下沉至基层，开展水环境督查巡查，对检查发现的问题，及时反馈有关单位，督促问题整改。5—9月，区河（湖）长办结合区融媒体中心，在宝坻电视台开辟了《第一现场——清水行动》专栏，每周对水环境问题进行专题曝光。同时对工作推动有力，招法创新，效果明显的街镇、园区在节目中予以通报表扬，有效推动了全区水环境问题的整治。

3. 宣传培训

为增强河（湖）长履职能力，提高社会公众环境保护意识，宝坻区河长办组织对各级河（湖）长培训940人，更新更换河长公示牌6353块，印制发放到企业、学校、农村宣传手册20000余份，宣传挂图2400余份。8月，宝坻区各街镇充分利用村居大喇叭，开展了“全民参与、人人动手、共建美丽新宝坻”宣传活动。

区河长办与区检察院合作，建立了宝坻区“河长+检察长”工作平台，定期召开会议，构建信息共享、线索移交、联合督办等工作机制，搭建了协同推进河（湖）长制工作新格局。

4. 监督考核

宝坻区河长办重新修订了《宝坻区河（湖）长制考核办法实施细则》《宝坻区河（湖）长制工作责任追究暂行办法》，加大对各级河（湖）长的监督考核。2020年以来，区个别河（湖）长因履职不到位，被区河（湖）长办通报批评镇级总河（湖）长7名、镇级河（湖）长3名、村级河（湖）长8名。区级河（湖）长约谈镇级总河（湖）长5名。

5. “优秀河长　最美河湖”评优

强化各级河（湖）长履职尽责，加大宣传河湖保护先进典型，打造一批可复制、可推广示范案例，宝坻区开展了“优秀河长 最美河湖”评选活动，评选出6名“优秀河长”，分别为镇级河（湖）长大口屯镇韩凤香，村级河长牛家牌镇赵家湾村董永忠、八门城镇五道沽村刘志永、钰华街道辛务屯村唐连江、周良街道田邢庄村王学兰、八门城镇欢喜庄村刘学亮，并对“优秀河长”的先进经验做法进行了宣传推广，力争让每条河湖都成为造福人民的幸福河湖。2020年，宝坻区潮白新河在全市评选为“最美河湖”。

【水务改革】

1. 农业水价综合改革

宝坻区水务局配合区发展改革委对全区各镇街农业水价综合改革进展情况进行调研，对2019年年底四部门印发的水价改革文件进行讲解，针对镇街提出的改革中存在的问题进行了一一答复，截至2020年年底，所有街镇台账已经全部建立，共发放精准补贴资金126万元，此项工作已经全部完成。

2. 机关事业单位改革工作

2020年，宝坻区水务局完成了《宝坻区水务局职能配置、内设机构和人员编制规定》（“三定”方案）的补充工作。按照改革要求，整合天津市宝坻区防汛抗旱服务站、天津市宝坻区排灌站、天津市宝坻区排水监测站、天津市宝坻区河道所、天津市宝坻区河道二所5个事业单位，组建天津市宝坻区河长制事务中心，公益一类科级单位，编制252人，实际人数252人；整合天津市宝坻区地下水资源中心、天津市宝坻区农业供水站2个事业单位，组建天津市宝坻区水文资源服务站，公益一类科级单位，编制158人，实际人数158人；整合天津市宝坻区水利工程建设管理中心（宝坻区里自沽灌区管理处）、天津市宝坻区水务物资供应站、天津市宝坻区水利科技推广中心3个事业单位，组建天津市宝坻区水利工程服务中心，公益一类科级单位，编制93人，实际人数96人；整合后均为财政补助事业单位；3家所属从事公益服务事业单位已按规定及时办理变更登记手续；原下属事业单位法人证书注销手续正在有序进行中。

【水务经济】 水利、财政、税务等部门安排布置的重点工作。完成水利部地方水利财务信息统计报告工作；编报完成财政局布置的2019年行政事业单位国有资产年度报告；每月编报完成2019年度行政事业单位国有资产月报告；在财政部资产系统上完成2019年度公共基础设施等行政事业性国有资产报告工作；完成财政局布置的行政事业单位债务及无债务资金网上申报工作；完成行政事业单位清理资金及结余资金上缴工作；完成国税局布置的企、事业单位2019年度企业所得税汇算清缴工作、个人所得税汇算清缴工作；完成《“小金库”问题专项治理自查自纠情况统计报告工作》；完成区财政局、区审计局、区人民政府国有资产监督管理委员会联合开展的资金资产全面清查工作。完成2020年度水利部水利专项资金网上填报工作。

工资、保险等调整工作。年初完成职工养老保险基数核定调整工作；完成2019年带薪休假核算及发放工作；完成2020年度职工住房公积金及补充公积金的调整及补缴工作。

【精神文明建设】

1. 党建工作

（1）政治理论学习和教育培训。

2020年上半年安排区水务局领导班子集中学

习《习近平谈治国理政》中相关内容，并组织开展了以“加强生态文明建设”为主题的交流研讨活动；组织党员干部认真学习习近平新时代中国特色社会主义思想和党的十九大，十九届二中、三中、四中、五中全会精神，深入学习习近平关于脱贫攻坚和疫情防控系列讲话，学习党史、新中国史、改革开放史和社会主义发展史，开展“党内法规集中学习月”活动，组织党员干部认真学习《中国共产党党和国家机关基层组织工作条例》和《中国共产党支部工作条例》并开展交流研讨活动，不断提高党员对党内法规的思想认识。

认真落实“三会一课”制度，突出政治学习和教育，突出党性锻炼。积极探索理论学习新路径，引导广大党员干部不忘初心、不懈奋斗、砥砺前行；以“回望抗疫历程，凝聚奋进历程”为主题，组织召开“七一”座谈会，认真学习黄国清等 8 名同志在抗击疫情期间的先进事迹，引导党员干部进一步强化党性修养，坚守初心使命、主动担当作为；组织党员参观“人民至上——天津市抗击新冠肺炎疫情纪实展”，充分感受全市上下顽强奋战、众志成城的伟大精神。组织观看纪念中国人民志愿军抗美援朝出国作战 70 周年大会，深入学习中国人民志愿军的英雄事迹和革命精神，牢记初心使命，增强工作本领；组织观看公益专题片《战“疫”一线党旗红》，进一步振奋精神、坚定责任、苦干实干，提高了党员政治自觉。

认真组织开展基层党务工作者培训会，对发展党员相关流程、注意事项和党支部委员会换届相关事宜进行讲解，进一步加强了全局基层党组织建设和党员队伍建设，不断提升了全局党务工作者业务素质和能力水平。进一步加强党性教育，开展“党课开讲啦”活动，真正做到了把党课讲好，巩固“不忘初心、牢记使命”主题教育成果。

（2）推动决策部署。

开展党组织日常工作。2020 年共发展党员 5 名；开展了 2020 年以来党建工作互查互看互评活动，利用 1 天半的时间，分三批组织 17 个党支部开展党建工作互查互看互评活动，对所有党支部 2020 年以来党建工作相关内容进行逐一检查、评分、总结问题。不仅在全局选树了有较强示范辐射和带动作用的基层党建工作典型，还理清各支部做好基层党建工作的思路，找准自身存在的盲区和不足，明确各自努力的方向，为全局基层党建工作上水平、上层次提供有力保证。同时开展水务局基层党建示范点创建工作，最终评选自来水党支部为水务局基层党建示范点。

推进党的组织建设。2020 年宝坻区水务局共有 18 个党组织需进行换届选举，其中水务局机关和排灌站各党组织均按时完成了换届选举工作；因水务局所属事业单位改革，新成立了河长制事务中心党委、水文资源服务站党支部、水利工程服务中心党支部、河长制事务中心机关第二党支部，并对相应党支部进行了撤销。

2. 宣传工作

加强党管意识形态工作。建立健全意识形态工作责任体系，按照谁主管谁负责原则，成立意识形态工作领导小组，切实加强对全局意识形态工作的领导。把意识形态纳入党委会议、全面从严治党的重要内容，牢牢掌握意识形态的领导权和主动权。认真落实党委班子成员“一岗双责”，班子成员通过带头开展谈心谈话、基层调研、上党课等多种方式，密切关注党员干部的思想状况，提高新形势下做好意识形态工作的准确性和全面性，保持意识形态的政治性和时代性，切实做到守土有责、守土负责、守土尽责。

完善党委中心组学习制度，以习近平新时代中国特色社会主义思想、习近平重要讲话、重要会议精神等为主要内容，制订了《2020 年水务局党委中心组学习计划》，截至 2020 年年底，组织党委理论学习中心组开展多种形式理论学习 32 次，领导班子完成调研报告 9 篇，学习心得 37 篇。

充分运用“学习强国”学习平台，分组管理、全员纳入，确保全体党员在学习平台基本处于活跃状态，让学习平台真正成为广大党员群众的“学习之家”；依托“三会一课”抓好党员集体学习，并为干部职工开展自学创造便利条件。

强化阵地管理，对微信公众号、微信群、电子显示屏、宣传展板等载体进行管理，及时宣传党和国家各项重大决策部署，深入解读十九大精神实质、目标任务和深刻内涵，广泛开展中国特色社会主义和中华民族伟大复兴中国梦的宣传教育，调动干部职工的积极性和凝聚力，营造风清气正、健康向上的意识形态良好氛围。进一步加强党务政务信息公开、舆情分析、保密管理、信息发布等基础性工作。依托党务、政务信息公开网，宣传栏等形式，及时公开本单位重大决策、重要人事任免、财务预决算等相关信息。

【队伍建设】

1. 局领导班子

党委书记：闫秀余

党委副书记：崔连旺

党委委员：郭宝立　王金星　王瑞文　胡 宇
　　　　　褚学江（7月免）

局　　长：闫秀余

副 局 长：崔连旺　郭宝立　王金星
　　　　　褚学江（7月免）

工会主席：王瑞文

二级调研员：李存宝（1月任）

三级调研员：褚学江（7月任）

四级调研员：胡　宇　刘福军　汪　波

局机关设7个科室：行政办公室（加挂网络安全和信息化办公室）、政工科、财审科、政策法规科、建设与管理科、水资源管理科（加挂河湖保护科）、水土保持科（加挂区移民工作办公室）。

基层单位共3个：天津市宝坻区河长制事务中心；天津市宝坻区水文资源服务站；天津市宝坻区水利工程服务中心。

2. 人员结构

2020年，宝坻区水务系统在职干部职工538人（调入6人，调出2人，退休38人），机关职工32人，基层单位506人。其中机关正处级干部2人，副处级干部8人，科级干部11人，科员6人，工勤5人；基层单位正科级干部10人，副科级干部23人，科员138人，工人335人。全局共有党员367人。

按学历分：研究生3人、本科159人、专科154人、中专27人、高中及以下195人。按职称分：高级职称（高级工程师）8人、中级职称36人，初级职称（助理工程师）55人；按年龄分：35岁及以下92人、36~45岁144人、46~54岁177人，55岁及以上125人。离休干部4人，退休干部181人。

3. 人事工作

选人用人工作。完成科级干部任免2名；平职交流公务员2名，比选1名，遴选1名；完成公务员信息采集工作；完成3名公务员职级并行工作；完成公务员转正2名，3名三支一扶人员期满安置工作；按照改革要求，完成3家事业单位领导班子民主推荐工作，选出正科级领导职务3名，副科级领导职务10名。

职称评定工作。政工类：完成了《宝坻区水务局政工专业人员花名册》填写上报工作；完成了拟申报政工专业技术职称人员合同更改工作。全局政工师21人。工人技术等级类：组织了全局共计37名工勤人员报考技术等级，全部通过。

4. 先进集体

天津市宝坻区自来水管理所被中共天津市宝坻区委员会授予“宝坻区先进基层党组织”荣誉称号。

5. 先进个人

闫秀余被天津市总工会授予“天津市担当作为先进典型市级五一劳动奖章”荣誉称号。

胡宇被中共天津市宝坻区委员会授予“宝坻区优秀共产党员”奖章。

孔宪龙被宝坻区总工会授予“2020年抗击新冠疫情宝坻区五一劳动奖章”荣誉称号。

于学军被宝坻区妇女联合会授予宝坻区“三八红旗手”荣誉称号。

钱翠杰被宝坻区文明办授予2020年“宝坻区

优秀志愿者”荣誉称号。

刘宁宁被中共天津市宝坻区委组织部记三等功。

王瑞文、刘彬、蒋虎被中共天津市宝坻区委组织部授予嘉奖。

【疫情防控】 面对形势严峻的新型冠状病毒感染肺炎疫情，区水务局积极按照区委、区政府的工作部署，组织全局党员干部认真学习贯彻落实习近平总书记关于疫情防控工作的重要指示批示精神和市委下发的《关于在新型冠状病毒感染的肺炎疫情防控中充分发挥基层党组织战斗堡垒作用和共产党员先锋模范作用的通知》；成立绿色家园社区临时党支部等19个临时党支部，充分发挥战斗堡垒作用，组织党员干部亮身份做表率，全力投入到疫情防控工作第一线。

构建网格化防控体系。全面落实水务局内部防控措施，按要求对全局职工逐人逐日进行体温测量登记，对与确诊病例接触情况进行摸排上报，并安排落实隔离措施，做到反应快、信息准、措施实。

落实防控物资。针对疫情形势，筹措防控物资，保证疫情防控需要。累计筹集口罩4万余只、酒精77升、消毒液10桶。在疫情防控的关键时期，向水务局帮扶的林亭口镇黄家庄、糙甸两个村捐助口罩1100个，并捐助每村3万元用于购买蔬菜等日常生活用品。

强化重点部位管理。全面加强城乡供水管理，安排泉州、东山、天宝三个水厂实行封闭式管理，人员实行轮班模式，同时安排常驻管网抢修维修人员。针对区人民医院、中医院重点部门，成立专门服务保障小组，做好供水保障。加强二次供水管理，组织对各处公共机构和小区开展了二次供水设施自查和问题整改。通过供水安全联络群，每天了解农村供水情况，及时协调解决群众反映的供水问题。

积极参加社区防控和企业复工督导工作。按照区委、区政府的要求，区水务局党员干部职工踊跃参加社区防控和企业复工督导工作，构建了联防联控的防控体系。局领导带头在防控一线执勤，党员干部职工舍小家顾大家，克服困难坚守防控一线。疫情防控关键时期全局共有329名干部职工坚守在小区防控、道路卡口和企业复工督导一线。

（于兰凤）

宁河区水务局

【概述】 2020年，宁河区水务局在区委区政府的坚强领导下，以习近平新时代中国特色社会主义思想为指导，深入学习贯彻党的十九大精神，坚持走生态优先，绿色发展之路，不断完善水务基础设施建设，强化水资源管理，积极组织防汛抗旱，加强水土保持治理，全面推行河长制工作，为全区经济社会发展提供坚实的水务支撑。

【水资源开发利用】

1\. 地表水

截至2020年12月底，境内各河道蓄水量12000万立方米，其中一级河道9500万立方米，二级河道800万立方米，深渠900万立方米，坑塘800万立方米，基本可以满足来年农业生产需求。

2\. 地下水

宁河区2020年度地下水开采量为4022.1619万立方米，其中工业生产（不包含市管户）开采量为677.8840万立方米，市管户开采量为133.07万立方米，城镇生活开采量为371.1万立方米，农村生活开采量为1301.721万立方米，农村灌溉开采量为1538.3869万立方米。

【水资源节约与保护】

1\. 地下水资源管理

实行最严格地下水资源管理制度。严格执行地下水禁、限采区管理。禁止工农业生产及服务业新增取用地下水，严格执行取水许可总量控制。

公共供水管网覆盖范围内的地下水用户一律全部停止使用地下水。严格地下水取水许可审批，强化建设项目取水水资源论证制度，对不合理用水需求实行一票否决制。

加强对地下水取用水户的管理工作。严格计量设施安装，水表计量率为100%。加强日常巡查力度，确保计量设施正常运行。利用宁河区地下水水量实时监控与管理系统，对区内重点企事业单位机井开采量实时监控。为保障计量设施稳定运行，每年委托专门服务队伍对监控系统及远传计量设施进行巡检与维护。

地下水资源税征收核定水量工作。严格按照《天津市水资源税征收水量核定工作办法》足额征收地下水资源税。2020年水资源税入库税款3818.93万元。

加强地下水位监测。2020年新建地下水位监测井5眼，补充宁河区地下水位自动监测站网，截至2020年12月底全区共有地下水位监测井66眼。通过“天津地下水位考核及预警应用系统”实时查询监测井水位数值、变换趋势及水位异常情况。配备专职人员对监测井进行日常巡查，保障自动监测设施正常运行。2020年5月、9月分别对宁河境内及周边区域内106眼主要地下水开采层组机井进行静水位埋深统测工作，为研究宁河区地下水动态提供充足的科学依据。2020年共开展2次监测井水质检测工作，进行水质分析14份。2020年度完成报废机井回填3眼。

2. 控沉管理

加强控制地面沉降管理工作，对区内100多个地面沉降水准监测设施进行定期巡查，防止水准点位遭到破坏，并对丢失及破坏的设施及时进行拍照取证，及时上报，及时维修；利用“世界水日”“中国水周”等契机，通过悬挂控沉宣传横幅、展示控沉宣传展牌、发放宣传手册、购物袋及小饰品等方式，向广大群众宣传地面沉降的成因、危害及防治措施。提高了公众对地面沉降的认识；2020年宁河区控制地面沉降领导小组办公室多次组织各镇、街、园区开展严厉打击盗采地下水行为专项行动，极大遏制了地下水盗采。依照《天津市宁河区地面沉降治理工作实施方案（2018—2020年）》要求，坚持统筹规划、突出重点、综合治理，大力实施水源转换工程，切实治理地下水超采。通过方案实施，有效减少地下水开采，使地面沉降速率逐年减小，地面沉降形势趋于好转，使地面沉降得到初步有效控制。

地下水压采。通过实施大北、七里海镇片区与潮白河以西片区水源转换工程，逐步减少地下水开采。2020年完成地下水压采量690万立方米，其中企事业压采水量280万立方米，生活用水压采水量410万立方米，超额完成全年压采任务。

加强基坑降水管理工作。严格建设项目基坑疏干抽排地下水取水许可与计量管理。严格执行对开挖深度超5米的建设项目基坑实行地面沉降防治措施备案制度。加强基坑巡查，规范疏干抽排地下水行为。将基坑降水作为特殊用水纳入水资源税核量工作。2020年完成建设项目基坑疏干抽排地下水办理取水许可证8件。

3. 节水管理

2020年，完成了391家计划用水核定工作，建立了计划用水单位节水统计台账；开展了30余家单位水平衡测试工作；在对各计划用水单位计划用水指标申报情况认真审核的基础上，编制下达了2020年度用水计划指标。同时，依据《水法》实行用水总量控制和定额管理的规定，严格按照相关用水定额按季度开展了计划用水单位用水计划考核工作。10月，由市水文水资源管理中心等单位有关专家组成的评审组对2020年申报的区财政局、区芦台镇第二小学、区芦台镇第五小学、区发展和改革委员会、区人民法院、区妇女联合会、天津市规划和自然资源局宁河分局、区林业局、区第三幼儿园、区第四幼儿园、区第五幼儿园、区第六幼儿园、区体育局、区总工会、区住房和建设委员会15家单位，金桥小区1个居民小区创建节水型单位、小区进行了评审。在查看现场、审阅资料、座谈问询等环节后，专家组一致认为15家单位和1个小区符合验收标准，通过创建验收。市水务局组织行业内资深专家组成专家组，召开2020年度水务行业节水机关建设验收会，对已提出验收申请的宁河区水务局、蓟州区水务局、津南区水务局、宝坻区水务局进行材料验收及现场验收。截至12月底，4区水务局完成节水机关建设，并通过验收。

宁河区节约用水办公室联合区机关事务管理局组织全区各行政机关全方位、多角度地开展节水宣传活动。在办公区域的显著地带悬挂节水横幅、张贴节水海报、标牌，倡导机关用水“开小用水量，缩短用水时间，随手关闭水龙头，做到人走水停”，并且为全区各行政机关发放节约用水标牌共计1400个。同时号召干部职工通过微信群、朋友圈等媒体积极转发节水知识、宣传海报，带动家人、亲友参与到节水行动中来，形成“坚持节水优先，人人参与节水”的良好氛围。

4. 落实最严格的水资源管理制度

根据《天津市实施最严格水资源管理制度考核细则》《宁河区实行最严格水资源管理制度控制指标2016—2020年度指标分解表》的要求，2020年，宁河区围绕“三条红线”指标任务，全面落实水资源管理工作，完成最严格水资源管理制度建设，逐步完善水资源管理指标控制体系、水资源管理责任与考核制度，用水总量2.5543亿立方米，万元工业增加值取水量控制在每万元12立方米以内，万元国内生产总值取水量较上年度有所下降（农业灌溉、河湖生态用水约2亿立方米，工业用水减少）、节水灌溉工程面积率超过89%、重要江河湖泊水功能区水质达标控制目标33.33%控制各项措施的落实，较好地完成了年度工作任务。

【水生态环境建设】 宁河区将七里海湿地生态水量保障工作纳入重要工作议程，依托河长制工作平台，全力打造具有宁河特色的“湿地水乡”。七里海管委会定期对湿地进行现场检查，严格落实日常水位观测并做好记录。根据芦苇生长和鸟类栖息对水位的要求，及时与水务部门联系，适时提出调水申请，科学实施水量调蓄。同时将七里海西海生态水量保障目标落实情况纳入河长制年度考核，强化考核监督，确保七里海湿地生态水量保障工作达到目标要求。通过潮白新河乐善、苗庄、杨花橡胶坝等蓄水工程建设提升了宁河区存蓄水能力3000万立方米以上，有效地缓解了农业用水紧缺问题，并且通过曾口河、青污渠、青龙湾故道等44.32千米河道清淤疏浚，解决了河道存在的堵塞、过流能力等问题，进一步完善了全区水系连通格局的构建，盘活了永定新河、潮白新河、蓟运河、还乡新河、北京排污河5条一级河道间的有效连通，实现了东西部水源科学有效的调配。

2020年，区水务局持续加大水环境整治力度，扎实推动“河（湖）长制”工作落到实处，在全区范围集中开展以“全力推进黑臭水体治理、消除脏乱，全面提升水环境面貌、清查‘四乱’问题，巩固河湖‘清四乱’成果”为重点的“清河行动”，排查的1247处水环境问题全部整改到位。组织有关成员单位，成立6个联合督查组在全区范围内开展河湖水生态环境联合督查行动，督查发现问题25处，各责任单位做到立知立改。

【水务规划】 按照《市水务局关于报送“十四五”期间水系连通工程计划安排的通知》要求，宁河区对近三年水系连通工程实施情况进行了总结评估，依据项目实施的可行性及对上下游地区的影响，区水务局委托天津市水务规划勘测设计有限公司对《天津市宁河区水系连通规划》进行修编，调整了规划部分实施内容。2020年11月，完成《天津市宁河区水系连通规划》修编，并通过了专家评审。

在总结宁河区“十三五”时期水务发展的主要成就、现状存在的主要问题和当前面临形势等相关基础之上，依据《天津市水务发展“十四五”规划》《天津市宁河区国民经济和社会发展第十四个五年规划纲要》以及各相关专项规划，区水务局组织编制了《宁河区水务发展“十四五”规划（2021—2025年）》，提出了“十四五”时期宁河区水务发展的指导思想、总体思路、规划目标、主要建设任务及保障措施等，明确了水务工作的发展目标和任务，为未来五年内指导宁河区水务建设和经济发展提供重要的技术支撑。2020 年 12 月，完成《宁河区水务发展“十四五”规划（2021—2025 年）》初稿编制，并在征求各相关部门意见。

【水旱灾害防御】

1. 雨情、汛情

2020 年 6 月 15 日到 9 月 15 日汛期，宁河区气象站观测雨量为 398. 8 毫米，比常年同期减少约 3 成。汛期主要出现两次强降雨，均因应对及时，取得阶段性成效。8 月 1 日宁河区出现强降雨天气，平均降雨 29 毫米，最大降雨出现在芦台城区 60. 5 毫米；8 月 12 日第二次强降雨平均降雨 18. 9 毫米，最大降雨出现在芦台城区 50. 7 毫米。受前期降雨较少影响，农田没有发生沥涝。区水务局按照气象部门信息，提前做好部署，启动东扬泵站、西扬泵站、赵庄泵站、金翠路雨水泵站降低管网水位，并在商业道与朝阳路交口处、金翠路与华翠路、鸿雁楼、银河花园小区架设临时移动排水泵车。宁河区水务局提前做好抢险准备，城区各主要路段未出现雨后积水情况。

2. 宁河区防汛抗旱指挥部

指　挥：单泽峰　区委副书记、区长

副指挥：惠　冰　区委常委、常务副区长

李胜华　区委常委、区人武部部长

陆　盈　副区长（负责日常工作）

李文军　区政协副主席

庄振江　区人民政府办公室副主任

区应急管理局局长

李贺喜　区水务局局长

成员单位：区人武部、区委宣传部、区发改委、区教育局、区工信局、公安宁河分局、区财政局、区规划和自然资源分局、区生态环境局、区住建委、区城管委、区交通局、区水务局、区农业农村委、区商务局、区文旅局、区卫健委、区应急管理局、区国资委、区人防办、区供销社、区气象局、经济开发区管委会、贸易开发区管委会、现代产业区管委会、宁河供电公司、北京清河农场生产处、唐山市汉沽管理区水务局、唐山市芦台经济开发区管委会水务电力局。

区防汛抗旱指挥部下设办公室，指挥部办公室设在区应急管理局，负责承担日常工作。办公室主任由区应急管理局局长庄振江兼任。

宁河区水务局防汛抗旱指挥部成员：

指挥员：李贺喜

副指挥：张洪旺　韩长金　王子宽　李瑞杰

李昌海　丁克滨

成　员：办公室、水旱灾害防御科、规划与建设管理科、水资源科、河湖保护科、河道管理所、排灌管理站、建管中心、后勤服务站、水利管理站、地资所、机井服务站、培训中心、康达环保水务有限公司、首创供水有限公司主要负责人。

3. 防汛

防汛安全检查。4 月底，宁河区防办组织河道管理所技术人员分别对行洪河道上的闸站、穿堤建筑物进行了逐一检查，对工程现状进行调查、登记、拍照，重点对一级河道的穿堤建筑物进行普查、分类，并针对检查出的问题制定落实了度汛措施。同时，加强对《防洪法》《河道管理条例》的宣传力度，宁河区防汛抗旱指挥部协同区水务局开展了防汛宣传活动，通过向群众发放市民防汛知识宣传画册、手电等，加大宣传防汛常识、提高全民的防洪意识。

完善防汛预案。结合宁河区实际情况，区水务局修订完善 2020 年《行洪河道防抢预案》《蓄滞洪区运用及群众转移预案》《宁河城区排水预案》等，强化应急处置能力。

落实防汛物资。2020 年购买防汛物资资金 100 万元，水利专储物资有木桩 800 根、6 米钢管 600 根、土工布 9600 平方米、水利专储编织袋 25 万条、片石 2430 立方米、救生衣 300 件、发电机 3 台、临时排水泵 20 台套，移动泵车 4 台套。

组建防汛应急抢险队伍。区水务局组建了40人的宁河区防汛机动抢险队，按照技术特长分为堤防闸涵抢险队和物资机械装卸队两个专业小队。2020年6月18日，区水务局防汛机动抢险队在宁河区蓟运河右堤进行了抢搭子埝、玻璃钢应急挡板筑堤科目防汛抢险实战演习，检验了区水务局防汛机动抢险队的可操作性，增强抗洪抢险救灾综合能力，提高防汛机动抢险队的防汛意识，为宁河区经济社会可持续发展提供最有效的防汛安全保障。

加强应急处置。汛前区水务局、芦台镇及市政等部门把区内扬水站维修养护、正常运行作为防汛工作的重点，当预报有较强降雨时，董庄扬水站提前开车，排空深渠积水，尽最大努力保证城区降大雨时不受淹泡。同时，严格管理和监督，防止企业借机排污。

蓄滞洪区管理。区水务局对黄庄洼、盛庄洼、大黄堡、七里海蓄滞洪区所涉及的镇村进行了财产登记调查。蓄滞洪区运用后，区政府及时组织开展区内居民水毁损失的登记、核实工作，经过上级部门核查评估后，按照《蓄滞洪区运用补偿暂行办法》对个人财产实施补偿；尽快恢复供电、通信、交通、水利等基础设施，恢复蓄滞洪区群众正常生活、生产。

监控水情运行。宁河区部分河道区管闸、坝、扬水站建有水情运行视频监控系统监控点位，为防汛科学调度提供了有力保障，汛前联系电信及设备维修单位对系统进行了全面检查，对丢失及损坏设备进行了更换，保证设备运行正常。

防汛工程建设。投资1642.06万元。汛期完成蓟运河左堤还乡新河—北埋珠村桩号（0+000~3+140）段、蓟运河左堤南埋珠村桩号（0+425~1+150）段、蓟运河左堤清泥村桩号（1+950~2+361）段、蓟运河左堤大沙窝与刘庄村桩号（0+000~3+245）段、蓟运河右堤宁河镇六村与五村桩号（6+583~9+228）段、蓟运河右堤西关村桩号（12+913~14+068）段为村基代堤、蓟运河大杨河圈马鞍村—李庄村段维修加固工程，加固方式主要为土堤加固、编织袋土围堰加固和编织袋土围堰与土堤相结合加固。维修加固长度共计13321米、动用土方量128922.4立方米、编织袋土方量11665.6立方米、木桩1260根、竹巴1800条。

4. 抗旱

为缓解今春旱情，区水务局多方协调天津市水务局和上游水主管部门从潮白新河、蓟运河、永定新河、北京排污河进行调水，累计调水量1500万立方米，有效提高了农业综合生产和抗旱能力。另外，受潮白新河上游里自沽闸断续提闸弃水，区水务局科学研判，合理调度，积极调蓄雨洪水资源，适时启用潮白新河乐善橡胶坝拦蓄上游弃水。同时利用西关引河、卫星河、曾口河向蓟运河进行生态调水，改善了蓟运河水环境。汛末蓄水1.2亿立方米，基本满足来年农业生产需求。

【农业供水与节水】 2020年，宁河区实际耕地灌溉面积为34586公顷，有效灌溉面积40760.80公顷。节水灌溉工程面积30040.60公顷，其中渠道防渗面积7301.30公顷，低压管灌面积22299.30公顷，微灌面积440公顷。农业灌溉供水18000万立方米。

继续实施宁河区2019年高效节水灌溉项目，总投资6944.02万元，该项目分别位于七里海、潘庄、廉庄、东棘坨、丰台、宁河6镇25个村，新增高效节水灌溉工程面积2673.60公顷。由于机构改革，农田水利项目建设及管理职能划转至区农业农村委，项目暂停实施。按照区政府会议纪要要求，项目于2019年7月重新启动，截至2020年12月31日，项目已全部完工。

【村镇供水】 推动农村饮水提质增效。截至2020年年底，完成了宁河区14镇252个村饮水提质增效，新建配水厂9座，铺设输配水管线548千米，更新改造水表及水表井。通过工程实施，实现农村供水城市化和城乡供水一体化的目标。

【农田水利】 2020年，完成市水务局下达的农田灌溉水利用系数测算分析工作，共测算7个镇8个村。推动加强灌溉水水质管理，按照《天津市土壤污染防治—加强灌溉水水质管理实施方案》和《宁河区土壤污染防治—加强灌溉水水质管理实施方案》要求，完成灌溉水水质监测和分析评价工作。

【水土保持】 强化水土保持宣传教育，制定水土保持目标责任考核办法和相关制度，认真落实《中华人民共和国水土保持法》法律法规要求，深入开展水土保持监测和监督管理工作，对预防生产建设项目水土流失起到积极作用。

开展水土保持事中事后监管。2020年区级累计审批水土保持方案30项，组织开展6个项目的水土保持设施验收备案，针对已开工建设的生产建设项目开展了水土保持方案实施情况监督检查，通过现场检查、召开专题会议、促使建设单位进一步明确落实好水土保持方案的重要性、做好水土保持防治措施的责任，对已验收的生产建设项目也开展了水土保持的后期监管。

开展水土流失动态监测以及2020年生产建设项目水土保持信息化区域监管工作，并进行了现场核查，对其中16个项目下达整改并提出了整改要求，以便水土保持措施保质保量完成。

【工程建设】

1. 防洪工程

蓟运河芦台城区（曹庄大桥至小薄桥段）右堤除险加固工程。涉及河道长约5.59千米，工程总投资4893.88万元，资金来源为区自筹。建设内容主要包括堤防加高加固2.504千米及9座建筑物的拆除封堵或拆除重建。工程加固标准按20年一遇洪水位，堤顶超高值取0.5米，即4.18～4.37米（20年一遇洪水位设计堤顶高程为3.69～3.84米国85基准）。工程于2018年12月12日开工，2020年12月20日完工。

2. 农村基础设施建设工程

宁河区农村饮水提质增效工程。经宁河区政府批准，采取特许经营模式实施。工程共涉及宁河区2街13镇252个村8.91万户。工程批复总投资151038.21万元，2020年4月开工，截至2020年12月31日，完成投资151038.21万元。完成9座配水厂主体工程建设，完成机电设备安装，并完成加氯调试，完成铺设管线548千米。水源已通过各配水厂实现通水到村，并完成管道冲洗、打压以及水质调试和检测工作。

宁河区2019年高效节水灌溉工程。涉及6个镇25个村，建设总规模2670.93公顷。工程批复投资6944.02万元。工程共分为三个标段：一标段：廉庄镇、东棘坨镇、丰台镇高效节水灌溉项目，工程总投资2365.88万元。涉及3个镇13个村，新建灌溉泵站34座，铺设低压管道172.808千米，安装智能控制柜34台，新建高效节水灌溉工程面积925.14公顷。工程于2020年2月25日开工，6月15日完工。二标段：宁河镇高效节水灌溉项目，工程总投资2679.57万元。涉及1个镇7个村，新建灌溉泵站38座，铺设低压管道195.888千米，安装智能控制柜38台。新建高效节水灌溉面积1020.45公顷。工程于2020年2月25日开工，6月15日完工。三标段：七里海镇、潘庄镇高效节水灌溉项目。工程总投资1898.57万元。涉及2个镇5个村、新建灌溉泵站23座，铺设低压管道142.616千米，安装智能控制柜23台，新建高效节水灌溉工程面积745.32公顷。工程于2020年2月25日开工，6月15日完工。

宁河区艾林村北排灌站工程，工程总投资209.43万元，艾林村北排灌站排涝设计流量为1.17立方米每秒，灌溉设计流量0.74立方米每秒，采用2台500ZLB－4型立式轴流泵。工程于2020年3月2日开工，5月10日完工。

宁河区高景大队排灌站工程，工程总投资230.33万元，位于高景村北部，卫星引河南侧。排灌站排涝设计流量为1.80立方米每秒，灌溉设计流量1.74立方米每秒，采用2台600ZLB－70立式轴流泵。工程于2020年3月2日开工，5月10日完工。

3. 水环境治理工程

宁河区芦台桥北污水处理及再生回用配套污水管网二期工程。工程总投资 8178 万元，资金来源为区政府自筹，工程内容包括桥北新区规划范围内 23 条道路的污水管网铺设，总长度 39.744 千米，工程于 2017 年 4 月 1 日开工，至 2020 年 12 月 31 日共计完成 16.194 千米，剩余部分将随路网同步实施。

宁河区芦台桥北污水处理及再生回用配套再生水管网二期工程。工程总投资 5097.42 万元，资金来源为区政府自筹，工程内容包括桥北新区规划范围内 25 条道路的再生水管网铺设，总长度 47.561 千米，工程于 2017 年 4 月 1 日开工，至 2020 年 12 月 31 日共计完成 15.61 千米，剩余部分将随路网同步实施。

宁河区 2019 年黑臭水体整治工程。工程批复投资 3536.93 万元。2020 年 9 月 21 日，宁河区行政审批局下发《关于同意天津市宁河区 2019 年黑臭水体整治工程初步设计变更的通知》，资金变更调整为 3304.36 万元，资金来源为区财政自筹。建设内容为坑塘沿岸清运垃圾 4540 立方米，布设围栏 4315 米，沟渠坑塘清淤 70579 立方米，原位修复底泥 17143 平方米，采用水质调控型环境修复剂 18600 千克，采用微生物杀藻剂 9750 千克，布设复合生态浮岛 350 平方米，布设人工增氧设备 26 台，布设河湖净化一体机 10 台，布设一体化污水处理设备 1 套，新建泵站 2 座，新建涵洞 10 座，河道疏挖土方量 4058 立方米，生态护岸 115810 平方米，设置生态缓冲带 12067 平方米，种植水生植物 13443 平方米。工程于 2019 年 11 月 30 日开工，2020 年 10 月 31 完工。

4. 水源及供排水工程

宁河区地表水厂及配套管网工程。投资 33432.94 万元。工程内容为建设日供水 10 万吨水厂和城区配套供水管网约 22.2 千米。工程于 2018 年 4 月开工，2019 年 11 月机电安装完成，2020 年 7 月 13 日取得完工鉴定书，7 月 23 日完成联合试运转，9 月 16 日完成全部水源切换，10 月 1 日进入商业运营，10 月 23 日启动建运交接。宁河区地表水水源分为引江水源和引滦水源，因引江水水量限制，天津市整体调度，自 2020 年 12 月 15 日引江水源切换为引滦水源，引滦水源于 12 月 18 日到达宁河地表水厂。2020 年更换水表工作全年任务完成量约 3.16 万块，其中智能水表完成量约 2.11 万块，机械水表完成量约 1.05 万块。截至 2020 年 12 月超期水表更换项目已基本结束。

宁河区（大北、七里海片区）地下水压采水源转换工程，工程总投资 1257.12 万元，建设资金来源为市级财政补助资金 40%，区自筹资金 40%、供水企业承担 20%。工程位于大北、七里海片区，主要建设内容为宁河区地下水压采水源转换工程，共涉及宁河区大北镇、七里海镇、芦台镇（王前片区）企事业单位 55 家。工程水源来自宁河区地表水厂，工程范围内共铺设供水管道约 10.2 千米。工程于 2020 年 3 月 20 日开工，6 月 30 日完工。

宁河区（潮白新河以西片区）地下水压采水源转换工程，工程总投资 23492.84 万元，建设资金来源为市级财政补助资金 40%、区自筹资金 40%、供水企业承担 20%。工程位于潮白新河以西片区，主要建设内容为对潘庄镇、造甲镇、北淮淀镇、潘庄工业园区、现代产业园区实施地下水压采水源转换。工程于 2020 年 3 月 15 日开工，6 月 30 日完工。

宁河区地下水压采水源转换机井封填（一期）工程，工程总投资 2814.22 万元，建设资金来源为市级财政补助资金 747.99 万元，宁河区自筹资金 2066.23 万元。工程涉及芦台城区、经济开发区、贸易开发区、现代产业园区、潘庄工业区及七里海、大北、北淮淀、造甲、潘庄等镇，机井总数 992 眼，其中企事业单位井 467 眼；农村生产生活井 525 眼。井口内径为 160~350 毫米；井型主要包括钢管井、混凝土管井，采用无害黏土球回填封井。工程于 2020 年 12 月 15 日开工，计划 2021 年 12 月 31 日完工。

宁河区村镇供水设施改造工程。工程总投资 1045.54 万元，其中市级财政补助 300 万元，区自筹745.54万元。建设内容为对区内157个村、8所学校的管理房、变频设备、臭氧设备、除氟设备进行修缮和改造。其中管理房174座，变频设备25套，除氟设备17套，臭氧设备84套。工程于2020年9月16日开工，12月29日完工。

芦台镇建成区华翠小区、光明区等雨污分流改造工程。工程总投资4866.02万元，建设资金来源为区财政自筹。建设内容包括合流制片区8（华翠小区），改造面积0.12平方千米，小区干道铺设直径300~800毫米排水管道，总长度约3.92千米。现状路破路恢复，小区内现状人行道改为透水铺装，生态停车格。合流制片区15个（光明区），改造面积0.15平方千米，小区干道铺设直径300~800毫米排水管道，总长度约3.73千米，现状路破路恢复，小区内现状人行道改为透水铺装，生态停车格。芦台大剧院、公安分局、区法院和区检察院等充分利用现状排水管网，局部进行雨污分流排水管道改造，并对现状路破路恢复。工程于2019年10月5日开工，2020年8月30日完工。

5. 七里海湿地生态保护与修复引水调蓄工程

宁河区青龙湾故道治理工程。工程总投资2432.48万元，资金来源为区政府生态专项债券，建设内容为青龙湾故道和青潮引渠两部分，青龙湾故道部分治理长度7.386千米，青潮引渠部分治理长度为3.776千米。工程于2019年12月30日开工，2020年6月30日完工。

宁河区曾口河综合治理工程。工程总投资15821.01万元，资金来源区政府生态专项债。建设内容为曾口河段与津唐运河任凤段20.685千米河道实施综合治理；河道清淤、堤防的加高加固、修筑防浪墙以及拆除重建穿堤建筑物27处。工程于2020年2月25日开工，10月31日完工。

宁河区七里海南站更新改造工程。工程总投资3274.35万元，资金来源为区政府生态专项债。工程主要任务是满足卫星引河以南排水小区南片区的排涝要求和东七里海小区部分排涝要求，同时满足东七里海湿地补水的要求。在原站址拆除重建该泵房、管理房、前池进水池、出水池，站前节制闸、七里海湿地补水闸等建（构）筑物部分，同时新建副厂房。工程于2020年1月8日开工，12月10日完工。

宁河区还乡新河杨花橡胶坝更新改造工程。工程总投资2963.44万元，资金来源区政府生态专项债。工程位于还乡新河杨花桥下游400米，还乡新河桩号18+500处。拟拆除原橡胶坝，对杨花橡胶坝进行更新改造，橡胶坝垂直河道方向长86.4米，坝高维持原坝高3.0米，主档水位为-0.03米。工程建设内容为河道整治、河道防护、橡胶坝建设、泵房改造和充水系统等。工程于2020年1月1日开工，11月1日完工。

蓟运河苗庄橡胶坝更新改造工程。工程总投资4309.04万元，建设资金来源为区财政生态专项债券。工程位于蓟运河92+700处，建设内容为在原址实施更新改造，建设橡胶坝主体及橡胶坝泵房、管理用房、管理所院区等附属建筑物等。工程于2020年1月1日开工，10月31日完工。

6. 其他工程

宁河区秸秆焚烧发电和生物质发电项目供水管线工程。工程总投资3047.86万元，建设资金来源为区政府出资。工程起点为宁河区桥北污水处理厂，终点为项目厂区，新建供水管线长15.14千米，供水能力每天1800立方米。工程于2020年10月6日开工，2021年3月31日完工。

宁河区沉降区内地下水水位监测井工程。工程总投资34万元，建设内容为在芦台镇、大北镇、现代产业园区几个主要沉降区的拟封填（存）机井中筛选符合监测需要的5眼机井，通过安装自动监测设备及配套监测系统改作为监测井，完善宁河区地下水位自动监测站网。工程于2020年10月19日开工，11月20日完工，11月30日完成自动监测系统试运行，12月1日经验收合格后投入使用。

【供水工程设施建设与管理】 城区主要供水设施包括：宁河区第一水厂、第二水厂、第三水厂、第四水厂、第五水厂、桥北泵站，至2020年9月

16 日，均处于关停状态。正在运营的宁河区地表水厂的供水范围为宁河新城，包括中心区、桥北新区、产业拓展区和经济开发区，西起蓟运河，东至京山铁路，北至蓟运河和津榆公路，南至宁河和汉沽交处。新建直径 1200～400 毫米输水管道约 19 千米，将地表水厂产水输送至原第一至第五水厂泵房出厂干管，通过五个水厂原有供水管网，供宁河城区居民生活用水及商业企业用水。供水总面积城区为 18.21 平方千米及潮白河以东 11 个村镇，供水总人口 38.5 万余人，市政供水主管网总长度 160 千米。2020 年 10 月 1 日，区政府批复地表水厂正式进入商业运营，运营后地表水厂新建管网部分，较上年增加了 19 千米。

2020 年完成了贸易开发区老旧管网改造 9831 米和南崔村雨污改造配套供水管网改造 17440 米，优化后大大提升了相关供水片区的水质、水压以及总体供水质量。完成新铺设小区内管网 9012 米，修复及新建截门井、水表井共 244 座，消防栓 23 座；完成新接水工程 43 处，与用户签订供水协议 1491 份，更新维护智能远传水表 7000 余块。全年共计抢修 1794 次，全年共接到热线电话 13132 次，受理相关业务 30447 次，全年完成供水 1725 万吨，出厂水质综合合格率、供水设备完好率、供水设施维修及时率及群众满意度达 99% 以上。

【排水设施建设与管理】 为保证宁河区农业的发展，城区居民的生活保障，2019 年底对董庄泵站进行了提升改造，由原来 12 立方米每秒流量提升至 26 立方米每秒流量。疏通不同雨污水通网 12 万米，清理杂物 300 余立方米，更换各种井盖 800 余套。为保证雨污管网的正常运行，组建了专业的施工队伍，大力开展排水设施维修养护，制订汛期低洼片区应急排水机制，添置移动泵车 5 台套，解决了低洼片区积水现象。提升了城区管网收水和排水能力，较好地完成城区排水任务，保证了居民的生产生活。

【科技教育】 认真做好水利学会工作，在市水利学会的指导下，严格执行市水利学会的各项章程，积极组织会员们参加市水利学会组织的各项活动。

天津市宁河区首创供水有限公司 2020 年承办“宁河区水务系统供水设施地震应急演练”活动 1 次；邀请专业人员组织综合安全教育培训和应急救援演练活动 1 次；向北京大区推荐宁河区首创供水有限公司工程部马林的《管线相关仪查“暗管”技术分享》的创新案例；项目公司人员参加首创股份、北京大区及有关部门组织的培训 61 次，培训内容涉及生产、安全、化验、设备、营销、水表、检修、行政、人力、党建等方面。

【水政监察】

1. 完善水行政执法体系

截至 2020 年 12 月，区水务局共有持证执法人员 31 人。2020 年以来，区水务局按照疫情防控要求，实施行政检查 136 起。对在建水利工程及安全生产状况检查 25 起，对全区供水、污水企业检查 39 起，对防汛、水土保持工作检查 15 起，对全区企事业单位取用水情况实施检查 20 起，对全区河道巡查 37 起，截至 12 月 23 日，累计巡查河道 667 千米，出动人员 136 人次，车辆 39 车次，现场制止违法行为 10 次。全局共进行行政处罚 8 起，累计罚款金额 5 万元。

2020 年度，在区河长办组织下，多次联合区农委、公安、渔政、综合执法、环保、属地政府等多部门联合执法，对河道阻水渔具阻水障碍物进行专项整治，开展“2020 清河” “护河 2020”专项行动，6 月 5 日和 6 月 10 日分别在永定新河、潮白新河开展清网、清船专项行动，两次行动共清理地笼 800 余副，拦河网 2 处，驱赶非法捕捞渔船 58 艘。

2. 特色法律宣传

2020 年 3 月 22 日是第二十七届“世界水日”，3 月 22—28 日是第三十二届“中国水周”。为做好宣传工作，按照水利部、市水务局的统一安排部署和疫情防控需要，结合区水务工作实际开展以“坚持节水优先，建设幸福河湖”为主题的线上为主、线下为辅宣传活动，迎接“世界水日”和“中国水周”。共悬挂各式横幅55幅，张贴海报26张，参与水利部“水法规知识竞赛”及关注“节水课堂”干部职工200余人次，同时利用单位LED电子显示屏、“宁河水务”政务微信公众号平台，广泛宣传水法及水资源保护知识、防汛知识、节水、供水常识，积极营造珍惜水资源、保护水环境的浓厚氛围。线下，水政监察人员在日常检查中，向检查单位及周边群众发放《水法》《防洪法》《天津市水污染防治条例》《天津市河道管理条例》等宣传防汛、防灾知识手册与河湖长制节水宣传折页、河道管理与执法法律知识宣传折页等学习资料，共计发放河湖长制宣传折页50份，各知识手册200册、河道管理与执法法律知识宣传折页100份。

在4月15日国家安全教育日进行国家安全教育宣传活动。9月28日，在永定新河流域宁河区造甲镇段由区河长办组织开展了“全民、共爱、共护河湖水环境”主题活动。12月4日“宪法宣传周”进行了宪法、民法典宣传。

【工程管理】

1. 闸坝、堤防管理

定期对各闸坝机电设备进行检查，确保闸门启闭自如、安全运行，为防汛、抗洪做好全面防范。积极推动河道巡视巡查二期系统使用，保证河道生态水环境安全，持续对河道水质、水体、水情进行“全方位、网格化”日巡视、打点，有效提升河道堤防日常管理工作效率。同时对所有闸坝进行全方位安全隐患排查及整改，并整理完善安全生产管理资料。邀请专业人员就闸坝日常维修养护、机电设备保养检修、技术的创新与实践和河道堤防日常填报记录档案归整等一系列专业技术知识，于4月10日、13日分两批次进行了安全理论技能教育培训。堤防设施建设中，对20座闸坝警示牌进行了更新与新增，对部分河道防护栏进行了维修，不定期巡视巡查，以确保安全生产无隐患、无事故。不断加强林木管养，坚持定期巡查，特别在病虫害高发期，采取有效措施、方法对全区一、二级河道树木提前做好病虫害防治工作，有效控制疫情发生，保障树木正常生长。年内在北京排污河完成新植杨树6000株。

配合河长办完成了对宁河区境内所有沿河村庄坑塘内垃圾情况的巡视巡查、点位登记；编制了2020年北三河系河道工程、日常维修养护实施方案；编制了2020年北三河系内的北埋珠村—江洼口大桥段、木头窝—岳道口段、南沽村段及船沽闸汛前维修小专项工程实施方案，并监管该两项工程的施工建设；按照区政府安排部署，在区土地资源利用清查整治工作中积极开展各项工作。

2. 泵站

宁河区共有国有泵站14座，分别是董庄扬水站、赵庄扬水站、江洼口扬水站、潮东扬水站、孙庄扬水站、杨富扬水站、淮淀扬水站、七里海第一扬水站、七里海第二扬水站、造甲扬水站、金翠路雨水泵站、芦台西泵站、芦台东泵站、东大营泵站（含贸易开发区1座污水提升泵站）。其中农业泵站8座，城区雨水泵站6座，总装机78台套，容量14495千瓦，排水能力163立方米每秒。负责全区14个乡镇的农业灌溉、排涝任务，保证了农业生产，促进了七里海湿地的生态保护，城区居民生活得到了有效的保障。为更好地服务农业，建立健全水管安全生产责任制，签订安全生产责任书。为保证泵站设备的正常运行及良好状态，泵站的运行人员定期核对设备运行情况，随时巡查水位变化，对各个仪器、仪表、油位、水位、信号等准确填写记录。为提高运行人员水平，定期组织业务技能培训，电力操作培训，安全知识培训，严格保证各岗位操作人员100%持证上岗。

【河（湖）长制】 区级河（湖）长率先垂范、各级河（湖）长履职尽责。认真贯彻落实市总河（湖）长1号令精神，2020年区级总河（湖）长巡河32次、河（湖）长巡河68次，镇级河（湖）长巡河2617次，村级河长巡河90667次，暗查暗访190次，发现解决水环境问题699处，下发整改通知217份。各镇党委政府强化责任担当，各级河（湖）长主动进位、认真履职，推动全区河湖长制有名有实。

开展清河行动，全面提升水环境。4月20日，编制并发布《宁河区2020清河湖专项行动方案》，组织各镇在全区范围集中开展以全力推进黑臭水体治理、消除脏乱，全面提升水环境面貌、清查“四乱”问题，巩固河湖“清四乱”成果为重点的“清河行动”，排查的1247处水环境问题全部整改到位。6月5日、6月10日和8月14日，区河（湖）长办组织有关成员单位在蓟运河、潮白新河、永定新河、大杨河圈开展联合清理行动，共出动100余人次，车辆30余辆次，冲锋舟8艘次，吊车2辆，共清理地笼1000余副、拦河网3处，驱散非法渔船共62艘。9月7—11日，组织有关成员单位，成立6个联合督查组在全区范围内开展河湖水生态环境联合督查行动，督查发现问题25处，各责任单位做到立知立改。

持续推进河湖“清四乱”工作。6月24日，召开《“清四乱”常态化、规范化工作会议》，区水务局以河湖长制为抓手，坚持高位推动、全面排查、建立台账、强化督导、坚决整改等工作原则和方法，扎实推进河湖“清四乱”专项行动。截至2020年12月31日，已整改到位368项，历史遗留问题已列入长效整改，明确了时间节点及责任人。通过专项行动开展，全区河湖乱象得到有效遏制，河湖蓄洪空间逐步扩大，河道行洪通道更加畅通，防灾减灾能力大幅提高，河湖秩序进一步规范，河（湖）长履职尽责进一步强化。

推进黑臭水体整治工程。黑臭水体累计完成清淤10.5万立方米，水系连通建筑物15座，护栏4.0千米；安装曝气机37台、复合生物浮岛336平方米；施撒微生物菌剂11825千克、底泥原位修复剂4650千克；种植沉水植物3795平方米、挺水植物4637平方米，植草护坡31716平方米；铺设生态护坡7140平方米、花砖1712平方米、混凝土路5893.4平方米，截至2020年7月28日完成黑臭水体治理工程。

开展“河长+检察长”河湖水生态和水资源保护专项行动。联合制订了《关于开展河湖水生态环境和水资源保护专项行动的实施方案》并下发各街镇、园区。8月7日区河（湖）长办组织各成员单位召开充分发挥检察公益诉讼职能协同推进河（湖）长制工作签约会议，截至12月底区河（湖）长办与区检察院联合对各街镇开展检查14次，现场解决问题14项。

加大宣传力度，营造社会氛围。6月8—10日，区河（湖）长办工作人员结合14个乡镇、2个园区在全区开展河（湖）长制宣传活动。发放宣传单2000份、悬挂横幅32条、由各村“一肩挑”利用农村大喇叭用家乡话、一线视角、立足农村实际进行广播宣传，增强了广大群众爱护水环境的积极性和责任感；9月28日，在永定新河流域宁河区造甲镇段组织开展了“全民、共爱、共护河湖水环境”主题活动。通过宣传活动，为河（湖）长制工作营造了良好的舆论氛围。

落实“向群众汇报”工作机制，接受群众监督。按照市、区要求，制订了《宁河区河（湖）长“向群众汇报”工作机制》《关于开展宁河区河（湖）长制工作专题访谈活动方案》《宁河区河（湖）长“向群众汇报”工作方案》，10月12日至11月30日开展访谈活动，通过此次活动达到推动各级河（湖）长真正把“长”的责任扛起来、抓到位，切实将群众对河湖水生态环境的满意度作为评价河（湖）长履职成效的重要标准，真正请群众评判、让群众监督，把“向群众汇报”工作落到实处的目的，通过宁河融媒体完成了全区河长制工作“向群众汇报”。

坚持“长”“常”二字，严肃考核问责。2020年宁河区将河（湖）长制考核纳入对责任单位的绩效考核，同时对《天津市宁河区河（湖）长制考核办法实施细则》《天津市宁河区河（湖）长制奖励办法》《天津市宁河区河（湖）长制工作责任追究暂行办法》及《天津市宁河区河（湖）长制考核办法》进行了修订，并印发给各成员单位，进一步健全了河湖管理与保护河（湖）长制绩效考核评价体系，着重以河长履职、水质水环境、河湖生态环境等内容为主要考核指标，对15个街镇、2个园区落实河（湖）长制情况进行综合考核，2020年以来，河长办暗查暗访共排查问题点位535处，完成整改535处，整改率100%。通报履职不到位河（湖）长336人次，约谈5次40人。

开展“优秀河长最美河湖”评选表彰暨“榜样河长示范河湖”。按照市河湖长办要求，5月6日，宁河区河（湖）长办制订了《开展“优秀河长 最美河湖”评选表彰工作通知》，并下发到15个镇及2个园区。经过申报—评选—表彰决定，天津市“优秀河长 最美河湖”评选结果正式公布：宁河区廉庄镇木头窝村村级河长张洪亮、宁河镇杨泗村村级河长冯丹获得“优秀河长”称号，宁河区七里海湿地被评为“最美河湖”。

创新“网格化+河长制”工作机制。借鉴宁河区实施网格化社会治理经验做法，积极探索河湖网格化管理路径，制订《宁河区河长制工作人员网格表》，将引河按一定标准划分成单元网格，实现上下联动、资源整合，推动责任落细、落小、落实，形成“发现—上报—核实—交办—整改—反馈—考核”的闭环工作机制，确保分段到人，责任到人，切实管好河湖治理的“微细胞”，有效补齐了工作短板。

【水务改革】 2020年7月25日，根据区委编制委员会下发的《关于改革调整区水务局所属公益类事业单位有关问题的通知》，整合区水务局下设9个直属事业单位为3个直属事业单位。整合组建天津市宁河区水利工程建设管理中心、天津市宁河区水务系统培训中心2个事业单位为天津市宁河区水务工程事务中心，为科级事业单位，公益二类，编制人数41人，实际人数41人；整合组建天津市宁河区河道管理所、天津市宁河区排灌管理站2个事业单位为天津市宁河区水利设施事务中心（天津市宁河区河长制事务中心、天津市宁河区防汛机动抢险队），为副处级事业单位，公益二类，编制人数172人，实际人数157人；整合组建天津市宁河区地下水资源管理所、天津市宁河区供水站、天津市宁河区机井服务站、天津市宁河区水务后勤服务站、天津市宁河区水利管理站5个事业单位为天津市宁河区水资源事务中心，为科级事业单位，公益二类，编制人数265人，实际人数256人。

2020年8月26日人员编制转入新单位，9月7日天津市宁河区人力资源和社会保障局下发干部介绍信。10月28日区委编制委员会下发《关于印发〈天津市宁河区水利设施事务中心职能配置、内设机构和人员编制规定〉的通知》，天津市宁河区水利设施事务中心为副处级单位，下设6个内设机构，党建工作办公室（综合部）、发展计划部、财务部、工程部、运维部、河长制事务部。

【水务经济】 2020年，区水务局严格执行各类财经法规，做好会计核算和监督，加强财务管理，主要完成以下几方面工作：

预算管理。根据实际情况，认真编制财务预算，严把收支关，做到有预算不超支、无预算不开支，认真审核，保证水务局合理、节约、有效地安排使用资金。在预算安排上，根据财政资金到位情况，量力而行。在人员工资、日常公用经费的正常开支基础上，确保重点支出，压缩一切消费性支出，尤其是严格控制“三公”经费支出，全面提高资金的使用效率。

财务管理制度。为加强会计核算与监督，严格财务审批制度，节约费用开支，防止国有资产流失，提高资金使用效益，根据实际情况，重新制定印发了《宁河区水务局机关财务管理制度》，从预算管理、收支管理、票据管理、固定资产管理以及财务监督、内部控制等各方面都做出了具体要求；重新修订完善《天津市宁河区水务局内部控制手册》，对项目建设、资产管理、收支管理、政府采购等内容进一步细化规范。

内部审计。发挥审计监督作用，区水务局项目多，涉及项目资金金额较大，尤其是政府一般债券、专项债券等债券资金，在拨付、使用过程中，更是要做到严谨、规范，对于一些PPP项目、特许经营项目，做好跟踪审计，以便掌握项目第三方资金使用动向。

根据全年收支情况据实编制部门决算。按照财政部门预决算、国库集中支付、政府采购和收支两条线的要求，严格编制本年部门决算，加强分析，量入为出，为2022年部门预算打好基础，提高部门预算的准确性。

完成其他部门的重点工作。完成水利部地方水利财政专项资金执行情况统计和财务信息统计工作；完成财政局行政事业性单位国有资产月报工作；完成2020年天津市重点公务支出月度报表工作；完成工信局布置的涉企保证金台账填报工作；完成合作交流办布置的内联引资情况表填报工作；完成纪委布置的“小金库”专项清理自查自纠工作；按照审计局联网审计情况，完成相关说明、整改报告及佐证材料的报送工作。

【党建和精神文明建设】 坚持以政治建设为统领，全面加强党的领导，提升党的执政能力和水平。牢固树立大党建意识，坚持以党的政治建设为统领，思想、组织、作风、纪律、制度建设同步强化。领导班子带头学习《习近平谈治国理政》等重要理论汇编和《党和国家机关基层组织工作条例》等党内法规，结合事业单位改革牵头制订《党组织设置方案》和《换届选举方案》；认真贯彻落实总书记重要指示批示精神，七里海湿地生态保护修复引水调蓄工程中，七里海南站更新改造、青龙湾故道治理、苗庄橡胶坝等7项工程全部完工，全力推动地下水压采水源转换、农村饮水提质增效、高效节水灌溉等重点项目；积极组织“学楷模、真担当、善作为”学习实践活动，创新开展“教育打基础、党建上水平”系列活动，邀请专家学者以“四史”、民法典等为题进行4次专题培训；以制度建设和创新为抓手，狠抓纪律约束，精心制定完善《党委工作规则》《党建通报管理制度》《党员干部职工外出请假报备制度》等；聚焦统一思想、转变作风，以担当作为、廉洁从政、遵规守纪等为题，班子成员为机关和基层干部讲专题党课，结合水务实际认真组织宣讲党的十九届五中全会和市委、区委全会精神。

坚决扛起政治责任，持续巩固深化“不忘初心、牢记使命”主题教育成果。固化主题教育中的好经验、好做法，建立健全“不忘初心、牢记使命”制度，拿出务实管用的举措，对主题教育检视的46条问题逐项整改推动，并对照区委要求制订九条共50项任务清单；组织召开土地管理领域专题民主生活会，坚持问题导向，深入查摆土地管理领域薄弱环节，并坚定整改决心，抓实作风、卡住标准、全面整改提高；按照“战区制、主官上、权下放”要求，牵头成立群众信访工作领导小组，妥善处置“吹哨”事件23件，矛调中心信访件27件，针对金桥社区饮水事件，举一反三在全区范围内开展饮水安全排查，进一步强化行业管理，确保群众用水安全。

始终坚持人民至上，奋力夺取疫情防控和经济社会发展双战双赢。在严抓本系统疫情防控工作的基础上，组织广大党员干部职工深入社区一线为社区群众站岗执勤，年初200余名党员干部先后参加了社区执勤任务，27名职工执勤时间超过200小时，14名职工自愿献血，30名职工主动担任社区胡同长、楼栋长，213名党员捐款总额达28600元；为确保各项工程任务不落工期，班子成员挂图作战、倒排工期、抢抓进度，七里海引水调蓄、农村生活污水处理、农村饮水提质增效、黑臭水体治理、地下水压采水源转换、董庄泵站改扩建、地表水厂及配套管网、村镇供水设施改造、水系连通、雨污分流改造等民计民生项目全部建设完成；汛期，实施蓟运河7处13.1千米险工段应急除险加固工程、通过架设临时泵、购置移动排水泵车、聘请“潜水员”清掏、协调上级部门补水调水等措施，圆满完成防汛抗旱特别是城区排涝任务，保障了人民群众生命财产安全。

【队伍建设】

1. 局领导班子成员

党委书记：李贺喜

党委委员：韩长金（4月任）王子宽　李瑞杰
　　　　　李昌海　丁克滨（科级）
　　　　　刘莉莉（科级，2019年8月调出）
局　　长：李贺喜
副 局 长：韩长金（4月任）王子宽　李瑞杰
一级调研员：李贺喜（2019年11月任）
二级调研员：张洪旺（2019年6月任）
副调研员：李昌海

2. 机构设置

2020年，局机关设5个职能科室，即办公室、规划与建设管理科（水利工程建设质量与安全监督科）、水资源管理科、河湖保护科、水旱灾害防御科；下设3个直属单位，分别是：天津市宁河区水务工程事务中心、天津市宁河区水利设施事务中心（天津市宁河区河长制事务中心、天津市宁河区防汛机动抢险队）、天津市宁河区水资源事务中心。

3. 人员结构

2020年全系统共1307人，其中调入2人，调出、辞退、病故66人（其中包括已移交到14个镇政府的47名原各水利站退休人员）。2020年在职职工486人。局机关在职职工26人，其中行政编22人，工勤事业编4人；局直属基层事业在职职工460人，其中包括已移交到14个镇政府的47名原各水利站退休人员。全系统共有12个基层党支部，共有党员210人。

全系统在职职工队伍中，研究生4人，本科学历187人，大专学历111人，中专学历43人，高中及以下141人。各类专业技术人员176人，其中，高级工程师21人，中级职称55人（工程师44人，会计师4人，经济师1人，政工师6人），初级职称100人（助理工程师77人，助理政工师8人，助理会计师5人，技术员10人）。

全系统各种技术工人总数为241人，其中高级工169人，中级工63人，初级工9人。

4. 先进集体和先进个人

区水务局被天津市拥军优属拥政爱民工作领导小组评为爱国拥军模范单位。

李昌海被天津市拥军优属拥政爱民工作领导小组评为爱国拥军模范。

冯霞家庭被区妇联评为2020年度天津市宁河区最美家庭；被区文明办评为2020年度天津市宁河区文明家庭。

姜宝媛家庭被区妇联评为2020年度天津市宁河区清正廉洁最美家庭。

【疫情防控】 2020年春节，新型冠状病毒感染的肺炎快速肆虐全国，在以习近平同志为核心的党中央坚强领导下，在市委、市政府和区委、区政府的正确指挥和周密部署下，水务系统干部职工团结一心、众志成城，全面打响了疫情防控阻击战。

区水务局党委作出了“首战用我、用我必胜”的庄严承诺，全体党员干部职工主动请战、敢为人先、冲锋在前，以无私无我的奉献精神为打赢打胜这场疫情防控战役，全力维护人民群众的生命安全和身体健康贡献力量。在滨江锦园、玉兰花园、官邸一号、英伦花园、香榭世家、时代滨江等时刻都能看到水务党员干部执勤的身影，他们不怕严寒、顶风冒雪，始终坚守自己的岗位，积极帮助检查进出车辆、检测居民体温、张贴疫情防控宣传单。按照区疫情防控指挥部要求，在芦台春客栈、田丰宾馆牵头建立疫情防控隔离点，由分管局长带队，10名党员干部随时准备参加隔离点防控工作。

根据习近平总书记在统筹推进新冠肺炎疫情防控和经济社会发展工作部署会议上的重要讲话精神以及市委、市政府和区委、区政府的工作要求，区水务局在严抓本系统疫情防控工作的基础上，严格督导、抓细抓实，紧锣密鼓推进各项水务民生工程有序复工。

随着复工高峰的到来，防控战“疫”到了更加关键的时刻，为确保疫情防控阻击战和经济社会发展“双战双胜”，水务局党委要求，党员干部要讲政治、顾大局，以身作则、模范带头，不仅要积极踊跃投身到社区疫情防控“主战场”，还要按照分区分级、科学防治、精准施策的原则，指导重点项目抢抓时间建立健全疫情防控管理体制机制，落实落细防控举措办法，确保复工前后不发生输入性、聚集性疫情。

区水务局采取“一项目一对策”的方式，确保各重点项目施工防护管理上成熟一个，开工一个。农村饮水提质增效、苗庄橡胶坝更新改造、七里海南站更新改造等 9 项工程已复工建设，其余项目召回的外省务工人员有序组织隔离观察并做好各项施工前准备。班子成员严格督导、挂图作战、抢抓进度，克服疫情防控对工程施工的不利影响，及时采取措施组织复工复产。

（冯　霞）

静海区水务局

【概述】 2020 年，静海区水务局坚持以习近平新时代中国特色社会主义思想为指导，全面贯彻党的十九大和十九届二中、三中、四中、五中全会精神，按照区委、区政府部署要求，团结带领广大干部职工，紧紧围绕水环境、水生态、水资源、水安全、水文化“五水统筹”大格局，进一步统一思想、明确任务、落实责任、强化举措，圆满完成了全年各项目标任务，加快推进水利治理体系和治理能力现代化，开创新时代静海水务事业新局面，为静海深化高质量发展提供坚实水务保障。

【水资源开发利用】 牢固树立全局一盘棋思想，以实行最严格的水资源管理制度为抓手，以“小单位、大服务”的理念提高公共服务水平，进一步强化了“三条红线”管控。2020 年用水总量为 13214.9 万立方米，其中工业生产用水 2864.43 万立方米，城乡生活用水 1498.17 万立方米，农田灌溉用水 8852.3 万立方米。

积极推进再生水利用。全年利用再生水 5468 万立方米，其中高品质再生水 13 万立方米，用于园林绿化、道路冲洗和企业用水；低品质再生水 5455 万立方米，用于青年渠、运东排干、争光渠等河道的生态补水。

2020 年全区平均降水量 478.9 毫米，最大的 595.7 毫米（子牙），最小的 391.5 毫米（团泊），400 毫米以上 16 个站、400 毫米以下 2 个站，各站降水比较均匀，平均降水量与往年相比偏多（表 3）。

表 3　　2020 年静海区降水量统计　　单位：毫米

雨量站＼月份	1	2	3	4	5	6	7	8	9	10	11	12	年累计降水量
静海				24.4	71.7	16.1	17.0	212.5	152.0	2.5	22.0		518.2
子牙				29.0	57.7	47.0	36.0	319.5	80.5	1.0	25.0		595.7
沿庄				25.6	72.2	13.5	19.0	244.0	63.0	1.5	20.0		458.8
陈官屯				19.5	79.4	13.3	14.0	191.5	104.0	2.0	18.5		442.2
双塘				24.9	82.7	17.2	34.5	247.0	83.0	2.5	21.5		513.3
台头				28.3	63.8	23.4	49.0	192.0	100.5	1.0	24.5		482.5
王口				28.6	72.7	16.8	35.5	308.5	105.0	2.0	24.5		593.6
梁头				24.1	60.4	8.4	34.0	201.5	150.5	3.5	23.0		505.4
中旺				21.0	69.1	10.6	38.5	191.5	38.5	0.5	30.5		400.2
蔡公庄				22.4	84.7	9.1	33.5	155.0	61.0	4.0	22.5		392.2
西翟庄				22.6	87.4	11.2	31.5	172.5	62.5	0	22.5		410.2
大丰堆				22.8	87.2	14.8	24.0	199.0	74.5	2.5	20.5		445.3
杨成庄				23.4	78.8	23.3	26.0	181.5	89.0	6.0	11.0		439.0

续表

雨量站＼月份	1	2	3	4	5	6	7	8	9	10	11	12	年累计降水量
团泊				22.4	87.4	11.2	75.5	134.0	32.5	2.0	26.5		391.5
独流镇				23.3	55.7	21.6	26.5	196.5	175.5	2.5	24.0		525.6
良王庄				27.1	93.5	15.2	63.0	162.5	104.0	3.5	23.5		492.3
唐官屯				26.5	97.9	13.0	36.0	292.5	34.5	2.5	23.5		526.4
水库				20.9	89.0	18.7	60.0	167.5	105.0	2.0	25.0		488.1
平均				24.3	77.3	16.9	36.3	209.4	89.8	2.3	22.7		478.9

【水资源节约和保护】

1. 水资源管理

组织开展供水水质检测。对城市供水、二次供水、村镇供水进行水质抽测，抽检城市供水 10 处，按照《生活饮用水卫生标准》，对 2 处供水加压泵站出厂水及 8 处管网水进行 9 项指标检测。抽检二次供水 5 处，按照《天津市二次供水工程技术规范》，对 5 处二次供水进行 11 项指标检测。抽检村镇供水 56 处，按照《生活饮用水卫生标准》对 10 处农村集中供水厂出厂水及 46 处管网水（含临时供水设施村和城市供水管网延伸村）进行 13 项指标检测，抽测结果全部合格，检测水质合格率为 100%。

开展辖区内二次供水设施清洗消毒情况管理。对辖区楼房有二次供水的物业进行二次供水设施清洗消毒工作监督，目前共有 186 家物业按照要求进行清洗消毒工作，并办理二次供水清洗消毒证。

2. 地下水压采

2020 年，静海区积极推动地下水压采，共封停机井 709 眼，其中农业灌溉机井封停 600 眼；企业封停机井 109 眼。与上年相比，减少地下水开采量约 540 万立方米。超额完成市水务局下达的 2020 年静海区地下水压采任务目标。

3. 水资源节约

严格执行计划用水管理。对 719 家用水户下达了用水计划指标，年取水量 5000 立方米以上的用水大户计划用水考核率保持 100%。

开展节水型载体建设。2020 年创建节水型企业（单位）13 个，节水型居民小区 4 个，进一步巩固、提高节水型载体创建成果（表 4）。

表 4　2020 年创建节水型企业（单位）、节水型小区名单

序号	节水型企业（单位）	序号	节水型小区
1	唐泽制动器（天津）有限公司	1	清华瑞鑫
2	天津橙宝鲜橙汁有限公司	2	盛世华庭
3	天津市津成电线电缆有限公司	3	景华春天
4	优贝（天津）自行车有限公司	4	夏泰园
5	天津卓宝科技有限公司		
6	天津市博爱生物药业有限公司		
7	天津市鑫源包装有限公司		
8	天津万茂图书档案设备制造有限公司		
9	天津市大阳光大新材料股份有限公司		
10	天津普利派克包装制品有限公司		
11	天津市公安局静海分局		
12	天津市静海区应急管理局		
13	天津市静海区总工会		

组织开展水平衡测试工作。2020 年对唐泽制动器（天津）有限公司、天津橙宝鲜橙汁有限公

司、天津市津成电线电缆有限公司、优贝（天津）自行车有限公司、天津卓宝科技有限公司、天津市博爱生物药业有限公司、天津市鑫源包装有限公司、天津万茂图书档案设备制造有限公司、天津市大阳光大新材料股份有限公司、天津普利派克包装制品有限公司 10 家企业，开展水平衡测试，全部达到节水型单位创建标准。

组织开展全国城市节水宣传周活动。通过线上、线下相结合的方式全面开展节水和控沉宣传，在全区形成良好的共建氛围。活动期间累计发放宣传材料 10000 份，宣传垃圾袋 2000 个，节水手提袋 500 个，节水标识牌 500 个。

【水生态环境建设】 加强对已运行污水处理厂、建制镇污水处理设施的监管，定期召开工作例会，建立运行台账及监测档案，严格落实污水处理厂污泥转运制度、减停运申报制度及专项巡查制度，提高污水厂管理水平，委托天津海韵环境监测有限公司、天津华能环境监测服务有限公司、启恒（天津）检测科技有限公司三家第三方检测单位定期对 12 座污水处理厂、18 座建制镇污水处理设施及排水户出水进行检测，组织全区 12 座污水处理厂进行硫化氢中毒应急演练。同时，充分利用静海区污水处理厂在线监控平台，及时掌握污水厂运行情况及存在问题，对发现的问题及时通报并限期整改，确保出水达标排放。加强对污水处理厂暗查暗访力度，有效地改善静海区水环境质量，并在 2020 年天津市排水及污水处理工作行业管理半年考核中成绩优异。

2020 年共召开污水处理厂工作例会 8 次，完成污水处理厂危化品使用管理登记备案 12 次，完成安全隐患排查 48 次，完成安全生产整改备案 18 次，完成污水处理厂（站）日常巡查 28 次，完成减停运申报审批 15 项，完成应急处置预案备案 12 次，无害化处置污泥 1.55 万吨，达标处理污水 3177 万吨，下达污水处理厂整改 10 次，通报 4 次，约谈相关单位负责人 1 次，核减污水处理费 1 次，核减天数共 14 天。

主要河道环境治理工程。为持续改善汇河道水质，安排专业队伍对主要河道的蓝藻、浮萍及垃圾漂浮物实施打捞，并安装曝气增氧设备 100 余台，生态浮岛 5000 余平方米，同时辅助投加环保水处理微生物制剂，项目总投资 1266.1 万元。经过治理运行，主要河道水质得到明显改善。2020 年静海区地表水断面考核全部达标。

【水务规划】 东淀湿地规划。为积极贯彻落实习近平总书记关于京津冀协同发展工作指示，根据《天津市生态水网规划》提出的“对我市南系河道适当扩挖河道，新建湿地蓄水，实现‘蓄水增容，让水蓄起来’”的工作要求，静海区充分发挥对接服务雄安新区桥头堡作用，依托流域水系的区位优势，积极开展东淀湿地规划研究工作，谋划治理大清河台头段卡口问题，承接和疏解大清河上游白洋淀（雄安新区）下泄雨洪水，进一步打通雄安新区洪水入海通道，完善津雄生态廊道和防洪安全，为静海区农业生产和水生态环境提供充足水源保障。东淀湿地规划编制工作由静海区水务局组织开展，规划范围为大清河以南，五堡渠以东，静霸公路以北，南运河以西，占地约 16 平方千米，设计蓄水能力 4000 万立方米。2019 年 3 月，完成东淀湿地工程总体方案工作大纲。5 月，静海区水务局组织中水北方勘测设计研究有限责任公司相关专家赴大清河上游、白洋淀进行实地进行查勘、调研。12 月，经过政府采购选用公开招标的方式选定中水北方勘测设计研究有限责任公司为规划编制单位。2020 年 3 月，完成《天津市静海区东淀湿地工程规划方案（初稿）》。4—8 月，静海区水务局积极与市水务局、中水北方勘测设计研究有限责任公司协调对接，将东淀湿地工程规划纳入水利部海委组织编制的《大清河流域综合规划》，待国务院批复后为东淀湿地提供上位规划依据。

静海区水安全保障“十四五”规划。为贯彻习近平总书记“节水优先、空间均衡、系统治理、两手发力”的新时代治水方针，按照习近平总书记在全面推动长江经济带发展座谈会上指出的做好统筹水环境、水生态、水资源、水安全、水文化“五水统筹”文章工作总要求，按照区委、区政府要求，静海区水务局牵头编制《静海区水安全保障“十四五”规划》，坚持以构建水环境治理、水生态保护、水资源统筹利用、水安全保障和水文化建设的“五水统筹”战略布局，充分发挥水资源的引导约束和服务保障功能为目标，按照“水利工程补短板、水利行业强监管”总基调，结合静海区水务发展实际情况，全方位多角度对“十四五”乃至2035年远景目标谋篇布局。2020年1月，静海区水务局委托天津市水利勘测设计院开展静海区水安全保障“十四五”规划编制任务，经多次组织有关单位共同研究，实地走访调研，反复修改，12月完成初稿编制。

静海区农田水利设施专项规划。根据2018年中央一号文件《关于实施乡村振兴战略的意见》要求，为加强农业和农田水利基础设施建设、加快推进农业农村现代化，实现乡村全面振兴，按照区委、区政府安排部署，区水务局牵头编制《静海区农田水利设施专项规划》，以雨洪水储蓄及再生水开发利用为重点，因地制宜推进节水灌溉发展，分期实现农业用水供需平衡，建立完善的“引、蓄、灌、排”工程体系为目标。从水源工程、节水灌溉工程、农田排涝工程、末级渠系改造工程、节水灌溉养护工程5方面规划十四五期间静海区农田水利设施建设工作。2019年年底，区水务局委托伟信（天津）工程咨询有限公司开展规划编制工作，经多次与区农业农村委、相关各乡镇政府沟通对接、共同研究，进行实地考察，反复讨论修改，截至2020年年底完成初稿编制。

【水旱灾害防御】

1. 防汛

汛期6—9月，平均降水量352.3毫米，比上年同期（393.8毫米）少10.5%，为多年平均降水量的88.1%。6月平均降水量16.9毫米，7月平均降水量36.3毫米，8月平均降水量209.4毫米，9月平均降水量89.8毫米。最大日降水量为9月14日独流镇，降水量达171毫米。

2020年静海区防汛抗旱指挥部成员：

指　挥：金汇江　区委副书记、区长
副指挥：曲海富　区委常委、常务副区长
罗振胜　副区长
刘洪庆　副区长、公安静海分局
孙景奎　区人民武装部部长
武树培　区人民政府办公室主任
徐连昭　区应急管理局局长
王长虹　区农业农村委主任
杨金水　区水务局局长
宁云龙　市大清河管理中心主任

成员单位：区政府办、天津市大清河管理中心、区人武部、区发展改革委、区住建委、区农业农村委、区卫健委、区城管委、区财政局、公安静海分局、区应急局、区水务局、区教育局、区人社局、区工信局、区交通局、区商务局、区民政局、区文旅局、区生态环境局、市规划和自然资源局静海分局、区气象局、团泊水库管理处、团泊鸟类自然保护区管委会、区供销社、区新闻中心、区种植中心、区农机中心、区林业中心、区畜水中心、静海火车站、供电公司、静泓公司、联通公司、子牙经开区、开发区、团泊新城委、林海示范区。

防汛抗旱指挥部办公室设在区应急局，办公室主任由区应急局党委书记、局长兼任。

2020年静海区水务局防汛救灾应急领导小组成员：

组　长：杨金水　党委书记、局长
副组长：刘敏贤　党委委员、副局长
殷忠刚　党委委员、副局长
成　员：薄庆顺　杜恩来　杨志霞　薛　刚
赵文亮　马学武　刘　强　滕述利
刘金强　王增雨　董宝航　张嘉伟
李　超　张崇明　尹桂强

认真开展防汛安全检查。汛期前分别对防洪工程、河道堤防、泵站闸涵、险工险段进行了全面技术检查和设备检修保养，对防汛检查中发现的23处隐患，采取整改措施进行整改。对285千米一级河道堤防进行全面巡查以及险工险段排查；对38条区管河道进行清理整治，确保引排水的畅通；对24座国有扬水站运行检查及维护保养，保证扬水站运行能力基本满足全区排涝需求。

完善防汛预案。按照市防办防汛预案大纲的总体要求，结合静海区实际情况，修订完善2020年《蓄滞洪区运用预案》等11个防汛抢险预案。

落实防汛物资。代储防汛抢险物资，采取企业和商户代储，支付给企业或商户代储费的办法，代储木桩2000根、钢管40吨、砂石料2000立方米、铅丝网片2000片等防汛抢险物资，并定期对代储物资情况进行检查，确保遇有险情物资能及时到位。防汛专储物资包括无人机两架、救援冲锋舟2艘、工具类615件、救生类2000余件、自吸泵85台、保障类700余件、冲锋舟2艘、移动式水泵抢险车2部、抢险指挥车辆1部等。

组建防汛抢险队伍。组织成立了92人的城区防汛排水突击队，分区片落实责任人，明确任务和措施，形成城区排水部门联动机制，并制订《天津市静海区水务局城区排水抢险预案》。

做好雨水情测报及预警设施完善工作。及时开通雨、水情自动采集信息系统，并对自动采集信息系统18个测报点的设备进行检修和维护，确保雨、水情测得准、报得出、传得快。与上游廊坊水文局签订水情信息有偿服务协议，实现信息共享，为防汛决策提供准确、快速的信息保障。完善运行农村基层防汛预报预警体系，切实提升防汛应急处置能力。

加强针对性演练，增强实战能力。6月7日出动87人次，大小移动泵车9台套，开展城区排水防汛演练；7月7日区水务局与区应急管理局、公安局静海分局、区民政局、区交通局等部门于台头镇义和村联合开展东淀蓄滞洪区群众转移演练，共涉及参演群众、工作人员150人，强化指挥机构调度能力，为实战转移积累经验；7月31日区应急管理局、区水务局、台头镇联合开展分洪口门扒除演练，检验分洪口门扒除预案的可操作性，增强防汛指挥系统的应变能力，使人员、技术和装备在实战中都能充分发挥作用，确保在发生险情时分洪能够顺利实施。

完善城区排水措施，打好城区排水攻坚战。汛前完成城区170.8千米排水管网以及9549座检查井、收水井的清掏疏通，有效减少入河污染，保障城区排水管网通畅。对城区11座排水泵站设备、附属设施进行维修保养。提前采取“一低两腾空”措施，预留排水空间。坚持“雨情就是命令”，第一时间上岗到位、昼夜坚守，水不退净人不离岗；落实城区12处低洼积水片“一处一预案”排水措施，保障实现城区“大雨2小时排除，暴雨5小时排除”目标。

应对9月14日强降雨。9月14日白天至夜间，静海区普降大到暴雨，局部大暴雨。9月15日01时05分，气象部门发布暴雨黄色预警，2时15分升级为暴雨橙色预警，7时34分解除预警信号。静海区水务局加强监测预警，提前布控，及时开通雨水情自动采集系统及农村基层防汛预报预警系统，对全区18处测报点数据进行实时统计，安排专人值守，随时检查通信设备、网络等各个环节，同时积极与上游廊坊水文局联系，了解上游水情雨情，畅通信息渠道，确保信息传输通畅。静海区水务局组织92人的城区排水抢险队伍，按照城区排水预案要求上岗奔赴各责任片，对城区12处低洼易积水片专人值守并及时疏通排水，确保行人和车辆通行安全，做到雨水不退，人员不撤。调度东方雨水泵站等7座排水泵站和管铺头扬水站等12座扬水站及时开启，保证顺利排除强降雨带来的积水。汛期区水务局坚持雨情就是命令，坚守岗位，落实预案及各项工作要求，及时掌握并畅通相关汛情信息，严实做好汛期各项工作，确保平安度汛。

2. 抗旱

坚持防蓄结合，通过实地调查，制订全区中南部地区等四个片区的水系循环路线，打通全区常态化引调水和水系联通循环堵点和瓶颈，全年通过上游雄安新区泄水、南水北调东线北延应急试通水、天津市北水南调、独流减河橡胶坝拦蓄汛期雨洪水等水源共为静海区生态补水约2.16亿立方米，其中向团泊水库补水1.12亿立方米。调水的实施为全区12000公顷冬小麦及林地灌溉提供有力保障。

【农业供水与节水】 积极协调生态补水，满足水环境改善和农业灌溉需求。调度争光、八堡、西钓台等国有扬水站对区管河道及团泊水库进行生态补水。2020年通过天津市北水南调、独流减河再生水等为静海区引调外来地表水源2.16亿立方米，其中为团泊水库补水1.12亿立方米，区管河道补水1.04亿立方米。提高了水体流动性，加大水环境容量及自净能力，增强水环境改善效果，满足农业灌溉需求。

维持水资源可持续利用，推进农业节水。一是推动地下水超采综合治理，2020年推进超采区农业机井封填，封停农用机井600眼，压采水量约280万立方米。二是加强农业取用水监管，对全区18个乡镇的农业水权进行分配，并印发水权证。三是实施农业水价综合改革，落实农业水价进行精准补贴和节水奖励政策，鼓励农业节水。

【村镇供水】 静海区有384个村，61.5万人。截至2020年年底，全区有361个村，58.9万农村居民实现水源转换，使用符合国家饮用水标准的长江水；其中静海镇的东边、前杨、后杨、前毕、后毕、徐庄子6个拆迁村，静海水务公司供水管网已延伸到村口，安装18台直饮机供水；大邱庄镇的满井子、庞庄子、白公坨、崔庄子、东尚码头、西尚码头、前尚码头、官坑、太平村、胡连庄、五美城、三间房、刘房子、丁房子、东房子、邢家堼16个搬迁村，安装49台净水机供水，供水水源为地下水；独流镇尚庄子村为小产权楼房村，城市供水管网已延伸到村口，按规定不能并入城市供水管网，安装1台净水机，供水水源为地下水。

2020年，按照《水利部关于建立农村饮水安全管理责任体系的通知》要求，为提升农村饮水安全管理水平，确保农村饮水提质增效工程全面发挥效益，保证农村饮水安全管理工作落实到位，静海区持续做好村镇供水管理工作。全面落实农村饮水安全管理“三个责任”，即区人民政府农村饮水安全主体责任、区水务局等部门的行业监管责任、供水单位的运行管理责任。区水务局严格要求供水企业，做好村镇供水安全保障工作，包括定期水质检测、落实人员机构、应急管理、窗口服务等。健全完善农村饮水工程运行管理制度，健全完善农村饮水工程运行管理机构，修编静海区村镇供水运行管理办法。创新农村饮水工程运行管理模式，按照“设投资谁所有，谁收益谁负担”的原则，持续推进农村饮水工程管理制度改革。

【农田水利】 2020年，实施静海区中南部水系连通河道清淤工程，工程概算总投资4002万元，由天津市静海区水利技术服务中心（原天津市静海区水利工程建设管理中心）负责实施建设，由中建六局水利水电建设集团有限公司承建。主要建设内容：秃尾巴河河道治理约6.7千米、唐家洼排干河道治理约3.2千米、老幸福河河道治理约13.4千米。2020年11月22日开工建设，截至2020年年底，完成清淤23.3千米，清淤土方30.2万立方米，剩余复堤部分已于2021年4月完工。清淤完工后，有效解决中南部地区水资源严重短缺、供需矛盾突出、水系连通不畅、生态水源单一等问题，提高该地区的排涝及水源调蓄能力，生态环境明显改善。

【水土保持】 强力推进平原区水土保持监督执法工作，以重点项目为突破口，以贯彻“三同时”制度为重点，以遏制人为水土流失、改善生态环境为目标，以水土保持方案的落实为重要抓手，加强对开发建设项目的监督、检查、管理，督促开发建设单位和个人履行防治水土流失的责任和义务，做到执法检查经常化、制度化、规范化。针对涉及静海区新建开发建设项目，深入各建设工地，采取监督检查、发放宣传手册、以案说法等方式，宣传水土保持法律法规，增强建设单位落实水土保持措施的自觉性。2020 年静海区组织专家评审水土保持方案 27 次，区审批局审批开发建设项目水土保持方案 58 个，申报率 100%，审批率 100%，有效控制人为水土流失的发生。

根据水利部办公厅《关于开展 2020 年生产建设项目水土保持遥感监测工作的通知》和市水务局《关于开展生产建设项目水土保持监督检查的通知》要求，依托遥感和信息技术，分两次对全区 169 个生产建设项目和非生产建设项目进行监督检查和管理，督促开发建设单位履行防治水土流失的责任和义务。两次现场检查共发现明显存在违规项目 45 个，针对发现的问题，要求建设单位及时编制水土保持方案。

【工程建设】 大丰堆镇水系治理改造工程。工程概算 1475 万元，由天津市静海区水利技术服务中心（原天津市静海区水利工程建设管理中心）负责实施建设，由天津市水利工程有限公司承建。工程主要建设内容为对大丰堆镇域内的 12 条河道进行清淤治理，治理总长度 26.5 千米，新建 1 座 2 立方米每秒的北边沟泵站，新建管涵 14 座，拆除重建管涵 1 座，清掏管涵 1 座；新建涵闸 1 座，拆除重建涵闸 1 座，维修加固涵闸 1 座。2019 年 7 月 4 日开工建设，2020 年 6 月完工。

纪庄子泵站更新改造工程。工程概算总投资 2720 万元，天津市静海区水务局组织实施建设，由天津水利工程有限公司承建。工程主要建设内容为：拆除重建进水引渠、进水闸、进水池、泵房、压力钢管、出水池、出水渠、穿堤涵管、出口防洪闸、出口防护、引水自流管涵、副厂房等主要建筑物以及生活管理用房等附属建筑物；更换全部机电和金属结构设备。2018 年 12 月 21 日开工建设，截至 2020 年 6 月全部完工。累计完成土方开挖 25549 立方米，土方回填 20571 立方米，浇筑混凝土 7570 立方米。

大庄子泵站更新改造工程。工程概算总投资 2040 万元，天津市静海区水务局组织实施建设，由北京金河水务建设集团有限公司承建。工程主要建设内容为：拆除重建泵站进水闸、出水池、泵房、出水池、出水闸、主厂房、副厂房和管理用房；更换全部机电和金属结构设备。2018 年 12 月 7 日开工建设，截至 2020 年 6 月全部完工。累计完成土方开挖 7764 立方米，土方回填 7075 立方米，浇筑混凝土 3768 立方米。

运河西侧生活区污水治理工程。工程概算总投资 756 万元，由天津市静海区水利技术服务中心（原天津市静海区水利工程建设管理中心）负责实施建设，由天津富凯建设集团有限公司承建。主要完成铺设直径 800 毫米钢筋混凝土管道 75 米，铺设直径 300 毫米污水管网约 1562 米，铺设给水管网约 7420 米，新建砖砌截污检查井 2 座，新建化粪井 24 座，路面恢复约 6455 平方米，新建 300 吨每日污水处理站等。2020 年 6 月 12 日开工建设，截至 2020 年年底，工程全部完工。投入使用后，有效提高本地区的水环境、生态环境和投资环境，提升城市形象，并能有效提高周边居民的健康水平和居住环境。

远东排干城区段初期雨水治理工程。总投资 2527.8 万元，该项目是静海区碧水保卫战、黑臭水体攻坚战重点工程项目。由天津富凯建设集团有限公司承建。2020 年 7 月 10 日开工建设，截至 2020 年年底，处理能力为 1.5 万吨每日的初期雨水处理设备已投入使用，同时完成 1.03 千米河道清淤及 1.25 千米 EHBR 膜的铺设工作，针对性解决建成区雨污管网混接造成运东排干汛期水体黑臭问题。

2019 年地下水压采工程。工程总投资 10316 万元（其中市补资金 3068 万元，区级自筹 7248 万元）。由中景园生态建设有限公司承建。该工程为企业水源转换 94 家，封停 109 眼机井。2020 年 7 月 31 日开工，截至 2020 年年底，完成工程任务，压采水量约 260 万立方米。

地下水位监测井工程。工程总投资448万元，全部区级自筹。由天津倚山建筑工程有限公司承建。该工程为新建地下水位监测井20眼。2020年8月10日开工，截至2020年年底完成工程任务。

地面沉降监测分层标工程。工程总投资917万元，全部区级自筹。由天津是地质基础工程公司承建。该工程为新建地质勘察孔1个，钻探进尺600米；分层监测标孔15个，标组钻探总进尺2592米；购置安装监测设备精密位移传感器10套、自动水位监测仪8套、渗压计5支，及相应配套辅材、供电保障和自动化数据采集传输设备一套，以实现实时监测及数据远传。2020年12月17日开工，截至2020年年底，完成建设1眼地质勘察孔。

【供水工程建设与管理】 为改善农村饮用水环境，提高农民生活质量，按照天津市新一轮农村饮水提质增效工程的安排部署，静海区水务局通过实施城市自来水村村通工程，新建独流和中旺两座供水服务中心加压泵站，建设安全高效的供水系统。

独流供水服务中心新建工程。区财政审批预算投资4447.4万元，设计供水规模5万立方米每日。位于静海区独流产业园北侧，占地面积约1.13公顷，主要为静海西北部独流、台头等地区用水高峰期间的稳定供水。由天津市静海区水利工程建设管理中心作为建设单位，天津千里马建筑工程有限公司承建。新建吸水井，泵房、变配电室及加氯间815平方米，清水池2座共3702平方米。2020年8月3日开工，12月31日完工。

中旺供水服务中心新建工程。区财政审批投资3982.2万元，设计供水规模3万立方米每日。位于静海区蔡中路东侧，滨港电镀产业基地北侧，占地面积约1.33公顷，主要保障南部中旺镇地区用水高峰期间的稳定供水。由天津市静海区水利工程建设管理中心作为建设单位，天津市水利工程有限公司承建。新建综合用房850平方米，吸水井，泵房、变配电室及加氯间620平方米，清水池2座共3350平方米。2020年8月27日开工，12月31日完工。

【排水工程建设与管理】 2020年，克服疫情影响，完成城区范围内排水设施的春、冬季清掏任务。春季清掏（4月22日至6月3日），历时43天，冬季清掏（11月10日至12月25日），历时45天。共疏通直径200~2000毫米的雨、污管道170.8千米；清掏检查井9549座、收水井10184座，分别清运污泥379立方米、377立方米，并全部进行无害化处理，为城区排水、安全度汛提供可靠保证。

维修泵站各种排水设备48台套，更换启闭机压盖2套，维修水泵11台；另外对3台套大型、19台小型应急排水设备进行了维护，为保障城区排水、安全度汛提供了可靠保证。

按照《静海区渤海综合治理攻坚战2020年工作任务计划》要求，城区排水管理所组织完成3处雨污混结点改造任务。工程于4月24日进场施工，6月15日竣工验收合格。其中春曦道与十三排支交口、地纬路与旭华道交口2处混接点分别砌筑直径800毫米管堵2处、直径500毫米管堵2处，采用水泥浆预留孔压浆填管；南纬三路泵站院内混接点安装直径600毫米双向止水铸铁闸门1座，拆除更换手电两用启闭机1台，砌拆直径2000毫米管堵2处、砌拆管直径500毫米堵1处。

【科技教育】 农田灌溉水有效利用系数测算。按照市水务局的工作部署，2020年继续开展农田灌溉水有效利用系数测算分析工作，采集唐官屯镇、陈官屯镇、台头镇、良王庄乡典型地块105根测管的数据，并及时上报天津市水利科学研究院，在“农业用水量与灌溉用水效率信息管理平台”进行相关数据填报，由天津市水利科学研究院统一核算天津市灌溉水利用系数。

2020 年 11 月 25 日，参加市水政监察总队举办的 2020 年水行政执法骨干培训班，由天津师范大学法学院副教授魏建新、市水务局法律顾问和市水政监察总队执法科王志强，从多项角度进行了水政执法业务培训。12 月 28 日，举办水政执法人员业务知识培训，以《行政处罚法》《行政复议法》等公共法和《中华人民共和国水法》《天津市河道管理条例》等专业法为培训内容，对静海区水政执法骨干进行授课。通过参加各类水政执法培训，有助于广大水行政执法人员牢固树立依法行政、执法为民的基本理念，切实增强水政执法队伍的业务水平，培训取得良好的效果。

【水政监察】

1. 案件查处

2020 年共查处涉水案件 1 起，累计行政处罚 20 万元。通过日常巡查，共发现并制止河道管理范围内违法取土 4 起、未编制水土保持方案 3 起、违法取水 1 起。处理群众来电来访举报线索问题 5 件，办结率 100%。

按照区委、区政府做好市委土地管理领域违纪违法问题的工作部署，由区水务局和大邱庄镇政府牵头，团泊新城委和区综合行政执法支队共同配合，2020 年 1 月 6 日对天津舜新置业有限公司在团泊水库南堤堤脚外 50 米内的违建房屋进行强制拆除。此次拆除违建共有房屋 87 件，建筑面积 2086.16 平方米。

5 月 9 日，对静海区部分雨污混接的洗车行、饭店等商户进行专项治理，现场帮助当事人制定整改方案，督促尽快整改，避免在汛期造成排水管道堵塞的情况。共排查商户 32 户，下达整改通知 22 份。

配合大清河管理中心、区河长办和静海镇政府，开展为期半年的“健康大运河”专项行动，重点开展南运河管理范围内的垃圾清理、截污治污、“清四乱”等工作，实现南运河管理范围内“六无”目标，共下达责令拆除通知 20 余份。

会同区河长办、蔡公庄镇，对市河长办反映的蔡公庄镇幸福小区 40 余间车库侵占迎丰渠问题多次召开协调会，6 月 2 日对违法单位下达《限期整改通知书》，违法单位对违法行为认识深刻，已于 6 月 10 日将违建车库自行拆除，仅保留两处供水和供电房屋，待水、电管线改道后完成拆除工作。

2. 法制宣传

2020 年因疫情影响，区水务局为避免开展大型集中宣传活动，最大限度减少大型现场活动和人员流动聚集，在 2020 年“世界水日”“中国水周”之际，开展了以线上活动为主，线下活动为辅的宣传纪念活动。以静海区融媒体中心为载体，在静海融媒微信公众号对静海区河道基本情况、补水调水动态、湿地修复成效和重点水利工程进行宣传，同时组织机关工作人员参加征文、答题等活动，并结合疫情防控工作，将宣传工作融入日常管理。本次活动，现场文章共阅读 700 余次，报送主题征文 1 篇，发放宣传彩页近万张，宣传手册 4000 余份，张贴宣传挂图 100 余张，悬挂宣传标语 61 条。在静海区全区取得了较好的宣传效果。

【工程管理】

1. 泵站管理

2020 年，通过汛前逐站检查、各站自查的方式对所辖 24 座国营泵站进行了一次全面的排查，完成职工技能培训考核，并对所辖各重点泵站进行预防性试验，进行开车试运行，确保汛期设备运行良好。

配合静海区水环境治理、北大港水库补水、团泊水库补水等工作，共计有 18 座泵站先后开车运行，排调蓄水量共计 7.98 亿立方米，累计开车时间 77144 小时，其中八堡、争光泵站调水开车运行时间超过 7473 小时，累计调水超过 8470 万立方米；大邱庄泵站开车向团泊水库蓄水时间 5131 小时，累计蓄水 9493 万立方米。

2. 河道干渠管理

参加大清河管理中心、区河长办专项行动 3 次，拆除违建 2 处，清理渔具 3 处。全年累计巡查河道干渠1466次，巡查人次1773人次，市管河道巡查发现违章31起，全部上报大清河管理中心，区管河道发现违章84起，均及时对违法违章案件进行处理。

3. 团泊水库管理

实施生态补水工程，累计为团泊水库置换补水6370万立方米，截至2020年年底，全库存蓄水量1.3亿立方米。常态化开展汛前检查，对2艘冲锋舟进行了维修养护、5座闸涵进行了启闭试验，定期做好库区闸涵位移、沉降和堤坝渗漏观测工作。清理独流减河南堤（彩针大桥至团泊大桥共计9千米）两侧垃圾、打捞了独流减河中旺闸和六排干出口闸水面漂浮物、大邱庄机蓄闸安装安全护栏420米并设置警示标识。

扎实开展“绿盾2020”自然保护地监督检查专项行动。主动协调区河长办、渔政执法、属地乡镇及公安机关对保护区试验区，特别是独流减河段连续开展联合执法行动，严厉打击违规进入湿地偷捕偷猎野生动物、鱼类等破坏保护区资源的违法行为。共清理捕鱼船46艘、捕捞鱼虫船6艘、作业面积约4000平方米的大型网箔2组、拦网15条、丝网430条、捕鱼地笼743个、捕鸟网1张，驱逐钓鱼人员2800余人次，清理野餐烧烤人员246人次，为鸟类生存创造了良好的环境。

【河（湖）长制】 落实河（湖）长制主要任务，强化河（湖）长履职尽责。印发《静海区2020年全面推行河（湖）长制主要任务（第一、二批次）》，贯彻落实区委、区政府关于推动河（湖）长制从“有名”到“有实”的工作部署，确保静海区河（湖）长制工作有序推进、落地见效，实现河（湖）长制“名实相副”。印发《静海区贯彻落实水利部关于进一步强化河长湖长履职尽责的指导意见的实施方案》，强化各级河（湖）长主责意识，主动作为、担当尽责。召开河（湖）长办例会18次，研究推动河（湖）长制各项工作。

开展河湖清四乱工作。静海区全面贯彻市河（湖）长制领导小组会议精神，8月12日，区河（湖）长制办公室印发《关于进一步贯彻落实天津市总河（湖）长令的通知》，要求各有关部门严格落实天津市总河（湖）长令要求，常态化、规范化开展河湖清四乱工作，共清理整治点位729处，其中拆除民房15处708平方米，临建168处11429平方米，垃圾池（箱）89处，厕所40处，清理沿河垃圾杂物358处10395.3立方米，其他类型59处。以岸绿促水清，全区水环境得到明显提升。

加强日常巡查。水环境巡查暗访队伍对乡镇、园区开展不定期督查检查，结合农村人居环境综合整治和全域清洁化，做好路边、河边、田边、村边、屋边这“五边”中河边的环境卫生督查检查。同时在抗疫期间，重点检查河道内是否有医疗废弃物等污染物，做到及时发现、及时处理，杜绝污染水环境的情况发生。

开展专项行动。2020年深入推进“2020清河（湖）”和“健康大运河”专项行动，全面清理河道、坑塘、沟渠垃圾及漂浮物，提升改善静海区水环境质量。截至2020年年底，其中拆除临建167处，民房10处，厕所40处，沿岸垃圾池（桶）89处，沿河垃圾杂物358处，清除垃圾杂物共计10368.3立方米，插网3处，清除占地面积4000平方米的大型网箔2组、丝网446条、地笼45个。

开展农村黑臭水体治理。截至2020年年底，静海区共上报黑臭水体27处（包括困难村黑臭水体13处），其中王口镇7处（困难村7处），杨成庄乡7处，中旺镇5处（困难村4处），沿庄镇4处（困难村1处），独流镇3处（困难村1处），台头镇1处；按类型分：坑塘10座，沟渠17条（段）。截至2020年7月底，静海区27处黑臭水体已全部主体工程完工，下一步将进行后期评估、水质检测、公众调查评议等。

开展“优秀河长 最美河湖”评选。为激励基层河（湖）长主动履职尽责，打造一批能复制、可推广的河湖治理保护示范案例。2020年，区河（湖）长办积极开展静海区“优秀河长　最美河湖”创建工作，对静海区全面推行河（湖）长制工作以来，表现突出的基层河（湖）长和治理保护成效显著的河（湖）管护主体责任单位进行表彰，共推选“优秀河长7名、最美河湖3条（段）。上报市河（湖）长办参选后，静海区共有团泊水库管理处副主任李艳寰、陈官屯镇胡辛庄村党总支书记胡宝龙、团泊镇团泊村党支部书记陈玉国、大丰堆镇靳庄子村党支部书记韩世龙4名村级河长获得“优秀河长”称号，下一步区河（湖）长办将大力宣传，积极发挥榜样先锋带头作用。

积极开展河（湖）长制专题培训。2020年，区河（湖）长办积极协调区委党校开展河（湖）长制培训，邀请市河湖长制专家开展处级干部培训两次，参训人员110余人次。

强化河（湖）长制宣传。区委宣传部制订了年度河（湖）长制宣传工作方案，并按计划组织实施，完成全年宣传工作。全年开展网站、微信、微博宣传564次，进农村、进社区宣传8530次，发放宣传册24541册，张贴横幅325次，乡村广播每日播报两次（约13729次），进农户宣传10514人次。

严格监督考核。对全区纳入“河（湖）长制”管理的一级河道、区管干渠、团泊水库的环境卫生等情况进行综合考核并通报全区，对成绩排在后三名的河（湖）长直接点名道姓，督促后进，表彰先进，有效推进各级河（湖）长履职尽责。同时开展乡镇河（湖）长制管理督导检查，通过检查考核和暗查暗访推动问题解决，发现问题立即整改，举一反三，做好河（湖）长制常态化管护。截至2020年年底，共下发整改、督办通知146份，已全部整改完毕。

【水务经济】 政府债务管理。按照静海区投融资工作领导小组“关于开展静海区规范政府举债融资行为自查自纠和整改落实工作的实施方案”要求，继续开展规范举债贷款行为的整改，及时上报债务信息，协调安排还贷资金。静海区水务局需要偿还水利建设贷款资金本息合计2.31亿元（本金2.19亿元，利息0.12亿元），经与区财政局协调，全年债务按时足额偿还，没有发生违约行为和债务风险。

政府采购工作。按照政府采购工作要求，对符合政府采购要求的 办公设备购置、污泥处置、灌溉水水质监测、东淀湿地规划方案等10个项目进行了政府采购，全年完成政府采购预算金额1648万元，实际采购金额1540万元，节约资金107万元，资金节约率为7%。

【水务改革】

1. 农业水价综合改革

农业水价综合改革。指导乡镇根据《天津市农业水价综合改革灌溉计量以电折水系数参考值及使用指南》确定以电折水系数，并采用“以电折水”的方式换算统计农业用水量，落实农业水价综合改革节水奖励和精准补贴90万元。

2. “一制三化”改革

根据实际情况及时调整区水务局“一制三化”领导小组人员，将原先分散职权集中到区水务局水政科统一行使。完成审批事项与市水务局统一，正式启用静海区水务局行政审批专用章。按照静海区推进“只进一扇门”改革实施方案要求，自2019年10月14日起，政务一网通系统中，区水务局涉及政务服务全部事项由进驻区政务服务中心水务局窗口使用行政审批专用章统一办理，不得“体外循环”。一网通改革工作中最多跑一次事项，其中EMS邮寄送达所需费用由政府承担，真正做到让群众办事只跑一次。为有效衔接，做到轻审批重监管，使每个环节无缝衔接，建立审管联动机制。2020年度静海区水务局窗口率先对《二次供水设施备案》事项实施无人审批，使办事企业足不出户完成审批。

3. 机构改革

2020年7月28日，根据区委编委《关于改革调整区水务局所属公益类事业单位有关问题的通知》，具体改革调整如下：

整合天津市静海区水务局排灌管理站、天津市静海区水务局河道所2个事业单位，组建天津市静海区水利设施运维中心，加挂天津市静海区河长制事务中心牌子，为区水务局所属财政补助事业单位，规格为正科级，划入公益一类，主要职责：负责为已建水利工程正常运行提供技术支持和管理保障；负责相关河道、堤防、闸涵运行维护及防汛抢险相关工作；承担河（湖）长制管理、数据统计相关技术性、事务性工作等。核定暂用事业编制107名，随自然减员等退1收1，逐步达到编制限额90名。

组建天津市静海区水资源事务中心，为区水务局所属财政补助事业单位，规格为正科级，划入公益一类，主要职责是：承担水资源测验、水质监测、水情监测预报等工作；承担水资源管理、节约用水、供排水管理等相关事务性工作。核定事业编制15名。

将天津市静海区水利技术推广服务中心更名为天津市静海区水利技术服务中心，整建制将天津市静海区水利工程建设管理中心、天津市静海区水利工程建设质量与安全监督服务站并入天津市静海区水利技术服务中心，仍为区水务局所属财政补助事业单位，规格为正科级，划入公益一类，主要职责调整为：为全区水利技术项目质量与安全等提供技术支持和服务保障；承担防汛抗旱技术支撑和物资保障等事务性工作。核定事业编制20名。

整建制将天津市静海区水务局城区排水管理所并入静海区城管委所属的天津市静海区公用事业管理服务中心。

撤销天津市静海区水利工程建设管理中心、天津市静海区水利工程建设质量与安全监督服务站、天津市静海区水务局排灌管理站、天津市静海区水务局河道所、天津市静海区农村自来水管理站、天津市静海区水务局机井服务站、天津市静海区水务局城区排水管理所。编制由区委编办收回。

【精神文明建设】 静海区水务局坚持落实全面从严治党主体责任，进一步巩固和深化“维护核心、铸就忠诚、担当作为、抓实支部”、“两学一做”学习教育和“不忘初心、牢记使命”主题教育等实践活动成果，以主体责任“四查四纠四改”活动为载体，围绕重点工作、日常监管、担当作为、选人用人等方面深入查摆问题，制订并落实各项整改措施；充分发挥党委核心作用，坚持以上率下，强化基层组织建设和党员干部教育管理工作，完善相关机制体制建设，认真做好巡视巡察整改工作，市委土地领域专项巡视反馈涉及水务的5个问题，区委第十轮专项巡察反馈的10个问题全部整改完成。通过巡视巡察整改，举一反三，堵塞管理漏洞，完善内部制度体系，在全局营造干净的政治生态和干事创业的良好氛围。

组织开展三八红旗手、红旗集体、巾帼文明岗等各项荣誉的评选工作，积极推优选优，树立榜样，提高广大职工的工作积极性。开展静海榜样、身边好人等向先进典型学习的示范教育活动，大力加强行业职业道德建设。弘扬“献身、负责、求实”的行业精神，教育职工爱水爱岗、敬业奉献。积极开展形式多样，丰富多彩职工文化活动，以高昂的精神状态投身水利建设与发展，做到精神文明建设与业务工作相互促进，协调发展。

积极开展建会入会工作，扩大工会会员普惠范围，为广大职工提供大病保障，开展工会会员住院慰问10人，申报工会会员卡保险1人。疫情期间开展妇女职工慰问活动，为坚守30余个卡口点位的妇女职工送去慰问品。开展春节慰问活动，慰问市级及以上劳模4人。

积极参与静海区创建天津市文明城区工作，组建静海区水务局志愿服务队，动员全体在职职工及退休老党员注册志愿者并加入区水务局志愿服务队，开展多种形式志愿活动。截至2020年年底，区水务局志愿服务队共有注册志愿者221人，开展了包括文明交通、包保禹洲尊府（环境清整、关爱困难老人、社区人口普查宣传、垃圾分类宣传）、西双塘村卫生环境清整、水法制宣传、科普宣传、“决胜小康志愿有我”主题志愿服务活动等在内的志愿活动24次，累计372人次参与志愿活动。

【队伍建设】

1. 领导班子

党委书记、局长：张德帅（5月免）
杨金水（5月任）

党委委员、副局长：刘敏贤（正处级）
殷忠刚
常子贺（6月免）
单　旭（5月退休）

二级调研员：朱均甲（10月任）

四级调研员：王新乡（6月退休）
姜连祥（7月退休）
常子贺（6月任）
岳继东
孙　立（10月退休）

团泊水库管理处副主任（人事关系在水库，实际工作在区水务局）：马俊鹏（1月退休）

2. 机构设置

2020年，局机关设6个科室，即综合办公室、水政科（水土保持科）、水资源管理科（供水管理科）、规划计划科（水利工程建设质量与安全监督科）、水旱灾害防御科、排水监督科。局属基层单位5个，即水利设施运维中心（河长制事务中心）、水利技术服务中心、水资源事务中心、水政监察大队、津海木制品有限公司。

3. 人员情况

2020年招录大学生2人，调入3人，调出1人，事业单位改革整建制转出23人，分流安置42人，退休13人，在职死亡1人。

截至2020年年底，全局在职职工总数210人，干部124人，工人86人，其中局机关28人，基层单位182人。在册人员学历情况：研究生3人、大本76人、大专76人、中专及以下55人。在册人员专业技术职称情况：高级工程师7名，工程师31人（只统计在专技岗位上持有工程师资格证书的人员），政工师1人，助理工程师22人（只统计在专技岗位上持有助理工程师资格证书的人员），助理会计师2人，助理政工师1人。在册工人中高级工66人，中级工7人，初级工6人。2020年评任情况：评工程师1人，政工师1人。

（1）局机关：核定行政编制28名（不含工人），实有25人。正处级2人，副处级4人，正科级5人，副科级8人，科员4人，见习期人员2人，工人3人。

（2）水利设施运维中心：核定暂用事业编制107名，实有120人。其中干部60人，工人60人；工程师17人，政工师1人，副高级工程师2人。

（3）水政监察大队（地下水资源管理办公室）：未核定事业编制数量，实有17人。其中干部10人，工人7人；工程师7人，副高级工程师2人。

（4）水利技术服务中心：核定事业编制20名，实有33人。其中干部23人，工人10人。工程师5人，副高级工程师3人。

（5）水资源事务中心：核定事业编制15名，实有8人。其中干部6人，工人2人。工程师2人。

（6）津海木制品有限公司：实有4人，全部为工人。

4. 退休人员

2020年静海区水务局办理退休人员共13人，见表5。

表5　　2020年静海区水务局办理退休人员

姓名	性别	民族	出生年月	参加工作时间	退休时间	工作单位
单旭	男	汉	1965年4月	1983年12月	2020年5月	机关
姜连祥	男	汉	1960年7月	1981年2月	2020年7月	机关
王新乡	男	汉	1960年6月	1981年12月	2020年6月	机关
孙立	男	回	1960年10月	1981年11月	2020年10月	机关

续表

姓名	性别	民族	出生年月	参加工作时间	退休时间	工作单位
丁静	男	汉	1960 年 1 月	1976 年 11 月	2020 年 1 月	机关
王克明	男	汉	1960 年 2 月	1981 年 2 月	2020 年 2 月	水利设施运维中心
陈自金	男	汉	1960 年 1 月	1981 年 2 月	2020 年 1 月	水利设施运维中心
郭维臣	男	汉	1960 年 6 月	1980 年 12 月	2020 年 6 月	水利设施运维中心
邵宝成	男	汉	1960 年 7 月	1980 年 11 月	2020 年 7 月	水利设施运维中心
滑桂平	女	汉	1970 年 9 月	1990 年 12 月	2020 年 9 月	水利设施运维中心
马洪芬	女	汉	1965 年 8 月	1991 年 8 月	2020 年 8 月	水政监察大队
闫志刚	男	汉	1960 年 5 月	1977 年 8 月	2020 年 5 月	水政监察大队
张连东	男	汉	1960 年 5 月	1983 年 6 月	2020 年 5 月	津海木制品有限公司

5. 先进个人和先进集体

（1）先进集体。

中共天津市静海区水务局河道所支部委员会被静海区委评为先进基层党组织。

（2）先进个人。

马学武被静海区委评为优秀共产党员。

张崇明家庭被区妇联评为市级最美家庭。

【疫情防控】 2020 年 1 月 24 日，全市启动《天津市应对新型冠状病毒感染的肺炎应急预案》一级响应后，局党委迅速行动，紧急安排，成立疫情防控领导小组。在安排好内部防控的同时，发挥行业管理职能，加强对供水厂、污水处理厂的防控工作检查，保障供水安全和污废水达标排放；安排专人深入污水处理企业，指导疫情防控，针对疫情期间居民生活污水和医院医疗废水的安全达标排放、污水处理厂专项应急预案工作提出意见建议，解决生产难题，组织污泥处置单位连续清除脱水污泥。在防疫物资十分紧张的情况下，为生产运行一线人员赠送口罩等急缺防疫物资，为唐官屯镇良辛庄村、结对帮扶的陈官屯镇南长屯村捐赠消毒水、口罩等防疫物资。组织全局党员自愿捐款 18300 元支持新冠肺炎疫情防控工作。

为切实支援社区做好疫情防控工作，根据区委组织部的统一安排，区水务局先后从局机关和局属各基层单位分三批抽调 152 人，下沉到静海镇 33 个社区的 135 个卡口，加强社区疫情防控各项措施的落实。党员领导干部身先士卒深入基层，下沉社区，始终坚守一线岗位，其他人员充分发挥先锋模范和带头作用，与静海镇政府和社区工作人员共同做好卡口防控工作。

自 2 月 8 日派出第一批下沉人员，到 10 月 16 日全部撤回，水务局广大干部职工抗严寒战酷暑，坚守社区疫情防控一线，其间共收到社区和居民个人的表扬信、感谢信共 63 封，受到表扬 153 人次，彰显“忠诚、干净、担当、科学、求实、创新”的新时代水利精神，用自己的行动践行初心和使命。

（胡　冉）

蓟州区水务局

【概述】 2020 年，蓟州区水务局深入贯彻习近平总书记提出的“节水优先、空间均衡、系统治理、两手发力”治水思路，紧紧围绕推进重点水利工程实施、有效管控工程建设质量等重点工作，攻坚奋进破难题，提档升级谋发展，强基固本守底线，改革创新增活力，推进水利工程建设工作取得新的更大成效。全年完成固定资产投资 53411. 6 万元，开工建设重点水利工程项目 11 个。全年累计完成城区供水任务10102万吨，全区基本消除黑臭水体，城区合流制及污水空白区全部清零，城区排水彻底实现雨污分流。继续推进最严格水资源管理制度，巩固节水型机关建设成果，加强河长制监督考核力度，守护蓟州水生态环境。

【水资源开发利用】 2020年汛期（6月15日至9月15日）蓟州区总体形势平稳，未出现大的汛情。2020年，全区有机井9875眼，其中农田井8442眼，非农业用井1433眼。2020年地下水开采总量为12627.35万立方米，地表水量292.56万立方米。其中农村生活用水1852.5万立方米、农田灌溉用水8615.18万立方米、工业用水223.24万立方米，城镇生活用水1171.56万立方米，区域外供水940.5万立方米，生态环境与其他用水116.93万立方米。

【水资源节约与保护】 2020年，全面推进最严格水资源管理制度。蓟州区水务局认真贯彻落实最严格水资源管理制度，严格用水总量控制，确保全年用水总量控制在1.89亿立方米；严格取水许可和水资源论证管理，建设项目取水许可和水资源论证率达到100%；严格执行《天津市水资源税改革试点实施办法》，与区税务局、区审批局建立联动和信息共享机制，截至2020年年底，征收水资源税7440.7万元；加大用水计量管理，非农业用水计量率达到100%，经营性设施农业计量率达到100%；严格入河排污口管理，建立常态化巡查机制，严格入河排污口设置论证制度；完成蓟州区基本单位名录库建设工作；开展全国取用水专项整治行动，完善蓟州区取用水户取水口核查登记工作。

加强地下水监测管理。严格按照《地下水动态监测规范》和《地下水整编规范》要求，认真规范地下水动态监测工作，强化水资源管理。扎实完成2019年地下水动态整编工作，完成《蓟州区2019年度地下水动态监测年鉴》编制工作。

强化控沉管理。严格地面沉降监测设施行政检查，制订了蓟州区2020年度地面沉降监测设施行政检查工作计划，明确了目标任务、检查内容和检查安排。截至2020年年底，蓟州区范围内地面沉降监测设施没有丢失、损毁情况发生，确保了监测数据的连续、完整。强化控沉预审制度，充分发挥控沉工作在地下水开发利用过程中的监督职能，执行控沉"一票否决"制度，对不符合控沉要求的地下水取水项目一律不予批准。截至2020年年底，共有21个取用地下水项目进行了控沉预审工作，全部通过控沉审核并已备案。

巩固节水成效。以"世界水日""中国水周"为契机，开展节水进机关、进企业、进医院、进社区、进学校等系列宣传活动。圆满完成水务系统节水机关建设，并顺利通过市专家组验收。指导5家企业（单位）完善用水台账、节水制度、节水措施等，并顺利完成节水创建工作。按照《天津市节约用水条例》《天津市超计划用水累进加价水费征收管理规定》的相关条款对违法取水、用水户超计划用水情况进行处理，全年共办理计划用水指标526个。

【水生态环境建设】 深入开展河湖"清四乱"工作。按照天津市总河（湖）长签发的2020年总河（湖）长令第1号《关于深入推进河湖"清四乱"常态化规范化的决定》要求，坚决遏增量、清存量，持续推进"四乱"问题清理整治，结合"清河专项行动"常态化管理，将清理整治范围延伸至农村河湖、坑塘沟渠和小微水体，实现纳管河湖全覆盖。

持续开展清河专项行动。按照《市河（湖）长办关于开展"2020清河（湖）专项行动"的通知》要求，自2020年4月20日至7月31日，蓟州区开展清河专项行动。结合农村人居环境整治、卫生城市治理等工作安排，对蓟州区3787条（个）河湖坑塘沟渠进行了排查，发现存在水环境问题的河湖坑塘沟渠258条（个），问题包括水面漂浮垃圾5762.4平方米、堤岸生活垃圾1189.37立方米、建筑垃圾2067.4立方米、垃圾池8个、旱厕6个，截至2020年年底，已全部治理完成。

有序开展“黑臭水体”整治工作。按照市委、市政府印发的《天津市打好城市黑臭水体治理攻坚战三年作战计划》部署及市水务局、市生态环境局《关于印发〈天津市全市域黑臭水体整治工作方案〉的通知》要求，为确保2020年完成全部黑臭水体治理工程，全市基本消除黑臭水体目标，对2019年各乡镇排查178出问题点位开展整治工作，截至2020年7月底，178处点位主体工程全部治理完成。

全力推进农村生活污水治理。按照蓟州区人民政府安排和农村人居环境综合整治要求，区政府采取“EOD”和“EPC”等模式与中交公司开展项目合作，全力推进农村生活污水治理工程。截至2020年年底，分别采用“接入市政污水管网”“村管网+污水处理站”“村管网+集中收集池”“建三格化粪池和集污池+吸污车拉运”等多种方式，完成了蓟州区876个规划保留村污水处理设施建设，实现了农村生活污水处理设施全覆盖。

【水务规划】 2020年，蓟州区安排重点水利建设工程11项，其中新开工项目8项，包括农村供水维修养护、京津风沙源二期、农村饮水提质增效、农业水价综合改革、州河国家湿地公园（2019年湿地保护与恢复工程）、于桥水库和杨庄水库库区移民安置区2020年基础设施建设、水系连通工程和国家湿地公园建设。结转项目3项，包括中小河流治理、于桥水库和杨庄水库库区移民安置区2019年基础设施建设、蓟县城区污水综合整治项目。截至2020年12月31日，新开工项目有4项目完工，2项结转项目完工，1项结转项目未完工，年度完成政府总投资43811.6万元，完成社会资本投资9600万元。

【水旱灾害防御】

1. 雨情、水情

2020年，蓟州区汛期累计平均降雨量357.9毫米，比上年同期（322.1毫米）多35.8毫米。6月累计平均降雨量6.6毫米，7月累计平均降雨量112.1毫米，8月累计平均降雨量217.1毫米，9月累计平均降雨量22.1毫米，降雨时空分布不均，8月中下旬降雨量集中，其中8月23日全区平均降雨109毫米，最大值176毫米（穿芳峪镇）。全区各雨量站中，汛期最大累计降雨量为下营镇黄崖关，为539.2毫米；汛期最小累计降雨量为白涧镇刘吉素，为209.7毫米。上年同期，汛期最大累计降雨量出现在下营镇，为500.5毫米；汛期最小累计降雨量出现在杨津庄镇白庄子，为136.1毫米。

2020年8月19日，洼区排水站站前水位普遍开始上涨，永安庄排水站率先开车排水；8月22—24日，庞家场、大仇、咀头、三岔口、白塔子、甘八里排水站相继开车排水。汛期累计开车788.24小时，排水708.72万立方米。

主汛期山区9座中小型水库水位均控制在汛限水位以下，汛末开始蓄水，截至2020年9月15日总蓄水量1176.68万立方米，其中杨庄水库蓄水1107万立方米，小型水库蓄水69.68万立方米，小型水库中，刘吉素水库、官善水库、穿芳峪水库、三八水库、新房子水库仍处于空库状态。

2. 防汛

（1）区防汛抗旱指挥部。

5月初，蓟州区成立了由区长廉桂峰任指挥的区防汛抗旱指挥部。下设城区分指挥部、山区景区分指挥部、青甸洼蓄滞洪区分指挥部、于桥水库分指挥部、农村除涝抗旱分指挥部，在区防指统一领导下，分别负责城区除涝排水、山区防洪、青甸洼蓄滞洪区运用、于桥水库库区运用、农村除涝抗旱工作。分指挥部指挥均由区级领导担任，各镇乡分别成立了防汛指挥分部，严格落实了以行政首长负责制为核心的各项防汛责任制。

2020年蓟州区防汛抗旱指挥部机构成员：

指　挥：廉桂峰　区长

副指挥：张建宇　副区长

滑永峰　人武部部长

王俊茹　副区长

李　健　副区长
刘海波　副区长
魏　力　副区长
王旭东　副区长
王玉宝　于桥水库中心处长
李继明　北三河中心处长
穆金有　区应急局局长
赵国喜　区水务局局长
成　员：张建军　区政府办公室
李鹏岳　区委宣传部
李武锁　区发展改革委
贾　占　区农业农村委
贾国英　区住房建设委
董秀良　区城市管理委
张铁国　区卫生健康委
韩毅新　区商务局
贾宏伟　区工业和信息化局
张文军　区文化和旅游局
李旭东　区人武部
张宝发　32134 部队
杨自力　公安蓟州分局
郭　勇　区应急局
王志光　区水务局
刘振宇　于桥水库管理中心
方志国　北三河管理中心
陶建宇　区民政局
耿卓赟　区财政局
陈树先　区交通局
花宜春　区教育局
张　平　区市场监管局
蔡国宏　市规划资源局蓟州分局
张殿江　区气象局
王学利　区生态环境局
王雅轩　区人防办
耿树志　区水产中心
陈志平　区融媒体中心
刘洪亮　供电分公司
高建光　万事兴集团
闻宝玉　人保蓟州分公司

指挥部下设办公室，主任由蓟州区应急局局长穆金有兼任，办公地点设在区应急局。

（2）防汛预案。

完成修订《蓟州区防汛预案》，完善《蓟州区山洪灾害防御预案》等 5 个分预案，修订杨庄水库等 9 座水库调度规程、预测预报预警方案、大坝安全管理应急预案、防洪应急预案等。镇乡街完成 27 个镇级防汛预案、14 个山洪灾害防御预案和 5 个重点景区防洪工作方案修订，受山洪威胁村（48 个村 271 户 926 人）落实了“一村一预案”，231 个地质灾害危险点位（25 个村 56 户 195 人）落实了巡查预警、转移安置预案，并全部在区防办备案。

（3）防汛物资储备。

落实镇乡、村两级防汛抢险物资储备，储备不少于 2000 立方米砂石等专项物资。区防汛办储备编织袋 232000 条、铅丝和网片 6.45 吨、抢险排体 50 件、水泵 118 台、抽水泵车 12 台、发电机组 29 台等区级防汛物资。

（4）防汛抢险队伍。

蓟州区防汛抢险队伍主要由民兵、驻蓟部队、机动抢险队、专业抢险队、抢险突击队五部分组成。其中区水务局组建 103 人的防汛抢险专业队和 60 人的机动抢险队；区市容园林委、林业局、交通局组建 160 人的防汛抢险突击队；镇乡防汛抢险队伍主要以 3 万名民兵为主体，区人武部负责协调驻蓟部队参加急、难、险、重抗洪抢险救灾任务；各镇乡沿河、沿堤和有水库、塘坝的村组建不少于 50 人的抢险队，同时组建机械抢险队，落实人员和机械设备，用于执行紧急清淤、清障、抢险任务。

（5）防汛检查。

3 月底开始组织推动防汛检查，对辖区内 455.247 千米堤埝、15 条一、二级河道、25 条主排干渠、65 条重点泄洪沟道、53 座重点塘坝、9 座中小型水库进行全面检查，全部消除隐患、落实整改。各镇乡街落实防汛责任制，明确区镇村三级“三个责任人”和职责、任务。对108座水闸、12座排水站、杨庄水库等进行全面检查，对电气设备进行检修和电气试验，确保机电设备运行良好，满足汛期洪水调度和排涝需要。完成蓄滞洪区财产登记工作，实现区级领导包河、包水库，各委办局单位包河段、包堤段、包水库塘坝。

（6）强降雨应对措施。

及时转发市气象局“重要天气报告”和强降雨预警信息，区防指立即会商研判，及时启动防洪应急响应，各防汛分指挥部成员单位、各办事机构、各包保单位负责人上岗到位，做好防范准备工作，并做好随时集中办公和参加会商的准备，各镇乡街进一步落实责任，加强巡查防守，最大限度减少灾害损失，山区镇乡在收到预警响应指令后，及时转移危险区内的人员，景区、景点、农家院停止接待游客。2020年汛期中及时启动防洪预警响应3次，其中启动防洪Ⅳ级预警响应2次，启动山区防洪Ⅲ级预警1次，共转移了598户，2047人，对全区所有景区景点全部实施关闭，劝返游客22877人，切实保障了人员生命财产安全。

（7）防汛工程建设。

2020年，对防汛抗旱预警监测系统进行运行维护，61个自动雨量站、22个水位站、10个视频站、53个大喇叭全部做了维修调试，保证设备和数据传输正常。在乡镇自备铜锣、口哨、手摇报警器的前提下，区防办为重点防守村庄新配备铜锣和手摇报警器，充分发挥监测预警作用。推动河道综合治理建设，完成沟河罗庄子段3050米河道整治任务，该工程经6月12日杨庄水库泄水检验，完全具备行洪能力，也为沿途百姓打造了一处美丽的水景观；区防办与市水务局防汛会商系统、与区气象局视频传输系统调试，确保正常视频对话、会商和雨量站点、气象云图等信息共享。

3. 抗旱

2020年3月24日至12月2日，为解决蓟州区生态用水需求，从于桥水库向州河调水5100万立方米，在调水期间，区水务局下属的闸站管理单位开展巡视巡查，确保了水源合理调度。

【农业供水与节水】 2020年，蓟州区农业灌溉面积42.229千公顷，农业灌溉用水量8263.4万立方米，其中地表水灌溉用水量292.6万立方米，地下水灌溉用水量7970.8万立方米。

【村镇供水】 2020年，蓟州区全域949个行政村已全部实现通水，其中新城搬迁村73个，集中供水村613个，保持单村供水村263个。集中供水村实现了市政自来水管网与村内管网连接并网，已移交自来水管理所运行管理；保持单村供水村通过安装水净化设备等方式实现饮水提质增效，已移交受益村运行管理。

【水土保持】 2020年，蓟州区水务局以治理水土流失、改善生态环境为主线，以生产建设项目监督管理为重点，开展水土保持日常巡查和监督管理工作。全年共计监督检查55个生产建设项目，对存在问题严重的4个项目下发限期整改，到期后均已完成回复；下发《蓟州区生产建设项目水土保持告知书》13份，下发《责令停止水土保持违法行为通知书》11个，接受水土保持设施自主验收报备26个。

完成2020年水土保持遥感监管工作，49个生产建设项目扰动图斑，未批先建图斑12个，9个经认定后属于合规项目，已上传认定合规文件，3个认定为不合规项目已下发《责令停止水土保持违法行为期限补办水土保持方案报告的通知》，其中2个已完成整改，1个正在编制水土保持方案。

2020年6月底，完成2019年京津风沙源治理二期工程验收，并全部合格，11月完成水利部核查验收。2020年年底，完成蓟州区2020年京津风沙源二期工程。总投资1073.04万元，完成水源工程60处，节水灌溉工程119处，小流域治理水土流失面积3平方千米。

【工程建设】 2020年，蓟州区安排重点水利建设工程11项，其中新开工项目8项，结转项目3项。截至2020年12月31日，新开工项目有4项目完工，2项结转项目完工，1项结转项目未完工，年度完成政府总投资43811.6万元，完成社会资本投资9600万元。

中小河流治理东河出头岭镇项目区和洵河罗庄子镇项目区。其中，东河出头岭镇项目区总投资2666.93万元，完成河道治理15.058千米，拆除重建管涵2座，拆除重建盖板桥2座，拆除重建涵闸1座，拆除重建桥梁2座，新建行人桥1座，工程于2019年10月9日开工，2020年6月14日完工，2020年完成的投资为446.04万元。洵河罗庄子镇项目区总投资2995.33万元，完成河道治理3.05千米，拆除重建跨河桥梁2座，工程于2019年11月15日开工，2020年6月14日完工，2020年完成的投资为480.75万元。

蓟县城区污水综合整治工程。总投资75354.95万元，工程于2016年12月15日开工，2020年完成投资10809.68万元，铺设雨污水管网81258.6米，南环路顶管1493米，完工时间待定。

于桥水库和杨庄水库库区移民安置区2019年度二期基础设施建设项目。总投资2775万元，完成砂石路4.1万平方米，PVC管道2万米，焊接钢管1.3万米，低压线6080米，安装变压器10台，混凝土道路7.9万平方米，铺设排水管道885米，新建农用桥1座。蔡三庄贫困村庄改造完成村内道路1.1万平方米，铺设污水管道6694米、自来水管道7767米，安装路灯配套设施50套，工程于2019年12月17日开工，2020年6月30日完工。

蓟州区2020年农村供水设施维修养护项目，总投资498万元。完成维修养护消毒设备157台(套)，维修改造供水管道20758米，提升15个镇、162个村、15.2万人饮水质量。项目于2020年6月1日开工，10月31日完工。

蓟州区2020年京津风沙源二期工程。总投资1073.04万元，完成水源工程60处，节水灌溉工程119处，小流域治理水土流失面积3平方千米，2020年10月9日开工，12月15日完工。

天津市蓟州区2020年农业水价综合改革项目。总投资200万元，完成898座机井智能灌溉控制柜维修。2020年11月12日开工，12月30日完工。

农村饮水提质增效工程。其中东后子峪水厂工程总投资7920万元，完成厂区土建工程和设备安装工程，工程于2020年7月1日开工，2020年12月31日完工。东后子峪水厂输水线路工程总投资8067万元，截至2020年年底，完成投资892万元。完成桩号K1~K6管道敷设、首部衔接和2号隧洞箱涵改造工程，共开挖回填土石方22200立方米，完成洞口清表削坡及锚喷工作，敷设进出口电缆1000米，工程于2020年8月15日开工，计划2021年11月30日完工 。翠屏山水厂扩建工程，总投资1.43亿元，完成投资1.3亿元。完成厂区土建工程和设备安装工程，完成铺设直径600毫米钢管取水管线700米（并排2根），完成取水泵房桩基作业。工程于2020年5月开工，计划2021年6月30日完工。

州河国家湿地公园（2019年湿地保护与恢复工程）。总投资300万元，完成湿地公园主入口布置，科普宣教中心300平方米室内布展、设置宣教区界碑2座、界桩68个、新建生态所1座，2020年3月开工，截至2020年年底，完成投资260万元，计划2021年6月完工。

于桥水库和杨庄水库库区移民安置区2020年度基础设施建设项目。总投资6806万元，截至2020年年底，完成投资5457.09万元，完成新打机井61眼，管道铺设已完成28885米，新修筑混凝土道路112481平方米，铺设产业园砂石路83095平方米，新修筑产业园混凝土路4000平方米，安装变压器14台，架设低压线路34580米，新建或改建排水沟工程2440米，新建或改建混凝土管道排水工程3380米，完成农用桥盖板，完成贫困村改造工程。2020年9月25日开工，计划2021年6月30日完工。

蓟州区水系连通工程。总投资2600万元。新建闸涵6座、辽运河清淤3千米，新建液压坝2座，沧桑路北沟清淤5.4千米，新河河道连通1千米，维修闸函 21 座。2020 年 9 月 14 日开工，截至 2020 年年底工程基本完工。

国家湿地公园建设。州河湿地公园总投资 3.64 亿元，截至 2020 年年底，完成公园主入口布置、科普宣教中心 300 平方米室内布展、科普宣教点位 8 处，生物多样性和水质监测点 11 处，设置湿地公园界碑 2 座、界桩 68 个、新建生态厕所 2 座，鸟类观测点 2 座，硬质驳岸改造 2 千米，生态自然驳岸改造 5.76 公顷，基础设施改造 10 公顷。工程于 2020 年 8 月 29 日开工，计划 2021 年 10 月底前完工。环秀湖湿地公园 3.0 亿元，截至 2020 年年底，完成小平安村段湿地保护与修复工程 2 千米，修复湿地 4.4 公顷，新建科普宣教中心 740 平方米，管理服务中心 760 平方米，生物多样性和水质监测点 11 处，宣教长廊 20 米，滨岸植被带恢复 8.9 公顷，基础设施改造 2 千米。工程于 2020 年 8 月 29 日开工，计划 2021 年 10 月底前完工。截至 12 月底，两个湿地公园宣教展示区和合理利用区已基本完工，完成投资 7000 万元。

【供水工程建设与管理】 2020 年，蓟州区水务局完成城区供水 10102 万立方米，完成维修（恢复路面、换加密阀、关阀门、换单流阀、清井等）共计 1169 处，水表维修 11220 次，更换水表 5543 块。水质综合合格率 100%，水厂各项供水设施、设备运行良好。狠抓给水工程建设，提升供水保障能力，新铺设管道 51707.1 米，砌筑截门井 512 座，水表井 380 座，消火栓井 51 座。

完成北岸华庭给中水泵房等 7 座给中水泵房的验收和技术指导工作，同时正在组织棕榈名邸、荣盛华府、瑞和苑、红星鼎瀚园、鼎兴园、蓝湾庄园、康泰园等项目的二次供水泵房建设，使城区二次供水设施建设质量逐步提高。推进城区供水管网在线监测系统建设，完成主要供水管网 55 个点位的流量及压力监测设备安装工作，实现了远程监控，有效提高维护效率，降低供水管网漏损率。

【排水工程建设与管理】 2020 年，蓟州区水务局不断加大市政设施巡查、养管力度，确保市政设施良好运行。保证每天检查城区 65 条主道路和背街里巷的城区内检查井 8698 座、收水井 8055 座，每周检查城区外排水管道检查井 3769 座、收水井 2632 座。全年设施丢失、破损率控制在 4%。

全年城区共疏通排水管道 2.5 千米，清掏雨水检查井 8698 座，雨水篦子 8055 座，维修及更换检查井 141 座，维修及更换收水井 441 座，城区排水管道畅通率达到 95%。

积极组织开展城区排水设施“乱泼乱倒”问题专项治理活动，印制《禁止向排水设施倾倒垃圾油污明白书》，对全区范围内 4000 多家沿街店铺进行全覆盖宣传。严格贯彻落实《城镇排水和污水处理条例》《城镇污水排入排水管网许可管理办法》，2020 年共对 10 户个体商户申请的排水许可资料进行审核、现场查勘、水质检测，并审核合格取得城市排水许可证。协助新建小区办理排水证明 14 份，办理时限由原来的 20 个工作日，缩减到 5 个工作日，有效提高了办事效率 。

【科技教育】 2020 年，蓟州区水务局围绕水务中心工作，完成建筑安管人员新取证 2 人、延期 25 人、继续教育 93 人，水利安管人员新取证 43 人，全国造价工程师重新注册 2 人，水利工程造价工程师延期 4 人，特种工继续教育 15 人，一级建造师初始注册 1 人，重新注册 3 人，二级建造师初始注册 1 人，重新注册 8 人，专技人员继续教育 86 人。

【水政监察】 2020 年，蓟州区水务局不断加强队伍规范化建设，规范执法行为，完成 128 名持证监察人员培训考试和注册工作。进一步加大水事违法案件查处力度，截至 2020 年年底，共查处水违法案件 5 起，其中水资源案 1 起，供水管理案 4 起，并全部结案，案件办结率 100%。

【工程管理】 2020 年，蓟州区域内有州河、泃河、蓟运河 3 条一级河道，漳河、兰泉河等 12 条二级河道、3 条城区河道；大型水库 1 座，即于桥水库；中型水库一座，即杨庄水库；山区小水库 8 座；水闸 131 座，泵站 32 处（其中 12 处国有扬水站归蓟州区水务局管理）。

水库管理。积极开展防汛检查，重点检查水库库区、坝顶、防浪墙、迎水坡、背水坡、坝体与岸坡接合处以及两岸坝端区等部位。同时，将所有闸门、启闭机等设施进行了一次全面的检查，对部分水库溢洪道、浆砌石护坡、浆砌石挡墙破损进行应急维修养护。更换部分启闭机的齿轮油、机油，并将启闭机钢丝绳或牵引杆涂抹了黄油，确保水库各类设施运行顺畅，不存在危及水库大坝安全隐患问题。按照“谁主管、谁负责”的原则，逐级明确水库安全管理责任。落实了 8 座小水库行政责任人、技术责任人、巡查责任人，明晰“三个责任人”的具体职责。修订山区小水库《水库预测预报预警方案》《水库防汛抢险应急预案》《水库大坝安全管理应急预案》和《水库调度规程》工作，并对山区水库预测预报、调度运用、应急预案三个重点环节进行细致安排部署。落实了水库防抢队伍和物资储备。安排专门人员培训、指导各景区景点防汛预案和群众转移预案的编制工作，增强预案的可操作性。

河道管理。加大对堤防、河道的巡视巡查力度，特别是重点薄弱堤段在汛期期间重点防守，对河道乱倒、乱种、阻水现象进行摸底排查，对无证、无审批手续的涉嫌违法行为及时上报，坚持做到汛前排查、汛中巡查、汛后总结。汛期平均出动巡查车 236 车次，出动巡查人员 708 人次，巡查河道长度 11800 千米，落实汛期岗位责任制，保证 24 小时值班不空岗，按时交接班，通讯畅通，巡查发现问题及时上报，在汛前、汛后对堤埝进行维修养护，堤肩除草，平整雨淋沟，对州河左堤东桥头至郑家套段、右堤东赵各庄段进行堤顶治理，对兰泉河进行堤顶整治，确保了汛期防汛车辆的正常通行。

闸站管理。坚持“经常养护，及时维修，养修并重”，对检查发现的缺陷和问题，及时进行保养和局部维修，以保证工程及设备处于良好状态。加大闸站运行及管理的宣传力度，组织闸站全体人员对新设备、新技术、新方法进行培训及轮换操作演示，使其掌握通信调度设施及监测设施的日常维护和现代化设备操作流程的安全性和规范性。以三道港排水站为标准化建设项目标杆，通过建立安全生产责任制，制定管理制度及操作规程，排查治理隐患和监控重大危险源，建立预防机制，规范生产行为，使各生产环节符合有关安全生产法律法规和标准规范的要求，人、机、物、环境处于良好生产状态，并持续改进，不断加强闸站安全生产规范化建设和管理。

工程建设管理。合同管理。严格执行合同管理制，利用合同手段有效控制项目质量、进度、投资，确保建设目标落实。从合同的提出、合同文本的起草、合同的订立、合同履行、合同的变更和索赔控制、合同收尾等环节，严格把关，强化监督检查，保证合同管理的规范化，全年未发生任何合同纠纷。建设资金管理。按照“专户储存、专账管理、专款专用”原则，严格落实专人专账管理、单独核算，财务工作流程规范，记录真实、准确、及时、完整，账账、账证、账实、账表相符。在建设资金使用管理上，未发生任何违法、违规、违纪问题。工程质量安全管理。按照 2020 年安全生产会议精神，认真抓好工程建设质量、安全生产和施工扬尘污染控制等管理，积极开展水利工程文明标准化工地创建工作，坚持疫情防控和安全生产“两手抓、两不误”，始终绷紧安全生产这根弦，督促参建单位落实安全生产责任，强化安全风险防控，牢牢守住安全生产底线。施工过程中，定期召开专题例会，每月对参建单位的质量体系和质量行为、安全体系和安全行为、扬尘治理“六个百分之百”措施落实情况进行检查，对检查中发现的以及上级检查、稽查反馈的质量、安全隐患和扬尘问题，及时要求责任部门落实整改，隐患整改率达到了 100%。经过参建各方的共同努力，所有在建工程未发生任何质量、安全事故和扬尘污染事件。

【河（湖）长制】 蓟州区下辖26个乡镇、1个街道办、1个管委会。域内有州河、泃河、蓟运河3条一级河道；漳河、兰泉河等12条二级河道、3条城区河道；大型水库1座，即于桥水库；中型水库1座，即杨庄水库；山区小水库8座；山区小塘坝90座；农村坑塘3244个，沟渠395条，全部纳入河湖长制管理。蓟州区区级总河湖长1人，区级河湖长2人，镇级河湖长280人。村级河湖长831人。蓟州区坚持村级河（湖）长每日巡河、镇级河（湖）长每周巡河，区级河（湖）长每月巡河，增强巡河实效，切实做到守河有责、守河尽责。

全面加强河（湖）长制考核工作。按照蓟州区河（湖）长制办公室印发的《蓟州区河（湖）长制工作考核实施细则（试行）》要求，分别对区域地表水环境质量、河湖水生态环境和社会监督情况进行考核，并对各河段镇级河长进行考核排名。自2020年4月起，蓟州区河长办对考核内容进行了调整，将河（湖）长制日常工作完成情况纳入“考核情况通报”，特别是8月以来，针对蓟州区涉河湖暗查暗访问题，进一步加大7个考核单位力度。截至2020年年底，发放“考核情况通报”8期，共涉及监督管理职责不到位问题776处（含“清四乱”问题点位）。发放暗查暗访情况通报7期，发现问题点位214处，并全部整改落实到位。

开展帮扶困难村落实河湖长制管理工作。按照《市河长办关于加强帮扶困难村落实河长制管理工作的通知》及蓟州区结对帮扶困难村工作领导小组印发《关于〈关于开展结对帮扶困难村工作三年行动方案〉贯彻实施意见》的通知要求，蓟州区结对帮扶困难村288个、集体经济薄弱村27个。其中，纳入河长制管理的困难村为295个，涉及沟渠366条段、坑塘1306个。通过建立帮扶困难村沟渠坑塘问题工作台账，加大困难村沟渠、坑塘暗查暗访力度，截至6月30日，蓟州区已完成困难村问题点位清零任务。

强化部门联动，凝聚守河护河共识。积极组织区农业农村委、区生态环境局、区水产中心等部门，按照《天津市蓟州区农村人居环境整治三年行动实施方案》要求，将农村水环境治理纳入河长制管理；与武清区开展二、三季度建成区黑臭水体交叉监测，完成本年度监测任务；与区检察院研究，制订了《天津市蓟州区人民检察院、天津市蓟州区河（湖）长制办公室关于开展河湖水生态环境和水资源保护专项行动的实施方案》和《关于充分发挥检察公益诉讼职能协同推进河（湖）长制工作的意见》，有效推动联动机制的建立落实；严厉打击违法捕鱼行为，开展联合执法行动17次，清理违规船只614条，销毁地笼、网箔等违禁网具559组，立案查处违法捕捞案件5件，移交公安机关3件。

加大宣传力度提升群众认知度。蓟州区在《天津新闻》《蓟州新闻》《掌上蓟州》《蓟州政务网》等新闻媒介开展河湖长制宣传工作。同时，各乡镇利用微信群、村村通广播、宣传单、挂横幅等多种形式进行宣传，发放宣传册1782张，挂横幅402条，村村通广播4860次，发放明白纸300份，营造了浓厚的宣传氛围。同时，按照区委、区政府的指示精神，自10月12日开始，区河长办组织相关人员深入28个乡镇、街道、管委会，逐镇对镇、村级河长开展河（湖）长制培训工作，强力推动各级河（湖）长履职尽责，努力实现“河畅、水清、岸绿、鸟飞”的蓟州河湖生态新画卷

【水务改革】 2020年，蓟州区水务局正处于机构改革期间，内设机构不参与改革，下属41个事业单位中除天津市蓟州区水政监察大队为执法类单位不参与改革外，其余40个事业单位合并成1个副处级财政拨款事业单位和2个正科级自收自支事业单位。情况如下：

（1）天津市蓟州区水利项目服务中心（正科级自收自支事业单位，核定事业编制70名，领导职数1正3副，现有人员75人），包括5家施工单位：水务工程第一服务站、水务工程第二服务站、水务机械服务站、机井服务队、项目服务中心。

（2）天津市蓟州区水利水保试验示范基地

（正科级自收自支事业单位，核定事业编制96名，领导职数1正3副，现有人员122人），包括7家单位：自来水管理所、许家台供水站、上仓供水站、盘山供水站、邦均供水站、水务城区管理所、水保站。

（3）其余28个事业单位组建天津市蓟州区水务管理服务中心（副处级财政拨款事业单位，核定事业编制349名，领导职数1正5副，现有人员389人）。

【水务经济】 2020年，蓟州区水务局多举措推动经济发展，全年共完成固定资产投资53411.6万元。区水务局津津食品有限公司深挖自身潜力，妥善经营管理，保持健康稳定发展，全年完成工业产值3294万元，实现利润356万元，保障了水务经济强劲发展的良好势头。

【精神文明建设】 2020年，为深入学习习近平总书记关于“四史”的重要论述，弘扬伟大的抗战精神和爱国主义精神，组织机关党员干部赴盘山烈士陵园开展深化“四史”教育主题活动，向英雄纪念碑敬献花圈、观看《盘山风云》主题展览和在陵园内“永恒的怀念”雕塑前倾听蓟州区委党校老师讲的题为《铭史逐梦 不忘初心—让蓟州红色基因代代相传》的专题党课。组织党员干部赴天津市文化中心参观“国家荣誉—中国女排精神”“人民至上—天津市抗击新冠肺炎疫情纪实展”和《英雄儿女—纪念中国人民志愿军抗美援朝出国作战70周年英模事迹专题展》。组织全局党员干部职工到盘山烈士陵园参观《英雄儿女—纪念中国人民志愿军抗美援朝出国作战70周年英模事迹专题展》。组织67人参加区人民医院开展的心肺复苏技术培训，参加天津市第三套广播体操培训活动，开展“中国梦、劳动美—学习贯彻党的十九届五中全会网上答题”等打造高品位的机关文化系列活动。组织党员干部分别到帮扶的上仓镇响水窝村、垛庄子村和罗庄子镇闪坡岭村、西龙虎峪村龙北村开展“环境卫生大清整”活动。出资20万元用于补助建设打柴沟镇火石沟村岔口驿马驯马场。完成84万甘肃天祝农副产品采购任务。为上仓镇饷水窝村治理坑塘1座，新打机井8眼；垛庄子村治理坑塘1座，新打自来水井1眼；罗庄庄子镇闪坡岭村更换饮水管道1800米；西龙虎峪镇龙北村新建大棚排水沟1000米。

【队伍建设】

1. *局领导班子*

党委书记：张建凤（11月任）
　　　　　赵国喜（11月调出）
党委副书记：梁惠博（9月免）
党委委员：张建凤（11月任）
　　　　　赵国喜（11月调出）
　　　　　梁惠博（9月免）
　　　　　王志光（9月免）
　　　　　叶占军（8月免）　姜艳国
　　　　　潘继军（9月任）
　　　　　郭　勇（9月任）
　　　　　王永亮　邹双谊（5月任）
　　　　　刘树青（4月调出）
局　　长：张建凤（12月任）
　　　　　赵国喜（11月免）
副 局 长：梁惠博（11月免）
　　　　　王志光（11月免）
　　　　　叶占军（9月免）
　　　　　潘继军（11月任）
　　　　　郭　勇（11月任）张素玲
杨庄水库管理处主任：王永亮
杨庄水库管理处书记：王海峰
派驻纪检组组长：刘树青（4月调出）
　　　　　　　　邹双谊（5月任）
工会主席：李长松（1月退休）
一级调研员：梁惠博（9月任）
二级调研员：姜艳国　王志光
三级调研员：潘继军（9月调入）
四级调研员　杨志海　周欣荣　王　越

2. 机构设置

2020 年年底，全局机关 9 个科室，分别是党建办公室、办公室、人事科、财务科、河湖保护科、水库移民科、建设管理科、水旱灾害防御科、政策法规科。局属单位 4 个，分别是天津市蓟州区水利项目服务中心、天津市蓟州区水利水保试验示范基地、天津市蓟州区水务管理服务中心、天津市蓟州区水政监察大队。

3. 人员结构

2020 年年底，全局共有在职干部职工 625 人。其中机关公务员 32 人，事业单位管理人员 190 人，专技人员 300 人（其中在管理岗的有 67 人），工勤编制 170 人。按照职称划分：具有高级职称人员 44 人，其中高级政工师 4 人，高级工程师 32 人，高级会计师 3 人，高级经济师 5 人。中级职称人员 154 人，其中政工师 40 人，工程师 84 人，会计师 4 人，经济师 25 人，审计师 1 人。初级职称 194 人，其中助理政工师 36 人，助理工程师 93 人，助理会计师 6 人，助理经济师 35 人，员级职称 10 人。按学历划分：研究生学历 3 人，本科 216 人，专科 260 人，中专 63 人，高中及以下学历 83 个。按年龄分：35 岁以下 80 人，36~40 岁 230 人，41~45 岁 118 人，46~50 岁 72 人，51~54 岁 75 人，55~59 岁 50 人。

4. 先进个人

西洼闸站管理所张大超被中共天津市蓟州区委员会授予 2020 年度蓟州区优秀共产党员称号。

蓟州区水利水保试验示范基地贾学明被天津市蓟州区人力资源与社会保障局授予脱贫攻坚工作中作出重大贡献、记功奖励。

蓟州区水务管理服务中心周桂霞被市妇联、市宣传部、市文明办授予 2020 年度天津市最美家庭。

【疫情防控】 按照蓟州区委、区政府要求，蓟州区水务局党委第一时间做出积极响应，成立了 3 个临时党支部和 13 个党员突击队（467 人），对 18 个居民小区、9 个重点卡口和来蓟返蓟重点人员进行看管，全力配合街道办打好防疫阻击战。广大党员突击队员冲锋在前，争当表率，主动放弃与家人团聚的机会，扎实落实 24 小时值守制度，对出入小区人员逢人必测，对过往的机动车辆做到逢车必检，耐心仔细地做好小区外来人员核查和信息登记，告知过往群众加强自身防护，少出门、戴口罩，用实际行动守护着人民群众的安全。西洼闸站管理所张大超在值守的同时，热情为小区居民提供帮助，受到了居民的称赞，并获 2020 年度蓟州区优秀共产党员称号。局领导班子成员不定期对防控点位进行抽查，并积极参与卡口执勤。同时，蓟州区水务局派出 1 名处级干部和 1 名科级干部下沉到桑梓镇，配合开展疫情防控督导工作。在复工前，区水务局参照市、区相关文件制定了《蓟州区水务工程开复工实施方案》，为工程复工提供了遵循保障。在工程建设过程中，区水务局严格要求施工单位要切实提高政治站位，增强责任意识，严格落实好各项疫情防控措施，对施工人员做健康证登记，分发口罩，每天进行至少两次体温检测，体温高于 37℃的人员不得入场工作，并及时采取措施，确保疫情防控和工程复工两不误。用心做好重点项目供水保障工作，区水务局组织供水部门启动了对万事兴观澜雅苑及红星美凯龙鼎翰园两个小区供水管网铺设复工工作，人员和设备已安全有序进场。同时，组织专业维修队伍加大对供水管网和各类检查井的巡视检修，确保供水水压和水质达标合格，满足重点项目建设和人民群众生产生活需求。在疫情一级响应期间，干部职工奉献爱心，全局 471 名党员自愿捐款 7.39 万元，有 21 名党员无偿献血 7000 毫升，为有效保障全市疫情防控期间临床用血需求，维护广大人民生命安全和身体健康做出了贡献。对执行非居民水价的中小微企业和个体工商户免征污水处理费，截至 12 月底，累计为 2782 家中小微企业和 2562 家个体工商户免征污水处理费 278 万元，基本水价 87.6 万元，涉及水量 249 万立方米，有效减轻疫情对中小微企业和个体工商户的影响。

（张爱静）

大 事 记

2020年天津水务大事记

1月

1月3日 市水务局召开2019年度基层党建述职评议会，局党组书记、局长张志颇主持会议；局党组委员、副局长、机关党委书记张文波进行述职报告，听取3个局属单位基层党建现场述职，点评各支部基层党建工作，并对下一步工作提出明确要求。

1月10日 市政府副秘书长张剑到市水务局调研指导工作，听取水务重点工作情况汇报，肯定成绩并对下一步工作提出明确要求。同时对水务战线广大干部职工表示慰问。

1月14日 市水务局召开2019年度机关支部书记基层党建述职评议会，局党组成员、副局长、机关党委书记张文波出席会议，听取6个机关党支部基层党建现场述职，点评支部党建工作，指出机关党支部建设突出的特点和存在的问题，并对下步工作提出明确要求。局机关党委全体成员、机关各党支部书记和部分机关党员干部代表共26人参加，并填写评议表进行现场评议。

1月21日 市水务局召开2020年全市水务工作会议，传达市领导批示精神，全面总结2019年水务工作，分析当前面临形势，部署2020年重点任务，并对全国水利系统先进集体和先进工作者称号获得者进行表彰。局党组书记、局长张志颇出席并讲话，局党组成员、副局长杨玉刚主持。

同日 市水务局召开全面从严治党暨处级干部大会，贯彻落实党的十九届四中全会和十九届中央纪委四次全会，水利部党风廉政建设工作会议，市委十一届七次、八次全会，市纪委十一届七次全会，市级机关处长大会精神，总结2019年全面从严治党工作，部署2020年任务，并对贯彻落实市级机关处长大会精神提出明确要求。局党组书记、局长张志颇出席并讲话，局党组成员、副局长张文波主持会议。

1月23日 局党组书记、局长张志颇主持召开专题会议，研究经营类事业单位转企工作，听取有关工作汇报，并对下一步工作提出明确要求。局党组成员、副局长杨玉刚、张文波出席，干部处、财审处、入港处、设计院主要负责人参加。

1月27日（正月初三） 局党组书记、局长张志颇主持召开局党组会，传达学习贯彻习近平总书记重要指示批示精神，党中央、国务院和市委、市政府关于新型冠状病毒感染的肺炎疫情防控工作决策部署，研究市水务局应对工作。

1月28日 局党组书记、局长张志颇主持召开市水务局应对新型冠状病毒感染肺炎疫情工作领导小组会议，传达贯彻市委常委扩大会议暨天津市新型冠状病毒感染的肺炎疫情防控工作领导小组和指挥部会议精神、市委市政府关于疫情防控工作的有关文件精神，并对下一步工作提出明确要求。局党组成员、副局长张文波，督察专员张贤瑞出席，局有关部门负责人参加。

1月29日 局党组书记、局长张志颇与排管中心、各河系中心、引滦各中心视频连线，详细了解新型冠状病毒感染的肺炎疫情防控工作情况及存在困难，并对下一步工作提出明确要求。

1月31日 局党组书记、局长张志颇主持召开局疫情防控指挥部视频会议，听取各工作组情况汇报，对疫情防控作出部署。局领导张文波、刘海芙、闫学军、唐先奇、梁宝双，督察专员张贤瑞出席，局有关部门负责人参加。

2月

2月1日 局党组书记、局长张志颇采取不打招呼、不用陪同、直奔现场的方式，到排管中心排水五所、大清河中心、永定河（海堤）中心检查指导疫情防控保障工作，详细询问防控措施落实情况，仔细检查防护用品准备、场所卫生消毒、值班记录、应急人员和设备等情况，慰问坚守岗位的工作人员，并对下一步工作提出明确要求。

2月3日 局党组书记、局长张志颇采取“四不两直”方式，先后赴东郊污水处理厂、赵沽里泵站、俊城浅水湾小区排水现场，督导新型冠状病毒防疫措施落实情况，协调解决东郊污水系统高水位运行等问题，并对有关工作提出明确要求。排监处有关负责人参加。

2月4日 局党组书记、局长张志颇采取“四不两直”方式，先后赴武清区城北水厂、武清开发区水厂现场督导疫情防控和安全供水工作，并对有关工作提出明确要求。水文水资源中心相关负责人参加。

2月5日 局党组书记、局长张志颇主持召开专题会议，研究中心城区积水片改造和污水处理厂建设，听取工作进展及存在问题汇报，并对下一步工作提出明确要求。排监处、排管中心、建设中心负责人参加。

2月6日 局党组书记、局长张志颇与隧洞中心、黎河中心负责人视频连线，听取两部门疫情防控工作汇报，并就相关工作提出要求。局办公室、综合服务中心负责人参加。

同日 局党组书记、局长张志颇与综合服务中心领导班子进行座谈，就疫情防控保障工作提出要求。局办公室负责人参加。

同日 局党组书记、局长张志颇采取不打招呼、不用陪同、直奔现场的方式，到海河中心检查指导疫情防控工作，现场了解各项防控措施落实情况，并对下一步工作提出具体要求。

2月7日 局党组书记、局长张志颇主持召开局疫情防控指挥部视频会议，传达中央和市委、市政府决策部署，听取各工作组近期工作开展情况及下阶段工作安排，对做好疫情防控作出部署。局防控指挥部全体副指挥、各工作组组长和有关人员参加。

2月9日 局党组书记、局长张志颇主持召开专题会议，研究疫情防控检查督导工作，传达部署落实市委有关通知精神。局党组委员、副局长张文波出席，干部处、建设中心、综合服务中心有关同志参加。

2月11日 局党组书记、局长张志颇带队对安达供水公司疫情防控和安全供水情况进行检查，现场察看水厂重要供水设施和点位，了解水厂运行、防疫物资储备、供水水质、备勤维修人员防护保障、外地返津人员管理等情况，并对下一步工作提出明确要求。水文水资源中心有关负责人参加。

同日 局党组书记、局长张志颇不打招呼，到建设中心暗访疫情防控工作，听取重点项目开复工准备情况汇报，并对下一步工作提出明确要求。

2月12日 局党组书记、局长张志颇主持召开视频会议，传达2月11日晚市政府专题会议精神，研究部署重点水务项目开工复工有关工作。局领导唐先奇出席，规计处、排监处、排管中心、建设中心主要负责人参加。

2月13日 局党组书记、局长张志颇不打招呼，到青排渠北丰产河连通工程施工现场，检查疫情防控及复工准备工作，深入施工生活区、隔离观察室实地察看，听取有关情况汇报，详细询问驻场人员自身防护情况，并对工程复工提出明确要求。建设中心主要负责人参加。

同日 局党组书记、局长张志颇主持召开专题会议，研究推动农村饮水提质增效工程建设，听取年度项目建设准备情况汇报，并对下一步工作提出明确要求。局领导梁宝双出席，农水处、灌排中心主要负责人参加。

2月14日 局疫情防控指挥部指挥、党组书记、局长张志颇主持召开局疫情防控指挥部视频会议，传达学习贯彻习近平总书记关于疫情防控重要讲话精神，党中央、国务院和市委、市政府有关会议文件精神，听取供水、排水、建设、内保工作组情况汇报及企业复产、党员“双报到”等情况，并就下一步工作做出部署安排。局领导杨玉刚、张文波、刘海芙、闫学军、唐先奇、梁宝双出席，局有关部门主要负责人参加。

2月15日晚 收到市委市级机关工委《关于紧急报送各单位到社区（村）参加疫情防控工作党员、干部人员名单的通知》后，局党组高度重视，把下沉工作作为一项重要的政治任务，连夜迅速行动、周密部署，全局下沉社区工作有序高效开展。

2月17日 局党组书记、局长张志颇不打招呼、直奔现场，到设计院检查指导疫情防控工作，现场慰问值班值守人员，了解各项防控措施落实情况，并对下一步工作提出具体要求。

2月18日 局党组书记、局长张志颇主持召开专题视频会议，研究引滦水源保护和地下水超采综合治理有关工作。局领导杨建图出席，总工程师周潮洪，水资源处、水文水资源中心、于桥中心，水科院主要负责人参加。

同日 全市首批5822名（市水务局266名）干部职工下沉社区，充实疫情防控第一线。每名下沉社区党员、干部坚守一线，逐一排查所有进出小区人员、车辆，认真测温、登记，积极宣传防疫政策、常识。

2月19日 局党组书记、局长张志颇主持召开会议，研究党员干部下沉社区参与疫情防控工作。局党组成员、副局长闫学军出席，局机关有关处室、局属有关单位主要负责人参加。

同日下午 收到市委市级机关工委《关于报送第二批下沉社区参加疫情防控工作党员、干部名单的通知》后，局党组高度重视、闻令而动，连夜布置局属各单位、机关各处室再次动员党员干部踊跃报名，抓紧落实第二批下沉社区参加疫情防控工作，全局党员干部积极响应。

2月20日 局党组书记、局长张志颇到中心城区积水片改造、新开河调蓄池工程现场检查复工工作，实地察看现场防疫环境、物资储备和农民工食宿区情况，听取施工方案汇报，并对下一步工作提出明确要求。建设中心主要负责人参加。

同日 局党组书记、局长张志颇到正处于复工准备阶段的南北大街、职业技术学院积水片改造工地检查指导工作。建设中心、排管中心主要负责人参加。

2月21日 市水务局召开全市农村饮水提质增效工程2020年工作部署会议，深入学习贯彻习近平总书记关于统筹做好疫情防控和经济社会发展的重要批示精神，落实市委、市政府部署要求，在做好疫情防控的前提下，推动重点民生水务项目开工复工，确保农村饮水提质增效工程任务高标准、高质量完成。会议以视频形式召开，局领导梁宝双、杨建图出席，局有关部门和各区水务局主要负责人和有关工作人员参加。

同日 局党组书记、局长张志颇“四不两直”检查永定河中心党员干部下沉社区情况，并慰问一线工作人员。

2月22日 局党组书记、局长张志颇到河西区柳江里慰问水科院下沉社区参与疫情防控的党员干部，水科院、友谊路街道、柳江里社区相关负责人员参加。

2月23日晚 接到市委市级机关工委要求报送参与复工复产人员名单的通知后，市水务局高度重视、连夜部署，局属各单位、机关各处室积极响应，以高度的政治责任感踊跃报名，时刻做好参战准备。

2月24日 局疫情防控指挥部指挥、党组书记、局长张志颇主持召开局疫情防控指挥部视频会议，传达学习党中央、国务院和市委、市政府有关决策部署，中央统筹推进新冠肺炎疫情防控和经济社会发展工作部署会议、市委常委会扩大会议暨市防控领导小组和指挥部会议精神，安排部署下一步工作。局防控指挥部副指挥、局领导杨玉刚、刘海英、闫学军、唐先奇、梁宝双、杨建图出席，局有关部门主要负责人参加。

同日 局党组书记、局长张志颇主持召开专题会议，研究永定河综合治理与生态修复工作，听取工作情况汇报，研究部署下阶段任务。局党组成员、副局长杨玉刚出席，规计处、水资源处、建管处、河湖处、防御处，永定河流域投资公司天津分公司负责人参加。

2月25日 局党组书记、局长张志颇主持召开专题会议，研究双城中间绿色生态屏障区水系项目，对下一阶段工作提出明确要求。规计处、建管处、防御处、灌排中心、建设中心主要负责人参加。

2月27日 局党组书记、局长张志颇到水务集团检查指导疫情防控和安全供水工作。局领导杨建图，水务集团党委书记、董事长李文运，副书记、总经理韩培俊一同检查；驻局纪检监察组、水文水资源中心及水务集团相关负责人参加。

2月28日 局党组理论学习中心组开展交流研讨会，围绕学习贯彻习近平总书记在“不忘初心、牢记使命”主题教育总结大会上的重要讲话精神和观看市国有企业专题警示教育片《廓清迷雾再起航》交流心得体会。局党组书记、局长张志颇主持，局党组理论中心组成员出席，办公室、干部处、机关党办、机关纪委、巡察办、巡察组主要负责人和驻局纪检监察组副组长参加。

同日 局领导班子成员积极响应市委组织部和市委市级机关工委号召，带头自愿捐款支持新冠肺炎疫情防控工作。全局广大党员自愿、积极踊跃捐款，所捐款项全额上缴市委市级机关工委。

2月29日 局党组书记、局长张志颇到宁河区东棘坨镇艾林村、高景村，检查推动疫情防控和复工复产工作，看望结对帮扶困难村困难群众，关心他们在疫情防控期间的生产生活状况，并代表市水务局送上防护物资和慰问品；实地走访两村泵站项目工程现场，了解防控措施落实和招工用工情况，并对有关工作提出要求。

3月

3月5日 局党组成员、副局长闫学军主持召开局下沉社区企业服务工作组会议，听取下一步工作计划情况汇报，研究部署下沉工作。闫学军强调，要结合市委组织部《市级机关干部下沉社区（村）参加疫情防控工作考核办法》和市委市级机关工委《关于进一步加强对市级机关下沉社区（村）党员干部教育管理监督的紧急通知》精神，再细化具体措施，进一步压实责任，确保下沉社区和推动复工复产工作落实落细落到位。办公室、干部处、机关纪委、机关党办、局工会、综合服务中心主要负责人参加。

3月6日 局党组书记、局长张志颇主持召开局党组会暨局疫情防控指挥部会议，传达近期中央和市委关于疫情防控工作部署要求，习近平总书记和李克强总理关于“三农”工作的重要指示批示和胡春华副总理在全国春季农业生产电视电话会议上的讲话精神，市纪委监委关于贯彻落实习近平总书记重要指示批示情况开展“回头看”监督通知精神，通报并部署局疫情防控和2020年重点建设项目安排、局党组开展“回头看”、政务数据共享和信息归集等工作情况，研究部署“两会”建议提案办理等工作。

3月8日 局党组成员、副局长闫学军主持召开视频会议，听取贯彻落实《关于进一步加强下沉社区和推动复工复产工作的通知》、下沉社区人员替换及存在问题情况汇报，研究部署下一步工作。下沉社区企业服务工作组成员单位主要负责人、局属单位专责此项工作的处级干部参加。

3月9日 局党组书记、局长张志颇主持召开座谈会，与水务集团党委书记、董事长李文运研究对接有关工作，并就工程项目建设、自来水价格调整等事宜进行深入沟通。局党组成员、副局长杨玉刚，局领导杨建图，水务集团党委副书记、总经理韩培俊，党委常委、副总经理孙津出席；双方有关部门主要负责人参加。

同日 局党组书记、局长张志颇主持召开局党组会暨局疫情防控指挥部会议，传达学习《天津市贯彻落实习近平总书记在统筹推进新冠肺炎疫情防控和经济社会发展工作部署会议上重要讲话精神重点任务分工方案》、国务院办公厅转发的国家发展改革委有关指导意见、3月8日市委常委会扩大会议等会议文件和领导批示精神，研究部署贯彻落实措施，对有关工作提出明确要求。

同日 局党组成员、副局长张文波带队赴西青区王稳庄镇督导检查企业复工复产工作；完成既定的督导检查任务后，张文波又赶到河西区四化里天达里社区，向坚守疫情防控岗位的局机关干部表达慰问和鼓励。

3月12日 市政府副秘书长张剑到市水务局调研指导工作，听取水环境质量提升方案及生态水网规划汇报，协调难点问题，并对下一步工作提出明确要求。局党组书记、局长张志颇，局党组成员、副局长闫学军出席，规计处、河湖处、排监处、设计院主要负责人，中水北方公司有关负责人参加。

3月13日 局党组书记、局长张志颇主持召开专题会议，听取排水设施汛前春季养护会战任务安排，研究存在问题，并对下一步工作提出明确要求。局领导梁宝双出席，财审处、排监处负责人参加。

同日 中心城区防汛排涝补短板积水片改造一期地毯路等片区改造工程复工，标志着全市21个市级重点水务建设工地全面复工。自2月中旬以来，市水务部门深入贯彻落实习近平总书记重要指示精神以及党中央、国务院和市委、市政府决策部署，坚持一手抓疫情防控，一手抓复工复产，安全有序推进重大项目复工，切实做到“两战”并重、实现“双胜双赢”。

3月13日、18日 局党组书记、局长张志颇到北运河武清段、南运河市区段及静海区段调研大运河运行管护情况，现场查看北运河筐儿港枢纽、老米店闸，南运河密云路段、独流减河进洪闸十一堡船闸、静海城区北环路桥等节点，研究北运河未治理段设计思路、堤线调整思路和南运河运管工作。武清区副区长徐继珍、静海区副区长罗振胜一同调研；局规计处、排监处、排管中心、设计院，武清区水务局、静海区水务局，独流镇政府负责人参加。

3月15日 局党组书记、局长张志颇到盘沽泵站工程建设现场，实地检查工程建设进度、人员返岗、设备进场、疫情防控等情况，听取复工复产和疫情防控工作汇报，并对有关工作提出要求。津南区区长贺亦农、副区长马明扬一同检查；津南区政府办、区水务局，市水务局建设中心，参建单位负责人参加。

3月17日 局党组书记、局长张志颇，蓟州区委副书记、区长廉桂峰共同研究对接于桥水库资产有关工作。蓟州区委常委、副区长张建宇出席；局财审处、建管处、于桥中心，蓟州区水务局、区城投公司负责人参加。

同日 市防指副指挥、市政府副秘书长、市应急局局长王通海和市应急局副局长王勇检查市级专储防汛物资和中心城区防汛排水准备工作。王通海先后察看了珠江道仓库、咸阳路排水泵站、杨柳青仓库，详细了解市级防汛物资储备、2019年防汛物资增储、中心城区防汛排水准备工作情况，并对下一步工作提出要求。市水务局领导梁宝双，防御处、水调中心、排管中心负责人参加。

3月19日 局党组成员、副局长杨玉刚到青排渠—北丰产河连通工程检查复工复产安全生产工作，实地察看施工现场管理情况，听取参建单位复工复产疫情防控、工程进展、安全管理情况汇报，并对工程安全管理提出明确要求。安监处、建设中心负责人及安全生产专家参加。

3月20日 局党组书记、局长张志颇主持召开局党组会暨局疫情防控指挥部会议和局长办公会，传达学习贯彻习近平总书记在湖北省考察新冠肺炎疫情防控工作时的重要讲话精神，3月18日中共中央政治局常委会会议、3月12日市委常委会扩大会议暨市防控领导小组和指挥部会议等会议文件精神，审议理论学习中心组学习计划、信访工作要点、网信工作要点等，研究部署有关工作。

同日 市水务系统召开2020年安全生产暨扫黑除恶专项斗争视频会议，安排部署今年水务安全生产和扫黑除恶专项斗争重点任务，防范化解安全生产风险，推动扫黑除恶专项斗争取得全面胜利。局党组书记、局长张志颇出席并讲话，局党组成员、副局长杨玉刚主持会议。

3月22—28日 3月22日是第二十八届“世界水日”，3月22—28日是第三十三届“中国水周”。全市水务系统在做好疫情防控的前提下，围绕“坚持节水优先，建设幸福河湖”宣传主题，以线上活动为主、线下活动为辅，全面启动为期一周的宣传纪念活动。

3月23日 市结对帮扶困难村工作领导小组成员、市水务局党组书记、局长张志颇赴宁河区东棘坨镇，调研对接推动结对帮扶困难村工作。宁河区委副书记、区长张伟一同调研；驻局纪检监察组相关负责人，局干部处、农水处、机关党办，宁河区有关部门、东棘坨镇政府、东棘坨镇各驻村工作组负责人参加。会上，东棘坨镇主要负责人汇报了11个困难村结对帮扶工作进展情况、存在问题和下一步工作，各驻村工作组负责人进行了交流发言。

3月24日 局党组书记、局长张志颇主持召开扶贫助困领导小组暨东西部扶贫协作领导小组会议，传达市委市政府《关于抓好“三农”领域重点工作确保如期实现高质量小康的实施意见》精神，听取东西部扶贫协作和对口支援合作、扶贫助困、结对帮扶重点工作情况汇报，审议《天津市水务局2020年东西部扶贫协作和支援合作工作方案》，研究推动下一步工作。局领导杨玉刚、张文波、闫学军、唐先奇、梁宝双出席；领导小组各成员单位、驻村帮扶组主要负责人参加。

同日 局党组书记、局长张志颇主持召开专题会议，研究推动中心城区3座污水处理厂扩建工作，对有关工作提出明确要求。局领导杨玉刚、唐先奇、梁宝双出席，规计处、排监处、建设中心、排管中心主要负责人参加。

3月25日 局攻坚指挥部召开2020年第1次视频调度例会，传达学习市污染防治攻坚战2020年第1次调度会精神，通报局攻坚指挥部办公室人员组成和工作职责调整情况，安排部署2020年市水务局承担的污染防治攻坚战任务。局攻坚指挥部指挥、局党组书记、局长张志颇出席会议并讲话，局攻坚指挥部副指挥、局党组成员、副局长闫学军主持会议，局攻坚指挥部各相关组长单位、责任单位主要负责人参加。

3月26日 局党组成员、副局长闫学军深入宁河区东棘坨镇高景村、艾林村，现场检查帮扶困难村黑臭水体整治进展，看望局驻村帮扶干部，并对下一步工作提出明确要求。局河湖处，宁河区水务局、区河长办、东棘坨镇政府相关负责人参加。

3月27日 局党组书记、局长张志颇主持召开局党组会和局长办公会，传达学习贯彻全国宣传部长会议、党委（党组）落实全面从严治党主体责任规定、鸿忠书记有关批示等会议文件批示精神，审议落实全面从严治党主体责任清单任务清单和2020年宣传思想文化、意识形态、党建、精神文明、组织等工作要点，研究部署有关工作。

同日 华为公司天津政企业务部总经理江文森一行6人到市水务局座谈，交流新技术在政府管理特别是在智慧水务方面的应用。局党组成员、副局长杨玉刚接待了来访成员，办公室、规计处、综合服务中心主要负责人参加。杨玉刚对江文森一行到访表示欢迎，希望双方在智慧水务顶层设计、建设、应用等方面增强交流。华为公司简要介绍了公司概况，重点介绍了自2018年与天津市政府签订战略协议以来，在5G建设与应用、鲲鹏计算领域、数字化办公、云存储等方面开展的工作和取得的成效，以及在智慧水利建设中的探索，尤其是在江苏、深圳智慧水利建设中的应用情况。华为公司表示，希望双方能够进行更多地交流，发挥公司在5G、鲲鹏计算、人工智能等新技术方面的优势，促进天津水务、智慧水务发展。

3月28日 副市长李树起到2020年积水片改造一期工程阳光100、南北大街、地毯路等地区检查，对疫情防控、现场施工进度、安全生产、质量把控等方面进行指导推动。市水务局党组书记、局长张志颇，局领导梁宝双参加。

3月30日 局办公室党支部开展集中学习，传达学习习近平总书记在统筹推进新冠肺炎疫情防控和经济社会发展工作部署会议上的重要讲话精神、《中国共产党支部工作条例》等内容。局党委书记、局长张志颇以普通党员身份参加，听取党支部委员会交流研讨情况，结合实际交流心得体会，并对办公室工作提出明确要求。

3月31日 市水务局召开2020年小金库专项治理工作视频会议，部署小金库专项治理和行政事业单位资金清理工作。局党组成员、副局长杨玉刚出席会议并讲话，驻局纪检监察组副组长张书泽对小金库治理工作进行宣贯并提出工作要求，局有关处室主要负责人、局属单位分管财审工作负责人及财审部门负责人参加。

4月

4月1日 为深入贯彻习近平总书记关于大运河文化保护传承利用的重要指示精神，市河（湖）长办充分发挥河（湖）长制作用，开展为期半年的“健康大运河”专项行动，重点实施大运河垃圾集中整治、截污治污等工作，实现大运河河道管理范围内无垃圾、无垃圾堆放点、无水面聚集漂浮物、无合流制片区、无污水直排、无新增垦殖“六无”目标，全面推动大运河水环境面貌持续改善，维护大运河健康生命。

4月3日 局党组书记、局长张志颇主持召开局党组会暨局疫情防控指挥部会议，传达学习贯彻习近平总书记在浙江考察调研时的讲话精神、对四川西昌森林火灾重要指示精神，传达学习贯彻3月27日中共中央政治局会议、保密工作有关会议、全国防汛抗旱电视电话会议、市委政法工作会议等会议精神，审议保密工作要点等，研究部署防汛抗旱等工作。

4月4日 按照国务院和市委、市政府要求，局机关和局属各单位按照国旗法规定举行下半旗哀悼活动；10时，局领导、局机关和机关大院内办公单位干部200余人默哀3分钟，对抗击新冠肺炎疫情斗争牺牲烈士和逝世同胞表达深切哀悼。局属各单位也在各单位按照就近就便、精简务实的原则组织了默哀活动。

同日 局党组成员、副局长闫学军主持召开视频会议，传达市委、市级机关工委和局党组的工作要求，听取下沉工作进展和存在的问题，并对下一步工作提出明确要求。下沉社区企业服务工作组成员单位主要负责人、局属单位专责此项工作的处级干部参加。

4月5日 市水务局党组书记、局长张志颇采取“四不两直”方式，到中心城区7片合流制改造增产道泵站、井冈山路泵站检查指导工作。排监处、排管中心负责人参加。

4月6日 市政府批复市水务局编制的《天津市供水规划（2020—2035年）》（以下简称《供水规划》），对保障天津市城市供水安全、严格水资源管理、优化管网和水厂布局、提高水资源利用率、提升供水服务水平具有重要意义。

4月8日 局党组书记、局长张志颇到蓟州区，“四不两直”实地检查杨庄水库、三八水库安全运行管理工作。建管处主要负责人参加。

4月9日 局党组书记、局长张志颇到蓟州区，与蓟州区区长廉桂峰、副区长刘海波一同研究对接于桥水库土地确权、有关设施拆迁和农村饮水提质增效、山洪沟治理、污水处理、农村黑臭水体整治等工作。局水资源处、防御处、排监处、于桥中心，蓟州区政府办、政服办、水务局、西龙虎峪镇、规划和自然资源局蓟州分局相关负责人参加。

4月14日 局反恐办结合第五个全民国家安全教育日宣传活动，紧密围绕“坚持总体国家安全观、统筹传统安全和非传统安全，为决胜全面建成小康社会提供坚强保障”主题，开展2020年国家安全教育日反恐业务培训，聘请市反恐办专家进行讲解。水务行业重点反恐怖目标单位、相关业务处室20余名干部职工参加。

4月16日 副市长李树起到市水务局主持召开专题会议，研究推动中心城区防汛排涝补短板、污水处理厂扩建和山洪灾害防治工作，听取有关工作汇报，并对下一步工作提出明确要求。市政府副秘书长张剑出席，市水务局党组书记、局长张志颇，局领导梁宝双，市发展改革委党组成员、副主任魏广勇，市财政局二级巡视员徐德发，市规划和自然资源局总建筑师刘荣参加。

4月17日 市政协副主席赵仲华、市政协农业和农村委员会主任李森阳、市农业农村委总农艺师张建树等一行15人到市水务局，围绕“水利如何支持农业发展”课题进行专题调研。局领导杨建图出席，规计处、水资源处、防御处、灌排中心、水文水资源中心负责人参加。

同日 河北雄安新区管委会公共服务局、河北容城县水利（农业农村）局负责人来市水务局调研水资源论证工作。局政服处、水资源处、水文中心、水政总队相关负责人参加。

4月17—18日 副市长李树起实地检查天津市防汛排水工作，现场察看蓟州区太平沟、刘庄子水库、下营塘坝防汛措施落实和泃河治理工程进展情况，宝坻区尔王庄水库引滦复线和大刘坡泵站，宁河区蓟运河五村堤险工段，滨海新区大神堂海挡，南开区罗江路雨水管道、密云一支路地道，北辰区望江路泵站，东丽区娄山道雨水管道建设情况。市水务局、市应急局、市住房城乡建设委、城投集团，相关区人民政府分管负责人参加。

4月20日 局党组书记、局长张志颇主持召开局党组会暨局疫情防控指挥部会议和局长办公会议，传达学习贯彻4月8日中央政治局常委会会议、4月9日市委常委会扩大会议暨市防控领导小组和指挥部会议等会议精神，通报2020年第一季度信访举报及问题线索处置情况，审议2020年水务工作要点任务分工，对有关工作提出明确要求。

同日 北京市安排官厅水库开闸放水，开始实施北京段永定河生态补水；5月17日，部分补水水头从武清区邵七堤村进入天津市。北京市实施此次永定河生态补水的终点为北京大兴国际机场，主要目的是实现北京境内永定河170千米主河道全线通水。为满足北京段永定河生态补水的水位和流量等方面需求，部分补水水头将进入天津市境内。

4月22日 局党组书记、局长张志颇带队到水利部海委沟通对接水务工作，双方就南水北调东线二期工程规划、潘大水库水源保护、蓄滞洪区调整、水量分配方案、河湖长制协调联动机制等进行了深入交流。水利部海委党组书记、主任王文生，一级巡视员户作亮，副主任田友，局党组成员、副局长杨玉刚，局领导杨建图出席；水利部海委机关有关处室，局规计处、水资源处、河湖处、水调中心负责人参加。

4月23日 局党组书记、局长张志颇主持召开座谈会，与水务集团党委书记、董事长李文运研究对接有关工作，就工程项目移交等事项进行深入沟通。局领导唐先奇、梁宝双，水务集团党委常委、副总经理孙津出席，双方有关部门负责人参加。

同日 局党组书记、局长张志颇主持召开专题会议，研究水务发展“十四五”规划编制有关工作，听取规划编制情况汇报，并对有关工作提出明确要求。局党组成员、副局长杨玉刚出席，总工程师，机关有关处室、局属有关单位主要负责人参加。

4月26日 局党组书记、局长张志颇主持召开局党组会，传达学习贯彻4月20日市委常委会扩大会议暨市防控领导小组和指挥部会议、市政府第 100 次常务会议等会议文件精神，审议 2019 年度局绩效管理考评和评选推荐意见、政治生态分析研判报告、部门决算情况等事项，对有关工作提出明确要求。

4 月 28 日　市水务局召开全市农村饮水提质增效工程 2020 年第二次月调度会商视频会议，传达市委书记李鸿忠在蓟州区结对帮扶困难村工作座谈会议上的讲话精神，通报 2020 年工程进展情况、已完工及通水工程运行管理中“三个责任”及“三项制度”落实情况、困难村与经济薄弱村帮扶情况，听取蓟州等六个区工程建设情况汇报，安排部署下一阶段工作任务。局领导梁宝双主持会议并讲话。

4 月 29 日　“五一”国际劳动节前夕，市委书记李鸿忠到河北区增产道污水泵站施工现场调研指导工作，详细听取全市中心城区积水片改造工程进展汇报，与施工人员亲切交流，细心询问疫情防护和工作生活情况，并对水务民心工程建设提出明确要求。

4 月 29—30 日　局党组书记、局长张志颇带队检查海河系防汛及水务工程复工复产、安全生产工作。东丽区副区长闫峰一同检查，局建管处、建设中心、海河中心、东丽区水务局、津南区水务局负责人参加。

5 月

5 月 7 日　水利部南水北调工程管理司组织召开南水北调中线一期工程加大流量输水工作异地视频会议，安排部署加大流量输水有关工作。南水北调工程管理司司长李鹏程出席会议并讲话，南水北调规划设计管理局、中线建管局、长江水利委员会、黄河水利委员会、海河水利委员会、淮河水利委员会、河南、河北、天津、北京水务局等单位相关负责人参加视频会议。局领导梁宝双主持天津分会场会议，就贯彻落实会议精神和做好加大流量输水工作进行安排部署。

5 月 8 日　市政府副秘书长张剑到市水务局指导推动工作，听取中心城区积水片改造进度汇报，对下一步工作提出明确要求。局领导梁宝双、市城市管理委副局长梁冀斌、北辰区政府副区长刘金刚出席，市住房城乡建设委、局排监处负责人参加。

5 月 9 日　局党组书记、局长张志颇主持召开局党组会暨局疫情防控指挥部会议和局长办公会议，传达学习贯彻中共中央政治局常务委员会会议精神和习近平总书记在陕西考察时的重要讲话精神，传达学习市委常委会扩大会议等会议精神和市领导讲话要求，审议河湖岸线保护和利用规划等事项，对有关工作提出明确要求。

5 月 10—16 日　2020 年全国城市节约用水宣传周，宣传主题为“养成节水好习惯，树立绿色新风尚”。结合当前新冠肺炎疫情防控形势，市水务局围绕城市节水宣传主题，创新节水宣传形式，利用天津电视台“天气预报”“科教新气象”等栏目播放节水宣传广告和视频，通过微博、微信、短信等平台发布城市节水宣传口号，广泛深入宣传节约用水知识，提高市民节水意识。各区节水主管部门积极组织开展节水进社区、进学校、进企业、进机关等系列活动，通过播放特色节水宣传片、张贴节水标语和宣传画、发放节水手册等方式，营造全民节水、惜水、亲水的良好氛围。

5 月 12 日　局党组书记、局长张志颇到独流减河检查沿河口门水质改善工作，现场察看西青区小泊泵站、静海区八排干泵站、滨海新区六米河石化站等排水口门，听取相关工作汇报，并对水环境治理提出明确要求。局党组成员、副局长闫学军，西青区区级河湖长张海英，静海区区级河湖长罗振胜一同检查，局河湖处、大清河中心，三区河（湖）长办等部门负责人参加。

5 月 13—14 日　在西青区组织安排下，市水务局东西部扶贫领导小组办公室负责人赴新疆和田地区于田县调研市水务局结对挂牌督战贫困村实际情况，深入推动各项工作落实落地。

5 月 18 日　市政府副秘书长张剑到市水务局研究推动主要河湖水环境提升项目工作，听取难点项目情况汇报，并对下一步工作提出明确要求。局党组成员、副局长闫学军出席，滨海新区、宝坻区、东丽区政府分管负责人，区水务局负责人在分会场参加会议，局规计处、河湖处、设计院主要负责人在主会场参加会议。

同日 局党组书记、局长张志颇主持召开局党组理论学习中心组学习研讨交流会，围绕观看《政治掮客——苏洪波》警示教育片进行专题研讨交流。局党组理论学习中心组全体成员出席，机关有关部门主要负责人和驻局纪检监察组副组长参加。

5月19日 局党组书记、局长张志颇主持召开专题会议，传达华北地区地下水超采综合治理和雄安新区供水保障工作会议精神，研究部署天津市相关任务。局领导杨建图出席，水资源处、水调中心、水文水资源中心负责人参加。

5月20日 国家发展改革委、中咨公司、特邀专家组一行9人来津，现场调研南水北调后续工程规划评估有关工作，并在市水务局召开座谈会。会上，市水务局作了南水北调后续工程规划调研汇报，天津海水淡化研究所介绍了海水淡化有关情况，与会人员就相关问题进行了深入交流。副市长李树起陪同调研；市水务局党组书记、局长张志颇，局党组成员、副局长杨玉刚，市发展改革委副主任郭造林，水务集团党委书记、董事长李文运，副总经理孙津，天津海水淡化研究所负责人参加调研或座谈。

5月22日 局党组书记、局长张志颇主持召开局党组会暨局疫情防控指挥部会议和局长办公会，传达学习贯彻中央和天津市有关会议精神，研究部署全国“两会”期间安全防范、支援东西部消费扶贫等工作，并对有关工作提出明确要求。会议还通报了办公室加挂网络安全和信息化办公室牌子有关情况，审议了部分局属单位党组织委员选举结果和候选人预备人选情况、综合服务中心机构和岗位设置方案、《天津市水务局行业监管工作管理办法》等事项。

5月27日 市水务部门联合海事、公安、综合执法等部门及各区河（湖）长办，启动“护河2020”专项执法行动，利用一周时间，重点对海河、子牙河、新开河等所辖河道阻水渔具、网障进行集中清理，为汛期河道安全行洪提供保障。

同日 局办公室党支部开展集中学习，围绕“使命·奋斗”大讨论第一专题“新形势下机关党建使命任务”开展讨论，学习市委办公厅《关于进一步解决形式主义突出问题持续为基层减负的通知》《市水务局党组关于深入学习贯彻〈中国共产党党和国家机关基层组织工作条例〉的工作方案》等内容。局党组书记、局长张志颇以普通党员身份参加，结合实际交流心得体会，并对办公室工作提出明确要求。

5月28日 局党组书记、局长张志颇主持召开深化水务改革领导小组会，集中学习中央全面深化改革委员会第十二、十三次会议精神和市委全面深化改革委员会第七次会议精神，听取2020年深化水务改革工作部署情况汇报，审议2020年深化水务改革工作要点及任务分工。局领导闫学军、梁宝双、杨建图出席，领导小组成员及有关部门单位主要负责人参加。

同日 局党组书记、局长张志颇主持召开市水务局推进依法治市工作领导小组会议，传达中央全面依法治国委员会第三次会议和市委全面依法治市委员会会议精神，审议《市水务局实施〈市委全面依法治市委员会2020年工作要点〉工作计划》，研究部署下一步工作。局领导闫学军、梁宝双、杨建图出席，局推进依法治市工作领导小组成员、建设中心主要负责人参加。

5月29日 局党组书记、局长张志颇主持召开局党组会和局长办公会，听取市水务局组织开展资金资产全面清查工作的意见，审议河湖“清四乱”常态化规范化实施意见、中心城区污水厂超量来水调度预案，并对有关工作提出明确要求。全体局领导出席会议，机关有关处室、局属有关单位参加会议。会议还审议了设计院、入港处资产清查、财务审计、资产评估、原建交中心资产清查工作汇报和机关处室拟借调人员情况。

6月

6月1日 市政府副秘书长张剑到市水务局主持召开二次供水设施改造工作视频会议，听取有关工作情况汇报，并对下一步工作提出明确要求。局领导杨建图、水务集团副总经理张春善出席，市水务局、水务集团相关部门负责人参加主会场会议，和平区、河东区、河西区、南开区、河北区、红桥区分管负责人及相关部门负责人参加分会场会议。

6月2日 副市长金湘军到市水务局主持召开专题会议，调研指导中央环保督察有关工作，听取整改情况汇报，并对下一步工作提出明确要求。局党组书记、局长张志颇，局党组成员、副局长闫学军，市生态环境局副局长史津、总工程师孙韧出席；局河湖处、规计处、水资源处主要负责人参加。

同日 市水务局召开资金资产全面清查工作部署视频会议，安排部署全局资金资产全面清查工作。会议传达了局党组关于市水务局开展资金资产全面清查工作的部署要求，讲解了全面清查工作方案，通报了今年1—5月预算执行情况和市审计局对市水务局2019年预算执行审计中发现的问题，宣贯了近期市财政局对预算执行的新政策，并对市水务局“小金库”专项治理工作和公益事业单位改革中涉及财务工作提出具体要求。

6月2—3日 国家防总副秘书长、中国气象局副局长余勇率国家防总海河流域防汛抗旱检查组对天津市防汛抗旱工作进行检查。实地察看了筐儿港枢纽、大黄堡洼蓄滞洪区狼尔窝分洪闸、潮白新河里自沽闸。副市长李树起，副秘书长、市应急局局长王通海、副秘书长张剑，局领导梁宝双、市防办、市气象局负责人，武清区、宝坻区政府和防办负责人参加。

6月3日 市水务局召开立法规划水务立法调研项目推动会，研究讨论天津市排水、供水有关管理问题，部署推动立法前期调研论证工作，积极推进修订工作进程。会议指出，《天津市城市排水和再生水利用管理条例》《天津市城市供水用水条例》修订是天津市贯彻落实十九大精神和习近平新时期治水方针的具体实践，是切实发挥法治在推进国家治理体系和治理能力现代化的重要作用、落实供排水领域“补短板、强监管”、完善天津市水法规体系顶层设计的重要立法项目，已列入市十七届人大常委会立法规划立法调研项目以及市人民政府立法规划（2020—2022年）立法调研项目，并分别纳入局2020年重点工作、深化水务改革要点，各有关部门务必高度重视，精心组织。

6月5日 水利部副部长叶建春一行来津调研南水北调东线二期工程天津段前期工作，实地调研九宣闸、北大港水库，并召开专题座谈会。副市长李树起，市政府副秘书长张剑，市水务局党组书记、局长张志颇，局党组成员、副局长杨玉刚一同调研，市水务局有关部门负责人参加。

6月15日 局党组书记、局长张志颇主持召开局党组会暨局疫情防控指挥部会议，审议局安全生产专项整治三年行动实施方案、2020年督查检查考核实施计划，听取了防汛、安全生产和复工复产检查情况，审议了有关单位资产清查报告、股权转让等事项，研究部署信访等工作，并对有关工作提出明确要求。全体局领导出席，机关有关处室、局属有关单位参加。

6月16日 局党组书记、局长张志颇先后到越秀路与中环线交口积水点、梅江雨水泵站、资水道积水点改造现场和西园道雨水泵站、西园道疏通绞灌作业现场，就积水片改造、截污治污等民心工作开展调研推动，并对养护疏通、泵站值守、生产施工一线排水职工进行慰问。排监处、排管中心主要负责人参加。

6月16—17日 市委常委、天津警备区政委李军率相关区人武部主要领导和任务部队负责人现地勘察天津市防汛工作，实地勘察了杨柳青物资仓库、海河二道闸及海河东丽区大郑段险工。局领导梁宝双，防御处、水调中心、海河中心，东丽区水务局、津南区水务局负责人参加。

6 月 18 日 副市长李树起调研水安全保障工作，实地察看了黄庄洼分洪闸、潮白新河超标洪水引沟入潮破堤段。局领导梁宝双，宝坻区政府分管负责人，北三河中心负责人，宝坻区水务局负责人参加。

6 月 20 日 副市长李树起调研水安全保障工作，实地察看了屈家店水利枢纽、三角淀大旺村口门、永定河泛区罗古判护村埝降低段、永定河泛区安全建设工程情况及淀北郎园分洪口门、永定新河桩号 K22+200 分洪口门、永定新河桩号 K32+000 分洪口门。局领导张志颇、梁宝双，市应急局分管负责人，北辰区、武清区、宁河区政府分管负责人参加。

6 月 23 日 副市长李树起调研水安全保障工作，实地察看了泃河辛撞闸、泃河桑梓口门。局领导张志颇、梁宝双，蓟州区政府分管负责人参加。

同日 局党组书记、局长张志颇主持召开意识形态工作领导小组会议、形式主义官僚主义不担当问题专项治理领导小组会议，听取有关工作汇报，并对下一步工作提出明确要求。领导小组成员部门负责人参加。

6 月 24 日 局党组成员、副局长、机关党委书记张文波为机关党员讲授“着力推进党建和业务深度融合不断提高机关党的建设质量”专题党课，机关党委委员、各党支部书记和党务干部共 50 余人参加。

6 月 24 日、28 日 水利部海委副主任翟学军带队检查大清河系防汛工作。检查组一行现场检查了锅底分洪闸、六堡分洪口门、清北分洪口门、清南分洪口门、二十五孔桥分洪口门、水高庄泄洪口门、第六埠泄洪口门、老龙湾泄洪口门、杨柳青泄洪口门、马厂减河分洪口门、北大港水库分洪口门和大港分洪道口门共计 12 个分泄洪口门，听取了蓄滞洪区运用准备、口门扒除预案制定、人员转移措施落实等情况汇报，双方就有关问题进行了探讨。局领导唐先奇、梁宝双一同检查，局防御处、大清河中心，静海区、西青区和滨海新区水务局有关负责人参加。

6 月 25 日 22 时 40 分开始，天津市中心城区迎来短时强降雨，截至 26 日 2 时 30 分，中心城区平均降雨量为 24.34 毫米，达到大到暴雨级别。此次降雨分布不均，最大降雨量出现在华苑地区，降雨量为 77.9 毫米，10 分钟降雨量为 44.5 毫米，30 分钟降雨量为 75.6 毫米，达到大暴雨级别。市排水部门在接到暴雨蓝色预警后，700 多名防汛排水人员及时上岗，124 座雨水泵站全部开启。降雨最大时中心城区共出现 12 处积水片，其中积水最深为阳光 100 地区；2 处积水地道，其中积水最深为宾西地道。出现积水后，市排水部门立即启动“一处一预案”加快排水，并通知市交管局对宾西地道、迎水地道进行断交，市城管委对宾西地道因降雨导致淤积的大量杂物进行清扫。26 日凌晨，12 处积水片全部退水，早晨最后 1 个积水地道宾西地道退水。

6 月 28 日 副市长李树起实地检查天津市防汛排水工作，现场察看三角淀蓄滞洪区大旺村分洪口门、古北道积水片改造工程，并对下一步工作提出明确要求。市水务局、市应急局主要负责人参加。

6 月 29 日 局防指组织开展大清河系超标洪水调度演练，以大清河发生超标洪水为背景，以确保天津城市防洪圈安全为重点，以“63 年洪水”为模型，按照《2020 年雄安新区起步区安全度汛方案》《大清河防御洪水方案》，模拟大清河系南北支发生超标洪水情况，就洪水预报预测、应急响应启动、洪水调度、蓄滞洪区启用、群众转移安置等相关防御措施进行了演练。局领导梁宝双主持演练会商会，建管处、防御处、水调中心、水资源中心、大清河中心主要负责人，局防汛调度专家组、抢险专家组部分成员，滨海新区、西青区、静海区水务局分管负责人参加。

6 月 30 日 由水利部海委副主任田友带队的水利部复核检查组对天津市县域节水型社会达标建设工作进行现场复核。局长、局党组书记张志颇，局领导唐先奇，和平区副区长孟冬梅，和平区住房城乡建设委，市水务局水资源处、水资源中心，武清区水务局负责人参加。

6月30日至7月4日 市水务局党组举办了学习贯彻党的十九届四中全会精神暨2020年处级干部培训班，全局142名处级干部参加了集中培训。局党组书记、局长张志颇讲授专题党课，局党组成员、副局长张文波出席结业式并讲话。本次培训受疫情影响，对培训模式、培训班次和培训内容进行多次调整，整体上组织安排严谨细致，课程设计理论与实际结合，重点突出，针对性强，有效引导了处级干部把牢政治方向、坚定政治信仰、站稳政治立场，进一步提升了领导干部坚决扛起全面从严治党责任的能力和水平。大家普遍认为效果明显，收获很大，达到了预期的培训效果。

7月

7月1日 市委副书记、市长张国清调研检查防汛救灾工作，到宁河镇三村段和苗庄镇刘庄村段等蓟运河防洪重点险工险段，实地了解全市防洪体系、防汛抢险、防洪调度等情况。副市长李树起，市政府秘书长孟庆松，市水务局、市应急局主要负责人和分管负责人，宁河区政府主要负责人参加。

同日 副市长孙文魁检查海河防汛准备工作情况，实地察看了海河耳闸、海河口泵站防汛准备工作情况，市政府副秘书长李彩良，局领导梁宝双、市应急局负责人，滨海新区政府负责人参加。

同日晚 局党组书记、局长张志颇主持召开局党组会议暨局疫情防控指挥部会议和局长办公会议，传达学习贯彻习近平总书记对防汛救灾工作的重要指示精神，水利部贯彻落实中央领导重要批示精神视频会议精神和市委常委会会议精神，通报城市超标洪水防御预案，审议上半年国家安全情况报告等事项，审议了部分局属单位党组织选举结果、规范局属事业单位岗位管理的意见、大中型水库移民后期扶持“十四五”规划编制大纲及编制指导意见、蓟州区生态补偿评价水务相关指标等事项，并对有关工作提出明确要求。全体局领导出席，机关有关处室、局属有关单位参加。

7月2日 市水务局召开贯彻落实中央领导重要批示精神和市领导批示要求视频会，传达学习贯彻习近平总书记关于防汛救灾的重要指示精神，落实李鸿忠书记、张国清市长批示和市委、市政府部署要求，以及水利部防汛视频会议精神，对全市水务系统防汛工作进行再部署再落实。局党组书记、局长张志颇主持会议。

同日 21时30分至23时30分，天津市中心城区普降中雨，平均降雨量11.68毫米，最大降雨出现在河东区新开路地区，降雨量达到21.5毫米，中心城区未发生大面积积水和断交情况。

7月3日 市水务局防指召开局防汛工作汇报会，研究部署水旱灾害防御工作，听取各工作组防汛准备工作情况，对下一步防汛工作作出安排。局长、局党组书记张志颇主持，局领导梁宝双安排部署防汛工作，局领导班子全体成员和驻局纪检监察组负责人出席；局防指各工作组组长、局属有关单位、机关有关处室主要负责人和部分防汛专家参加会议。

同日 市防指市区分部召开2020年防汛工作推动会，学习传达贯彻习近平总书记关于防汛救灾的重要指示精神，市委、市政府部署要求以及水利部、住建部相关会议文件精神，进一步压实防汛责任，细化各项防汛任务。市防指副总指挥、市水务局局党组书记、局长张志颇出席会议并讲话，市防指市区分部副指挥、市水务局领导梁宝双主持会议。市防指市区分部副指挥和成员、环城四区政府分管防汛负责人，轨道交通集团分管负责人参加。

7月6—17日 水利部建安中心专家督查组以“四不两直”方式对北三河系市管水闸开展安全运行管理督查，实地察看黄庄洼分洪闸、马营闸、红旗庄闸、里老闸等23座大、中、小水闸工程责任落实、维修养护、效益发挥等情况，对水闸工程技术指标、规范操作、防汛预案等内容进行提问，详细查阅相关档案资料。

7月9日 市委常委、滨海新区区委书记连茂君到永定新河右堤、海堤白水头段实地检查指导防汛防潮工作，现场听取永定新河和海堤工程整体情况、2019年“利奇马”风暴潮潮毁工程修复情况和2020年防汛防潮准备工作情况汇报，详细了解历史和近期水位，“利奇马”风暴潮潮灾现场人员、材料、机械调度等抢险细节和防汛防潮各级预警响应措施，并对有关工作提出明确要求。永定河中心（海堤中心）相关负责人陪同检查。

同日 局党组书记、局长张志颇主持召开局党组会议，传达学习贯彻《中华人民共和国公职人员政务处分法》，党委（党组）意识形态工作责任制实施办法和意识形态领域情况通报，7月7日市领导调研绿色生态屏障建设现场推进会精神，邓修明在全市纪检监察系统领导干部会议上的讲话精神，审议市水务局党组2020年上半年意识形态工作情况报告等事项，并对有关工作提出明确要求。会议还研究审议了部分局属单位机构改革相关工作。机关有关处室、局属有关单位参加。

7月10日 在防汛攻坚战打响之际，及时组织召开2020年市水务局纪检工作半年推动暨培训会，对纪检监察工作进行再总结、再部署、再培训。会上，驻市水务局纪检监察组负责人传达学习了邓修明同志在全市纪检监察系统领导干部会议上的讲话精神，对上半年监督工作进行了总结、点评，对下半年工作进行了安排部署，驻局纪检监察组和机关纪委对新出台法律和文件进行了解读，于桥中心、排管中心、永定河中心、建设中心等单位进行了交流发言。驻市水务局纪检监察组副组长张书泽主持会议并讲话。驻市水务局纪检监察组全体人员，市水务局机关纪委书记、局属单位纪委书记、分管纪检工作负责人及纪检干部共计50余人分别在主会场和分会场参加会议。

7月11日 局党组书记、局长张志颇到杨柳青防汛物资仓库和城市防洪圈西部防线实地检查防汛准备工作，抽查仓库储备的编织袋、雨衣、堵漏袋、救生衣等防汛物资，查看十里横堤、方官堤、九里横堤及沿线穿堤建筑物情况，了解堤防现状高程、穿堤建筑物运行状况、防汛抢险预案等，并对下步防汛工作提出明确要求。建管处、防御处、水调中心（物资中心）、永定河中心负责人参加。

7月12日 副市长李树起对中心城区防汛准备情况进行现场抽查，实地检查电台道临时泵站、吴家窑二号路临时泵站人员值守、运行管理情况和宾西、程林庄等易积水地道“一处一预案”落实情况，详细询问点位人员职责、设施设备明细、预案启动标准，并对有关工作提出明确要求。市水务局党组书记、局长张志颇，排监处、排管中心主要负责人参加。

同日 6时30时许，唐山市古冶区发生5.1级地震，天津市震感明显。地震发生后，市水务局迅速下发通知，组织市管水库管理单位、各区水务局对天津市大中小型共28座水库开展了拉网式排查，重点包括围坝、涵闸、泵站等工程设施，出动排查人员近100人次，至13日9时全部完成了排查工作，未发现险情。

7月13日 水利部海委副主任刘学峰带队对天津市2020年上半年超采区综合治理进展情况进行复核，召开专题座谈会并到北辰区实地核查分层标组建设工程、双口镇郝堡村农村饮水提质增效工程。市水务局局领导杨建图，局属有关单位、机关有关处室负责人，北辰区副区长刘金刚，区水务局负责人参加座谈或调研。

同日 局党组书记、局长张志颇主持召开局党组理论学习中心组专题交流研讨会，各位中心组成员围绕学习《习近平总书记关于天津工作重要指示要求要点摘编》《关于双城间绿色生态屏障建设问题排查整改情况的报告》《关于年初以来各委局推进双城生态屏障建设的情况报告》和《中国共产党党和国家机关基层组织工作条例》进行交流研讨。局有关部门主要负责人和驻局纪检监察组负责人参加。

7月15日 市气象局党组副书记、副局长关福来一行到市水务局调研工作，通报下一阶段天津市及海河流域气象预测，与市水务局对接气象信息传输和发布、防汛和旱情信息共享等方面事宜。局领导梁宝双出席，防御处、排监处、水调中心、水资源中心、排管中心相关负责人参加。

7 月 16 日　市委副书记阴和俊赴武清区调研检查防汛救灾工作，实地察看武清区大黄堡洼蓄滞洪区、狼儿窝分洪闸及武清区河北屯防雹炮站。市水务局局领导梁宝双，市农业农村委、市气象局负责人，武清区负责人参加。

7 月 17 日　局党组书记、局长张志颇主持召开局党组会议暨上半年落实全面从严治党主体责任、党风廉政建设和反腐败斗争专题会议，传达学习贯彻习近平总书记对进一步做好防汛救灾工作的重要指示精神、鸿忠书记在市委党的建设工作领导小组（扩大）会议上的讲话精神、全市农村人居环境整治攻坚推进会精神，听取 2020 年上半年局领导班子成员落实“一岗双责”情况，信访举报及问题线索处置情况，局党组落实全面从严治党主体责任、党风廉政建设和反腐败斗争情况，审议新修订的《局属事业单位科级管理岗位工作人员选拔聘用办法》，研究了部分局属单位党组织选举结果和预备党员转正工作。并对有关工作提出明确要求。机关有关处室、局属有关单位参加。

7 月 21 日　市防指副总指挥、副市长李树起赴杨柳青、珠江道仓库，检查指导防汛物资储备工作，现场听取全市抢险物资准备情况汇报，并对有关工作提出明确要求。市政府副秘书长张剑，市防办、市应急局、市水务局负责人参加。

同日　市水务局召开“转理念改作风勇担当”警示教育大会暨集中整治形式主义官僚主义、不作为不担当问题专项治理中期推动会，贯彻落实习近平总书记关于作风建设和力戒形式主义官僚主义、不作为不担当重要指示精神，持续抓好专项治理工作，深入开展警示教育月活动，推动全面从严治党向纵深发展。局党组书记、局长张志颇出席会议并讲话，局党组成员、副局长张文波做专项治理工作情况报告，驻局纪检监察组副组长张书泽主持会议。

7 月 24 日　局党组书记、局长张志颇主持召开局党组会议，审议市水务局党组关于贯彻落实《2019—2023 年全国党政领导班子建设规划纲要》的实施意见，并对有关工作提出明确要求。机关有关处室、局属有关单位参加。

7 月 30 日　驻市水务局纪检监察组组长、党组成员苏海鹏带领驻局纪检监察组有关人员到排管中心调研指导工作。调研组一行先后到排水五所、先锋河调蓄池、排水八所及防汛物资库，实地察看了排水五所对外服务窗口、文体活动室、荣誉展览室、调度分控中心，听取排水五所精神文明建设及意识形态工作情况、对外服务窗口群众来访及热线接待情况并查看了工作记录，观看了排水五所工作展示宣传片。随后来到位于卫津河下游的梅江泵站，听取了泵站设施情况及运行情况，对卫津河及市内二级河道水环境治理情况进行了解，并对在场值守的职工表示亲切慰问。当日下午，苏海鹏组织召开座谈会，与排管中心班子成员就党风廉政建设、疫情防控、防汛准备、汛期降雨应对、工程建设等情况进行座谈交流。

7 月 31 日　局党组书记、局长张志颇主持召开局党组会议，传达学习贯彻 7 月 31 日国务院安全生产电视电话会议、7 月 29 日市委常委会会议、市政府第 113 次常务会议精神和关于进一步解决形式主义突出问题持续为基层减负有关文件精神，听取 2020 年上半年市水务局党组贯彻落实习近平总书记重要指示批示精神、安全生产专项整治三年行动开展情况和专项治理工作进展情况，审议了有关单位资产清查报告。并对有关工作提出明确要求。机关有关处室、局属有关单位参加。

8 月

8 月 1 日　7—23 时，中心城区平均降雨 49.8 毫米，31 个雨量站点中有 20 个站点超过 50 毫米，最大降雨量为南开区南江里 81.3 毫米。市长张国清来电强调要坚守岗位，持续做好应急排水工作，确保人民群众生命安全。副市长李树起在市水务局坐镇指挥，安排部署市区排水和应对强降雨等各项防汛措施。市区分部启动中心城区防汛Ⅳ级预警响应，后升级为Ⅲ级，市水务局全面落实应急排水措施，确保防汛安全。

8月5日 局党组书记、局长张志颇主持召开局党组会议，传达学习贯彻习近平总书记在中央政治局第21次集体学习时的重要讲话精神，全市组织系统专题座谈会、市委"十四五"规划调研研讨会、市政府第115次常务会议精神，研究贯彻落实措施，审议了于桥水库TOT项目、有关单位补充工作人员的意见等事项。并对下步工作提出明确要求。机关有关处室、局属有关单位参加。

8月6—7日 水利部督查组对天津市生产建设项目水土保持监督管理工作进行督查。督查组分别抽取了市批生产建设项目国家会展中心项目二期和区批生产建设项目塘沽新塘组团三号还迁区雨水泵站工程（一期）进行现场督查，检查了市水务局和滨海新区水务局水土保持监管履职能力情况，并就生产建设项目水土保持监管工作进行了座谈。局政服处、农水处、水保站，滨海新区、津南区水务局相关负责人参加。

8月9日 夜间至10日凌晨，天津市中心城区发生强降雨。市委书记李鸿忠对骤降的强降雨专门作出批示，要求及时部署抢排工作，防止因积水造成早交通道路不畅。副市长李树起提前对防御本次降雨进行部署，提出明确要求。市水务局党组书记、局长张志颇和分管负责人，连夜传达部署市委书记李鸿忠批示精神，会商指挥调度中心城区排水工作，全力做好强降雨防御。市区分部于10日1时45分紧急启动中心城区防汛Ⅳ级预警响应，经过市水务局排水职工全力排水，9处临时积水10日4时前陆续排净，确保了早交通市民出行畅通。

8月11日 市水务局党组理论学习中心组召开扩大会议，邀请中共天津市委讲师团成员王淑辉进行"党史、新中国史、改革开放史、社会主义发展史"专题讲座。局党组成员、副局长张文波主持会议，局领导班子全体成员出席；总工程师、总规划师、督察专员、机关各处主要负责人、局属各单位中心组成员、驻局纪检监察组副组长共80余人参加。

8月12日 中午至13日3时，全市平均降雨38.9毫米，最大降雨量为静海区王口镇127.2毫米。12日10时，市防指市区分部启动Ⅲ级响应，市水务局防指启动市水务局水旱灾害Ⅲ级响应。12日下午，副市长李树起到海河、卫津河、复兴河、月牙河泵站和海河二道闸，现场检查督促强降雨防御措施落实情况，要求紧盯关键部位、薄弱环节，重视再重视、严防再严防，全面落实好各项应对措施，确保人民群众生命安全。12日晚，市长张国清、副市长李树起和市政府秘书长孟庆松在市水务局召开调度会商会，会商部署强降雨防御工作，要求各区各部门坚持人民至上、生命至上，密切关注山洪防御、市区排水、危陋房屋、低洼地带、地下空间等防御重点难点，把各项措施落实落细落到位，宁可备而不用，不可措手不及，切实把确保人民群众生命安全放在第一位落到实处。同时对持续坚守在防汛排水一线的职工表示慰问。会后，副市长李树起继续在市水务局与气象、应急等部门视频会商，并与西青、武清、宝坻、蓟州、静海等区视频连线，了解山洪灾害防御、群众游客转移、防汛排水等情况，要求坚守岗位、前置力量、科学调度，切实加强关键部位防御措施，确保平稳度过此次降雨过程。

8月14日 水利部监督司调研组来津调研水利监督工作，听取天津市水务监督组织机构、制度文件、年度计划、工作开展及发现的典型问题等情况汇报，并就水利监督体系建设、监督工作开展、监督成果运用等方面进行充分交流沟通。局党组成员、副局长杨玉刚出席，安监处、水资源处、建管处、河湖处、防御处、政服处、灌排中心负责人参加。

8月17日 局党组书记、局长张志颇主持召开局党组会议和局长办公会议，传达学习贯彻习近平总书记对"十四五"规划编制工作和制止餐饮浪费行为的重要指示精神，8 月 6 日和 13 日市委常委会会议、市政府第三次廉政工作会议精神，审议新修订的《天津市再生水利用管理办法》和《天津市超计划用水累进加价水费征收管理规定》，研究了预备党员转正、年轻干部多岗位锻炼等工作，并对有关工作提出明确要求。机关有关处室、局属有关单位参加。

8 月 18 日 局党组书记、局长张志颇主持召开局网络安全和信息化工作委员会会议，听取 1—7 月网络意识形态工作、网络安全和信息化建设、安全应用有关工作和智慧水务建设调研情况汇报，研究部署下一步工作。局领导杨玉刚、张文波出席，总工程师、总规划师，局网络安全和信息化工作委员会成员和有关部门负责人参加。

8 月 19 日 副市长李树起赴宁河区宁河镇西关村，现场检查指导蓟运河堤防排险工作，听取排险工作情况汇报，与专家进行会商，并对相关工作提出明确要求。市水务局党组书记、局长张志颇，宁河区委书记王洪海，局领导杨玉刚、唐先奇一同检查；局建管处、宁河区水务局主要负责人，宁河镇、西关村负责人参加。

8 月 27 日 市水务局召开中央环保督察暨局污染防治攻坚战部署会，传达市政府第 118 次常务会议、市政府配合中央生态环境保护督察联络员动员部署会精神，通报中央、市环保督察及“回头看”反馈问题整改、局污染防治攻坚战任务落实情况，安排部署相关工作。局党组书记、局长张志颇出席会议并讲话，局党组成员、副局长闫学军主持会议并作部署。会上，各有关部门和单位汇报了 2017 年中央环保督察、2018 年市级环保督察及“回头看”反馈问题整改情况，2018—2020 年度市污染防治攻坚战及污染防治攻坚战七个专项方案具体任务落实情况。

8 月 28 日 市水务局召开安全生产工作会议暨安全生产专项整治三年行动推动会，学习贯彻习近平总书记关于安全生产工作的重要论述，传达 8 月 12 日全市安全生产工作会议、8 月 25 日全市安全生产工作会议暨市安委会会议和安全生产专项整治三年行动工作领导小组会议精神，全力推动天津市水务系统安全生产专项整治三年行动深入开展。局党组书记、局长张志颇主持会议并讲话，局机关有关处室、局属有关单位主会场、分会场参加。会上，局安委办汇报了水务系统安全生产工作开展情况；有关单位汇报了工程建设、供水、排水行业安全生产工作情况。

8 月 31 日 市水务局召开选派优秀年轻干部多岗位锻炼工作会议，对 2019 年度优秀年轻干部多岗位锻炼工作进行总结，并对 2020 年度参加多岗位锻炼的干部开展动员培训。局党组成员、副局长张文波出席会议并讲话，局属有关单位、局机关有关处室负责人参加。

9 月

9 月 1 日 市水务局党组成员、驻市水务局纪检监察组组长苏海鹏主持召开市水务局扶贫助困工作座谈会，深入贯彻落实习近平总书记关于扶贫工作重要论述和指示批示精神，推动市水务局坚决打赢扶贫助困攻坚战。市水务局有关处室和单位主要负责人、驻市水务局纪检监察组有关负责人参加了会议。

9 月 5 日 局党组书记、局长张志颇赴宁河区结对帮扶困难村调研指导工作，实地检查高景村、艾林村生活污水处理站运行维护、水环境整治和稻田蟹养殖情况，听取有关工作情况汇报，并对下一步工作提出明确要求。驻村工作组负责人参加。

9 月 7 日 局党组书记、局长张志颇主持召开局党组会议，审议局党组全面提高机关党的建设质量的措施、落实全面从严治党主体责任考核办法和学习贯彻《中国共产党基层组织选举工作条例》工作方案，并对有关工作提出明确要求。与会局领导围绕学习《中国共产党基层组织选举工作条例》交流发言，机关有关处室参加。

9 月 8 日 局机关党委组织党员干部群众集中收看全国抗击新冠肺炎疫情表彰大会，聆听学习习近平总书记重要讲话。局领导班子，机关党员干部群众共80余人参加。

9月10日 水利部南水北调司司长李鹏程一行来天津市，调研南水北调中线一期工程水量调度和水费缴纳工作，听取了市水务局关于本年度调度计划执行和下一年度调度计划编制情况、市财政局关于水费交纳相关情况汇报，并对下一步工作提出要求。市政府副秘书长张剑出席座谈会并讲话；局领导梁宝双，市财政局、水务集团分管负责人出席，财审处、水资源处、水调中心负责人参加。

9月11日 水利部海委主任王文生带队对天津市开展用水定额监督检查，现场检查了水晶宫饭店员工宿舍及锅炉房改造工程和南开大学节水型灌溉器具，听取了南开区城市管理委关于节水管理工作情况汇报。市水务局党组书记、局长张志颇，局党组成员、副局长杨玉刚，南开区副区长薛彤，新天钢钢铁集团有限公司党委书记景悦，南开大学副校长李靖一同检查；市水务局水资源处、水资源中心负责人及相关工作人员参加。

9月12—15日 为深入贯彻落实习近平总书记在中央第七次西藏工作座谈会上的重要讲话精神，进一步加强东西部扶贫交流，强化对援藏干部的跟踪考察，局党组成员、副局长张文波带队到西藏昌都市、贡觉县慰问援藏干部，了解其思想和工作情况，并与有关部门负责人进行座谈。局干部处、于桥中心负责人参加。张文波一行分别在昌都市贡觉县委、昌都市政府召开座谈会，并到海拔4280米的拉妥湿地实地调研，双方就继续加强生态环境保护工作进行了交流。昌都市委副书记、常务副市长杨灏主持座谈会，副市长赵明出席，昌都市有关部门负责人参加。昌都市水利局详细汇报了昌都市水利工作情况，并就昌都市在水利工作方面存在的困难进行了说明，希望天津市水务局在高海拔地区的水利设施保暖技术、“智慧河长制”、河湖管理范围划界以及行业监管等方面给予技术和人才支持。水科院技术人员已与昌都市水务局就高海拔地区的水利设施保暖技术进行了初步对接。

9月16日 局党组书记、局长张志颇主持召开局领导班子约谈整改专题会议，针对市委组织部常务副部长梁宝明代表市委组织部对局党组主要负责人、分管干部管理的班子成员约谈指出的问题，局领导班子逐一进行对照检查，作了严肃的批评与自我批评。局领导班子全体成员出席。

9月17日 局党组书记、局长张志颇针对中央环保督察两件信访件，到北塘排水河、月牙河、护仓河、月西河检查河道水环境，现场向河道附近彩丽园小区居民了解情况，并对下一步工作提出明确要求。排管中心、排监处、局攻坚办负责人参加。

9月18日 局党组书记、局长张志颇主持召开局党组会议，研究部署中央环保督察边督边改工作，审议重点水务工程竣工验收措施和政务公开工作要点，并对有关工作提出明确要求。此次局党组会议与局疫情防控指挥部会议、局生态环境保护督察工作领导小组会议合并召开。机关有关处室、局属有关单位参加。

9月21—23日 为全力助推决胜脱贫攻坚，高质量推进天津、青海两省（直辖市）水务东西部协作工作扎实开展，市水务局党组成员、副局长杨玉刚带队赴青海省黄南藏族自治州，调研考察2020年天津市对口支援水务项目。青海省黄南州州委常委、副州长洪世聪陪同调研。市水务局规计处，青海省水利厅防御处及黄南州、县水利局有关负责人参加。杨玉刚一行实地考察了黄南州泽库县津河湿地保护及人居环境改善工程、河南县宁木特镇曲格寺北山山体防洪工程等工程现场，交流指导水利工程建设思路。深入泽库县易地扶贫搬迁东格尔安置区社区，调研了解社区便民服务大厅。走进贫苦户，与藏族同胞亲切交谈，鼓励他们努力工作、热爱生活、坚定脱贫信心，与全国人民一道奔小康。

9月23日 3—13时，全市平均降雨18.3毫米，最大降雨量为滨海新区塘沽气象站119.4毫米，最大雨强为62.9毫米每小时。副市长李树起到市水务局指挥调度降雨排水工作，要求采取应急措施，全力以赴支援西青区开展中北镇地区排水工作，并在保防汛安全的前提下，尽最大可能做好保水蓄水工作。

9月23—25日 为深入推动市水务局与甘肃省东西部扶贫协作和支援合作工作开展，市水务局党组成员、副局长杨玉刚率队赴甘肃省，看望天水市麦积区结对认亲困难户，查看水毁工程现场，并与甘肃省水利厅就两省市水利合作进行深入交流。市水务局、甘肃省水利厅有关部门，天水市、区两级水务部门有关负责人参加。杨玉刚一行看望了麦积区石佛镇3户结对帮扶困难户，耐心询问了家庭人员基本情况、家庭经济主要来源、生产生活中存在的困难和问题等，并向困难户送上了慰问品和慰问金，勉励困难户在今后的生活中克服困难、主动作为，争取早日过上幸福生活。深入查看了麦积区渭河胡大村水毁堤防维修工程、渭河中惠渠首水毁工程、渭河甘泉镇谢家沟水毁堤防工程等现场，了解水利工程运行现状，指导工程抢修维修。杨玉刚一行与甘肃省、市、区三级水务部门召开座谈交流会。会上甘肃省介绍了甘肃省及麦积区水利“十四五”规划设想，杨玉刚介绍了天津市水利建设现状和天津市水利“十四五”规划编制情况等。双方在水利综合治理及管理、生态河道建设、水资源利用、水环境整治等方面进行了充分沟通交流，明确下一步继续开展合作交流的重点方向，取长补短、汲取经验，共同推进两省（直辖市）水务建设再上新水平。

9月25日 市水务局举办的“2020年‘海河工匠杯’技能大赛——天津市水务行业灌排泵站运行工职业技能竞赛”圆满完成。竞赛严格按照国家职业技能标准《泵站运行工（2009年修订版）》，分理论知识考试和技能操作两部分进行，最终成绩采取理论知识、技能操作3∶7的权重汇算。经统计，本次天津市水务行业灌排泵站运行工职业技能竞赛排名为：第一名，水务集团李全生；第二名，水务集团杜金；第三名，排管中心鲍鹏；第四名，津南区水务局韩少冬；第五名，排管中心张超；第六名，水务集团白鸥。

9月27日 庆祝新中国成立71周年文艺汇演在局机关举行。副局长、局党组成员张文波出席，机关有关处室、部分局属单位负责人参加，部分工作人员现场观看演出。此次文艺汇演由局工会、团委主办，局机关团支部承办，领导带头组织，职工群众积极参与，涌现出一批文艺人才，产生了一批高质量的文艺作品。局属各单位积极组织职工开展节目的创作和编排活动，其中有17个节目入选本次汇报演出，演职人员150余人。

9月29日 市水务局召开水利建设市场主体信用信息相关政策宣贯会，解读水利部《水利建设市场主体信用信息管理办法》《水利建设市场主体信用评价管理办法》，对市水务局近期制定的《水利建设市场主体不良行为记录信息认定和信用修复工作流程》开展落地宣贯，推动天津市水利建设市场规范有序发展。建管处、安监处、建设中心，各区水务局，水投集团相关负责人参加。

同日 市水务局召开“违反中央八项规定精神典型案例”警示教育大会，进一步贯彻落实中央八项规定精神和国务院、市政府第三次廉政工作会议精神以及市委组织部对局党组全面从严治党主体责任约谈整改要求，持续抓好党员干部作风建设，推进全面从严治党向纵深发展。局党组书记、局长张志颇，驻局纪检监察组组长、局党组成员苏海鹏出席并讲话，局党组成员、副局长张文波主持；局领导班子全体成员出席，总工程师、总规划师、督察专员，驻局纪检监察组、机关纪委全体人员，机关各处室负责人和局属各单位处、科级干部及纪检干部参加。

9月30日 局党组书记、局长张志颇主持召开局党组会议，传达学习贯彻十九届中央第六轮巡视工作动员部署会和十一届市委第八轮第二批巡视工作部署会精神，市党政代表团赴北京市、赴新疆和田地区学习考察精神，9月22日市委常委会会议和市政府第121次常务会议精神，审议局中央环保督察边督边改工作方案、局党组意识形态工作责任制实施细则（试行）等事项，并对有关工作提出明确要求。机关有关处室、局属有关单位参加。本次党组会议与局落实京津冀协同发展战略水务工作领导小组会议、局扶贫协作和对口支援合作工作领导小组会议、局扶贫助困工作领导小组会议、局生态环境保护督察工作领导小组会议合并召开。

9 月 1—30 日 按照《天津市质量工作领导小组办公室关于开展2020年天津市“质量月”活动的通知》要求，市水务局深入开展水务工程建设“质量月”活动，以“建设质量强国、决胜全面小康”为主题，进一步维护市场秩序，着力优化营商环境，全面提升工程质量。建设中心主要负责人及有关人员，项目法人、设计、监理、施工等单位主要负责人、技术负责人、质量管理人员及现场作业班组长代表共计200余人参加。

10 月

10 月 12 日 副市长李树起到静海区爱玛科技集团股份有限公司调研服务，了解企业生产经营状况，倾听企业需求，并对下一步工作提出要求。市水务局局党组书记、局长张志颇，局领导梁宝双，静海区副区长张炳柱，静海区水务局、开发区管委会主要负责人参加。

10 月 13—14 日 为深入推动市水务局与承德市东西部扶贫协作和支援合作工作，局党组成员、副局长杨玉刚率队赴承德市，对引滦上下游生态补偿项目进行实地考察，并就两市扶贫协作进行交流座谈。承德市水务局、环保局及兴隆县、宽城县负责人一同调研并出席座谈。局规计处、水资源处等部门有关负责人参加。杨玉刚一行实地查勘了李家营河道治理及滨河绿化项目、潘家口水库及滦河国考断面、土城头村东西部协作治理等项目现场，调研了解了宽城县库区移民情况。座谈会上，承德市介绍了承德市潘家口水库网箱清理及库区移民、滦河流域生态保护和智慧河道等项目情况，希望天津市在东西部扶贫和引滦上下游生态补偿方面向水务治理、库区移民等方面倾斜。杨玉刚介绍了天津市水务建设和水务扶贫工作基本情况，并对承德市在引滦保障方面作出的贡献表示感谢，下一步市水务局将在引滦上下游生态补偿项目的确定上加强与水利部及市生态环境局等单位的沟通，以利于补偿资金更好发挥效益。

10 月 15 日 局党组书记、局长张志颇主持召开局党组会议，学习贯彻《中国共产党党组工作条例》，研究审议局党组议事决策规则等文件，并对有关工作提出明确要求。本次党组会议与局扶贫协作和对口支援合作工作领导小组会议、局保密委员会会议、局推进依法治市工作领导小组会议合并召开。机关有关处室、局属有关单位参加。

10 月 16—18 日 为贯彻落实第三次中央新疆工作座谈会精神，推动市水务局东西部扶贫协作和对口支援各项工作任务落实，局党组书记、局长张志颇带队赴新疆和田地区，实地推动挂牌督战任务，调研考察扶贫项目，并签署两地水务交流合作框架协议。新疆和田地区行署副专员、天津援疆前指副指挥方伟一同调研；局干部处、巡察办、规计处，和田地区水利局和于田县、策勒县有关负责人参加。张志颇一行实地入户挂牌督战的科克亚村3个贫困户家中走访慰问，送去慰问金，并在村委会进行座谈，开展支部共建党员交流活动，了解扶贫项目实施进展、贫困人口就业增收等情况，对重点难点问题进行指导。张志颇一行实地调研了策勒县战斗渠水利纪念馆、龙湖湿地等和田地区水利项目。为推动与和田地区水利工作交流，在援疆前指与和田行署签订了《2020—2022年交流合作框架协议》，计划采取“走出去、请进来”的方式，有计划地组织开展对和田水利系统人员业务培训，包括饮水安全设施管理维护、规划设计、项目建管、节约用水、农水及水土保持等方面。

10 月 25—27 日 水利部办公厅、中国农林水利气象工会举办“人水和谐·美丽京津冀”创新示范引领劳动竞赛，北京市水务局、天津市水务局、河北省水利厅、水利部海委组队参赛。市水务局党组高度重视此次竞赛活动，共派出6支参赛团队，局党组成员、副局长张文波同志带队赴京参赛，获 2 个三等奖、4 个优胜奖。

10 月 26 日 局党组书记、局长张志颇主持召开局党组会议和局长办公会议，通报 2020 年第三季度信访举报及问题线索处置等情况，审议河湖水环境大排查大治理大提升“三大行动”问题清单，并对有关工作提出明确要求。本次党组会议与局扶贫助困工作领导小组会议、局疫情防控指挥部会议、局安全生产委员会会议合并召开。机关有关处室、局属有关单位参加。

同日 市纪委监委第四督查组召开督查驻市水务局纪检监察组工作动员会，市纪委监委第四督查组组长王庆声出席会议并做动员讲话，市水务局党组书记、局长张志颇作表态发言，驻市水务局纪检监察组组长、局党组成员苏海鹏主持会议并作表态发言。市纪委监委第二监督检查室副主任张梅，市纪委监委干部监督室一级调研员蒋宝菊，市纪委监委特约监察员王凤云，第四督查组副组长孙国华及全体督查组成员，市水务局领导班子全体成员，市水务局三总两督、机关处室和局属单位主要负责人，局机关纪委、局属单位纪委书记和专职纪检干部，局巡察工作办公室、巡察组全体人员，市水务局系统干部职工代表，驻局纪检监察组全体人员参加了会议。

10 月 27 日 为增强政治意识和规矩纪律意识，提升抓班子带队伍工作水平，在驻局纪检监察组的大力支持下，市水务局举办了干部大讲堂暨新任职处级干部培训班。局领导班子成员、各单位各部门主要负责人、各单位纪委书记和分管党务工作的副职，以及 2019 年以来新提拔任用的处级干部共 60 人参加。此次培训突出政治之训、规矩纪律之训，邀请市委党校原管理学教研部主任毛元生教授进行“领导力与执行力”专题讲座，邀请市纪委监委党风政风监督室宁岩同志就落实主体责任、加强作风建设进行专题辅导。培训采取理论讲解与典型案例教学相结合的方式进行启发式教育，内容涉及学习贯彻习近平新时代中国特色社会主义思想、增强政治意识和规矩纪律意识、完善正副职领导角色认知、落实全面从严治党主体责任、贯彻落实中央八项规定精神和纠治“四风”问题等方面，既是对新任职处级干部的一次常规培训，又是对全局党员干部的一次作风建设专题培训。

11 月

11 月 6 日 局党组书记、局长张志颇主持召开局党组会议和局长办公会议，审议《市水务局第一次全国水旱灾害风险普查工作方案》，并对下步工作提出明确要求。

同日 天津市市场监督管理委员会会同天津市水务局组织召开《河湖健康评估技术导则》和《行洪河道堤防工程安全监测技术规程》地方标准审查会，与会专家认真听取水科院标准编制组编写的工作报告，对标准的编制说明、标准文本及征求意见情况等逐一进行研究。专家组认为两项地标结构完整、内容科学，有较强的指导性和可操作性，一致同意两项地标通过审查。

11 月 7 日 市水务局召开全市水务系统安全生产专题部署会，传达 11 月 5 日全市安全生产工作电视电话会议精神，安排部署下一步工作重点。局党组书记、局长张志颇出席并讲话，局党组成员、副局长杨玉刚主持会议。

11 月 8—13 日 为促进和田地区与天津市水利事业共同发展，加大两地水文化建设与交流力度，推进《2020—2022 年交流合作框架协议》落实，和田地区宣传文化及水利等部门代表团来津就两地水文化宣传建设进行调研考察学习，并在市水务局进行交流座谈。局党组成员、副局长张文波出席座谈会；市水务局援疆干部代表，规计处负责人一同调研。座谈会上，和田地区代表团介绍了和田地区水利、文化建设等情况，希望两地进一步加强交流合作，加大人才支援力度，通过视频、研讨、面对面等方式给予技术援助，提高和田地区水利人员技术水平和能力，助力和田地区水利发展。市水务局对和田地区的到来表示欢迎，就水务基本情况及“十四五”水务规划进行了介绍，表示将充分发挥水务行业优势，加大对口支援帮扶力度，持续支援和田地区水文化软硬件建设，进一步推进合作交流，为津和两地的水利事业共同发展，以及实现和田地区脱贫攻坚提供坚实水务保障。调研期间，代表团一行参加了“天津市水文化”专家讲座，并实地参观考察了众多水文化建筑及工程设施，领略了天津特色的运河文化、海河文化、码头文化、港口文化和水文化工程建筑，为新疆和田地区实施水文化建设、发展现代化水利、打造人水和谐共生的水生态环境和美丽乡村建设积累了宝贵经验。

11月10日 局党组书记、局长张志颇到武清区走访推动农村饮水提质增效工程运行管理工作，现场检查京津科技谷引江水厂、汉沽港镇东王堡村饮水提质增效工程运行管理情况，并在村党群服务中心召开座谈会，现场听取群众代表关于农村供水方面的意见建议，解答群众疑问。水资源中心，武清区水务局、京津科技谷引江水厂负责人，东王堡村委书记、村长参加。

11月11日 市水务局组织召开人大代表、政协委员座谈会，市人大代表李宪奇、赵文志，市政协委员王惠敏、张潞、韩宏大、杨军、常素云，民建党、农工党市委会有关负责人出席；市人大常委会代表工作室副主任聂伦，市政府办公厅二级巡视员邱振刚，市水务局党组书记、局长张志颇，局领导张文波、梁宝双，市政府办公厅建议提案处、市政协提案委工作处及局有关部门负责人参加。

11月12日 局党组书记、局长张志颇主持召开局党组理论学习中心组专题读书班和交流研讨，学习传达党的十九届五中全会精神，中心组全体成员围绕深入学习党的十九届五中全会精神进行研讨交流，结合自身思想和工作实际谈学习体会，明确下一步努力方向。局机关有关部门、局属有关单位主要负责人，驻局纪检监察组副组长参加。

11月13日 局党组书记、局长张志颇主持召开专题会议，传达李克强总理有关重要批示精神和全国冬春农田水利暨高标准农田建设电视电话会议精神，研究冬春农田水利暨高标准农田建设工作。局领导梁宝双出席，规计处、水资源处、建管处、防御处、灌排中心、水调中心、水资源中心、河长制中心主要负责人参加。

11月17日 市人大常委会副主任王小宁调研大清河天津段水资源保护工作，实地检查了大清河老龙湾节制闸水域环境和静海区争光泵站运行情况，听取了市水务局和静海区有关工作汇报，并开展座谈交流，深入研究推进京津冀水资源协同保护等工作。市人大法制委、农业与农村委、城建环保委主要负责人出席。市水务局党组成员、副局长闫学军，静海区副区长罗振胜及静海区、市水务局有关部门负责人参加。

11月30日 局党组书记、局长张志颇做客市政府办公厅、市网信办和海河传媒集团共同策划举办的公仆走进直播间“十四五 开新局——2020年委办局长年终访谈”节目，汇报“十三五”水务工作成就，回应社会关注的涉水问题，介绍“十四五”时期水务发展思路和重点任务。市水务局河湖处、排监处、河长制中心、排管中心、水资源中心有关负责人，水务集团、静海区河（湖）长办、宁河区河（湖）长办相关部门负责人及媒体记者、专家学者共20余人参加。

同日 局党组书记、局长张志颇主持召开局党组会议，传达学习贯彻市委十一届九次全会、市委常委会扩大会议精神和国勋市长调研北大港水库有关要求，研究部署相关工作。本次党组会议与局推进依法治市工作领导小组会议合并召开。会议还审议了水调中心接收预备党员有关意见、局机关餐饮服务和物业服务招标等事项。机关有关处室、局属有关单位参加。

12月

12月1日 为深入学习贯彻党的十九届五中全会精神，进一步兴起学习贯彻落实全会精神的热潮，局党组成员、副局长张文波为分管单位和联系点党员干部宣讲党的十九届五中全会精神。综合服务中心、机关服务中心和水科院90余名党员干部参加。张文波紧紧围绕党的十九届五中全会提出的思路、战略和作出的部署，以全会审议通过的《中共中央关于制定国民经济和社会发展第十四个五年规划和二〇三五年远景目标的建议》为主线，从把贯彻落实全会精神与推动水务事业高质量发展统一起来的高度，系统深入地阐释了全会精神，总结了“十三五”时期天津水务事业取得的成绩，指出了当前水务工作的短板弱项和“十四五”时期的水务工作思路。

同日 市河（湖）长办常务副主任、市水务局副局长闫学军主持召开视频会议，部署推动河湖管理范围划定及今冬明春河湖保水护水工作。会上，建管处、河湖处负责人分别通报了河湖管理范围划定及今冬明春河湖保水护水相关工作情况并提出了具体要求，各涉农区河（湖）长办负责人针对工作中存在的难点问题及推进措施进行了交流发言。局建管处、河湖处、防御处、排监处、水调中心、水资源中心、灌排中心、河长制中心及市内六区河（湖）长办相关负责人参加；局排管中心、各河系中心及各涉农区河（湖）长办相关负责人视频参会。

12月11日 为加强干部队伍建设，提升年轻干部“七种能力”，市水务局举办了2020年度年轻干部培训班。局机关一、二级主任科员，局属单位部分正科级干部共86人参加培训。

12月14日 局党组书记、局长张志颇主持召开局党组理论学习中心组扩大学习研讨会，各位中心组成员围绕学习《习近平总书记关于统筹疫情防控和经济社会发展重要论述选编》，贯彻落实党的十九届五中全会精神和市委十一届九次全会决策部署，结合正在征求意见的《天津市水安全保障“十四五”规划（初稿）》进行交流研讨。总工程师、总规划师、督察专员，机关各处室、局工会主要负责人参加。

同日 局党组书记、局长张志颇主持召开局党组会议，研究专项治理、党支部建设、党内法规执行等工作。本次党组会议与局全面从严治党领导小组会议、局党组形式主义官僚主义不作为不担当问题专项治理领导小组会议合并召开。会议还审议了局全国河湖长制先进集体和先进个人推荐意见、局领导班子成员工作分工等事项。机关有关处室、局属有关单位参加。

12月17日 局领导杨建图主持召开全市供水行业大会，总结2020年全市供水工作，提出“十四五”工作思路，部署2021年供水重点工作。水务集团副总经理李嘉铭出席，局政服处、水资源处、水资源中心，各区水务局分管负责人，各供水企业负责人参加。会上，各部门各单位就加强行业监管、区域供水安全保障、优化营商环境、水厂运营管理等方面交流经验做法。

12月22日 局党组书记、局长张志颇主持召开局党组会议和局长办公会议，传达学习贯彻中央经济工作会议精神和12月19日市委常委会扩大会议、市政府党组扩大会议精神，听取国家安全、扫黑除恶专项斗争、建议提案办理落实情况，并对下步工作提出明确要求。机关有关处室、局属有关单位参加。本次党组会议与局国家安全人民防线建设小组会议、市水务局平安天津建设领导小组会议合并召开。

12月24日 市水务局水旱灾害风险普查领导小组副组长梁宝双主持召开水旱灾害风险普查工作部署推动会议暨技术培训会议，部署推动天津市水旱灾害风险普查工作，解读水旱灾害风险普查任务及技术标准。防御处、建管处、水资源处、局属有关单位、各区水务局、水务集团负责人参加会议。会议介绍了全国第一次水旱灾害风险普查任务及进展情况、天津市自然灾害综合风险普查工作进展及相关要求、以及天津市水旱灾害风险普查的时间节点和任务分工，汇报了《天津市水旱灾害风险普查实施方案（初稿）》，对水旱灾害风险普查任务及技术标准进行解读、答疑。

12月25日 天津市水利学会第九届四次理事会和2020年学术年会在新桃园酒店召开，会议审议通过了2020年学会工作报告、财务报告，接收了新会员单位、新理事等，表彰了优秀论文作者，邀请了北京市水科学技术研究院技术总师张书函和技术副总师李炳华两位专家分别做了题为“北京海绵城市建设关键技术及管控模式研究与应用”和“再生水补给型河道水质保障与风险控制关键技术研究与集成示范”的学术报告。市水务局总工程师和市科协学会学术部部长，市科协、市水务局、水利部海河水利委员会、中国水电基础局相关领导，学会理事、会员代表、优秀论文作者130余人参加了会议。

（局办公室）

水务统计资料

2020 年水务综合指标（按区分）

2020 年水务建设投资计划执行情况简表

单位：万元

项目类型	投资计划											完成投资
	投资合计	资金来源										
		中央			地方							
		中央小计	中央预算内投资	中央财政专项资金	地方小计	市财政专项资金	一般债券	专项债券	其他市财政资金	水投集团筹措	区自筹及其他	
总计	540823	59983	12550	47433	480840	70095	58686	127780	10297	6897	207086	
其中：结转投资	40917	8602		8602	32316	3737	18564	3480			6535	
新安排投资	499906	51381	12550	38831	448525	66358	40122	124300	10297	6897	200551	
一、建设项目投资	443707	59983	12550	47433	383724	5006	43356	113880	10297	4100	207086	447465
1. 防汛排涝项目	31868	9276	3150	6126	22592	1020	9635		10297		1640	38047
2. 供水项目	81616				81616	249		76308		4100	959	73861
3. 水环境治理项目	73844	35700	8200	27500	38144	1425	16240	20480				84594
4. 农村水利项目	243019	1647	1200	447	241372	2312	17481	17092			204487	240238
5. 库区移民项目	13360	13360		13360								10725
二、支付资金	97116				97116	65089	15330	13900		2797		

全市人口数、户数、乡镇数

单位：万人、万户、个

地区	常住人口	户籍人口			总户数	乡镇数
			城镇	农村		
天津市	1386.60	1130.68	811.26	319.42	415.94	128
市内六区	405.72	418.13	418.13		160.66	
滨海新区	206.73	149.70	132.54	17.16	55.70	5
东丽区	85.70	43.83	35.17	8.66	17.14	
西青区	119.51	46.59	39.65	6.94	16.98	7
津南区	92.81	53.30	44.46	8.84	19.43	8

续表

地区	常住人口	户籍人口			总户数	乡镇数
			城镇	农村		
北辰区	90.96	45.37	17.58	27.79	18.00	9
武清区	115.13	107.72	46.90	60.82	35.33	24
宝坻区	72.24	74.87	24.35	50.52	24.93	18
宁河区	39.53	41.07	15.06	26.01	15.07	13
静海区	78.71	62.25	10.53	51.72	24.02	18
蓟州区	79.55	87.85	26.89	60.96	28.68	26

农村产值、耕地及农作物播种情况

地区	农林牧渔业总产值/亿元	年末实有常用耕地面积/万亩	农作物播种面积/万亩					
				粮食作物播种面积	棉花播种面积	油料播种面积	蔬菜播种面积	其他
天津市	476.44	533.52	628.8	525.3	11.7	1.2	79.35	11.25

农 作 物 产 量

单位：万吨

地区	粮食产量	棉花产量	油料产量	蔬菜产量
天津市	228.18	1.02	0.31	266.47

水 库、水 电 站

地区	已建成水库		大型水库		中型水库		小型水库		水电站	
	座数/座	总库容/万立方米	座数/座	总库容/万立方米	座数/座	总库容/万立方米	座数/座	总库容/万立方米	座数/座	装机容量/千瓦
天津市	26	259354	3	223900	9	29973	14	5481	1	5800
滨海新区	7	64491	1	50000	3	12854	3	1637		
东丽区	1	1799			1	1799				
西青区	1	3360			1	3360				
津南区										
北辰区	2	1686					2	1686		
武清区	3	5467			2	4730	1	737		
宝坻区	1	4530			1	4530				
宁河区										
静海区	1	18000	1	18000						
蓟州区	10	160021	1	155900	1	2700	8	1421	1	5800

水闸、泵站

地区	水闸/座				泵站/处			
		大型	中型	小型		大型	中型	小型
天津市	3485	13	52	3420	3823	12	259	3552
市内六区	112		1	111	144	1	33	110
滨海新区	525	6	10	509	289	3	29	257
东丽区	353		2	351	123	3	27	93
西青区	94	3	1	90	141		21	120
津南区	322	1		321	126		20	106
北辰区	243	1	6	236	221	2	21	198
武清区	304		7	297	526		27	499
宝坻区	367	2	5	360	1074	3	31	1040
宁河区	690		3	687	919		17	902
静海区	314		8	306	228		20	208
蓟州区	161		9	152	32		13	19

注 1. 大型水闸为过闸流量≥1000 立方米每秒的水闸，中型水闸为 100 立方米每秒≤过闸流量<1000 立方米每秒的水闸，小型水闸为 1 立方米每秒≤过闸流量<100 立方米每秒的水闸。

2. 大型泵站为装机流量≥50 立方米每秒或装机功率≥1 万千瓦的泵站，中型泵站为 10 立方米每秒≤装机流量<50 立方米每秒或 0. 1 万千瓦≤装机功率<1 万千瓦的泵站，小型泵站为装机流量<10 立方米每秒或装机功率<0. 1 万千瓦的泵站。

主要河道堤防

单位：千米

地　区	堤防总长度					达标堤防长度				
		一级	二级	三级	四级		一级	二级	三级	四级
天津市	2163. 97	388. 65	865. 35	159. 05	750. 92	1014. 21	245. 74	520. 97	38	209. 5
市内六区	59. 95		59. 95			59. 95		59. 95		
滨海新区	431. 72	172. 41	194. 06		65. 25	202. 73	56. 37	81. 11		65. 25
东丽区	74. 06	2. 2	71. 86			74. 06	2. 2	71. 86		
西青区	74. 83	57. 36	17. 47			74. 83	57. 36	17. 47		
津南区	31. 7		31. 7			31. 7		31. 7		
北辰区	143. 25	72. 91	62. 74	7. 6		139. 25	72. 91	58. 74	7. 6	
武清区	319. 5	45. 87	137. 58	136. 05		135. 14	19	85. 74	30. 4	
宝坻区	246. 99		150. 19	5. 4	91. 4	80. 68		70. 2		10. 48
宁河区	278. 66	37. 9	55. 46	10	175. 3	101. 73	37. 9	2. 75		61. 08
静海区	285. 86		84. 34		201. 52	41. 45		41. 45		
蓟州区	217. 45				217. 45	72. 69				72. 69

注　主要河道堤防为全部一级河道堤防及黎河、淋河、沙河、新引河 4 条有防洪任务的二级河道堤防。

灌 溉 面 积

单位：万亩

地区	灌溉面积	耕地灌溉面积	林地灌溉面积	园地灌溉面积	实际耕地灌溉面积	节水灌溉面积	喷灌面积	微灌面积	低压管道输水灌溉面积	渠道防渗面积
天津市	497.92	448.68	34.71	14.53	404.92	386.92	6.83	4.44	279.03	96.62
滨海新区	27.20	22.20	1.55	3.45	9.86	16.02	0.02	0.56	9.60	5.85
东丽区	19.30	7.10	11.30	0.90	7.10	2.38	0.06	0.20	0.53	1.60
西青区	16.31	10.62	5.69		10.62	4.53	0.08	0.54	3.92	
津南区	13.16	12.86	0.30		6.96	5.33	0.30	0.40	0.32	4.32
北辰区	19.14	16.67	2.48		16.67	12.12	0.08	0.21	6.78	5.06
武清区	96.24	90.38	3.65	2.22	90.38	86.52	3.17	0.26	83.10	
宝坻区	98.45	98.30	0.12	0.03	93.90	98.30		1.31	38.61	58.38
宁河区	61.14	61.14			51.89	45.06	0.66		33.45	10.95
静海区	66.09	66.09			55.52	53.82	2.18	0.38	46.94	4.34
蓟州区	80.91	63.35	9.64	7.93	62.05	62.84	0.30	0.61	55.80	6.13

万 亩 以 上 灌 区

地区	灌区数量/处					有效灌溉面积/万亩				
	合计	30万~50万亩	10万~30万亩	5万~10万亩	1万~5万亩	合计	30万~50万亩	10万~30万亩	5万~10万亩	1万~5万亩
天津市	30	1	2	5	22	158.93	41.78	28.08	26.96	62.11
滨海新区										
东丽区										
西青区										
津南区										
北辰区										
武清区	20			5	15	75.20			26.96	48.24
宝坻区	6	1	2		3	78.17	41.78	28.08		8.31
宁河区										
静海区	1				1	1.90				1.90
蓟州区	3				3	3.66				3.66

水土保持

单位：平方千米

地区	水土流失综合治理面积	小流域综合治理面积	新增水土流失综合治理面积	按措施划分							新增小流域综合治理面积	年末封禁治理保有面积
				梯田	坝地	水土保持林	经济林	种草	封禁治理	其他措施		
天津市	1018.4	509.6	12.2	0.1					0.9	11.2	3	173
滨海新区	91.3											
东丽区	14.4											
西青区	2											
津南区	4.2											
北辰区	9.8											
武清区	33.1		2.4							2.4		
宝坻区	26.7		1.4							1.4		
宁河区	13.7											
静海区	59.3											
蓟州区	763.9	509.6	8.4	0.1					0.9	7.4	3	173

农村集中式供水工程、机电井

地区	农村集中式供水工程/处	城镇管网延伸工程	万人工程	千人工程	千人以下工程	机电井/眼	浅层地下水机电井	深层承压水机电井
天津市	649	325	32	45	247	31513	21656	9857
市内六区						129		129
滨海新区	8	8				2071		2071
东丽区						230		230
西青区						1811	1609	202
津南区	4	4				672		672
北辰区	29		1	26	2	260		260
武清区	45		31	14		7774	6012	1762
宝坻区	16	16				4329	3216	1113
宁河区	259	254		5		3213	898	2315
静海区	35	35				1113	30	1083
蓟州区	253	8			245	9911	9891	20

注 1. 农村集中式供水工程按照规模划分，千吨万人以上为日供水规模≥1000 立方米或设计供水人口≥10000 人的农村供水工程，千人以上为设计供水人口≥1000 人，且不属于千吨万人以上的农村供水工程，其他为设计供水人口≤1000 人且≥20 人的农村供水工程。

2. 机电井为井口井壁管内径≥200 毫米的灌溉机电井和日取水量≥20 立方米的供水机电井。

降水量、供水量

地区	降水量/毫米	供水量/亿立方米	地表水源供水量			地下水源供水量			其他水源供水量			
			合计	外调水	当地地表水及入境水	合计	浅层水	深层水	合计	再生水回用	污水处理回用	海水淡化
全　市	534.4	27.8204	19.2259	11.0870	8.1389	3.0096	2.3611	0.6485	5.5849	0.7587	4.4044	0.4218
市内六区	515.6	3.3810	3.3210	3.3210		0.0004		0.0004	0.0596	0.0596		
滨海新区	508.2	5.9749	3.3511	2.9347	0.4164	0.2572	0.1424	0.1148	2.3666	0.1969	1.8404	0.3293
东丽区	555.2	1.2080	0.8012	0.6653	0.1359	0.0083		0.0083	0.3985	0.2110	0.1875	
西青区	562.0	1.1388	0.7826	0.5446	0.2380	0.0217	0.0193	0.0024	0.3345	0.1412	0.1933	
津南区	531.5	1.0204	0.7128	0.5103	0.2025	0.0119		0.0119	0.2957	0.0634	0.2323	
北辰区	496.6	1.4106	0.8773	0.6462	0.2311	0.0536		0.0536	0.4797		0.4797	
武清区	497.6	3.3388	2.5433	0.7973	1.7460	0.4065	0.3783	0.0282	0.3890	0.0146	0.3744	
宝坻区	533.2	4.9209	4.1424	0.7653	3.3771	0.5728	0.5387	0.0341	0.2057		0.2057	
宁河区	436.4	1.9828	1.2132	0.0885	1.1247	0.4022	0.1107	0.2915	0.3674	0.0711	0.2038	0.0925
静海区	589.1	1.5902	1.0284	0.3905	0.6379	0.1063	0.0030	0.1033	0.4555	0.0009	0.4546	
蓟州区	644.2	1.8540	0.4526	0.4233	0.0293	1.1687	1.1687		0.2327		0.2327	

水资源量、用水量

单位：亿立方米

地区	水资源总量	地表水资源量	地下水资源量	地表水与地下水资源重复量	用水量	农田灌溉用水量	林牧渔畜用水量	工业用水量	城镇公共用水量	居民生活用水量	生态环境用水量
合　计	13.2969	8.6	5.7649	1.068	27.8204	8.9439	1.3549	4.4604	2.0972	4.5338	6.4302
市内六区	0.34	0.34			3.381			0.4506	0.8813	1.4681	0.581
滨海新区	1.47	1.47			5.9749	0.1224	0.3467	1.8286	0.6039	0.7136	2.3597
东丽区	0.35	0.35			1.208	0.1213	0.0196	0.4131	0.0655	0.3353	0.2532
西青区	0.6959	0.41	0.2986	0.0127	1.1388	0.1657	0.091	0.3782	0.0766	0.176	0.2513
津南区	0.27	0.27			1.0204	0.2055	0.0004	0.1973	0.0833	0.2985	0.2354
北辰区	0.4889	0.3	0.2057	0.0168	1.4106	0.2035	0.059	0.237	0.0469	0.1953	0.6689
武清区	1.9752	0.94	1.311	0.2758	3.3388	1.7112	0.369	0.3251	0.0677	0.4826	0.3832
宝坻区	2.3948	0.96	1.8555	0.4207	4.9209	3.6684	0.1896	0.0278	0.0885	0.1882	0.7584
宁河区	0.9809	0.75	0.2717	0.0408	1.9828	1.2742	0.0045	0.2688	0.0429	0.1887	0.2037
静海区	1.697	1.32	0.3921	0.0151	1.5902	0.648	0.2373	0.1263	0.0979	0.2132	0.2675
蓟州区	2.6342	1.49	1.4303	0.2861	1.854	0.8237	0.0378	0.2076	0.0427	0.2743	0.4679

城市供水行业基本情况

指标名称	计量单位	指标值	指标名称	计量单位	指标值
供水管道长度	千米	21598	水厂个数	个	33
供水管道长度按管径分:			其中:地下水	个	7
1. Φ<DN75mm	千米	5477	取水量		99760
2. DN75mm≤Φ<DN300mm	千米	10176	地表水	万立方米	91391
3. DN300mm≤Φ<DN600mm	千米	4442	地下水	万立方米	4083
4. DN600mm≤Φ<DN1000mm	千米	1065	海水淡化	万立方米	4286
5. Φ≥DN1000mm 以上	千米	438	生产		
供水管道长度按建设年限分:			综合生产能力	万立方米/日	455
1. 1949 年以前	千米		供水总量	万立方米	96013
2. 1949 年至 1978 年	千米	268	用表户数	万户	491
3. 1978 年至 2000 年	千米	2105	居民家庭	万户	482
4. 2000 年以后	千米	19225	用水人口	万人	1174
供水管道长度按材质分:			行业服务		
1. 球墨铸铁管	千米	6334	群众诉求办结及时率	%	98
2. 灰口铸铁管	千米	1764	群众诉求办结满意率	%	99.5
3. 钢管	千米	586	社会评价		
4. 镀锌管	千米	258	人均日综合用水量	升	224
5. 塑料管	千米	11098	人均日生活用水量	升	116
6. 其他材质	千米	1558	人均日居民用水量	升	84

城市(县城)排水基本情况

指标名称	计量单位	指标值	指标名称	计量单位	指标值
排水管道长度	千米	22338	座数	座	44
排水管道长度按用途分:			处理能力	万立方米/日	338.45
1. 污水管道	千米	10338	处理量	万立方米	107704
2. 雨水管道	千米	10725	干污泥处置能力	吨/日	60
3. 雨污合流管道	千米	1275	干污泥年产生量	吨	148352
已办理排水许可证的单位个数	个	791	干污泥处置量	吨	148334
污水排放总量	万立方米	112734	其他污水处理装置情况		
污水处理总量	万立方米	108698	处理能力	万立方米/日	3.4
污水处理厂情况			处理量	万立方米	994

附　　录

批　　示

马顺清在《市水务局关于向河北省玉田县分水情况的报告》上的批示（市政府　2020年1月6日）

马顺清、孙文魁、李树起、金湘军在《市水务局关于报审〈天津市城镇污水处理提质增效三年行动实施方案（2019—2021年）〉的请示》上的批示（市政府　2020年1月10日）

李树起在《印发关于进一步强化河长湖长履职尽责指导意见的通知》上的批示（市政府　2020年1月10日）

李树起在《市水务局关于申请设立“优秀河长 最美河湖”表彰项目的请示》上的批示（市政府　2020年1月10日）

李树起在《市水务局关于对〈水利工程建设项目验收管理规定〉反馈意见的请示》上的批示（市政府　2020年1月11日）

张国清、李树起在《天津水务集团有限公司关于2019年居民自来水表更换工作情况的报告》上的批示（市政府　2020年1月14日）

李树起、张剑在《河长制湖长制工作简报2019年第61－64期》上的批示（市政府办公厅　2020年1月16日）

张国清、马顺清、李树起在“天津市财政局关于继续向企业征收水土保持补偿费中央收入部分有关问题的报告”上的批示（市政府办公厅　2020年1月17日）

市领导在生态环境部关于印发《重点流域水生态环境保护“十四五”规划编制技术大纲》和《重点流域水生态环境保护“十四五”规划编制工作领导小组、办公室技术指导组和流域组组成方案》的函上的批示（市政府办公厅　2020年1月20日）

市领导在天津市财政局关于蓟州区于桥水库22米高程线内（外）遗留问题的请示上的批示（市政府办公厅　2020年1月20日）

刘炳刚、张剑在“关于征求引江补汉工程规划、南水北调东线二期工程规划报告、南水北调中线在线调蓄工程方案意见的函”上的批示（市政府办公厅　2020年1月21日）

李树起在“市水务局关于引滦供水安全保障方案的报告”上的批示（市政府办公厅　2020年1月22日）

马顺清在市司法局关于再次核查于桥水库向玉田县分水情况的报告上的批示（市政府办公厅　2020年2月1日）

市领导在“国务院关于组建中国南水北调集团有限公司有关问题的批复”上的批示（市政府办公厅　2020年2月15日）

李树起、张剑在水利部河长制领导小组工作简报上的批示（市政府办公厅　2020年2月18日）

市领导在规自局关于落实市领导要求排查水库范围内规划建设情况的报告上的批示（市政府

办公厅　2020 年 2 月 21 日）

金湘军、李树起、刘炳刚在生态环境部 水利部“关于建立跨省流域上下游突发水污染事件联防联控机制的指导意见”上的批示（市政府办公厅　2020 年 2 月 21 日）

李树起在“市水务局关于 2020 年中央投资落实情况的报告”上的批示（市政府　2020 年 2 月 26 日）

徐军在天津市住房和城乡建设委员会《市住房城乡建设委关于历史遗留市政基础设施移交接管工作完成情况的报告》上的批示（市政府办公厅　2020 年 2 月 28 日）

李树起、张剑在《关于成立南水北调东中线后续工程前期工作领导小组的通知》上的批示（市政府　2020 年 3 月 11 日）

市领导在生态环境部办公厅“关于征求《大运河生态环境保护修复专项规划（送审稿）》意见的函”上的批示（市政府办公厅　2020 年 3 月 13 日）

马顺清、孙文魁、李树起、金湘军在“关于印发《京津冀平原地面沉降综合防治总体规划（2019—2035 年）》的通知”上的批示（市政府办公厅　2020 年 3 月 19 日）

张国清、李树起在“水务集团关于 2020 年度居民自来水表更换工作安排的报告”上的批示（天津水务集团　2020 年 3 月 21 日）

李树起在“天津市北辰区人民政府关于将汾河南道雨水泵站建设完成时限延期的请示”上的批示（市政府办公厅　2020 年 3 月 27 日）

李鸿忠、张国清、李树起在市水务局“关于对南水北调东线二期工程经白洋淀进京输水线路方案的论证情况和反馈意见报审稿的报告”上的批示（市政府办公厅　2020 年 3 月 30 日）

金湘军、董家禄、王璟、张嘉华、刘炳刚在“关于印发《生态环境保护综合行政执法事项指导目录》的通知”上的批示（市政府办公厅　2020 年 4 月 2 日）

李树起、孟庆松、徐军在《天津市滨海新区人民政府关于加强海洋生态和自然岸线环境保护的情况报告》上的批示（市政府办公厅　2020 年 4 月 5 日）

李树起、张剑、刘炳刚在水利部规划计划司“中央水利建设投资计划执行调度会商纪要（2020 年第 1 期）”上的批示（市政府办公厅　2020 年 4 月 9 日）

李树起、张剑在市水务局关于汾河南道雨水泵站建设完成时限延期有关意见的报告上的批示（市政府办公厅　2020 年 4 月 15 日）

李树起、张剑在市财政局关于解决天津市山洪灾害防治工程建设资金问题的报告上的批示（市财政局　2020 年 4 月 15 日）

李树起、金湘军、张嘉华、张剑、刘炳刚在生态环境部办公厅“关于做好 2020 年重点湖库水华防控工作的通知”上的批示（市政府办公厅　2020 年 4 月 22 日）

张国清、马顺清、金湘军、孟庆松、徐军、张嘉华在生态环境部《关于反馈“十三五”生态环境保护规划实施情况中期评估意见的函》上的批示（市政府办公厅　2020 年 4 月 24 日）

张国清、李树起在《水务集团关于凌庄水厂变压器增容改造影响我市部分区域管网降压情况的报告》上的批示（市政府　2020 年 5 月 5 日）

张剑、刘炳刚在《水利部关于印发第一批重点河湖生态流量保障目标的函》上的批示（市政府　2020 年 5 月 8 日）

金湘军在《关于近期于桥水库水质变化情况的报告》上的批示（市政府　2020 年 5 月 11 日）

李树起、金湘军、张嘉华、张剑、刘炳刚在《关于〈生态环境保护综合行政执法事项指导目录（2020 年版）〉有关事项说明的通知》上的批示（市政府　2020 年 5 月 13 日）

孙文魁、李树起、金湘军、张剑、刘炳刚在生态环境部办公厅住房城乡建设部办公厅“关于开展 2020 年城市黑臭水体整体环境保护专项行动的通知”上的批示（市政府办公厅　2020 年 5 月 21 日）

孙文魁、徐军在中国电力建设集团有限公司《商洽函》上的批示（市政府　2020年5月29日）

马顺清、李树起、张剑、许颖悟、李彩良在《关于依托全国一体化在线政务服务平台做好取水许可证电子证照应用推广工作的通知》上的批示（市政府　2020年6月3日）

李树起、张剑在《市水务局关于接待水利部副部长叶建春一行来津调研的请示》上的批示（市政府　2020年6月3日）

张国清、马顺清、孙文魁、李树起、孟庆松、徐军、刘炳刚在《国家防汛抗旱总指挥部关于防汛抗旱行政责任人的通报》上的批示（市政府办公厅　2020年6月5日）

李树起、张剑、刘炳刚在《农业农村部关于印发〈农业综合行政执法事项指导目录（2020年版）〉的通知》上的批示（市政府　2020年6月12日）

李树起、张剑在《市水务局关于报审地下水超采区评价报告的请示》上的批示（市政府办公厅　2020年6月17日）

孙文魁、徐军、刘炳刚在《自然资源局办公厅关于印发〈京津冀平原地面沉降综合防治总体规划2019—2035年重点任务分工方案〉的函》上的批示（市政府办公厅　2020年6月17日）

张国清、李树起、张剑、刘炳刚在《海河防总关于贯彻落实京津冀防汛工作会议精神全力做好洪涝灾害防御工作的通知》上的批示（市政府办公厅　2020年6月20日）

张剑、刘炳刚在《水利部办公厅关于印发华北地区地下水超采综合治理行动2020年工作要点的通知》上的批示（市政府办公厅　2020年6月20日）

市领导在水利部“关于开展2019年度南水北调东中线一期受水区地下水压采评估工作的通知”上的批示（市政府办公厅　2020年6月24日）

张国清、马顺清、李树起、康义、孟庆松、徐军、张剑在《天津市西青区人民政府关于“6·25”极端天气受灾情况的报告》上的批示（市政府办公厅　2020年6月29日）

马顺清、孙文魁、李树起、徐军、张剑、李彩良、许颖悟在《关于印发大运河河道水系治理管护规划的通知》上的批示（市政府办公厅　2020年6月29日）

张国清在“市防办关于海河防总防汛工作推进视频会议有关情况的报告”上的批示（市政府　2020年6月30日）

张国清、李树起在《市河（湖）长办关于2020年5月份河（湖）长制暗查暗访情况的通报》上的批示（市政府办公厅　2020年6月30日）

张国清、李树起、徐军、张剑在《海委关于报送海河流域2020年度超标洪水防御预案的报告》上的批示（市政府　2020年6月30日）

李树起、徐军、张剑在水利部《关于2020年雄安新区起步区安全度汛方案的批复》上的批示（市政府办公厅　2020年6月30日）

李树起、张剑在《关于贯彻落实国家防总专题会议精神全力抓好防汛抗旱工作的通知》上的批示（市政府办公厅　2020年7月4日）

孙文魁、李彩良在《市规划资源局关于北大港保护区调整有关情况的报告》上的批示（市规划资源局　2020年7月6日）

李树起、徐军、张剑在水利部办公厅关于提供南水北调工程建设经验和成效专题调研材料的函上的批示（水利部办公厅　2020年7月10日）

李树起、张剑同志在《市水务局关于对海河流域重要河道岸线保护与利用规划（征求意见稿）反馈意见的函》上的批示（市政府办公厅　2020年7月14日）

李树起、徐军、张剑在《水利部关于印发2019年度新增大中型水库农村移民后期扶持人口核定结果的函》上的批示（市政府　2020年7月15日）

李树起、徐军、张剑在《海河防总关于认真贯彻落实习近平总书记进一步做好防汛救灾工作重要指示精神全面加强防汛工作的通知》上的批示（市政府　2020年7月15日）

马顺清、李树起、康义、徐军、张剑在《中央农村工作领导小组办公室 农业农村部 国家发展改革委员会 财政部 中国人民银行 中国银行保险监督管理委员会 中国证券监督管理委员会关于扩大农业农村有效投资 加快补上“三农”领域突出短板的意见》上的批示（市政府 2020 年 7 月 15 日）

张国清、李树起在《关于国家防总召开全国防汛救灾工作视频会议有关情况的报告》上的批示（市政府 2020 年 7 月 16 日）

李树起、徐军、张剑在《海河防总关于认真贯彻落实习近平总书记重要讲话精神全力以赴做好当前防汛抗洪工作的通知》上的批示（市政府 2020 年 7 月 18 日）

孙文魁、李树起在《市住房城乡建设委关于再生水连接工程项目建设有关情况的报告》上的批示（市住建委 2020 年 7 月 28 日）

李树起在《全市公安机关紧紧围绕“四个焦点”全力维护水生态环境水资源安全》上的批示（市政府 2020 年 8 月 5 日）

张国清、李树起在“宁河区桥北道金桥小区发生群体性呕吐腹泻发病事件”上的批示（市政府 2020 年 8 月 7 日）

张国清、李树起在市政府总值班室《值班快报 387——宁河区桥北街道金桥小区发生群体性呕吐腹泻发病事件（续报二）》上的批示（市政府办公厅 2020 年 8 月 8 日）

孙文魁、李树起、李彩良在《市规划资源局关于落实市领导对北大港保护区调整批示要求有关情况的报告》上的批示（市政府 2020 年 8 月 10 日）

张国清、马顺清、李树起在《市水务局 市财政局关于塘沽污水处理厂三期工程和积水片改造工程资金筹措意见的报告》上的批示（市政府 2020 年 8 月 14 日）

张国清、李树起在“天津市宁河区人民政府关于宁河区宁河镇西关村部分蓟运河堤防出现裂缝险情处置情况的报告”上的批示（市政府办公厅 2020 年 8 月 18 日）

张国清、李树起、孟庆松、徐军在《水利部关于开展 2020 年度实行最严格水资源管理制度考核工作的通知》上的批示（水利部 2020 年 8 月 20 日）

张国清、马顺清、孙文魁、李树起、张剑、李彩良在《市住房城乡建设委市水务局关于张贵庄污水处理厂 PPP 项目有关问题的请示》上的批示（市政府 2020 年 8 月 20 日）

张国清、李树起在《雨季汛期后期本市无明显重大降雨过程建议科学调度及时蓄水》上的批示（市政府 2020 年 8 月 21 日）

张国清、李树起、徐军、张剑在《水利部关于印发 2019 年度实行最严格水资源管理制度考核结果的函》上的批示（市政府 2020 年 8 月 21 日）

张国清、马顺清、李树起在市农业农村委《关于我市高标准农田建设及管护工作有关情况的报告》上的批示（市政府办公厅 2020 年 8 月 23 日）

张国清、马顺清、孙文魁、李树起、金湘军、孟庆松、徐军、张嘉华在《关于印发〈大运河生态环境保护修复专项规划〉的通知》上的批示（市政府 2020 年 8 月 25 日）

李树起、徐军、张剑在《水利部关于开展 2019 年度南水北调东中线一期工程受水区地下水压采工作技术评估的函》上的批示（市政府 2020 年 9 月 14 日）

李树起、徐军、张剑在《水利部办公厅关于 2020 年第二季度全国地下水超采区水位变化情况的通报》和《水利部关于开展全国地下水超采区水位变化通报工作的通知》上的批示（市政府 2020 年 9 月 14 日）

张国勋、马顺清、孙文魁、李树起、张剑、李彩良在《市水务局 市住房城乡建设委关于津沽污水处理厂三期和积水片改造工程 PPP 项目有关工作的请示》上的批示（市政府 2020 年 9 月 14 日）

李树起在《海委关于潘大水库水源保护工作情况的报告》上的批示（市政府 2020 年 9 月 21 日）

张国勋、马顺清、孙文魁、李树起、孟庆松、徐军、张剑、李彩良在报送《关于“十四五”时期华北地区地下水超采与地面沉降综合治理的调研报告》上的批示（市政府　2020 年 9 月 26 日）

张国勋、李树起、张剑在《市水务局关于报送我市 2020—2021 年度引江引滦水量调度计划的请示》上的批示（市政府　2020 年 9 月 26 日）

李树起、张剑在《市水务局关于报审天津市再生水利用管理办法的请示》上的批示（市政府办公厅　2020 年 9 月 30 日）

徐军、张剑在《关于征求〈节约用水条例（征求意见稿）〉意见的函》上的批示（市政府办公厅　2020 年 10 月 10 日）

李树起在《市政府办公厅文件（天津市新型基础设施建设五年行动计划 2021—2025 年）》上的批示（市政府　2020 年 10 月 26 日）

马顺清、李树起、康义在《关于天津市于桥水库 TOT 项目合同签署有关问题的请示》上的批示（市政府办公厅　2020 年 11 月 3 日）

张国勋、马顺清、李树起在《市水务局 市财政局关于南水北调中线引江水费交纳计划落实情况的报告》上的批示（市政府　2020 年 11 月 4 日）

金湘军在《2020 年 9 月河（湖）长制考核情况通报》上的批示（市政府　2020 年 11 月 2 日）

李树起、张剑在《水利部关于印发南水北调中线一期工程 2020—2021 年度水量调度计划的通知》上的批示（市政府办公厅　2020 年 11 月 4 日）

孙文魁、李树起在《市规划资源局关于北大港保护区调整有关情况的报告》上的批示（市政府　2020 年 11 月 4 日）

李树起、张剑在《水利部办公厅关于征求 2019 年度南水北调东中线一期工程受水区地下水压采情况的报告（征求意见稿）意见的函》上的批示（市政府办公厅　2020 年 11 月 5 日）

李树起、张剑在市水务局“关于对 2019 年度南水北调东中线一期工程受水区地下水压采情况的报告（征求意见稿）修改意见的请示”上的批示（市政府　2020 年 11 月 12 日）

李树起在《市水务局关于“中梗阻”典型问题整改情况的报告》上的批示（市政府　2020 年 11 月 13 日）

李鸿忠、张国勋、李树起在《市水务局关于向水利部海委反馈调整引滦分水指标意见的请示》上的批示（市政府　2020 年 11 月 13 日）

李鸿忠、张国勋、殷和俊、李树起在《关于 2020 年全国冬春农田水利暨高标准农田建设电视电话会议有关情况的报告》上的批示（市农业农村委　市水务局　2020 年 11 月 23 日）

李树起、张剑在《水利部办公厅关于 2020 年第三季度全国地下水超采区水位变化情况的通报》上的批示（市政府办公厅　2020 年 11 月 26 日）

张国勋、孙文魁、孟庆松、刘炳刚在《市级 PPP 项目年底前拟入库事项清单》上的批示（市政府办公厅　2020 年 11 月 30 日）

李树起、张剑在《水利部办公厅关于开展全国水土保持规划实施情况考核评估工作的通知》上的批示（市政府办公厅　2020 年 12 月 1 日）

马顺清、李树起在《市发展改革委关于完善水价形成机制减轻财政负担有关情况的专报》上的批示（市政府　2020 年 12 月 2 日）

李树起、张剑、李彩良在《市水务局关于报请公告市管行洪河道和水库管理范围划界成果的请示》上的批示（市政府办公厅　2020 年 12 月 3 日）

李树起、张剑在《水利部办公厅关于征求〈大清河流域综合规划（征求意见稿）〉意见的函》上的批示（水利部办公厅　2020 年 12 月 8 日）

金湘军在《市水务局关于 2020 年污染防治攻坚战部分攻坚任务进度滞后情况的报告》上的批示（市政府　2020 年 12 月 12 日）

李树起在《市水务局关于报送我市城市排水防涝安全责任人名单的请示》上的批示（市政府　2020 年 12 月 24 日）

李树起在市水务局“关于申请发函确认津沽污水处理厂三期和积水片改造工程 PPP 项目通过市政府常务会议审定的请示”上的批示（市政府办公厅　2020 年 12 月 30 日）

李树起、张剑在《关于〈大清河流域综合规

划（征求意见稿）〉反馈意见的请示》上的批示（市政府办公厅　2020 年 12 月 30 日）

批　　复

市发展改革委关于天津市北辰区永定河综合治理与生态修复工程可行性研究报告（水务部分）的批复（市发展改革委　2020 年 1 月 16 日）

关于为天津市水务局所属事业单位核拨 2019 年度军队转业干部事业编制的批复（市委编委办公室　2020 年 1 月 16 日）

市财政局关于清水工程王兰地区河道水循环工程竣工财务决算的批复（市财政局　2020 年 1 月 17 日）

市财政局关于清水工程排水设施改造节点工程（岩峰道、唐山道）竣工财务决算的批复（市财政局　2020 年 1 月 17 日）

市财政局关于清水工程排水设施改造节点工程（真理道、郁江道）竣工财务决算的批复（市财政局　2020 年 1 月 17 日）

市发展改革委关于大沽排水河东沽泵站自流闸改扩建工程项目建议书的批复（市发展改革委　2020 年 1 月 20 日）

天津市财政局关于批复 2020 年部门预算的通知（市财政局　2020 年 2 月 5 日）

市发展改革委关于大沽排水河东沽泵站自流闸改扩建工程可行性研究报告的批复（市发展改革委　2020 年 2 月 5 日）

天津市人民政府关于蓟州区城关镇集中式饮用水水源保护区调整方案（修订版）的批复（市政府　2020 年 2 月 7 日）

天津市人民政府关于撤销静海区大寨、大河滩、罗塘、高家楼、后明等五座农村供水厂千人以上农村集中式饮用水水源保护区的批复（市政府　2020 年 2 月 10 日）

天津市人民政府关于东丽区 10－04 单元 09 街坊原东郊污水处理厂地块控制性详细规划修改方案的批复（市政府　2020 年 2 月 14 日）

征求《关于近期有序推进企业和工程项目分级分类分批复工复产的指导意见》的通知（市发展改革委　2020 年 2 月 15 日）

民航局关于天津滨海国际机场总体规划的批复（中国民航局　2020 年 2 月 18 日）

天津市财政局关于市水务局所属 2 家事业单位资产核实事项的批复（市财政局　2020 年 2 月 23 日）

市发展改革委关于咸阳路污水处理厂迁建提标二期工程可行性研究报告的批复（市发展改革委　2020 年 3 月 3 日）

市发展改革委关于咸阳路雨水泵站改扩建及新增出水管道工程管道部分可行性研究报告的批复（市发展改革委　2020 年 3 月 5 日）

市发展改革委关于天津市永定河综合治理与生态修复工程（水务部分）项目建议书的批复（市发展改革委　2020 年 3 月 10 日）

市发展改革委关于天津市南水北调中线工程宝坻引江供水工程项目建议书的批复（市发展改革委　2020 年 3 月 10 日）

市发展改革委关于京津冀东部绿色生态屏障带东丽区务本河泵站扩建工程可行性研究报告的批复（市发展改革委　2020 年 3 月 16 日）

市发展改革委关于滨海新区 2020 年度北大港水库库区及移民安置区基础设施项目项目建议书（代可行性研究报告）的批复（市发展改革委　2020 年 3 月 20 日）

市发展改革委关于宝坻区尔王庄水库库区及移民安置区 2020 年度基础设施项目项目建议书（代可行性研究报告）的批复（市发展改革委　2020 年 3 月 26 日）

天津市人民政府关于天津市供水规划（2020—2035 年）的批复（市政府　2020 年 4 月 2 日）

天津市财政局关于市水务局所属物资处和永定河管理处资产核实事项的批复（市财政局　2020 年 4 月 2 日）

北辰区财政局关于天津市北辰泵站更新改造工程大兴水库站工程项目竣工财务决算的批复

（北辰区财政局　2020 年 4 月 15 日）

市发展改革委关于天津市塘沽污水处理厂三期工程可行性研究报告的批复（市发展改革委　2020 年 4 月 28 日）

市发展改革委关于中心城区防汛排涝补短板工程积水地道改造一期工程可行性研究报告的批复（市发展改革委　2020 年 4 月 30 日）

市委网信办关于“于桥水库信息网络及监控监测设备维护”等 6 个项目的批复（市委网信办　2020 年 5 月 7 日）

天津市人民政府关于《大运河天津段核心监控区国土空间管控细则（试行）》的批复（市政府　2020 年 5 月 8 日）

市发展改革委关于天津市南水北调中线工程宝坻引江供水工程可行性研究报告的批复（市发展改革委　2020 年 5 月 8 日）

区水务局　区财政局关于中小河流治理重点县综合整治和水系连通试点天津市蓟州区洵河罗庄子镇项目区设计变更的批复（蓟州区水务局　2020 年 5 月 9 日）

市发展改革委关于批复天津市京津风沙源治理二期工程 2020 年度水利部分项目可行性研究报告的函（市发展改革委　2020 年 5 月 18 日）

关于天津市水务局设置网络安全和信息化办公室的批复（市委编委办公室　2020 年 5 月 19 日）

市发展改革委关于蓟州区于桥和杨庄水库库区及移民安置区 2020 年度基础设施项目项目建议书（代可行性研究报告）的批复（市发展改革委　2020 年 5 月 19 日）

市财政局关于对水务局所属 2 家事业单位转企改制资产清查结果的批复（市财政局　2020 年 5 月 21 日）

关于对东丽区《关于新一轮结对帮扶困难村工作考核指标的请示》的批复（市结对帮扶困难村工作领导小组办公室　2020 年 5 月 22 日）

市发展改革委关于天津市南水北调中线工程静海引江供水工程项目建议书的批复（市发展改革委　2020 年 5 月 25 日）

市发展改革委关于尔王庄水库与宝坻石化管线联络工程项目建议书的批复（市发展改革委　2020 年 5 月 26 日）

天津市人民政府关于西站商务区西于庄片区城市设计的批复（市政府　2020 年 5 月 29 日）

市发展改革委关于南干线至津滨水厂二期原水管线工程项目建议书的批复（市发展改革委　2020 年 6 月 9 日）

市发展改革委关于天津市南水北调中线滨海新区供水工程曹庄泵站增容工程项目建议书的批复（市发展改革委　2020 年 6 月 11 日）

市发展改革委关于天津市渤海水环境综合治理中心城区市管排水管网混接改造工程项目建议书的批复（市发展改革委　2020 年 6 月 11 日）

市发展改革委关于西青区水库库区及移民安置区 2020 年度基础设施项目项目建议书（代可行性研究报告）的批复（市发展改革委　2020 年 6 月 11 日）

关于天津市水务局工会第六次代表大会选举结果的批复（市总工会　2020 年 6 月 16 日）

市委网信办关于“2020 年大清河管理中心基层闸站视频监控系统运行维护”等 6 个项目的批复（市委网信办　2020 年 6 月 18 日）

关于对《关于北辰区大张庄村、李辛庄村、北何庄村调整部分考核验收项目的请示》的批复（市结对帮扶办　2020 年 6 月 18 日）

关于同意共青团天津市水务局委员会第三次代表大会选举结果的批复（共青团市委　2020 年 6 月 19 日）

市住房城乡建设委关于地铁 6 号线梅林路站至咸水沽西站调整工程初步设计的批复（市住建委　2020 年 6 月 29 日）

关于对 2021 年蓟州区小型水库除险加固项目实施方案的批复（蓟州区水务局　2020 年 7 月 23 日）

天津市财政局关于中小河流治理重点县综合整治和水系连通试点天津市津南区海河故道双桥河镇项目区工程竣工财务决算的批复（市财政局　2020 年 7 月 23 日）

天津市财政局关于中小河流治理重点县综合整治和水系连通试点天津市津南区双白引河新庄镇项目区工程竣工财务决算的批复（市财政局　2020 年 7 月 23 日）

天津市财政局关于中小河流治理重点县综合整治和水系连通试点天津市津南区秃尾巴河辛庄镇项目区工程竣工财务决算的批复（市财政局　2020 年 7 月 23 日）

天津市财政局关于中小河流治理重点县综合整治和水系连通试点天津市津南区海河故道咸水沽镇项目区工程竣工财务决算的批复（市财政局　2020 年 7 月 23 日）

市发展改革委关于天津市渤海水环境综合治理中心城区市管排水管网混接改造工程（一期）可行性研究报告的批复（市发展改革委　2020 年 7 月 27 日）

市财政局关于核定市水务局所属天津市水利勘测设计院、天津市水务局引滦入港工程管理处转企改制后国家资本金的批复（市财政局　2020 年 7 月 30 日）

天津市人民政府关于红桥区 06－06、06－07、06－08、06－09、06－11 单元西于庄片区控制性详细规划修改方案的批复（市政府　2020 年 8 月 6 日）

天津市财政局关于批复 2019 年度部门决算有关事项的通知（市财政局　2020 年 8 月 10 日）

市发展改革委关于张贵庄污水处理厂二期工程可行性研究报告的批复（市发展改革委　2020 年 8 月 10 日）

天津市财政局关于市水务局所属天津市水务工程建设交易管理中心资产划转事项的批复（市财政局　2020 年 8 月 17 日）

市发展改革委关于尔王庄水库与宝坻石化管线联络工程可行性研究报告的批复（市发展改革委　2020 年 8 月 19 日）

天津市财政局关于请提供市水务局审批的市级政府投资项目初步设计批复文件的函（市财政局　2020 年 8 月 20 日）

天津市人民政府关于确认天津市于桥水库 TOT 项目实施方案的批复（市政府　2020 年 8 月 25 日）

关于撤销天津市水利勘测设计院事业单位建制的批复（市委编委办公室　2020 年 8 月 26 日）

市发展改革委关于蓟运河宁河区西关段和刘庄段险工治理工程项目建议书的批复（市发展改革委　2020 年 8 月 28 日）

天津市人民政府关于确认天津市北部山区生态保护 PPP 项目实施方案的批复（市政府　2020 年 8 月 31 日）

市财政局关于市水务局所属 25 家单位机构改革涉及资产清查结果及资产处置意见的批复（市财政局　2020 年 9 月 7 日）

关于撤销天津市引滦入港工程管理处事业单位建制的批复（市委编委办公室　2020 年 9 月 8 日）

天津市财政局关于中小河流治理重点县综合整治和水系连通试点天津市西青区独流减河截流沟辛口镇项目区工程竣工财务决算的批复（市财政局　2020 年 9 月 17 日）

市发展改革委关于天津市北运河筐儿港枢纽至屈家店枢纽综合治理工程项目建议书的批复（市发展改革委　2020 年 9 月 17 日）

天津市人民政府关于津南区海河中游东片区 12p－05－04 单元第一街坊（海沽道以南地块）控制性详细规划修改方案的批复（市政府　2020 年 10 月 6 日）

市发展改革委关于大韩庄垃圾填埋场雨水设施完善工程项目建议书的批复（市发展改革委　2020 年 10 月 21 日）

关于王柔、邢华同志任免职选举结果的批复（市总工会　2020 年 10 月 24 日）

市发展改革委关于中心城区防汛排涝补短板工程积水片改造二期工程（井冈山地区）可行性研究报告的批复（市发展改革委　2020 年 10 月 30 日）

市发展改革委关于中心城区防汛排涝补短板工程积水片改造二期工程（西沽地区）可行性研究报告的批复（市发展改革委　2020 年 11 月 3 日）

市发展改革委关于批复中心城区防汛排涝补短板工程积水片改造二期工程（密云路地区）可行性研究报告的函（市发展改革委　2020 年 11 月 3 日）

天津市财政局关于天津市海堤加固工程（一期）竣工财务决算的批复（市财政局　2020 年 11 月 7 日）

天津市财政局关于天津市黄庄洼分洪闸除险加固工程竣工财务决算的批复（市财政局　2020 年 11 月 7 日）

天津市财政局关于天津市马厂减河九宣闸除险加固工程竣工财务决算的批复（市财政局　2020 年 11 月 7 日）

天津市财政局关于蓟运河宁汉交界-李自沽闸段治理工程（宁汉交界-津汉改线桥段部分）竣工财务决算的批复（市财政局　2020 年 11 月 7 日）

市发展改革委关于中心城区防汛排涝补短板工程积水片改造二期工程（程林庄路地区）可行性研究报告的批复（市发展改革委　2020 年 11 月 11 日）

市发展改革委关于大韩庄垃圾填埋场雨水设施完善工程可行性研究报告的批复（市发展改革委　2020 年 11 月 11 日）

市发展改革委关于批复天津市武清区永定河综合治理与生态修复工程项目（水务部分）可行性研究报告的批复（市发展改革委　2020 年 11 月 18 日）

市发展改革委关于中心城区防汛排涝补短板工程积水片改造二期工程（西南楼地区）可行性研究报告的批复（市发展改革委　2020 年 11 月 19 日）

市发展改革委关于蓟运河宁河区西关段和刘庄段险工治理工程可行性研究报告的批复（市发展改革委　2020 年 11 月 24 日）

市发展改革委关于中心城区防汛排涝补短板工程积水片改造二期工程（桥园里地区）可行性研究报告的批复（市发展改革委　2020 年 11 月 24 日）

天津市人民政府关于同意设立京津中关村科技城的批复（市政府　2020 年 11 月 25 日）

天津市人民政府关于同意天津港口岸大港港区南港港务公司 7 至 8 号通用泊位正式对外开放的批复（市政府　2020 年 11 月 29 日）

市发展改革委关于天津海河柳林“设计之都”核心区综合开发项目建议书的批复（市发展改革委　2020 年 11 月 30 日）

天津市人民政府关于同意变更东丽区与河北区部分行政区域界线的批复（市政府　2020 年 12 月 5 日）

市发展改革委关于杨柳青水厂原水管线工程项目建议书的批复（市发展改革委　2020 年 12 月 10 日）

天津市人民政府关于同意局部修改蓟州区土地利用总体规划的批复（市政府　2020 年 12 月 15 日）

市发展改革委关于天津海河柳林“设计之都”核心区综合开发项目可行性研究报告的批复（市发展改革委　2020 年 12 月 17 日）

天津市财政局关于天津市海挡工程（南港工业区东围堤段桩号 0+780～1+800）竣工财务决算的批复（市财政局　2020 年 12 月 17 日）

通　知

关于印发《天津市污染防治攻坚战考核细则（暂行）》的通知（市污染防治攻坚战指挥部　2020 年 1 月 3 日）

市财政局关于拨付市水务局专项资金的通知（市财政局　2020 年 1 月 3 日）

关于印发《关于做好新一轮结对帮扶困难村验收工作的实施方案》的通知（市结对帮扶困难村工作领导小组　2020 年 1 月 4 日）

水利部办公厅关于公布 2019 年水利行业节水机关名单的通知（水利部办公厅　2020 年 1 月 7 日）

水利部办公厅关于印发水利部突发热点舆情应急响应工程规程（试行）的通知（水利部　2020 年 1 月 7 日）

水利部办公厅关于公布 2019 年度国家水土保

持科技示范园定期评估结果的通知（水利部办公厅　2020 年 1 月 9 日）

天津市人民政府根治拖欠农民工工资工作领导小组办公室关于印发《天津市各区 2019 年度保障农民工工资支付工作考核细则》的通知（市生态环境局　2020 年 1 月 9 日）

天津市财政局关于结算我市 2019 年度外调水所需资金的通知（市财政局　2020 年 1 月 9 日）

水利部办公厅关于做好春节期间农村供水保障工作的通知（水利部　2020 年 1 月 10 日）

水利部关于印发小麦等十项用水定额的通知（水利部　2020 年 1 月 15 日）

水利部办公厅　教育部办公厅关于开展节约用水主题宣传教育活动的通知（水利部办公厅　教育部办公厅　2020 年 1 月 15 日）

水利部关于印发对河长制湖长制工作真抓实干成效明显地方进一步加大激励支持力度实施办法的通知（水利部　2020 年 1 月 16 日）

海委关于印发永定河综合治理与生态修复实施效果评估工作大纲的通知（水利部海河委员会　2020 年 1 月 17 日）

关于李文运同志任职的通知（市委　2020 年 1 月 18 日）

关于印发《深化“一制三化”改革提高政府治理能力加快打造一流营商环境新高地》的通知（市政府政务服务办　2020 年 1 月 18 日）

水利部办公厅关于汲取甘肃省脱贫攻坚领域有关问题教训扎实推进农村饮水安全工作的通知（水利部办公厅　2020 年 1 月 19 日）

水利部办公厅关于报送城市应急备用水源建设情况的通知（水利部办公厅　2020 年 1 月 19 日）

水利部办公厅关于印发 2020 年南水北调工程验收工作要点的通知（水利部办公厅　2020 年 1 月 20 日）

天津市财政局关于开展农业和水务项目财政补助资金绩效评价工作的通知（市财政局　2020 年 1 月 20 日）

关于印发《天津市建立政务服务“好差评”制度工作方案》的通知（市政务服务办　2020 年 1 月 21 日）

关于成立天津市新型冠状病毒感染的肺炎防控工作领导小组和指挥部的通知（市委　2020 年 1 月 22 日）

中共天津市委　天津市人民政府关于印发《天津市 2020 年 20 项民心工程》的通知（市委　市政府　2020 年 1 月 22 日）

水利部办公厅关于印发 2020 年水利扶贫工作要点的通知（水利部办公厅　2020 年 1 月 22 日）

天津市人民政府关于废止部分行政规范性文件的通知（市政府　2020 年 1 月 23 日）

中共天津市委　天津市人民政府关于认真贯彻落实习近平总书记重要指示精神进一步做好新型冠状病毒感染的肺炎疫情防控工作的通知（天津市委　2020 年 1 月 27 日）

关于我市公务人员提前结束假期积极投入疫情防控工作的紧急通知（市新型冠状病毒感染防控工作指挥部　2020 年 1 月 27 日）

天津市扶贫协作和支援合作工作领导小组办公室　天津市档案局关于印发《天津市精准扶贫档案管理实施细则》的通知（市扶贫协作和支援合作工作领导小组办公室　市档案局　2020 年 1 月 28 日）

关于做好我市新型冠状病毒感染肺炎疫情防控工作文件材料收集归档工作的通知（市档案局　2020 年 2 月 3 日）

市河（湖）长办关于开展“优秀河长　最美河湖”评选表彰工作的通知（市河〈湖〉长办　2020 年 2 月 3 日）

水利部办公厅关于开展 2019 年水资源管理和节约用水监督检查发现问题整改的通知（水利部办公厅　2020 年 2 月 5 日）

关于疫情防控期间重大水利工程前期工作和投资计划执行的通知（水利部办公厅　2020 年 2 月 7 日）

天津市财政局关于做好 2020 年市级部门预算和“三会”经费预算公开工作的通知（市财政局

2020年2月11日）

办公厅关于开展2020年小型水库安全状况摸底调查和病险问题审核工作的通知（水利部 2020年2月11日）

关于做好其他各类企业分类分批有序复工复产工作预案的通知（市新冠防指办 2020年2月11日）

市河（湖）长办关于贯彻落实《关于水利部关于进一步强化河长湖长履职尽责的指导意见》的通知［市河（湖）长办 2020年2月12日］

水利部办公厅关于印发2020年水利网信工作要点的通知（水利部办公厅 2020年2月14日）

市农业农村委关于印发《天津市关于切实加强高标准农田建设努力提高粮食自给能力的实施意见》的通知（市农业农村委 2020年2月16日）

市信访办关于印发《2020年天津市信访工作要点》的通知（中共天津市委信访办公室天津市人民政府办公室 2020年2月17日）

水利部关于做好疫情防控期间水库大坝安全管理和正常运行工作的通知（水利部 2020年2月17日）

天津市司法局关于印发《天津市外聘政府法律顾问工作规则》和《天津政府法治智库规则》的通知（市司法局 2020年2月18日）

关于李文运同志免职的通知（市委 2020年2月18日）

水利部办公厅关于切实加强水利生产经营单位复工复产安全防范和安全服务的通知（水利部办公厅 2020年2月19日）

水利部办公厅关于加快重大水利工程项目复工的通知（水利部 2020年2月19日）

天津市人民政府关于切实做好2020年市政府重点工作的通知（市政府 2020年2月19日）

水利部办公厅关于做好防洪工程设施水毁修复工作的通知（水利部 2020年2月19日）

水利部办公厅关于做好疫情防控期间农村供水工程保障和有序推进工程建设工作的通知（水利部办公厅 2020年2月19日）

自然资源部办公厅 水利部办公厅 发展改革委办公厅 财政部办公厅关于印发《海岸带保护修复工程工作方案》的通知（水利部等四部委 2020年2月21日）

天津市财政局关于转发《财政部关于做好2019年度国有企业财务会计决算报告工作的通知》的通知（市财政局 2020年2月22日）

关于印发全市建设工地开复工疫情防控工作导则的通知（市新型冠状病毒感染的肺炎疫情防控工作指挥部 2020年2月23日）

水利部办公厅关于发布2020年度成熟适用水利科技成果推广清单的通知（水利部办公厅 2020年2月23日）天津有1项。

水利部办公厅关于开展地下水管控指标确定工作的通知（水利部办公厅 2020年2月24日）

水利部办公厅关于印发2020年水土保持工作要点的通知（水利部办公厅 2020年2月24日）

关于印发《天津市关于根治拖欠农民工工资长效工作机制》的通知（市政府根治拖欠农民工工资领导小组办 2020年2月25日）

水利部监督司关于印发2020年水利建设工程质量监督和项目稽察工作要点的通知（水利部监督司 2020年2月25日）

水利部南水北调司关于切实做好疫情防控关键阶段南水北调工程运行安全工作的通知（水利部南水北调司 2020年2月25日）

水利部河湖管理司关于印发2020年河湖管理工作要点的通知（水利部 2020年2月25日）

市规划和自然资源局印发《关于贯彻落实习近平总书记对地面沉降防治工作重要批示情况开展"回头看"的专项工作方案》的通知（市规划和自然资源局 2020年2月25日）

水利部办公厅关于印发2020年农村水利水电工作要点的通知（水利部办公厅 2020年2月25日）

水利部办公厅关于印发2020年水利信访工作要点的通知（水利部办公厅 2020年2月26日）

水利部办公厅关于印发国家地下水监测工程（水利部分）竣工验收鉴定书的通知（水利部

2020 年 2 月 26 日）

水利部关于印发水利信息资源共享管理办法（试行）的通知（水利部　2020 年 2 月 26 日）

天津市财政局关于拨付市水务局凌庄水厂升级改造一期工程专项资金的通知（市财政局　2020 年 2 月 26 日）

水利部关于印发 2020 年水利安全生产工作要点的通知（水利部　2020 年 2 月 26 日）

水利部关于印发水利网信建设和应用监督检查办法（试行）的通知（水利部　2020 年 2 月 27 日）

关于印发天津市打好污染防治攻坚战 2020 年工作计划的通知（市污染防治攻坚战指挥部　2020 年 2 月 27 日）

关于做好京津冀三省市疫情联防联控联动机制信息报送工作的通知（市协同办　2020 年 2 月 28 日）

关于刘海芙同志退休的通知（市委组织部　2020 年 2 月 28 日）

市发展改革委市财政局关于合理把握政府投资支出做好“三保”和防范化解债务风险工作的通知（市发展改革委市财政局　2020 年 3 月 1 日）

水利部关于成立南水北调东中线后续工程前期工作领导小组的通知（水利部　2020 年 3 月 3 日）

市河（湖）长办关于暂缓河（湖）长制考核等相关工作的通知［市河（湖）长办　2020 年 3 月 3 日］

水利部办公厅关于深入推进河湖“清四乱”常态化规范化的通知（水利部　2020 年 3 月 3 日）

水利部关于印发水利工程勘测设计失误问责办法（试行）的通知（水利部　2020 年 3 月 4 日）

水利部办公厅　财政部办公厅关于做好 2020 年安全度汛保障工作的通知（水利部办公厅　财政部办公厅　2020 年 3 月 5 日）

住房和城乡建设部关于 2020 年全国城市排水防涝安全及重点易涝点整治责任人名单的通知（住房和城乡建设部　2020 年 3 月 5 日）

水利部办公厅关于印发 2020 年水利工程建设工作要点的通知（水利部办公厅　2020 年 3 月 6 日）

水利部办公厅关于印发防洪工程设施水毁修复工作督查方案的通知（水利部办公厅　2020 年 3 月 6 日）

水利部办公厅关于精简优化水土保持方案审批服务推进生产建设项目复工复产的通知（水利部办公厅　2020 年 3 月 6 日）

水利部办公厅关于加强水库大坝安全鉴定和降等报废工作的通知（水利部办公厅　2020 年 3 月 6 日）

市发展改革委关于印发天津市 2020 年重点建设、重点储备项目安排意见的通知（市发展改革委　2020 年 3 月 9 日）

水利部办公厅关于印发 2020 年度华北地区地下水超采综合治理河湖生态补水方案的通知（水利部办公厅　2020 年 3 月 9 日）

中共天津市委办公厅　天津市人民政府办公厅关于印发《天津市高质量推进东西部扶贫协作和支援合作助力如期完成脱贫攻坚任务 2020 年实施方案》的通知（市委　2020 年 3 月 10 日）

关于印发《天津市国土空间发展战略》的通知（市城市总体规划编制工作领导小组　2020 年 3 月 11 日）

财政部　自然资源部　生态环境部　住房城乡建设部　水利部　农业农村部　国家林业和草原局　最高人民法院　最高人民检察院关于印发《生态环境损害赔偿资金管理办法（试行）》的通知（财政部等 9 部门　2020 年 3 月 11 日）

天津市财政局关于拨付市水务局津滨水厂二期土建工程专项资金的通知（市财政局　2020 年 3 月 13 日）

市发展改革委关于下达凌庄水厂升级改造一期工程及津滨水厂二期土建工程 2020 年度市级政府投资计划的通知（市发展改革委　2020 年 3 月 16 日）

市河（湖）长办关于进一步推进依法划定河湖管理范围工作的通知［市河（湖）长办　2020 年 3 月 16 日］

天津市财政局关于核减天津市水务局 2020 年

外调水财政补贴预算的通知（市财政局　2020 年 3 月 16 日）

住房和城乡建设部办公厅　交通运输部办公厅　水利部办公厅关于印发造价工程师注册证书、执业印章编码规则及样式的通知（住建部等三部委　2020 年 3 月 18 日）

关于印发《天津市 2020 年 20 项民心工程工作清单》的通知（市民心办　2020 年 3 月 19 日）

水利部办公厅　国家发展改革委办公厅关于开展“十四五”大型灌区续建配套与现代化改造实施方案编制工作的通知（水利部办公厅　发展改革委办公厅　2020 年 3 月 20 日）

水利部关于统筹抓好疫情防控和水利改革发展重点工作的通知（水利部　2020 年 3 月 20 日）

水利部关于认真学习贯彻习近平总书记在决战决胜脱贫攻坚座谈会上的重要讲话精神坚决打赢水利扶贫攻坚战的通知（水利部　2020 年 3 月 23 日）

水利部关于开展智慧水利先行先试工作的通知（水利部　2020 年 3 月 23 日）

水利部关于印发水法规建设规划（2020—2025 年）的通知（水利部　2020 年 3 月 24 日）

市防办关于印发天津市防洪应急响应规程的通知（市防汛抗旱指挥部　2020 年 3 月 24 日）

关于印发《天津市政府工作部门权责清单动态管理办法》的通知（市委　2020 年 3 月 26 日）

水利部关于印发水利建设质量考核（现场抽查）评价办法（试行）的通知（水利部　2020 年 3 月 26 日）

市防指关于印发《天津市 2020 年防汛抗旱工作安排意见》的通知（市防指　2020 年 4 月 1 日）

水利部水旱灾害防御司关于开展山洪灾害防御体系自评估工作的通知（水利部　2020 年 4 月 8 日）

水利部办公厅关于加强 2020 年汛期网络安全保障工作的通知（水利部办公厅　2020 年 4 月 13 日）

水利部办公厅关于切实加强农村水电站大坝安全管理工作的通知（水利部办公厅　2020 年 4 月 15 日）

水利部办公厅关于切实加强汛期山洪灾害监测预警工作的通知（水利部办公厅　2020 年 4 月 15 日）

市财政局关于拨付市水务局污水处理服务费的通知（市财政局　2020 年 4 月 16 日）

关于印发永定河综合治理与生态修复 2019 年工作进展和 2020 年工作要点的通知（国家发展改革委　2020 年 4 月 17 日）

关于做好中小河流治理和小型水库除险加固项目备案的通知（水利部　2020 年 4 月 17 日）

水利部办公厅关于印发华北地区地下水超采综合治理 2020 年水利部重点工作要点的通知（水利部　2020 年 4 月 21 日）

树起、湘军、嘉华、张剑、炳刚同志在生态环境部办公厅“关于做好 2020 年重点湖库水华防控工作的通知”上的批示（市政府办公厅　2020 年 4 月 22 日）

水利部办公厅关于深入推进市县级水利行业节水机关建设工作的通知（水利部　2020 年 4 月 28 日）

水利部关于印发水利行业安全生产专项整治三年行动实施方案的通知（水利部　2020 年 4 月 30 日）

水利部办公厅　工业和信息化部办公厅关于依托移动通信网络发布山洪灾害预警信息工作的通知（水利部　2020 年 4 月 30 日）

水利部关于加快重大水利工程建设的通知（水利部　2020 年 4 月 30 日）

水利部水文司关于做好重点河湖生态流量监测数据报送工作的通知（水利部　2020 年 5 月 7 日）

水利部水资源管理司关于开展水资源监测体系建设工作调研的通知（水利部　2020 年 5 月 7 日）

水利部办公厅关于做好 2020 年度大型灌区建设和管理工作的通知（水利部办公厅　2020 年 5 月 22 日）

水利部规划计划司关于开展水利改革发展“十三五”规划实施总结评估工作的通知（水利部

2020 年 5 月 25 日）

财政部关于下达 2020 年水利发展资金预算的通知（财政部　2020 年 6 月 5 日）

海委关于印发海河流域小型水库除险加固攻坚行动督导工作方案的通知（水利部海委　2020 年 6 月 9 日）

市防办关于转发国家防办《关于认真贯彻落实李克强总理重要批示精神进一步细化实化防汛抗洪各项措施的通知》的通知（市防汛抗旱指挥部办公室　2020 年 6 月 9 日）

水利部办公厅关于做好 2020 年重点河湖生态流量保障目标确定工作的通知（水利部办公厅　2020 年 6 月 10 日）

市检察院　市河（湖）长办关于印发《天津市人民检察院、天津市河（湖）长制办公室关于开展河湖水生态环境和水资源保护专项行动的实施方案》的通知（市河长办　2020 年 6 月 11 日）

水利部办公厅关于印发省界断面水资源水量监测技术指南（试行）的通知（水利部办公厅　2020 年 6 月 15 日）

水利部办公厅关于印发水利科技推广工作三年行动计划（2020—2022 年）的通知（水利部办公厅　2020 年 6 月 15 日）

财政部关于下达 2020 年中央水库移民扶持基金预算的通知（财政部　2020 年 6 月 15 日）

水利部办公厅关于下达 2020 年省界和重要控制断面水文监测任务书的通知（水利部办公厅　2020 年 6 月 15 日）

水利部关于印发山洪灾害监测预警监督检查办法（试行）的通知（水利部　2020 年 6 月 16 日）

水利部办公厅关于做好跨汛期施工水利工程安全度汛工作的通知（水利部办公厅　2020 年 6 月 17 日）

天津市财政局关于拨付市水务局 2020 年中央财政永定河综合治理与生态修复工程补助资金的通知（市财政局　2020 年 6 月 22 日）

中共天津市委　天津市人民政府印发《关于营造更好发展环境支持民营企业改革发展的措施》的通知（市委　2020 年 6 月 22 日）

水利部办公厅关于认真贯彻落实李克强总理重要批示精神全力做好水旱灾害防御工作的通知（水利部办公厅　2020 年 6 月 23 日）

关于印发《自然灾害监测预警信息化工程实施方案》的通知（应急管理部办公厅等 7 部委　2020 年 6 月 23 日）

水利部关于修订印发水工程防洪抗旱调度运用监督检查办法（试行）的通知（水利部　2020 年 6 月 30 日）

水利部办公厅关于印发南水北调东中线后续工程前期工作有关要件办理联络机制的通知（水利部办公厅　2020 年 6 月 30 日）

市发展改革委关于印发天津市推进海水淡化产业高质量发展工作专班的工作方案的通知（市发展改革委　2020 年 7 月 1 日）

水利部办公厅关于认真贯彻落实李克强总理重要批示切实做好山洪灾害防御工作的通知（水利部办公厅　2020 年 7 月 7 日）

天津市扶贫协作和支援合作工作领导小组办公室关于做好天津市扶贫协作和支援合作工作先进集体先进个人评选表彰工作的通知（市扶贫协作和支援合作工作领导小组办公室　2020 年 7 月 8 日）

水利部办公厅关于认真贯彻落实习近平总书记重要指示精神切实做好当前水旱灾害防御工作的通知（水利部办公厅　2020 年 7 月 12 日）

水利部印发《关于建立水利安全生产监管责任清单的指导意见》的通知（水利部　2020 年 7 月 14 日）

天津市财政局关于拨付 2020 年中央水库移民扶持基金的通知（市财政局　2020 年 7 月 16 日）

水利部办公厅关于认真贯彻落实习近平总书记重要讲话精神全力以赴做好当前防汛抗洪工作的通知（水利部办公厅　2020 年 7 月 17 日）

市人民政府根治拖欠农民工工资工作领导小组办公室关于开展根治欠薪夏季专项行动的通知（市政府根治拖欠农民工工资小组办　2020 年 7 月 19 日）

关于转发《中共中央组织部关于在防汛救灾中充分发挥基层党组织战斗堡垒作用和广大党员先锋模范作用的通知》的通知（市委组织部　2020 年 7 月 23 日）

关于苏海鹏同志任职的通知（市委组织部　2020 年 7 月 23 日）

关于印发《天津市人民代表大会常务委员会关于修改〈天津市海洋环境保护条例〉的决定》的通知（市人大常委会　2020 年 7 月 29 日）

水利部办公厅关于开展防洪标准复核和防洪体系布局研究工作的通知（水利部办公厅　2020 年 7 月 30 日）

中共天津市委办公厅关于印发《天津市落实全面从严治党主体责任考核办法》的通知（市委　2020 年 8 月 2 日）

中共天津市委关于印发《天津市贯彻落实中国共产党农村工作条例的实施办法的通知》（市委　2020 年 8 月 6 日）

水利部办公厅关于印发华北地区地下水超采现状和监测站网评价工作方案的通知（水利部办公厅　2020 年 8 月 7 日）

水利部办公厅关于印发水利建设投资统计调查制度的通知（水利部办公厅　2020 年 8 月 7 日）

天津市财政局关于印发《天津市市级部门预算绩效管理办法》的通知（市财政局　2020 年 8 月 7 日）

天津市人民政府印发关于落实国务院《政府工作报告》重点工作任务分工的通知（市政府　2020 年 8 月 8 日）

水利部办公厅关于进一步做好水利建设市场信用体系建设有关工作的通知（水利部办公厅　2020 年 8 月 10 日）

天津市财政局关于批复 2019 年度部门决算有关事项的通知（市财政局　2020 年 8 月 10 日）

水利部办公厅关于进一步加强河湖管理范围内建设项目管理的通知（水利部办公厅　2020 年 8 月 13 日）

水利部河长办关于印发《河湖健康评价指南（试行）》的通知（水利部河湖长办　2020 年 8 月 13 日）

天津市财政局关于印发《天津市市级基本建设项目竣工财务决算审核批复操作规程》的通知（市财政局　2020 年 8 月 13 日）

关于印发海河流域河长制湖长制联席会议制度的通知（水利部海委等 8 部门　2020 年 8 月 18 日）

中共天津市委党的建设工作领导小组关于印发《天津市 2020 年落实全面从严治党主体责任任务安排》的通知（市委党的建设工作领导小组　2020 年 8 月 21 日）

天津市人民政府办公厅关于成立天津市第一次全国自然灾害综合风险普查领导小组的通知（市政府办公厅　2020 年 8 月 24 日）

水利部办公厅关于做好南水北调中线一期工程 2020—2021 年度水量调度计划编制和 2019—2020 年度水量调度总结工作的通知（水利部办公厅　2020 年 8 月 28 日）

关于印发《关于推进生态环境损害赔偿制度改革若干具体问题的意见》的通知（生态环境部等 11 部门　2020 年 8 月 31 日）

市地方病防治工作领导小组办公室关于印发天津市地方病防治专项三年攻坚行动方案（2018—2020 年）终期评估方案的通知（市地方病防治工作领导小组办公室　2020 年 9 月 1 日）

天津市人民代表大会常务委员会关于决定廖国勋为天津市代理市长的通知（市人大常委会　2020 年 9 月 3 日）

中共北京市委北京市人民政府推进京津冀协同发展领导小组办公室　天津市京津冀协同发展领导小组　河北省推进京津冀协同发展工作领导小组办公室关于印发完善京津冀协同发展基础性长效机制方案的通知（北京天津河北京津冀协同领导小组　2020 年 9 月 6 日）

转发国务院第一次全国自然灾害综合风险普查领导小组办公室关于自然灾害综合风险普查总体方案和工作进度安排的通知（天津市第一次全

国自然灾害综合风险普查领导小组办公室　2020年9月8日）

水利部　国家档案局关于印发水利档案工作规定的通知（水利部　国家档案局　2020年9月11日）

市发展改革委　市水务局关于转发《国家发展改革委　住房和城乡建设部关于印发〈城镇生活污水处理设施补短板强弱项实施方案〉的通知》的通知（市发展改革委　市水务局　2020年9月14日）

天津市财政局关于下达有关区2020年重点区域生态保护和修复专项中央基建投资预算的通知（市财政局　2020年9月15日）

天津市财政局关于拨付市水务局2020年大黄堡洼蓄滞洪区工程与安全建设项目中央基建投资资金的通知（市财政局　2020年9月16日）

水利部南水北调司关于开展南水北调工程验收质量复核工作的通知（水利部　2020年9月18日）

天津市人民政府办公厅关于印发天津市疫苗安全事件应急预案（试行）的通知（市政府办公厅　2020年9月22日）

关于印发天津市大运河文化保护传承利用暨长城、大运河国家文化公园建设领导小组办公室工作机制和工作任务台账的通知（长城、大运河国家文化公园建设领导小组办　2020年9月23日）

中共天津市委办公厅　天津市人民政府办公厅　印发《关于加快推进中央生态环境保护督察边督边改工作方案》的通知（市委办公厅　2020年9月24日）

水利部办公厅关于印发重要江河超标洪水防御预案编制要点的通知（水利部办公厅　2020年9月27日）

市委农办　市农业农村委　市发展改革委　市财政局　人民银行天津分行　天津银保监局　天津证监局关于印发天津市关于扩大农业农村有效投资加快补上“三农”领域突出短板的实施方案的通知（市委农办等7部门　2020年9月29日）

市河（湖）长办关于开展2020年度全面推行河（湖）长制督导检查准备工作的通知［市河（湖）长办　2020年9月30日］

水利部防御司关于印发《省级山洪灾害监测预报预警平台技术要求（试行）》的通知（水利部　2020年9月30日）

关于印发《天津市深入推进京津冀协同发展重点改革任务工作方案》的通知（市京津冀协同发展领导小组办公室　2020年10月9日）

水利部督查办关于对天津市中小河流治理项目检查发现问题实施责任追究的通知（水利部　2020年10月13日）

水利部关于印发水稻等七项农业灌溉用水定额的通知（水利部　2020年10月14日）

关于印发天津市农村人居环境整治三年行动考核评估工作方案的通知（市农村人居环境整治工作领导小组办　2020年10月22日）

市发展改革委市财政局关于水土保持补偿费征收标准的通知（市发展改革委　市财政局　2020年10月23日）

水利部办公厅关于对2020年第一批水闸工程安全运行专项检查发现问题进行整改和责任追究的通知（水利部办公厅　2020年10月26日）

水利部网信办关于印发水利信息资源目录编制指南（试行）的通知（水利部网信办　2020年10月28日）

水利部关于印发水文监测监督检查办法（试行）的通知（水利部　2020年10月30日）

财政部关于提前下达2021年水利发展资金预算的通知（财政部　2020年10月30日）

天津市财政局关于下达蓟州区2020年于桥水库库区生态补偿资金预算的通知（市财政局　2020年11月4日）

海委关于印发引滦枢纽工程2020—2021年度水量调度计划的通知（水利部海委　2020年11月9日）

水利部南水北调司关于切实加强南水北调中线工程冰期输水安全运行工作的通知（水利部南水北调司　2020年11月9日）

关于印发《天津市2020—2021年秋冬季大气污染综合治理攻坚行动方案》的通知（市污染防治攻坚战指挥部　2020年11月16日）

水利部关于开展全面推行河长制湖长制先进集体、先进个人评选表彰工作的通知（水利部　2020年11月17日）

水利部办公厅关于做好2020年度水利建设领域根治欠薪冬季专项行动的通知（水利部办公厅　2020年11月18日）

天津市财政局关于拨付2020年水务改革发展资金的通知（市财政局　2020年11月27日）

水利部关于印发水利工程建设项目法人管理指导意见的通知（水利部　2020年11月27日）

市财政局市发展改革委关于下达2020年水务类建设项目支出绩效目标的通知（市财政局　市发改委　2020年11月27日）

海委关于印发海河流域1000平方公里以上跨地市河流名录的通知（水利部海委　2020年12月1日）

天津市财政局关于拨付市水务局2020年防汛项目资金的通知（市财政局　2020年12月2日）

天津市财政局关于拨付市水务局2020年度外调水补助资金的通知（市财政局　2020年12月3日）

水利部办公厅关于印发南水北调东中线工程受水区节水分析工作方案的通知（水利部办公厅　2020年12月4日）

市应急委办公室关于进一步加强应急预案管理推进应急预案体系建设的通知（市应急委　2020年12月4日）

天津市财政局关于提前下达2021年中央财政大中型水库移民后期扶持资金（基金）预算的通知（市财政局　2020年12月7日）

水利部办公厅关于印发穿跨邻接南水北调中线干线工程项目管理和监督检查办法（试行）的通知（水利部办公厅　2020年12月8日）

市财政局关于拨付市水务局供水旧管网改造项目资金的通知（市财政局　2020年12月9日）

水利部办公厅关于做好冬季农村供水保障工作的通知（水利部办公厅　2020年12月11日）

市发展改革委关于宁河区水利工程供水价格的通知（市发展改革委　2020年12月15日）

天津市财政局关于转发《财政部关于编制2020年度中央和地方财政决算（草案）的通知》的通知（市财政局　2020年12月15日）

水利部办公厅关于印发南水北调东线一期工程北延应急供水工程水量调度方案（试行）的通知（水利部办公厅　2020年12月21日）

水利部办公厅关于发布智慧水利先行先试成果目录（2020年）的通知（水利部办公厅　2020年12月23日）

市政务服务办关于印发《天津市2021年优化营商环境责任清单》的通知（市政府政服办　2020年12月31日）

索　　引

说明：

1. 本索引采用主题分析索引方法，主题词词首按汉语拼音音序排列。

2. 主题词后的数字表示该题材所在的页码，a、b 分别表示在左栏、右栏。

3. 本年鉴的《综述》《重要文献》《各区水务》《大事记》《水务统计》和《附录》等栏目、分栏目未作索引。

S

T

W

X

Y